生态环境科学与技术应用丛书

环境生物资源与应用

付保荣　马溪平　张润洁　等编著

Environmental Biological Resources and Applications

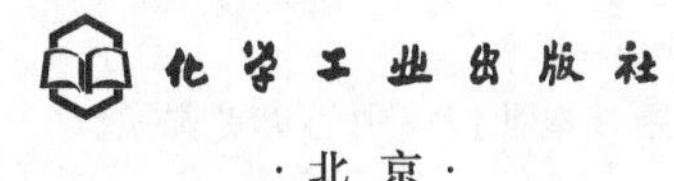

化学工业出版社
·北京·

本书从环境监测、环境净化、生态恢复、现代生物技术等几个方面出发，利用国内外研究实例，提出一个环境生物资源学科领域的理论框架，包括环境生物资源的概念、属性、分类、功能，生物多样性保护、环境生物资源开发利用原则等，有助于今后更好地利用生物资源解决环境问题。

本书可供环境科学与工程、生物工程、资源科学与工程等领域的工程技术人员、科研人员和管理人员参考，也可供高等学校相关专业的本科学生、研究生参考使用。

图书在版编目（CIP）数据

环境生物资源与应用/付保荣等编著. —北京：化学工业出版社，2017.1 （2021.2重印）
（生态环境科学与技术应用丛书）
ISBN 978-7-122-27245-4

Ⅰ.①环… Ⅱ.①付… Ⅲ.①环境生物学-研究 Ⅳ.①X17

中国版本图书馆CIP数据核字（2016）第124400号

责任编辑：刘兴春 刘 婧　　文字编辑：汲永臻
责任校对：宋 玮　　装帧设计：史利平

出版发行：化学工业出版社（北京市东城区青年湖南街13号 邮政编码100011）
印 装：北京科印技术咨询服务有限公司数码印刷分部
787mm×1092mm 1/16 印张20½ 字数512千字 2021年2月北京第1版第3次印刷

购书咨询：010-64518888　　售后服务：010-64518899
网 址：http://www.cip.com.cn
凡购买本书，如有缺损质量问题，本社销售中心负责调换。

定 价：78.00元

随着全球化进程不断加快和生物技术的飞速发展，生物安全形势日益严峻，逐渐成为一个涉及政治、军事、经济、科技、文化和社会等诸多领域的世界性安全与发展的基本问题。我国是世界上生物资源最丰富的国家之一。据专家估算，我国仅 11 种危害较大的农业入侵生物所造成的年经济损失就超过 574 亿元。2003 年以来，严重急性呼吸综合征（SARS）、高致病性禽流感、甲型 H1N1 流感的肆虐，警醒我们更加关注新发传染病带来的安全问题。

随着资源短缺、环境问题的日益严重，以及人们对资源、环境问题的认识不断深入和科学技术水平的不断提高，对具有实际或潜在保护环境、评价环境或净化污染等功能的环境生物资源的研究和合理开发利用越来越受到人们的重视。

本书是在由李铁民、马溪平、付保荣、张利红编著的《环境生物资源》（2003 年）原有框架基础上进一步完善有关章节部分内容，重点增添应用与实例基础。

本书由付保荣、马溪平、张润洁等编著，具体分工如下：第 1 章由付保荣编著；第 2 章由付保荣、张润洁编著；第 3 章、第 4 章由马溪平编著；第 5 章由张利红、张润洁编著；第 6 章由李铁民、付保荣编著；第 7 章由付保荣、张润洁编著；第 8 章由张润洁、付保荣编著。全书最后由付保荣、张润洁统稿，王淑妍、顾春雨校正。

此书的出版不仅得到了辽宁大学许多师生的帮助，还得到了化学工业出版社的大力支持，在此谨表示诚挚的感谢。

由于编著者水平有限，书中难免有不足或疏漏之处，敬请专家和广大读者批评指正。

编著者

2016 年 6 月

第1章 绪论 1

1.1 形成的背景 …… 1
1.2 必要性 …… 2
参考文献 …… 4

第2章 环境与生物资源 5

2.1 环境 …… 5
2.1.1 环境的概念 …… 5
2.1.2 环境问题 …… 7
2.1.3 环境保护 …… 12
2.1.4 环境科学 …… 18
2.2 资源 …… 21
2.2.1 资源的概念 …… 21
2.2.2 资源的属性 …… 23
2.2.3 资源的分类 …… 24
2.2.4 资源科学 …… 26
2.3 生物资源 …… 29
2.3.1 生物资源的概念 …… 29
2.3.2 生物资源的属性和分类 …… 29
2.3.3 生物资源在环境保护中的作用 …… 31
2.4 环境生物资源 …… 32
2.4.1 环境生物资源的概念和属性 …… 32
2.4.2 环境生物资源的分类 …… 32
2.4.3 环境生物资源的环境功能 …… 32
2.4.4 环境生物资源的研究目的、对象和内容 …… 40
参考文献 …… 41

第3章 用于环境监测与评价的环境生物资源 42

3.1 生物监测和环境质量评价 …… 42

3.1.1 环境质量定义及基本内涵 …… 42

3.1.2 生物监测的概念 …… 43

3.1.3 生物监测与评价的特点 …… 43

3.1.4 环境生物资源与生物监测与评价 …… 44

3.2 用于大气环境监测及评价的环境生物资源 …… 45

3.2.1 大气的组成及大气污染 …… 45

3.2.2 大气污染物的种类 …… 47

3.2.3 大气污染物的时空分布 …… 47

3.2.4 大气污染对植物的影响 …… 48

3.2.5 利用植物的伤害症状进行监测与评价 …… 61

3.2.6 利用地衣、苔藓进行监测 …… 67

3.2.7 利用植物群落监测 …… 68

3.2.8 利用微生物监测 …… 69

3.2.9 环境影响评价 …… 72

3.3 用于水体环境监测及评价的环境生物资源 …… 72

3.3.1 水体污染 …… 72

3.3.2 水体的主要污染物 …… 73

3.3.3 环境生物资源与水污染监测 …… 74

3.3.4 水体污染的生物群落监测法 …… 75

3.3.5 细菌学检验监测法 …… 82

3.3.6 水环境质量的评价 …… 84

3.4 用于土壤环境监测及评价的环境生物资源 …… 86

3.4.1 土壤污染的特征 …… 87

3.4.2 土壤污染的来源 …… 87

3.4.3 土壤的自净作用 …… 88

3.4.4 土壤的生物污染 …… 89

3.4.5 土壤污染对生物的影响 …… 90

3.4.6 土壤环境的生物监测与评价 …… 91

参考文献 …… 95

第4章 用于环境净化的环境生物资源 97

4.1 用于环境净化的环境生物资源的基本特征和研究内容 …… 97

4.1.1 用于环境净化的微生物资源 …… 97

4.1.2 用于环境净化的原生动物资源 …… 113

4.1.3 用于环境净化的植物资源 …… 114

4.2 用于大气环境净化的环境生态资源 …… 119

4.2.1 植物资源在防治大气污染中的作用 …… 119
4.2.2 大气污染的生物治理技术 …… 126
4.3 用于水体环境净化的环境生物资源 …… 136
4.3.1 废水生物处理的作用原理 …… 136
4.3.2 废水生物处理的主要工艺类型 …… 138
4.3.3 废水生物处理中的主要生物资源 …… 141
4.4 用于土壤环境净化的环境生物资源 …… 152
4.4.1 生物修复技术的产生和发展 …… 152
4.4.2 土壤污染的生物修复原理 …… 153
4.4.3 用于土壤环境净化的主要环境生物资源 …… 155
4.5 用于污染事故补救的环境生物资源 …… 156
4.5.1 用于污染事故补救的主要环境生物资源 …… 156
4.5.2 污染事故的生物补救技术 …… 157
参考文献 …… 158

第5章 生态恢复中的环境生物资源 160

5.1 生态恢复及生态恢复中的环境生物资源 …… 160
5.1.1 生态恢复的研究概述 …… 160
5.1.2 生态恢复中的环境生物资源 …… 164
5.2 荒漠化生态恢复中的环境生物资源 …… 167
5.2.1 荒漠和荒漠的动物及主要植被 …… 167
5.2.2 荒漠化的定义及类型 …… 168
5.2.3 荒漠化的成因及危害 …… 169
5.2.4 荒漠化生态恢复中的环境生物资源 …… 170
5.2.5 环境生物资源在荒漠化恢复中的应用 …… 173
5.3 草地生态恢复中的环境生物资源 …… 173
5.3.1 草地及草地动物和主要植被 …… 173
5.3.2 草地与环境的关系 …… 174
5.3.3 草地退化原因及其生态恢复的重要意义 …… 174
5.3.4 草地生态恢复的方法 …… 175
5.3.5 草地生态恢复中的环境生物资源 …… 175
5.3.6 环境生物资源在草地生态恢复中的实际应用 …… 176
5.4 矿区废弃地生态恢复中的环境生物资源 …… 177
5.4.1 矿区废弃地的类型及特点 …… 177
5.4.2 矿区废弃地对生态环境的危害 …… 178
5.4.3 矿区废弃地生态恢复的要求 …… 179
5.4.4 矿区废弃地生态恢复的研究与技术 …… 179
5.4.5 矿区废弃地生态恢复的实例 …… 182
5.5 森林生态恢复中的环境生物资源 …… 186
5.5.1 森林及森林动物和主要植被 …… 186

5.5.2 森林生态系统的主要功能 …… 187
5.5.3 森林生态系统的退化及其危害 …… 187
5.5.4 森林生态恢复的研究进展 …… 188
5.5.5 森林生态恢复的方法 …… 188
5.5.6 森林生态恢复的典型实例 …… 189
5.6 湿地生态恢复中的环境生物资源 …… 190
5.6.1 湿地的定义及类型 …… 190
5.6.2 湿地生态系统的特点、作用 …… 190
5.6.3 湿地恢复研究进展 …… 191
5.6.4 湿地生态恢复的基本要求和遵循的原则 …… 192
5.6.5 湿地生态恢复的成功范例 …… 193
参考文献 …… 193

第6章 现代生物技术与环境生物资源开发利用 195

6.1 概述 …… 195
6.1.1 生物技术 …… 195
6.1.2 传统生物技术与现代生物技术 …… 195
6.1.3 现代生物技术与环境生物技术 …… 196
6.1.4 生物技术的发展现状与未来趋势 …… 196
6.1.5 微藻生物技术的现状与产业前景 …… 197
6.2 基因工程与环境生物资源的开发利用 …… 203
6.2.1 基因工程 …… 203
6.2.2 基因工程技术在污染治理中的应用 …… 213
6.2.3 基因工程生物的安全问题 …… 217
6.2.4 分子生物技术在环境监测评价中的应用 …… 220
6.3 细胞工程与环境生物资源的开发利用 …… 227
6.3.1 概述 …… 227
6.3.2 微生物细胞工程 …… 230
6.3.3 植物细胞工程 …… 231
6.3.4 细胞工程技术在污染治理中的应用 …… 237
6.4 酶工程与环境生物资源的开发利用 …… 238
6.4.1 酶的发酵生产及分离纯化 …… 238
6.4.2 酶分子的改造 …… 244
6.4.3 固定化技术及酶反应器 …… 247
6.4.4 生物传感器 …… 253
6.5 发酵工程与微生物资源的开发利用 …… 259
6.5.1 概述 …… 259
6.5.2 微生物发酵过程 …… 260
6.5.3 发酵的操作方式 …… 264
6.5.4 发酵设备 …… 269

6.5.5　发酵工程在净化处理环境污染中的应用 …… 271
参考文献 …… 282

第7章　生物多样性与环境生物资源的保护　285

7.1　生物多样性概述 …… 285
7.1.1　生物多样性的定义和组成 …… 285
7.1.2　生物多样性的价值 …… 286
7.2　生物多样性受威胁现状及其原因 …… 288
7.2.1　生物多样性受威胁现状 …… 288
7.2.2　生物多样性丧失的原因 …… 289
7.3　中国生物多样性状况 …… 290
7.3.1　生物多样性资源丰富 …… 290
7.3.2　生物多样性保护形势严峻 …… 291
7.4　生物多样性保护 …… 292
7.4.1　《生物多样性公约》 …… 292
7.4.2　生物多样性保护 …… 294
7.4.3　生物多样性保护在中国 …… 296
7.5　环境生物资源的保护 …… 298
参考文献 …… 305

第8章　可持续发展与环境生物资源可持续利用　307

8.1　可持续发展 …… 307
8.1.1　可持续发展战略的由来 …… 307
8.1.2　可持续发展的定义和内涵 …… 309
8.1.3　世界已进入可持续发展的时代 …… 310
8.1.4　中国实施可持续发展战略 …… 313
8.2　环境生物资源可持续利用的基本原则 …… 317
8.2.1　自然资源可持续利用的基本原则 …… 317
8.2.2　环境生物资源可持续利用的基本原则 …… 320
参考文献 …… 320

第1章 绪论

随着资源短缺、环境问题的日益严重，以及人们对资源、环境问题的认识不断深入和科学技术水平的不断提高，对具有实际或潜在保护环境、评价环境或净化污染等功能的环境生物资源的研究和合理开发利用越来越受到人们的重视。在论述环境生物资源之前，有必要先概括了解其形成的背景和开发利用的必要性。

1.1 形成的背景

资源尤其是自然资源是人类生存和经济发展的基础。人类的生存和经济的发展需要依赖于自然物质和能量的不断供应，而且这种依赖性随着世界人口的增长及人民生活水平的提高日益加强，经济的发展是以自然资源消费量增长为基础的。

人类出现后，在为了生存而与自然界展开的斗争中，运用自己的智慧和劳动，不断地改造自然，创造和改善自己的生存条件。同时，又将经过改造和使用的自然物和各种废弃物还给自然界，使它们又进入自然界参与了物质循环和能量流动过程。其中，有些成分会引起环境质量的下降，影响人类和其他生物的生存和发展，从而产生了环境问题。环境问题可以说自古就有。

在原始社会时期，人从自然环境中取得维持生存的天然资源，以新陈代谢过程与环境进行物质和能量转换。人类向环境索取的物质和向环境排放的废弃物都远不会超过环境的自净能力，人基本上依赖于自然界的恩赐就能满足人类有限的需求。

在工业革命（18 世纪 60 年代蒸汽机的广泛应用为标志）前人类社会生产力尚不发达，人口数量不大（1800 年才达到 10 亿），所以人与自然的矛盾并不明显。随着生产力的发展和人口的迅速增加（1930 年达到 20 亿，仅过了 30 年，1960 年人口就达到 30 亿），人类开发自然资源的速度和规模急剧增加，人与自然的矛盾逐渐尖锐起来。

环境本身是有一定的自净能力的，但是当废弃物产生量越来越大，超过环境的自净能力时，就会影响环境质量，造成环境污染。工业革命后，尤其是第二次世界大战以后，社会生产力突飞猛进，工业动力的使用猛增，产品种类和产品数量急剧增大，农业开垦的强度和农药使用的数量也迅速扩大，致使许多国家普遍发生了严重的环境污染和生态破坏问题。震惊世界的公害事件接连不断，环境问题更加突出。残酷的现实告诉人们，人类经济水平的提高和物质享受的增加，在很大程度上是以牺牲环境与资源换取得来的。环境污染、生态破坏、资源短缺、酸雨蔓延、全球气候变化、臭氧层出现空洞等，正是由于人类在发展中对自然环境采取了不公允、不友好的态度和做法的结果。而环境与资源作为人类生存和发展的基础和保障，正通过上述种种问题对人类进行着报复。可以毫不夸张地说，人类正遭受着严重环境问题的威胁和危害。这种威胁和危害关系到当今人类的健康、生存与发展，更危及地球的命运和人类的前途。

经验教训促进了人类的严肃思考。人类从20世纪中叶开始了一场新的觉醒，那就是对环境问题的认识。环境问题是由于人类对环境的不正确态度所造成，也就只能依靠改变人类对环境的态度来解决。环境科学技术在新形势下应运而生且不断发展进步，主要包括为加深对生态环境本质认识的各项科学和技术，为防治环境问题的出现及危害的各项科学和技术，以及为保护环境所采取的政治、法律、经济、行政、教育的各项专门知识和手段。20世纪史中必然会记录下20世纪60年代以来的一系列环境保护重大事件，其中最突出的是联合国召开的两次大会：1972年在瑞典斯德哥尔摩召开的人类环境会议和1992年在巴西里约热内卢召开的环境与发展大会。两次大会的主要成果是明确了保护环境必须成为全人类的一致行动，保护环境主要应改变发展的模式，将经济发展与保护环境协调起来，走可持续发展的道路。1972年6月5日，联合国在瑞典首都斯德哥尔摩召开了有110多个国家参加的人类首次环境大会，通过了《人类环境宣言》和《人类环境行动计划》，成立了联合国环境规划署，并将每年的6月5日定为“世界环境日”。在巴西里约热内卢召开的环境与发展大会通过了关于环境与发展的《里约热内卢宣言》和《21世纪行动议程》，154个国家签署了《气候变化框架公约》，148个国家签署了《保护生物多样性公约》。大会还通过了有关森林保护的非法律性文件《关于森林问题的政府声明》。

资源科学随着近二三十年来资源、环境问题日趋尖锐，也日益受到重视。它通过对资源开发后效的研究，反复认识人类与资源、资源与环境的作用关系，以此来调整资源开发方案、寻求有利于人类生存和经济持续、稳定增长的发展途径。

生物资源是人类生存和发展的重要物质基础，可以说人类的发展史就是认识和利用生物资源的历史。当今世界普遍关注的能源消耗、资源枯竭、人口膨胀、粮食短缺、环境退化、生态失调六大危机都与生物资源的合理利用与保护有着直接或间接的关系，生物资源中那些具有实际或潜在保护环境、评价环境或净化污染等功能的环境生物资源也越来越受到人们的重视。在环境科学和资源科学不断发展和完善的今天，环境生物资源的研究和合理开发利用已成为必然趋势和焦点。

1.2 必要性

生物资源所特有的属性和现状及环境生物资源所具有的实际或潜在美化环境、净化污染和保护环境等作用决定了加强其研究和合理开发利用的必要性。

生物资源所特有的属性是再生性和可解体性。再生性是指通过自然更新和人为繁殖不断扩大，生物资源在开发利用到一定程度或阈值内，其数量和质量能够再生和恢复，即开发利用得当，使生物资源在利用中得到保护，可以取之不尽，用之不竭，长期为人类提供福利。反之，不顾自然界生态平衡，片面地、错误地、超过阈值地开发利用就可能遭到破坏，乃至消耗殆尽。可解体性是指当生物种群的个体受人类的干扰和自然灾害等影响而减少到一定数量时，该种群的遗传基因便有丧失的危险，从而导致物种的灭绝。物种是不可能再造的。在地球生命进化的大部分时间里，物种的灭绝速度和形成速度是大致相等的。由于地质变化和自然大灾难，生物经历了5次自然大灭绝。6500万年前恐龙灭绝以来，全球的物种灭绝速度在加快，尤其近400年以来，随着全球农业、医药和工业中生物资源的利用日甚，全球物种多样性正以空前的速度丧失。由于人类活动，生物正经历第6次大灭绝。据世界物种保护协会和世界野生生物基金会等组织发表报告称，现在地球上每8种已知植物中已有一种面临灭绝的危机，全球大约有3.4万种植物物种处于灭绝的边缘。物种是基因的载体，每个物种都是一个基因库。物种多样性的丧失，必然导致遗传基因多样性的危机。生物圈是一个相互关联的功能整体。一种物种的灭绝，人类损失的不仅仅是一个物种，连带的损失还包括这个物种所能提供的各种物理的、生化的功能，从而导致生态系统的失衡，危及多个物种的生存。生物多样性危机是物种濒危、灭绝及与之相关联的遗传基因多样性衰减、灭绝，生态系统破坏、解体的系统危机。

生物资源中的植物作为生态系统的生产者是生物链的起点，具有直接利用并转化太阳能的特殊功能。植被具有保持水土，调节气候的作用，能影响水、土、气候等资源的形成与演变，植被中的森林在涵养水源，保持水土，调节气候，净化空气，消除噪声等方面的作用尤为突出。净化水源只是森林生态系统的众多功能中的一种。我们先来看一个具体的例子，说明单是这项功能所提供的价值。卡茨基尔森林地区是纽约市重要的饮用水源地，但是由于当地住宅和工业的发展，自然植被受到破坏，水质恶化。如果通过兴建一座足够大的饮用水净化工厂来解决纽约市的供水问题，则需工程投资约80亿美元，每年的运营费用约3亿美元。这样，今后20年这笔开支将达到140亿美元。如果通过生态恢复技术恢复该水源地的自然植被，借助森林的自净化作用来解决纽约市饮用水供应问题，则只需投资20亿美元。这样不仅节省了兴建净化水工厂所需的80亿美元，而且也无需每年投入3亿美元的净水厂运营费用。今后20年将为纳税人节省120亿美元，而且这种近乎“一劳永逸”的生态工程可以让纽约市民永享清泉甘冽。为“千年生态系统评估”工作的沃尔特·里德指出：美国有3400个社区近6000万的人口，依赖国家森林提供饮用水。估计这一服务的价值每年为37亿美元，其价值就超过当地每年砍伐林木的收益。

日本林业界对森林的综合效益进行量化分析的结果显示，20世纪90年代后半期，日本森林木材蓄积总量为34.83亿立方米，木材价值3.5万亿日元，而森林的生态与社会效益（涵养水源、水土保持、净化空气与水、保护生动物多样性、休闲娱乐、文化审美等）为39.2万亿日元。森林的林业经济效益与生态效益、社会效益之间比例为1∶11.2。另有报道称，根据日本专家测算。森林的木材生产效益和环境价值的比例大致为（1∶6）～（1∶20），取其中位数，约为1∶13。

植被破坏是生态环境破坏的最典型特征之一。植被的破坏不仅极大地影响了该地区的自然景观，而且由此带来了一系列的严重后果，如生态系统恶化、环境质量下降、水土流失、土地沙化以及自然灾害加剧，进而可能引起土壤荒漠化，土壤的荒漠化又加剧了水土流失，以及形成生态环境的恶性循环。植被破坏是导致水土流失并最终形成土壤荒漠化的重要根源。一百多年前，恩格斯曾警告人们：“不要过分陶醉于我们对自然界的胜利”。他以美索不达米亚、希腊、小亚细亚等的毁林开荒的历史教训为例，指出：“对于每一次这样的胜利，自然界都报复了我们。”由于人们对生物资源不同程度地实行了掠夺性的经营方式，破坏了生态环境，致使资源衰退，形成了生态环境的恶性循环，使水土流失越来越严重，沙漠化面积增加，草原退化速度加快，森林资源、渔业资源和部分地区的耕地土壤肥力明显衰退。

环境监测作为了解环境状况和污染程度，为环境科研、污染治理和环境管理提供科学依据的手段和工具，在环境保护中发挥着巨大的作用。利用现代仪器和手段对污染物进行准确定量的理化分析，是环境监测的常规方法。但是，随着对环境污染影响研究的不断深入，污染的生物学效应和人群健康影响受到更多的重视，人们逐渐认识到单一地依赖理化监测难以反映出污染物对生物体及生态系统影响的综合效应，不能对污染影响做出综合评价。因此，利用生物对环境污染进行监测，从不同层次上分析污染危害程度，为环境评价、污染预报和污染物危险性提供依据，受到越来越多的关注并应用到实际的污染监测和预报中。

2008年6月，辽宁省政务公开办、省环保局联合发布，该省大伙房水库将“聘”引自日本的清鳉鱼当水质监督员。这套用清鳉鱼监测水质的系统由中国科学院开发，2008年9月至10月，在大伙房水库的四个关键点位“上岗”。这也是我国第一座应用此项技术监测水质的水库。清鳉鱼属于生物手段监测水质的标准鱼种，这种鱼敏感的体质能够比较精细地反映出水质的细微变化，再通过配套的仪器分析小鱼行为及生存状况，可了解水质优劣，得出水质结论。该系统还有报警装置，会根据情况的严重程度发出不同级别的报警。报警一共有两种级别，A级报警说明水质问题比较轻，小鱼一般出现游动缓慢等情况。B类报警则表明水质问题严重不能饮用，小鱼可能出现群体“翻白”或者死亡现象。

在治理环境污染的过程中，由于环境污染物一般来讲性质相对稳定，难于用物理或化学的方法将其进行无害化的处理，于是人们采用生物修复的方法来解决这一问题。与物理、化学处理技术相比，采用生物修复技术具有投资费用省，对环境影响小，能有效降低污染物浓度，适用于在其他技术难以应用的场地等优点。随着科学技术特别是生物技术的不断提高和发展，生物修复在环境污染治理中的作用越来越明显和突出。生物技术能从种类繁多，数量惊人的微生物中，筛选到人们所需要的微生物菌株以及按照人们的意愿构建新的具有特殊本领的遗传工程微生物高效菌、超级菌，从而在治理环境污染的过程中，实现对污染物的减量化、无害化、资源化。应用微生物工程及生物技术，我们可以做到污染土壤的生物修复，污水的生物净化，减轻、消除化学农药污染，研制出高效、持久、无污染的生物农药，消除农膜造成的白色污染等。

无数的经验和事实也告诉了人们，单纯地发展经济，带来了资源损毁、生态破坏和环境恶化等一系列严重后果；而孤立地保护资源，由于缺乏经济技术实力的支持，既阻碍经济的发展，又未能遏止生态环境继续恶化。因此，我们必须将经济的发展与资源的开发利用协调起来。只有合理开发和利用自然资源，才能保证经济的持续发展。

生物资源所特有的属性和现状及环境生物资源所具有的实际或潜在保护环境、评价环境或净化污染等作用决定了加强其研究和合理开发利用的必要性。环境生物资源是在生物学、生态学等学科基础上，伴随着环境科学、资源科学等学科的逐步形成与完善而发展形成的一个新的分支学科。

参考文献

[1] 李铁民等编著. 环境生物资源 [M]. 北京：化学工业出版社，2003.

[2] 何晓鸥. 地球正在经历第六次物种大灭绝？[J]. 科学大观园，2011 (3)：64-65.

[3] 程晓玲. 雾灵山野生植物资源价值评估 [D]. 北京：北京林业大学，2007.

第2章 环境与生物资源

2.1 环境

2.1.1 环境的概念

2.1.1.1 人类及其生存环境的形成

人类及其生存环境不是从来就有的，它的形成经历了一个漫长的发展过程。在地球的原始地理环境刚刚形成的时候，地球上没有生物，当然更没有人类，只有原子、分子的化学和物理运动。在大约35亿年前，地球水域中溶解的无机物，由于太阳紫外线的辐射，在地球内部的内能及来自太阳的外能共同作用下，转变为有机物。简单的有机物还不是有生命的物质，从简单的有机物转化为有生命的物质，需要一系列的条件，其中原始的海洋是重要的一环。大气中的有机物随降水进入海洋，地壳上的有机物和无机盐随地面径流进入海洋，它们在海水中发生频繁的接触和密切的联系。在这种情况下，简单的有机物就发展成多分子的有机物，并且逐步变成能够不断自我更新、自我再生的物质，这是从无生命到有生命的一次飞跃。原始生命是在水中形成的，也是在水中发展的。在无机物转化为有机物的过程中，太阳的紫外线曾经起过有益的作用，但是，在原始生命形成以后，紫外线却起着严重的伤害作用，在这里，水体对原始生命起着保护作用。

在距今大约35亿年以前，原始生命就已经在海水中产生，但是，在大约长达30亿年的时间里，生命始终局限在海水中。没有海水的保护，生命在当时就难以避免强烈的紫外线的伤害，因此，尽管原始绿色植物在距今30亿年前就已在海水中产生，绿色植物在距今6亿年前就已经在海洋中占优势，但这时的陆地仍然是一片焦黄。

绿色植物的出现为生命登陆创造了前提条件，因为绿色植物在光合作用中所产生的游离氧的积累，终于导致大气中出现臭氧，并在高空中形成臭氧层。臭氧是由三个氧原子组成的氧分子，能够有效地吸收紫外线，因而对地面上的生物起保护作用。高空臭氧层的出现意味着陆上生物的生命有了保障，这样，绿色植物就在距今4亿年前登陆成功。首先登陆的是陆生孢子植物，此后，陆地上就出现了一片繁荣的景象：在植物方面，依次出现裸子植物和被子植物；在动物方面，依次出现两栖动物、爬行动物和哺乳动物，它们进而发展成为地球的生物圈。生物圈形成以后，自然界仍然在发展变化，到今大，100多万种动物和30多万种植物组成了瑰丽多彩的生物世界。

哺乳动物的出现及森林、草原的繁茂为古人类的诞生创造了条件，人类作为一个物种从其他动物中分化出来，已有千万年以上的历史。根据对旧世纪猿猴与猿（包括人）DNA的研究得知，约在2600万年前长臂猿从猿类中分化出来；约在1800万年前，猩猩从猿类中分化出来；约在1200万年前，人从大猩猩、黑猩猩中进化出来，这与根据化石材料研究的结果基本是一致的。现在发现最早的人科化石属于腊玛古猿，它们大约生活在距今700万～1400万年前。从形态特征来看，它们已从猿系统分化出来，推测已具有初步直立行走的能力，可能已会使用天然工具谋生，它们或其相似类型大概是从猿到人过渡阶段早期的代表。其次是南方古猿，它们大约生活在距今100万～500万年以前，其中一些进步类型发展成能制造工具的早期猿人，即真人（AM）的出现，这大约是在300万年以前。人类的诞生使地表环境的发展进入了一个高级的、在人类的参与和推动下发展的新阶段——人类与其生存环境辩证发展的新阶段。人类是物质运动的产物，是地球的地表环境发展到一定阶段的产物，环境是人类生存与发展的物质基础，所以人类与其生存环境是统一的。人与动物有本质的不同，人通过他所做出的改变来使自然界为自己的目的服务，来支配自然界，但是正如恩格斯在“自然辩证法”中所说的：“我们不要过分陶醉于我们对自然界的胜利。对于每一次这样的胜利，自然界都报复了我们。每一次胜利，在第一步确实都取得了我们预期的结果，但是在第二步和第三步却有了完全不同的、出乎意料的影响，常常把第一个结果又取消了”。因而人类与其生存环境又有对立的一面，人类与环境这种既对立又统一的关系表现在整个“人类-环境”系统的发展过程中。人类用自己的劳动来利用和改造环境，把自然环境转变为新的生存环境，而新的生存环境又反作用于人类等。在这一反复曲折的过程中，人类在改造客观世界的同时，也改造人类自己。这不仅表现在生理方面，而且也表现在智力方面。这充分说明，人类由于伟大的劳动，摆脱了生物规律的一般制约，进入了社会发展阶段，从而给自然界打下了人类活动的烙印，并相应地在地表环境又形成了一个新的智能团或技术团。我们今天赖以生存的环境，就是这样由简单到复杂，由低级到高级发展而来的，它既不是单纯由自然因素，也不是单纯由社会因素构成的，而是在自然因素的基础上，经过人工改造加工形成的。它凝聚着自然因素和社会因素的交互作用，体现着人类利用和改造自然的性质和水平，影响人类的生产和生活，关系着人类的生存和发展。

2.1.1.2 环境的概念

从哲学的角度，环境是与某一中心或主体相对的客体。当中心或主体不同的时候，相应的客体即环境的含义也有所不同，它因中心事物的不同而不同，随中心事物的变化而变化。环境一词的英语 environment 来自法语 envirommer，意为“环绕”或“包围”。

对于环境科学来说，中心事物是人，环境主要是指人类的生存环境，是人类进行生产和生活活动的场所，是人类生存和发展的物质基础。它的涵义可以概括为：“作用在‘人’这一中心客体上的，一切外界事物和力量的总和”。这句话中的一切，既包括了自然因素，也包括了社会和经济因素。人类生存在自然环境里，也生存在技术化、社会化的人文环境中，这些都是环境的重要组成部分。以人类为中心来看待环境的观点叫作“人类中心主义（anthropocentrism）”。它与以生物为中心的环境观，以及与以生物和非生物为中心的环境观有着重大的区别，不同的观点对人们对待环境的态度和行为会产生重要的影响。

在实际工作中，人们往往从工作需要出发给环境做出定义。例如，在《中华人民共和国环境保护法》（2015年1月1日）中明确指出：“本法所称环境，是指影响人类生存和发展的各种天然的和经过人工改造的自然因素的总体，包括大气、水、海洋、土地、矿藏、森林、草原、湿地、野生生物、自然遗迹、人文遗迹、自然保护区、风景名胜区、城市和乡村等”。由此可见，法律明确规定的环境只是“自然因素的总体”。这段话有两层含义，其中环境保护法所指的“自然因素的总体”有2个约束条件：a. 包括各种天然的和经过人工改造的；b. 并不泛指人类周围的所有自然因素（整个太阳系的、甚至整个银河系的），而是指对人类的生存和发展有明显影响的自然因素的总体，并用枚举的方法罗列出环境保护的对象。又如，在环境管理体系标准 ISO 14001 中对环境的定义是“组织活动的外部存在，包括空气、水、土地、自然资源、植物、动物、人，以及它们之间的相互关系”。在这一意义上，外部存在从组织内部延伸到全球系统。这里的组织是指具有自身职能和行政管理的公司、集团公司、商场、企业、政府机构和社团，或是上述单位的部分或结合体。

随着人类社会的发展，环境概念也在发展。有人根据月球引力对海水潮汐影响的事实，提出月球能否视为人类的生存环境？我们的回答是：现阶段没有把月球视为人类的生存环境，任何一个国家的环境保护法也没有把月球规定为人类的生存环境，因为它对人类的生存和发展影响太小了。但是，随着宇宙航行和空间科学的发展，总有一天人类不但要在月球上建立空间实验站，还要开发利用月球上的自然资源，使地球上的人类频繁往来于月球和地球之间。到那时，月球当然就会成为人类生存环境的重要组成部分。所以，我们要用发展的辩证的观点来认识环境。

2.1.2　环境问题

环境科学与环境保护所研究的环境问题主要不是自然灾害问题（原生或第一环境），而是人为因素所引起的环境问题（次生或第二环境问题）。这种人为环境问题一般可分为两类：一是不合理开发利用自然资源，超出环境承载力，使生态环境质量恶化或自然资源枯竭的现象；二是人口激增、城市化和工农业高速发展引起的环境污染和破坏。总之，是人类经济社会发展与环境的关系不协调所引起的问题，因此，环境问题的本质是经济问题。

2.1.2.1　环境问题的由来与发展

从人类开始诞生就存在着人与环境的对立统一关系，就出现了环境问题。从古至今随着人类社会的发展，环境问题也在发展变化，大体上经历了 4 个阶段。

(1) 环境问题萌芽阶段（工业革命以前）

人类在诞生以后很长的岁月里，只是天然食物的采集者和捕食者，人类对环境的影响不大。那时“生产”对自然环境的依赖十分突出，人类主要是以生活活动、以新陈代谢过程与环境进行物质交换和能量转换，主要是利用环境，而很少有意识地改造环境。如果说那时也发生“环境问题”的话，那主要是由于人口的自然增长和盲目的乱采乱捕、滥用资源，因而造成生活资源缺乏引起饥荒。为了解除这种环境威胁，人类就被迫学会吃一切可以吃的东西，以扩大和丰富自己的食谱，或是被迫扩大自己的生活领域，学会适应在新的环境中生活的本领。随后，人类学会了培育植物和驯化动物，开始了农业和畜牧业，这在生活发展史上是一次大革命。随着农业和畜牧业的发展，人类改造环境的作用也越来越明显地显示出来，但与此同时也发生了相应的环境问题。如大量砍伐森林、破坏草原，刀耕火种、盲目开荒，往往引起严重水土流失，水旱灾害频繁和沙漠化；又如兴修水利，不合理灌溉，往往引起土壤的盐渍化、沼泽化，以及引起某些传染病的流行。巴比伦的衰落和楼兰古国的消失皆是由于不合理灌溉和兴修水利而引起的生态破坏。在工业革命以前虽然已出现了城市化和手工业作坊（或工场），但工业生产并不发达，由此引起的环境污染问题并不突出。

(2) 环境问题的发展恶化阶段（工业革命至 20 世纪 50 年代）

随着生产力的发展在 18 世纪 60 年代至 19 世纪中叶，生产发展史上出现了又一次伟大的革命——工业革命。它使建立在个人才能、技术和经验之上的小生产被建立在科学技术成果之上的大生产所替代，大幅度地提高了劳动生产率，增强了人类利用和改造环境的能力，大规模地改变了环境的组成和结构，从而也改变了环境中的物质循环系统，扩大了人类的活动领域，但与此同时也带来了新的环境问题。一些工业发达的城市和工矿区的工业企业排出大量废物污染了环境，使污染事件不断发生，如1873年12月、1880年1月、1882年2月、1891年12月、1892年2月英国伦敦多次发生可怕的有毒烟雾事件；19世纪后期，日本足尾铜矿区排出的废水污染了大片农田；1930年12月比利时马斯河谷工业区由于工厂排出有害气体，在逆温条件下造成了严重的大气污染事件。如果说农业生产主要是生活资料的生产，它在生产和消费中所排放的“废”是可以纳入物质的生物循环，能迅速净化、重复利用的话，那么工业生产除生产生活资料外，它大规模地进行生产资料的生产，把大量深埋地下的矿物资源开采出来，加工利用投入环境之中，许多工业产品在生产和消费过程中排放的“三废”都是生物和人类所不熟悉，难以降解、同化和忍受的。总之，由于蒸汽机的发明和广泛使用，大工业日益发展的生产力有了很大的提高，环境问题也随之发展且逐步恶化。

(3) 环境问题的第一次高潮（20世纪50～80年代）

20世纪50年代以后，环境问题更加突出，震惊世界的公害事件接连不断，1952年12月的伦敦烟雾事件，1953～1956年日本的水俣病事件，1961年的四日市哮喘病事件，1955～1972年的骨痛病事件等，在20世纪50～60年代形成了环境问题的第一次高潮。这主要是由于下列因素造成的：首先是人口迅猛增加，都市化的速度加快。刚进入20世纪时世界人口为16亿，至1950年增至25亿，20世纪50年代之后，1950～1968年，仅18年就由25亿增加到35亿，而后，人口由35亿增至45亿只用了12年（1968～1980年）（见表2-1)。1900年拥有70万以上人口的城市，全世界有299座，到1951年迅速增到879座，其中百万人口以上的大城市，约有69座。在许多发达国家中，有半数人口住在城市。其二是工业不断集中和扩大，能源的消耗增大。1900年世界能源消耗量还不到10×10^{8}t标煤，至1950年就猛增至25×10^{8}t标煤；到1956年石油的消耗量也猛增至6×10^{8}t，在能源中所占的比例加大，又增加了新污染，到1975年达55×10^{8}t标煤（见表2-2)。大工业的迅速发展逐渐形成大的工业地带，而当时人们的环境意识还很薄弱，第一次环境问题高潮的出现是必然的。

表2-1 世界人口增长过程

世界总人口/亿	年份	每增加10亿人口所需时间
10	1804年	人类出现～1804年
20	1927年	123年
30	1960年	33年
40	1974年	14年
50	1987年	13年
60	1999年	12年
70	2011年	12年
80	2025年	14年(预计)
90	2050年	25年(预计)

注：资料引自蓝文艺. 环境行政管理学. 北京：中国环境科学出版社，2004。

表 2-2　人口都市化与能源消耗增长

年份	世界人口/亿	城市人口/亿	城市化率/%	能源消耗 /10^8 t 标煤
1900 年	16	2.2	13	10
1950 年	25	7.3	29	25
1975 年	40.8	15.5	38	55
1995 年	57	25	44	115
2000 年	60.67	28.4	46	131.3
2005 年	64.77	32	49	153
2010 年	69.09	35.2	51	

当时，工业发达国家的环境污染已达到严重程度，直接威胁到人们的生命和安全，成为重大的社会问题，激起广大人民的不满，并且也影响了经济的顺利发展。1972 年的斯德哥尔摩人类环境会议就是在这种历史背景下召开的。这次会议对人类认识环境问题来说是一个里程碑。人类开始把环境问题摆上了议事日程，发达国家率先制定法律、建立机构、加强管理、采用新技术，20 世纪 70 年代中期环境污染得到有效的控制，城市和工业区的环境质量有了明显改善。

(4) 环境问题的第二次高潮（20 世纪 80 年代以后）

第二次高潮是伴随环境污染和大范围生态破坏，在 20 世纪 80 年代初开始出现的一次高潮。人们共同关心的影响范围大和危害严重的环境问题有 3 类：a. 全球性的大气污染，如“温室效应”、臭氧层破坏；b. 大面积生态破坏，如大面积森林被毁、草场退化、土壤侵蚀和沙漠化；c. 突发性的严重污染事件迭起，如印度博帕尔农药泄漏事件（1984 年 12 月），前苏联切尔诺贝利核电站泄漏事故（1986 年 4 月），莱茵河污染事件（1986 年 11 月），美国内河（俄亥俄州）出现的特大石油泄漏事故等（1984 年 1 月）。在 1979～1986 年间这类突发性的严重污染事故就发生了 10 多起。这些全球性大范围的环境问题严重威胁着人类的生存和发展，不论是广大公众还是政府官员，也不论是发达国家还是发展中国家，都普遍对此表示不安。1992 年里约热内卢环境与发展大会正是在这种社会背景下召开的，这次会议是人类认识的一次飞跃，是环境保护事业发展的又一里程碑。

前后两次高潮有很大的不同，有明显的阶段性。

其一，影响的范围不同。第一次高潮主要出现在工业发达国家，重点是局部性、小范围的环境污染问题，如城市、河流、农田等；第二次高潮则是大范围乃至全球性的环境污染和大面积生态破坏。这些环境问题不仅对某个国家、某个地区造成危害，而且对人类赖以生存的整个地球环境造成危害，这不但包括了经济发达的国家，也包括了众多发展中国家。发展中国家不仅认识到全球性环境问题与自己休戚相关，而且本国面临的诸多环境问题，特别是植被破坏、水土流失和沙漠化等生态恶性循环，是比发达国家的环境污染危害更大、更难解决的环境问题。

其二，就危害后果而言，前次高潮人们关心的是环境污染对人体健康的影响，环境污染虽也对经济造成损害，但问题还不突出。第二次高潮不但明显损害人体健康（每分钟因环境污染而死亡的人数全世界平均达到 28 人），而且全球性的环境污染和生态破坏已威胁到全人类的生存与发展，阻碍经济的持续发展。

其三，就污染源而言，第一次高潮的污染来源尚不太复杂，较易通过污染源调查弄清产生环境问题的来龙去脉。只要一个城市、一个工矿区或一个国家下决心采取措施，污染就可以得到有效地控制。第二次高潮出现的环境问题，污染源和破坏源众多，不但分布广，而且来源杂，既来自人类的经济再生产活动，也来自人类的日常生活活动；既来自发达国家，也来自发展中国家。解决这些环境问题只靠几个国家的努力很难奏效，要靠众多国家、甚至全球人类的共同努力才行，这就极大地增加了解决问题的难度。

其四，前次高潮的公害事件与第二次高潮的突发性与严重性也不相同。第二次高潮一是带有突发性；二是事故污染范围大、危害严重，经济损失巨大。例如，印度博帕尔农药泄漏事件，受害面积达 $40km^2$，据美国一些科学家估计死亡人数在 0.6 万～1 万人，受害人数为 10 万～20 万人之间，其中有许多人双目失明或造成终身残废。

2.1.2.2 环境问题的成因与分析

人类对环境问题产生的原因的认识，有一个逐步深化的过程。刚开始，人们认为环境问题就是由于科学技术发展的不足而引起的，倾向于仅从技术角度来研究环境问题的解决之道。但是，环境问题并没有随着科技的发展而得以解决，非但如此，反而变得更为严重。环境问题的产生是相当复杂的，应当从多学科的、多维的视角予以研究。在当代社会，环境问题不仅仅是一个技术问题和经济问题，它还是一个哲学问题、宗教问题、伦理问题。归根结底，它是文明问题，它深刻地揭示了传统工业文明的弊端，宣告了传统工业文明必将走向终结的命运，它也预示了一个新文明——生态文明的诞生。

(1) 哲学根源

环境问题的产生与西方世界“主客二分”的哲学传统有密切的关系。古希腊哲学家柏拉图开“主客二分”思想之先河，近代的伽利略、培根和笛卡尔，特别是笛卡尔，对“主客二分”式的机械论哲学的最终确立和占据统治地位，做出了最有成效的努力。主客二分的哲学模式对于确立人的主体性和科技的发展的确发挥了进步的历史意义，但是它忽视了大自然的整体性和价值尊严，它导致了人类对自然界盲目的肆无忌惮的征服和改造。

(2) 宗教根源

西方的基督教对环境问题的产生负有不可推卸的责任。传统基督教对人与自然关系的经典解释是：唯有人是按上帝的形象造的；上帝造人是要人在地上行使统治万物的权利。根据这些教义，传统基督教认为，只要为了人的利益，征服和掠夺自然是天经地义的。生态不仅仅是技术问题或财政资源问题。归根结底，生态问题要求一种新的信仰角度，根据这种信仰，人类同其余被造物的关系既是领袖群伦的关系，也是合作搭档的关系。

(3) 伦理学根源

在传统的伦理学中，所谓伦理即是人伦之理。伦理学的研究对象，仅限于人与人之间的社会关系，而人与自然的关系则被排除于外。自然界只有工具价值，没有自身的内在价值，它的价值仅是满足人类永无止境的欲望。由于自然界没有获得“道德关怀”的资格，由于大自然没有自身的价值和尊严，人类在征服和利用大自然的过程中就缺少了必要的伦理准则的制约。简言之，需要一种新的伦理，新的属灵式，新的宗教仪式。

(4) 技术根源

一方面，很多环境问题的产生是由于技术发展的不足。由于人类理性的有限性，人们对自然规律和社会规律的认识总是具有一定的片面性。一些反自然、反科学的人类行为，必然会遭到大自然的报复。另一方面，技术就像是一把高悬在人类头顶之上的达摩克利斯剑，对技术的滥用往往会使人类反受其害。例如，对核能和生物技术的滥用会导致无可估量的生态恶果。

(5) 经济根源

① 经济行为的负外部性和共有资源的非排他性　当今社会，资源的枯竭，环境质量的退化，与共有资源的非排他性和经济行为的负外部性有密切的联系。在经济学中，根据物品是否具有排他性和竞争性，可以把物品分为私人物品、公共物品、共有资源和自然垄断物品。私人物品是既有排他性又有竞争性的物品；公共物品是既无排他性又无竞争性的物品；共有资源是有竞争性而无排他性的物品；自然垄断物品是有排他性但没有竞争性的物品。清洁的空气和水、石油矿藏、野生动物等是典型的共有资源。所谓行为的负外部性，是指人们的行为对他人或社会不利的影响。当一个人用共有资源时，他减少了其他人对这种资源的使用。由于外部性的存在和人们追求个人利益最大化，共有资源往往被过度使用，从而导致共有资源的枯竭。

② 传统的生产方式和消费方式　传统的生产方式和消费方式呈现出如下形态：大量开采资源—大量生产—大量消费—大量废弃。这种模式是建立在高能耗、高物耗、高污染的基础之上的，是不可循环的，因而也是不可持续的。虽然贫困导致某些种类的环境压力，但全球环境不断退化的主要原因是非持续消费和生产模式，尤其是工业化国家的这种模式。这是一个严重的问题，它加剧了贫困和失调。

(6) 经济的贫困化

1972 年《联合国人类环境宣言》指出："在发展中国家中，环境问题大半是由于发展不足造成的。千百万人的生活仍然远远低于像样的生活所需要的最低水平。他们无法取得充足的食物和衣服、住房和教育、保健和卫生设备。因此，发展中国家必须致力于发展工作，牢记他们的优先任务和保护及改善环境的必要。"

与发达国家的高消费和享乐主义不同，在广大的发展中国家特别是最不发达国家，由于发展不足而导致的经济贫困，是环境恶化的根源之一。这些国家没有建立起本国的工业体系，为了生存和偿还外债，迫使他们不断开采本国的自然资源廉价出口到发达国家。由于缺乏资金和技术，一些发展中国家无法解决因过度开采资源所导致的环境问题：土壤肥力的降低、水土流失、森林等资源的急剧减少以及由此而带来的各种自然灾害。而这些环境问题又反过来加剧了经济的贫困化。于是乎，很多国家陷入了经济贫困和环境退化的恶性循环之中。

2.1.2.3　环境问题的实质

从环境问题的发展历程可以看出：人为的环境问题是随着人类的诞生而产生，并随着人类社会的发展而发展，从表面现象看工农业的高速发展造成了严重的环境问题，局部虽有所改善，但总的趋势仍在恶化。因而在发达的资本主义国家出现了"反增长"的错误观点。诚然，发达的资本主义国家实行高生产、高消费的政策，过多地浪费资源、能源，应该进行控制，但是，发展中国家的环境问题，主要是由于贫困落后、发展不足和发展中缺少妥善的环境规划和正确的环境政策造成的。所以只能在发展中解决环境问题，既要保护环境，又要促进经济发展，只有处理好发展与环境的关系，才能从根本上解决环境问题。

综上所述，造成环境问题的根本原因是对环境的价值认识不足，缺乏妥善的经济发展规划和环境规划。环境是人类生存发展的物质基础和制约因素。人口增长，从环境中取得食物、资源、能源的数量必然要增长。也就是说，由环境向人类社会输入的总资源量增大，其中一部分供人类直接消费，有的经人体代谢变为“废物”排入环境，有的经使用后降低了质量。总资源中相当大的一部分进入人类的生产过程，人口的增长要求工农业迅速发展，为人类提供越来越多的工农业产品，再经过人类的消费过程（生活消费与生产消费），变为“废物”排入环境或降低了环境资源的质量。环境的承载能力和环境容量是有限的，如果人口的增长、生产的发展，不考虑环境条件的制约作用，超出了环境的容许极限，那就会导致环境的污染与破坏，造成资源的枯竭和人类健康的损害。所以，环境问题的实质是人类在传统的价值观指导下，沿用着以大量消耗资源粗放经营为特征的经济发展模式，向自然环境无限度的索取，造成环境与发展不协调。因而，环境被严重污染、破坏，发展也不可能持续。

2.1.3 环境保护

随着环境问题的日益严重，环境保护工作越来越引起人们的关心和重视。

2.1.3.1 环境保护的发展过程

(1) 环境保护概念的发展

在20世纪50年代以前，人们虽然对环境污染也采取过治理措施，并以法律、行政等手段限制污染物的排放，但还未明确提出环境保护概念。20世纪50年代以后，污染日趋严重，在一些经济发达的国家中出现了反污染运动，人们对环境保护概念有了一些初步的理解。当时大都认为环境保护只是对大气污染和水污染等进行治理，对固体废物进行处理和作用（即所谓“三废”治理），以及排除噪声干扰等技术措施和管理工作，目的是消除公害，使人体健康不受损害。20世纪70年代初，由巴巴拉·沃德（Barbaraward）和雷内·博斯（Rene Dubos）两位执笔，为1972年人类环境会议提供的背景材料——《只有一个地球》一书中提出环境问题不仅是工程技术问题，更主要的是社会经济问题；不是局部问题，而是全球性问题。于是“环境保护”成为科学技术与社会经济相结合的问题，这一术语也被广泛采用。到了20世纪70年代中期，人们逐渐从发展与环境的对立统一关系来认识环境保护的含义，认为环境保护不仅是控制污染，更重要的是合理开发利用资源，经济发展不能超出环境容许的极限。20世纪70年代末，有的环境专家提出：“环境保护从某种意义上说，是对人类的总资源进行最佳利用的管理工作”。所以，环境保护不仅是治理污染的技术问题、保护人类健康的福利问题，更为重要的是环境保护是一个经济、政治问题。20世纪80年代中期以后，环境保护的广泛含义已为越来越多的人所接受。20世纪80年代末，有些发达国家的政府首脑大声疾呼：保护环境是人类所面临的重大挑战，是当务之急。健康的经济和健康的环境是完全相互依赖的。越来越多的发展中国家也认识到环境保护与经济发展相关的重要性。如拉丁美洲7个发展中国家在20世纪80年代末举行的首脑会议，在联合声明中说：“经济、科学和技术进步，必须和环境保护、恢复生产相协调”。1992年，联合国“环境与发展”大会以后，实行可持续发展战略，促进经济与环境协调发展已成为世界各国的共识。

(2) 环境保护的内容与基本任务

概括地说，环境保护就是运用现代环境科学的理论和方法，在合理开发利用自然资源的同时，深入认识和掌握污染及破坏环境的根源与危害，有计划的保护环境，预防环境质量的恶化，控制环境污染与破坏，保护人体健康，促进经济与环境协调发展，造福人民，贻惠于子孙后代。环境保护的内容世界各国不尽相同，同一个国家在不同的时期内容也有变化。但一般地说，大致包括 2 个方面：a. 保护和改善环境质量，保护居民的身心健康，防止机体在环境污染影响下产生遗传变异和退化；b. 合理开发利用自然资源，减少或消除有害物质进入外境，以及保护自然资源，加强生物多样性保护，维护生物资源的生产能力，使之得以恢复利于扩大再生产。

2015 年 1 月 1 日起实施的《中华人民共和国环境保护法》第一条规定："为保护和改善环境，防治污染和其他公害，保障公众健康，推进生态文明建设，促进经济社会可持续发展，制定本法"。

2.1.3.2　我国的环境保护

(1) 中国环境保护大事记

我国的环境保护工作从 20 世纪 70 年代初起步。1972 年，联合国召开斯德哥尔摩"人类环境会议"，我国政府根据周恩来总理指示，派出了一个较大的环境代表团参加会议，并提出"全面规划，合理布局，综合利用，化害为利，依靠群众，大家动手，保护环境，造福人民"的 32 字环境保护工作方针。

1973 年 8 月，第一次全国环境保护会议在北京召开，国务院批准国家计委《关于全国环境保护会议情况的报告》（国发［1973］158 号），确定了环境保护 32 字方针。其附件《关于保护和改善环境的若干规定（试行草案）》对环境保护机构的设置也做了明确的规定："各地区、各部门要设立精干的环境保护机构，给他们以监督、检查的职权。"由此，开始了我国环境保护管理体系的建设。

1974 年 5 月，国务院环境保护领导小组及其办公室成立，标志我国国家环境行政管理机构的正式设立。

1978 年，修订的《中华人民共和国宪法》强调："国家保护环境和自然资源，防治污染和其他公害"。明确告知：保护环境是国家意志的体现。

1978 年 12 月 31 日，共产党中央批转《国务院环境保护领导小组关于环境保护工作汇报要点》。这是以执政党中央名义批转环境保护文件的第一次。

1979 年 9 月 13 日，《中华人民共和国环境保护法（试行）》经第五届全国人民代表大会常务委员会第十一次会议审议通过，并颁布实施。《中华人民共和国环境保护法（试行）》明确规定建立环境保护机构和其职责，强调省级人民政府设置环境保护局，市县人民政府根据需要设立环境保护机构。标志着环境保护有了法律保障，环境保护开始步入法制管理阶段。同时，开始了环境法律体系的建立和完善。

1982 年，政府机构改革，国家城市建设总局等三单位合并为城乡建设环境保护部，国务院环境保护领导小组办公室升格为城乡建设环境保护部环保局，从临时机构变为部属局。

1983 年年底，第二次全国环境保护会议召开。会议成为我国环境保护事业的里程碑。明确提出坏境保护是我国的一项基本国策；确定"经济建设、城乡建设、环境建设同步规划，同步实施，同步发展，实现经济效益、社会效益和环境效益相统一"的环境保护战略方针；强调和强化环境管理是环境保护的中心环节。会议为加强各级环境行政管理机构奠定了基础。

1984 年 5 月，国务院做出《关于加强环境保护工作的决定》（国发［1984-164］号文件），明确环境保护是我国的一项基本国策，成立国务院环境保护委员会，完善环保机构，加强能力建设。

1984年12月，城乡建设环境保护部环保局升格为国家环境保护局，同时作为国务院环境保护委员会的办公室。

1985年，“全国城市环境保护会议”召开，李鹏总理指出：“环境保护部门既是一个综合部门，又是一个监督机构。这个机构应该是一个能够代表本级政府行使归口管理，组织协调，监督检查职能的权威的环境管理机构。”

1986年年底，中国政府以蓝皮书的形式，发布“环境保护技术政事”，提出在城市中按功能区进行总量控制。

1988年机构改革中，国家环保局升格为国务院直属局，进入政府序列。

1989年5月，第三次全国环境保护会议召开，提出“努力开拓有中国特色的环境保护道路”。

1989年12月，修改后的《中华人民共和国环境保护法》正式颁布，明确指出：“国务院环境保护行政主管部门，对全国环境保护工作实施统一监督管理，县级以上地方人民政府环境保护主管部门，对本辖区的环境保护工作实施统一监督管理”。

1990年，《国务院关于进一步加强环境保护工作的决定》标志着我国开始向环境污染全面宣战。

1992年，制定指导中国环境与发展的纲领性文件《中国环境与发展十大对策》。

1994年，发布《中国21世纪议程——人口、环境与发展白皮书》。

1996年7月，第四次全国环境保护会议在北京召开，国务院发布《国务院关于环境保护若干问题的决定》。标志着我国进入了大规模环境污染防治的实质性阶段。

1998年，政府机构改革，国家环保局升格为国家环保总局（原国务院环境保护委员会撤销，主要职能划入国家环保总局）。

2002年1月，国务院召开第五次全国环境保护会议，提出环境保护是政府的一项重要职能，要按照社会主义市场经济的要求，动员全社会的力量做好这项工作。

2005年12月，国务院发布《国务院关于落实科学发展观加强环境保护的决定》（国发[2005] 39号），环境保护进入系统创新、全面推进、重点突破的攻坚时期。

2006年4月，第六次全国环境保护大会在北京召开。确定“十一五”时期环境保护的主要目标，加快实现3个转变。把环境保护摆在更加重要的战略位置，以对国家、对民族、对子孙后代高度负责的精神，切实做好环境保护工作，推动经济社会全面协调可持续发展。

2008年3月，第十一届全国人民代表大会第一次会议决定组建环境保护部。3月27日环境保护部正式挂牌，加大了环境政策、规划和重大问题的统筹协调力度。

2011年12月，第七次全国环境保护大会在北京召开。李克强副总理提出“坚持在发展中保护、在保护中发展，推动经济转型，提升生活质量，为经济长期平稳较快发展固本强基，为人民群众提供水清天蓝地干净的宜居安康环境”的重要指示。

（2）环境保护是我国的一项基本国策

在1983年第二次全国环境保护会议上，制定了我国环境保护事业的大政方针：一是明确提出“环境保护是我国的一项基本国策”；二是确定了“经济建设、城乡建设与环境建设同步规划、同步实施、同步发展，实现经济效益、社会效益与环境效益统一”的战略方针；三是确定“预防为主、防治结合、综合治理”，“谁污染谁治理”，“强化环境管理”三大环境保护政策，把强化环境管理作为环境保护的中心环节。为什么把环境保护提高到基本国策的战略高度？

① 吸取我国人口问题的历史教训　我国人口由于在建国初期没有及时采取计划生育的有效措施，在相当一段时期内对人口问题的认识有片面性，只看到它是生产力的一面，没有认清它同样也是一个消费者，单纯强调“人多力量大，热气高”，造成人口失控。新中国成立后共出现过三次婴儿潮：建国后不久就出现了第一次婴儿潮，人口增长率将近 300%，但是当时中国人口只有 4 亿，基数小，战后婴儿潮人口的绝对数量相对不大；第二次婴儿潮在 1965～1973 年，人口出生率在 30‰～40‰之间，平均达到 33‰；进入 1986～1990 年产生了第三次婴儿潮，其中 1990 年是这 5 年中出生人口最多的一年。尽管从 20 世纪 70 年代初就开始实行卓有成效的计划生育政策，1972～1990 年人口的自然增长率为 15.6‰，低于发展中国家的平均水平，但人口仍然急剧增长。1970～1985 年平均每年净增人口 1500 万，相当于每年增加一个中等国家（如澳大利亚）的人口，这期间人口总数共增 2.2 亿，接近同期欧洲、北美洲、大洋洲三大洲所增人口（1.2 亿）的 2 倍。

由于人口失控和计划生育滞后，因而虽严加控制，人口仍然剧增，给环境与经济带来很大压力。主要表现在以下几方面。

a. 就业压力惊人。到 20 世纪末劳动力供求情况严重失衡，每年就业的“缺口”为 1000 万以上。

b. 人均粮食占有量长期徘徊在“维持水平”。20 世纪 90 年代以来，虽然粮食增产，但由于人口增加，人均粮食占有量一直在 380kg 上下浮动。例如 1990 年粮食产量为 44624 万吨，人口为 114333 万人，人均粮食占有量 390kg，1993 年，粮食增产创历史最高水平，达到 45644 万吨，但因人口增到 118517 万人，人均粮食占有量只有 385kg，与 1990 年相比，人均占有量反而减少 5kg。1994 年，粮食产量 44460 万吨低于 1993 年，而人口却增加到接近 12 亿，所以人均粮食占有量降低到不足 380kg。

c. “人增・地减・粮紧”的格局仍在继续。

d. 资金积累受到限制。

e. “文化沙漠”在扩张。当前，中国大约 4 个人中就有 1 个文盲、半文盲，扫盲及普及教育工作稍一放松，“文化沙漠”将人为扩张。

f. 生态系统已接近边际负荷。生态系统的“负载有额律”表明，在一定的时空条件下其承载力是有限的。2000 年我国人口接近 13 亿，2050 年将达到 15 亿～16 亿，如果计划生育搞得不好，甚至可能达到 18 亿，超过生态环境的承载力。

人口过多使我国各项人均指标大大低于世界平均水平，自然资源相对紧缺，资源供求关系紧张的局面长期存在。所以，应该吸取人口问题的教训，要及早注重解决环境问题，不要等到矛盾非常尖锐时再去重视，那就要付出巨大的代价。

② 保护环境，为经济建设服务　环境是资源，保护环境就是保护资源，保护发展工农业的物质基础，为经济建设服务。

保护生态环境是保证农业发展的前提。我国人均耕地少，只有世界平均值的 1/3，对于解决吃饭问题，尤其是使粮食达到较为富裕的水平（人均 400kg 或更多），任务是十分艰巨的。我国有限的耕地，除了种粮食以外，还要种植经济作物，为工业提供原料。因此，精心保护有限的土地资源和生物资源免遭污染和破坏就成为一项重要任务。但是，生态环境现状却难以满足农业发展的需要。由于乱砍滥伐、盲目垦荒等原因，植被遭到破坏，加剧了水土流失，致使全国水土流失（水力侵蚀和风力侵蚀）面积达 $367\times10^4\mathrm{km}^2$，每年流失的土壤达

50亿吨，相当每年从全国的土地上刮走1cm厚的表土。水土流失的氮磷钾肥，相当于每年流失4000多万吨化肥，折合经济损失约为100多亿元。

此外，土壤质量下降问题也日益突出。据普查（1990年），全国耕地有机质含量平均低于1.5%，其中$1\times10^4hm^2$农田有机质含量不足0.7%。中低产出比例由原来的2/3增加到4/5。环境保护部和国土资源部发布全国土壤污染状况调查公报（2014）中指出，全国土壤环境状况总体不容乐观，部分地区土壤污染较重，耕地土壤环境质量堪忧，工矿业废弃地土壤环境问题突出。全国土壤总的点位超标率为16.1%，其中轻微、轻度、中度和重度污染点位比例分别为11.2%、2.3%、1.5%和1.1%。从土地利用类型看，耕地、林地、草地土壤点位超标率分别为19.4%、10.0%、10.4%。从污染类型看，以无机型为主，有机型次之，复合型污染比重较小，无机污染物超标点位数占全部超标点位的82.8%。从污染物超标情况看，镉、汞、砷、铜、铅、铬、锌、镍8种无机污染物点位超标率分别为7.0%、1.6%、2.7%、2.1%、1.5%、1.1%、0.9%、4.8%；六六六、滴滴涕、多环芳烃3类有机污染物点位超标率分别为0.5%、1.9%、1.4%。

③ 保护人民健康，满足人民需要　环境污染危害人民健康，这是多年来人类的实践活动所得出的结论。从发布的城市与农村的死因顺位来看，也充分说明了这个问题。

大城市死亡顺位的前5位为：a. 恶性肿瘤10万分之129.86；b. 脑血管病10万分之124.84；c. 心脏病10万分之87.91；d. 呼吸系统病10万分之82.65；e. 损伤和中毒10万分之36.19。前5位死因占死亡总数的81.65%。

中小城市死因顺位前5位为：a. 恶性肿瘤10万分之104.04；b. 呼吸系统病10万分之89.29；c. 脑血管病10万分之88.53；d. 心脏病10万分之63.80；e. 损伤和中毒10万分之50.02。前5位死因占死亡总数的76.97%。

农村地区死亡顺位前5位为：a. 呼吸系统病10万分之157.06；b. 恶性肿瘤10万分之101.39；c. 脑血管病10万分之97.51；d. 损伤和中毒10万分之75.81；e. 心脏病10万分之67.45。前5位死因占死亡总数的79.30%。

从上述统计数据与20世纪50年代的对比可以看出。死因顺位的变化与环境污染的加剧直接相关。20世纪50年代城市中恶性肿瘤死亡率仅为10万分之36.90至10万分之45.65。脑血管病死亡率为10万分之38.56至10万分之17.23，死因顺位排在前面的是传染病。卫生医疗条件改善了，肺结核、急性传染病得到了控制，死亡率下降，而由于环境污染加剧，恶性肿瘤等的死亡率却增大到原来的2～3倍。国际上的专家认为恶性肿瘤的发病率80%～90%与环境中的化学因素有关。当前中国的环境污染总体上仍呈上升趋势，乡镇企业的大发展加剧农村环境污染，农村恶性肿瘤死亡率呈逐年上升趋势。1994年达到10万分之105.53，比1990年上升了4.08%。控制污染，保护人民健康已是十分紧迫的战略任务。

④ 为了子孙后代　在我们为当代人的利益着想的同时，也要想着后代人的利益，要为子孙后代保留一个资源可以永续利用，清洁、安静、优美的环境，使我们的后代在这块$960\times10^4km^2$的土地上生活得更加幸福和更加美好。因此，绝不能只顾眼前利益，牺牲环境求发展，严重危害子孙后代的利益，妨碍后代的健康成长。要坚决制止因严重污染而导致的人类素质退化。经研究证明，有一些化学污染物不但可以致癌，而且可以导致遗传变异（致突变）或致畸胎。环境污染造成的这种远期危害是不可逆转的，会危及子孙后代，是人类的隐忧。

基因是在染色体上占有一定位置的遗传单位，人类社会的“基因库”是人类的宝贵遗产。致突变（导致遗传变异）的化学物质，经由各种途径进入人体，导致遗传变异，使人类的“基因库”发生不良变化，导致人类素质的退化，进而引起人类社会的退化。这是关系到国家、民族繁衍的大事，不仅影响到今天，而且会影响到子孙后代的生存和健康成长。为了子孙后代，我们不能盲目发展，掠夺式地开发资源、破坏资源，绝不能给人类社会和人类的生存环境造成不可逆转的损害。我们要自觉地调节控制自己的行为，使人类的经济发展模式和生活方式能够适合可持续发展的要求，这也就是把环境保护提高到国策高度的重要原因。“国策”是治国之策、立国之策，贯彻国策人人有责，各级政府、全国的公民都有责任在自己的工作和各项活动中，认真贯彻环境保护这项基本国策，实施可持续发展战略。

(3) 当前我国主要的环境问题及其对发展的影响

改革开放以来，党中央、国务院非常重视环境保护工作，制定了法律，设置了机构，逐步增加了投入，加大了重点地区的治理，主要污染物排放总量得到初步控制，一些城市和地区的环境质量得到改善，环境保护工作不断取得进展。但是，当前环境问题依然相当突出，形势严峻。发达国家上百年工业化过程中分阶段出现的环境问题，在我国近 30 年来集中出现，呈现结构型、复合型、压缩型的特点，增加了解决问题的难度。我国江河湖海有机污染依然严重，同时湖泊和海域又出现以氮、磷为主要污染物的富营养化问题。不少城市饮用水源地已监测到许多微量的有毒有害化合物，直接影响人的健康。大气中颗粒物和二氧化硫污染尚未解决，氮氧化物及其带来的光化学烟雾污染、雾霾现象呈明显加重趋势。除了大气和水污染之外，土地污染也日益突出，直接影响食品安全。废旧汽车、家电造成的污染也成为新的环境问题。放射性污染威胁也在增加，国内已有 6 万多枚各类放射源，每年还以 15% 的速度增加，尚有上万枚废弃源未得到合理收贮，几乎每月都发生放射源被盗事件，威胁公众安全。

生态环境退化趋势尚未得到遏制。土地资源破坏主要表现在水土流失、土地荒漠化，特别是后者，目前面积仍在扩大。森林生态系统呈现数量增长和质量下降并存的局面，草原退化面积大、程度重。水生态系统严重失调，北方更为突出，江河断流、湖泊萎缩、地下水下降、湿地干涸，旱灾、水灾不断，损失越来越大。我国是世界上生物多样性最丰富的国家之一，但目前破坏很严重，珍稀物种处于濒危状态，有些已经绝迹，品种资源锐减，野生种源大量流失，外来物种危害加剧。

严重的环境污染和生态破坏对经济社会发展带来负面影响。首先是经济损失巨大。世界银行 1997 年发表的报告测算，中国仅大气和水污染造成的损失就约 540 亿美元（以 1995 年计），占同期 GDP 的 8%。《中国绿色国民经济核算研究报告 2004》表明：2004 年，全国因环境污染造成的经济损失为 5118 亿元，占当年 GDP 的 3.05%；虚拟治理成本为 2874 亿元，占当年 GDP 的 1.8%。2004 年 3 月，由于四川化工股份有限公司第二化肥厂违法排污造成沱江严重污染，仅初步调查，损失就达 2 亿多元。

其次，环境污染影响人的身体健康，成为群众日益关注的社会问题。《中国绿色国民经济核算研究报告 2004》表明：环境污染造成的健康损失占整个污染损失的 33%。大气污染的主要危害对象为城市人口。2004 年全国由于大气污染共造成近 35.8 万人死亡，约 64 万呼吸和循环系统病人住院，以及约 25.6 万新发慢性支气管炎病人，造成的经济损失高达 1527.4 亿元。这也就意味着，2004 年中国平均每 1 万个城市居民，就有 6 人因为空气污染死亡、10 人因为大气污染引发呼吸或脑血管系统疾病住院。

水污染的主要健康危害对象是农民。目前，仍有 3 亿农民喝不到安全饮用水。估算结果表明，由于饮用水污染造成的农村居民癌症死亡人数为11.8万人，造成的经济损失为167.8亿元。由于喝不到安全饮用水患介水性传染病所造成的经济损失为10.7亿元。因此，保守估计2004年由于水污染造成的健康经济损失为178.6亿元。

第三，环境问题影响社会稳定。由于环境污染引发的群众来信来访呈显著上升趋势，经常发生因污染问题企业与周边群众矛盾尖锐。上下游水污染和跨界污染纠纷近年来日益增多，甚至造成不同地区之间的冲突。法院审理涉及环境保护的各类刑事、民事和行政案件呈上升趋势。

目前，我国已签署和批准了30多项国际环境公约，履约任务繁重。严重的环境污染和生态破坏影响我国的国际形象，同周边国家存在的环境问题处理不好会成为外交摩擦的隐患。我国工农业生产过程和产品环境标准低，有些还没有环境标准，直接影响这些产品在国际市场上的竞争力，也不断受到发达国家设置的绿色贸易壁垒的限制。

2.1.4 环境科学

环境问题随着人类经济和社会的发展而发展，且因时因地而异。人类在与环境污染做斗争的过程中，对环境问题的认识逐步深入，积累了丰富的经验和知识，促进了各类学科对环境问题的研究。20世纪50年代以后，出现了第一次环境问题的高潮，环境问题的严重化促进了环境科学的发展，经过20世纪60年代的酝酿准备，在20世纪60年代末70年代初形成了环境科学。

2.1.4.1 环境科学的研究对象

环境科学是以“人类与环境”这对矛盾为对象，而研究其对立统一关系的发生与发展，调节与控制，以及利用与改造的科学。人类与环境组成的对立统一体，我们称之“人类-环境”系统，它是以人类为中心的生态系统。环境科学也就是以这个系统为对象研究其发生和发展，调节和控制以及利用和改造的科学。

2.1.4.2 环境科学的特点

环境科学以“人类·环境”系统（人类生态系统）为特定的研究对象，有如下的特点。

（1）综合性

环境科学是20世纪60年代随着经济迅速发展和人口急剧增加所形成的第一次环境问题高潮而兴起的一门综合性很强的重要学科。它涉及的学科面广，具有自然科学、社会科学、技术科学交叉渗透的广泛基础，几乎涉及现代科学的各个领域；同时，它的研究范围涉及人类经济活动和社会行为的各个领域，涉及管理部门、经济部门、科技部门、军事部门及文化教育等人类社会的各个方面。环境科学的形成过程、特定的研究对象以及非常广泛的学科基础和研究领域，决定了它是一门综合性很强的重要的新兴学科。

（2）人类所处地位的特殊性

在“人类-环境”系统中，人与环境的对立统一关系具有共轭性并呈正相关。人类对环境的作用和环境的反馈作用相互依赖，互为因果，构成一个共轭体。人类对环境的作用越强烈，环境的反馈作用也越显著。人类作用呈正效应时（有利于环境质量的恢复和改善），环境的反馈作用也呈正效应（有利于人类的生存和发展），反之，人类将受到环境的报复（负效应）。

人类以“人类-环境”系统为对象进行研究时，人不仅是观察者、研究者，而且也是

“演员”。环境科学理论的确证或否证既不同于自然科学，也不同于社会科学。因为人类社会存在于人类自身的主观决策过程中，一些环境科学专家对未来的预言如果实现了，无疑是对其理论的确证。如果未来环境问题的实际情况与预言的不一样，或者说是否定了该理论。但是，由于人类有决策作用，可能正是由于预言的作用才提醒人们及早做出决策，采取有力措施避免出现所预言的不利于人类的环境问题（环境的不良状态）。从这个意义上说，即使是被否定的理论有时也是很有意义的。这是环境科学的又一重要特点。

（3）学科形成的独特性

环境科学的建成主要是以从旧有经典学科中分化、重组、综合、创新的方式进行的，它的学科体系的形成不同于已有的经典学科。在萌发阶段，是多种经典学科运用本学科的理论和方法研究相应的环境问题，经分化、重组，形成了环境生物学、环境化学、环境物理等交叉的分支学科，经过综合形成了多个交叉的分支学科组成的环境科学。而后，以“人类-环境”系统（人类生态系统）为特定研究对象，自然科学、社会科学、技术科学跨学科的综合研究，创立了人类生态学、理论环境学的理论体系，逐渐形成环境科学特有的学科体系。

2.1.4.3　环境科学的学科体系

环境科学是综合性的新兴学科，已逐步形成多种学科相互交叉渗透的庞大的学科体系。一般将环境科学按其性质和作用划分为三部分：基础环境学、应用环境学及环境学。

基础环境学与应用环境学是基础科学（如物理、化学、生物等）和应用科学（加工程技术、管理科学等）等多种学科，从各自的角度应用本学科的理论和方法研究解决环境问题而产生的学科分支，有些学科分支在环境科学形成以前就已经形成。有些学科分支，是从一个或几个老的学科交叉渗透中产生出来的新分支。这些新分支已不同于原来的老学科，因为它有新的特定研究对象“人类-环境”系统，但它又是从老学科派生出来的，其理论体系与老学科仍有从属关系，如环境生物学、环境化学、环境工程学等。环境科学分科体系示意见图 2-1。

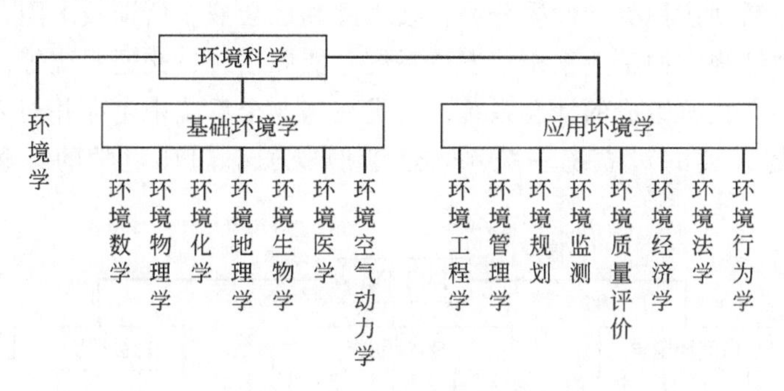

图 2-1　环境科学分科体系示意

有的学科类型很难严格划分，如环境医学则是介于基础环境学与应用环境学之间的分支学科。在这里我们将其放在基础环境学中。

环境学与以上两类学科不同，它形成的时期较晚。20 世纪 70 年代中期发展起来的人类生态学（human encology）综合运用环境生物学、环境地学、经济学、社会学等各种基础理论，统一研究人类与环境系统相互作用的规律及其机理，使环境科学逐渐形成独立的、统一的环境学的理论核心和基础。它不再从属于老学科的理论体系。而是开始建立环境科学独立的学科体系。70 年代开始出现了理论环境学（theoretical environmental science）。它的主要任务是研究人类生态系统的结构和功能、生态流的运动规律，以及环境质量变化对人类生态系统的影响。确定导致人类生态系统受到损害或破坏的极限，寻求调控人类环境系统的最佳方案。它的主要内容包括：环境科学的方法论，环境质量综合评价的理论和方法，环境综合承载力的分析，经济与环境协调度的分析，环境区划理论及合理布局的原理和方法，生产地域综合体优化组合的理论和方法等。最终目的是建立一套调节和控制“人类-环境”系统的理论和方法，促进人类生态系统的良性循环，为解决环境问题提供方向性、战略性的科学依据。

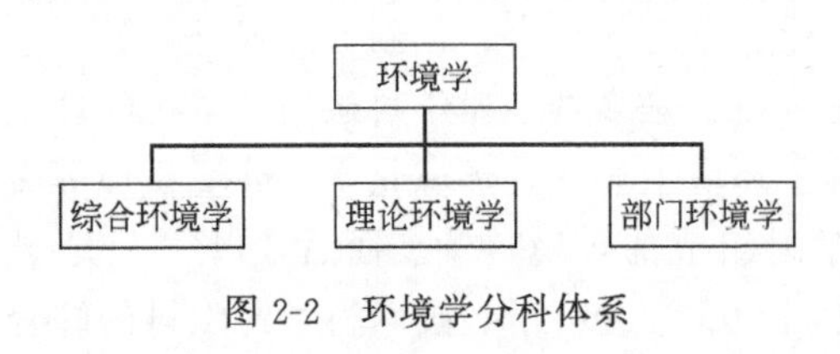

图 2-2　环境学分科体系

以理论环境学作为核心和基础，逐渐形成一个新的独立的、不从属于老学科理论体系的环境学分科体系，如图 2-2 所示。

综合环境学（comprehensive environmental science）是把环境系统作为一个综合体，运用基础理论从人类与环境对立统一关系总体上进行分析研究。范围从大到小可分成三个层，如图 2-3 所示。

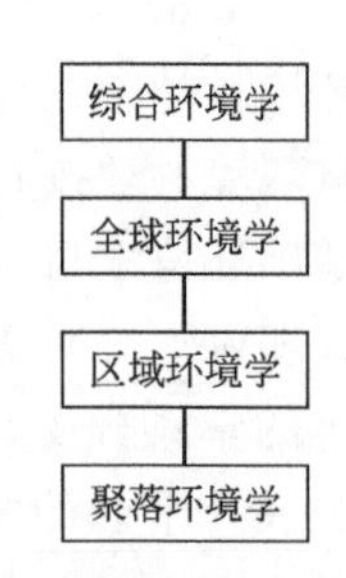

图 2-3　综合环境学分科

部门环境学是指对“人类-环境”系统进行分门别类的研究。科学发展过程中分化与综合是对立的统一。环境问题具有很强的综合性，加速了从整体上研究“人类-环境”系统的学科发展。但是，为了更具体深入地了解环境问题的内在规律，仍然需要开展分门别类的研究，以人类与环境之间的某种或某类特殊矛盾为对象研究其对立统一关系，即根据环境的组成和性质以及人类活动的种类和性质研究人类与环境的对立统一关系，就形成了部门环境学的分支学科。

生物圈是人类生存其间的自然环境，是靠自然力的推动，严格按照自然规律在运动；国际学术界又把人类活动按种类和性质分为：技术圈和社会圈。所谓技术圈，是指在生物圈空间内由人类建造的结构，如工业系统、农业系统、能源系统、交通系统等；所谓社会圈，是指由政治、经济、文化所组成的社会系统。人类在这 3 个系统中生存并与之相互作用，分别研究这三个系统与人类的对立统一关系，逐渐形成了部门环境学的学科体系，如图 2-4 所示。

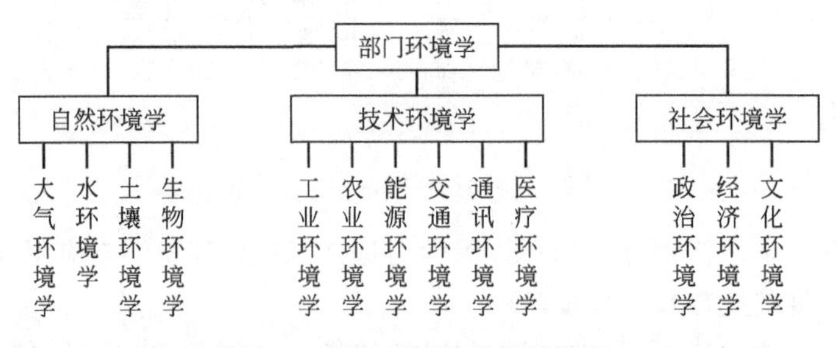

图 2-4　部门环境学的分科体系

环境科学的发展分为两个阶段：20 世纪 60 年代初至 70 年代中，主要是多学科阶段，多种学科交叉渗透形成了环境科学的多个分支学科，这些分支学科如环境化学、环境工程等仍未脱离老学科的理论体系；70 年代中期以后，逐渐形成环境科学统一的理论基础和独立的学科体系。前后组合在一起，组成了环境科学的、庞大的学科体系。

环境保护从某种意义上说，是对人类的总资源进行最佳利用的管理工作，当资源以已知的最佳方法来利用，以求达到社会为其本身所树立的国标时，考虑到已知的或预计的经济效益、社会效益和环境效益，进行综合分析优化、开发利用资源，那么资源的利用是合理的。资源的不合理利用是由于对资源的价值认识不足，没有谨慎地选择利用的方法和目的，而浪费是不合理利用的一种特殊形式。不合理利用和浪费有两种结果——枯竭和破坏，对不可更新资源来说更为明显，而且也包括野生动植物种类的灭绝，因此必须合理地利用资源。

2.2 资源

2.2.1 资源的概念

由于人们的研究领域和研究角度存在着差别，因此在资源的概念上存在着各种不同的理解。资源通常有广义和狭义之分。

广义的资源指人类生存发展和享受所需要的一切物质的和非物质的要素。也就是说，在自然界及人类社会中，有用物即资源，无用物即非资源。因此，资源既包括一切为人类所需要的自然物，如阳光、空气、水、矿产、土壤、植物及动物等，也包括以人类劳动产品形式出现的一切有用物，如各种房屋、设备、其他消费性商品及生产资料等商品，还包括无形的资财，如信息、知识和技术，以及人类本身的体力和智力。关于广义资源的概念，历史上早有一些间接的论述，英国的威廉·配第曾经指出“土地是财富之母，劳动是财富之父”。马克思在论述资本主义剩余价值的产生时指出：“劳动力和土地是形成财富的两个原始要素，是一切财富的源泉”。恩格斯则进一步明确指出：“其实劳动和自然界一起才是一切财富的源泉。自然界为劳动提供材料，劳动把材料变为财富。”马克思和恩格斯虽然没有专门给资源下定义，但已经把劳动力和土地、劳动和自然界肯定为形成财富的源泉。这种论述和我们现代人的理解是非常接近的。因此人类社会财富的创造不仅来源于自然界，而且还来源于人类社会。资源不仅包括物质的要素，也包括非物质的要素。也有学者提出“总资源”的概念，认为“总资源是构成社会、经济、生态环境三大运行系统基本要素的总和”，实际上这也是一种广义的资源。

狭义的资源仅指自然资源。联合国环境规划署（UNEP）对资源下过这样的定义：“所谓自然资源，是指在一定时间、地点的条件下能够产生经济价值的、以提高人类当前和将来福利的自然环境因素和条件的总称”。这是一种狭义资源的定义，仅指自然资源，而且还排除了那些目前进行开采、在经济上还不合算，但在技术上能够加以开采的那部分矿产资源，以及目前无法开垦利用，但却有观赏、探险猎奇、考察研究等功能，能作为旅游资源的沙漠、冰雪覆盖地等。

总之，资源是一个具有广泛意义的词汇。那么，该如何理解它的含义呢？

我们理解的资源有两层含义。首先，资源必须具有社会性开发利用价值，即具有社会化的效用性。这里对人类的效用，也就是社会性效用，资源就是这样一开始便与人口问题联系在一起的。对于人文性质的资源，更是具有直接而普遍的社会有效性，比如劳动力和资金是构成经济活动的两大基本要素，可以说是经济效用的代名词，又比如文化古迹资源，其主要效用是社会和心理，同时也具有发展旅游业的经济价值。其次，资源具有相对稀缺性，这是资源与人口必然联系的另一个侧面。阳光与空气这类事物虽然对人类具有极重要的社会效用，但人们并不视其为资源，这是因为与人类的需求相比，它们的供给是充分的，只在某些特殊的情况下，才表现出相对的稀缺或潜在的限制性，并被视为资源，比如阳光作为太阳能开发或日光被利用时就显示出相对稀缺性。

必须注意，资源是个历史的范畴，又是社会的产物。它的内涵与外延并非是一成不变的，它随技术经济的提高而不断扩展、深化。早在原始社会末期，由于社会生产力的提高、私有制的形成，为天然物产作为商品进行交换创造了条件，人们开始意识到自然物质是“资财的源泉”，从而形成了自然资源的概念。而后，在社会发展进程中，随着认识水平及科学技术的进步，先前尚不知其用途的自然物质逐渐被人类发现和利用，自然资源的种类日益增多，自然资源范畴也愈加扩大。在 20 世纪 20 年代以前的漫长岁月里，发展条件的研究始终把自然资源放在中心地位，后来，由于能源和矿产资源相对充裕，只要有资本，就能从市场上买到劳动力和原材料，把赚钱的机器开动起来。因此，资本被视为发展的主体，“资本万能”论开始流行，虽然“能源危机”和一些矿产资源面临枯竭，增强了人们对自然资源重要性的认识，但新材料、新能源的出现，又继续使资本在经济中的核心地位得以巩固。因此，这一时期，资本资源在资源的概念中，处于核心的位置。

第二次世界大战以后，世界人口急剧增加，工业和城市迅速发展，人类用掠夺的方式开采自然资源，以对资源的大量消耗来换取经济的增长，使陆地上的自然资源承受着空前的压力，许多资源趋于枯竭，全球性“资源危机”威胁着人类的命运。从而，人们把人类美好的前景和希望寄予海洋资源的开发利用上，在一些主要沿海国家中，海洋资源已成为国民经济建设的重要资源支柱，它对稳定和发展国民经济已经具有了非常重要的意义。因此，把海洋作为一个独特的资源系统归属于自然资源研究范畴，合理开发利用与保护海洋资源已成为现代自然资源研究的基本内容。

随着经济的发展，全球的环境问题越来越严重，已经严重地阻碍了经济的发展，也威胁着人类的生存，必须合理地开发利用自然资源，协调经济效益、生态效益和社会效益三者之间关系才能保证经济的可持续发展。因此，自然资源的概念发生了变化，不仅是指可用于人类生产和生活部分的自然资源，也包括了能给予人类精神文明享受的自然环境部分。随着世界旅游事业的蓬勃发展，旅游业茁壮成长，已成为许多国家和地区的重要经济部门，政府和人民十分关注旅游资源的开发利用与建设保护，从而旅游资源也纳入到自然资源概念之中，并成为自然资源研究的内容。

近些年来，以微电子技术为主导，微电子、生物工程和新材料为三大基础，电子计算机、生物工程、新材料、新能源、光导纤维、海洋工程为代表的一系列新兴技术迅猛发展，产业布局和产业结构发生了深刻的变化，以第三产业的蓬勃兴起为龙头的现代产业的发展，不仅依赖自然资源和资本，而且越来越多地依赖人的智力、信息、技术、管理和组织能力。目前可持续发展的战略已为全球所接受，许多国家正在实施这种发展战略，可持续发展的根本思想就是要合理地开发利用自然资源，要做到这一点，必须要有先进的科技水平、管理水平。自然资源只是为经济的发展提供了可能，而先进的科技水平、管理水平才能够使自然资源得到合理的开发利用，并取得更大的经济效益。因此，资源的含义又得到了扩展。智力资源、信息资源、技术资源、管理资源都纳入了资源的范畴，并占据着越来越重要的地位。

因此，我们可以把资源的概念归纳为：在一定历史条件下能被人类开发利用以提高自己福利水平或生存能力的、具有某种稀缺性的、受社会约束的各种环境要素或事物的总称。资源的根本性质是社会化的效用性和对于人类的相对稀缺性，而两者均依人类的需要而成立，从而构成人口与资源这一对地理学的重要范畴。

2.2.2 资源的属性

2.2.2.1 有限性

有限性是自然资源最本质的特征。资源的有限性存在着两个方面的含义。第一，任何资源在数量上是有限的。资源的有限性在矿产资源中尤其明显，据世界能源会议统计，截至2013年，世界已探明可采石油储量共计1211亿吨，天然气119万亿立方米，以目前的石油消耗速度，预计还可开采40～60年；美国地质调查局（USGS）的统计数据显示，截至2013年年底，全球黄金储量为52000吨，预计还可开采30年。由于任何一种矿物的形成不仅需要有特定的地质条件，还必须经过千百万年、上亿年漫长的物理、化学、生物作用过程，因此，相对于人类而言是不可再生的，消耗一点就少一点。其他的可再生资源如动物、植物，由于其再生能力受自身遗传因素的制约，受外界客观条件的限制，不仅其再生能力是有限的，而且利用过度，使其稳定的结构破坏后就会丧失其再生能力，成为非再生性资源。与其他有限资源相比，太阳能、潮汐能、风能等这些恒定性资源似乎是取之不尽、用之不竭的，但从某个时段或地区来考虑，所能提供的能量也是有限的。第二，可替代资源的品种也是有限的。煤、石油、天然气和水力、风力等资源都能用于发电，但总的来看，可替代的投入类型是有限的。例如，温室技术可替代土地资源而生产粮食，空间的利用可以替代工业及住宅用地的不足，但作为人类生存必须具有的淡水和氧气至今还没有找到可以替代的资源。

在如何看待资源的有限性方面，人们有不同的看法。持乐观态度的人认为，人类在今后的生产实践中会依靠科学发展和技术发明不断发掘出新的资源或新的替代资源，也会开发出依靠过去的技术所不能够开发的一些储量丰富的资源。因此，人类的前途是无限光明的，人们不必因暂时资源短缺而杞人忧天。持悲观看法的人认为，造成现代资源危机的根源是一种积极的根源，是人类为了自身利益的结果，这次危机威胁到人类自身文明是否能继续存在和维持下去，迫使人类不得不在短期繁荣与长期生存之间做出艰难的抉择，虽然科学技术能使人类发掘出新的资源，但不能完全解决资源危机问题，由于资源的有限性在本质上是无法改变的，因此，人类的前途无疑是悲观的。

以上的观点都有一定的片面性，由于资源开发利用的潜力是无限的，任何物质都是不断循环运动、不断更新发展的，因此都可以不断重复利用。而且人类科学技术的发展也是无限的，人类能够依靠迅速发展的科学技术避免资源有限所带来的问题。但是，如果因此而对资源危机无动于衷，则是过于乐观。由于不同资源其更新能力不同，更新所需要的周期也不同，如果不合理的开发利用，对它的消耗超过它的更新能力和更新速度，资源就得不到恢复而受到破坏，直至从地球上消失。

资源的有限性要求人类在开发利用自然资源时必须从长计议，珍惜一切自然资源，注意合理开发利用与保护，决不能只顾眼前利益，掠夺式开发资源，甚至肆意破坏资源。

2.2.2.2 区域性

区域性是指资源分布的不平衡，存在数量或质量上的显著地域差异，并有其特殊分布规律。自然资源的地域分布受太阳辐射、大气环流、地质构造和地表形态结构等因素的影响。因此，其种类特性、数量多寡、质量优劣都具有明显的区域差异，分布也不均匀，又由于影响自然资源地域分布的因素基本上是恒定的，在特定条件下必定会形成和分布相应的自然资源区域，所以自然资源的区域分布也有一定的规律性。例如，我国山西省煤炭资源的探明储量占全国总储量的27%以上，人们把山西比作“煤海”；长白山区林地面积和木材蓄积量分别占全国的11%和13.8%，人们把长白山比作“林海”。我国水资源南多北少；能源资源南少北多：水能集中在川、滇、黔、桂、藏五个省区；金属矿产资源基本上分布在由西部高原到东部山地丘陵的过渡地带。从世界范围来看，资源的分布也是不均匀的，探明储量约占世界总储量的58%的石油，集中在波斯湾石油沉积盆地，全世界煤炭总量的87%分布在美国、中国和前苏联三大国家或地区，再例如，随着太阳辐射热量在地球表面的纬度带递变规律，从赤道向极地依次为雨林、季雨林、常绿林、落叶阔叶林、针叶林和苔原等，随着水分循环的地域差别，从沿海向内陆分别为森林、森林草原、草原、荒漠等。

自然资源区域性的特点要求人类在开发利用资源方面应以因地制宜为原则，充分考虑区域、自然环境和社会经济特点，才能使自然资源的开发利用和保护兼有经济效益、环境效益和社会效益，为人类造福。

2.2.2.3 整体性

整体性是指每个地区的自然资源要素彼此有生态的联系，形成一个整体，触动其中一个要素，可能引起一连串的连锁反应，从而影响到整个自然资源系统的变化。这种整体性，再生资源表现得尤为突出。例如，森林资源除经济效益外，还具有含蓄水分、保持土壤的环境效益，如果森林资源遭到破坏，不仅会导致河流含沙量的增加，引起洪水泛滥，而且使土壤肥力下降，土壤肥力的下降又进一步促使植被退化，甚至沙漠化，从而又使动物和微生物大量减少。相反，如果在沙漠地区通过种草种树慢慢恢复茂密的植被，水土将得以保持，动物和微生物将集结繁衍，土壤肥力将会逐步提高，从而促进植被进一步优化及各种生物进入良性循环。总之，各种资源在不同时间、不同空间条件下，是按不同的比例、不同的关系联系在一起的，形成不同的组合结构，并构成不同的生态系统。自然资源的整体性要求对自然资源必须进行综合研究和综合开发。

2.2.2.4 多用性

多用性是指任何一种自然资源都有多种用途，如土地资源既可用于农业，也可用于工业、交通、旅游及改善居民的生活环境等，同一种资源可以作为不同生产过程的投入因素，不同的行业对同一种资源存在着投入需求，同一行业的不同部门以及同一部门的不同经济单位，甚至于同一经济单位的不同企业或同一企业的不同车间、班组或工序都会同时存在着对同一种资源（如电力）的需求。自然资源的多用性只是为人类利用资源提供了不同用途的可能性，到底采取何种方式来利用则是由社会、经济、科学技术以及环境保护等许多因素决定的。

资源的多用性要求在对资源开发利用时，必须根据其可供利用的广度和深度，实行综合开发、综合利用和综合治理，以做到物尽其用，取得最佳效益。

2.2.3 资源的分类

对于资源，从不同的角度、标准有着各种各样的分类方法。例如，按照生产要素的实物形态，可以划分为人力资源和物资资源；按照投入生产与否，可以划分为在用资源和待用资源；按照其来自地区，可以划分为国内资源和国外资源；按照资源的用途不同，可划分为生产资源和生活资源，也可分为农业资源、工业资源、服务性资源等。而且，资源的划分还可以层层细分，例如，资源可划分为自然资源和社会资源，其中自然资源又可划分为可再生资源和不可再生资源，而其中的可再生资源还可划分为动物资源和植物资源等。通常我们将资源分成以下几类：a. 按资源的根本属性的不同，划分为自然资源和社会资源；b. 按利用限度划分为可再生资源和不可再生资源；c. 按其性能和作用的特点，划分为硬资源和软资源。在这里我们重点介绍自然资源的分类。

自然资源是指具有社会有效性和相对稀缺性的自然物质或自然环境的总称。联合国出版的文献中对自然资源的含义解释为："人在其自然环境中发现的各种成分，只要它能以任何方式为人类提供福利的都属于自然资源。从广义上讲，自然资源包括全球范围内的一切要素，它既包括过去进化阶段中无生命的物理成分，如矿物，又包括地球演化过程中的产物，如植物、动物、景观要素、地形、水、空气、土壤和化石资源等。"自然资源是一个相对概念，随着社会生产力水平的提高和科学技术的进步，先前尚不知其用途的自然物质逐渐被人类发现和利用，自然资源的种类日益增多，自然资源的概念也不断深化和发展。在国土开发利用中自然资源包括土地资源、气候资源、水资源、生物资源、矿产资源、海洋资源、能源资源、旅游资源等。

2.2.3.1　土地资源

土地是地球陆地表面部分，是人类生活和生产活动的主要空间场所，"土地包含地球特定地域表面及其以上和以下的大气、土壤及基础地质、水文和植被，它还包含这一地域范围过去和目前的人类活动的种种结果，以及动物就它们对目前和未来人类利用土地所施加的重要影响"。土地是由地形、土壤、植被、岩石、水文和气候等因素组成的一个独立的自然综合体。土地资源数量有限，位置固定，随着生产和科学技术的发展，人类影响的程度越来越大，对土地资源的重要性也越来越为人们所认识。土地的分类方法很多，比较普遍的是采用地形分类和按利用类型分类。按地形可分为山地、高原、丘陵、平原、盆地等，按利用类型分，一般分为耕地、林地、草地、宜垦荒地、宜林荒地、沼泽滩涂水域、工矿交通城镇用地、沙漠石头山地、永久积雪冰川等。

2.2.3.2　气候资源

气候资源是指地球上生命赖以产生、存在和发展的基本条件，也是人类生存和发展工农业生产的物质和能源。气候资源包括太阳辐射、热量、降水、空气及其运动等要素。太阳辐射是地球上一切生物代谢活动的能量源泉，也是气候发展变化的动力。降水是地球上水循环的核心环节，生命活动和自然界水分消耗的补给源。空气运动不仅可以调节和输送水热资源，而且可将大气的各种组分不断输送扩散，供给生命物质的需要。

2.2.3.3　水资源

水资源是指在目前技术和经济条件下，比较容易被人类利用的补给条件好的那部分淡水量，水资源包括湖泊淡水、土壤水、大气水和河川水等淡水量。随着科学技术的发展，海水淡化前景广阔，因此，从广义上讲，海水也应算水资源。

2.2.3.4　生物资源

生物资源是指生物圈中全部动物、植被和微生物。生物资源的分类也是各种各样的，通常采用生物分类的传统体系，将生物资源分为植物资源和动物资源，在植物资源中又可以群落的生态外貌特征划分为森林资源、草原资源、荒漠资源和沼泽资源等；动物资源按其类群可分哺乳动物类资源、鸟类资源、爬行类动物资源、两栖类动物资源以及鱼类资源等。

2.2.3.5 矿产资源

经过一定的地质过程形成的，储存于地壳内或地壳上的固态、液态或气态物质，当它们达到工业利用的要求时，称之为矿产资源。其分类方法较多，一般多按矿物不同物理性质和利用途径划分为黑色金属、有色金属、冶金辅助原料、燃料、化工原料、建筑材料、特种非金属、稀土稀有分散元素8类。

2.2.3.6 能源资源

能够提供某种形式能量的物质或物质的运动都可以称为能源。大自然赋予我们多种多样的能源：a. 来自太阳的能量，除辐射能外，还有经其转换的多种形式的能源；b. 来自地球本身的能量，如热能和原子能；c. 来自地球与其他天体相互作用所产生的能量，如潮汐能。能源有多种分类形式，一般可分为常规能源和新能源，常规能源指当前已被人类社会广泛利用的能源，如石油、煤炭等；新能源是指在当前技术和经济条件下，尚未被人类广泛大量利用，但已经或即将被利用的能源，如太阳能、地热、潮汐能等。

2.2.3.7 海洋资源

海洋资源是指其来源、形成和存在方式都直接与海水有关的物质和能量。可分为海洋生物资源、海底矿产资源、海水化学资源和海洋动力资源。海洋生物资源包括生长和繁衍在海水中的一切有生命的动物和能进行光合作用的植物。海底矿产资源主要包括海滨砂矿、陆架油气和深海沉积矿床等。海水化学资源包括海水中所含大量化学物质和淡水。海洋动力资源主要指海洋里的波浪、海流、潮汐、温度差、密度差、压力差等所蕴藏着的巨大能量。

2.2.3.8 旅游资源

旅游资源是指能为旅游者提供游览、观赏、知识、乐趣、度假、疗养、休息、探险猎奇、考察研究以及友好往来的客体和劳务。人们在旅行中所感兴趣的各类事物，如国情民风、自然风光、历史文化和各种物产等，均属旅游资源。旅游资源可分为自然旅游资源和人文旅游资源两大类。自然旅游资源指的是大自然造化出来的各种特殊的地理地质环境、景观和自然现象。人文旅游资源是人类社会中形成的各种具有鲜明个性特征的社会文化景观。

2.2.4 资源科学

资源科学是一门研究人与自然界中可转化为生产、生存资料来源的物质与能量间相互关系的学科。它以自然资源圈（包括单项自然资源和复合自然资源）为对象，是研究各种自然资源及其复合体的发生、演化、质量特征和时空规律性，探讨其合理开发、利用、保护和管理的一个科学领域。如果说单项的自然资源研究，早在19世纪就已获得显著进展，并形成了相对独立的学科体系，那么把自然资源作为一个整体而进行的研究则开始较晚，尽管这种整体观念早在20世纪20～30年代就已形成，但真正引起重视并得以实施却是在20世纪60年代以后。随着各单项或专门自然资源研究的日益深入和资源地理学、资源生态学、资源经济学研究的日趋成熟，资源科学研究的理论与方法日臻完善，加上资源科学研究的社会价值和科学意义日益扩张，促使资源科学研究在20世纪70～80年代开始步入现代科学领域。

2.2.4.1 资源科学的研究对象——自然资源圈

地球是由一系列不同物化性质的物质圈层（包括大气圈、水圈、生物圈、岩石圈等）所构成，每个圈层都有相应的自然资源。但比较一下沿地球中心到宇宙的垂直剖面图可以看见，在地表及其附近，自然资源种类最多、总量最大，是自然资源的集中分布带，这个自然资源富集并连续环绕地球的近地表层就是自然资源圈，这个圈层正是资源科学特有的研究对象和范围。

在垂直剖面上，自然资源圈处于大气圈、水圈、生物圈和岩石圈相互交接的部位。要确定自然资源圈的边界较为困难，因为这个圈层在垂直方向上向外是逐渐过渡的，没有截然的上、下限，并且人们对自然资源的垂直分布研究较少，更重要的是，随人类社会发展和科学技术进步，这个圈层的范围是逐渐扩展的。由于在可预见的时期内，地球上的各种自然资源仍是人类开发利用的主体，一般认为，自然资源的上限不超过对流层顶，距地表约 14km，下限不超过莫霍面，距地表平均约 17km。其主体范围上限从地表起到其上 1000m 的近地大气层，下限至康拉德面平均厚度 10km 的硅铝层上地壳，目前能够直接取样的最深钻井尚未超过 10km，狭义理解的自然资源圈就是地表之上 1000m，地表以下 10km 这样一个自然物质、能量和信息富集的连续圈层。

作为资源科学研究对象的自然资源圈具有以下特点。

① 就人类利用而言，自然资源圈是地球圈层中一个独立的基本圈层　如前所述，自然资源圈与大气圈、水圈、生物圈和岩石圈关系密切，它以这四个圈层为基础并叠加在这四个圈层之上。但这四个圈层分别是以各单项自然要素为主要组分，并且直接构成人类生存的环境。而自然资源圈除了组成要素的综合性外，更重要的是作为整体系统具有自身的物质、能量结构及功能，直接为人类生存提供资料，深深地打上了人类活动的烙印。因此，对于人类而言，自然资源圈事实上是独立存在的，并且通过这个圈层，密切了人类与环境之间的关系。

② 自然资源圈是自然物质、自然能量和自然信息在人类环境系统运动的中心场所　尽管现代人类活动空间很大，可以登上月球，借助现代化仪器探测宇宙和地球深处，但其生产、生活最频繁的空间还是自然资源圈。自然物质、能量和信息在这个圈层通过物质传输、能量交换和信息交流构成一个系统整体，人类通过其开发利用而与环境发生密切关系。

③ 自然资源圈具有潜在不稳定性　自然界中作用于自然资源圈的主要有以地壳运动和岩浆活动为主的地质内营力和以太阳能和地心引力引发的地质外营力，它们通过影响环境而对资源起间接作用，并且这个过程是极其缓慢的。人类自诞生起，就开始了自然资源的利用和开发，特别是在当今科技飞速发展、经济迅速增长、人口日益膨胀的情况下，人类活动对自然资源圈的压力愈来愈大。有人做过估算，地球每分钟从太阳得到 6×10^{23} kW 的能量，减去云层反射和大气吸收部分，地表得到的能量为 10^{13} kW，但人类目前使用的能量（发电站、各种机械等）每分钟已达 10^{9} kW，与太阳辐射能量 10^{23} kW 相比，10^{13} kW 和 10^{9} kW 被认为是相近的数量级。因此，人类活动已成为作用于自然资源圈的一个新的重要营力。人类活动的失误会严重危及自然资源圈的稳定性，如水库诱发地震、爆炸引起滑塌等已是事实，一系列“全球性问题”的发生也是很好的证明。由于人类活动已是自然资源圈潜在不稳定性的重要因素，故合理利用和有效保护这个独特的圈层已是人类面临的重要使命。

2.2.4.2　资源科学的研究内容

资源科学的产生是由日益紧迫的资源问题引发的，一方面，资源短缺，不能满足日益增长的人类需求；另一方面，资源过采与滥用，损害了人类与资源的共生关系。简而言之，资源科学的研究内容就是要从资源的供给方面和人类、资源、环境的关系方面寻求上述问题的解决途径。传统的自然资源研究，重点在解决资源短缺问题，以扩大资源供给为要旨。迄今为止，仍主要分散在各学科中进行，诸如探矿、资源开发工艺、生物工程等。资源利用不当问题，随着近二三十年来资源、环境问题日趋尖锐，日益受到重视。它通过对资源开发后效的研究，反复认识人类与资源、资源与环境的作用关系，以此来调整资源开发方案、寻求有利于人类生存和经济持续、稳定增长的发展途径。资源科学研究正是通过扩大资源量和控制资源用量及利用方式来调整资源配置决策的。它是在横断的基础上对各类资源开发过程的整体研究——从自然资源脱离自然环境进入人类的生产和消费领域到回归自然。

资源科学研究的目的是求得资源问题的解决，这是一个从认识、发现、规划、开发到调整规划与开发的完整过程。以往的研究未能注意这一过程的连续性，人为地停留在某一阶段，形成了资源研究与开发需要两者的脱节，弥补脱节缺陷的途径就在于深化研究层次，使之最终与资源开发的实践相结合。据此，可以把资源科学的研究内容归纳为 4 个基本层次。

(1) 调查层

这是资源科学最基础的工作层次，主要由各类专业人员完成。目的是对各类资源进行野外勘察，确定其数量、质量及分布，认识其发生、演化及时空分布规律和资源要素与环境要素的关系。主要成果是：资源种类和量的发现，资源数据和资源类型及分布图等。

(2) 评价层

在调查的基础上进行技术经济评价，包括资源数量、质量、多宜性功能、开发条件等综合评价。需要由资源专业人员，技术和经济等有关学科人员共同完成。其目的是确定合理的资源利用方式，如保护或开发、利用顺序等。主要成果是：资源评价报告、图件及说明书、资源开发区划及图件等。

(3) 规划层

依据评价结果和资源开发单位的要求进行资源开发的可行性研究及实施规划。此时，管理人员和社会科学专家的影响逐渐加大。资源工作者的主要任务是在尊重资源内在规律的基础上，综合政府部门和社会背景研究的意见，形成可行的规划方案。同时，为能实现规划，若需要还可进行试点研究，即生产性实验。主要成果是：资源开发可行性报告、规划方案、试点研究报告及图件等。

(4) 跟踪层

规划方案实施后，自然资源进入生产和消费领域，管理者和生产者的作用突出了，此时，资源工作者的任务是跟踪研究，包括指导方案实施、诊断实施问题、研究开发后效、总结管理经验等。目的是反馈后效，改进规划方案。主要成果是资源开发模式总结，人类、资源与环境关系再认识，资源管理的绩效评估及有关政策、法规的制定与修正等。

2.2.4.3 资源科学的学科体系

资源系统的层次性和整体性决定了资源科学研究的广泛性和综合性。现代资源科学研究的重要特征就是要把资源开发与资源保护结合起来，建立完善的资源-生态-经济理论体系。所谓资源开发就是要充分利用人力、财力、生物与非生物资源来满足人类物质和精神生活日益增长的需求，而保护则是对人类利用的自然资源圈进行合理的管理，以便达到永续利用的目的。这不仅需要研究生态系统的各种自然科学，也需要资源开发利用的工程技术科学和有关的社会科学。因此，资源科学是自然科学、社会科学和工程技术科学相互交叉、相互渗透、相互结合的多学科横向发展的新科学领域。

资源科学的主要分支学科按其研究对象和研究内容的差异，可简单地划分为两种类型：一种是学科性的理论研究，即综合资源学；一种是实体性的实践研究，即部门资源学。前者较为成熟的分支学科主要有资源地理学、资源生态学、资源经济学、资源物理学和资源法学等。后者较为完善的分支学科主要包括气象资源学、生物资源学、水资源学、土地资源学、矿产资源学、海洋资源学、旅游资源学和能源学等。每个分支学科之下，仍可做进一步的细分。诸如资源经济学包括土地资源经济学、生物资源经济学、能源经济学、农业资源经济和环境（资源）经济学等；能源学包括生物能源学、矿物能源学、水力资源学、新能源学等。据此构成资源科学研究的学科体系（图 2 5）。

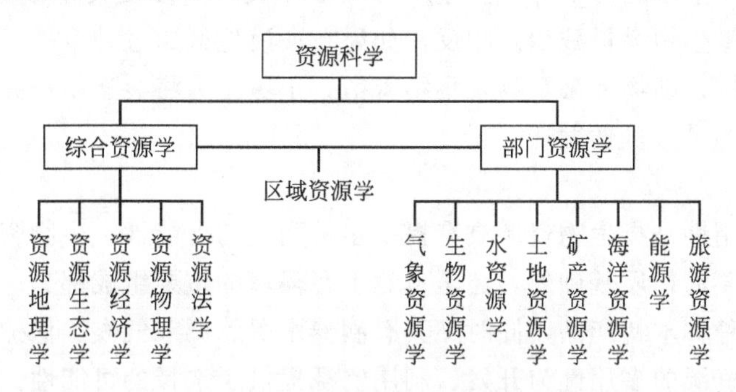

图 2-5　资源科学的学科体系

2.3 生物资源

2.3.1 生物资源的概念

生物资源是自然界中的有机组成部分，是自然历史的产物，包括各种农作物、林木、牧草、家畜、家禽、水生生物、微生物和各种野生动物以及由它们组成的各种群体（种群、群落、生态系统）。人们习惯于将其狭义化，即只包含野生动植物资源。1992 年联合国生物多样性公约中将生物资源定义为：是指具有实际或潜在用途或价值的遗传资源、生物体或者部分、生物群体，或生态系统中任何其他生物组成部分。

2.3.2 生物资源的属性和分类

2.3.2.1 生物资源的属性

生物资源是自然资源的重要组成部分，是人类生态与发展的基础。生物资源除具有自然资源的基本属性外，还具有再生性和可解体性等特有属性。

（1）有限性

生物资源的有限性是指生物资源在数量上是有限的，尽管它是可再生资源，由于其再生能力受自身遗传因素的制约，受外界客观条件的限制，不仅其再生能力是有限的，而且利用过度，使其稳定的结构破坏后还会丧失其再生能力。

（2）区域性

生物资源具有强烈的地域性，并非所有生物均能在一切地方生长发育，各种生物均有其特定的生长地理范围。从赤道到两极，随着太阳辐射通量的递减，森林类型依次为热带雨林、季雨林、常绿阔叶林、落叶阔叶林、针叶林；动物种类也随之有很大的不同。

(3) 整体性

自然资源本身是一个庞大的生态系统。自然界的水资源、土地资源、气候资源、生物资源、森林资源、海洋资源等之间既相互联系，又相互制约，构成了一个有机的统一体。人类活动对其中任何一组分的干扰都可能会引起其他组分的连锁反应，并导致整个系统结构的变化。因此，在开发利用的过程中，必须统筹安排、合理规划，以确保生态系统的良性循环。自然资源的整体性在生物资源上表现得尤为突出。例如，森林资源除经济效益外，还具有含蓄水分、保持土壤的环境效益，如果森林资源遭到破坏，不仅会导致河流含沙量的增加，引起洪水泛滥，而且使土壤肥力下降，土壤肥力的下降又进一步促使植被退化，甚至沙漠化，从而又促使动物和微生物大量减少。相反，如果在沙漠地区通过种草种树慢慢恢复茂密的植被，水土将得以保持，动物和微生物将集结繁衍，土壤肥力将会逐步提高，从而促进植被进一步优化及各种生物进入良性循环。

(4) 多用性

生物资源的多用性是指生物资源具有提供多种用途的可能性。生物资源除了可为人类社会经济活动提供必要的物质基础外，还是自然生态环境的重要组成部分。例如，森林既能向人们提供木材和各种林木特产品，同时又具有涵养水源、调节气候、保护野生动植物、美化环境等功能。生物资源的多用性为开发、利用资源提供了选择的可能性。人类不能仅局限于资源的某一功能而必须充分发挥其各种利用潜力。

(5) 再生性

生物资源同矿产资源不同，属再生资源。再生资源又称可更新资源，这是相对于非再生资源（不可更新资源）而言。这类资源被人类合理开发利用后，可以依靠生态系统自身的运行力量，使之恢复和再生，从而使人们能够永续利用。再生资源种类繁多、类型复杂，依据其再生特征，可分为两大类。a. 永久性的自然资源，如太阳能、风能、潮汐等。这类资源数量丰富、稳定，几乎不受人类活动的影响，不因人类的利用而枯竭。b. 可更新的自然资源。这类资源在开发利用到一定程度或阈值内，其数量和质量能够再生和恢复，即开发利用得当，使自然资源在利用中得到保护，可以取之不尽，用之不竭，长期为人类提供福利。反之，不顾自然界生态平衡，片面地、错误地、超过阈值地开发利用就可能遭到破坏乃至消耗殆尽。这类资源包括有生命资源和无生命资源。有生命资源是指自然界中可供人类利用的有生命的种群总和，主要包括动物资源、植物资源和微生物资源等生物资源，它是自然生态系统的主体。生物资源借助生物自身的生长和繁衍本能，与周围环境中的光、热、水、气、土等非生物资源不断地进行物质循环和能量转化，从而不断地进行自我更新，并保持一定的数量和质量。无生命资源是指自然界中一部分可供人类利用的无生命的物质，如土地资源、水资源、气候资源等非生物资源。

(6) 可解体性

生物资源具有可解体性，当种群的个体受人类的干扰和自然灾害等影响而减少到一定数量时，该种群的遗传基因库便有丧失的危险，从而导致物种的灭绝。物种是不可能再造的。

2.3.2.2 生物资源的分类

生物资源是指生物圈中全部动物、植被和微生物。生物资源的分类也是各种各样的，采用生物分类的传统体系，可将生物资源分为植物资源和动物资源。在植物资源中又可以群落的生态外貌特征划分为森林资源、草原资源、荒漠资源和沼泽资源等；动物资源按其类群可分为哺乳动物类资源、鸟类资源、爬行类动物资源、两栖类动物资源以及鱼类资源等。如按其所在位置来分可分为水体生物资源和陆地生物资源，前者可再分为淡水生物资源和海洋生物资源，后者可再分为地上部生物资源和地下部生物资源等。如按其作用功能，可分为食用生物资源、药用生物资源、观赏生物资源、能源生物资源和环境生物资源等。

2.3.3　生物资源在环境保护中的作用

生物资源的多用性决定了生物资源的作用功能是多方面的，生物资源在环境保护中的作用也是多方面的，在这里仅从以下三个方面来介绍生物资源在环境保护中的作用。

2.3.3.1　生物资源在环境监测和评价中的作用

利用生物对环境污染进行监测，可从不同层次上分析污染危害程度，为环境评价、污染预报和污染物危险性提供依据，受到越来越多的关注并应用到实际的污染监测和预报中。与传统的理化监测方法相比，指示生物监测的优越性表现在：a. 在环境中，生物接触到的污染物不止一种，而几种污染物混合起来，有可能发生协同作用，使危害程度加剧，生物监测能较好地反映出环境污染对生物产生的综合效应；b. 一些低浓度甚至是痕量的污染物进入环境后，在能直接检测或人类能直接感受到以前，生物即可迅速做出反应，显示出可见症状，因此，可以在早期发现污染，及时预报；c. 对于那些剂量小、长期作用产生的慢性毒性效应，用理化方法很难进行测定，而生物监测却可以做到；d. 生物监测克服了理化监测的局限性和连续取样的繁琐性。

2.3.3.2　生物资源在污染净化和修复中的作用

大多数环境中都存在着天然生物降解净化有毒有害污染物的过程，如绿色植物通过光合作用可将二氧化碳转化为分子氧和水分子，水体中的细菌、真菌、藻类、水草、原生动物、贝类、昆虫幼虫和鱼类等对污染物质的降解作用等，只是由于环境条件和自身能力的限制，这种自然净化的速度和作用有一定的限度，当环境污染物超过生态系统的负载能力时，生物自净会遭到破坏，整个生态系统有可能失去平衡。因此需要采取各种方法来强化这一过程，例如通过提供氧气、添加氮磷营养盐、接种经驯化培养的高效微生物等，以便能够使微生物迅速去除水体中有毒有害有机污染物，这就是生物修复的基本思想。生物修复（bioremediation）就是利用生物将土壤、地表及地下水或海洋中的危险性污染物现场去除或降解的工程技术系统。与物理、化学处理技术相比，采用生物修复技术具有投资费用省，对环境影响小，能有效降低污染物浓度，适用于在其他技术难以应用的场地等优点。随着科学技术特别是生物技术的不断提高和发展，生物修复在环境污染治理中的作用越来越明显和突出。生物技术能从种类繁多、数量惊人的微生物中，筛选到人们所需要的微生物菌株以及按照人们的意愿构建新的具有特殊本领的遗传工程微生物高效菌、超级菌，从而在治理环境污染的过程中，实现对污染物的减量化、无害化、资源化。应用微生物工程及生物技术，我们可以做到污染土壤的生物修复，污水的生物净化，减轻、消除化学农药污染，研制出高效、持久、无污染的生物农药，消除农膜造成的白色污染等。

欧洲各发达国家从 20 世纪 80 年代中期开始对生物修复进行了初步研究，并完成了一些实际的处理工程，结果表明生物修复技术是有效的、可行的。美国国家环保局积极地推进生物修复技术的研究和应用，根据 1994 年的统计，在美国采用生物修复技术进行的土壤处理的项目经费已达2亿美元，2000年将达到28亿美元。随着研究的不断深入，生物修复已由微生物修复拓展到植物修复。我国生物修复的研究才刚刚开始，但随着人们对环境质量要求的不断提高，生物修复技术将会在我国广泛采用。

2.3.3.3 生物资源在生态恢复和保护环境中的作用

植物具有吸收CO_2放出O_2的作用；植被具有保持水土、调节气候和净化空气等作用，能影响水、土、气候等资源的形成与演变，植被中的森林在涵养水源、保持水土、调节气候、净化空气、消除噪声等方面的作用尤为突出。由于人们对生物资源不同程度地实行了掠夺性的经营方式，破坏了生态环境。植被破坏是生态环境破坏的最典型特征之一。植被的破坏不仅极大地影响了该地区的自然景观，而且由此带来了一系列的严重后果，如生态系统恶化、环境质量下降、水土流失、土地沙化以及自然灾害加剧，进而可能引起土壤荒漠化，土壤的荒漠化又加剧了水土流失，以及形成生态环境的恶性循环。植被破坏是导致水土流失并最终形成土壤荒漠化的重要根源。如果在沙漠地区通过种草种树慢慢恢复茂密的植被，水土将得以保持，动物和微生物将集结繁衍，土壤肥力将会逐步提高，从而促进植被进一步优化及各种生物进入良性循环。在生态恢复和保护的措施中，植被补偿是补偿中最重要的方法，因为它是整个生态环境功能所依赖的基础。

2.4 环境生物资源

2.4.1 环境生物资源的概念和属性

生物资源是指具有实际或潜在用途或价值的遗传资源、生物体或者部分生物群体，或生态系统中任何其他生物组成部分。生物资源的环境功能是其作用功能之一，我们可以把具有实际或潜在保护环境、评价环境或净化污染等用途或价值的生物资源称为环境生物资源。环境生物资源作为生物资源的有机组成部分，和生物资源一样，除具有自然资源所具有的有限性、区域性、多用性和整体性等共同属性外，还具有可再生性和可解体性等特有属性。

2.4.2 环境生物资源的分类

环境生物资源的分类有很多种，如按其生存位置可分为地上部环境生物资源、地下部环境生物资源和水环境生物资源；如按生物属性也可分为植物类环境生物资源、动物类环境生物资源和微生物类环境生物资源；如按环境要素可分为大气环境生物资源、土壤环境生物资源和水环境生物资源；如按其在环境保护中所起的作用则可分为用于环境监测和评价的环境生物资源、用于环境净化和修复功能的环境生物资源和用于生态恢复及保护的环境生物资源等。

2.4.3 环境生物资源的环境功能

环境生物资源在环境保护中的作用是多方面的，在这里我们主要从环境监测和评价、环境净化与修复和生态恢复及保护三个方面来概括介绍环境生物资源在环境保护中的作用。

2.4.3.1 用于环境监测和评价的环境生物资源

在一定地区范围内根据环境中出现的某些生物类群，可指示环境的清洁或污染的程度。环境生物资源能通过其特性、数量、种类或群落等变化，指示环境或某一环境因子特征用于环境监测和评价。

例如，利用某些动物的应激反应研究其对污染物，尤其是有毒污染物的回避反应及引起回避的污染物浓度，以期对水体污染进行早期预报和评价。生物自有的活动方式，在外来污染物的作用下，可能会增强或减弱其活动性。利用光电设备对受试生物，如鱼类、水蚤、螯虾、糠虾等的活动性进行监测，当其游过观察池时，光束受到干扰，转变成脉冲信号。光束干扰越多，表明受试生物的活动性越强，反之亦然。通过对照比较受试生物在未受污染水体中的活动性，来反映水体是否污染。其他还有诸如呼吸、代谢、习性、摄食、捕食等指标亦可用于对水体污染进行监测和评价。

正常情况下，发光细菌中的FMH2和醛类在胞内荧光素酶的催化作用下，氧化生成黄素单核苷酸（FMN）、酸和水，释放出蓝绿色荧光。当有害污染物存在时，发光行为受到干扰或阻碍，引起荧光强度变化，利用生物发光光度计测定光强，可以对污染物进行定量分析。细菌发光检测具有较好的剂量响应关系，能获得可重复和可再现的试验结果。研究发现，当大气中光化学反应物（PAN）的浓度为2μL/L时，即阻碍发光菌发光。该方法已广泛用于废水、固体废弃物浸出液及重金属等的综合毒性的监测。

许多植物对大气污染的反应非常敏感，即使在污染物含量极低的情况下，也能很快地表现出受害症状。根据植物表现出的受害症状，可以对污染物种类进行定性分析，也可以根据症状的轻重、面积大小，对污染物浓度进行初步的定量分析。研究表明，当大气环境中二氧化硫浓度为1.2μL/L时，紫花苜蓿暴露1h后，叶片出现白色“烟斑”，并逐渐枯萎，或在叶脉之间或叶缘出现明显的坏死，而二氧化硫浓度高于0.154μL/L，苔藓即产生急性伤害。氟化物浓度为1μL/m^3暴露2～3d或浓度为10pL/m^3暴露20h，唐菖蒲就会受到伤害，叶缘和叶尖组织出现坏死，坏死部分颜色呈浅褐色或褐红色，并且与健康组织有明显的界线，因而被公认是监测氟化物的理想植物。燕麦、烟草等暴露在接近背景浓度的臭氧环境中，可迅速做出反应或显示出明确可见的症状。

苔藓地衣的共生性增加了其敏感性，在英国工业城市纽卡斯尔地区，由于二氧化硫污染，苔藓种类从55种下降到5种。微生物对污染物也很敏感，叶生红酵母是生长在落叶表面的一种微生物，通过暴露试验，把不同时期的多次平行实验的结果累加，计算出菌落平均数，根据菌落数的多少反映污染的程度，菌落平均数多的树木所在地污染程度小，反之则大。细菌总数、总大肠菌群、水生真菌、放线菌等也常用作水体污染的指示物种。另外，利用生物种群/群落特征和遗传特征等也可以进行环境监测和评价。

污染物进入环境后，与其他污染物或环境介质相互作用，可能会出现拮抗和相加的协同现象，使污染危害加强或减弱。生活在环境中的生物暴露于污染物中，直接与污染物接触，受污染物影响，在不同层次上产生反应。用适当的指标来表征这些反应，可以对污染的状况和程度进行监测和评价。指示生物监测能够在一定程度反映出污染的综合生物学效应，与化学和仪器监测结合起来，能较好地说明环境污染对生物产生的综合效应，是环境监测中行之有效的手段之一。

2.4.3.2 用于环境净化与修复的环境生物资源

对遭到污染的大气、水、土壤等环境要素，环境生物资源能通过自身的吸收、降解作用以减缓、降低和彻底消除环境中污染物浓度和毒性。

在大气污染净化中发挥作用的环境生物资源主要是绿色植物。植物叶片具有吸收大气中毒物，减少大气中毒物含量，使某些毒物在体内分解，转化为无毒物质的作用，例如大气中二氧化硫进入植物叶片，形成毒性强的亚硫酸根离子，很快在植物体内转化成毒性小的硫酸根离子。植物能吸收、过滤和阻挡大气中的氟化氢、二氧化硫、二氧化氮、臭氧、汞、铅蒸气、乙烯、苯、醛、酮等有害气体。绿色植物还能阻挡、过滤、吸收空气中的灰尘，一个绿化良好的城镇，其降尘量仅为缺少树木城镇的 1/9～1/8。绿色植物还可以分泌一些挥发性物质，杀灭附着在灰尘上的细菌。

水体中的细菌、真菌、藻类、水草、原生动物、贝类、昆虫幼虫和鱼类等对污染物质具有降解作用，使水体达到净化。细菌在水体净化中起主导作用，对水体中有机物质具有很强的吸附、分解能力，某些特殊的微生物类群还能转化和降解水体中的汞、镉、锌等重金属元素，以及人工合成的难以降解的有机化合物，从而使水体得到净化。水生植物中的芦苇、大米草等对水中悬浮物、氯化物、硫酸盐、有机氮等物质有净化能力，水葱风眼莲（水葫芦）能净化酚类物质，绿萍、金鱼藻等能吸收水中的重金属元素。

土壤中微生物、植物根系、动物区系的代谢活动对土壤污染物具有净化作用。土壤污染物包括：有机废弃物、无机物（重金属、酸、碱、盐等）、有机农药、化学肥料、污泥和矿渣、放射性物质、寄生虫和病原菌等。污染物进入土壤，通过植物根系的吸收、转化、降解和生物合成作用，通过微生物（细菌、真菌和放线菌）的降解、转化和固定作用，以及土壤中动物区系的代谢活动，去除和净化上述污染物质。生物修复（bioremediation）就是利用生物将土壤、地表及地下水或海洋中的危险性污染物现场去除或降解的工程技术系统。由于其代谢特征，在环境污染的净化与修复中，微生物一直是特别受到关注的生物类群。然而近年来的研究表明利用植物对环境进行修复即植物修复（photoremediation）是一个更经济、更适于现场操作的去除环境污染物的技术。植物具有庞大的叶冠和根系，在水体或土壤中，与环境之间进行着复杂的物质交换和能量流动，在维持生态环境的平衡中起着重要的作用。植物修复即是把某些对污染物具有承耐力和高积累特性的植物种植于污染区，利用植物自身的生长代谢或与其根系微生物共同作用，将环境中的污染物质吸收固定或消除，并在适当的时间对植物进行收割处理，使污染的环境恢复达到原初状态的一种原位污染治理技术。植物修复是近十几年刚兴起的，并逐渐成为生物修复中的一个研究热点。

随着科学技术特别是生物技术的不断提高和发展，生物修复在环境污染治理中的作用越来越明显和突出。生物技术能从种类繁多，数量惊人的微生物中，筛选到人们所需要的微生物菌株以及按照人们的意愿构建新的具有特殊本领的遗传工程微生物高效菌、超级菌，从而在治理环境污染的过程中，实现对污染物的减量化、无害化、资源化。

应用生物技术还可以对环境生物资源进行有效的保护和合理利用，这将为挖掘新基因、创建新种质提供更为广泛和有效的选择，可从中分离各类具有抗逆功能的基因，如抗盐、抗旱、抗寒、抗缺氧等功能的基因，将这些基因导入植物以增强其对环境的适应性，用以改造中低产田和解决水土流失、干旱等问题，也可为防治土地荒漠化提供新的途径。为了防止生物多样性的减少，可以采用生物技术方法，如组织培养、基因工程等保存遗传资源，创造新种质资源。

2.4.3.3 用于环境生态恢复及保护的环境生物资源

(1) 生态环境的几个主要问题

生态环境的恶化有自然原因，但更重要的是人为原因。巨大的人口数量的压力和不合理的开发活动是当今生态环境恶化的主要原因。植被是全球或某一地区内所有植物群落的泛称。植被是生态系统的基础，为动物或微生物提供了特殊的栖息环境，为人类提供食物和多种有用物质材料。植被还是气候和无机环境条件的调节者，无机和有机营养的调节和储存者，空气和水源的净化者。植被在人类环境中起着极其重要的作用，它既是重要的环境要素，又是重要的自然资源，是环境生物资源的重要组成部分。植被破坏是生态环境破坏的最典型特征之一。植被的破坏不仅极大地影响了该地区的自然景观，而且由此带来了一系列的严重后果，如生态系统恶化、环境质量下降、水土流失、土地沙化以及自然灾害加剧，进而可能引起土壤荒漠化，土壤的荒漠化又加剧了水土流失，以及形成生态环境的恶性循环。植被破坏是导致水土流失并最终形成土壤荒漠化的重要根源。目前，全球大面积的荒漠化已严重影响了人类的生存环境。

① 森林破坏　森林是陆地生态系统的中心，在涵养水源、保持水土、调节气候、繁衍物种、动物栖息等方面起着不可替代的作用。

虽然历史上地球的森林广阔，曾经覆盖世界陆地面积的 45%，总面积为 $60\times10^8\,hm^2$，但到 19 世纪初，全球森林面积已减少到 $55\times10^8\,hm^2$。到 1985 年，全世界的森林面积为 $41.47\times10^8\,hm^2$。根据联合国粮食及农业组织 1990 年的评估结果为 $41.68\times10^8\,hm^2$，2000 年约 $40.85\times10^8\,hm^2$，2010 年 $40.32\times10^8\,hm^2$。

造成森林破坏的原因，主要是由于人们只把森林看作是生产木材和薪柴的场所，对森林在生态环境中的重要作用缺乏认识，长期过量地采伐，使消耗量大于生长量。其次是现代农业的有计划垦殖使部分森林永久性地变成农田和牧场。违法采伐和木材贸易的问题也是森林减少的原因之一。

2007 年 3 月 13 日联合国粮食和农业组织星期二发表的《世界森林状况报告》指出，2000 年和 2005 年间，森林面积每年净损失 $7.3\times10^6\,hm^2$ 左右，也就是相当于塞拉利昂或是巴拿马国土面积的森林消失。而 1990～2000 年间，每年森林净损失的面积估计达到 $8.9\times10^6\,hm^2$。目前，全球森林面积以每年 0.18%的速度在消失。这份报告同时指出，森林资源在北美、欧洲和中国增长，而热带地区的森林资源日渐减少。热带森林是全球森林的重要组成部分，主要分布在东南亚、中非、南美洲的北部，以及欧洲的某些地区。南美洲是近年来森林消失最快的地方，已经超过非洲。在南美的亚马逊河流域，原始森林变成了现代牧场和农耕地，特别是大豆种植场。亚洲其他地区的热带森林消失的速度依然在增加。

如今全球热带雨林正在以每分钟 $20hm^2$ 的速度被砍伐、烧毁，或被化学药剂摧毁。如果热带雨林遭到破坏的势头得不到有效遏制，到 2025 年，生存于热带雨林的鸟类和植物将有 25%濒临灭绝，这一速度相当于物种自然淘汰速度的 1 万倍。

亚洲的局势在最近 10 年出现了惊人的扭转。在 19 世纪 90 年代，亚洲的森林面积以每年将近 $7.8\times10^5\,hm^2$ 的速度在消失，而自 2000 年以来，每年却以将近 $1.04\times10^6\,hm^2$ 的速度在增加，森林面积的增长归功于中国政府新的森林政策。

② 牧场退化　牧场包括草原、林中空地、林缘草地、疏林、灌木丛以及荒漠、半荒漠地区植被稀疏的地段。因此，世界牧场的面积和分布难以统计。根据联合国粮农组织最近统计：a. 永久性草场（相当于生态学上草原的概念）总面积为 $3.16\times10^9\,hm^2$，占陆地面积的 24%；b. 疏林总面积为 $1.37\times10^9\,hm^2$，占陆地面积的 10.4%；c. 其他土地，包括灌木林、冻土地区和荒漠地区可进行季节性放牧或在多雨年用于放牧的土地，总面积为 $4.38\times10^9\,hm^2$，其中 1/2 可作牧场，合 $2.19\times10^9\,hm^2$，占陆地面积 16.6%。这三类牧场合计总面积

6.72×10^9 hm²，占陆地面积的 51%。

这三类地区中，第一、第二类自然条件较好，尤其是草原，土地平坦，气候干爽，土壤肥沃，牧草鲜美，最宜放牧，亦可农耕。人类远祖离开森林以后第一个目标就是草原，从这里开始了人类的农牧生活。牧场是放牧家畜和野生动物栖息的地方。但是，过度放牧与不适宜的开垦耕种，往往引起牧场退化、土壤侵蚀和荒漠化等一系列生态环境问题，尤其是近几年来日益频繁出现的沙尘暴。

目前，世界各地的牧场都有不同程度的退化，只有欧洲情况较好。欧洲雨水丰沛，草种多经改良，草场管理有序，载畜量比其他地区高几倍。欧洲许多国家的肉奶制品．不仅可以自给，而且有多余部分可供出口。北美诸国牧场经历过开发、滥用至逐步改善三个阶段，现已逐渐好转。发展中国家的牧场大多仍处于退化阶段。例如，非洲许多国家的牧场严重荒漠化，其原因不仅是由于过度放牧，还由于当地居民的过度樵采。在一些地区，牧场成为当地燃料的唯一来源，结果导致牧场的彻底破坏。南美的牧场也存在过度放牧和退化的情况，尤其是在阿根廷、巴拉圭、乌拉圭和巴西等国。

牧场退化表现为草群稀疏低矮，产草量降低，草质变劣（优良牧草减少，杂草毒草增多）。退化严重的地方整个自然环境受到破坏、土地沙化和盐渍化，导致该地区动植物资源遭到破坏，许多物种濒临灭绝。这个过程实质上就是荒漠化。

③ 荒漠化　“荒漠化”是法国植物和生态学家 A. 奥布雷维莱（A. Aubreville）针对非洲热带草原退化为类似荒漠的环境变化现象，于 1949 年首次提出的。但荒漠化作为一个生态环境问题开始引起重视，源于 20 世纪 60 年代末 70 年代初发生在非洲撒哈拉地带的连续干旱和随之而来的饥荒。随着人类对自然环境的影响日益加剧，荒漠化问题也越来越突出。

“荒漠化”的主要表征如下。

a. 气候变化。由于荒漠化引起植被退化，改变了地表反射率及 CO_2 的吸收过程，从而对气候变化产生影响，如气候变暖、降水的变化。

b. 植被及动物群落退化。例如，密度、多样性向坏的方向发展。

c. 土壤退化。其形式包括：表层土壤流失（水分）、土壤流失、养分流失，沟蚀引起土体搬运；流沙淹埋农田、村庄，风蚀地表，吹走土壤细粒和土壤养分，土壤肥力降低；土壤次生盐渍化、土壤酸化、土壤污染。

d. 水文状况的恶化。主要由于植被退化，洪峰流量增加，枯水流量减少，水蚀作用，地下径流减小；水文状况的恶化又为某一地区土地资源退化创造了恶性循环条件。

据联合国环境署（UNEP）1992 年的现状调查推断，全球 2/3 的国家和地区、世界陆地面积的 1/3 受到荒漠化的危害，约 1/5 的世界人口受到直接影响，每年约有 $(5.0\sim7.0)\times10^7$ km² 的耕地被沙化，其中有 2.1×10^7 km² 完全丧失生产能力，经济损失高达 423 亿美元。荒漠化受害面涉及世界各大陆，最为严重的是非洲大陆，其次是亚洲。由于荒漠化的影响，全球每年大约丧失 $(4.5\sim5.8)\times10^4$ km² 的放牧地、$(3.5\sim4.0)\times10^4$ km² 的雨养农地以及 $(1.0\sim1.3)\times10^4$ km² 的灌溉土地。2006 年 6 月 5 日世界环境日的主题是“莫使旱地变荒漠”。在当日，联合国环境规划署（UNEP）发布名为《全球沙漠展望》的报告，该报告是 UNEP《全球环境展望》系列报告中的首份主题报告。报告指出：目前，沙漠面积已占全球陆地面积的 25%，即 3370 万平方公里，居住着约 5 亿人。而大多数的沙漠地区面临着更为干旱的前景。

荒漠化的产生和发展主要可分为自然因素和人为因素。联合国曾对荒漠化地区 45 个点进行了调查，结果表明：由于自然变化（如气候变干）引起的荒漠化占13%，其余87%均为人为因素所致。中国科学院对现代沙漠化过程的成因类型做过详细的调查，结果表明：在我国北方地区现代荒漠化土地中，94.5%为人为因素所致，荒漠化的原因主要是由于人口的激增及自然资源利用不当而带来的过度放牧、滥垦乱伐、不合理的耕作及粗放管理、水资源的不合理利用等。这些人为活动破坏了生态系统的平衡，从而导致了土地荒漠化。

④ 水土流失　水土流失是指缺乏植被保护的土地表层，被雨水冲蚀后引起跑土、跑肥、跑水，使土层逐步变薄变瘠的现象。它通常发生在植被被破坏、利用不当或耕作不合理的土质疏松的山区、丘陵地区或沙土质平原坡地。

造成水土流失的原因包括自然的和人为的两个方面，前者如暴雨、洪水等，后者主要是破坏地表植被的行为，如滥伐森林、滥垦草地、陡坡地开荒等。

（2）中国的生态环境问题

我国森林破坏现象曾经也较严重。据林业部门统计，建国初期我国林地曾达1.25×10^8 hm^2，森林覆盖率为13%，到20世纪70年代末80年代初，降至12%，甚至估计覆盖率只有11.5%，不及世界平均覆盖率的1/2。全国许多重要林区，由于长期重采轻造，导致森林面积锐减。例如，长白山林1949年森林覆盖率为82.5%，现在减少到14.2%；西双版纳地区，1949年天然森林覆盖率达60%，目前已降至30%以下；四川省1949年全省森林覆盖率在20%左右，川西地区达40%以上，但到20世纪70年代末，川西地区覆盖率减到14.1%，全省减到12.5%，川中丘陵地带森林覆盖率只有3%。由于森林的破坏，导致了某些地区气候变化、降雨量减少以及自然灾害（如旱灾、鼠虫害等）日益加剧。据调查，我国四川省已有46个县年降雨量减少了15%～20%，不仅使江河水量减少，而且旱灾加重。在四川盆地，20世纪50年代伏旱一般三年一遇，现在变为三年两遇，甚至连年出现，而且旱期成倍延长。春旱也在加剧，由20世纪50年代的三年一遇变为十春八旱，自古雨量充沛的“天府之国”，现在却出现了缺雨少水的现象。黑龙江省大兴安岭南部森林被砍伐破坏后，年降雨量由过去的600mm减少到380mm，过去罕见的春旱、伏旱，近年来常有发生。另据云南、贵州的统计，因森林砍伐和植被破坏，旱灾频率成倍增加。“天无三日晴”的贵州，现在是“三年有两旱”。

我国草原总面积约$3.53\times10^8hm^2$，可利用的约$3.1\times10^8hm^2$，占国土面积的40%以上，居世界第4位。但是由于长期以来对草原资源采取自然粗放式经营，我国牧场退化情况很严重。过牧超载、重用轻养、乱开滥垦，使草原破坏严重，以致草原退化、沙化和碱化面积日益发展，生产力不断下降。内蒙古和青海许多牧场的产草量比20世纪50年代下降了1/3～1/2，而且质量变劣。虫害（主要是蝗虫）和鼠害是草场退化的另一原因，内蒙古地区的鼠害使牧草每年减产$(3.0\sim5.0)\times10^9kg$。

我国是世界上人口最多、耕地面积不足的发展中国家，同时也是受荒漠化危害最严重的国家之一。根据《第三次中国荒漠化和沙化状况公报（2005）》，2004年，全国荒漠化土地总面积为$263.62\times10^4km^2$，占国土总面积的27.46%，分布于北京、天津、河北、山西、内蒙古、辽宁、吉林、山东、河南、海南、四川、云南、西藏、陕西、甘肃、青海、宁夏、新疆18个省（自治区、直辖市）的498个县（旗、市）。按气候类型，荒漠化现状是：干旱区荒漠化土地面积为$1.15\times10^6km^2$，占荒漠化土地总面积的43.62%；半干旱区荒漠化土地面积为$9.718\times10^5km^2$，占荒漠化土地总面积的36.86%；亚湿润干旱区荒漠化土地面积为$5.144\times10^5km^2$，占荒漠化土地总面积的19.52%。按荒漠化类型，现状是：风蚀荒漠化

土地面积 $183.94\times10^4km^2$，占荒漠化土地总面积的 69.77%；水蚀荒漠化土地面积 $25.93\times10^4km^2$，占 9.84%；盐渍化土地面积 $17.38\times10^4km^2$，占 6.59%；冻融荒漠化土地面积 $36.37\times10^4km^2$，占 13.80%。按荒漠化程度，现状是：轻度荒漠化土地面积为 $63.11\times10^4km^2$，占荒漠化土地总面积的 23.94%；中度为 $98.53\times10^4km^2$，占 37.38%；重度为 $43.34\times10^4km^2$，占 16.44%；极重度为 $58.64\times10^4km^2$，占 22.24%。

截至 2004 年，全国沙化土地面积为 $173.97\times10^4km^2$，占国土总面积的 18.12%，分布在除上海、台湾及香港和澳门特别行政区外的 30 个省（自治区、直辖市）的 889 个县（旗、区）。

由于山地和丘陵占我国国土面积的大部分，加之人类活动对地表植被的不断破坏，我国是世界上水土流失最严重的国家之一。目前，全国水土流失面积已达 $3.56\times10^6km^2$，占国土面积的 36.9%。近 30 年来，虽开展了大量的水土保持工作，但总体来看，水土流失点上有治理，面上在扩大。水土流失以黄土高原地区最为严重，该区总面积约 $5.4\times10^5km^2$，水土流失面积已达 $4.5\times10^5km^2$，其中严重流失面积约 $2.8\times10^5km^2$，每年通过黄河三门峡向下游输送的泥沙量达 1.6×10^9t。其次是南方亚热带和热带山地丘陵地区。此外，华北、东北等地水土流失也相当严重。例如，京、津、冀、鲁、豫五省市水土流失面积约占该地区土地面积的 50%。就水土流失的现状而言，它已经成为我国所面临的首要生态环境问题。

水土流失给土地资源和农、牧、林业生产带来极大破坏和损害。水土流失破坏土壤层，使土壤肥力下降，全国每年表土流失量相当于全国耕地每年剥去 1cm 的肥土层，损失的氮、磷、钾养分相当于 4.0×10^7t 化肥。同时，在水土流失地区，地面被切割得支离破碎、沟壑纵横，一些南方亚热带山地土壤有机质丧失殆尽，基岩裸露，形成石质荒漠化土地。流失土壤还造成水库、湖泊和河道淤积，黄河下游河床平均每年抬高达 10cm。1998 年长江和松花江流域的大洪水导致了数千人丧生和数千亿元人民币的财产损失。1998 年的长江大洪水就与上游的水土流失有着直接的关系。1957 年长江流域森林覆盖率为 22%，水土流失面积为 $36.38\times10^4km^2$，占流域总面积的 20.2%，1986 年森林覆盖率仅剩 10%，水土流失面积猛增到 $73.94\times10^4km^2$，占流域面积的 41%。严重的水土流失，使长江流域的各种水库年淤积损失库容 $1.2\times10^9m^3$。长江干流河道的不断淤积，造成了荆江河段的“悬河”，汛期洪水水位高出两岸数米到数十米。由于大量泥沙淤积和围湖造田，使 30 年间长江中下游的湖泊面积减少了 45.5%，蓄水能力大为减弱。

1998 年特大洪水、2000 年春遭受的严重旱灾、2002 年 3 月影响严重的沙尘暴天气，给人民敲响了警钟。人们认识到要实现社会经济的可持续发展，必须保持良好的生态环境。

在 1998 年洪灾后，国务院提出了“退耕还林（草）、封山绿化、以粮代赈、个体承包”的政策措施，1999 年 8 月，发出了《关于保护森林资源、制止毁林开垦和乱占林地的通知》，要求立即停止一切毁林开垦行为，大力植树造林。与之相呼应，1999 年 10 月退耕还林工程率先在四川、陕西、甘肃开展；2000 年 3 月，退耕还林试点工作在 17 个省（区、市）正式启动；2002 年在全国 21 个省（区、市）全面铺开。

《2004 年中国国土绿化状况公报》指出：根据第六次全国森林资源清查结果，全国森林面积 26.2 亿亩，森林覆盖率 18.21%，森林蓄积 $124.56\times10^8m^3$。全国人工林面积 7.99 亿亩，人工林面积居世界首位。全国城市绿化覆盖率达 31.15%，人均公共绿地达 $6.49m^2$。全国森林覆盖率变化见图 2-6。

中国大规模的植树造林活动延缓了全世界森林面积日渐减少的步伐，但是人工林不能替

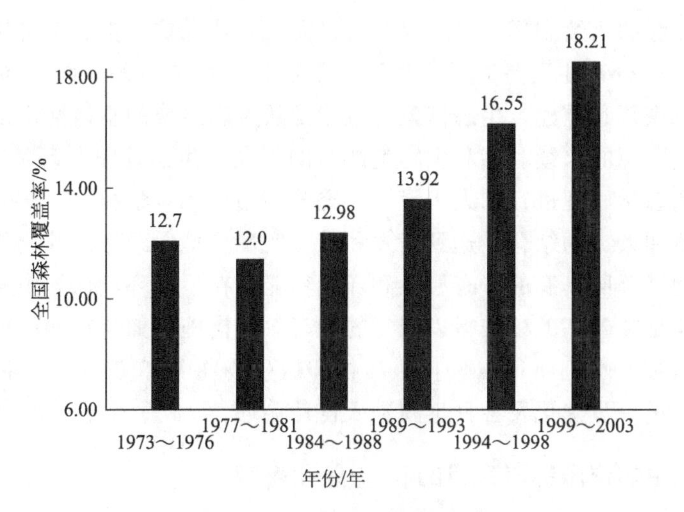

图 2-6　全国森林覆盖率变化图

（引自《人民日报》2005 年 09 月 26 日第十四版）

代原始森林。虽然人工林在增加绿化面积、保持水土流失以及吸收二氧化碳等方面有不小的贡献，但是人工林只包含了一小部分原始森林的植被和动物。生物学家指出，当大面积的原始森林被人为砍伐光后，往往会造成生活在其中的众多植物和动物相继灭绝。这样，即便人们事后通过“人工造林”逐渐恢复了部分植被，也无法有效弥补因毁林开荒所造成的严重生态灾难，并将因人类无法有效维持地球物种多样性，而引起更加严重的连锁反应。

（3）生态环境保护

目前，世界各国都采取各种手段，包括行政的、经济的、法律的、技术的等，对人类生活环境进行生态保护。生态环境保护领域十分广阔，涉及自然环境保护、自然资源保护、野生动物保护、文物古迹保护和农业生态环境保护等。在自然资源保护中，既包括对野生资源，如未被砍伐的原始森林、未被开发的大草原、湿地等的保护，又包括对正在被开发利用的资源，如正被砍伐的林地，正在被开发的草原和湿地；还包括早已被利用的资源，如已经耕种数千年的土地等。同时，环境资源保护不仅要保护现有的野生资源与环境，而且还要保护正在利用的已经受到干扰和破坏的自然资源与环境。例如，森林是保护对象，当森林被砍伐后，其残留的裸露土壤也是保护的对象，否则就会出现水土流失、营养丢失、河流淤积、水体富营养化等一系列的生态破坏。在人口比较密集区的农业生态环境、耕地肥力、城市生态环境及其水源地的水质均在保护之列。

生态环境保护可以按照不同的分类依据进行分类。按照保护的方式、目的大致可以分为维护、保护、恢复和重建四种类型。维护（preservation）一词通常意味着保持陆地与水体的现有模式不变。保护（conservation）通常指的是将资源，如土地资源、水资源和生物资源等保持在良好的状态，使当代人和后代人都同样可以对其进行可持续的利用。在已被破坏的地方，保护的意义就扩大为恢复（restoration）、重建（reconstruction）、复垦（reclamation）等，简言之就是消除已造成的损害。

按照人工化的程度可将生态环境保护分为自然保护和生态建设两类。自然保护（conservation of nature）指采用各种手段，包括行政的、技术的、经济的和法律的，对自然环境和自然资源实行保护。其保护对象很广，主要有土地、水、生物（包括森林、草原和野生生物等）、矿藏、典型景观等资源。其中心是保护、增殖（可更新资源）和合理利用自然资源，以保证自然资源的永续利用。自然保护区、海上自然保护区都属于自然保护。生态建设（ecological construction）主要是对受人为活动干扰和破坏的生态系统（包括水生和陆生生态系统）进行生态恢复和重建。生态恢复与重建是从生态系统的整体性出发，保障生态系统的健康发展、自然资源的永续利用和生物生产力的提高。生态建设与环境保护的含义不同，生态建设是根据生态学原理进行的人工设计，充分利用现代科学技术，充分利用生态系统的自然规律，是自然和人工的结合，达到高效和谐，实现环境、经济、社会效益的统一。

由于环境生物资源所具有的特有属性和环境功能，在生态环境保护中起着不可缺少的重要作用，植被补偿是被破坏的植被得以恢复的最有效的措施。如果在沙漠地区通过种草种树慢慢恢复茂密的植被，水土将得以保持，动物和微生物将集结繁衍，土壤肥力将会逐步提高，从而促进植被进一步优化及各种生物进入良性循环。

2.4.4 环境生物资源的研究目的、对象和内容

2.4.4.1 研究目的

环境生物资源研究的主要目的是有计划、有步骤的保护和开发利用环境生物资源，充分发挥其潜力，改善生态环境，提高环境质量，促进经济稳定、持久、协调发展。同时，在这个过程中处理好人与环境生物资源的关系，以便能持久地得到环境生物资源，满足社会生产和生活的需要。通过环境生物资源的开发利用研究，在充分发挥我国环境生物资源潜力的同时，大力开发利用西部的生物资源优势，这有利于调整我国的经济结构，改变资源开发利用和生产力布局的不合理状况，加快现代化建设的进程。

2.4.4.2 研究对象和内容

环境生物资源开发利用研究的对象是地球表面上具有实际或潜在美化、净化和保护环境等功能的生物资源，探索、发现、阐明其分布规律和作用机理的形成、发展变化及地区差异，在大量调查研究的基础上，进行各种环境生物资源和资源综合体的自然与经济评价，根据经济建设的需要以及现有经济实力，正确处理资源与生产、投入与产出、利用与保护之间错综复杂的关系，做到环境生物资源的积极开发和合理利用。

环境生物资源作为资源其开发的全过程包括考察、开发、利用、改造、保护5个方面，以及为此所进行的立法和管理，这些构成密不可分的统一整体。其中利用是关键，也是我们的目的，余者都是为了达到利用这个目的而采取的手段和所创造的条件，考察主要是通过实地工作对环境生物资源的状况进行调查研究，确定有无开发利用的可能性。开发就是按着资源开发利用和人口增长相适应的长期战略目标，对资源进行有计划的开发，使环境生物资源充分发挥其环境功能，成为有用之材。改造，则是指人们在有限的范围内，运用先进的科学技术，使不能利用的或质量差的资源转变为可供利用的质量较好的资源，以便充分发挥资源的潜力。保护是使资源经常可存在于良好的环境之中，资源开发利用的历史，特别是近百年来各国经济的发展的历史已经表明，一个国家或地区必须从战略高度出发，制定出包括上述5个方面在内的一整套方针、政策、法令，并建立相应的机构和管理体制，才能保护资源开发利用的顺利进行。

环境生物资源所具有的环境保护功能和资源特性决定了环境生物资源的主要研究内容是环境生物资源的合理开发利用与保护。

（1）环境生物资源的开发利用

查清环境生物资源的种类、数量、质量、分布；探明环境生物资源所具有的环境保护功能的机理；利用现代科学技术特别是生物技术，以扩大环境生物资源供给的数量和质量，充分发挥其保护环境、美化环境或净化污染的用途或价值，为人类生存环境条件的改善和经济持续、稳定增长起到应有的作用；研究资源开发利用方向、方式、途径、措施，经过反复分析，论证自然条件的适宜性，经济条件的合理性，技术条件的可行性之后，确定最佳利用方案；研究环境生物资源的开发利用对人类和环境的反馈作用，预测资源开发消长趋势和资源开发利用所引起的资源本身和周围环境变化。

（2）环境生物资源的保护

加强生物多样性特别是环境生物资源的保护，控制环境生物资源的用量和利用方式，探索环境生物资源的合理管理方式，以便达到永续利用的目的。

参考文献

[1] 刘成武主编．自然资源概论［M］．北京：科学出版社，1999.
[2] 封志明，王勤学主编．资源科学论纲［M］．北京：地震出版社，1994.
[3] 亚历山大·基斯．国际环境法［M］．张若思编译．北京：法律出版社，2000.
[4] 刘向丽．初级产品国际贸易地位的变化及其影响因素［J］．国际经贸探索，2010，(7)：10-14.
[5] 余勇．"森林"将从人类字典中消失［J］．环境，2008，(9)：40-42.
[6] 付保荣等．试述我国环保执政理念的转变及生态文明的建设［C］．见：中国环境科学学会学术年会论文集，2015：324-327.

第3章 用于环境监测与评价的环境生物资源

自然界中生物资源广泛存在于各种生态环境中，它们分布广、生长繁殖快、对环境条件变化敏感。当所生存的环境条件发生变化，特别是受到外界污染时，生物种类的组成和数量也会变化，人们根据生物种类和数量的变化情况，对环境污染的状况和发展趋势做出分析评价，所以生物资源被广泛地应用于对环境质量的监测和评价中。

3.1 生物监测和环境质量评价

3.1.1 环境质量定义及基本内涵

3.1.1.1 环境质量定义

环境质量（environmentd quality）是指环境素质的优劣程度。优劣是质的概念，程度是量的表征。在积累了大量的有关环境的实际资料或监测数据之后，可以将环境的质和量结合起来，给出环境性质定量的标度。具体地说，环境质量是指在一个具体的环境内，环境的总量或环境的基本要素对人群的生存和繁衍及社会经济发展的适宜程度，是反映人类的具体要求而形成的对环境的性质及数量进行评定的一种概念。

环境质量首先是由环境本身的特性所决定的，它与物理质量主要的不同点是其具有明显的时空变化，受人类活动直接影响，并反过来对人群的生存及健康产生直接作用，它还可以受到人类的调控和改善。

3.1.1.2 环境质量的基本内涵

环境质量指自然环境质量和社会环境质量两个方面，它包括物理的、化学的和生物的质量，又可具体划分为大气环境质量、水环境质量、土壤环境质量、生物环境质量等。所谓物理环境质量是指周围物理环境条件的好坏，自然界气候、水文、地质、地貌等条件的变化。热污染、噪声污染、微波辐射、地面下沉以及自然灾害等都能影响物理环境质量。化学环境质量是指周围化学环境条件的好坏，不同地区各环境要素的化学组成不同，它们的化学环境质量也不一样。人类活动造成的化学污染可以降低化学环境质量。生物环境质量是环境质量的重要组成部分，它是就周围生物群落构成的特点而言，不同地区生物群落的结构及组成特点不同，其生物环境质量也有差别。社会环境质量包括经济的、文化的及美学的各方面。各地区发展程度不同，社会环境质量有明显的差别。环境质量评价涉及环境质量基准和环境质量标准，环境质量基准（envionmental quality criteria）一般定义为，环境因在一定条件下作用于特定对象（人或生物）而不产生不良或有害效应的最大阈值，或者说环境质量基准是保障人类生存活动及维持生态平衡的基本水准；环境质量标准（environmental quality standard）是国家权力机构为保障人群健康和适宜生存条件，为保护生物资源、维持生态平衡，对环境中有害因素在限定的时空范围内容许阈值所作的强制性法规。环境质量基准和环境质量标准是两个不同的概念，环境质量基准是由污染物同特定对象之间的剂量-反应关系确定的，不考虑社会、经济、技术等人为因素，不具有法律效力。环境质量标准是以环境质量基准为依据，并考虑社会、经济、技术等因素，经过综合分析制定的，具有法律意义，体现国家环境保护政策和要求。环境质量标准有水质量标准、大气质量标准、土壤质量标准、生物质量标准。环境质量基准有环境卫生基准、水生生物基准等。

3.1.2 生物监测的概念

生物监测（biological monitoring 或 biomonitoring）是利用生物个体、种群或群落对环境污染或变化所产生的反应阐明环境污染状况，从生物学角度为环境质量的监测和评价提供依据。环境质量的变化对生态系统会产生直接的影响。从理论上说，环境的物理、化学过程决定着生物学过程；反过来，生物学过程的变化也可以在一定程度上反映出环境的物理、化学过程的变化。因此，我们可以通过对生物的观察来评价环境质量的变化。从某种意义上说，由环境质量变化所引起的生物学过程变化能够更直接地综合反映出环境质量对生态系统的影响，比用理化方法监测得到的参数更具有说服力。与理化监测方法相比，生物监测具有理化监测所不能替代的作用和所不具备的一些特点：能直接反映出环境质量对生态系统的影响；能综合反映环境质量状况；具有连续监测的功能；监测灵敏度高；价格低廉，不需购置昂贵的精密仪器；不需要繁琐的仪器保养及维修等工作；可以在大面积或较长距离内密集布点，甚至在边远地区也能布点进行监测。当然，也存在一些缺点，如不能像理化监测仪那样迅速做出反应，不能像仪器那样精确地监测出环境中某些污染物的含量，生物监测通常只是反映各监测点的相对污染或变化水平。

生物监测包括大气、水和土壤污染监测三大部分，它是定期而系统地利用生物对环境的反应信息来确定包括水、气和土壤环境在内的环境质量。它意味着对一个或多个环境参数进行定期或连续评价，从而探明环境的污染状况。生物监测至少应具备 2 个重要条件：a. 对比性，有已建立的标准可供对照；b. 重复性，在一定观测点上每隔一定时间采样分析。

3.1.3 生物监测与评价的特点

生物监测与评价具有理化监测和评价所不能替代的作用和所不具备的一些特点，主要表现在以下几个方面。

（1）能综合地、真实地反映环境质量状况

化学监测自采用连续监测手段之后，比间隔时间较长的间断监测能更好地反映客观的污染状况。但连续监测也只是克服了间断监测瞬时性的弱点，其结果也只能反映单因子的污染。实际上，环境污染常常是多因子共同作用于环境而产生的综合污染，各种生物和人类以及各种建筑设施，都是在综合污染状况下受到危害的。当不同的污染同时作用于生物或人的机体时，也不是简单的加减关系，可能产生相加、相乘或拮抗作用，使生物或人体的受害程度较单因子的作用加重或减轻。所以，化学监测还不能反映出环境污染的真实状况。生物监测是利用生物个体、种群、群落对环境污染状况进行监测。生物在环境中所承受的是各种污染因素的综合作用，所以，生物监测与评价能更真实、直接地反映环境污染状况，其综合性和真实性是任何理化监测无法比拟的。

(2) 具有连续监测的功能

生物在一定浓度污染物的作用下，能产生相应急性伤害症状，可反映环境污染的现状，在低浓度污染物的作用下，生物也可以反映在一段时间内环境污染的水平。因为在低浓度污染的环境中，污染物不断地作用于生物，生物所受到的影响和危害是污染物长期作用的结果。因此，利用生命系统的变化来“指示”某地区受污染或生态破坏后的环境质量变化，可为人们提供一种进行环境质量回顾评价的途径。例如监测大气污染的植物，如同上岗的“哨兵”，真实地记录着污染危害的全过程和植物所承受的积累量。事实上，植物的这种连续监测的结果远比非连续的理化仪器监测的结果更准确。如利用仪器监测某地的SO_2，其结果是4次痕量，4次未检出，仅1次为0.06mg/m^3。但分析生长在该地的紫花苜蓿叶片，其硫的含量却比对照区高出0.87mg/g。

(3) 具有多功能性

通常，理化监测仪器的专一性很强，测O_3的仪器不能兼测SO_2，测SO_2的不能兼测CH_4，生物监测却能通过指示生物的不同反应症状，分别监测多种干扰效应。例如在污染水体中，通过对鱼类种群的分析就可以获得某污染物在鱼体内的生物积累速度以及沿食物链产生的生物学放大情况等许多信息；植物受SO_2、PAN（过氧乙酰硝酸酯）和氟化物的危害后，叶的组织结构和色泽常表现出不同的受害症状；在废水生化处理系统中，通过微型动物种类和数量的变化，可以获得水质变化情况、处理系统的运行状况、活性污泥的结构和功能等信息。

(4) 监测灵敏度高

人对SO_2的嗅阈为1～5mg/L，在10～20mg/L的作用下才会引起咳嗽和流泪。可是，一些敏感物如紫花苜蓿在SO_2浓度超过0.3mg/L，接触一定时间后，便会产生受害症状；一种称为“白雪公主”的唐菖蒲品种，在0.01mg/L HF作用下，接触20h便会出现症状；香石竹（*Dianthus caryophyllus*）和番茄在0.05～0.1mg/L乙烯的作用下，暴露几个小时，花萼即会发生异常现象。所以，生物监测对一些敏感性很强的植物的受害状况能及早发现污染。

(5) 简单易行

生物监测与评价一般不需要更多的仪器和设备，不需要复杂的分析方法，比较经济，简便，容易掌握。例如，要想掌握微型动物的变化，用一台光学显微镜就可以实现。

3.1.4 环境生物资源与生物监测与评价

生物监测是利用生物个体、种群或群落对环境污染或变化所产生的反应阐明环境污染状况，从生物学角度为环境质量的监测和评价提供依据。也可以说是利用生命系统各层次对自然或人为因素引起环境变化的反应来判断环境质量，研究生命系统和环境系统的相互关系。环境生物资源是生物资源的一部分，它具有生物资源分布广、取材容易、可再生、繁殖速率快等特点，同时还具有对环境变化敏感的功能，所以，用环境生物资源来监测环境污染状况更直接，更真实，灵敏度更高。

生物监测与评价的结果是对监测与评价地区各种污染因子综合作用的反映，能准确而客观地反映出环境质量的真实状况。因此，生物监测与评价应该是判断化学监测能否反映环境质量状况的标准和依据，而绝不是对化学监测的一种补充和验证。

环境监测与评价的目的是为了判明环境质量的变化，判断这种变化对生物、人类及各种建筑设施等可能产生的影响、危害及其程度，并为采取相应的对策提供依据。生物监测与评价直接反映了环境质量变化对生物的影响和危害程度，是实现环境监测目的的一种最直接而有效的手段。

通过生物监测与评价可以掌握对生态环境变化构成影响的各种主要干扰因素及每个因素的作用。这既能为受损生态系统的恢复和重建提出科学依据，也可为制定相应的环保管理计划，增强环保工作的针对性和主动性提供有效的服务。目前正处于现有的许多污染物的环境标准尚未健全，而新的污染物又在不断出现的时期，为有效地控制环境污染，为环保的法制管理提供依据，环境标准的健全势在必行。而生物监测是制定环境标准的基础，只有具备了大量生物监测的基础资料，环境标准的制定才能更具有科学性。

在人们花费了大量人力物力去治理环境的过程中，越来越意识到充分利用自然环境的净化能力，提高环境对污染物的容量，是一个既省钱又有效的措施。所以，对环境容量的研究，对生物净化能力的研究，已迅速开展，而这些工作的开展，也必须以生物监测为依据，只有在生物监测的基础上，才能掌握各种生物对污染物质的净化能力，才能制定出相应措施，提高环境对污染物质的承载负荷。

3.2 用于大气环境监测及评价的环境生物资源

陆地植物和动物绝大部分是暴露于大气中生存的，它们直接承受着大气污染，而少数地下生活的陆生动物，与大气直接接触的机会不多，但也通过食物链等途径间接地受到大气污染的危害。大气中的主要污染物 SO_2、氟化物、光化学烟雾（氧化剂）、乙烯、放射性砷污染物以及酸雨等，都无一例外地影响和危害着各种动植物的生长发育和生理机能。同时，利用生物对大气污染物的反应来监测与评价有害气体的成分和含量，以了解大气环境质量状况的手段，称为大气污染的生物监测与评价，即根据大气污染引起生物对环境要求和其适应能力发生不同反应来判断大气污染的程度，进而评价大气环境质量。

大气污染的生物监测包括动物监测与植物监测。由于动物具有回避能力，可以主动脱离污染地区，所以大气污染对于动物主要是改变其局部地区的种群或群落结构，而对动物个体发育的影响以及由此对人类利益带来的损害，远较植物轻，因此动物监测在目前尚未形成一套完整的监测方法。本章在阐述大气污染对植物的影响和危害之后，主要介绍大气污染的植物监测。

利用植物监测大气污染，在 20 世纪初就引起了生态学家的注意，几十年来，这方面的研究工作取得了很多成就：a. 指示植物的选择和利用；b. 根据植物受害症状确定大气污染物；c. 根据叶片含污量估测环境污染程度等。我国在 20 世纪 70 年代初也开展了利用植物监测大气污染的研究工作，在测定木本植物叶片中的 S、Cl、氟化物和 Pb、Cd 等含量以了解大气污染状况，筛选指示生物，建立植物受害“症状学”，利用各种植物含污量和生长情况综合评价大气环境质量等方面都取得了进展。

3.2.1 大气的组成及大气污染

大气的组成相当复杂，是多种物质的混合物。清洁干燥的空气，即距频繁的人类活动地点及其不良影响一定距离地方的大气，有固定的组成。N_2 和 O_2 是大气的主要成分，它们与惰性气体氩一起占大气总体的 99.96%，其余十多种气体的总和不到 0.1%。干燥的大气不包括水蒸气，但在底层空气，水蒸气也是大气的一个重要组成成分，它的浓度随地理位置和气象条件的不同可在较大的范围内变化，干燥地区可低至0.02%，而在暖湿地区达0.46%。

从表面上看，干燥清洁的大气的组成几乎是固定不变的，但实际上是大气与陆地、海洋和生物组成的一个动力学平衡体系。在这个体系中，大气与其他组成部分不停地进行着气体交换，这个交换就是包括许多物理、化学和生物过程的气体循环。对某一给定的气体来讲，一方面由于自然界本身进行的某些过程（如生物活动、火山爆发、放射性衰变等）和人为的生产过程而产生；另一方面却通过另一些过程（如生物与海洋的吸收、岩石的沉积等）而减少。但对整个大气来讲，总的结果是收支平衡，因而大气的组成也固定不变。

在漫长的自然界和人类发展的过程中，人和生物逐渐适应了这个大气环境。大气对人和生物无危害，而且能为人和生物的生存提供所需的条件。但是随着人类生产活动的发展和生活水平的提高，特别是石化燃料（如煤和石油）的大量使用，将许多有害物质如烟尘、SO_2、NO、CO和烃类化合物等排放到大气中，使局部地区大气中有害物质的浓度有所增加。第二次世界大战以后，工业国家燃料消耗量继续增长，石油代替煤成为主要燃料，烟尘污染虽有减少，但SO_2的污染仍在继续发展。

综上所述，可得出如下结论：在自然界中，由于局部的物质转换和人类所从事的各种活动，向大气中排放了各种有害物质，当有害物质的浓度超过环境所允许的极限并维持一定时间时，就会使大气质量恶化，从而危害人们的生活、工作和健康，并使设备和财物直接或间接地遭到破坏，我们称此现象为大气污染。或者说，大气中污染物或由它转化成的二次污染物的浓度达到了有害程度的现象，称为大气污染（atmospheric pollution）。引起大气污染的各种有害物质均称为大气污染物。

我国大气污染的特点是以尘和SO_2为代表的煤烟型污染，其规律是北方重于南方，产煤区重于非产煤区，冬季重于夏季，早晚重于中午。随着我国城镇化工业化的飞速发展，传统类型污染问题没有解决，新型污染问题又产生，$PM_{2.5}$、O_3、VOCs、NO_x等污染日益严重。

2013年我国二氧化硫排放总量高达2044万吨，位居世界第一。主要排放源分占总排放量的比重分别为：工业窑炉11%、民用灶具12%、工业锅炉34%、电站锅炉35%、其他8%。其中电厂和工业锅炉排放的二氧化硫量占各类排放源的70%。随着经济的增长，我国机动车保有量近年来呈几何数字攀升，2012年全国机动车保有量增加了7.8%，达到22382.8万辆。而机动车排放的尾气是构成光化学烟雾污染的重要因素。机动车尾气污染的逐年加剧，使得我国城市空气开始呈现出煤烟和机动车尾气复合污染的特点。中国大气污染变化历程见表3-1。

表3-1　中国大气污染变化历程

项目	1980～1990年	1990～2000年	2000年至今
主要污染源	燃煤、工业	燃煤、工业扬尘	燃煤、工业、机动车、扬尘
主要污染物	SO_2，TSP，PM_{10}	SO_2，NO_x，TSP，PM_{10}	SO_2，PM_{10}，$PN_{2.5}$，NO_x，VOCs，NH_3
主要大气问题	煤烟	煤烟、酸雨、颗粒物	烟煤、酸雨、光化学污染、灰霾/细粒子、有毒有害物质
大气污染尺度	局地	局地＋区域	区域＋半球

资料来源：中国工程院、环境保护部编《中国环境宏观战略研究（综合报告卷）》，中国环境科学出版社，2011年3月，第469页。

3.2.2 大气污染物的种类

大气污染物很多，已发现有害作用并被人们注意到的就有一百多种，其中大部分是有机物。在环境科学中，通常按下列两种方法对其进行分类。

3.2.2.1 按形成过程分类

大气污染物按其形成过程的不同，可分为一次污染物和二次污染物。

① 一次污染物（primary pollutant） 是指直接从污染源排放到大气中的有害物质。最常见的一次污染物有 SO_2、CO、NO，主要是 NO 和 NO_2 及颗粒物。颗粒物还包含有毒重金属，强致癌物 3，4-苯并芘及其他烃类化合物等多种物质。

② 二次污染物（secondary pollutant） 是指排入环境中的一次污染物在物理、化学因素或生物的作用下发生变化，或与其他物质发生反应所形成的物理、化学性状与一次污染物不同的新污染物，如一次硫污染物在环境中氧化成硫酸盐溶胶，无机汞化合物通过微生物的作用转变成甲基汞化合物等。

3.2.2.2 按存在状态分类

由于各种污染物的物理化学性质不同，产生它们的工艺过程和环境条件各异，因而大气污染物的存在状态也不同。根据它们的存在状态又可分为下列两类。

① 分子状污染物　许多物质，如 CO、SO_2、NO_2、HCN 等，由于它们的沸点都很低，在常温下只能以气体分子的形式存在，因此当它们从污染源散发到大气中时，仍然以单分子的气态存在。有些物质（如苯和汞等）的沸点虽然比上述物质高，在常温下是液体，但因其挥发性强，受热时容易形成蒸气进入大气中。

② 粒子状污染物　粒子状污染物（即颗粒物）是分散在大气中的液体和固体颗粒，粒径大小为 0.01～100μm，是一个复杂的非均匀体系，通常根据颗粒物在重力下的沉降特性分为降尘和飘尘。粒径大于 10μm 的颗粒物，在重力作用下能较快地沉降到地面上，称为降尘；粒径小于 10μm 的颗粒物，则可长期飘浮在大气中，称为飘尘。由于粒径小于 10μm 的颗粒物还具有胶体的一些特性，故又称气溶胶，它包括通常所说的雾、烟和尘。粒径小于 100μm 的称为 TSP，即总悬浮物颗粒；粒径小于 10μm 的称为 PM_{10}，即可吸入颗粒物；粒径小于 2.5μm 的称为 $PM_{2.5}$，即细颗粒物。

3.2.3 大气污染物的时空分布

3.2.3.1 大气污染物的时间分布

大气污染物的浓度变化与污染源的排放规律和气象条件如风速、风向等有关。而有些污染源（指采暖用）的排放规律和气象条件又随季节和昼夜的不同而不同。因此，同样的污染源，对同一地点或地区所造成的污染物的地面浓度就随时间不同而异。大气污染物的浓度分布与时间有密切的关系，以 1 年的变化规律来看属于采暖期的 1 月、2 月、11 月、12 月内 SO_2 的浓度比其他几个月高；在 1 天内，早晨 6 时、10 时和晚间 6 时、9 时均为供热高峰期，所以这两个时间段内，SO_2 的浓度比其余时间高。

3.2.3.2 大气污染的空间分布

大气污染物的空间分布也与污染源的种类、分布情况和气象条件等因素有关。一个点源，如烟囱，放出的污染物常形成一个较小的气团，能使地面污染物的浓度分布产生较大的变化，即不同距离各点间的浓度差别较大。但就一个城市连同郊区和农村而言，污染物的地面浓度一般是比较均匀的，同时污染物浓度的分布有较强的规律。城市 SO_2 的浓度要比市郊和农村高许多，一般分布规律为，人口集中的城市最高、市郊次之、农村最低。

3.2.4 大气污染对植物的影响

当大气污染物浓度超过植物的忍耐限度，就会使植物的细胞和组织器官受到伤害，生理功能和生长发育受阻，产量下降，产品品质变坏，群落组成发生变化，甚至造成植物个体死亡和种群消失，这就是大气污染对植物的影响。

植物比动物更容易受到大气污染的危害，这是因为：a. 植物有庞大的叶面积同空气接触并进行活跃的气体交换；b. 植物不像高等动物那样具有循环系统，可以缓冲外界的影响，为细胞和组织提供比较稳定的内环境；c. 植物一般是固定不动的，不像动物那样可以避开污染。

大气污染造成的危害大致有以下几个特点：a. 与风向密切相关，凡位于排放有害气体工厂下风侧的植物比上风侧受害为重，而且受害植株往往呈带状或扇形分布，与当地主风向气流活动形状相吻合，而自然灾害则无此特点；b. 与污染源有密切关系，植物受害程度随离污染源距离增大而减轻，即使在同一植株上，往往面向污染源一边的枝叶比背向者受害明显；c. 与障碍物有很大关系，有害气体扩散时如遇到高大建筑物及小丘等，则其背风一侧受害要轻得多，一般病虫害则没有如此明显的差异；d. 与叶片成熟程度有关，对于大多数植物，成熟叶片及老叶片容易受害，而新出的嫩叶则没有或很少受害。与此相反，霜冻则首先发生于嫩叶梢，真菌、线虫或病毒则可使新老叶片均受害，生理干旱会使全枝枯黄。

大气污染引起的植物生理机能失调、组织结构破坏和外部形态的改变，均称为大气污染引起的植物伤害。对于植物伤害，从不同的角度可划分为若干类型。

以伤害的可见程度为依据，划分为可见伤害和不可见伤害：a. 可见伤害是指从外观上可用肉眼识别的伤害，主要表现在外部形态发生明显改变，生理机能也出现不同程度的失调；b. 不可见伤害是指外观上无任何异常，但生理机能已发生改变，使产量下降，品质降低或物候期推迟等。

以接触污染物后出现伤害的时期为依据，又可划分为急性伤害和慢性伤害：a. 急性伤害是指高浓度污染物在短时间内引起的植物伤害，往往是可在短时间内使植物产生坏死斑；b. 慢性伤害是指低浓度污染物在较长时间内引起的植物伤害，主要症状是叶片失绿，严重时可发展到组织坏死。这种急性伤害和慢性伤害均属于可见伤害。

以伤害能否恢复为依据，还可分为可逆伤害和不可逆伤害：a. 可逆伤害是指经过一定时间，可以恢复的伤害；b. 不可逆伤害是指不可恢复的伤害。

此外，还有一次伤害和二次伤害，前者是指大气污染直接引起的伤害，后者是指因大气污染使植物对外界的抵抗能力减弱，继之很容易遭受的病害、虫害、寒害等。以上各种类型的急性伤害和慢性伤害已为人们公认，对可见伤害与不可见伤害、可逆伤害与不可逆伤害尚存在分歧。

3.2.4.1 大气污染对各级组织水平的影响

大气污染对植物的影响可以从群落、个体、器官组织、细胞和细胞器、酶系统 5 个水平陈述。

（1）对群落的影响

不同的植物种和变种对污染物的抗性不同，同一种植物对不同污染物的抗性也有很大差异，在污染物的长期作用下，植物群落的组成会发生变化，一些敏感种类会减少或消失；另一些抗性强的种类会保存下来，甚至得到一定的发展。

（2）对个体的影响

这主要表现在生长减慢、发育受阻、失绿黄化、早衰等症状，有的还会引起异常的生长反应。在发生急性伤害的情况下，叶面积部分坏死或脱落，光合面积减少，影响植株生长，产量下降。在发生慢性伤害的情况下，代谢失调，生理过程如光合作用、呼吸机能等不能正常进行，引起生长发育受阻。

（3）对器官组织的影响

叶组织坏死，表现为叶面出现点、片伤斑，这是植物受大气污染急性伤害的主要症状。各种污染物对叶片的伤害往往各有其独特的症状，成为大气污染“伤害诊断”的主要依据。器官（叶、蕾、花、果实）脱落是污染伤害的常见现象。植物接触大气污染物，如 SO_2、臭氧等以后，体内产生应激乙烯或伤害乙烯，是器官脱落的原因。

（4）对细胞和细胞器的影响

细胞的膜系统在一些污染物的作用下，选择透过性被破坏，引起水分和离子平衡的失调，造成代谢紊乱。破坏严重时，细胞内分隔消失，细胞器崩溃，最后导致死亡。膜类脂是污染物的一个主要作用点，例如臭氧使膜类脂发生过氧化，干扰它的生物合成。研究表明，SO_2的伤害也与膜类脂的过氧化过程有关。通过电子显微镜观察得知，叶绿体的膜结构是在臭氧和 SO_2的作用下被破坏的。

（5）对酶系统的影响

污染物通过对酶系统的作用而影响生化反应，导致代谢的破坏。例如氟化物是多种酶的抑制剂，对糖酵解途径中的一个重要成分烯醇化酶的抑制作用特别显著。又如臭氧和过氧乙酰硝酸酯（PAN）是强氧化剂，使蛋白质中的巯基被氧化，许多酶（如磷酸葡萄糖变位酶、多聚糖合成酶、异柠檬酸脱氢酶等）因巯基氧化而失活。

3.2.4.2 主要污染物对植物的影响

（1）二氧化硫对植物的影响

硫是植物必需的元素。空气中少量的 SO_2，经过叶片吸收后可进入植物的硫代谢中。在土壤缺硫条件下，大气中含少量的 SO_2时，对植物生长有利。如果 SO_2浓度超过极限值，就会引起伤害。这一极限值称为伤害阈值，即污染物可引起植物出现伤害症状的最低浓度值。阈值的概念可体现在用于描述 SO_2危害发展条件的 Ogara 方程中。

$$(C-C_R)t=k$$

式中，C 为 SO_2浓度；C_R 为临界浓度；t 为引起初始伤害所需时间；k 为常数，临界剂量。

从式中可知，不管暴露时间多长，只要低于一定浓度，将不会产生什么危害。在一定浓度以上时，浓度和暴露时间结合起来，将会造成危害。

综合大量已发表的数据，敏感植物的 SO_2伤害阈值为：8h，0.25mg/L；4h，0.35m/L；2h，0.55mg/L；1h，0.95mg/L。根据江苏植物研究所（1977 年）的资料，可将 SO_2的危害浓度归纳见表 3-2。

表 3-2 SO_2 浓度与受害症状

气体浓度/(mg/L)	影响
0.3 以下	大多数植物短时间接触不受影响；少数植物(如赤松)0.2mg/L、100h 以上出现轻微症状
0.4	敏感植物(如苜蓿、荞麦等)在 7h 内出现受害症状
0.5	一般植物可能发生危害，番茄在 6h 内受害，树木在 100h 以上受害
0.8～1	菠菜 3h 受害，树木在数十小时内受害
2～3	许多植物在 5～15h 内出现受害症状
5	某些树木在 1～8h 内出现症状
6～7	某些抗性强的植物，在 24h 内受害
10	许多植物可能发生急性受害
20	多种植物、蔬菜发生严重危害，明显减产，大部分树叶枯卷脱落
30～40	接触数分钟至数十分钟，便能使作物蔬菜严重减产，树木急性受害
70～100	植物受害十分严重，逐渐全株枯死甚至造成各种植物在短期内死亡

SO_2对植物的危害程度因光、温度、湿度等条件不同及发育状态不同而有所差异，一般光照越强，温度和湿度越高，SO_2的危害作用越明显。

各种植物对 SO_2的敏感性有很大差别，美国 Ogua 用 100 多种植物进行 SO_2接触试验，以最敏感的苜蓿起始浓度 1.25mg/L 为基数，将各种植物发生危害的起始浓度除以 1.25 得到该植物的抗性指数，其中，部分植物的抗性指数列入表 3-3 中，并将其抗性指数分为三级：1.4～1.5 为抗性最弱即敏感性最高，1.6～2.5 为中等，2.5 以上为抗性植物。此外，不同年龄的实生苗对气体的抗性也有区别，一般抗性随树龄的增长而增强，见表 3-4。当 SO_2浓度超过伤害阈值时，植物叶片将首先出现伤害症状，继之其他器官也可能出现伤害症状。

表 3-3 各种植物对 SO_2 的抗性指数

植物	抗性指数	植物	抗性指数	植物	抗性指数
紫苜蓿	1.0	花柳菜	1.6	榆树	4.4
大麦	1.0	香芹菜	1.6	马铃薯	3.0
棉花	1.0	糖用甜菜	1.6	蓖麻	3.2
香豌豆	1.1	芥菜	1.7	枫树	3.3
萝卜	1.2	茄子	1.7	紫藤	3.3
甘薯	1.2	番茄	1.3～1.7	木横	3.7
菠菜	1.2	苹果	1.8	洋葱	3.8
菜豆	1.1～1.5	豇豆	1.9	丁香	4.0
荞麦	1.2～1.3	卷心菜	2.0	玉米	4.0
甘兰	1.3	豌豆	2.1	黄瓜	4.2
夏南瓜	1.3	醋栗	2.1	葫芦	5.2
向日葵	1.3～1.4	圭菜	2.2	柑橘	6.5～6.9
南瓜	1.4	黑麦	2.3	香瓜	7.7
三叶草	1.4	葡萄	2.3～3.0	赤酸栗	11.9
大豆	1.5	椴树	2.3	小蜡树	15.5
胡萝卜	1.5	桃树	2.3	桦树	2.4
洋菁	1.5	青树	2.3	李树	2.5
小麦	1.5	习衣兰	2.3	白杨	2.5

表 3-4　实生苗年龄与 SO_2 的抗性的关系

实生苗年龄	叶片受害面积/%				
	女贞	无患子	薄壳山核桃	拐枣	枳橙
当年生	70	85	95	70	10
2 年生	30	40	30	40	0

① 植物叶片的伤害症状　植物叶片的伤害一般是从海绵组织开始的，再扩展到栅栏组织，使叶片上下两表面都出现伤害症状。伤害症状的初始表现，一般是微失膨压，呈现暗绿色水渍斑失去原有光泽。有时叶面微微起皱或有水渗出，当被害细胞的叶绿素被破坏而改变颜色时，原生质从细胞分离出来，从而使细胞干燥枯萎（图 3-1）。

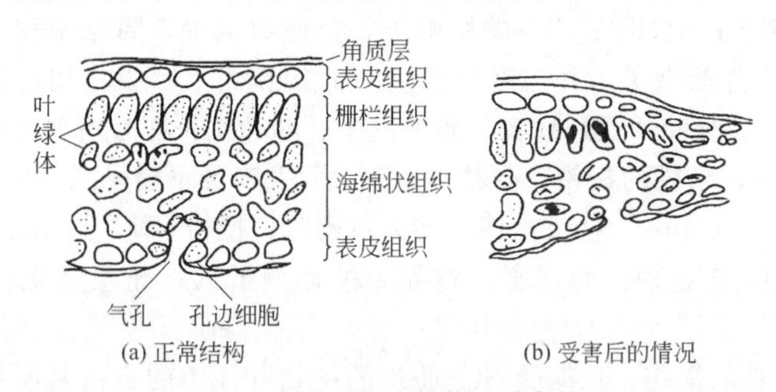

(a) 正常结构　(b) 受害后的情况

图 3-1　树叶的基本结构及受害情况

阔叶植物典型的急性症状是脉间呈现不规则的坏死斑——点状或块状（图 3-2），严重时为条状或片状，直到全叶枯死。有些植物的坏死集中在边缘或前端，严重时坏死区向中心或下部扩展，但叶脉及贴近叶脉的叶肉组织不易受到伤害。在坏死斑出现的同时，往往也伴随有失绿现象发生，或全叶失绿，或在坏死区和健康组织之间出现一个过渡的失绿区。坏死组织经风吹雨打，有时出现孔洞，或称腐蚀洞。有些植物边缘受害后，失水皱缩，使全叶呈球状或匙状。

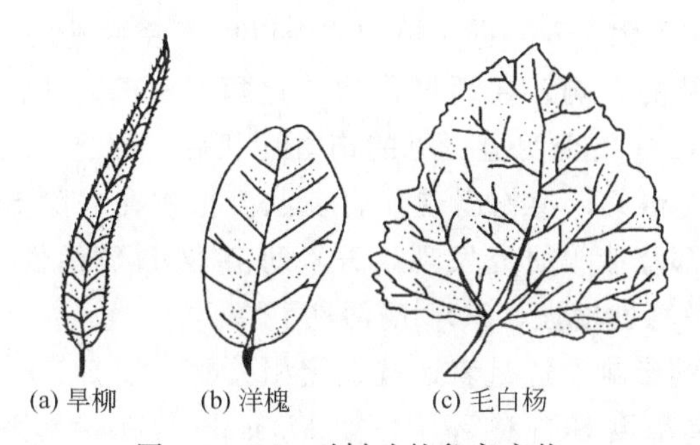
(a) 旱柳　(b) 洋槐　(c) 毛白杨

图 3-2　SO_2 对树叶的危害症状

单子叶植物叶片受害的典型症状是平行脉间出现点状或条状坏死区。叶尖一般首先受害，呈白色、枯草色或浅色，有时也出现失绿现象。较长叶片中部常弯折，故中部也会首先受害。

针叶树针叶受害的典型症状是叶尖呈红棕色，并逐渐下延。若多次接触 SO_2，则又会出现多条带状坏死，坏死区临近有失绿现象。

SO_2的伤害与叶龄的关系，主要表现为：刚刚展开的叶片易于受害；未展开、未完全展开的叶片和老叶片的抗性强。又由于细胞的敏感性与细胞的成熟度密切相关，所以嫩叶伤区多分布在前端，老叶伤区多分布在中部或基部。

叶片伤害与SO_2浓度的关系，主要表现在：低浓度引起的伤斑多呈点状，且分布在叶尖和叶缘；较高浓度引起的伤斑多呈条状或块状，且分布于脉间；更高浓度则很快引起打蔫、叶缘皱缩，继之大片或全叶干枯。

② 其他器官的伤害症状　有些植物的花或果实的某些部位，受SO_2的伤害也会出现某些症状。百日菊（*Zinniaelegans*）接触高浓度SO_2，花瓣将出现伤斑。其他如须苞石竹（*Diantfiasbaratus*）花瓣闭合、凋谢；四季海棠（*Begoniasempeo Zorens*）花梗下垂；落花矮牵牛（*Petuniahybrida*）花瓣闭合；棉花萼片、唐菖蒲（*Gladiolusgandauensis*）花托和玉米苞叶出现坏死斑；大麦和小麦的麦芒尖端失绿、干枯。一定浓度的SO_2使农作物和林木的生长发育受到影响。水稻在SO_2的影响下，分蘖数减少，同化率和干重降低，其原因可能与光合作用强度降低有关，并与在低浓度SO_2的作用下呼吸作用的亢进有关。树木在SO_2的影响下，由于大量叶片受到损害，致使高生长和径生长都会出现明显减少。

在SO_2的作用下，植物的授粉、受精等生殖过程及产量也会受到不同程度的影响。SO_2能使蓖麻（*Ricinuscommunis*）柱头由淡黄转为黄褐色，授粉率降低，花粉管生长速率减慢。禾本科植物抽穗前期遭受SO_2的毒害，将导致抽穗期推迟；开花期受害，千粒重将明显下降。

③ 对细胞膜透性的损伤　长期受SO_2胁迫的植物叶片中的自由基明显增加，保护系统的活性也随着增强，但消除自由基不完全，导致自由基对膜系统产生伤害。当SO_2浓度超过某一阈值时，叶组织的渗漏率增大，且渗漏量越大伤害症状越严重。在未达到阈值时，渗漏率与SO_2浓度间呈正相关。质膜透性的改变与二氧化硫伤害密切相关。苏行等研究结果表明，5mmol/L 的$NaHSO_3$于25℃处理2d后，大叶紫薇和白兰的细胞膜电解质渗漏率分别是对照的2.0倍、2.2倍；5d后大叶紫薇对照叶片的膜渗漏率无明显的变化，而处理叶片却增高至39.3%；白兰处理叶片的膜渗漏率发生了显著的变化，高达81.8%。

④ 对酶活性的影响　正常情况下，需氧生物代谢都会产生自由基，但通常自由基可被酶转化，对机体产生影响不大。SO_2进入植物体内以后，会生成大量自由基，植物体会启动一系列反应以消除自由基的影响。在超氧化物歧化酶（SOD）活性保持上升时，植物可不受SO_2伤害，但当植株叶片出现明显可见的伤害症状后，即当SO_2超过某一阈值时，SOD酶活性与SO_2浓度间呈负相关，植物出现伤害症状。植物在去除SO_2胁迫后，体内上升的SOD酶活性很快下降。邹晓燕等研究发现，玉米幼苗SOD酶活性与SO_2浓度间呈正相关，若熏气时间延长，幼苗敏感性增强，SOD酶活性下降。

⑤ 对植物基因表达的影响　过量表达抗氧化相关酶（如SOD、谷胱甘肽还原酶）基因的转基因植物能适应较高浓度SO_2的环境，如Masaaki等在转基因烟草的细胞叶绿体基因中整合入微生物来源的谷胱甘肽还原酶基因，该基因过量表达提高了烟草耐受环境中较高浓度SO_2的能力。拟南芥（4周龄）在浓度$30mg/m^3$的SO_2处理72h后，全基因组均检出胁迫组和对照组间差异表达2倍以上的基因，SO_2胁迫使胞嘧啶的甲基化特征改变，半甲基化和未甲基化位点减少，全甲基化位点增多，基因组DNA总甲基化水平提高，这些变化有利于胁迫条件下植物基因组的稳定；SO_2胁迫后拟南芥多个miRNA诱导表达，增加表达量的有miR162a、miR167a、miR167c、miR319c等，减少表达量的有miR398a、miR398c，其靶基因Cu/Zn超氧化物歧化酶（CSD1和CSD2）的转录水平提高，二者表达变化间呈负相关。受SO_2胁迫后，热激转录因子、热激蛋白、抗病基因等抗逆基因表达上调，也从转

录水平上显示了植株对多种环境胁迫的抗逆性增强。

(2) 氟化物对植物的影响

大气中的氟主要来自陶瓷、砖瓦、磷肥、炼铝和玻璃等工业部门排放的废气，以及家庭和工业用煤的燃烧。大气中的氟化物主要以气态形式存在，如 HF、SiF_4、H_2SiF_6。此外，还有气雾或微尘形态，如 NaF 等。在熔炼铝的电解炉中也可产生 CF_4、CF。在环境中存留的时间极短，不足以对环境造成威胁。HF 是大气氟化物中最主要的存在形式，是对环境和生物造成危害的主要氟化物。

HF 的排放量远比 SO_2 小，影响范围也小些，一般只在污染源周围地区。但它对植物毒性很强，比 SO_2 大 10～100 倍。空气中含 10^{-9} 级浓度 HF 时，接触几个星期就可使敏感植物受害。氟是积累性毒物，植物叶子能继续不断地吸收空气中极微量的氟，吸收的氟随蒸腾流转到叶尖和叶缘，在那里积累至一定浓度后就会使组织坏死。这种积累性伤害是氟污染的一个特征。叶子含氟量高达 40～50mg/L 时，多数植物虽不致受害，但牛羊等牲畜吃了这些污染的叶子，就会中毒，如引起关节肿大、蹄甲变长、骨质变松、卧栏不起，以至死亡。蚕吃了含氟量大于 30mg/L 的桑叶后，不食、不眠、不作茧，大量死亡。

氟化物危害植物后，也会影响植物生长结实。Brewer 用 1μg/L 的 HF 对 2 年生甜橙处理 26 个月，与对照相比，生长量与果实都大大降低，见表 3-4。低浓度氟有时能促进植物生长，如有人以 4.8μg/m^3 的 HF 对豌豆熏气时，茎的长度及茎叶干重均有显著增加，但过量则受到危害。如大麦在过量氟的作用下，株高降低，穗长缩短，有效穗数、穗粒数和地上部分干重均明显减少。

针叶中氟浓度超过 100mg/L，木材生长将减少 40%以上。氟化物危害植物的典型症状是在叶尖和叶缘出现伤害斑。在受害组织和健康组织之间常形成明显界限，有时形成一条红棕色带状区（图 3-3）。氟污染很容易使未成熟叶片受害，并因此常使枝梢顶端枯死。

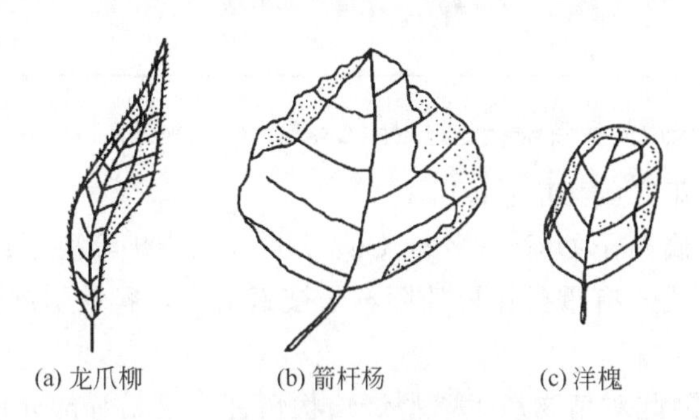

图 3-3　氟化物对叶片危害症状

如龙爪柳，在叶片尖端及前半部的两侧边缘都产生黄斑［图 3-3(a)］；箭杆杨的症状是叶片边缘部位产生破损，而且沿边缘出现大片黄白色斑块，仅叶片中央仍为绿色［图 3-3(b)］；洋槐则是叶片的上半部边缘黄萎而反卷［图 3-3(c)］。

双子叶植物的叶尖和叶缘出现典型症状时，伤斑的颜色因植物种类而异，呈橙黄色、红棕色和黑褐色等。氟化物浓度高时，症状可扩展至叶片中部，桑树受害时还会出现叶缘卷曲现象；低浓度氟化物常引起失绿症，始于叶缘，然后沿中肋和较大叶脉向内延伸，受害组织逐渐变黄，与健康组织之间也具有明显界限。单子叶植物的受害症状也是始于叶尖，逐渐下延，有时在脉间出现条状缺绿。玉簪受害后在叶缘和叶尖出现半圆形浅棕褐色或乳黄色伤斑，与健康组织之间有一条棕褐色带相隔。伤区失水后，叶质成薄膜状，破裂后叶缘呈缺刻。

针叶树的伤害症状一般是：当年生针叶顶端首先黄化，继之变为暗黄色、棕红色，直至坏死。因树种不同，颜色可发生不同变化。

HF急性伤害的叶片，表皮细胞、栅栏组织和海绵组织的细胞及维管束的导管和韧皮部细胞均出现红棕色，维管束周围的一层细胞还会形成一个红棕色的圆环。

一氟化物对大豆亚细胞结构的危害，其症状表现为：细胞壁中胶层受到破坏，液泡膜出现成泡作用和黑色类脂颗粒，继之液泡膜瓦解，核膜膨胀；危害晚期，内质网呈现形成囊泡的倾向；危害后期，细胞器扩大，最后凝结成块。

含氟气体对植物的危害，也因植物种类、生长发育期及气象条件变化而有所不同，Thomas等将植物对氟化物的敏感性分为六类，见表3-5。

表3-5 植物对氟化物的敏感性

最敏感		较敏感		不敏感	
第一类	第二类	第三类	第四类	第五类	第六类
菖蒲	蜀黍	玉米	杜鹃	树	棉
荞麦	甘薯	胡椒	蔷薇	松(老叶)	烟草
郁金香	草莓	三叶草	紫丁香	番茄	芹菜
樱	桃	大麦	紫苜蓿		黄瓜
落叶松	葡萄	亚麻	紫豆		南瓜
	水稻	燕麦	胡萝卜		卷心菜
	松(嫩叶)	苹果	莴苣		花柳菜
		枫	菠菜		茄子
		柳	小麦		大豆
		秋海棠	车前草		香豌豆
					冷杉

接触试验7～9d出现伤害的浓度是：第一类、第二类5μg/L以下，第三类10μg/L以下，第四类、第五类、第六类10μg/L以上。

氟在组织内能和金属离子如Ca、Mg、Cu、Zn、Fe、Al等离子结合，可能对氟起解毒作用，但因这些对植物代谢有重要作用的阳离子被氟结合，容易引起这些元素的缺乏症，如缺钙症。

HF是一种强酸，因此对植物产生酸型烧灼状伤害。氟是烯醇化酶的强烈抑制剂，使糖酵解受到抑制，此时G.6.P脱氢酶被活化，使五碳糖途径畅通，这可能有适应的意义。试验表明，唐菖蒲（*Gladiolus gadavensis*）敏感品种的呼吸主要是依赖糖酵解途径，而抗性品种则较多地依赖五碳糖途径。氟还能够抑制同纤维素合成有关的葡萄糖酸变位酶的活性，因而阻碍燕麦胚芽鞘的伸长。

（3）氯对植物的影响

大气中的氯主要来源于化工厂、制药厂、农药厂、冶炼厂、玻璃厂和塑料厂等工厂排放的Cl_2及HCl气体，但排放量不多，危害范围也较小。

氯的伤害症状是在脉间出现点状或块状伤斑，或失绿黄化，有时呈现一片模糊，在受害组织与健康组织之间没有明显界限。伤斑的颜色有黄褐色、黑褐色、朱红色和赤红色等，随植物的种类不同而异。严重时全叶漂白、叶下表皮及叶面皱缩、网脉凸起，全叶枯卷，直至落叶。叶片较厚的种类还会出现水渍斑。

单子叶植物的叶片尖端首先受害，然后沿平行脉向下逐渐失绿，在脉间形成条状失绿伤斑，最后自上而下漂白、干枯。针叶树也是叶尖首先失绿黄化，逐渐下延，直至全叶枯黄脱落。

叶片组织解剖学的伤害症状，据吴七根等（1982 年）通过对接骨木（*Sambucus williamsii*）的研究，发现氯可使叶绿体分解成细小的颗粒，被包藏在干瘪的细胞壁内；一些细胞膨胀，相互挤压，形成几乎没有明显细胞间隙的伤害区。这些现象与 SO_2 和 HF 对植物叶片伤害引起的组织学特征不同，是氯引起植物叶片组织学伤害的明显特征。氯还会使一些叶肉细胞干瘪坏死，原生质消失，仅存残壁，直接影响毗连细胞营养和水分的运送。

农作物和蔬菜受氯危害后，产量和品质均会降低。据报道，某化工厂发生 Cl_2 漏逸事故后，附近水稻减产 25%～50%，番茄、冬瓜和菜豆不仅叶片出现伤害，结实率也降低，减产 50%以上。青菜和韭菜叶片失绿漂白，失去商品价值。此外，由于 Cl_2 的危害，苹果和桃也明显减产。绿化树种受害后，生长也会受到阻碍。

氯对作物危害的程度，与作物的发育时期有关，水稻和小麦等禾谷类作物，在扬花期受害，产量将明显降低；籽实成熟期受害，产量将不会受到影响。

（4）臭氧对植物的影响

臭氧（O_3）是氮氧化物和烃类化合物等经光化学反应而造成的二次污染物，是光化学烟雾的主要成分，占光化学烟雾总量的 90%。是交通污染和大量燃烧石油所造成的后果。对 O_3 敏感的植物，如烟草、菠菜、燕麦等，在 O_3 浓度为 0.05～0.15mg/L 的空气中接触 5～8h 就会出现伤害。O_3 对叶的典型伤害症状是在叶面上出现密集的细小斑点，主要危害栅栏组织，有时植物在上表皮呈现褐色、黑色、红色或紫色，还可能发生失绿斑块和褪色，针叶树还会出现顶部坏死现象。对 O_3 污染，中龄叶敏感，未伸展幼叶和老叶有抗性，这与 SO_2 的伤害症状相似。

根据美国国家农作物损失评价网的研究，在季节平均浓度为 0.06～0.07mg/L 时，O_3 可使所有农作物产量减少，产量的减少与 O_3 浓度成线性函数关系。玉米在不超过 10mg/L 的条件下，每天 7h，每周 5d，则叶面减少 30%，籽粒减少 20%，果穗质量减少 32%，每个穗上的饱满籽粒减少 60%。Manning（1975 年）研究了 810μg/L 低浓度 O_3 对番茄生长发育的影响，发现经 45d 后，株高减少 5～6cm，60d 后果实质量减少 232.6g，同时也发现授粉后，花粉管伸长受阻、坐果率降低，果实未熟早衰。可见产量降低与授粉期受害有直接的关系。

O_3 能够通过一系列的生化过程对细胞产生毒害作用。Rich（1978 年）认为，其变化顺序可能是：巯基氧化-类脂水解-细胞渗漏-类脂过氧化-细胞瓦解。膜的正常功能与类脂成分有密切关系，而类脂的稳定决定于蛋白质中巯基的稳定。O_3 对蛋白质基的氧化是不可逆的，在其作用下，膜结构受到破坏。Scodt 等报道，O_3 伤害细胞膜，是由于氧化了膜的不饱和类脂。Rich 报告，菜豆、菠菜和烟草叶片在 O_3 浓度 $1cm^3/m^3$。处理 30～60min 后，巯基含量降低 15%～25%。

O_3 对树木的影响，据 Jensen（1973 年）报道，美国梧桐（*Platanus occidentalis*）、糖槭（*Acer saccharum*）、银槭（*A. saecharinum*）在 0.3mg/L 的 O_3 作用下，经过 5 个月，生长明显减少，用 0.35mg/L O_3 熏蒸 6 周，株高也明显降低。

受 O_3 影响的某些植物及其典型伤害症状，见表 3-6。在自然环境中，由于植物种类、气候条件、污染物的浓度、污染的时间、叶龄等方面的差异，O_3 可能引起不同程度的急性和慢性伤害。

表 3-6 受 O_3 影响的某些植物及其典型伤害症状

植物	典型症状	植物	典型症状
美国白蜡树(*Fraximux americana*)	白色刻斑、紫铜色	赤松(*Pirus densiflora*)	烧尖、针叶呈杂色斑
菜豆(*Phaseolus wlgaris*)	古铜色、褪色	马铃薯(*Sdarum tuberosum*)	灰色金属状斑点
黄瓜(*Cucumis satious*)	白色刻斑	菠菜(*Spinacia oleracea*)	灰白色斑点
葡萄(*Vitis vinifera*)	赤褐色至黑色刻斑	烟草(*Nicotiana* spp.)	浅灰色斑点
牵牛花(*Pharbitis nil*)	褐色斑点、褪绿	西瓜(*Citrullus lanatus*)	灰色金属状斑点
洋葱(*Allium cepa*)	白色斑点、尖部漂白		

(5) 氮氧化物对植物的影响

氮氧化物包括NO、NO_2和硝酸雾，主要是NO_2，其来源主要是煤、石油和天然气等燃烧时排放的气体，在大城市中机动车尾气排放占相当大的比例。它与烃类化合物及O_3等发生光化学反应，生成光化学烟雾，所以，氮氧化物也是光化学烟雾的重要组成成分，它既是一次污染物也是二次污染物。在我国，大城市中的氮氧化物污染呈逐渐加重的趋势。1996年污染较为严重的城市分别为：广州、北京、上海、鞍山、武汉、郑州、沈阳、兰州、大连、杭州。从总体上看，氮氧化物污染突出表现在人口100万以上的大城市或特大城市。大气中氮氧化物的浓度一般不高，不致对植物造成危害，只有在发生光化学烟雾时才会使植物受害。

氮氧化物也是通过气孔进入叶片，并对植物产生危害的。NO_2经气孔进入细胞间的空隙时，很容易被吸收，吸收速度随浓度增高而加快。氮氧化物使植物叶片产生急性伤害的症状是：最初于背腹两面的脉间出现水渍状侵蚀斑，继之叶片出现斑纹和坏死皱缩，斑纹呈白色、棕黄色或青铜色。有时侵蚀斑也出现在叶缘或近顶端。也有一些植物受害后，在叶片上呈现褐色或黑褐色的斑点。一些禾本科植物的叶片还会呈现蜡质状。柑橘的反应还表现为幼叶萎蔫和脱落，老叶出现坏死，在高浓度NO_2的影响下，甚至造成嫩枝坏死。氮氧化物引起的损伤，其出现的部位没有规律，大小与形状也不规则，表面上看与SO_2和O_3危害的症状相似（图3-4）。

图 3-4 夏叶槭受硫酸雾及氮氧化物危害的症状

这些植物并非都对O_3敏感，有些必须生长一段时期才能产生伤害反应。

氮氧化物对植物解剖构造危害的症状，据Berge（1963年）报道，NO_2可使栅栏组织细胞发生质壁分离，淀粉粒消失，细胞壁变为褐色。

氮氧化物对植物生长发育的影响，主要是使植物矮化，生长瘦小，坐果率和产量降低。

用0.5mg/L的NO_2处理的蚕豆和番茄，持续10～22d，植物鲜重和干重降低25%。氮氧化物引起植物伤害的一个重要原因，是NO_2进入叶片后，与附于海绵组织细胞表面的水分结合，生成亚硝酸或硝酸，当酸的浓度达到一定程度时，会使植物细胞受害。对植物的危害程度受光照强度的影响。在强光下，植物体内的酶系统可使吸收产生的亚硝酸盐还原成氨，被植物利用；但在弱光或黑暗的条件下，这些需要光的酶被抑制，亚硝酸盐逐渐积累，积累到一定程度，就会产生危害。所以，在光照弱或黑暗条件下，植物对NO_2的敏感性增强。蚕豆、番茄等对NO_2敏感的植物在弱光下，NO_2浓度为2.5～3.0mg/L，持续2～3h，就有可能受害；但在强光下，则需6mg/L，持续2h，才有可能受害。

(6) 过氧乙酰硝酸酯对植物的影响

过氧乙酰硝酸酯（PAN）是在形成光化学烟雾的过程中产生的二次污染物。它是一种剧毒物质，当浓度为10^{-9}级，即可引起植物受害。

PAN对植物叶片引起的伤害症状，一般表现为叶背呈银灰色或古铜色，叶表不产生受害症状，由于叶表组织正常，随其继续生长，叶片会发生反卷，使叶背呈凹形。烟草和番茄等是对PAN敏感的植物，在叶片表面也会出现半透明或古铜色症状。在高浓度PAN的作用下，叶片会发生急性伤害，开始表现为水渍斑，干后变白或呈褐色的坏死带。谷类作物受害时，常在叶片上出现横向的坏死带，由于叶脉一般不易受害，所以在坏死带上方的叶尖往往仍保持健康组织的绿色。

PAN对植物叶片组织结构的伤害是以海绵组织为主的，首先是使气腔周围海绵组织的细胞开始坏死，在叶片中形成空腔，空腔上方为栅栏组织和上表皮，所以外观呈银灰色或古铜色。

不同植物、不同叶龄对PAN的敏感程度也不同。多数植物的幼叶易于受害，中龄叶和老叶不易受害。但有的植物中龄叶易于受害，幼龄叶和老叶不易受害。就植株年龄而论，幼小的、处于生长迅速阶段的植株比较老的植株易于受害。PAN对植物生长发育的影响，主要是促进植株的老化和早衰。

植物受PAN伤害的特点是：植物如果接触PAN前处在黑暗中则抗性强，如果受光照2～3h后再接触，就变得敏感。研究表明，这与叶绿体中一种具有双硫键的蛋白质有关，这种蛋白质在光照2h内进行光还原，巯基因而增加。含巯基的酶易受PAN氧化而失活。

(7) 总悬浮颗粒物对植物的影响

总悬浮颗粒物是指飘浮于大气中的粒径小于100μm的微小固体颗粒和液滴，其主要来源于燃料燃烧产生的烟尘、生产加工过程中产生的粉尘、建筑和交通扬尘、风沙扬尘以及气态污染物质经过复杂物理化学反应在大气中生成相应的盐类颗粒，为我国大部分地区的主要大气污染物之一。从区域分布来看，甘肃、新疆、陕西、山西的大部分地区及河南、吉林、青海、宁夏、内蒙古、山东、四川、河北、辽宁的部分地区总悬浮颗粒物污染程度严重。大量的颗粒物落在叶片上和土壤中，从而危害植被的生长发育。某些种类的尘埃，最终能改变土壤的pH值，进而影响植被生育，当0.1mg/(cm^2·d)的水泥粉尘落到冷杉树上时就会使枝条枯死。大气中金属粉尘会妨碍植物生长，在1mg/L时可引起急性中毒。

(8) 乙烯对植物的影响

天然气、煤、石油以及植物体和垃圾等的不完全燃烧都会产生乙烯，汽车排出的废气中含有乙烯。石油裂解工厂和聚乙烯工厂等是乙烯的主要污染源。乙烯是植物的内源激素之一，植物体自身可以产生微量乙烯，在植物的生长过程中起着很重要的调控作用。但当外源乙烯超过一定浓度时，对植物的影响也十分强烈。一般认为乙烯的阈值浓度为10～100μg/L。饱和浓度为110mg/L。

乙烯对植物引起的伤害症状非常特殊，主要表现如下。

① 偏上反应　在乙烯的作用下，叶柄上下两面生长速度不等，叶柄上面生长比下面生长快，使叶片下垂，成为偏上反应。引起偏上反应的浓度随种类不同而异，一般为0.05～1.0mg/L。番茄、芝麻、棉花、马铃薯、向日葵等经乙烯熏气处理均易发生这种偏上反应。偏上反应是可逆的，当外源乙烯消除时，偏上反应也会随之消失。

② 器官脱落　乙烯可引起叶片、花蕾、花和果实脱落。棉花、芝麻、茄子、辣椒等易发生落花、落蕾，大叶黄杨（*Euonynus japouicus*）、女贞（*Ligustrumn lucidum*）、刺槐（*Oleaeuropaea*）等易发生落叶。

③ 闭花反应　石竹、紫花苜蓿、夹竹桃等植物的花朵若正在开放，遇乙烯危害，花朵会发生闭合，称闭花反应或睡眠效应。这是一种不可逆反应，在外源乙烯消除时不能恢复开放。

④ 叶片和果实失绿变黄　乙烯可刺激叶绿素酶的活性，加速叶绿素分解，使叶片和果实失绿变黄。叶片变黄时，一般是先从叶茎、叶脉开始，叶片变黄后，往往脱落，落叶次序是由下而上，先老叶，后功能叶，最后是嫩叶。

除上述症状外，有些植物的花朵会出现畸形，花瓣参差不齐，花萼变色，花蕾或花朵脱水凋萎等。乙烯对植物生长发育的影响，主要表现在可使某些植物植株的茎变粗，节间缩短，顶端优势消失，侧枝丛生。在小麦孕穗期，用10mg/L和100mg/L乙烯处理3d，空秕率显著提高。用乙烯处理的西瓜和桃，果实畸形、开裂，产果率下降。高浓度乙烯可使植物死亡。

(9) 酸雨对植物的影响

酸雨一般是指pH值小于5.6的雨或其他形式的大气降水，是大气受污染的一种表现。因为最早引起注意的是酸性的降雨，所以习惯上统称为酸雨。

酸雨的形成是一种复杂的大气化学和大气物理现象。酸雨中不仅含有大量的H^+，还含有浓度更高的SO_4^{2-}和NO_3^-。这些阴离子主要是电厂、冶炼厂和各种机动车在燃烧煤、石油和天然气等燃料时排放的NO和SO_2，再经光化学反应和催化反应而产生的。各地酸雨的酸度和离子组成及比例，由于各地排放状况的不同，而具有明显的差异。

随着工业化发展，我国大气污染仍为煤烟型污染，但酸性降水中SO_4^{2-}和NO_3^-的浓度之比呈下降趋势。1995年全国酸性降水中SO_4^{2-}和NO_3^-的浓度之比大约为64∶1，这种硫酸型酸雨表明大量SO_2的排放是降水量呈酸性的主要原因之一。2003年上海市SO_4^{2-}和NO_3^-的浓度之比下降到3.1∶1，2010年降至2.44∶1。

① 酸雨对陆生植物的影响和危害　酸雨既可以直接作用于陆生植物，也可以通过土壤的酸化等间接地作用于陆生植物。这种综合作用的过程本身就很复杂，再加上各地环境条件的不同，各种植物生物学特性的不同，使酸雨对陆生植物的影响和危害受到各种因素的制约，其机制是很复杂的，尽管人们已投入了很大的精力进行研究，但一些问题至今还难以得出统一的结论。

1) 酸雨对植物引起的伤害症状。酸雨直接作用于陆生植物，可使敏感种类的叶片出现可见伤斑，一般表现为在叶缘、叶尖和脉间出现块状漂白坏死斑，有时出现黄化或枯萎。由于叶片的表皮毛及附着在叶片上的烟尘颗粒，容易使酸雨雨滴停留，当叶片暴露于干湿交替的环境时，随雨滴中水分的蒸发，酸度升高，这些部位最易受害。一般认为，敏感种类叶片出现可见伤害的酸度阈值为pH值为3左右。经模拟酸雨试验表明：同一植物的不同器官，以叶片和繁殖器官最敏感；一些植物的叶片又以刚刚完全展开的叶片最敏感；就不同种类的植物而言，以草本双子叶植物最敏感，依次为木本双子叶植物、单子叶植物和针叶植物。

酸性降水对植物叶片的伤害程度和雨水与叶片接触面积大小，以及单位叶面积吸收雨水的速度有关。叶表面的蜡质和气孔数目等特性决定了叶片吸收水量的多少。这些特性因种而异，所以不同种类的植物对酸雨表现出不同的敏感性。

2）酸雨对植物生长发育的影响。酸雨对植物生长发育的影响，因植物种类和发育阶段的不同而表现出很大差异。据Bcc等（1981年）用模拟酸雨对28种作物和蔬菜进行的研究表明，有些作物的生长受到抑制，产量明显降低；有些作物反应不明显；还有些作物生长受到促进，产量明显增加。试验表明，单子叶植物受酸雨的危害低于双子叶植物。在双子叶植物中，根类作物最易受害，其次为叶类、甘蓝类和块根类，豆科植物和果树可能被促进；禾谷类一般不受影响。同一种植物的不同发育时期，对酸雨的敏感程度不同，一般已开授粉期最易受害。

在自然条件下，在N、P、K缺乏的地区，一定酸度范围的酸雨可因能补充氮的不足，而促进林木的生长，这种促进效应称为“氮肥效应”或“肥料效应”。由于世界上森林普遍缺氮，所以NO_3^-的输入很可能使森林生产率提高。但NO_3^-的降落对森林氮状况是否有益还取决于林木种类，因为有些树种需要NO_3^-作为氮源，有些树种则不需要NO_3^-作为氮源，对前一类树种，NO_3^-的降落将是有益的。

在缺硫地区，一定浓度SO_4^{2-}的输入，可增强树木的抗病能力。因为缺硫虽不致使森林的生长下降，但能导致无硫氨基酸，特别是精氨酸的积累。这些无硫氨基酸被叶中的真菌、病毒作为食物利用，会造成树木变形或落叶。在这样的缺硫地区，酸雨的输入也是有益的。

但酸雨又会促进植物冠层Mg^{2+}、NO_3^-、K^+和Ca^{2+}等养分的淋失，也会破坏叶片的角质层从而降低了植物对病虫害的抗性。

3）酸雨对土壤的酸化作用。酸雨降落到土壤中，犹如用稀酸溶液淋洗土壤一样，使土壤酸化，促进Ca、K、Na、Mn等营养元素的溶出，随后流失，土壤变得日趋贫瘠，酸雨也将本来固定在土壤中的金属，如Al、Cu、Cd等溶解出来，随水分一起被植物吸收，影响植物生长或造成死亡。土壤酸化又会使土壤微生物的种群结构发生改变，细菌比例减小，真菌比例增大，抑制了矿化过程的微生物活动，减缓了有机质的分解速率；固氮菌的活性也会受到影响，使氮的固定减少；硝化作用、氨化作用和反硝化作用都将减弱，使土壤肥力降低，植物的生长受到影响。由于受酸雨的影响，瑞典森林的生产率每年降低1%；德国大面积常青树死亡；美国东部森林生产率降低5%；巴西一些茂密的热带森林也开始枯萎。

综上所述，可见酸雨对森林生长的影响取决于森林生态环境中各种特定的因子，尤其是营养状况和大气的酸输入量。在阳离子营养充足，而N、S缺乏的森林环境，适量的酸雨输入，很可能有利于森林的生长；相反，在N、S充足，但阳离子营养缺乏的森林环境，过量的酸雨可能会使森林的生长率下降。所以，酸雨有害还是有益，主要取决于基本营养物的数量和酸雨的输入量。

4）酸雨对植物生理机能的影响。酸雨能破坏植物的叶绿体，使叶绿素的含量降低，并由此引起光合作用强度减弱，干物质量减少。

酸雨作用于植物叶片，严重时会使保护细胞的功能丧失，气体的交换过程失去控制，最后导致蒸发和蒸腾作用失调，使植物更易遭受干旱的危害，并对空气中的气态污染物更加敏感。除此之外，叶绿体的崩溃，栅栏组织细胞的原生质分离，以及叶片萎缩和初生叶片的脱落等异常现象，很可能是酸雨和植物激素相互作用的结果。

② 酸雨对水生生物的影响和危害 湖泊、河流等淡水水体受酸雨的影响，会逐渐酸化，改变水生生物的生存条件，影响水生生物的生长发育，甚至破坏水生生态系统。

水体酸化的后果之一，就是鱼类的生长受到抑制，甚至消失。鱼类生长的最适 pH 值为 6～9。当 pH 值下降到 5.5 以下时，龟类生活受阻，产量降低；当 pH 值降到 5 以下时，鱼类的生殖功能失调，繁殖停止，甚至不能生存。鱼类对 pH 值的敏感程度同鱼的种类和年龄有关。据调查，鲑科鱼类对 pH 值敏感性的顺序是虹鳟＞大马哈鱼＞海鳟＞红点鳟＞棕鳟＞河鳟。而对同一鱼种，以卵和鱼苗对 pH 值最为敏感。

水体酸化使鱼类受害的原因，与酸性条件下重金属的毒性增强有关。当水质硬度从 400mg/L 降至 4mg/L 时，Cu、Cd、Ni 和 Zn 对鱼类的毒性增加 10 倍。水体酸化后，可使底泥中有毒元素溶出，增加了其在水中的浓度，毒害鱼类。例如，在酸性条件下，铝的浓度会显著升高，铝能破坏鱼鳃对黏液的分泌和离子交换，这往往成为鱼类死亡的重要原因。

水体酸化还会导致水生生物的组成和结构发生变化。浮游植物和水生维管束植物的生物量和生产力降低，浮游植物、细菌和无脊椎动物减少，而耐酸的藻类、真菌增多，微生物的活性减弱，有机物的分解速率降低。由于微生物的分解作用是水生生态系统的能量流动和物质循环的重要环节，所以，微生物活性的减弱，分解能力的降低，直接动摇了水生生态系统的能量流动与物质循环的基础，加速了水生生态系统的崩溃。因此，酸化的湖泊及河流中的鱼类减少，瑞典和挪威南部以及美国东北部许多湖泊已成为无鱼的“死湖”。例如，美国东部阿迪朗达克山区，海拔 700m 以上的湖泊，已有 200 个湖泊成为生物绝迹的“死湖”；瑞典 18000 多个大中型湖泊已经酸化，其中约 4000 个湖泊酸化严重，水生生物受到很大伤害。

(10) 混合污染物对植物的影响

混合污染物区域性开发的结果，使大气中往往含有一种以上的污染物质，这些污染物相互之间如何作用，这种相互作用又如何影响植物以及受到伤害时的表现，这些问题都有待于深究。但是，长期以来人们一直怀疑，某些症状实际上是由气体的混合物而不是由单一的气体所造成的。气体混合物也可能诱发出一些与单一污染物相类似的危害症状，而且，气体混合物还可以改变伤害阈值，使植物对一种或两种污染物变得敏感。两种混合污染物所造成的伤害可能会轻于或重于两种气体中的任何一种单独存在时所造成的伤害，即混合污染物往往起协同或拮抗作用。几种混合物对植物的影响见表 3-7～表 3-9。

表 3-7 SO_2 和 O_3 混合气体对叶片的伤害作用

植物	(SO_2 浓度/O_3 浓度)/(mg/L)			
	0.5/0.05	0.1/0.1	0.25/0.1	0.5/0.1
苜蓿	－	＋	＋	＋
嫩基花柳菜	＋	＋	0	0
甘蓝	0	0	0	＋
萝卜	0	＋	＋	＋
番茄	0	－	0	0
花草	＋	0	＋	＋

注：＋为混合气体造成的伤害大于单独污染物质的累加伤害（大于累加）。

0 为混合气体造成的伤害等于单独污染物质的累加伤害（累加）。

－为混合气体造成的伤害小于单独污染物质的累加伤害（小于累加）。

表 3-8　SO_2 和 NO_2 混合气体对植物的伤害作用

植物品种	暴露小室	$(SO_2/NO_2)/(mg/L)$	持续时间/h	植物反应/(受伤%)	混合反应	植物年龄/周
燕麦	CE	0.75/0.75	1或3	0～5	+	4～5
香豆	CE	0.75/0.75	1或3	0～5	+	4～5
萝卜	CE	0.75/0.75	1或3	5～8	+	4～5
烟草	GE	(0.5～0.7)/(0.15～0.21)	4	0～10	+	7～8
颤杨	F	(0.5～0.7)/(0.15～0.21)	2	1	0	*
辣椒	*	(0.05～0.25)/(0.05～0.25)	4	10～8	+	3～6
燕麦	GH	(0.05～0.25)/(0.05～0.25)	4	0～27	+	3～4
萝卜	GH	(0.05～0.25)/(0.05～0.25)	4	0～27	+	3～4
大豆	GH	(0.05～0.25)/(0.05～0.25)	4	0～35	+	3～4
烟草	GH	(0.05～0.25)/(0.05～0.25)	4	0～18	+	7～8
番茄	GH	(0.05～0.25)/(0.05～0.25)	4	0～17	—	5～6

注：1. CE 控制环境；GH 温室；＊未注明；F 大田。
2. ＋大于累加；0 等于累加；－小于累加。

表 3-9　SO_2 和 HF 混合气体对植物的伤害

植物品种	暴露小室	SO_2/HF	持续时间	植物反应	混合反应	植物年龄
甜橙	温室	0.8/2.5	23d,10d 中断	36 叶面积	累加	2 年生幼苗
				52 基长	累加	
柑橘	温室	0.8/2.5	15d,10d 中断	2 脱落	小于累加	
菜豆	控制环境	0.08/0.6	27d	0	病痕数	1～4 年生
大麦	控制环境	0.08/0.8	27d	60	大于累加	1～4 年生
玉米	控制环境	0.08/0.6	27d	3910 病痕	大于累加	3～7 年生
番茄	未注明	0.5/5	4h2d/周	微伤害	病痕数	2 年生
菜豆	未注明	0.5/5	4h2d/周	微伤害	病痕数	2 年生

注：SO_2 浓度为 mg/L；HF 浓度为 μg/L。

雅各布林（Jaeobson）和卡拉维托（Colavito）描述了菜豆和烟草受到 O_3 和 SO_2 混合污染物伤害时，出现的棕黄色至白色的脉间坏死斑。就使用的混合污染物来说，伤害症状与 O_3 或 SO_2 所诱发的症状相似，这取决于哪一种污染物的浓度超过了伤害阈值。迁吉（Tingev）等发现，将 SO_2 和 NO_2 混合，并使其浓度低于两者各自的伤害阈值，燕麦、斑豆、大豆、烟草及番茄等叶片的上表面就会受到伤害；而叶片的下表面，则变为银色或浅红色。此外，SO_2 和 PAN 混合气体的危害性可能是相当严重的，但对其潜在作用所知的不多。有人曾对光化学氧化剂和氟对几种柑橘品种的生长和产量的影响进行了重点研究，据他们报告，在这些试验中，果实的产量降低了 50%。

3.2.5　利用植物的伤害症状进行监测与评价

植物对污染物的反应大致有三种情况：第一种为污染物在植物体内积累而被显示；第二种是污染物与植物在其组织内相互作用而产生新陈代谢产物被显示，即出现伤害症状；第三种为改变植物生长量（叶片和茎等长度、大小及粗细等）。利用这些反应就可以对大气污染进行监测与评价。

大气污染对植物的危害，是由叶部侵入的，因为植物叶子的表层特别是下部表层，细胞排列比较松弛，孔隙较多。当有害气体随大气通过孔隙进入叶组织中，就会发生一系列生化反应。当有害气体的浓度很低时，植物仍能进行正常的代谢作用，而不引起危害。若浓度较高或在植物体中积累较多时，就会使植物的组织遭到破坏，出现叶黄素被破坏，出现不同颜色的斑点、叶细胞组织脱水、叶片脱落，甚至全株枯死等异常现象，其严重程度随污染物的浓度不同而不同。这种利用某些植物对某种气体的特殊敏感性来监测该气体污染程度的方法，称为指示植物法，这种植物即为污染物的指示植物（indicatororganism）。

3.2.5.1 监测的依据和标准

利用植物的伤害症状可以判断污染物的种类和污染程度。

（1）判断污染物种类的依据

判断污染物种类的依据，是各种污染物对植物引起的典型伤害症状。因为同一种污染物对不同种类的植物所引起的伤害症状，基本是一致的。尽管不同种类的植物对同一种污染物质所表现出的抗性可能有很大差异，但只要污染物的浓度分别超过各种植物的伤害阈值，各种植物所表现出的伤害症状也基本一致。如烟草和辣椒对 SO_2 很敏感，黄瓜和番茄对 SO_2 的抗性中等，芒果和无花果对 SO_2 的抗性很强。当 SO_2 的浓度分别超过这些植物的伤害阈值时，这些植物的叶片表现出的伤害症状均为叶脉间出现不规则的坏死斑。

与此同时，大量的研究结果也证实了，不同的污染物对植物引起的伤害症状不同。即便是同一种植物，当受到不同污染物的伤害时，所表现出的伤害症状也截然不同。如花生受 SO_2 的伤害，在叶脉间出现坏死斑，在坏死斑与健康组织之间无暗红色界限；花生受氟污染的伤害时，则在叶尖或叶缘出现坏死斑，坏死斑与健康组织之间有明显的暗红色界限。所以，各种植物的伤害症状，可作为判断污染物种类的依据。各种污染物对植物引起的典型伤害症状，已如本章前面所述。

在利用植物的伤害症状判断污染物的种类时，还应注意排除其他伤害的干扰。排除的方法：一是掌握污染伤害症状与其他伤害症状的区别；二是对植物进行调查分析。

污染症状与其他伤害症状的区别。植物受污染引起的伤害症状与因病害、营养不良等引起的症状有时非常相似，很难区分，但有时也有一定的区别。

SO_2 对植物引起的伤害症状与其他伤害症状的区别主要如下。a. 与盐害的区别。在可溶性钠盐含量高或富含石膏的土壤上生长的棉花，吸收了过量可溶性盐类的紫花苜蓿（*Mediea Gosativa*）等叶片出现的伤害症状与 SO_2 伤害症状基本相似，区别是紫花苜蓿盐害症状的伤区与非伤区之间有明显的黑色分界线，棉花盐害叶片的叶温高于未受害叶片及 SO_2 伤害叶片的叶温，同时受盐害的叶片中硫酸钙含量增高。b. 禾本科植物受干旱或干热风的危害产生的症状与 SO_2 伤害症状很相似，区别是干旱和干热风的危害是从下部老叶片开始，而 SO_2 伤害是以中部叶片最重。c. 营养缺乏症和矿质元素毒害症与 SO_2 伤害也很相似，区别是 SO_2 的伤害以中部叶片重于幼叶和老叶，而 B、Ca、Cl、S、Cu、Fe 及 Zn 等引起的营养缺乏症，与 Al、As、Cu、Fe、B、Mn、Mo、Ni、Zn 及 Se 等引起的毒害症，主要出现在幼嫩组织上，Mn、Mo、Cl、K 及 P 等引起的营养缺乏症，与 N、Na 及 Ni 等引起的毒害症，主要出现在较老的组织上。

污染的伤害症状与病虫害伤害症状的区别主要有：昆虫危害的伤斑有咬嚼痕迹；真菌、

细菌危害的病斑有轮纹、疮痂、白粉、霜霉等特征，有时有明显突起的孢子囊群，如板栗白粉病与氯气伤害症状相似，但白粉病叶背面有白色分生孢子或黑色子囊孢子。

在许多情况下，非污染伤害的症状与污染伤害症状很难区分。如小麦和竹类早春遭受冻害后，自叶尖向下发黄萎蔫，与 SO_2 等有害气体的伤害症状相似；樟树冬季遭受冻害，脉间出现点、块状伤斑，与 SO_2 伤害相似，有时在叶缘坏死，又如 HF 伤害相似；石楠、广玉兰、女贞、桂花和山茶等，发生冻害的症状与 Cl_2 伤害相似。又如干旱缺水引起某些植物叶缘枯焦，并在坏死组织与健康组织之间通常形成一条黄化带，与氟化物伤害症状相似；低温伤害所产生的叶缘坏死，病毒引起的葡萄和李子的叶斑病，桃和柑橘缺 Fe、Mn 和 Zn 引起的叶缘、脉间黄化，有机磷农药对植物引起的伤害以及植物自身的自然衰老变黄等，都与氟化物的伤害症状相似。这些症状都很难区分出是污染伤害还是非污染伤害，对这样从症状上很难区分的伤害，可以采取现场调查进行判别。

在进行现场调查时，应注意以下几个方面：a. 了解污染源，了解受害地区是否有污染源存在，包括工业污染源、交通污染源以及农药和化肥的使用等，同时还应了解是否出现过异常的气候变化，如受害地区无污染源存在，则污染伤害即可排除；b. 受害程度与污染源距离的关系，如受害程度随距离的增加而减轻，即可能是污染伤害，如在可阻碍有害气体扩散的高大建筑物后面的植物，受害明显减轻，或未受伤害，则更可判明是污染伤害，如受害程度与距污染源的距离无关，则可能为非污染伤害；c. 受害程度，如成扇状，带状或片状分布于污染源的下风向，且只出现在一定范围，多为污染伤害；d. 树木的受害症状，如上部重、下部轻，迎风面重、背风面轻，树冠外面叶片受害重、里面叶片受害轻，多为污染伤害；e. 受害植物涉及种类较多，多为污染伤害，若对某污染物敏感的种类受害严重，抗性种类受害较轻，则更可判明为污染伤害。对现场调查，应以上述各点进行综合分析，最后做出判断。

(2) 判断污染程度的依据

用伤害症状判断污染程度，主要是根据叶片伤害面积的大小。一般可分为 5 级，即：a. 无污染，叶片无明显伤害症状；b. 轻度污染，叶片受 25%以下；c. 中度污染，叶片受害面积 25%～50%；d. 较重污染，叶片受害面积 75%；e. 严重污染，叶片受害面积 75%以上。对污染程度进行判断时，可选择一种分布较为普遍的敏感植物，也可选择两种或两种以上植物。若选择两种以上植物时，最后结果可用下式做相应处理。

$$S=\frac{1}{n}\sum_{i=1}^{n}S_i$$

式中，S 为判断污染程度的标准叶面积；S_i 为 i 种植物叶片受害面积；n 为选择的植物种类数。

污染程度的分级标准还可视当地具体情况而定。菜豆对 O_3 伤害的评价标准见表 3-10。

3.2.5.2　监测方法

用伤害症状监测大气污染，通常采用现场调查和定点监测两种方法，或采用其中一种方法单独进行，或同时采用两种方法，以便相互验证、互相补充。

(1) 现场调查

在调查地区选择敏感植物，调查其伤害症状和伤害面积。若按网格布点法或放射状布点法定点调查，再根据各点伤害面积大小，确定出各点的污染程度，即可绘制出调查地区的污染分级图，对调查地区做出评价。也可把监测地区划为若干小区，对各小区内敏感性不同的植物的受害程度进行统计，综合确定各小区的污染等级，绘出污染分级图，对监测地区做出评价。

表 3-10 菜豆对 O_3 伤害的评价标准

伤害评价	伤害严重性指数	叶片受害百分比/%	伤害评价	伤害严重性指数	叶片受害百分比/%
无	0	0	中等、严重	3	51～75
轻度	1	1～25	严重	4	76～79
中等	2	26～50	完全受害	5	100

（2）定点监测

进行现场调查时，监测植物的年龄、生长状况等很可能具有较大差异，甚至在监测点上还可能缺少选定的植物种类，因而使监测效果受到影响。为避免上述不足，可在未受污染的地区预先培育监测植物，生长一定时期后，再将其移到各监测地点，进行定期观察，记载，并做出评价。

移植方式一般采用盆栽，这样既方便，又可避免因各监测地点土壤状况的不同，可能带来的干扰。监测植物一般选择敏感种类。

3.2.5.3 监测植物的选择

敏感植物与抗性植物对大气污染都具有监测作用。敏感植物、抗性中等的植物和抗性强的植物，在大气污染的环境中分别出现伤害症状时，即可分别表明大气污染程度为较轻、较重和严重。但为了准确、迅速地对大气状况进行监测，多采用敏感植物为监测植物。对敏感植物的选择，人们已积累了丰富经验，主要采用的选择方法有下列 4 种。

（1）现场比较评比法

选取排放已知单一污染物的现场，对污染源影响范围内的各类植物进行观察记录。特别是注意叶片上出现的伤害症状特征和受害面积，比较后评比出各自的抗性等级，凡是敏感植物（即受害最重者）就可选作指示植物，这种方法虽然简单易行，但干扰因素太多，易造成个体间的不一致性从而影响选择结果。另外，对专业知识和工作经验要求高，因此，本法只可作为初选的一种手段。

（2）栽培比较试验法

将初步选出的敏感植物栽培在污染地区，进行观察比较，进一步从中选择、确认敏感种类。这样选出的敏感植物对试验地区可能较为符合实际，但也未能排除其他因素的干扰。选出的敏感植物还需经过较长时间的观察、检验。栽培试验包括盆栽和地栽两种方法。盆栽法是为了排除土壤系统各种因素的干扰而设置的，其优点是用地面积少，即使在不具备栽培条件的地方也能进行监测，同时还兼有植物净化能力测定的功能，其缺点是管理要求严格，苗木准备费工时；地栽法是把经过初选的抗性植物直接栽种于污染环境中，使其经受较长时间的作用，经一年以上的试验和观察，苗木生长正常的便是可靠的抗性植物。

盆栽还可放在植物监测器中。植物监测器由 A、B 两室组成，A 室为测试室，B 室为对照室，A、B 两室内分别放有同样大小的植物，栽在同样大小、同样土壤的盆中。试验时，被测污染空气由气泵吸入后，分别送至通往 A 室和 B 室的导管中，通往 B 室的气路中串接一个活性炭净化器，以吸附污染空气中的污染成分使之成为“干净”的气体，需注意的是活性炭对某些气体，如 NO_x、CO、CO_2 的吸附并不强。两气路分别装有流量计与针形阀，以调节气体流量使之相等，一般流量以 5～10L/min 为宜，即控制在每分钟使室内空气换 1～2 次，当通过足够量的污染空气及有一定长的时间后，即可由 A 室内的植物所出现的植物反应来判断空气中的污染程度，并可由事先确定的相关关系或变色色阶来估算空气中的污染物浓度。

（3）人工熏气法

将需要筛选的植物移植或放置在人工控制条件的熏气室内，把所确定的单一或混合气体掺混均匀后，通入熏气室，根据不同要求控制熏气时间。熏气试验法可以分为静态式熏气法、动态式熏气法和开顶式熏气法。其中，静态式熏气法是最初使用的简单的熏气试验法。试验时用一个密闭的玻璃箱罩住生长在地上或盆栽的植物，并引入一定量的污染气体，由于箱内空气不能更换，因此存在许多缺点，逐渐被淘汰。动态熏气室是用抽吸的方法，使污染气体不断地进入熏气室，接着又不断被抽出，始终让室内保持浓度一定的污染气体的动态平衡。熏气室装置改进和发展很快，现已有开顶式熏气罩（见图 3-5）或田间全开放式熏气系统，这些装置更接近于自然状态。人工熏气法的优点在于能人工控制试验条件，较准确地把握生物的反应症状或观察其他指标，受害的临界值（引起植物受害的最低浓度和最早时间）以及评比出各类植物的敏感性等。问题是这种熏气室与自然环境有一定的差距。

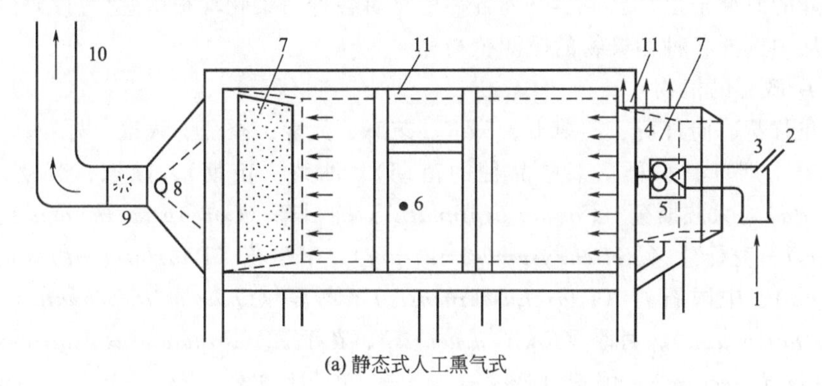

(a) 静态式人工熏气式

1—进气口；2—有毒气体管；3—混气箱；4—挡板；5—搅拌风扇；6—门；7—筛孔塑料板；8—喇叭箱；9—盖板阀；10—排气管；11—取样孔

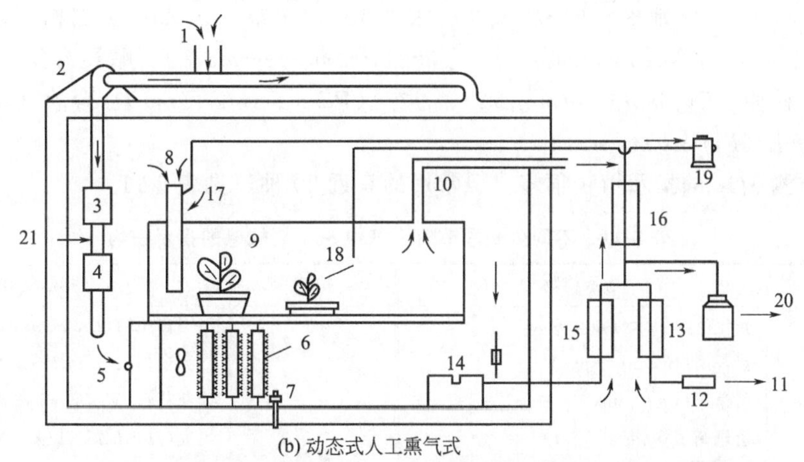

(b) 动态式人工熏气式

1—空气入口；2—高压鼓风机；3，4—活性炭过滤器；5—循环风扇；6—制冷器；7—温度控制器；8—熏气室进口；9—配气管；10—空气排气口；11—氧气出口；12—臭氧发生器；13—臭氧流量控制器；14—纯空气泵；15—纯空气流量控制器；16—空气污染物流量控制器；17—空气污染物进入路线；18—污染物样品路线；19—污染物分析仪；20—污染物擦洗器；21—臭氧注入线路

图 3-5　目前两种常用的人工熏气装置

熏气试验中应注意观察记录叶片受害症状出现的时间、斑痕和颜色、叶片的脱落、受害叶龄及部位、气孔开放情况、叶片解剖特征等，来划分植物对有害气体的抗性品种和敏感性指示植物品种。

人工熏气法应注意控制下列条件：污染物的浓度和接触时间、接触方式、植物种类、年龄、发育时期、生长状态、生长时的环境条件（光照、温度、湿度、肥水供应、风速和换气次数等），以及熏气前后的生长条件。

(4) 浸蘸法

人工配制某种化学溶液，把生长的植物叶片直接在污染物的水溶液中浸 1min，取出后隔 24h，进行观察比较，受害严重者即为敏感种类。如浸蘸亚硫酸溶液可产生 SO_2 的效果；浸蘸 HF 溶液可产生氟化氢的效果等。试验证明，这种方法所获得的结果与人工熏气法基本相符，而且具有简便省时和快速的优点，在没有人工熏气装置时可采用此法。浸蘸法适用于植物，特别是适用于对大量植物的初选。

3.2.5.4 主要用于监测的植物资源

根据国内外的研究报道，已证实下列各种植物对各种污染物均很敏感，可结合各地植物的分布状况，从中选择各种污染物的监测植物。

(1) 对 SO_2 敏感的植物

主要有紫花苜蓿、向日葵、胡萝卜、莴苣、芝麻、元麦、蚕豆、大麦、棉花、大豆、荞麦、小麦、黑麦、烟草、水稻（某些品种的苗期）、油菜（苗期）、辣椒、菠菜、矮牵牛（*Petunia hybrida*）、大波斯菊（*Cosmos bipinnatus*）蛇目菊（*Coreopsis tinctoria*）、百日菊（*Zinnia elegans*）、麦秆菊（*Helichrysumbracteatum*）、牵牛花（*Pharbitis nil*）（花期）、玫瑰（*Rosa rugosa*）、中国石竹（*Dianthuschinensis*）、茑萝（*Quamoclit pennata*）、天竺葵（*Pelargo nium hortorugn*）、月季（*Rosa chinensis*）、花毛茛（*Ranuaculus asiaticus*）、羽毛槭（*Acertalatum dissectum*）、郁李（*Pnmus iaponia*）、悬铃木（*Platanus acerifolia*）、雪松（*Cedrus deodara*）、油松（*Pinus tabulaeformis*）、马尾松（*P. massoniana*）、云南松（*P. yunnaaensis*）、湿地松（*P. elliottii*）、落叶松（*Larix olgeasis*）、白桦（*Betula platyplla*）、毛樱桃（*Cerasus to mentosa*）、樱花（*Prunus serrutata*）、贴梗海棠（*Chaenomeles speciosa*）、杜仲（*Eucommia ulmoides*）、油梨（*Persea americana*）、合欢（*Albizzia julibrssin*）、梅花（*Pmnus mume*）。

用于监测 SO_2 的指示植物很多，但常用的有近 20 种，见表 3-11。

表 3-11 不同生长季节对大气中 SO_2 最敏感的指示植物

季节	指示植物	季节	指示植物
春季和初夏	一年生早熟禾(*Poa annua*)	夏季	美国白蜡树(*Fraxinus amerioana*)
	芸苔属(*Brassica* spp.)		欧洲白桦(*Betula Pendula*)
	堇菜属(*Viola* spp.)		紫花苜蓿(*Medicago sativa*)
	鱼尾菊(*Zinnia elegans*)		大麦(*Hordeum vulgare*)
	蕨类(*Pteridium* spp.)		荞麦(*Fagopyrum esculentum*)
	葡萄(*Uitis vulpina*)		苣荬菜(*Cichorium endiva*)
	苹果属(*Malus* spp.)		西葫芦(*Cucurbita pepo*)
	白杨(*Populus tremuloides*)		甜瓜属(*Cucurbita* spp.)

（2）对氟化物敏感的植物

主要有唐菖蒲、金荞麦（*Fagopyrum cymosum*）、葡萄、芒、玉簪（*Hosta plantaginea*）、杏、梅花、山桃、榆叶梅（*P. triloba*）、紫荆（*Cercis chiaensis*）、梓树（*Catalpa ovata*）、郁金香（*Tulipa gesnenana*）、玉米、烟草、芝麻、金丝桃、池柏（*Taxodium ascecndens*）、白千层（*Melaleuca leucadendra*）、南洋楹（*Albmia falcata*）。

（3）对氯敏感的植物

主要有白菜、青菜、菠菜、韭菜、葱、番茄、菜豆、冬瓜、繁缕（*Stellaria media*）、向日葵、大麦、池柏、水杉（*Metaseguoia glyptostroboides*）、薄壳核桃（*Carya illinoensis*）、木棉（*Gossampinus malabarica*）、枫杨（*Pterocarya stenoptera*）、樟子松（*Pirnus syluestris*）、紫椴（*Tilia amarensis*）、赤杨（*Alnus hirsuta*）。

（4）对氨气敏感的植物

主要有紫藤（*Wistariasineasis*）、小叶女贞（*Ligustrum guihoui*）、杨树、虎杖（*Polygo num cuspidatum*）、悬铃木、薄壳核桃、杜仲、珊瑚树（*Viburnumatoabuui*）、枫杨、木芙蓉（*Hibiscus mutabilis*）、楝树（*Meliaazedarach*）、棉花、芥菜、向日葵、刺槐。

（5）对 O_3 敏感的植物

主要有烟草、矮牵牛、马唐、雀麦（*Bromusjapoaicus*）、花生、马铃薯、燕麦、洋葱、萝卜、女贞、银槭、梓树、皂角（*Gleditsia sinensis*）、丁香、葡萄、牡丹、梨。

（6）对PAN敏感的植物

主要有早熟禾（*Poaannua*）、繁缕、矮牵牛、蕃豆、莴苣、燕麦、番茄、芥菜。

（7）对乙烯敏感的植物

主要有芝麻、棉花、向日葵、茄子、辣椒、蓖麻、番茄、紫花苜蓿、香石竹（*Diarthuscaaryophllus*）、中国石竹、四季海棠、月季、十姐妹（*Rosa multiflora*）、万寿菊（*Tagetercrta*）、含羞草（*Mimosapudica*）、银边翠（*Euphorbia marginata*）、大叶黄杨（*Euonymus japonicus*）、瓜子黄杨（*Buxus microphytla*）、楝树、刺槐、臭椿（*Ailanthus altissima*）、合欢（*Albizziajulibrissin*）、玉兰（*Magnolia denudata*）。

（8）对汞蒸气敏感的植物

主要有菜豆属、向日葵属、女贞属、绣球花属。

3.2.6 利用地衣、苔藓进行监测

地衣和苔藓是原始的低等植物，分布很广，都属隐花植物，它们对 SO_2、H_2S 等的反应很敏锐。SO_2 的年平均浓度达到 0.015～0.105mg/L，就能使地衣绝迹。没有地衣生长的地带称为“地衣沙漠”。苔藓是仅次于地衣的指示植物，如大气中 SO_2 浓度超过 0.017mg/L 时，大多数苔藓植物就不能生存。1968 年，在荷兰格罗宁根举行的大气污染对植物影响的讨论会上，附生隐花植物（主要指地衣和苔藓）被推荐为大气污染的指示植物。到目前已有许多国家用地衣和苔藓对城市或以城市为中心的更大区域进行监测和评价，并绘制出大气污染分级图。

3.2.6.1 利用地衣进行监测

地衣是由真菌和藻类共生的特殊植物类群。其中藻类进行光合作用制造的有机物，供藻类和菌类的共同需要；菌类吸收的水分和无机盐又供藻类进行光合作用，并使地衣保持一定

湿度。这种特殊的共生关系使地衣具有独特的形态、结构、生理和遗传的生物学特性。

地衣的形态，按生长型可分为三类，即叶状、壳状和枝状，还有一些种类为过渡类型。典型的叶状地衣外形呈叶状，内部构造分上皮层、藻胞层、髓层和下皮层。以假根或脐固着于基质，与基质结合不牢固，易于剥落。典型的壳状地衣外形呈壳状，内部构造无支层或只有上皮层，有藻胞层和髓层，以髓层的菌丝直接固着于基质，与基质的结合十分牢固，无法从基质上剥落。枝状地衣的外形呈枝状，内部构造呈辐射状，有外皮层、藻胞层和髓层。

利用地衣对大气污染进行监测和评价，通常采用两种方法：一是调查地衣的生长型或种类的分布状况，并以此为依据进行评价；二是采用人工移植方法，通过敏感种进行监测和评价。

3.2.6.2 利用苔藓进行监测

苔藓植物是高等植物中最原始的类群，植株矮小，大者仅几十厘米，但已有茎叶的分化。茎内无维管束，输导能力不强，主要起机械支持作用，兼有吸收、输导和光合作用的功能。叶多为单层细胞构成，除能进行光合作用外，也可直接吸收水分和养料。根为假根，主要起固着作用。苔藓植物的生活史是由孢子体世代（无性世代）和配子体世代（有性世代）组成，配子体世代在生活史中占优势，常见的苔藓植物的绿色植物体，即为配子体苔藓植物多分布在潮湿的树干、墙壁、地表和石面等阴暗潮湿的环境中。

苔藓植物之所以被推荐为大气污染的监测植物，是因为与其他高等植物相比，苔藓植物有以下特点：a. 对大气污染十分敏感，苔藓植物的叶片多为单层细胞，污染物可从叶片两面直接侵入叶片细胞，每个细胞承受的污染物浓度大于其他高等植物，所以敏感程度高于其他植物；b. 吸污能力强，对重金属和其他有害气体的吸收量明显高于其他高等植物；c. 附生在树干上的种类不受土壤或其他基质中 pH 值变化的影响；d. 苔藓植物生活所需要的全部水分和养料来自雨水或露水，其中往往含有浓缩的污染物质；e. 苔藓植物为多年生植物，全年受大气污染，也可对大气污染进行全年监测。

3.2.7 利用植物群落监测

植物群落是指在一定时间内，生活在同一特定空间或区域的各种植物种类相互松散组合构成的结构单元。这种单元虽然结合松散，但由于群落中种群成员的种类及一些个体的特点而显现出一些特征。同时，在自然环境中共居一处的有机体，是有序地、相互协调一致地生活在一起，而不是偶然地、彼此无关地共处同一环境中。群落中的植物与植物间、植物与环境间相互依存、相互制约、相互影响，存在着复杂的相互作用关系。环境条件的变化会直接影响植物群落的变化。也就是说，在植物群落的分布区，一定时空内常有一些固定种群构成指示性生物群。

当大气受到污染时，由于群落中各种植物对污染物敏感性的差异，其反应有着明显的差异。因此，通过分析植物群落中各种植物的反应（主要是受害症状和程度），就可以估测该区域大气污染的状况。

我们从某一地区植物叶片所出现的症状特点，可以判断该地区大气污染状况。如伤斑分布在叶脉间，一般可以说明该区域大气被 SO_2 所污染，从各种植物的受害程度，特别是一些对 SO_2 抗性强的植物如构树、马齿苋等的受害情况来看，可以判断该地区是否曾发生过明显的急性伤害。有关资料表明，当 SO_2 浓度达到 3～10mg/L 时，能在短时间内使各种植物产生不同程度的急性危害。因此，可以估测该区域周围大气中 SO_2 浓度可能曾达到这样的范围。

另外，如植物叶片受害症状主要是叶片边缘出现伤斑，一般是属氟化物污染类型，说明该地区受到含氟废气的污染。

许多资料报道，地衣的确是研究大气污染对绿色植物影响的好工具，特别是由于地衣的共性更增加了它对环境胁迫因素的敏感性，即使是对绿色植物损害不明显的轻微污染，也常常对地衣的种类、生长情况等产生明显影响。

总之，无论禾本植物，草本植物甚至于苔藓、地衣和真菌，都能用来对大气中的气体及颗粒污染物进行指示和监测，但当今亟须解决的问题是：a. 需要发现更多更好的植物作为监测材料；b. 建立植物监测器供应中心，以鉴别、评价、保存、繁殖并提供监测各种污染物的植物监测器；c. 植物监测器和大气质量标准的共同使用，使生物监测的数据广泛地应用于大气的环境质量标准上。

3.2.8 利用微生物监测

3.2.8.1 空气污染和微生物

空气中缺乏微生物可直接利用的营养物质，微生物不能独立地在空气中生长繁殖，它不是微生物生长繁殖的天然环境。因此，空气中没有固定的微生物种群，它主要是通过土壤盐埃、水滴、人和动物体表的干燥脱落物、呼吸道的排泄物等方式被带入空气中，这些微生物附着在灰尘颗粒上，短暂悬浮于空气中的液滴内，随气流在空气中传播。

空气中微生物的数量与人和动物密度及活动情况、植物数量、土壤与地表覆盖、气温、日照和气流等因素有关，空气中的微生物类群还随环境不同而异，空气中的微生物大部分为非致病性微生物，常见的有芽孢杆菌属、五色杆菌属以及一些放线菌、霉菌等。周大石等曾对沈阳市大气微生物区系分布进行了研究，根据沈阳市的自然条件和社会因素的特点，以及影响大气微生物公布的有关因素综合考虑，共选择了在生态环境和地理位置均具有代表性的采样点 10 个，并从中分离出细菌 112 株、霉菌 57 株、放线菌 44 株。经鉴定，细菌为 14 个属、放线菌 5 个属，细菌有芽胞杆菌属（*Bacillus*）、微球菌属（*Micrococcus*）、黄杆菌属（*Flarobacterium*）、葡萄球菌属（*Staphylococcus*）、纤维单孢菌属（*Cellulomonas*）、五色杆菌属（*Achromobacter*）、产碱杆菌属（*Alculigens*）、克雷伯菌属（*Klebsiella*）、布鲁菌属（*Brucella*）、节细菌属（*Arthrobacter*）、萘瑟球菌属（*Neisseria*）、微杆菌属（*Microbacterium*）、拟杆菌属（*Bcateroides*）、短杆菌属（*Brtvibacterium*）、霉菌有青霉属（*Penicillum*）、毛霉属（*Mucor*）、曲霉属（*aspergillus*）、根霉属（*Rhizopus*）、木霉属（*Trichooderma*）、交链胞霉菌（*Altemaria*）、放线菌有链霉菌属（*Streptomyces*）、胞囊链霉菌属（*Streptosporangium*）、原放线菌属（*Nocardia*）、钦氏菌属（*Chainia*）、小瓶菌属（*Amputlanella*）。

室内空气中的微生物可随气流带入，但主要来源还是人、动物和植物。一个建筑物中空气微生物的组成，决定于动植物携带微生物的种类和数量，以及人和动物的机械性移动（如扫地、铺床、更衣、猫和狗的活动），尤其是与人和动物从呼吸道排出微生物的数量有关。此外室内空气的流动因建筑物的大小和形状、室内陈设、取暖和通风设施而大有变化。狭小的房间，器具堆积，门窗不常开启，室内空气经常是污浊的。气候的变化特别影响室内空气的流动，在寒冷的季节，通风不良，人群拥挤的场所，空气中微生物的数量与日俱增。

通常所说的空气传染实际上是唾液传染，它是一种直接传染，不能传播很远。但是在某些情况下，污染空气确能使易感者得病，例如，空气中的绿脓杆菌能感染人体烧伤面，引起化脓病变，对严重烧伤病人有致命危险。我国江苏植物所等单位曾对南京市不同类型场所、绿地和林地空气中的细菌含量进行了测定比较。一般来说公共场所空气中微生物含量最高，街道次之，公园、机关又次之，城市郊区植物园最低。彼此相差几倍至几十倍，原因可能是与绿化和人们的活动有关。

大气中微生物生态分布规律的研究，对大气微生物污染的生物监测有重要的实用价值。

3.2.8.2 微生物对空气污染的监测

(1) 对空气污染有指示作用

许多微生物对空气污染是敏感的，实践中可利用这类敏感的微生物作为指示生物，或用于研究细胞学损伤。例如，大肠杆菌（*E. coli*）对 O_3 和烃类化合物的光反应产生的烟雾是高度敏感的，这种混合污染物只要几个微克/升的浓度就可以使大肠杆菌致死。纯的 O_3 对于大肠杆菌也是有毒的，能使细胞表面发生氧化作用，造成内含物渗出细胞而被毁。

发光细菌对于测定由空气污染物引起的细胞学损伤也是良好的工具，发光细菌在暗处生长，它们的生物发光又较易测定。已知由氧化氮和丁烯经光化学作用产生的烟雾能明显阻碍生物发光；发光细菌对 PAN 也特别敏感，浓度小于 $2\mu g/L$ 时，就能抑制发光，而这样的浓度还不会使人眼产生刺激作用。尽管这样低的空气污染水平，也可在高等生物中引起细微的生理学影响，但是人们却不易觉察它，在这方面，微生物可以成为我们的好助手。

(2) 利用微生物指示致癌物的污染

致癌物中的多环烃类化合物，是空气中普遍存在的污染物，这类物质也能刺激细菌细胞产生畸变，例如，用致癌的污染物 3,4-苯并［*a*］芘处理蜡状芽孢杆菌，能增加细菌的代谢活性，并引起细胞的畸形生长。苯并［*a*］芘还能影响巨大芽孢杆菌生长，使之形成大颗粒的细胞等。因此可以利用这种现象，来研究引起细胞损伤的污染物水平以及细胞受损害的性质。

据报道，紫外光可以加速苯并芘对微生物的损害。有人利用原生动物草履虫作为材料，用 50 种致癌的烃类化合物和 67 种不致癌的烃类化合物，来研究光动力反应和致癌物活性的联系，结果显示出致癌物质比不致癌物更加具有光动力学性质。

就目前而言，有关微生物对大气污染的指示作用尚处于研究阶段，不具备实用性，还有待于实用性技术的开发应用。

当细胞培养在含有 3,4-苯并［*a*］芘的培养基中时，能形成不正常的巨大细胞，胞内充满着颗粒。

3.2.8.3 空气微生物的检测

要检测空气中微生物的种类和数量，需要特殊装置的采样器采样，然后将采得的空气样品通过培养基的培养，进行计数。影响微生物计数的因素很多，包括捕获的方法、捕获过程中对微生物的杀灭作用、培养温度以及培养基的选择等。到目前为止，尚未找到一种能培养所有微生物的培养基，特别是立克次氏体和病毒不能在无生命的培养基中生长，因此，一般都是以细菌和真菌作为检测的目标。

空气微生物检验一般只计在 37℃ 繁殖的微生物总数，而不计微生物种类。常用的检验方法有两种：一种是测菌落数，即一定时间内从空中落到单位地面上的微生物个数；另一种是测浮菌数，即每单位体积空气中浮游着的微生物个数。测落菌数时，把一定数量的琼脂平板，均匀放在室内的地板上，打开平板，暴露琼脂若干小时，然后在 37℃恒温箱内培养 48h，计数每个平板琼脂表面的菌落数。检测浮菌数，实际上是检测试样的总菌数。视集菌方法的不同，有撞击法、过滤法和静电沉降法之分。常用的方法如下。

（1）沉降平板法

沉降平板法是将盛有琼脂培养基的平板置于一定地点，打开平板盖子暴露一定时间，然后进行培养，计数菌落数。据实验认为暴露 1min 后，每平方米培养基表面积上生长的菌落数相当于 0.3m^3 空气所含有的细菌数。该方法比较原始，一些悬浮在空气中带菌的小颗粒在短时间也不易降落在培养皿内，因而无法确切进行定量测定，但检测方法通向流量计手续较简便，可适用于在不同条件下相互对比之用。

（2）液体撞击法

液体撞击法亦称吸收管法，是利用特制的吸收管，将定量的空气快速吸收到管内的吸收液内（图 3-6），然后取此液体一定量（一般为 1mL）稀释（视空气清洁程度而定），计数菌落数或分离病原微生物。

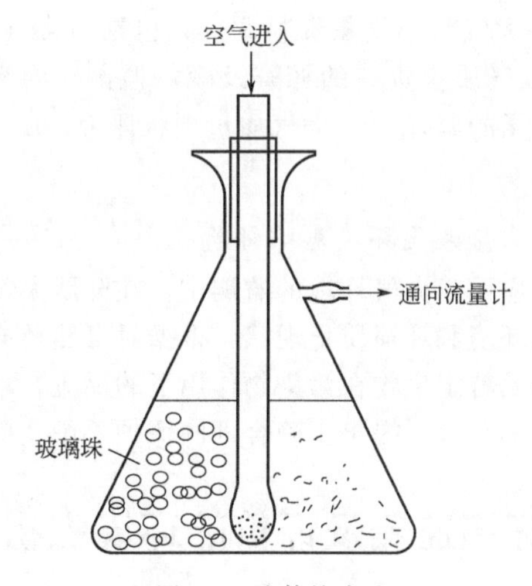

图 3-6 液体撞击法

（3）撞击平板法

撞击平板法是抽吸定量的空气快速撞击一个或数个转动或不转动的平板的培养基表面，然后将平板进行培养，计数生长的菌落数。

（4）滤膜法

滤膜法是将定量的空气通过支撑于滤器上的特殊滤膜（加硝酸纤维滤膜），使带有微生物的尘粒吸附在滤膜表面，然后将此尘粒洗脱在合适的溶液中，再吸取一部分进行培养计算。一般检验空气中细菌的方法常用沉降法，虽然细菌数量欠准确，但方法简便。实际中用下式计算 1m^3 空气中微生物数量。

$$X=\frac{N\times100\times100}{\pi r^2}$$

式中，X 为每立方米空气中的细菌数；N 为平板暴露 5min，于 37℃培养 24h 后生长的菌落数；r 为平板底部半径，cm。

如果面积为 100cm^2 的平板培养基，暴露于空气中 5min，37℃培养 24h 后所生长的菌落数，就相当于10L空气中的细菌数。

3.2.9 环境影响评价

环境影响评价（environmental impact assessment）是一个规划工具，是对一个建设项目预测未来的环境影响，提出防范和减少不利影响的措施，以协调经济发展和环境保护的关系，即进行项目的环境可行性研究。它同开发项目目的可行性研究报告一起使用，用以保证开发项目在经济上和环境上都是最佳方案，从而使开发项目成为一项可以持续发展的开发计划。

3.2.9.1 大气环境影响评价

大气环境影响评价，可概括为定量地拟议开发行动或建设项目建设前大气环境质量的现状，识别一切行动对大气环境的哪些质量参数产生影响和预测建设项目投产后大气环境质量的变化；解释污染物质在大气中的输送、扩散和变化的规律；提出建设项目和区域环境污染源的控制治理对策。

大气环境影响评价工作的主要环节是：a. 大气污染源的调查与评价；b. 确定评价范围、评价因子和评价目标值；c. 大气污染气象资料调查（包括历史气象资料和边界层扩散气象资料的调查）和实测；d. 大气质量资料的调查及现场监测，内容包括已确定的评价因子，以及可能造成潜在危害的因子的调查；e. 大气质量现状评价；f. 大气环境影响预测和评价；g. 大气污染综合防治对策。

3.2.9.2 环境生物资源与大气环境影响评价

环境生物资源被广泛地应用于大气环境的监测中，在开展大气环境影响评价工作时，通过勘察现场，了解社会自然环境和环境质量现状，根据对自然环境不同环境功能的要求，利用科学的手段及掌握的材料及特定生物在污染物作用下的反应，对污染源及潜在污染源可能对环境造成的影响做出正确的评价，提出正确合理的保护手段及措施。

3.3 用于水体环境监测及评价的环境生物资源

早在20世纪初，人们就已经开始利用水生生物对水体进行监测和评价。经过几十年的研究，已经证实了许多水生生物的个体、种群或群落的变化，都可以客观地反映出水体质量的变化规律。也就是说，在相对稳定的环境条件下，生物群落也是相对稳定的，一旦环境发生变化，生物群落也发生相应的适应性变化；反之，生物群落的变化，也可以反映出环境的变化。在总结大量研究成果的基础上，人们提出了许多相应的监测手段和评价方法，主要包括生物群落监测、生物残毒监测、细菌学监测、生物测试等。生物群落监测实际上是生态学监测，即通过野外现场调查和室内研究，找出各种环境中的指示生物（特有种与敏感种）受污染后所造成的群落结构特征的变化；生物残毒监测是生物对污染物有一定的积累能力，通过测定污染物在生物体中的富集数量来监测环境污染的程度；一般的水域在未污染的情况下细菌数量较少，当水体遭到污染后细菌数量相应的增加，细菌总数越多说明污染越严重，因此，细菌学监测也是一种很好的生物监测方法。

3.3.1 水体污染

由于人类活动排放的污染物进入河流、湖泊、海洋或地下水等水体，使水体和水体底泥的物理、化学性质或生物群落组成发生变化，从而降低了水体的使用价值，这种现象称为水体污染（waterbody pollution）。随着经济、技术和城市化的发展，排放到环境中的废水量日益增多。据悉，目前全世界每年约有超过 $4.2\times10^{11}m^3$ 的废水排入水体，污染了 $5.5\times10^{12}m^3$ 的淡水，约占全球径流总量的14%以上。特别是在第三世界国家，废水基本上不经过处理即排入水体。据卫生学家估计，目前世界上有1/4的人口患病是由于水体污染引起的。

伴随着国民经济的高速发展，废水的排放量逐年增加，导致全国各大江河、湖泊、水库、近海水域的污染均呈发展趋势。据对全国532条河流污染状况调查，已有436条河流受到不同程度的污染，占调查总数的82%，1994年各大江河的污染呈上升趋势，在七大水系和内陆河流的110个重点河段统计中，符合《地面水环境质量标准》Ⅰ类、Ⅱ类的占32%，Ⅲ类的占29%，Ⅳ类、Ⅴ类的占39%，主要污染指标为氨氮、高锰酸盐指数、挥发酚和 BOD_5，大中城市的下游河段普遍受大肠菌群污染。依据国家环境保护总局发表的《1995年中国环境状况公报》提供的数据，1995年全国废水排放总量（不含乡镇企业）为 $3.562\times10^{10}m^3$，其中工业废水排放量为 $2.225\times10^{10}m^3$。虽然工业废水处理率达75%，但处理设施运转率不高、停转、闲置、报废的占12.5%。在外排工业废水中，含COD 770万吨、重金属1823t、砷1084t、氰化物2504t、挥发酚6366t、石油类污染物64341t、SS 8.08×10^6t、硫化物 4.3×10^4t。我国乡镇工业自1978年以来发展迅猛。据统计，乡镇工业产值占全国工业总产值的比率由1989年的23.8%已上升到1995年的42.5%。1995年全国乡镇工业废水中COD的排放量为 6.7×10^6t，占当年全国工业废水中COD的排放量的46.5%，这表明乡镇企业已成为一个新兴的大污染源。

除工业废水外，我国的城市污水处理厂普及率不高，处理率很低，约为4.5%，造成作为水体重要营养盐的N、P大量输入，导致湖泊、水库富营养化问题十分严重。据国家环境保护总局发布的《1996年环境质量通报》显示，1996年度26个国控湖、水库污染仍很严重，80%的湖泊、水库的TN、TP超标。随着沿海城市人口的高密集和工农业的发展，使我国的一些河口、海湾、港口与城市滨海海域近年来N、P及油污染严重，富营养化程度高，赤潮发展频繁，病毒、致病菌等生物污染亦屡有发生。据有关资料报道，排入我国海域的陆源污水携带的有机污染物，以COD计达每年 6.0×10^6t，油约 9.0×10^4t，挥发酚6000t，重金属10000t。1980～1990年发生赤潮150多起。目前，富营养化问题已成为我国主要的环境与生态问题之一。

造成水体污染的因素是多方面的，主要包括：a.向水体排放未经妥善处理的城市污水稀工业废水；b.施用的化肥、农药以及城市地面的污染物，被雨水冲刷，随地面径流而进入水体；c.随大气扩散的有毒物质通过重力沉降或降水过程而进入水体等。其中第1项是造成水体污染的主要因素。

3.3.2 水体的主要污染物

水体中污染物的分类方法不一：一种是按污染物的性质分为化学性的、物理性的和生物性的污染物；另一种是按对人体健康及环境的影响来分类；第三种是按照水体中污染物的种类和性质，分为四大类，即无机无毒物、无机有毒物、有机无毒物和有机有毒物，而将放射性物质、热污染等列为其他污染物。

（1）需氧污染物质

生活污水、食品加工和造纸等工业废水中含有糖、蛋白质、油脂、纤维素、木质素等有机物质，它们以悬浮或溶解状态存在于废水中，通常微生物作用而分解。这些物质分解过程中需要消耗氧，故称为需氧污染物。它可造成水中DO减少，影响鱼类和其他水生生物的生长。水中DO耗尽后，有机物进行厌氧分解，水质发黑变臭。

(2) 重金属

危害较大的有Hs、Cd、Cr、Pb、As等。重金属在自然界中不易消失，并通过食物链而被富集。

(3) 难降解的有机物

有机氯化合物、多环有机化合物、芳香族化合物等均属此类物质，其中有些是致癌物，污染水体后对人类危害极大。各种酸、碱、盐等无机化合物进入水体，使淡水资源的矿化度增高，影响水体的利用。自20世纪70年代以来，有些国家和地区酸雨污染日益严重，造成土壤酸化，地下水矿化度增高。

(4) 植物营养元素

生活污水和某些工业废水中，含有一定量的P和N等植物营养元素，施用磷肥、氮肥的农田水中及洗涤剂污水中也有大量P和N，这些物质都可以引起水体富营养化。

(5) 石油

主要污染海洋，危害是多方面的。如在水面上形成油膜，阻碍水体的复氧作用；油类黏附在鱼鳃上可使鱼窒息；黏附在藻类、浮游生物上影响它们的呼吸；油类会抑制水鸟产卵和孵化，破坏其羽毛的疏水性；石油污染使水产品质量降低。

(6) 热污染

热污染是工矿企业向水体排放高温废水造成的。热污染使水温升高，水中生化反应加快，DO减少，影响鱼类的生存和繁殖。例如，鳟鱼虽在24℃的水中生活，但繁殖温度则要低于14℃。一般水生生物能够生存的水温上限是33～35℃。

(7) 放射性污染

来源于核动力工厂排出的冷却水，投弃在海洋的放射性废物，核爆炸降落到水体的散落物，核动力船舶事故泄漏的核燃料等。开采、提炼和使用放射性物质时，处理不善也会造成污染。

(8) 病原体

生活污水，畜禽饲养场废水及制革、洗毛、屠宰业和医院等排出的废水，常含有各种病原体如病毒、病菌、寄生虫等。

3.3.3 环境生物资源与水污染监测

用于水污染监测的环境生物资源主要是藻类、原生动物及微生物。Palmer（1969年）根据165名作者的295篇报告对可耐受有机物污染的藻类做了综合分析，他对已提到的270个属，725个种及125个变种和标型的藻类的作用做了评分，评分最高的有60个属，而列于最前的8个属，它们是裸藻属（*Euglena*）、颤藻属（*Oscillatria*）、衣藻属（*Chlamydomottas*）、珊藻属（*Scendesmus*）、小球藻属（*Chlorella*）、菱形藻属（*Nitzschia*）、舟形藻属（*Navicula*）和毛枝藻属（*Stigeoclonium*）。

用于水体监测的原生动物种类也非常多，如前节晶囊轮虫（*Asplanchna prio*）、腔轮虫（*Lecane lune*）、月形单趾轮虫（*Monostyla lunaris*）、蚤状水蚤（*Daphnia pulex*）、大型水蚤（*Oapaaia magna*）、绿草履虫（*Paramecium busaria*）、帆口虫（*Pleuroaema* sp.）、鼻栉毛虫（*Didinium nasutuml*）、弹跳虫（*Halteriagrandinella*）、聚缩虫（*Zoothanmiumarbuscular*）、茧形虫（*Urocentrum turbo*）、横隔硅藻（*Diatona vulgare*）、静水椎实螺（*Limnaea stagnalis*）卵形椎实螺（*Limnaea ovata*）、肿胀珠蚌（*Unio tumidus*）、蚤状钩虾（*Gammarus pulex*）等。微生物用于水体环境监测最常用的是细菌总数和大肠杆菌数，它们是检查水体质量最常用的卫生学指标之一。

3.3.4 水体污染的生物群落监测法

水体污染的生物群落监测即为水污染生态学监测，主要是根据浮游生物在不同污染带中出现的物种频率、相对数量或通过数学计算所得出的简单指数值来作为水污染程度的指标的监测方法。该法又分为污水生物系统、PFU法、生物指数法（BI）、种类多样性指数法和水生生物法五种。

3.3.4.1 污水生物系统

污水生物系统（saprobie system）最初是由德国学者科尔克维茨（Kolrwitz）和马松（Max Bson）于1909年提出的，用于监测和评价河流受有机污染程度的一种方法。经过许多学者的深入研究，特别是20世纪50年代以后，补充了污染带的指示生物种类名录，增加了指示种的生理学和生态学描述，从而使该系统日趋完善。特别是在1951年李普曼（Liebmann）修正和增补了污染带的指示生物名录，并划分水质等级。他将水质共分为四级（从Ⅰ至Ⅳ级，Ⅳ级为最污，Ⅰ级为最清），并规定各级的代表颜色：Ⅰ级为蓝色，Ⅱ级为绿色，Ⅲ级为黄色，Ⅳ级为红色。同时还绘制了各污染带的指示生物图谱。其理论基础是，当河流受到有机物污染后，在污染源下游的一段流程里会发生水体自净过程。在此过程中，一方面污染程度逐渐减轻，另一方面生物相也会发生变化，在不同的区段出现不同的生物种类，形成四个连续的污染带：多污带、α-中污带、β-中污带和寡污带。每个带均有各自的物理、化学及生物学特征。

(1) 多污带

亦称多污水域，此带多处在废水排放口，水质浑浊，多呈暗灰色，COD、BOD浓度很高，DO趋于零，具有强烈的H_2S气味，其细菌数量大，种类多，每毫升水中细菌数目达百万个以上，甚至达数亿个。多污带的指示生物有浮游球衣细菌、贝氏硫细菌、颤蚯蚓、蜂蝇蛆和水蚂蟥等（图3-7）。颤蚯蚓是环节动物门寡毛纲颤蚓科动物的统称，其身体细长而柔软，前端藏在底泥中摄食，尾部露在水中颤动呼吸，也常常盘绕成紧密的螺旋状。颤蚯蚓是河流、小溪、湖泊、池塘和河口底栖动物的重要组成部分。颤蚯蚓能忍耐有机物污染引起的缺氧，并且随着底泥中有机物的增加，某些耐污种个体数量急剧增加，甚至多得像一块不整齐的地毯。由于颤蚯蚓个体较粗大，生活又固定，故很早就有人用来作为污染的指示生物。水蚂蟥对某些重金属，如Cu、Pb和一些有机氯农药有很强的耐受力，因此常常出现在有机污染严重的河段，美国的伊利诺斯河中的水蚂蟥曾多达2.9107×10^4个/m^3。

(2) 中污带

中污带是介于多污带与寡污带之间的中等污染水质，由于在中污带污染程度变化较大，因此又把它分成污染较严重的α-中污带与污染较轻的β-中污带。

① α-中污带　α-中污带污染程度也很严重，BOD值仍相当高，水质状况与多污带近似，

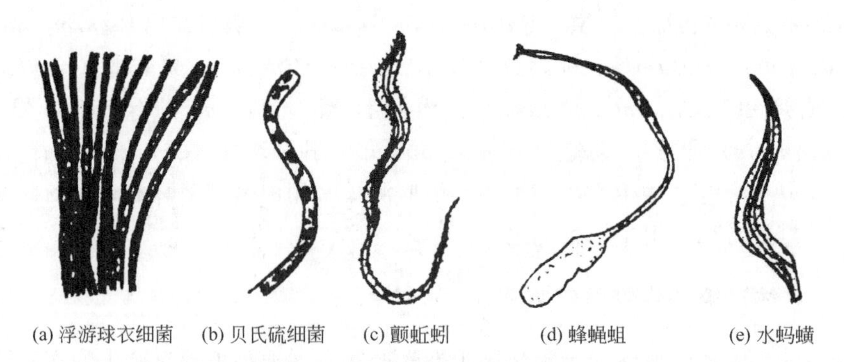

图 3-7 多污带中的某些指示生物

水质为灰色而浑浊。α-中污带中已开始出现氧化作用，但 DO 水平仍然极低，为半厌氧条件，水中有硫化物、氨、氨基酸等存在，水仍有臭味，生活在这一水域的水生生物叫作 α-中污带污水生物，生物的种类虽比多污带生物多些，但为数仍然较少，主要是细菌，每毫升污水中有几十万个。这一带中还出现了吞食细菌的轮虫类和纤毛虫类，另外还有蓝藻和绿色鞭毛藻类，颤蚯蚓仍大量滋生。

α-中污带中的污水生物（图 3-8）有大颤藻（*Oscillatoria prineeps*）、小颤藻（*Oscillatoria tenuis*）、椎尾水轮虫（*Epipharies serifa*）、天蓝喇叭虫（*Stentorcoeruleus*）、栉虾（*Asel. Naquaticas*）、菱形藻（*Nitzschiapalea*）、小球藻（*Chlorella vulgaris*）、臂尾水轮虫（*Epiphanesbrachionus*）、钢色颤藻（*Oscillatoria chalybea*）、钩头藻（*Phormidium uncinarum*）、绿裸藻（*Euglena viridis*）、韩氏硅藻（*Hantzschia amphioxys*）、绿球藻（*Chlorococ. cuminfusionum*）等。

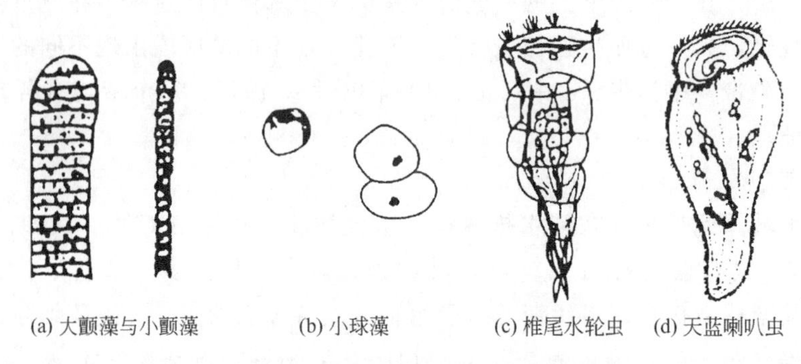

图 3-8 α-中污带中的某些指示生物

② β-中污带 与多污带和 α-中污带相比，β-中污带的特点是氧化作用比还原作用占优势，水的透明度大大增加，DO 水平显著提高，有时甚至还可达到饱和程度。有机物基本上完成无机化过程，含氮化合物已转化为铵盐、亚硝酸盐和硝酸盐，水中 H_2S 含量也极低。

β-中污带的生物学特征是种类上的极多样化，这一带的主要生物种类是蓝藻、绿藻、硅藻等各种藻类，还有轮虫、切甲类甲壳动物和昆虫。β-中污带细菌数量显著减少，每毫升水中几万个。本带还出现肺螺类及一些较高等的、耐污能力较强的水生生物，如泥鳅、鲫鱼、黄鳝、鲤鱼等野杂鱼类。

β-中污带中的污水生物（图 3-9）有水花束丝藻（*Apnanizomenon flosaquae*）、梭裸藻

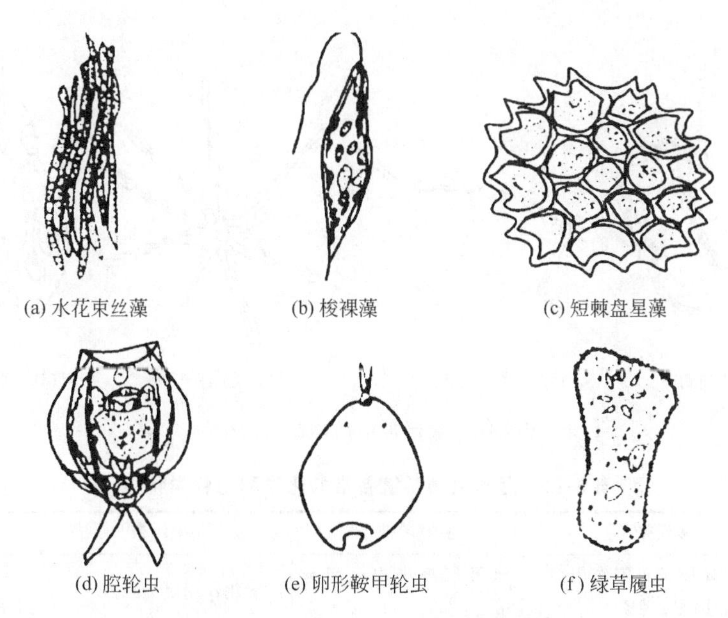

(a) 水花束丝藻　(b) 梭裸藻　(c) 短棘盘星藻

(d) 腔轮虫　(e) 卵形鞍甲轮虫　(f) 绿草履虫

图 3-9　β-中污带中的某些指示生物

(*Euglenaacu A.*)、变异直链硅藻 (*Melosira variaus*)、短棘盘星藻 (*Pediastrum boryanum*)、前节晶囊轮虫 (*Asplanchna prio*)、腔轮虫 (*Lecane lune*)、月形单趾轮虫 (*Monostyla lunaris*)、蚤状水蚤 (*Daphnia pulex*)、大型水蚤 (*Oapaaia magna*)、卵形鞍甲轮虫、绿草履虫 (*Paramecium busaria*)、帆口虫 (*Pleuroaema* sp.)、鼻栉毛虫 (*Didiniumnasutuml*)、弹跳虫、聚缩虫 (*zoothanmium arbuscula l*)、茧形虫 (*Urocentrum turbo*)、横隔硅藻 (*Diatona uulgare*)、静水椎实螺 (*limnaea stagnalis*)、卵形椎实螺 (*limnaea ovata*)、肿胀珠蚌 (*Unio tumidus*)、蚤状钩虾 (*Gammarus pulex*)。

(3) 寡污带

寡污带是清洁水体，水中 DO 含量很高，经常达到饱和状态，水中有机物浓度 (BOD 值) 很低，基本上不存在有毒物质，水质清澈，pH 值为 6～9，适合于生物的生存。寡污带细菌数量大大减少，而生物种类极为丰富，且都是需氧性生物。一些水生昆虫幼虫，如蜉蝣幼虫、石蚕幼虫和蜻蜓幼虫等均出现在寡污带中，由于它们喜欢在清水草丛中生活，在污染的环境中没有它们的影踪，故可作为寡污带的指示生物。此外，水中还有大量的浮游植物，如硅藻、甲藻、金藻等，动物中还有苔藓虫、水螅、海绵类等，鱼的种类也很多。

寡污带污水生物 (图 3-10) 有水花项圈藻 (*Anabaena flosaquae*)、玫瑰旋轮虫 (*Philodirnaroseola*)、长刺水蚤 (*Daplmia longispina*)、窗格纵隔硅藻 (*Tabellaria fenestrata*)、美丽星杆藻 (*AstPrionellalormlza*)、长圆砂壳虫 (*Diffluqia pyriformis*)、大变形虫 (*Amoeba proteus*) 等。

综上所述，从多污带到寡污带，呈现污染物浓度逐渐降低，直到完全矿化，细菌数量由多变少，生物种类由少到多的变化规律。1964 年日本学者津田松苗编制了一个污水生物系统各带的化学和生物学特征，见表 3-12。1965 年斯拉迪克 (Sladecek) 将科尔克维茨和马松以来的各种污水生物系统加以综合补充，使其成为一个全面的污水生物系统。斯拉迪克根据污染源把各污染带归为四类。

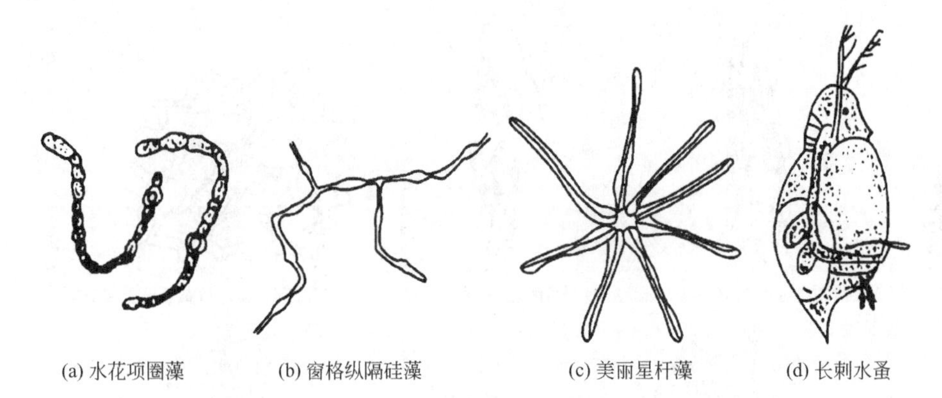

图 3-10 寡污带中的某些指示生物

表 3-12 污水生物系统各带的化学和生物学特征

项目	多污带	α-中污带	β-中污带	寡污带
化学过程	由于还原及分解作用而明显发生腐败现象	水及底泥中出现氧化作用	氧化作用更为强烈	因氧化使矿化作用达到完成阶段
DO	很低或者为零	有一些	较多	很多
BOD	很高	高	较低	很低
H_2S	多,有强烈 H_2S 臭味	H_2S 臭味不强烈	少量	没有
有机物	有大量的有机物,主要是未分解的蛋白质和碳水化合物	由于蛋白质等有机物的分解,故氨基酸大量存在	蛋白质进一步矿质化,生成氨盐、硝酸盐和亚硝酸盐,有机物含量很少	有机物几乎全被分解
底泥	由于有黑色的 FeS 存在,故常为黑色	FeS 被氧化成 $Fe(OH)_2$,因而底泥不呈黑色	有 Fe_2O_3 存在	底泥几乎全被氧化
细菌	大量存在,有时每毫升达数十万到数百万个	通常每毫升水中达 10 万个以上	细菌数量减少,每毫升在 10 万个以下	细菌数量少,每毫升只有数十个到数百个
生态学特征	所有动物皆为细菌摄食者;均能耐 pH 值的强烈变化;耐低 DO 的厌气性生物;对 H_2S 和氨有强烈的抗性	以摄食细菌的动物占优势,出现肉食性动物,对 DO 及 pH 值变化有高度适应性;对氨大体也有抗性,但对 H_2S 的抗性则相当弱	对 pH 值和 DO 变动的耐受性很差,而且也不能长时间耐受腐败性毒物	对 pH 值及 DO 的变化耐性均很差,对腐败性产物,如 H_2S 等无耐受性
植物	无硅藻、绿藻、接合藻以及高等水生植物出现	藻类大量生长,有蓝藻、绿藻及硅藻出现	出现许多种类的硅藻、绿藻、接合藻,此带为鼓藻类主要分布区	水中藻类较少,但着生藻类较多
动物	以微型动物为主,其中原生动物占优势	仍以微型动物占大多数	多种多样	多种多样
原生动物	有变形虫、纤毛虫,但仍无太阳虫、双鞭毛虫和吸管虫	逐渐出现太阳虫、吸管虫,但仍为双鞭毛虫	出现耐污性差的太阳虫和吸管虫种类,开始出现双鞭毛虫	仅有少量鞭毛虫和纤毛虫
后生动物	仅有少数轮虫、环节动物和昆虫幼虫出现。水螅、淡水海绵、苔藓动物、小型甲壳类、贝类、鱼类不能在此带生存	贝类、甲壳类、昆虫有出现,但仍无淡水海绵及苔藓动物,鱼类中的鲤、鲫、鲶等可在此带栖息	淡水海绵、苔藓动物、水螅、贝类、小型甲壳类、两栖类、水生昆虫及鱼类等均有出现	除有各种动物外,昆虫幼虫种类也很多

由于生物种类和数量的分布并不单纯受环境污染的影响，地理和气候条件以及河流的底质、流速、水深等对生物的生存和分布也有重要影响，所以，在利用指示生物对水体污染程度进行检测和评价时，对这些因素也都应给予足够的重视。同时，由于该系统只能定性地反映水体受污染的状况，对于污染物的种类和数量不能精确地定量，因此在实际工作中，应该结合化学分析的结果才能准确全面地反映水体自净的过程。

另外，用群落中优势种群来划分污染带的方法，实际上是污水生物系统的另一种形式，这种方法已被用于河流和湖泊的检测中，如丹麦学者福杰思德于1964年根据污染水体中优势种群的不同，把污染水体（主要是河流）划分为9个污水带，其中各带的优势藻类分别如下。

① 粪生带（coprozoic zone）无藻类优势群落。

② 甲型多污带（α-polysaprobic zone）裸藻群落，优势种为绿裸藻。

③ 乙型多污带（p-polysaprobic zone）裸藻群落，优势种为绿裸藻和静裸藻（*Znglenadese*）。

④ 丙型多污带（γ-polysaprobic zone）绿色颤藻（*Oscillatoria chorina*）群落。

⑤ 甲型中污带（α-mesosaprobic zone）环丝藻（*Ulothrix zoruzta*）群落或底生颤藻（*Oscillatodabenthonicum*）等。

⑥ 乙型中污带（p-mesosaprobic zone）脆弱刚毛藻（*Cladophora*）或席藻等群落。

⑦ 丙型中污带（γ-mesosaprobic zone）红藻群落，优势种群为串珠藻（*Batrachospermum moniliforme*）或绿藻群落，优势种为团刚毛藻（*Cladophora glomerata*）或环丝藻。

⑧ 寡污带（oligosaprobic zone）绿藻群落，优势种群为簇生竹枝藻（*Drapama miaglomerata*）或环状扇形藻（*Meridioncirculate*）群落或红藻群落。

⑨ 清水带（katharobic zone）绿藻群落，优势种群为羽状竹枝藻（*Dnwamaaldia piumusa*）或红藻群落，优势种为胭脂藻（*Hildenbrandia rivlaris*）等。

3.3.4.2　PFU法

PFU（polyurethane foam unit）微生物群落检测方法（简称PFU法），是应用泡沫塑料块作为人工基质收集水体中的微生物群落，测定该群落结构与功能的各种参数，以评价水质。此外，用室内毒性试验方法，以预报工业废水和化学品受纳水体中微生物群落的毒性强度，为制定其安全浓度和最高允许浓度提出群落级水平的基准。该方法是由美国弗吉尼亚工程学院及州立大学环境研究中心的Cairns等于1969年创立的。他们利用聚氨酯塑料块为人工基质，通过微生物的群集速度来评价水体。

微生物群落（microbialcon. unity）是指水生生态系统中显微镜下才能看见的微小生物，主要是细菌、真菌、藻类和原生生物，此外也包括小型的水生生物，如轮虫等。它们占据着各自的生态位，彼此间有复杂的相互作用，构成一特定的群落，称之为微型生物群落。微型生物群落是水生生态系统的重要组成部分。近几年来的研究结果表明，微型生物群落结构特征与高等生物群落特征相似，如果环境受到外界的严重干扰，群落的平衡被破坏，其结构特征也随之发生变化。我国自20世纪80年代初起将该方法用于水体污染的检测和评价，并于1992年颁布实施了国家标准（GB/T 12990—91）。

Cairns等认为，微型生物在水体中的石块、木块、淤泥表面和水生维管束植物等自然基质上，处于群集状态。当某一自然基质或人工基质在水体中开始出现时，一些微型生物即会在这种基质上进行群集，在不断群集的同时也会有一些已经群集在基质上的种类离开基质，因此，在基质上的种类，就有一个群集和消失的问题。当群集速度曲线和消失速度曲线交叉时，基质上种数达到平衡，这时基质上的群落将保持一定的稳定性，对周围环境也具有一定的自主性。Macartbur Wilson 把基质比喻为“岛”，将基质上种群群集的平衡称为岛屿生物地理平衡，把这一基本原理又称为“岛屿生物地理平衡模型理论”，这种平衡模型以下列公式表示。

$$S_t = S_{eq}(1 - e^{G_t})$$

式中，S_{eq}为估计的平衡种数；G_t为常数（斜率）。

在不同地区，环境条件相似的水体中，微型生物在基质上的群集达到平衡时，不同地区基质上的种群组成可能有明显差异；同一水体，不同季节，微型生物在同一基质上的种群组成也可能有明显差异。但不论是前一种情况，还是后一种情况，只要基质上的群集已进入平衡状态，基质上种类总数是明显相似的。与此相应，当水体的环境条件一旦发生改变，微型生物在基质上的群集达到平衡后，其种类数也会明显不同。PFU 法就是基于上述原理提出的。

3.3.4.3 生物指数法

生物指数法（biotic index）是指运用数学方法求得的反映生物种群或群落结构的变化的数值，用以评价环境质量的方法。

污水生物系统法只是根据指示生物对水质加以定性描述。而后许多学者逐渐引进了定量的概念。他们以群落中优势种为重点，对群落结构进行研究，并根据水生生物的种类和数量设计出许多种公式，即所谓以生物指数来评价水质状况。这一方面近些年发展很快，各国已相继设计并广泛应用多种生物指数。例如，一些国家已广泛地应用生物指数来鉴定和评价水质污染状况，我国近些年来在这方面也做了不少工作并取得了经验和成绩。但是也应看到，其中大部分生物指数是根据与有机物污染的关系提出的，而毒物污染和物理污染以及各种其他诸如地理、气候、季节等因素对分析结果的影响，有时很难通过简单的指数关系加以说明，所以生物指数法尚需进一步研究和完善。下面介绍几种生物指数法。

（1）贝克法

贝克（W. M. Beck）于 1955 年首先提出以生物指数来评价水污染的程度。他按底栖大型无脊椎动物对有机污染的敏感和耐性，将它们分成 A 和 B 两类：A 为敏感种类，在污染状况下从未发现；B 为耐污种类，是在污染状况下才有的动物。并规定在环境条件相近似的河段，采集一定面积（如 0.1m^2）的底栖动物，进行种类鉴定。他提出的计算式如下：

$$B_i = 2n_A + n_B$$

式中，B_i为生物指数；n_A和n_B分别为 A 类和 B 类种类数。

B_i 值越大，水体越清洁，水质越好；反之，B_i 值越小，则水体污染越严重。指数范围为 0～40，指数值与水质关系，见表 3-13。

表 3-13 贝克法指数与水质关系

生物指数	水质状况
>10	清洁河段
1～6	中等污染
0	严重污染

(2) 津田松苗法

津田松苗从20世纪60年代起多次对贝克生物指数做了修改，提出不限定采集面积，由4～5人在一点上采集30min，尽量把河段各种大型底栖动物采集完全，然后对所得生物样品进行鉴定、分类，并采用与上述相同的计算方法，此法在日本应用已达十几年之久。指数与水质关系，见表3-14。

表3-14 津田松苗法指数与水质关系

生物指数	水质状况	生物指数	水质状况
＞30	清洁河段	14～6	较不清洁河段
29～15	较清洁河段	5～0	极不清洁河段

进行采集动物样品时应注意：a. 应避开淤泥河床，选择砾石底河段，在水深约0.5m处采样；b. 水表面流速以100～150cm/s为宜；c. 每次采样面积应一定；d. 采样前应进行河系调查；e. 采样前几天，若发生涨水或水量突然增加的现象，则不能采样。

(3) 硅藻生物指数

渡道仁治（1961年）根据硅藻对水体污染耐性的不同，提出了硅藻生物指数。

$$I=\frac{2A+B-2C}{A+B-C}\times 100$$

式中，I为硅藻生物指数；A为不耐污染的种类数；B为耐有机污染的种类数；C为在污染区独有的种类数。

指数值越高，表示污染越轻；指数值低，表示污染重。

(4) 颤蚯蚓类与全部底栖动物相比的生物指数

即污染生物指数。库德奈特（Cood-nightt）和惠特（Whitley）（1960年）发现颤蚯蚓类在有机污染的水体中，其个体的数量随污染程度的加重而增加，所以提出了用颤蚯蚓数量占整个底栖动物数量的百分比来表示水体污染程度。

$$污染生物指数=\frac{颤蚯蚓类个体数}{底栖动物个体数}\times 100\%$$

指数值＜60%为水质良好，60%～80%为中度有机污染，＞80%为严重有机污染。

(5) 水生昆虫与寡毛类湿重相比的生物指数

金（King）和贝尔（Bell）（1964年）用水生昆虫的湿重与寡毛类的湿重之比，对有机污染与某些有毒废水进行评价。

$$生物指数(生物相对密度)=\frac{昆虫湿重}{寡毛类湿重}$$

指数值越大，表示污染程度越轻；指数值越小，表示污染程度越重。

(6) Trent生物指数

Trent生物指数是Woodiwise（1964年）对Trent河进行评价时提出的。他提出了用6个无脊椎动物类群作为评价水质的指示生物，根据这6个类群动物出现的顺序和种类数以及所获得的大型底栖无脊椎动物的类群总数划分指数值，并提出了划分标准，再依指数值的大小对水质进行评价。

3.3.4.4 生物残毒监测法

生物残毒监测法，也叫水生生物法，实际上就是指利用生物体含污量进行水体的监测和评价。

许多水生生物对水体中的重金属、有机农药和放射性物质等都有很强的富集能力，其富集系数甚至可达上万倍。因此，根据污染物质在生物体内的残留量，即可推断出水体污染的程度。评价时既可用富集系数直接说明水体污染的状况，也可采用等标指数进行。

即

$$IPC=\frac{C_m}{C_0}$$

式中，IPC为等标指数；C_m为生物体内污染物实测值；C_0为标准值或本底值。

等标指数越高，表示污染越严重。

适于利用生物体内含污量对水体污染进行监测的生物，见表3-15。

表3-15 适于利用生物体内含污量对水体污染进行监测的生物

生物种类	可监测的污染物	生物种类	可监测的污染物
白斑狗龟(*Esox lucius*)	Hg	端足类(*Pontoporeia affimis*)	Mn,Zn
河蜕(*Corbicula manillensis*)	Pb,666,DDT,Sr	钩虾(*Gammarus lacustris*)	林丹,异狄氏剂
河蚌(*Anodonya grandis*)	DDT,甲氧DDT,狄氏剂	紫贻贝(*Mitilus dculis*)	Hg,As
牡蛎(*Ostrea*)	DDT	毛蚶(*Arca subcrenata*)	Hg

水生植物对重金属元素具有很强的吸收积累能力，而且其吸收积累作用具有一定的区域性特点，加之植物的生长地点比较固定，样品的代表性较强。据此，可以利用水生植物对某一水域环境进行生物学评价。

藻类可对重金属浓缩、富集，这方面研究工作较多。近些年来，国内外开展了水生高等植物浓缩、富集重金属的研究工作，总结出如下一些规律：a. 污染区植物体中重金属含量高于非污染区；b. 河口区植物体中重金属含量高于其他区；c. 河流、湖泊底质中重金属含量高，则植物体中的重金属含量高；d. 不同类型水生植物对重金属的吸收积累能力为沉水植物＞飘浮、浮叶植物＞挺水植物；e. 重金属在水生植物体中的含量一般是根部大于茎、叶部位。

利用水生植物进行生物学评价时，需要首先确定评价标准，然后布点、采样、进行监测，最后经统计评价、划分水质等级。

3.3.5 细菌学检验监测法

天然水域被污染后，除了其中所含的某些化学物质直接或间接对人和其他生物产生不良影响外，废水中的有机物质在一定条件下，如水温和DO的变化等，也影响着水中各种微生物的变化，从而给人和其他生物带来危害，因此，水的细菌学检验是很重要的。细菌总数法是细菌学检验法的一种主要方法，它是指1mL水样在普通牛肉膏蛋白胨培养基上，于37℃经24h培养后所生长的细菌菌落的总数。细菌总数主要是用来反映水源被有机物污染的程度，以便为生活饮用水进行卫生评价提供依据。

一般水域在未受污染的情况下细菌数量较少，如果发现细菌总数增多，即表示水域可能受到有机物的污染，细菌总数越多，说明污染越严重。因此，细菌总数是检验一般水域污染的标志，见表3-16。

表 3-16　河流污染程度与细菌总数对照　　MPN/mL

污染程度	重污染河段	中污染河段	轻污染河段	未污染河段
细菌总数	>10	<10	<10	<10

河流的上游一般比较洁净，其中的细菌主要来自土壤，植被降解后所产生的腐植酸可以降低水的 pH 值，因而导致细菌的死亡。但是，在河流的下游处，由于废水排入而使水体遭到污染，细菌数量也相应地增加。河水有自净能力，入湖的河水可以继续其自净过程，细菌或是被吸附在颗粒物上而降至湖底，或是被原生动物所吞食。流进水库的水体也出现同样的情况，且可以使不同来源的水体在其中混合而达到平衡。浅水井可严重地被污染，细菌数可高达 20MPN/mL，因此，必须对这样的水质进行常规的细菌学检验，以保证其使用的安全性。深水井则是最洁净的水，细菌通过 5m 厚的密致土层可被滤掉，如果通过更厚的地层，细菌数量会降低得更多。

细菌在各种不同的自然环境下生长，而且具有繁殖速度快，对环境变化能快速发生反应等特点。近年来以细菌对环境变化反应的研究有了很大进展，应用细菌作为环境变化的指标，有两种基本方法：其一是调查种类组成、优势种以及依赖于环境特性而存在的特定细菌及其数量；其二是研究细菌群落的现存量、生产力同环境的关系。细菌的现存量一般是根据细菌数量的测定，也可采用换算系数变为质量，由菌数换算为干重的系数为 10MPN/mL＝50mg/m^3。细菌数量的测定方法，一是通过镜检计数总菌数，二是通过培养测定异养细菌的活菌数。

利用异养细菌的活菌数可以判断水质的有机污染程度和营养状况。日本学者林（1973年）曾调查了不同水体底泥中 BOD 和活细菌数的关系，证实了湖泊底泥中的易分解有机物的含量同活细菌数之间有相关性（图 3-11）；渡边仁治对河流的研究也证实，河水中有机物含量与活细菌数有相关性（图 3-12）。异养活细菌的数量也是水体营养状况的指示指标，富营养化的水体，异养活细菌的数量较多。

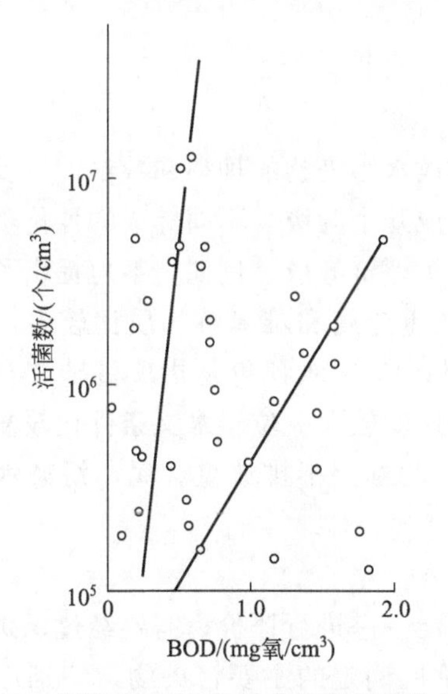

图 3-11　底泥的 BOD 与异养细菌活菌数关系

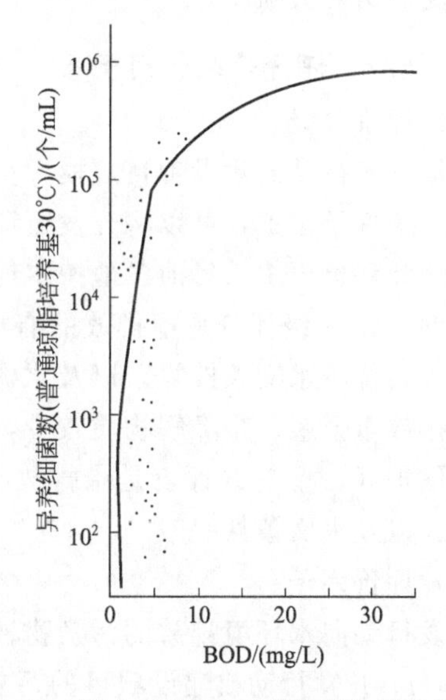

图 3-12　河水 BOD 和异养细菌数量的关系

但是，细菌种类鉴定和计数上的困难在某种程度上限制了它在环境监测中的应用。在污染的细菌学测试中，应用最普遍的是利用大肠杆菌群检测天然水的细菌性污染。

另外，在利用氧化塘等自然处理技术净化废水的过程中，也可以通过细菌学检验监测法定性地判断系统的处理效果。例如，马放等在东北地区污水氧化塘研究中发现，细菌数量的变化主要与有机污染物的浓度和温度的变化有关。有机污染物质浓度高时，细菌的数量大；在多级塘系统中，从入水到出水，细菌数量的减少与有机污染物的减少是一致的。

3.3.6 水环境质量的评价

水环境影响评价的目的是定量地推算拟议的开发行动或建设项目向水体排放的污染物的量，确定建设前水环境基线的状况，并预测建设项目投产后水环境质量的变化；解释污染物质在水体中的输送和降解规律；提出建设项目和区域环境污染源的控制与防治对策。

水环境影响评价工作的主要环节是：a. 水体污染源的调查与评价；b. 确定评价范围、评价因子和评价目标；c. 了解和收集水文、水质、底质、水生生物资料并进行实地的监测调查，特别应注意对可能造成潜在危害的因素的调查；d. 水环境质量现状评价；e. 水环境影响的预测和评价；f. 水污染综合防治对策。

主要工作步骤如下。

3.3.6.1 水污染源的调查与评价

首先确定拟议行动的各个比较方案在施工和运行时所排放污染物的类别和数量，确定污染物的方法一是查阅类似项目的报告书，二是利用经验的排放系数，在必要时对污染源进行现场实测。

要识别建设项目本身可能引起的独特污染问题以及建设项目所在地区的独特污染问题，前者如该项目运行后可能排放当地水体没有的放射性物质或剧毒化合物，后者如当地水体中有时发生的死鱼、藻类过度生长和引起分层流动的热排放，这些独特资料可通过省、地、市、县的水资源管理部门、卫生防疫站等单位取得，有时地方性报纸和地方杂志等也是提供污染情况的历史文献。

3.3.6.2 评价等级、因子及目标的确定

(1) 评价等级

根据开发行动或建设项目规模大小、重要性、排放水污染物的种类和数量，以及受纳水体的水文条件及位置，可以将开发行动或建设项目分成几个等级，不同等级的评价项目有不同的监测和评价要求。目前各地按本地实际情况确定了评价等级，例如，某地提出了以厂的分级条件：a. 一级评价是指排放的有机物质多，排放重金属和难降解物质比较多，对水环境影响大，位于水文条件复杂以及水源保护区的项目；b. 二级评价是指项目排放有机物质较多，排放重金属、难降解物质较少，对水环境污染影响较大，位于水文条件比较复杂以及准水源保护区；c. 三级评价是指排放有机物质较少，基本上不排放重金属，污染水环境影响较小，以及水文条件一般。

(2) 评价因子

开发行动向水环境排放的污染物种类众多，不可能一一进行评价，需要经过识别。一般是依据：a. 开发行动或建设项目的污染源分析和评价所确定的主要污染物，特别应注意那些近期排放量不大，但有潜在影响的污染物；b. 本地区环境质量报告书中确定的主要污染物，一般常用的污染因子，如 BOD_5、COD_{Mn}（或 COD_{Cr}）、NH_3-N、ArOH、CN、As、

Hs、Cu、Zn、Pb、Cd、总Cr、石油类，以及热污染等评价因子；c. 地面水环境质量标准(GB 3838—2002）中所规定的项目。

(3) 评价目标

做水环境影响评价须先会同主管的环保部门确定河段或水域的功能和环境目标值。确定环境目标值应考虑：a. 水域的利用状况（即功能），即用于工业、生活、农牧业或渔业等；b. 水域总的水质等级；c. 与水体功能相对应的各项水质参数的环境标准。

3.3.6.3 水环境质量现状调查与评价

(1) 资料收集

包括地表水水文、水质、底质、水生生物资料，地下水水文和水质资料。资料的来源通常是环境监测站、卫生防疫站、水文站以及水文地质队。

(2) 实地监测

当收集到的资料不能满足评价要求时，须进入现场监测、调查、水文测量和资料整理。这些应按照中华人民共和国原水利电力部颁布的《水文测验规范》和《水文测验手册（野外工作篇）》的精神进行。水质取样和化验（包括底泥）的原则与方法，主要参见国家环境保护部《水和废水监测分析方法》编委会所编的《水和废水监测分析方法》以及《水和废水标准检验法（美国）》(2015年版）等，监测的频率根据评价项目的等级和受纳水体的性质确定。例如，对一般河流在一天内的采样次数可少些，而感潮河流应在涨落潮间多次采样。

(3) 水环境质量现状评价

包括评价范围及现状评价。a. 评价范围是指建设项目对水环境可能影响到的范围，应该根据建设项目的种类、性质及其水文和地理条件决定。潮汐河流的评价范围可大些；水闸控制的河流评价范围可小些。b. 水环境质量现状评价是将水质的历史资料和现场监测数据经过整理、分析，采用适当的水质评价方法对拟议行动实行以前的水环境现状进行评价，很多地区现在采用国家环境保护部标准处推荐的分级评分方法。

3.3.6.4 水环境影响的预测和评价

(1) 中观影响预测

中观影响预测的目的是根据各比较方案对水体现在污染物负荷的相对增加量来预计它们的影响。计算方法是根据工程分析和污染源评价得到的等标污染负荷与所研究地区现在的污染物负荷进行比较。评价各比较方案造成该地区现有污染物负荷增加百分比。这可以从总体上了解拟议项目排污的影响。各种污染物如有机的（易降解的和难降解的)、无机的（保留性的和降解性的)、悬浮物、营养物、微生物、废热等都应予以适当考虑。

(2) 微观影响预测

微观影响预测是通过水质模型计算，取得水体的某一水域中有关断面或某点上各评价因子的浓度。

(3) 水环境影响的评价

将各评价因子的浓度，加上水体的基线浓度就得到预测浓度。将预测浓度与环境目标比较，可以判断拟议项目的排污量对水域水质、水生生物和周围人群的影响，这种影响是否能受纳。如果不行，需考虑替代方案或者否定此方案。

近年来，各地纷纷实行污染排放总量控制。确定水环境允许容量可参考以下各点。a. 水域的水质环境目标。b. 水质模型中设计水量的确定。一般河流，近10年最枯月平均流量或90%保证率枯月平均流量；生活饮用水源区，95%保证率最枯月平均流量；一般湖泊，近10年最低月平均水位或90%保证率月平均低水位相应的蓄水量；流向不定的水网地区和潮汐河流，应按流速为零时低水位相应水域的水量；潮汐河流还应考虑不同水情期，所相应的涨（落）潮量、净泄量及回荡因素；污染物排放量按正常日平均废水排放量和浓度之乘积计算，按最大日平均排放量进行校核；非点源对地面水质的影响应妥为考虑。c. 利用水质模型计算出各河流的纳污允许容量。d. 预测的浓度叠加到现状浓度，反映水质变化。

3.3.6.5 水环境保护对策

经过环境影响评价，如已确定有些污染物超标，则应提出削减污染物排放量的多种方案。也可建议通过合理调度水资源，增加水体自净能力和合理布置排放口位置、排放方式，以充分利用河道纳污能力，提出在项目投产后监测的要求、监测方案的建议等。

水环境质量现状的生物学评价的工作程序大致如下：a. 确定评价目的、工作范围及时间；b. 开展各种调查和生物监测；c. 实验室分析和数据整理；d. 确定评价标准和指数公式；e. 建立分级系统；f. 评价。用水生生物的状况来评价一个水体的水质，有以下几种方法。

① 一般描述对比法。根据对一个水体中水生生物区系组成、种类、数量、生态分布等情况的描述与区域内同类型水体或同一水体的历史资料对比，然后对环境现状做出评价。本法不易做到标准化。

② 指示生物法。如污水生物系统等。

③ 生物指数法。如贝克指数等。

④ 种类多样性指数法。如香农-韦弗多样性指数等。

⑤ 生产力分析法。生产力是生物种群或群落在一个生态系统内物质循环及能量转移的一个指标。应用分析生态系统中生物种群或群落的物质代谢及能量流的动态，以有机物的生产过程和分解过程的强度为依据，来评价水体被污染程度，是生物学评价水质的另一类方法。

⑥ 微生物水质污染指标。微生物与区域环境是密切地相互作用、相互影响的。不同的区域环境中生存着不同的微生物种群，其形成具有相对稳定性。在区域环境发生改变时，微生物种群也随着发生演变，以适应新的环境。因此，微生物的数量和种群组成，可作为水体质量综合评价的指标。另外，微生物在水体中，既是污染因子又是净化因子，是水生生态系统中不可缺少的分解者，在水质净化中起重要作用。

3.4 用于土壤环境监测及评价的环境生物资源

土壤是指陆地上能生长作物的疏松表层，它介于大气圈、岩石圈、水圈、生物圈之间，是环境里特有的组成部分。

土壤环境污染的生物监测起步较晚，资料较少。土壤环境质量生物学评价开展得还不多，是一个有待研究开拓的领域。在利用动物评价土壤环境质量的工作上，已取得一些进展，例如，Majer（1983年）提出了以蚂蚁作为矿址恢复、土地利用和土地保护的生物指示器的理论基础，并列举出应用实例，所考虑的参数包括蚂蚁种类、密度、香农（shannon）多样性指数、均等指数等；杨居荣（1984年）的研究指出，土壤中蚯蚓的分布、个体数量、生物量以及体内重金属富集量，可在一定程度上反映土壤重金属污染程度；利用土壤微生物及土壤酶来评价土壤环境质量问题，也开始有人进行探讨。

3.4.1 土壤污染的特征

土壤的本底值。土壤污染与水污染和空气污染不同，空气和水是通过呼吸及食道进入人体，一旦被污染，将直接影响人体健康，而土壤对人体健康的影响是通过农作物间接反映的，这样就产生了什么叫土壤污染，各种污染物在土壤中含量多少才算污染等问题。目前尚无土壤中毒物最高允许浓度的标准。

当前，一般判断土壤是否污染，污染程度如何，是将土壤中有关元素的测定值与本底值相比较，土壤的本底值（或称背景值）有两种不同的概念。一是按地区考虑，即指一个国家或一个地区土壤中某种元素的平均含量，将它与污染地区同一元素含量做比较，超过本底值即为污染，但此概念的缺欠在于同一地区不同类型土壤中某元素的含量可能极不相同，用平均值表示，与实际情况出入较大；另一种是根据土壤类型考虑，它规定未被污染的某一类型土壤中某元素的平均含量为本底值，将此值与受污染的同一类型土壤中相同元素的平均含量相比，即可得出该土壤受污染程度的结论，此概念较完善，但具体工作起来难度大，目前世界各国仍采用第一种概念的较多。

3.4.2 土壤污染的来源

3.4.2.1 概述

土壤污染（soil pollution）是指人类活动产生的污染物进入土壤并积累到一定程度，引起土壤质量恶化的现象。

天然土壤具有纯粹的自然属性。人类最初开垦土地时，主要是从中索取更多的生物量。已开垦的土地逐渐变得贫瘠，人们就向农田补充一些物质，即肥料。农田获得肥力，同时也受到了污染，譬如施用人畜粪尿作为肥料，确实能够保持农田的良好生产性能，但粪尿中的病原体随着进入农田，造成土壤污染。产业革命以来，特别是20世纪50年代以来，由于现代工农业生产的飞跃发展，农药、化肥的大量施用，大气烟尘和废水对农田的不断侵袭，影响土壤的生产性能和利用价值，于是引起人们对土壤污染的注意。1955年日本发生了“镉米”事件，其原因是富山县的农民长期用神通川上游铅锌冶炼厂的废水灌溉稻田，致使土壤和稻米中含镉量增加。人们食用这种稻米，镉在体内积累，引起全身性神经痛、关节痛、骨折，以至死亡，这种疾病以剧烈疼痛为主要症状，被称为骨痛病。残留在土壤中的镉至今还难以清除。1974年春季，我国天津地区蓟运河畔的农田，因引灌被三氯乙醛污染的河水，三氯乙醛在土壤中分解产生三氯乙酸，致使大面积的小麦受害。土壤污染的发生特征主要是同土壤的特殊地位和功能相联系的。首先是把土壤作为农业生产的对象和生产手段，为了提高农产品的数量和质量，随着施肥（有机肥和化肥），施用农药和灌溉，污染物进入土壤，并随之积累；其次，土壤作为废物（垃圾、废渣和废水等）的处理场所，而使大量有机和无机污染物进入土壤；再次，因大气或水体的污染物的迁移转化，而进入土壤使其污染。另外，在自然界中某些元素的富集中心或矿床周围，往往形成自然扩散晕，使附近土壤中某些元素的含量超出一般土壤的含量范围，这类污染物称为自然污染物。

3.4.2.2 土壤的污染源

土壤的化学性污染影响面广，情况复杂。按污染来源的性质，可分为以下几种类型，这种分类有利于环境监测工作。

(1) 水型污染

污染来源主要为未经处理的城市污水（包括工业废水与生活污水），通常以污灌形式进入农田土壤。重金属在土壤中的移动性小，残留性强，主要集中在土壤表层。工业废水（特别是含重金属废水）往往造成地区性的土壤污染，例如日本有 117 个地区土壤受 Cd 污染。

(2) 大气型污染

污染物来自被污染的大气。这种土壤污染常呈现以污染源为中心的椭圆或带状分布，主要污染物有 Pb、As、F 等。例如大型冶炼厂，矿石中的氟随废气排放，其污染半径可达近百平方千米。SO_2和 NO_2 等可受气象条件的影响，形成酸雨降落，并能影响到很远距离。酸雨破坏土壤的肥力，特别是使酸性土壤更加酸化，破坏生态平衡。

(3) 固体废弃物型污染

尾矿、工业废渣、污水处理厂的含有害物质的污泥，直接弃入土壤，或者因不合理的堆放后，通过风的吹散和降水冲刷等途径污染周围土壤，当前对有害废渣（主要是含 Hs、Cd、AS、Cr、Pb、氟化物废渣）的无害化处理是需要研究的重要课题。

(4) 农业型污染

主要来自农药及化肥（包括矿物性化肥），往往由于使用不当造成土壤残毒，进入食物链，危害人体健康。能够造成危害的农药主要是有机氯农药及含汞农药。土壤污染物的种类较为繁多，可概括为化学污染物和生物污染物。

3.4.3 土壤的自净作用

土壤受到污染后，由于受物理、化学以及土壤微生物等因素的联合作用，使病原菌死亡，有机物分解为无机盐类，或综合成能被植物利用的腐殖质的现象，称为土壤的自净作用。

3.4.3.1 病原体的死亡

病原微生物进入土壤后，受诸多不利因素作用而逐渐死亡，例如日光的照射、土壤生态系统的环境条件不利于外来病原微生物的生存、土壤微生物的拮抗作用和噬菌体作用，以及植物根系分泌的杀菌素等作用，因此土壤中病原微生物的死亡时间，受到上述各种因素的制约。

3.4.3.2 有机物的净化

进入土壤的有机物，主要是在土壤微生物的参与下发生一系列的生物化学，包括有机物的无机化和有机物的腐殖质化。

(1) 有机物的无机化

① 含氮有机物的无机化　此过程包括氨化作用和硝化作用。氨化作用是蛋白质和其他含氮有机物，在好氧和厌氧条件下分解而产生氨的过程，此作用为有机物无机化的第一阶段。参与氨化作用的微生物种类繁多，包括好氧菌、厌氧菌、放线菌和霉菌等。好氧芽孢杆菌（蕈状杆菌、马铃薯杆菌、巨大芽孢杆菌和枯草杆菌）、真菌（曲霉、青霉、毛霉）、某些放线菌及兼性厌氧菌（尤其是普通变形杆菌）等对蛋白质的有氧分解具有重要作用。氨化过程中，如氧气不足，则氨化过程在厌氧条件下进行，这时除氨以外还可产生一些恶臭物质，

如 H_2S、硫醇等化合物。在氧化充足的条件下，则有机物的分解过程可继续进行。从保护土壤环境的角度而言，应尽量使蛋白质及含氮化合物在有氧条件下进行彻底分解，使其达到无害化的目的。硝化作用是指氨化过程中产生的氨，进一步被氧化为亚硝酸盐和硝酸盐的过程。硝化过程是在硝化菌作用下进行的，包括两个阶段：第一阶段是在亚硝酸菌作用下由氨氧化为亚硝酸，称为亚硝化作用；第二阶段是在硝酸菌作用下由亚硝酸进一步氧化为硝酸，称为硝化作用。硝化作用是有机物无机化的最终过程，它在土壤自净中占有很重要的位置。

② 不含氮有机物的分解　不含氮有机物（包括碳水化合物和脂肪类化合物）的分解，也可在好氧和厌氧条件下进行。不含氮的有机物在厌氧环境中的最终产物为 CH_4、H_2 和 CO_2；在好氧条件下，经土壤微生物的作用最终形成 CO_2 和 H_2O。土壤通风良好时，这种无害化过程进行得较快。

(2) 有机物的腐殖质化

在土壤微生物的作用下，外界的有机物由复杂化合物分解为简单化合物，与此同时，在土壤微生物（如细菌、真菌、放线菌）的作用下又重新合成为有机高分子物质，这一过程称为腐殖质化。腐殖质在农业上是一种肥料，其化学性质稳定，不会腐败分解，没有臭气。更重要的是，土壤中的致病菌及蠕虫卵在腐殖化的过程中已经被杀灭，所以在卫生上是安全的。腐殖质在自然土壤内和人工条件下都能形成。对有机固体废物的处理多采用堆肥法，能使大量的有机废弃物在较短时间内转化为腐殖质。

土壤的自净能力有一定限度，而好氧和厌氧条件下，其自净能力是不同的。充分发挥土壤在好氧条件下的自净能力，对净化土壤环境将起到重要作用。

3.4.4　土壤的生物污染

一个或几个有害的生物种群，从外界环境侵入土壤，大量繁衍，破坏原来的动态平衡，对人体健康或生态系统产生不良影响的现象，称为土壤生物污染。

造成土壤生物污染的污染物主要是未经处理的粪便、垃圾、城市生活污水、饲养场和屠宰场的污物等。其中危险性最大的是传染病医院未经消毒处理的废水和污物。

土壤生物污染分布最广的是肠道致病性原虫和蠕虫类造成的污染。全世界约有 1/2 以上的人口受到一种或几种寄生性蠕虫的感染，热带地区受害尤其严重。欧洲和北美较温暖地区以及某些温带地区，人群受某些寄生虫感染，有较高的发病率。

土壤生物污染是传播寄生虫病的潜在因素。土壤中致病的原虫和蠕虫进入人体主要通过2个途径：a. 通过食物链经消化道进入人体，例如，人蛔虫、毛首鞭虫（*Trichuris trichiura*）等一些线虫的虫卵，在土壤中需要几周时间发育，然后变成感染性的虫卵，通过食物进入人体；b. 穿透皮肤侵入人体，例如十二指肠钩虫（*Ancylostoma duodenale*）、美洲钩虫（*Necator ametican*）和粪类圆线虫（*Strongyloides stercoralis*）等虫卵，在温暖潮湿土壤中经过几天孵育变为感染性幼虫，再通过皮肤穿入人体。

传染性细菌和病毒污染土壤后，对人体健康的危害更为严重。一般来自粪便和城市生活污水的致病细菌沙门菌属、志贺菌属、芽孢杆菌属、拟杆菌属、梭菌属、假单胞菌属、丝杆菌属、链球菌属、分枝杆菌属等。另外，还有随患病动物的排泄物、分泌物或其尸体进入土壤而传染至人体的，引起炭疽、破伤风、恶性水肿、丹毒等疾病的病原菌。

目前在土壤中已发现有 100 多种可能引起人类致病的病毒，例如，脊髓灰质炎病毒（*Polioviruses*）、人肠细胞病变孤儿病毒（*Echo virus*）、柯萨奇病毒（*Coxsackieviruses*）

等。其中最为危险的是传染性肝炎病毒（viruses of infeetions hepatitis)。经土壤传染的植物病毒有烟草花叶病毒、烟草坏死病毒、小麦花叶病毒和莴苣大脉病毒等。

土壤生物污染不仅可能危害人体健康，而且有些长期在土壤中存活的植物病原体还能严重地危害植物，造成农业减产。例如某些植物致病细菌污染土壤后，能引起番茄、茄子、茎椒、马铃薯、烟草、颠茄等百余种茄科植物和茄科以外的植物产生青枯病，能引起果树细菌性溃疡和根癌病。某些致病真菌污染土壤后，能引起大白菜、油菜、芥菜、萝卜、甘蓝、荠菜等100多种栽培的和野生的十字花科蔬菜产生根肿病，引起茄子、棉花、黄瓜、西瓜等多种植物的枯萎病，菜豆、豇豆等产生根腐病，以及小麦、大麦、燕麦、高梁、玉米、谷子产生黑穗病等。此外，甘薯茎线虫，黄麻、花生、烟草根结线虫，大豆胞囊线虫，马铃薯线虫等都能经土壤侵入植物根部引起线虫病。而剑线虫属（*Xiphinema*）、长针线虫属（*Longidorus*）和毛线虫属（*Trichodorus*）还能在土壤内传播一些植物病毒。广义上讲，这些都属于土壤生物污染引起的病害，研究和掌握这些病害感染的基本规律是用作防治的基础。

废水经二级生化处理能除去大部分致病细菌和病毒，但对病毒去除机理研究的很少。目前对病毒的类型检定虽已取得一些进展，但对引起人类和家畜染病的传染性病毒通过水循环，以及在生态系统中，特别是在土壤，即植物系统中的迁移、分布和消长规律，还没有比较完善的研究方法。

为了防止土壤的生物污染，必须利用一切条件，因地制宜地对污染源进行无害化处理，并加强对病毒在土壤以及生态系统中迁移、分布和消长规律的研究。

3.4.5 土壤污染对生物的影响

土壤受到污染后，将直接危害到植物的生长发育，导致栖息在土壤中的无脊椎动物和微生物的种类、数量的变化，并通过食物链使污染物迁移、转化，从而间接地影响其他高等动物和人类的健康。

3.4.5.1 农药污染对生物的影响

农药可以减轻病、虫、草害造成的农业生产损失，现在使用的农药主要是有机农药，包括有机磷农药、有机氯农药、有机硫农药、有机氮农药、有机金属农药，以及含硝基、酰胺、腈基、均三氮苯等基团的有机农药，其中，有机氯农药的应用历史最长，有机磷农药的品种最多。

农药能够防治病虫害，调节植物生长，抑制杂草繁殖。但施用不当，也会造成污染。农药及其降解产物对生物的影响，包括直接影响、间接影响和农药残留作用。直接影响是指农药对生物的药害作用，主要是农药所产生的化学作用和物理作用造成的。化学作用，如碱性药剂（松脂合剂、石灰过量式波尔多液等）侵蚀植物叶面表皮细胞而造成危害。物理作用，如药液（波尔多液、石油乳剂等）会堵塞植物的气孔而引起药害。土壤受到污染后，改变了土壤环境，导致微生物和无脊椎动物种类、数量的变化，如使用“西马净”3～4个月后，蚯蚓、双翅目和鞘翅目幼虫以及螨等在数量上明显少于未施农药的土壤。

间接影响是指大量施用农药后影响生态系统平衡，危害生物生长。据报道，施用农药后会使土壤中90%以上的蚯蚓死亡，影响土壤的结构，对作物生长不利。果园里施用农药往往会造成害虫及其天敌被消灭，同时也杀死了传授花粉的昆虫，影响果树的结实。农药残留作用是随着农药大量生产和广泛使用而产生的。在农业生产中施用的一部分农药既可以直接残留于农作物和土壤中，又可以通过食物链间接地残留于其他生物体中。据研究分析，在水稻孕穗、始穗和齐穗三个不同时间，向水稻田中施入6%的丙体“六六六”可湿性粉剂0.75kg，收获的稻米中“六六六”的残留量分别达到0.12mg/L、0.15mg/L和0.19mg/L。

动物作为消费者，通过摄食残留农药的植物及其他动物，造成体内农药残留，危害健康。例如，美国及欧洲等国家曾经对野生鸟类和哺乳动物体内农药残留情况进行了大规模调查，从捕捉的1928只野生动物（其中鸟类91种）中，发现68%的体内含有DDT、七氯和狄氏剂。农药对鸟类的危害主要是引起蛋壳变薄，从而导致繁殖率下降，群体数量发生显著变化。

农药通过消化道、呼吸道和皮肤等途径进入人体，会产生多种危害，如急慢性中毒，对酶活性、神经系统、内分泌系统及免疫功能等都产生不良影响。

3.4.5.2 重金属和微量元素的影响

土壤受Cu、Ni、Co、Mn、Zn、As、B等元素的污染，能引起植物生长和发育障碍，如土壤中Cu含量达到20mg/kg时，小麦植株枯死；达到250mg/kg时水稻死亡。而且Cu的危害症状主要是抑制根系生长，植株长势不良。Cd、Hg、Pb等元素污染，一般不引起生长发育障碍，但能在植物可食部位蓄积，当然也有例外，有人研究指出，灌溉水中Hg含量达2.5mg/L就会对水稻、油菜的生长有抑制作用，表现为株型矮、叶茎和籽粒少，最后导致水稻减产77.1%。又如，随着Pb浓度的增加，大豆和玉米的光合作用及呼吸作用减弱。

一些金属元素对水稻的危害阈值为：Cu 0.01mg/L、Zn 1.0mg/L、Ni 0.07mg/L、Mn 5.0mg/L、As 0.05mg/L、Cr 1.0mg/L。

3.4.5.3 有机污染毒物的影响

利用未经处理的含油、酚等有机污染毒物的废水灌溉农田，会导致土壤中毒和植物生长发育障碍。如中国沈阳抚顺灌区曾用未经处理的炼油废水灌溉，田间观察发现，水稻严重矮化，不抽穗，生长不良。在沈阳抚顺灌区田间测到的土壤有机毒物对植物生长发育状况的影响，见表3-17。

表3-17 有机毒物污染对水稻生长发育的影响

土壤污染物含量/[mg/100g(土壤)]		水稻生长发育状况
含油量	含酚量	
<40	<0.1	正常
40～100	0.1～0.2	轻度矮化
>100	>0.2	严重矮化

3.4.6 土壤环境的生物监测与评价

土壤受到污染后，生物会出现不同的反应，包括种类和数量的变化、代谢异常、组成成分的改变等，利用这些指标就能够对土壤环境进行生物监测与评价。

3.4.6.1 植物监测法

土壤污染与大气污染对植物的影响类似，主要表现在以下3个方面，在此仅做简单介绍。

（1）产生可见的伤害症状

受到污染物影响的植物，常在叶片上出现肉眼可见的伤害症状。而且污染物种类和浓度的不同，植物产生的伤害症状亦不同。因此，可以通过各种指示生物的反应症状来分析、判断和评价污染状况。

（2）新陈代谢异常

在受污染的环境中，植物的新陈代谢作用会受到影响，使蒸腾率降低，光合作用强度下降，呼吸作用加强，叶绿素相对含量减少，导致生长发育受到抑制、生长量减少、植物矮化、叶面积缩小以及叶片早落和落花落果等。通过测定某些指标即可判断受污染程度。例如，可以通过污染影响指数来反映土壤污染对植物生长量的影响。

$$\mathrm{IA}=\frac{W_0}{W_m}$$

式中，IA为污染影响指数；W_0为清洁区植物生长量；W_m为污染区监测植物生长量。

一般来讲，指数越大，则土壤污染越严重。

（3）植物成分含量的变化

正常情况下，植物的组成成分是相对稳定的。土壤受到污染后，通过吸收光合作用而使植物体中的某些成分的含量发生变化，如蒲公英的叶子积聚As、Cd、Cr、Zn、Sb、Hg等的量与环境污染的程度相一致，这样可以通过植物含污量的程度来监测和评价土壤的环境质量。常用的土壤环境质量的指示植物，见表3-18。

表3-18　常用的土壤环境质量的指示植物

植物	监测指数	植物	监测指数
沟蕨、黄金蕨、绣花球、长白萱麻，珊瑚木、野凤仙花	肥沃土壤	碱蓬、剪刀股	碱性土壤
里白、杨梅树、杜鹃花、山柳、夏黄栌	瘠薄土壤	小犬蕨等	Cu
杜鹃、芒萁骨、铺地蜈蚣	酸性土壤	地衣等	As
蜈蚣草、柏木	石灰性土壤	长叶车前、紫莹、黄花草、孤茅、多种紫云英	Zn

另外，根据植物中污染物的含量，可以采用下列指数对土壤环境质量进行评价。

① 污染指数法

$$\mathrm{IP}=\frac{C_m}{C_0}$$

式中，IP为含污量指数；C_m为污染植物体中某种物质的实测值；C_0为该物质在植物体中的正常含量或标准值。

根据各评价项目所获得的结果与本底值比较，得出各调查地的相对污染程度，一般分为严重污染、重度污染、中度污染、轻度污染和清洁五级标准。

② 富集指数法　是采用植物体中污染物的实测值与该污染物的本底值之比来反映污染程度的方法。

$$K=\frac{C_m}{C_0}$$

式中，K为富集指数；C_m为植物中某污染物的实测值；C_0为环境中某污染物的本底值。

K值越大，说明污染越严重；K值越小，污染越轻。

除此之外，还可以根据实际情况采用其他指数来评价土壤环境质量。

3.4.6.2 动物监测法

动物具有主动避开污染环境的能力，因此大多数高等动物受土壤污染的直接影响较少，但栖息于土壤中的无脊椎动物可受到直接伤害。Van Hook 曾研究发现蚯蚓对 Cd 有很强的富集能力，体内 Cd 的积累量高出土壤中的 22.5 倍，Gish 和 Christenen 也发现蚯蚓体内 Cd 的含量与土壤中 Cd 浓度具有显著的相关性。另外，使用农药可使 90%以上的蚯蚓死亡，因此利用一些指标性动物也可以对土壤环境进行监测和评价。但至今有关动物监测方面的研究成果相对植物而言还很少，有待进一步的探索。

3.4.6.3 微生物监测法——土壤的卫生微生物学检测

土壤中的微生物种类繁多，它们在物质循环、土壤肥力及植物营养等方面均起着重要作用。当土壤遭受污染之后，微生物区系在种类和数量上将发生变化，因此，土壤的微生物学监测的目的在于测定土壤污染的性质和污染程度，为规划建设及改善环境卫生提供依据。根据微生物生态学原理，可以利用微生物对环境的保护作用来修复被污染、被破坏了的环境。土壤常是水源被污染的来源，所以检查水源附近土壤中的微生物，对给水水源的卫生监督和保护等具有重大意义。

(1) 主要检查项目

① 细菌总数的测定 土壤中微生物种类很多，它们的生物学特性各不相同，对于培养条件及营养要求也各不相同，因而细菌培养法显然不能确切地代表土壤中的微生物状态，而只能大致说明细菌污染程度。

② 大肠菌群值的测定 大肠菌群在自然界中存活时间与肠道致病菌近似，因此，大肠菌群值的测定，在确定土壤被粪便污染上有较现实的意义。大肠菌群值的概念，是指可检出大肠菌群的最小被检样品质量，通常用克来表示。

③ 产气荚膜杆菌的测定 测定产气荚膜杆菌数量，在判断粪便污染土壤的时间上有辅助的意义。因为产气荚膜杆菌存活时间较久，发现大量产气荚膜杆菌而大肠埃希菌很少时，则表示土壤非新近的粪便污染，反之，则表示新近的污染。

④ 嗜热菌的测定 嗜热菌主要存在于温血动物肠道内，也大量存在于有机垃圾中，检出嗜热菌可作为污染的标志。嗜热菌为需氧芽孢杆菌，发现大量嗜热菌及少量大肠埃希菌，说明土壤已被粪便污染很久，反之为新近污染。

⑤ 芽孢菌和非芽孢菌的比值测定 芽孢菌对于外界环境抵抗力强，生存时间较久，因而发现大量芽孢菌而非芽孢菌少时，说明污染的时间较久，反之则为新近污染。

(2) 检验方法

① 样品的采集与处理 先用灭菌的刀或铲除去土壤的表层，再用烧灼的勺采取土壤 200～300g，置于无菌磨口玻璃瓶内，标明采取地点、深度、日期和时间。

将土壤置乳钵中研磨均匀，称取 50g，加入盛有 450mL 灭菌自来水的广口瓶中，充分振摇混匀，制成 10∶1 的稀释液，然后以此为检验材料，进行细菌总数及大肠菌群等检测。

② 细菌总数测定 采用常规的细菌总数测定方法。

③ 大肠菌群值的测定 测定方法如下：a. 由稀释倍数高的开始，顺序吸取 10^{-3}、10^{-2} 及 10^{-1} 稀释液各 1mL，分别加入 10mL 单倍乳糖培养基内，另取 10^{-1} 稀释液 10mL，加入 10mL 双倍乳糖培养液中；b. 置 37℃恒温箱经过 24h 培养，以下操作按大肠菌群的常规测

定方法进行。

④ 产气荚膜杆菌值的测定　按下列步骤进行：a. 将土壤稀释液置 80℃水浴加热 15min，以杀灭其中的繁殖体后分别接种 10^{-1}～10^{-4}的稀释液 1mL 于已融化并冷却至 45℃左右的亚硫酸钠深层培养基内，混合均匀，迅速将试管置水中冷却，置 44℃培养 18～24h，观察结果；b. 若有产气荚膜杆菌生长，则于深层培养基中出现裂解、浑浊和变黑现象；c. 挑选黑色菌落涂片染色，可见产气荚膜杆菌的典型形态（G 杆菌，芽孢多位于菌体的次极端，芽孢小于菌体）；d. 根据结果，查表即得产气荚膜杆菌值。

⑤ 嗜热菌数测定　测定方法与细菌总数不同的是需放在较高温度培养，具体过程为：a. 分别吸取已稀释成 10^{-1}～10^{-5}的稀释液各 1mL 注入平皿内；b. 将已融化并冷至 65℃的琼脂倾入平皿中，混合均匀；c. 待凝，置 60℃恒温箱培养 24h，所获菌数即为嗜热菌数。

⑥ 芽孢菌与非芽孢菌比值测定　按常规方法倾皿，在 37℃培养 48h，记录土壤细菌总数，然后将土壤稀释液于 80℃水浴中加热 15min 以杀灭繁殖体后再行倾皿培养，所得菌数即为芽孢菌数。细菌总数减去芽孢菌数即为非芽孢菌数。

关于土壤污染评价的卫生细菌学标准，援引下列资料作为参考，见表 3-19～表 3-21。

表 3-19　居民区土壤的卫生评价之一

污染程度	大肠菌群值/g	产气荚膜杆菌值/g	污染程度	大肠菌群值/g	产气荚膜杆菌值/g
严重污染	<0.001	<0.0001	轻度污染	1～0.01	0.1～0.001
中度污染	0.01～0.001	0.001～0.0001	洁净	>1.0	>0.1

表 3-20　居民区土壤的卫生评价之二

指标	相对洁净	中度污染	严重污染
菌落总数/(MPN/g)	1 万	数十万	数百万
大肠菌群值	1	0.05	0.001～0.002

表 3-21　居民区土壤的卫生评价之三

土壤	嗜热菌数	土壤	嗜热菌数
粪便强度污染	1×10^{3}～4×10^{5}	粪便轻度污染	1×10^{3}～5×10^{4}
粪便中度污染	5×10^{4}～1×10^{5}	洁净	1×10^{2}～1×10^{3}

3.4.6.4　土壤环境质量评价

土壤环境影响评价包括初步评价（初评）和详细评价（详评），它们具有基本相同的内容和程序，只有详略、粗细和深度不同的区分。

（1）建设项目和土壤环境质量现状的调查与分析

根据建设项目建议书，首先了解该项目的概况（建设项目的性质、位置、规模、产品和工艺流程或开采方式、原料、燃料、“三废”物质的种类、排放量和排放方式、占用土地面积和种类等）。搜集本区环境条件及土壤类型、特性、本底值、环境容量、环境标准资料（植物或作物背景值），生态、产量与质量资料，以及土壤污染源、土地利用现状等资料（包括图件）。若搜集不到上述资料时，就需要结合现场勘察与调查，以至必要的试验和测定，来提供所需的资料与数据。最后，对建设项目和土壤环境质量现状进行分析。

（2）土壤环境影响的预测和评价

土壤环境影响评价的内容，包括开发建设项目影响土壤环境的4个方面，即对土壤污染、土壤退化、土壤面积和利用类型的影响预测和评价。

① 对土壤污染的预测与评价　它是建立在该项目对污染物排放的种类、数量和方式上的研究，包括土壤理化特性、净化能力、环境容量与环境标准，以及污染物质在土壤环境中的迁移、转化与累积规律。

土壤环境污染物中的重金属为非生物降解物，一旦在土壤环境中累积，便难于消除。但其对人体健康的危害又极大，所以常把重金属污染作为土壤污染预测和评价的重点。

② 对土壤退化的预测与评价　建设项目引起土壤退化的过程和原因是很多的，如国外某些国家和地区（北欧、北美）由于工业区排放废气中的酸类化合物（SO_2、NO_x、CO_2）而形成“酸雨”，导致土壤和水体的酸化，这些早已被作为重要的环境问题。我国对该项研究尚在起始阶段，对其他土壤退化过程也未曾列入环境影响评价的内容而未予以足够的重视。但从实际情况看，只有把它们列入环境问题，才能比较全面地评价开发建设项目对环境的影响。

③ 对于土壤和土地资源面积的影响预测　建设项目直接占用、淹没、破坏土地的面积大小数据，从项目建议书中易于得到。比较困难的是对土地面积间接的影响，如由于土地面积减少而引起的对不宜开垦土地的开发，水土流失加剧的间接影响，则更难于估计。

④ 土地利用类型的预测和评价　它是依据建设项目对土地利用类型以及土壤污染、退化和面积减少的影响而进行的预测和评价。

（3）土壤环境保护和综合防治对策与评价

必须强调指出，由于开发建设项目所处的地理位置不同，以及土壤类型的复杂多样性，上述内容并不是都要进行，而是各有侧重。原则上，一切建设项目都必须进行土壤环境影响初评，而对土壤污染、土壤退化、土壤和土地资源破坏程度轻重、土地利用类型变化等环境经济损益、优劣、环保措施与对策，以及对该项目的选址和可行性能做出明确结论者，不需要再做详评，但是凡属国家重点的，影响深远的大型建设项目，或者初评不能说明的，需经长期的观测试验或者进行必要的专题研究才能论证的环境影响，应在初评的基础上进行详细评价。

参考文献

[1] 孔繁翔主编. 环境生物学 [M]. 北京：高等教育出版社，2000.

[2] 马放等编著. 生物监测与评价 [M]. 哈尔滨：东北林业大学出版社，1999.

[3] 张甲耀等. 生物修复技术研究进展 [J]. 应用与环境生物学报，1996 (2)：193-199.

[4] 许智宏. 植物生物技术 [M]. 上海：上海科学技术出版社，1998.

[5] 钟运芳，重庆市地衣分布状况及对大气污染的评价 [J]. 重庆师范学院学报（自然科学版），1994，11 (1)：38-41.

[6] 迪力努尔·艾尼等. 新疆苔藓植物资源多样性研究进展 [J]. 新疆师范大学学报（自然科学版），2010，29 (4)：83-86.

[7] 李繁，万鹏. 植物监测与大气污染 [J]. 河南机电高等专科学校学报，2008，16 (3)：92-95.

[8] 孙志成等. 指示植物在监测大气污染中的应用 [J]. 中国环境管理（吉林），1996 (2)：29-30.

[9] 李强等，曹玥淀山湖浮游动物群落结构特征及其影响因子 [J]. 水生态学杂志，2015 (4)：69-77.

[10] 邓洪艳. 谈水污染细菌检验监测技术 [J]. 科技创业家，2012 (24)：120.

[11] 陈文宾等. 海藻酸钠固定化鞘氨醇单细胞净化连云港养殖海水中铅的研究 [J]. 江苏农业科学，2011 (1)：375-377.

[12] 晁显玉等. 水污染处理工艺 [J]. 广东化工，2014，41 (12)：140-140.
[13] 侯浩波. 城市环境污染现状及解决思路 [J]. 黑龙江科技信息，2012 (16)：46-46.
[14] 杨培莎，朱艳华. 水质生物监测方法及应用展望 [J]. 北方环境，2010 (2)：71-73.
[15] 邓义祥，张爱军. 试论藻类在水体污染监测中的运用 [J]. 环境与开发，1999 (1)：43-45.
[16] 戴全裕. 水生高等植物对太湖重金属的监测及其评价 [J]. 环境科学学报，1983，3 (3)：213-223.
[17] 陈凯麒等. 水电生态红线理论框架研究及要素控制初探 [J]. 水利学报，2015，46 (1)：1-8.
[18] 宋宪国. 微生物在水体自净中的作用 [J]. 山东环境，1994，(3)：39.

第4章 用于环境净化的环境生物资源

4.1 用于环境净化的环境生物资源的基本特征和研究内容

环境生物资源具有广泛，摄取容易，再生能力强，活性高，易于繁殖等特点。污染物质进入环境后，一般都可被生物所降解，在环境净化及污染物处理中，使用最多最广泛的环境生物资源为微生物，特别是在污染处理中主要是靠微生物巨大的氧化降解能力将有毒、有害的污染物去除，一些原生动物、植物中的藻类也起着十分重要的作用，微生物对污染物的降解与转化是污染处理和净化的基础。

4.1.1 用于环境净化的微生物资源

微生物有强大的分解污染物质的能力，污染物质进入环境后，一般都可被微生物氧化降解，使污染物质的浓度逐渐下降，直至消除，使环境又恢复到原来的本底状况。

4.1.1.1 微生物资源的主要特征

微生物对环境中的污染物质有强大的降解与转化能力，主要因为微生物有以下特征。

(1) 极其多样的代谢类型

微生物极其多样的代谢类型使自然界存在的有机物几乎都能被微生物所分解。迄今为止已知的环境污染物达数十万种之多，其中大量的是有机物。所有的有机污染物，可根据微生物对它们的降解性，分成可生物降解、难生物降解和不可生物降解三大类。

由于微生物的代谢类型极其多样，作为一个整体，微生物分解有机物的能力是惊人的。可以说，凡自然界存在的有机物，几乎都能被微生物所分解。有些种，如葱头假单胞菌（*Pseudomonas cepacia*）甚至能降解90种以上的有机物，它能利用其中任一种作为唯一的碳源和能源进行代谢。再如，对生物毒性很大的甲基汞，能被抗汞微生物如 *Pseudomonas* R62 菌株分解、转化为元素汞。有毒的氰（腈）化物、酚类化合物等也能被不少微生物作为营养物质利用、分解。

(2) 很强的变异性

变异性使很多微生物获得了降解人工合成大分子有机物的能力。半个多世纪以来，人工合成的有机物大量问世，如杀虫剂、除草剂、洗涤剂、增塑剂等，它们都是地球化学物质家族中的新成员。尤其是不少合成有机物在研制开发时的目的之一，就是要求它们具有化学稳定性。因此，微生物一接触这些陌生的物质，开始时难以降解也是不足为怪的。但由于微生物具有极其多样的代谢类型和很强的变异性，近年来的研究，已发现能降解它们的微生物。研究表明，地球生态系统的分解者在环境污染的压力下，每时每刻都在发生变异。我们可从中筛选出一些污染物的高效降解菌，更可利用这一原理定向驯化、选育出污染物的高效降解菌，以使不可降解的或难降解的污染物，转变为能降解的，甚至能使它们迅速、高效地去除。

（3）存在共代谢机制

共代谢机制的存在，大大拓展了微生物对难降解有机污染物的作用范围。共代谢（co-metabolism）又称协同代谢，一些难降解的有机物，通过微生物的作用能被改变化学结构，但并不能被用作碳源和能源，它们必须从其他底物获取大部分或全部的碳源和能源，这样的代谢过程称之共代谢。也就是说，有些不能作为唯一碳源与能源被微生物降解的有机物，当提供其他有机物作为碳源或能源时，这一有机物就有可能因共代谢作用而被降解。例如，牝牛分枝杆菌（*Mycobateriumvaccea*）在丙烷上生长的同时，有能力共代谢环己烷，将环己烷氧化成环正醇，环正醇再氧化成能被假单胞菌种群利用的环己酮，而这些假单胞菌没有能力直接利用环己烷（见图 4-1）。

丙烷—牝牛分枝杆菌—能量＋CO_2＋H_2O

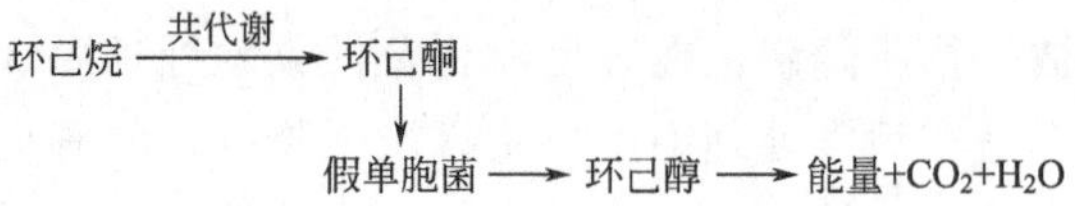

环己烷 —共代谢→ 环己酮

↓

假单胞菌 ⟶ 环己醇 ⟶ 能量+CO_2+H_2O

图 4-1　环己烷的共代谢分解

微生物的共代谢作用可能存在以下几种情况：a. 靠降解其他有机物提供能源或碳源；b. 通过与其他微生物协同作用，发生共代谢，降解污染物；c. 由其他物质的诱导产生相应的酶系，发生共代谢。

共代谢作用的存在，大大增加了一些难降解物质在环境中被生物降解的可能性。例如，有些不易降解的农药，它们并不能支持微生物的生长，但它们有可能通过几种微生物的共代谢作用而得到部分的或全部的降解。如通过产气杆菌（*Aerbacteraerogenes*）和氢单胞菌（*Hydrogenomona* sp.）的共代谢作用，可将 DDT 转变成对氯苯乙酸，后者可被其他微生物进一步分解。可见微生物的共代谢作用对于自然界难降解物质的分解具有极其重要的意义。

（4）通过改变有机物的化学结构，提高生物降解性

研究表明，污染物的化学结构对其生物降解性有十分密切的联系，具体如下。

① 对于烃类化合物。一般是链烃比环烃易分解，直链烃比支链烃易分解，不饱和烃比饱和烃易分解。

② 主要分子链上的 C 被其他元素取代时，对生物氧化的阻抗就会增强。也就是说，主链上的其他原子常比碳原子的生物利用度低，其中氧的影响最显著（如醚类化合物较难生物降解），其次是 S 和 N。

③ 碳氢链。每个 C 原子上至少保持一个氢碳链的有机化合物，对生物氧化的阻抗较小；而当 C 原子上的 H 都被烷基或芳基所取代时，该碳原子被称为 4 级碳原子，会形成生物氧化的阻抗物质。

④ 官能团的性质及数量。官能团的性质及数量，对有机物的可生物降解性影响很大。例如，苯环上的氢被羟基或氨基取代，形成苯酚或苯胺时，它们的生物降解性能将比原来的苯提高。卤代作用则使生物降解性降低，尤其是间位取代的苯环，抗生物降解更明显。

4.1.1.2　微生物对污染物降解与转化的途径

微生物对污染物的降解去除主要是靠微生物的代谢活动来完成的，主要有氧化作用、还

原作用、脱羧作用、脱氨基作用、水解作用、酯化作用、脱水作用等。

总的分解规律是：在好氧条件下，污染物质，主要是含碳有机物被微生物氧化降解为CO_2和H_2O；在厌氧条件下，污染物质被微生物最终分解为CO_2、H_2O、H_2S、N_2、CH_4等。

4.1.1.3　影响微生物对污染物质降解转化作用的因素

(1) 微生物的代谢活性

微生物本身的代谢活性当然是其对物质降解转化的最主要因素，它包括微生物的种类和生长情况等方面。微生物在生长速率最快的对数期，代谢最旺盛，活性最强，对污染物质的氧化降解能力也最强。

以污染物为唯一碳源或主要碳源做降解试验，以时间为横坐标，微生物量和污染物量为纵坐标作图，可得两条基本对应的双曲线，显示微生物由迟缓期进入对数生长期，污染相应由迟缓期进入迅速降解期。同样的道理，在微生物稀少的自然环境中可存留几天或几周的有机物，在活性污泥中几个小时就可被降解。

(2) 微生物的适应性

微生物具有较强的适应和被驯化的能力，通过适应过程，为野生微生物难以降解的新合成化合物能诱导出相应的降解酶的合成，或由于微生物的自发突变而成立新的酶系，或虽不改变基因型，但显著改变其表现型，进行自我代谢调节，来降解转化污染物。因此，对污染物的降解转化，微生物的适应是另一个重要因子。在以上过程中，微生物群落结构向着适应新的环境条件方向变化。

驯化（domestication）是一种定向选育微生物的方法与过程，它通过人工措施使微生物逐步适应某特定条件，最后获得具有较高耐受力和代谢活性的菌株。在环境净化、污染物处理中常通过驯化，获取对污染物具有较高降解效能的菌株，用于废水、废物的净化处理或有关的科学实验中。

驯化方法有多种，最常用的途径是以目标化合物为唯一或主要的碳源来培养微生物，在逐步提高该化合物浓度的条件下，经多代传种而获得高效降解菌。

如果仍不成功，可在驯化初期配加若干营养基质作为易降解类似目标物，而后逐步剔除，直到仅剩目标化合物。另外，可在添加有毒化合物的模型土柱中，用添加目标化合物回流法富集培养微生物，筛选出能以目标化合物为唯一或主要碳源的微生物。美国拉尔夫·彼特用此法在实验室养育出 14 个酵母和细菌菌株，专“吃”对环境有害的化学物质，将污染物转化为二氧化碳、水和其他无害化合物。与许多合成化合物的降解一样，金属的微生物转化是由质粒控制的，质粒可以转移，因此经过驯化，敏感菌株可变为抗性菌株。例如，某些对汞敏感的微生物菌株经驯化，可耐受相当高浓度的汞，以后在无汞培养基上生长，此菌株仍能保持这种耐受性。经特定的有机化合物驯化的活性污泥（一种由多种微生物生长繁殖所形成的表面积很大的菌胶团），可共代谢多种结构近似的化合物，例如，用苯胺驯化的活性污泥，除可降解各种取代基的苯胺外，还可降解苯、酚及 10 多种含氮有机物。

以不同目标化合物为生长基质的各个菌株，在长期共同培养过程中，遗传信息发生交换，同时发生一个或多个突变事件，从而逐步产生新的代谢活性，最终可得兼具各原有菌株降解转化能力的新菌株。例如，最近有关多氯联苯（PCBs）生物降解的报道：在含联苯和 ^{14}C-Aroelor 1242 的土壤中（含有利用联苯的菌，未检测利用氯苯酸盐的菌）接种菌株 JB2

(利用氯苯酸盐，不利用联苯）后，随着时间的推移从受试土壤中可分离到能利用联苯和氯苯酸盐的菌株，且其密度逐渐增加，PCBs 的矿化率明显提高（由底物的消失和 CO_2 的产生测定得知）。研究结果表明降解苯酸盐的 JB2 菌株与土壤中原有的 PCBs 共代谢菌之间发生了遗传物质交换，从而促进了土壤中 PCBs 的矿化作用。

(3）化合物结构

所有化合物物质，可根据微生物对它们的降解性分成可生物降解，难生物降解和不可生物降解三大类，某种有机物是否能被微生物降解，取决于许多因素，其中该物质的化学结构是重要因素之一。以下是化合物结构与其生物可降解性的关系。

① 在烃类化合物中。一般是链烃比环烃易分解，直链烃比支链烃易分解，不饱和烃比饱和烃易分解，支链烷基越多越难降解。碳原子上的氢都被烷基或芳基取代时，会形成生物阻抗物质。

② 主要分子链上的 C 被其他元素取代时，对生物氧化的阻抗就会增强。也就是说，主链上的其他原子常比碳原子的生物利用度低，其中氧的影响最显著（如醚类化合物较难生物降解)，其次是 S 和 N。

③ 每个 C 原子上至少保持一个氢碳键的有机化合物，对生物氧化的阻抗较小；而当 C 原子上的 H 都被烷基或芳基所代取时，就会形成生物氧化的阻抗物质。

④ 官能团的性质及数量，对有机物的可能性影响很大。例如，苯环上的氢被羟基或氨基取代，形成苯酚或苯胺时，与原来的苯相比较，将更易被生物降解。相似，卤代作用却使生物降解性降低，卤素取代基越多，抗性越强。例如，自一氯苯到六氯苯，随着氯离子增多，降解难度相应加大。卤代化合物的降解，重要条件是在代谢过程中，卤素作为卤化因子而被除去。官能团的位置影响化合物的降解性，如果两个取代基的苯化物，间位异构体往往最能抵抗微生物的攻击，降解最慢，尤其是间位取代的苯环，抗生物降解更明显。一级醇、二级醇易被生物降解，三级醇却能抵抗生物降解。土壤微生物对若干单个取代基苯化合物的分解能力见表 4-1。

表 4-1 微生物单个取代基对苯化合物的分解

化合物	取代基	降解时间/d	化合物	取代基	降解时间/d
苯酸盐	—COOH	1	苯胺	$—NH_2$	4
酚	—OH	1	苯磺酸盐	$—SO_3H$	16
硝基苯	$—NO_2$	64			

(本表引自马文，杨柳燕．环境微生物工程．南京：南京大学出版社，1998)

⑤ 化合物的分子量大小对生物降解性的影响很大。高分子化合物，由于微生物及其酶不能扩散到化合物内部，袭击其中最敏感的反应键，因此，其主动可降解性降低。

根据以上分析，很明显，结构简单的比复杂的易降解，相对分子质量小的比相对分子质量大的易降解，聚合物和复合物更能抗生物的降解。

了解有机物的化学结构与微生物降解能力之间的关系，可为合成新一代化合物提供参考，防止由于合成的化合物难于被微生物降解而造成潜在的环境问题，提供生产易被生物所降解的“环境友好材料”。

(4）环境因素

① 温度　由于化合物的生物降解过程实际上是生物所产生的酶催化的生化反应，而温度正是酶反应动力学的重要支配因素，且微生物生长速度以及化合物的溶解度等也受温度直

接影响，因而温度变化对控制污染物的降解转化起着关键作用。例如在温度为30℃时，对苯二甲酸（TPA）降解速度最快；降解最大速度随温度的变化值与温度对酶活力影响相符；在自然环境中，地理和季节的变化对微生物降解转化污染物的速度起着决定性作用。

② 酸碱度　对于不同微生物，其生长和繁殖的最适pH值范围不同。因此环境的酸碱度对生物降解有着很大的影响。一般来说，强酸强碱会抑制大多数微生物的活性，通常在pH值在4～9范围内微生物生长最佳。细菌和放线菌更喜欢中性至微碱性的环境，酸性条件有利于酵母菌和霉菌生长。氧化亚铁硫杆菌等嗜酸细菌在强酸条件下代谢活性更高。芽孢杆菌属等细菌可在强碱环境中发挥其降解转化作用。pH值可影响污染物的降解转化产物，例如在pH值为4～5时，汞容易发生甲基化作用。

③ 营养　微生物生长除碳源外，还需要氮、磷、硫、镁等无机元素。因此，有些微生物没有能力合成足够数量的氨基酸、嘌呤、嘧啶和微生物等特殊有机物以满足其自身生长的需求。如果环境中这些营养成分的某一种或几种供应不够，则污染物的降解转化就会受到极大限制。

水作为微生物生活所必需的营养成分，也是影响降解转化的重要因素。没有水分，微生物不能存活，也就无法降解有机物或转化金属。在土壤环境中，水分还与氧化还电原位、化合物溶解、金属的状态等密切相关，故对降解转化的影响更大。例如，在渍水状态下，可加强水解脱氯、还原脱氯和硝基还原等反应；许多有机氯杀虫剂可在渍水的厌氧条件下降解，而在非渍水土壤中长期滞留。

④ 氧　微生物降解转化污染物的过程可能是好氧的，也可能是厌氧的。好氧过程需要游离氧。对于环境污染物的降解转化，尤其要关心的是以结合氧为电子受体的厌氧呼吸，例如，由NO_3^-生成NO_2^-，由SO_4^{2-}生成H_2S，结果对高等生物造成危害。在氧浓度低的自然环境中，如湖泊淤泥、沼泽、水淹的土壤中，厌氧过程总是占优势。有关试验证明，呼吸方式与氧化还原电位有密切关系，如氧化还原电位越低，六六六的各异构体降解得越快。

⑤ 底物浓度　由于生物化学的反应速率与底物浓度密切相关。因此，有机底物或金属本身的浓度对其降解速度会有明显的影响，某些化合物在高浓度时，由于微生物量迅速增加而导致快速降解。另一方面，某些化合物在低浓度时易被生物降解，高浓度时却会抑制微生物的活性。应特别注意那些能沿着食物链生物放大的有毒有机物在环境中的存留。

微生物降解有机污染的动力学研究表明，底物初始浓度在一定范围内，随着浓度增大，反应速率加快，微生物降解为一级反应；浓度很大时，则为零级反应，反应速率与底物初始浓度无关。

有关汞转化作用的研究表明，湖泊沉积物中无机汞含量在100μg/g以内时，产生甲基汞的量随无机汞量的增加而相应增加；超过该值后，随着无机汞量的进一步增加，产生甲基汞的量急剧减少。

4.1.1.4　微生物对污染物的降解与转化

地球上所有天然合成的有机物质，都可不同程度地被微生物降解。但有的容易降解，有的难被降解，糖类最容易被降解，木质素最难被降解。我们在这里主要介绍微生物对生物大分子、常用有机污染物和人工合成有机污染物的降解过程。

(1) 生物大分子有机物的降解与转化

城市生活污水和以生物为原材料进行生产的各种工业废水，往往含有大量的生物组分的大分子有机物及其中间代谢产物，如碳水化合物、蛋白质、脂肪、氨基酸、脂肪酸等。这些物质虽然没有毒性，一般都较容易为微生物降解，但也因此会消耗水体中大量的溶解氧，给环境带来危害。

有关这类物质的降解与转化的论述已在生物化学等学科中涉及，这里主要讨论有关糖类、木质素和脂类的生物降解。

① 多糖类的生物降解　多糖类是由10个以上单糖残基，以配糖体方式连接起来的高分子缩聚物，如纤维素、淀粉、原果胶、半纤维素等，它们被微生物分解时，首先都由相应的细胞胞酶系统把它们水解成单体，然后由细胞内酶再进一步降解。

纤维素是植物细胞壁的主要成分，约占植物残体干重的35%～60%，是天然有机物中数量最大的一类环境污染物，也是有待进一步开发利用的一项资源。

纤维素是由300～2500个葡萄糖分子组成的高分子缩聚物，它们以β-1,4-糖苷键结成长链，性状稳定，它的生物降解必须在产纤维素酶的微生物作用下，才被分解成二糖或单糖。

纤维素酶是一种诱导酶，它包括三类不同的酶：C1酶、Cx酶和β-葡聚糖苷酶。C1酶主要水解未经降解的天然纤维素。Cx酶又称β-1,4-葡聚糖酶，它的功能是切割部分降解的多糖，以及纤维四糖、纤维三糖等寡糖成为葡萄糖，产物主要为纤维二糖。β-葡聚糖苷酶的功能是能水解纤维二糖、纤维三糖及长链的寡糖成为葡萄糖。在好氧的纤维素降解作用下，葡萄糖可彻底氧化成CO_2和水；在厌氧的纤维素降解菌作用下，葡萄糖进行丁酸型发酵，变成丁酸、丁醇、CO_2、H_2等产物。分解纤维素的微生物主要有好氧菌如噬纤维黏菌属（*Cytophage*）、纤维孤菌属（*Cellvibrio*）、纤维单胞菌属（*Cellulomonas*）等，厌氧菌如奥氏梭菌（*Clostridiumomelianskii*）、高温溶纤维素梭菌（*C. thermoce llulaseum*），真菌中的木霉、曲霉、青霉、葡萄状穗霉（*Stacybotrys*）、好热霉（*Thermomyces*）等。

淀粉有直链淀粉和支链淀粉之分，直链淀粉中的葡萄糖单位以α-1,4-糖苷键结合成长链；支链淀粉除α-1,4-糖苷键结合外，在其直链与支链交接处，葡萄糖单位为α-1,6-糖苷键结合；天然淀粉中，直链淀粉约占17%～28%，支链淀粉约占72%～83%。

淀粉是许多异养微生物的重要碳源和能源，它们产生淀粉酶，使淀粉水解成麦芽糖和葡萄糖，再进入细胞内被微生物分解、利用。

淀粉酶有四种。第一种为α-淀粉酶，它专门切割β-1,4-糖苷键，生成糊精、麦芽糖和少量葡萄糖。第二种为β-淀粉酶，它从链的一端开始每次切下一个麦芽糖。这两种淀粉都不能水解α-1,6-糖苷键，因此水解结果都可能有糊精生成。第三种为异淀粉酶，它作用于α-1,6-糖苷键，生成糊精。第四种为葡萄糖淀粉酶，在这种酶的作用下每次切下一个葡萄糖分子。淀粉在上述4种酶的共同作用下，可完全水解成葡萄糖。细菌中如芽孢杆菌属、假单胞菌属、节杆菌属（*Arthrobactrer*）、无色杆菌属（*Achromobacter*）和农田杆菌属（*Agrobacterium*）中的一些种，还有溶淀粉梭菌（*Clostridium amylolyticum*）和淀粉梭菌（*C. amylobacter*）都具有很强的分解淀粉的能力。

原果胶是天然的水不溶性果胶质，它是高等植物细胞间质的主要成分。原果胶主要由D-半乳糖醛酸通过α-1,4-糖苷键连接而成，分子中的羧基大都形成了甲基酯。
原果胶在原果胶酶的作用下，水解成可溶性果胶和多缩戊糖。

$$原果胶\ H_2O \xrightarrow{原果胶酶} 可溶性果胶+多缩戊糖$$

可溶性果胶在果胶甲基酯酶作用下被水解成果胶酸。

$$可溶性果胶+H_2O \xrightarrow{原果甲基酯酶} 果胶酸+甲醇$$

果胶酸进一步被果胶酸酶水解，切断 α-1,4-糖苷键，生成半乳糖醛酸。

$$果胶酸+H_2O \xrightarrow{原果胶酶} 半乳糖醛酸$$

半乳糖醛酸进入细胞内，通过糖代谢途径被分解、利用并释放出能量。

分解果胶的微生物主要有细菌中的枯草杆菌（*Bacillussubtilis*）、多黏芽孢杆菌（*B. polymysca*）以及假单胞菌的一些种。

半纤维素在植物组织中含量很高，仅次于纤维素，约占一年生草本植物残体质量的25%～40%，占木材的 25%～35%。半纤维素是由多种戊糖或已糖组成的大分子缩聚物，有的半纤维素仅由一种单糖组成，如木聚糖、半乳聚糖或甘露聚糖；有的半纤维素由一种以上的单糖或糖醛酸组成。前者为同聚糖，后者为异聚糖。

与纤维素相比，半纤维素比较容易被微生物降解，因组成类型不同，分解的酶也各不相同。例如，木聚糖由木聚糖酶催化其水解，阿拉伯聚糖酶催化阿拉伯聚糖的水解等。

分解半纤维素的微生物有芽孢杆菌属、无色杆菌属、假单胞菌属、链霉属、交链孢霉属、镰刀霉属、根霉属、曲霉属、木霉属、青霉属等一些种类。

② 木质素的生物降解　木质素是一种高分子的芳香族聚合物，大量存在于植物木质化组织的细胞壁中，填充在纤维素的间隙内，有增强植物体机械强度的功能。

木质素的结构十分复杂，它是由以苯环为核心，带有丙烷链组成的一种或多种芳香族化合物（如苯丙烷、松柏醇等）缩合而成，并常与多糖类结合在一起。

木质素是植物残体中最难分解的组成，分解速度极其缓慢，据报道，玉米秸进入土壤后 6 个月木质素仅减少 1/3。分解木质素的微生物主要是真菌中的担子菌类，如干腐菌、多乳菌、伞菌等。此外，乳酸镰孢霉（*Fusarium lactis*）、雪腐镰孢霉（*F. nivale*）、木素木霉（*Trichodermalignorum*）和交链孢霉、曲霉、青霉中的一些真菌，以及细菌中的假单胞菌、节杆菌、黄杆菌、小球菌中的一些菌株也能分解木质素。在自然环境或污水处理过程中，木质素被降解为芳香族化合物之后，再由细菌、放线菌、真菌等继续进行分散。

研究表明，腐殖质中含有类似木质素的结构成分，这可能是由木质素降解产生的芳香族化合物再聚合而成的。

③ 脂类的生物降解　动、植物体内的脂类物质主要有脂肪、类脂质和蜡质等。它们的生物降解途径可分别用以下简式表示。

$$脂肪+H_2O \xrightarrow{脂肪酶} 甘油+高级脂肪酸$$

$$类脂质+H_2O \xrightarrow{磷脂酶类} 甘油(或其他醇类)+高级脂肪酸+磷酸+有机碱类$$

$$蜡质+H_2O \xrightarrow{脂肪酶} 高级醇+高级脂肪酸$$

脂类物质水解产物中的甘油，能被环境中绝大多数微生物利用为碳源和能源。脂肪酸则通过 β-氧化，分解成多个乙酸，最终彻底氧化成 CO_2，但在通气不良条件下脂肪酸不易分解而常有积累。

分解脂类物质的微生物主要是好氧性种类，如假单胞菌、分枝杆菌、五色杆菌、芽孢杆菌等。

(2) 微生物对烃类化合物的降解与转化

烃类包括一大批分子量由 16（甲烷）到高达 1000 左右的烃类化合物。其中有的是气体

（甲烷、乙烷、丙烷、丁烷、乙炔、乙烯、丙烯），有的是挥发性液体（汽油、苯、甲苯），也有固体（蜡），它们分别属于烷烃类、烯烃类、炔烃类、芳烃类、脂环烃类。

其次，生物体也能合成多种烃类物质，除大量的脂肪和动植物油外，如叶子表面的蜡质是含 C25～C33 的烃类，高等植物、藻类和光合细菌合成的类胡萝卜素是一类不饱和烃，昆虫表皮和哺乳动物皮肤分泌物中含有烃类，微生物含有的类脂质中有长链烷烃。因此，动植物和微生物残体以及食品加工厂、皮革厂废水中含有脂肪及动植物油，是环境中烃类化合物的又一重要来源。此外，在沼泽、水田、污水、反刍动物瘤胃等环境中，还发生和微生物对有机物厌氧分解、产生甲烷的过程。据统计，地球上含碳有机物总量的大约 4.5%～5.0% 通过厌氧分解被转变成甲烷。

① 烷烃类的微生物降解　将分别介绍甲烷、乙烷、丙烷、丁烷以及高级烷烃类的氧化。

能氧化甲烷的微生物大多是专一的甲基营养型细菌，已分离出 100 多个菌株能依靠甲烷生长。主要有：甲烷氧化弯曲菌（*Methylosimnus*）、甲基孢囊菌（*Methyocystis*）、甲基杆菌（*Methylobacter*）、甲基单胞菌（*Methylomonas*）、甲基球菌（*Methylococcus*）等。

甲烷氧化的途径如下。

$$CH_4 \rightarrow CH_3OH \rightarrow HCHO \rightarrow HCOOH \rightarrow CO_2$$

由甲烷到甲醇的氧化涉及一个单氧酶系统，由甲醇转化为 CO_2，涉及多种脱氢酶系，部分甲烷还参与菌体的组成。

乙烷、丙烷、丁烷的氧化可通过某些靠甲烷生长的细菌进行共氧化，即利用甲烷作为碳源和能源，同时把乙烷、丙烷、丁烷转变成相应的酸类或酮类，它们可进一步被多种微生物降解。此外也有专一的分解乙烷、丙烷等的微生物。

高级烷烃类的起始氧化有 3 种可能的途径：生成羧酸（Ⅰ）；生成二羧酸（Ⅱ）；生成酮类（Ⅲ）。

以途径Ⅰ最为常见，其详细步骤为先由一个末端甲基通过单氧酶的作用生成一种伯醇，然后通过两步脱氢作用先后生成醛和脂肪酸，脂肪酸再通过 β-氧化，降解为乙酸，进入 TCA 循环最后彻底降解为 CO_2 和 H_2O。

主要有两类细菌进行上述反应，一类为食油假单胞菌（*Pseudomonasolevolorans*），另一类为棒状杆菌属的一种。

② 烯烃类的微生物降解　烯烃类被微生物降解时，起始氧化途径有多种可能。若双键在中间部位，可能按烷烃类方式代谢；若双键在 1，2 碳位时则有 3 种可能：将水加到双键上，形成醇类；受单氧酶作用生成一种环氧化物，再氧化成一个二醇；在分子饱和末端先发生反应。

③ 芳烃类的微生物降解　芳烃类被微生物降解时，如有侧链，则一般先从侧链开始分解，然后发生芳香环的氧化：引入羟基、环开裂。随后的氧化过程便与脂肪族化合物的降解类似，最后分解为 CO_2 和 H_2O。

（3）微生物对人工合成有机化合物的降解转化

① 氰（腈）类化合物的降解　氰（腈）类化合物主要存在于石油化工、人造纤维、电镀、煤气、制革和农药厂排放的废水中，因毒性很大会严重污染环境。氰（腈）化合物在生物体内可抑制细胞色素氧化酶，阻碍血液对氧的运输，使生物体缺氧窒息死亡。急性中毒可感到恶心、呕吐、头昏、耳鸣、全身乏力、呼吸困难、出现痉挛、麻痹等。能分解氰（腈）化合物的微生物有假单胞杆菌属、诺卡菌属（*Nocardia*）、茄病镰刀霉（*Fusarium*

Solani)、绿色木霉（*Trichderma viride*）等。

有机腈化物较无机氰化物易于生物降解。能降解氰（腈）类的微生物都是好氧性的，目前还没有发现能降解氰（腈）化合物的厌氧性微生物，因为氰（腈）化合物分子中没有氧的成分。

1）无机氰降解途径

$$HCH \rightarrow HCNO \begin{cases} NH_3 \rightarrow NO_2 \rightarrow NO_3 \\ HCOOH \rightarrow CO_2 + H_2O \end{cases}$$

2）有机氰降解途径

$$\underset{\text{(丙烯腈)}}{CH_2{=}CN{-}CN} \longrightarrow \underset{\text{(丙烯酰胺)}}{CH_2{=}CH{-}CO{-}NH_2} \longrightarrow \underset{\text{(丙烯酸)}}{CH_2{=}CH{-}CO{-}OH} + HN_3$$

氰（腈）化合物虽然是剧毒物质，但经过驯化的活性污泥，处理含氰（腈）废水可获得显著效果。

② 合成洗涤剂的降解　洗涤剂是人工合成的高分子聚合物，目前，在世界范围内已广泛使用，产量逐年增多。由于洗涤剂难于被微生物降解，导致洗涤剂在自然界中蓄积数量急剧上升，不仅污染了环境，而且也破坏了自然界的生态平衡。因此，洗涤剂是目前最引人注目的环境污染的公害之一。

合成洗涤剂的主要成分是表面活性剂。根据表面活性剂在水中的电离性状分为：阴离子型、阳离子型、非离子型和两性电解质型四大类。其中，以阴离子型合成洗涤剂应用得最为普遍。阴离子型的表面活性剂包括合成酯及酸衍生物、烷基磺酸盐、烷基硫酸酯、烷基苯磺酸盐、烷基磷酸酯、烷基苯磷酸盐等；阳离子型主要是带有氨基或季铵盐的脂肪链缩合物，也有烷基苯与碱性带氮原子的结合物；非离子型是一类多羟化合物与烃链的结合产物，或是脂肪烃和聚氧乙烯酚的缩合物；两性电解质型则为带氮原子的脂肪链与羟酰、硫或磺酸的综合物。

合成洗涤剂的基本成分除表面活性剂外尚含有多种辅助剂，一般为三聚磷酸盐、硫酸钠、碳酸钠、羟基甲基纤维素钠、荧光增白剂、香料等，有时还有蛋白质分解酶。

家庭用的洗涤剂通称洗衣粉，有粉剂、液剂、膏剂等形式。我国同类主要产品属阴离子型烷基苯磺酸钠型洗涤剂，一般称中性洗涤剂，对环境的污染最为严重。

洗涤剂的种类很多，一般都很难被微生物降解，最难被微生物降解的是带有碳氢侧链的分子结构——ABS型。这种洗涤剂不能被微生物降解的原因是侧链中有4个甲基支链，这种链十分稳定，对化学反应和生物反应都有很强的稳定性。

为使合成洗涤剂易为生物降解，人们改变了合成洗涤剂的结构，制成了较易被微生物降解的洗涤剂，即直链型烷基苯磺酸盐（LAS)。这种洗涤剂由于减少了支链，使其直链部分易于分解，而且在一定范围内碳原子数越多，其分解速度也越快。LAS型洗涤剂的微生物降解途径是通过侧链β-氧化和脱磺作用，经苯乙酸生成原儿茶酸。

③ 塑料的降解　塑料（plastic）也是人工合成的高分子聚合物，很难被微生物降解。塑料已成为生产及生活中的必需品，其数量成倍增加。因此，塑料已成为环境中的重要污染物质。

目前，发现有些微生物可分解塑料，但分解速度十分缓慢。微生物主要作用于塑料品中所含有的增塑剂。由于增塑剂的代谢变化而使塑料的物理性质发生改变，组成塑料聚合物的物质组成本身的化学性质都无变化。聚氯乙烯塑料可含高达50%的增塑剂，当增塑剂为癸二酸酯时，在土壤中放置14d后，约有40%的增塑剂被微生物降解。

据资料介绍，塑料聚合物质先经受不同程度的光降解作用后，生物降解就容易得多。经光解后的塑料成为粉末状，如果分子量降到5000以下，便易于为微生物利用。经光解的聚乙烯、聚丙烯、聚苯乙烯的分解产物中有苯甲酸、CO_2 和 H_2O。光解后的聚丙烯塑料及聚乙烯塑料，在土壤微生物类群的作用下，约1年后即可完全矿化。

④ 化学农药的降解　随着农业生产的发展，农药已成为农业生产必不可缺少的杀虫剂。从使用天然的尼古丁防治蚜虫起，人们使用农药已200多年的历史。但是，多种人工合成有机农药的大量使用，是最近几十年的事。随着生产的不断发展，农药的产量和品种不断增加。目前世界上农药总产量每年已达到 2.0×10^6t 以上，农药的品种约有520余种，最常使用的只有几十种。

过去农药的使用在提高农产品产量、保护秧苗、保护森林资源、农产品贮存等方面也起过积极作用，但是，就在农药为人类造福的同时，也污染了人类生存的环境，又给人类带来严重的危害。因为农药的毒性很强，又很稳定，很难被微生物降解。年复一年，大量倾入环境，所以，在环境中有大量的农药积累。

农药还可以从土壤中进入大气和水体，通过食物链进入人体。尤其是那些化学性质稳定，在环境中不易分解的有机氯农药，已引起了人们的极大关注。这些有机氯农药的行踪几乎遍布了世界的各个角落。从人迹罕至的世界屋脊珠穆朗玛峰到终年冰封的南北极，冰雪中都有微量的有机氯农药残留。南极的企鹅、北极格陵兰地区从未见过DDT的因纽特人体内都有微量的DDT。可见，目前人类完全生存在农药无所不在的环境中，空气、饮水、食物中都有农药残留，并且又接连不断地进入人体。

有很多农药在土壤中是十分稳定的，像有机氯农药DDT、氯丹、七氯艾氏剂、狄氏剂等都很难被微生物降解。有的农药可在土壤中保持数年甚至几十年不被分解（表4-2），由于这些具有毒性的农药在土壤里大量的积累，使环境受到严重的污染，给人畜带来了极大的危害。故近年来各国均有开展微生物降解农药的研究。据报道，杀虫剂六六六在土壤中能被一类假单胞菌降解，DDT能被欧氏杆菌属的某些菌脱氯，某些真菌和放线菌也具有类似的脱氯作用。美国在实验室条件下，研究毛霉对DDT的降解，结果发现毛霉对DDT有降解能力，使DDT降解到至少产生两种不含氯的水溶性产物。

表4-2　几种农药的半衰期

农药名称	半衰期	农药名称	半衰期
氯丹(chlorlanl)	2～4年	七氯(Heptachlor)	7～12年
DDT	3～10年	敌敌畏(DDVp)	17天
艾氏剂(Dieklin)	1～7年		

土壤中参与农药降解的微生物种类很多，作用能力较强的细菌有假单胞杆菌属（*Oeudomonas*）、黄极毛杆菌属（*Xaathomonas*）、黄杆菌属（*Flavobactmium*）、节杆菌属（*Arotwbacter*）、农杆菌属（*Agrobactedum*）、棒状杆菌属（*Corynebacterium*）、芽孢杆菌属（*Bacillus*）、梭状芽孢杆菌属（*Clostridiura*）；真菌有交链孢霉属（*Altemavia*）、曲霉属（*Aspergillus*）、芽枝霉属（*Cladosporium*）、镰刀霉属（*Fusarium*）、小从壳属（*Glomerella*）、毛霉属（*Mucor*）、青霉属（*Peniciillum*）、木霉属（*Fddwdenna*）；放线菌有小单胞

菌属（*Micromonospora*）、诺卡菌属（*Nocardia*）及链霉菌属（*Streptomyces*）。它们的每个种子能作用于一个或多个农药分子。

（4）微生物对无机污染物的转化

① 汞污染与转化　汞是自然环境里的一种天然成分，广泛分布于自然界中，一般含量极低。地表水含汞量不到 0.1μg/L，海水中汞含量在 0.1～1.2μg/L 之间，大气中含量为 0.001～50μg/m^3，土壤中平均含量为 0.1μg/g。汞在自然界主要以元素汞（Hg）和硫化汞（HgS）的形式存在，汞在自然界的本底值并不高。

1）汞污染概况。由于汞在工业上的广泛应用，自然界汞的开采量逐年增多。如生产电池、路灯、继电器等工业都需要汞；生活用氯乙烯塑料和乙醛也都要用氯化汞作催化剂，很多化学农药中亦含有无机汞或有机汞。因此，含汞的污染物质不断地排入环境，从而造成了汞的污染。

环境中最主要的污染源是氯碱工业，一座日产百吨氯的氯碱厂，每年可排出大约 4～8t 汞到环境中，使环境遭受到严重的汞污染。由于汞污染而造成的大规模中毒事件发生在 20 世纪 50 年代的日本和瑞典。日本水俣湾渔民，食用了含有高度富集甲基汞的鱼和贝类而造成汞中毒症，表现出不可治愈的致命神经性紊乱，人们称这种病为水俣病。水俣病病因是甲基汞中毒引起的。甲基汞来源于一家氮肥公司，这家公司把含有大量无机汞的废水排入水俣湾，无机汞在海底沉积，经细菌作用，转化为甲基汞。甲基汞比无机汞的毒性更强，又易溶解于脂肪，能比无机汞更为迅速地渗入生物体的细胞内，与蛋白质中的硫基结合抑制了生物体内的酶活性。甲基汞经水生生物的食物链作用及富集作用，使汞在鱼体内富集放大，浓度要比在海水中汞的浓度高出上万倍。在鱼体内高度富集的汞，最终经食物链带入人体。汞又在人体内富集，达到一定浓度使人患水俣病。水俣病已成为震撼世界的一种由环境受汞污染而造成的不治之症，引起了全世界人民的极大关注。

汞的无机形式对动植物有很强的毒性，如氯化汞、硫化汞和一些含汞的农药。络合的有机汞的植物毒性更强。汞一般具有很强的抗微生物降解作用，因此，汞可在环境中长期存留，其生物转化速度是十分缓慢的。

2）汞的化学转化。汞能在中性水溶液内用甲基钴氨素（Methylcobacmin）作为甲基供体，完全以非生物反应进行甲基化。这一反应可快速且定量进行，而且在好氧和厌氧条件下都能进行。有人曾用一种产甲烷细菌的无细胞抽提液进行试验，由于有这类菌合成的甲基钴氨素作为甲基供体，并在 ATP 和一种酶还原剂存在的条件下，甲基钴氨素中的甲基向二价汞转移，形成甲基汞和二甲基汞，同时甲基钴氨素转化成羟基钴氨素。以后又进一步发现，在无还原剂和细胞抽提液的情况下，只要给以甲基供体——甲基钴氨素，也能发生完全是非生物学汞的甲基化过程。此外，在有氯化汞和乙酸存在时，在甲基锡化物使用下，也能发生汞的非酶甲基化作用。

3）汞的生物学转化。在自然界中，有些微生物可转化汞，可把元素汞和离子汞转化为甲基汞和二甲基汞。

$$HgO \longrightarrow Hg^{2+} \longrightarrow CH_3Hg^+ \text{或} HgO \longrightarrow Hg^{2+} \longrightarrow CH_3HgCH_3$$

二甲基汞在酸性条件下能转化为甲基汞。汞的转化一般是通过细菌的作用。微生物利用底物中的维生素、甲基维生素 B_{12}，在细胞内的甲基转移酶的作用下，促使甲基转移而形成甲基汞。

产甲烷细菌具有将元素汞和离子汞转化为甲基汞的能力。由于甲基汞的生物毒性很强，而产甲烷细菌又常存在于含无机汞较多的水体底部淤泥中，因此，产甲烷细菌的活动使受汞污染的水域汞害大大加剧。此外，匙形梭状芽孢杆菌（*Clostridiumcochleariam*）、荧光假单胞杆菌（*Pseudomonas fluorecens*）、草分枝杆菌（*Mycobacteiumphial*）、大肠杆菌（*E. coli*）、产气肠杆菌（*E. aerogenes*）和巨大芽孢杆菌（*Bacillusmegatherium*）等都能把Hg转化成甲基汞。若在培养基里存在半胱氨酸和维生素 B_{12}，就可使无机汞转化为甲基汞的能力提高。此外，在某些真菌菌丝体中如黑曲霉（*Aspergillus niger*）、啤酒酵母（*Saccha romgcescerevisiae*）、粗糙链孢霉（*Neurospora crassa*）也发现有甲基汞。

在被污染的河泥中还存在一些抗汞细菌，能把甲基汞和离子汞还原成元素汞，亦可把苯基汞、乙基汞转化为元素汞和甲烷。

$$CH_3Hg \xrightarrow[E.\ coli]{\text{厌养}} HgCH_4\text{(抗汞使用)}$$

日本已分离出一种抗汞细菌，属于假单胞菌属（*Pseudomonas* K62），这种细菌能把甲基汞吸收到细胞内，在体内转化为元素汞。大肠杆菌亦可将离子汞转化为元素汞。有人研究了大肠杆菌和假单胞菌转化离子汞为元素汞的机理，提出在这类具有解汞作用的菌体内存在有 MMR 酶系。通过 NADPH 把电子传递到细胞色素 C，再通过 MMR 酶系使汞还原成元素汞。

② 铁的转化　铁是生物体中重要的痕量元素，自然界中有许多微生物对铁的转化起着重要的作用。如氧化亚铁硫杆菌在酸性条件下能将低铁氧化为高铁。

$$2H_2SO_4 + O_2 + 4FeSO_4 \longrightarrow 2Fe_2(SO_4)_3 + 2H_2O$$

球衣细菌和纤发细菌亦可将低铁氧化为高铁，高铁常以 $Fe(OH)_3$ 沉积在衣鞘上。在含有亚铁盐的工业废水中，亚铁被氧化形成不溶性的高铁，废水虽得到净化，但水中铁的沉淀物大量积累与不断增生的丝状菌体黏合在一起，会造成管道堵塞。

三价铁盐常引起微生物迅速地分解有机物，造成环境中氧化还原电位降低，因而三价铁还原为可溶性的二价铁，或是由于微生物的生命活动产生的碳酸、硝酸、硫酸及有机酸，使三价铁溶解而形成二价铁。

1）酸矿水的污染。自然界中一些含硫、含铁、含铜的矿石，如黄铁矿（FeS_2）、黄铜矿（$CuFeS_2$）等，开采后暴露于空气中，经化学氧化使采矿用水变酸，一般 pH 值为 2.5～4.5。

$$2FeS_2 + 7O_2 + 2H_2O \longrightarrow 2FeSO_4 + 2H_2SO_4$$

在这样的酸性条件下，促进了耐酸细菌的繁殖。如氧化硫硫杆菌（*Thiobacillus thiooxidans*）将硫氧化为硫酸。

$$2S + 3O_2 + 2H_2O \longrightarrow 2H_2SO_4$$

由氧化硫亚铁杆菌和氧化亚铁亚铁杆菌把硫酸亚铁氧化为硫酸铁。

$$4FeSO_4 + 2H_2SO_4 + O_2 \longrightarrow 2Fe_2(SO_4)_3 + 2H_2O$$

硫酸铁是很强的氧化剂，可与黄铁矿继续作用，产生更多的 H_2SO_4。

$$FeS_2 + 7Fe_2(SO_4)_3 + 8H_2O \longrightarrow 15FeSO_4 + 8H_2SO_4$$

通过这些耐酸细菌的作用，加剧了矿水的酸化，有时能使 pH 值下降到 0.5。这种酸性矿水排放到水体中，对鱼类和其他水生生物都有毒害作用，也能污染地下水源，对环境危害极大。

2）管道锈蚀和堵塞。地下管道排放含酸废水，铁管在地下处于缺氧的环境中，因此，在管内经常形成细菌锈蚀细胞（bacterial corrosion cells），使铁管被锈蚀。锈蚀过程必须有硫酸盐存在，由硫酸盐还原细菌还原硫酸形成 H_2S。

$$4H_2+SO_4^{2-} \longrightarrow H_2S+2H_2O+2OH^-$$

H_2S 和铁反应生成 FeS，当反应沉淀物被水冲走后，在管壁上就留下一个个凹陷。细菌锈蚀只发生在 10～30℃，pH 值为 5.5 以上的条件。由于这种作用必须在厌氧中进行，所以又称厌氧锈蚀作用（anaerobiccoerosionofiron），如图 4-2 所示。

$$4Fe+H_2S+8OH^- \longrightarrow FeS+3Fe(OH)_2+2H_2O$$

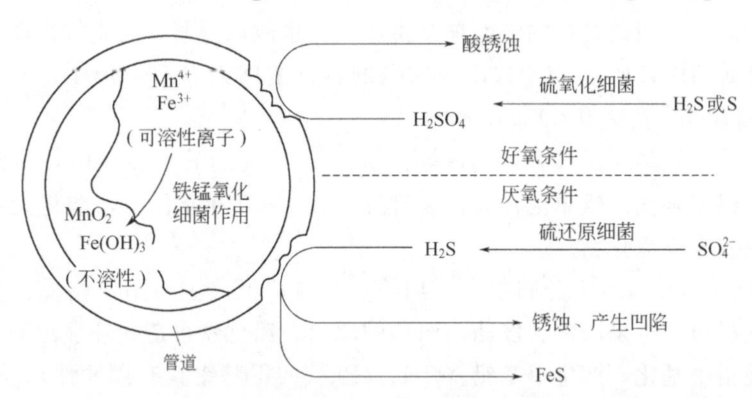

图 4-2　由微生物引起的管道锈蚀和堵塞示意

给排水管道内常有氧化锰和氧化铁的细菌，尤其是具柄和具鞘铁细菌的大量繁殖。铁和锰的氧化产物与大量增生的菌体黏合在一起，就造成了管道堵塞，使管内过水能力明显下降。当水的 pH 值为中性时，在具柄铁细菌的作用下，管道表面的可溶性 Mn^{2+} 氧化为不溶性的 Mn^{4+}。具鞘铁细菌中的纤发细菌属，衣鞘增生能力极强，在短期内就能形成大量的空鞘。由于鞘上有黏性分泌物，不仅能沉积锰，而且也能沉积铁。这类细菌是造成管道堵塞的主要原因。

在缺氧水体中，锰是可溶性还原态。含有铁和锰的饮水外观呈褐色，而且当铁含量超过 0.3mg/L，锰含量超过 0.5mg/L 时，就对人体有害，不能饮用。在给水处理厂，可以用加石灰形成 $Mn(OH)_2$ 沉淀的方法除去锰。

③ 砷的转化　砷是一种毒性很强的金属元素，能使人与动物的中枢神经系统中毒，使细胞代谢系失去作用，还发现有致癌作用。砷广泛用于合金、农药、木材保存及医药制品中。无机三价亚砷酸离子比五价砷酸盐含量更大。微生物可通过两个作用转化砷。

砷的甲基化作用。砷也和汞一样，能发生甲基化作用。有人已分离到 3 种真菌，即土生假丝酵母（*Candida humicola*）、粉红黏帚霉（*Cliocladium roseum*）和青霉（*Pedcllium*），能使单甲基砷酸盐和二甲基亚砷酸盐形成三甲基砷盐。经研究证明，产甲烷杆菌属（*Methanobacterium*）也能把砷酸盐变成甲基砷。

目前发现有很多生物和微生物能将工农业排放的含砷废水和污泥中的砷转化为三价砷，并在许多生物体内发现了甲基砷化合物，而且生物合成率很高。

As^{3+} 及 As^{5+} 之间的转化。微生物可将 As^{3+} 氧化成 As^{5+}。当往土壤中施入含 As^{3+} 药剂后，As^{3+} 将逐渐消失而有 As^{5+} 产生，同时消耗一定的氧。

$$\underset{\text{亚砷酸钠}}{2NaAsO_2}+O_2+H_2O \longrightarrow \underset{\text{砷酸钠}}{2NaHAsO_4}$$

能引起转化的微生物为一些异养微生物，其中有假单胞菌属、黄杆菌属、节杆菌属、无色杆菌属及产碱杆菌属等。还有一些微生物可使砷酸盐还原为亚砷酸盐。

④ 镉的转化　镉也是毒性很强的金属，慢性中毒表现为头痛、乏力、鼻黏膜萎缩、肺呼吸机能下降、肾功能衰退、胃痛等。急性中毒则有恶心、呕吐、头痛、腹痛等症状。镉能在体内妨碍钙进入骨骼，可造成骨质疏松，脆而易断，引起所谓骨痛病。

在矿石的熔炼过程中，常有大量的镉排出。镉也是汽油添加剂的重要成分，随着汽油消耗而被排入大气。

进入水体中的镉，能通过食物链而被富集放大，也能以元素形式直接被浮游生物和高等生物吸收。（根据 GB 5749—2006 饮用水的镉的容许浓度为 0.005mg/L，根据 GB 3095—2012 空气中的镉容许限量为 0.005$\mu g/m^3$）

蜡状芽孢杆菌、大肠埃氏菌和黑曲霉等，在含 Cd^{2+} 化合物中生长时，体内能浓缩大量的镉，一株能使镉甲基化的假单孢杆菌，在有维生素 B_{12} 存在条件下，能将无机二价镉化物转化生成少量的挥发性镉化物。

⑤ 铅的转化　铅在地球上分布很广，用途也非常广泛。主要用作电缆、蓄电池、铸字合金和防放射线材料，也是涂料、农药、医药的原料，铅化物可造成环境污染。

微生物可使铅甲基化，产生甲基铅 $(CH_3)_4Pb$（四甲基铅具有挥发性）。纯培养的假单胞菌属、产碱杆菌属、黄杆菌属及气单胞菌属中的某些种，能将乙酸三甲基铅转化生成四甲基铅，但不能转化无机铅。

4.1.1.5 用于环境净化的主要微生物类群

在自然生态系统中微生物对环境净化的作用是最重要的，由于微生物具有种类多，分布广，代谢类型多样，繁殖快，易变异等特点，所以无论在自然界中各种生态系统中，微生物都能生长繁殖，特别是在人工控制的污染处理系统中，微生物对有机污染物转化效率之高是任何其他生物所不可比拟的。了解环境净化，特别是处理系统中微生物群落的种群组成和作用，掌握它们在污染物处理系统中的活动规律，对提高污染处理效率，开发新型处理工艺是十分必要的。在污染处理系统中生活的微生物，几乎包括了微生物的各个类群，其中属于原核生物的有细菌、放线菌、蓝细菌，属于真核生物的有原生动物、多细胞的微型动物、酵母菌、丝状真菌以及单细胞藻类等，此外，还有病毒和立克次氏体。在多数情况下，主要微生物类群是细菌，特别是异养型细菌占多数。

(1) 好氧处理主要微生物类群

微生物好氧处理，就是微生物在有氧的情况下，将有机污染物质氧化降解成二氧化碳和水的过程。

关于活性污泥细菌的种类和各类细菌的数目，曾有过很多报道，但研究的结果往往差异很大。其中一个很重要的原因就是因为活性污泥中的细菌都包埋在絮凝体内，所以，存在着如何把活性污泥中的絮凝体解离，全部以游离细菌存在的问题。采用不同方法，絮凝体解离出的细菌率及种类也有很大的差别；另一方面，各类细菌的培养方法要求也不一样，因此，絮凝体解离后，所采用的培养方法是否适宜，也是影响分离结构的重要因素。

把絮凝体解离，使细菌从包埋的胶质中游离出来，目前常采用加表面活性剂结合用玻璃珠打散，可以取得较好的结果。荷兰微生物学家 E. C. Mulder 及其同事根据絮凝体是由大量纤维细丝所形成的特性，采用纤维素酶来解离。获得很好的效果。这种方法既不损伤菌体细胞，又使解离比较彻底。除此之外，还要选择合适的培养基和培养条件。

由于采用的分离方法和培养的不同，在早期研究中得到的结果是大肠杆菌和芽孢杆菌在活性污泥中占优势。在Russel和Bartow（1919年）所分离的13个不同菌株中，有4株是好氧性芽孢杆菌。后来，Harris等（1927年）发现在活性污泥中有61%的菌为产气杆菌（*Aerobacteraerogenes*），38%为变形菌属（*Proteus*）。到1940年时又有了进展，Allen发现活性污泥中大多数细菌为革兰阴性杆菌，属于假单胞菌属、黄杆菌属和五色杆菌属，并指出只有少量大肠菌类和好气性芽孢杆菌出现。以后Mckinney和Horowood（1952年）在自己设计的曝气池中，用1/10浓度的营养肉汤作为人工废水来驯化活性污泥，从中分离到能形成菌胶团絮凝体的细菌有：生枝动胶菌（*Zoogloca ramigcra*）、蜡状芽孢杆菌（*Bacillus coreus*）、中间埃希菌（*Escherichia intermedium*）、粪产气副大肠杆菌（*Paracolobactrum aerogenoides*）、放线形诺卡菌（*Nocardia actionomorphya*）和黄杆菌属（*Flavobacterium*）。Jasewiea和Doteges（1956年）在研究废水活性污泥时，分离得到下列菌株：产碱杆菌属（*Alcaligenes*）占26%、黄杆菌属占34%、微球菌属占14%、假单胞菌属占16%。Mekinney（1962年）认为，废水中所含有机物的成分，将决定哪个菌属占优势，如含蛋白质的废水中往往以产碱杆菌、黄杆菌和好气性芽孢杆菌占优势，在以碳水化合物或烃类化合物为主要污染物的废水中，则以假单胞菌占优势。他认为活性污泥只是由生枝动胶菌形成的说法是错误的。此外，绝大多数文献中都提到丝状细菌的存在，尤其是在沉降性能差的活性污泥中可见到球衣菌属（*Sphaerotilus*）的存在。金浩等（2012年）通过费培养宏基因组技术研究位于中国上海污水处理系统中活性污泥的多样性，结果显示活性污泥主要的细菌类群为变形菌门（Proteobacteria）（91.9%）、厚壁菌门（Firmicures）（4.6%）、拟杆菌门（Bacteroidetes）（2%）、绿弯菌门（Chloroflexi）（0.5%）、硝化螺菌门（Nitrospirae）（1%）“其中，明显的优势菌群为粪产碱菌（*Alcaligenes feacalis*）（55%）、绿脓杆菌（*Pseudomonas aeruginosa*）（12.8%）和寡单胞菌属（*Stenotrophomonas*）（12.8%）。Wagner等（2002年）通过统计8个活性污泥样品750多条16S rRAN序列发现，在门和纲的分类水平上，城镇生活污水处理厂的活性污泥细菌群落结构与工业污水处理厂实验室反应器中活性污泥样品中测得的细菌群落结构都没有太大差别，它们主要由变形菌门（Proteobacteria）中的β-（α-、γ-）变形菌纲［β-（α-、γ-）Proteobacteria］、拟杆菌门（Bacteroidetes）等细菌组成。

20世纪80年代后期，随着以16S rRNA为主要基石的细菌分子分类学和免培养的分子生物学技术的发展，大量传统检测方法未能发现却在活性污泥中起关键作用的微生物陆续被发现，如，具有除磷作用的类红环菌（*Rhodocyclus*）、小月菌（*Microlunatus* spp.）、类*Tetrasphaera*的棒状菌、俊片菌（*Lampropedia* spp.）等；具有脱氮作用的反硝化生丝微菌属（*Hyphom icrobium*）、固氮弧菌属（*Azoarcu*）相关菌、类硝化螺菌（*Nitrospira*）等；与污泥泡沫有关的诺卡菌形放线菌（*Nocardioform actinomycetes*）、丝状菌（*Microthrix parvicella*）和*Nostocoida limicola*等。

从目前所报道的资料来看，活性污泥中的主要菌群有（在目的水平上，正常污水处理厂的核心功能菌群通常由红环菌、伯克菌、黏球菌、黄单胞菌、红细菌、根瘤菌、假单胞菌、鞘脂单胞菌、鞘脂杆菌、黄杆菌、梭菌、硝化螺旋菌和疣微菌构成）假单胞杆菌属（*Pseudomonas*）、产碱杆菌属（*Alcaligenes*）、无色杆菌属（*Achromobacter*）、微杆菌属（*Microbacterium*）、黄杆菌属（*Flavobacterium*）、动胶菌属（*Zoogloea*）、芽孢杆菌属

(*Bacillus*)、节杆菌属（*Anhroacter*）、不动细菌属（*Acinetobacter*）、微球菌属（*Micrococcus*）、气杆菌属（*Aerbacter*）、棒状杆菌属（*Corynebacterium*）、从毛单胞菌属（*Comamonas*）、杆菌属（*Bacterium*）、诺卡菌属（*Nocardia*）、球衣细菌属（*Sohaerotilus*）、短杆菌属（*Breoibactedum*）、亚硝化单胞菌属（*Nitmmomaer*）、蛭弧菌属（*Bdellovibrio*）、粪大肠菌属（*Coliform*）、贝氏硫菌属（*Beggiatoa*）、柄细菌属（*Caulobaeter*）、噬纤维菌属（*Cytophaga*）等。

不少学者对活性污泥中细菌数量进行了统计，曝气池中的活性污泥不但细菌种类多，数量也非常巨大，细菌总数大约有 10^8～10^{10}个/mL。干污泥中细菌数量可达 10^{10}个/g。活性污泥中的杆菌多于球菌，革兰阴性杆菌多于革兰阳性杆菌。不同种类的细菌形成的菌胶团形状不一样，外界环境条件也影响形成菌胶团的形状。

废水好氧性处理中还有真菌，关于活性污泥中真菌的报道不多，1960 年 Cooke 等从活性污泥中分离出曲霉属（*Aspergillus*）、毛霉属（*Mucor*）、青霉属、根霉属（*Rhizopus*）、镰刀霉属（*Fusarium*）、头孢霉属（*Cepadosmium*）、木霉属（*Trichodenna*）、等枝霉属（*Cladosporium*）、地霉属（*Ceodosporium*）、漆斑霉属（*Myrothecium*）、珠霉属（*Margori-nomyees*）、水霉属（*Trichoderma*）、短梗霉属（*Aureobasidium*）等丝状菌。他还从活性污泥中分离出 30 种酵母菌和类似酵母菌的 136 个菌株，其中占优势的是皮状丝孢酵母（*Tri-chosporon cutaneum*）、黏红酵母（*Rhodotondaglutinis*）、胶红酵母（*Rh. macilaqinosa*）、热带假丝酵母（*Candida tropicalis*）和近平滑假丝酵母（*C. parapsilosis*）等。活性污泥中真菌的出现一般与水质有关，一些霉菌常出现 pH 值较低的废水中。一般来讲，真菌在活性污泥中并不占有重要地位。

丝状真菌在废水处理中可能与絮体形成和活性污泥膨胀有联系。有人报道霉菌可引起活性污泥膨胀，在膨胀的活性污泥中以地霉属占优势。

生物膜中的细菌种群与活性污泥的较相似，但真菌种群数量大增，这是由于当采用活性污泥法处理某些工业废水时，易出现大量丝状微生物（如真菌、放线菌），因而常采用生物膜法。此外，由于生物膜法（如生物滤地、生物转盘）运行中环境条件较差，常出现缺氧条件，因而也促使了真菌的大量繁殖。尽管如此，由于真菌对某些有机物的代谢能力高于细菌，因而利用存在大量真菌的生物膜法是有一定优越性的。值得提出的是，霉菌的生物膜厚，且不易脱落，因而在设计和运行管理中应考虑采取必要的措施。

(2) 厌氧处理主要微生物类群

废水厌氧处理的微生物类群，无论从种类和数量上都不如好氧处理的微生物类群多。在厌氧处理中的微生物类群主要是细菌，分为两大类，即兼性厌氧菌和专性厌氧菌。在厌气处理中，发酵一开始可能有好氧细菌存在，这些细菌主要是从废水中进入处理装置的，在处理装置中能生活一段时间，当氧气用完后很快会死亡。随后兼性好氧菌又活跃起来，主要有产黄纤维单胞菌（*Cellulomonas flavigena*）、淀粉芽孢梭菌（*Clostridium amylolyticum*）、丙酮丁醇芽孢梭菌（*Clostriduim acetobutylicam*）、蜡状芽孢杆菌、琥珀酸拟杆菌（*Bacteroidessuccinogenas*）等。由于这些兼性好氧菌的活动，造成挥发性酸的积累，同时处理装置中氧化还原电位降低，专性厌氧菌开始活跃，它们利用兼性好氧菌的分解产物乙酸、乙醇、甲醇、CO_2，合成甲烷。主要的专性厌氧菌有：脱硫弧菌属（*Desulfovibrio*）、硝酸盐还原细菌（*Denitrifying bacteria*）、脱氮硫杆菌（*Thiobacillus deni trifcans*）、脱氮极毛杆菌（*Pseadomnas denitrificans*）、脱硫肠状菌属（*Desulfotomaculum*）、产甲烷杆菌属

(*Methanobacterium*)、产甲烷球菌属 (*Methancoccus*)、产甲烷八叠球菌属 (*Methanosarcina*)、产甲烷螺菌属 (*Methansopirillum*) 等。

4.1.2 用于环境净化的原生动物资源

在生态系统中一些原生动物在环境净化过程中也起着十分重要的作用，特别是在自然水体当中。水域中的原生动物种类十分繁多，它们具有生长繁殖速度快，对环境条件变化敏感，能够吞食小的污染颗粒等特点，广泛生长在各种条件的水域中，在人工控制的污水处理系统中起着不可替代的作用。

4.1.2.1 原生动物在环境净化中的作用原理

在环境净化过程中原生动物是重要的组成部分，虽然在污水处理中原生动物不像细菌那样重要，但也是不可缺少的，其作用有以下几点。

(1) 促进菌胶团絮凝作用

菌胶团絮凝作用是污水生物处理中最重要的过程，菌胶团絮凝成活性污泥，形成了活性污泥才决定了污水生物处理工艺过程的连续性，活性污泥也直接影响污水处理效果和动水水质。

有实验证明，纤毛虫有助于活性污泥的絮凝作用，可减少动水的浑浊度，因为纤毛虫能分泌黏液，可促进菌胶团絮凝成活性污泥。1963 年 Cards 用小口钟虫、累枝虫、草履虫为实验材料，实验证明这些纤毛虫能分泌出两种物质，一类是糖类物质，另一类是单糖类物质，他用^{14}C标记葡萄糖，培养草履虫，最后^{14}C都传递到絮凝物上，这说明纤毛虫有絮凝作用。

$$^{14}C_6H_{12}O_6 + \text{草履虫} \longrightarrow ^{14}C + \text{草履虫}$$

纤毛虫还能分泌黏浆，可以把菌胶团粘连在一起，形成絮状物。轮虫有纤毛盘，也能分泌黏液，释放在口的周围，可将细菌和一些小颗粒物（悬浮状）粘连起来。

(2) 吞食游离细菌和微小颗粒，降低污水浊度，改善水质

原生动物能大量吞食游离细菌、微小的有机颗粒和碎片，纤毛虫对细菌的吞食能力特别强，一个草履虫每天可吞食 43000 个细菌，一个轮虫每天可吞食 12 万个细菌。

有人实验，用活性污泥在没有纤毛虫的条件下运转 70d，结果动水非常浑浊，动水BOD_5也很高，动水游离细菌平均为 100 万～1603 万个/mL，70d 后接种了纤毛虫，动水BOD_5明显降低，游离细菌也减少至 1 万～8 万个/mL，动水清澈透明。

某些小的原生动物也可直接利用污水中的有机物为养料，对降解有机物起一定的作用，像轮虫、线虫、颗体虫，除能吃有机碎片外，也能吃某些原生动物和游离细菌，对污水净化也有好处。

原生动物在处理生活污水时，对去除原菌的作用也很大，当处理的污水中缺乏原生动物时，大肠杆菌的去除率只有 55%，有原生动物时大肠杆菌的去除率可提高到 95%。

(3) 代谢污水中的有机物

原生动物不仅能吞食游离细菌和污水中的有机颗粒，而且也能直接代谢一些可溶性的有机化合物。

印度学者 SridHar 等做了一个试验，证明原生动物也能代谢一些可溶性的有机化合物。他用 3 个烧瓶做试验。1 号瓶加灭菌的生活污水 350mL，做对照，瓶中没有菌也没有原

生动物。2号瓶加生活污水350mL和0.5mL活性污泥，在60℃水中保温15min，杀死原生动物，瓶中有细菌。3号瓶加生活污水350mL和0.5mL活性污泥，瓶中有细菌也有原生动物。把3个烧瓶放在温度30℃摇床上震荡培养5d，取出后沉淀30min，取上清液，分析结果见表4-3。

表4-3 原生动物对污染物去除率的影响

上涞江水质/(mg/kg)	1号瓶	2号瓶	3号瓶	上涞江水质/(mg/kg)	1号瓶	2号瓶	3号瓶
COD	1.2	6	3	NO_3^-	0	0	4.9
氨基酸(酪氨酸)	125.5	76	55.7	可溶性P	6.2	5.4	5.1
NH_3-N	22	20	4	上涞江浊度	98	61	25
NO_2^-	0	0	5.7				

4.1.2.2 在环境净化中的主要原生动物类群

原生动物在环境净化中起着非常重要的作用，尤其是在污水生化处理中存在着种类繁多，数量很大的原生动物类群。但原生动物的种群随着水质状况，不同季节、气候变化而变化。在活性污泥和生物膜中常见到的原生动物主要种群见表4-4。

表4-4 在活性污泥和生物膜中常见到的原生动物主要种群

分类	活性污泥	生物膜	分类	活性污泥	生物膜
植鞭毛纲(Phytomastigophorea)			四鞭虫属(*Tetramitus*)	+	−
滴虫属(*Monas*)	++	+++	锥滴虫属(*Trepomonas*)	+	+
屋滴虫属(*Oikomonas*)	++	++	根足纲(Rhizopodea)		
眼虫属(*Euglena*)	++	+	变形虫属(*Amoeba*)		
沟滴虫属(*Petalomonas*)	−	+	简便虫属(*Vahlkampfia*)	+++	+++
动鞭毛纲(Zoomastigophorea)			表壳虫属(*Arcella*)	+	++
波豆虫属(*Bado*)	++	+++	鳞壳虫属(*Euglypha*)	−	+
尾波虫属(*Cercobodo*)	++	++	纤毛纲(Ciliared)		
全毛亚纲(Holotrihia)			匣形虫属 (*Pyridiella*)	++	−
漫游虫属(*Litonotus*)	++	++	钟虫属(*Vorticella*)	+++	+++
前管虫属(*Prorodon*)	−	++	聚缩虫属(*Zoothamniun*)	++	−
斜管虫属(*Chilodonella*)	++	+	旋口虫属(*Spirostomum*)	−	++
肾形虫属(*Colpoda*)	++	++	喇叭虫属(*Stentor*)	++	+
豆形虫属(*Colpidium*)	+	++	盾纤虫属(*Aspidisca*)	++	+
四膜虫属(*Tetrahymena*)	++	−	游仆虫属(*Euplots*)	+++	+++
草履虫属(*Paramecium*)	+++	+++	棘属虫属(*Stylonychia*)	+	+
膜袋虫属(*Cydidium*)	−	+	瘦尾虫属(*Uroleptus*)	+	+
缘目亚纲(Peritrichia)			吸管虫亚纲(Suctoria)		
累枝虫属(*Epistylis*)	+++	+	壳吸管虫属(*Acineta*)	++	−
盖虫属(*Opercularia*)	+++	+++			

4.1.3 用于环境净化的植物资源

4.1.3.1 重金属污染的植物修复

植物修复是利用植物去除环境中污染物的技术。由于其代谢特性，微生物一直是特别受到关注的生物类群。然而近年来的研究表明，利用植物对环境进行修复即植物修复是一个更经济、更适于现场操作的去除环境污染物的技术。植物修复是 20 世纪 90 年代兴起的，21 世纪以来逐渐成为生物修复中的一个研究热点。很多研究表明利用适当的植物不仅可去除环境的有机污染物，还可去除环境中的重金属和放射性核素。并且植物修复适用于大面积、低浓度的污染位点。由于植物修复有其一系列优点，近年来有关的研究很多，有的已进行了野外试验并已达到应用水平。

环境中重金属污染在某些地区已成为重大环境问题。环境中的重金属具有长期性和非移动性等特性，对生物及人类产生的不利影响已被研究所证实。因此人们不断寻求去除环境中重金属的技术，对被重金属污染的土壤及水体进行修复，以保证人体及生物的健康。目前已有的去除重金属的技术都是一些场外修复方法，需要先将土壤进行转移再进行金属离子的去除，不仅花费高，而且过程较复杂，设备及技术要求高，实际应用并不多见。生物修复是利用生物对环境中的污染物进行降解，花费较少，技术及设备要求不高，因而越来越受人们的关注。金属不同于有机物，它不能被生物所降解，只有通过生物的吸收得以从环境中去除。用微生物进行大面积现场修复时，一方面其生物量小，吸收的金属量较少；另一方面会因其生物体很小而难于进行后处理。植物具有生物量大且易于后处理的优势，因此利用植物对金属污染位点进行修复是解决环境中重金属污染问题的一个很有前景的选择。美国一家植物修复技术公司的创始人之一 Hya Raskin 认为，植物修复所取得的最大的进步是去除环境中的重金属。植物对重金属污染位点的修复有 3 种方式：植物固定、植物挥发和植物吸收。植物通过这 3 种方式去除环境中的金属离子。

(1) 植物固定

植物固定是利用植物及一些添加物质使环境中的金属流动性降低，生物可利用性下降，使金属对生物的毒性降低。Cunningham 等研究植物对环境中土壤铅的固定，发现一些植物可降低铅的生物可利用性，缓解铅对环境中生物的毒害作用。然而植物固定并没有将环境中的重金属离子去除，只是暂时将其固定，使其对环境中的生物不产生毒害作用，没有彻底解决环境中的重金属污染问题。如果环境条件发生变化，金属的生物可利用性可能又会发生改变。因此植物固定不是一个很理想的去除环境中重金属的方法。

(2) 植物挥发

植物挥发是利用植物去除环境中的一些挥发性污染物，即植物将污染物吸收到体内后又将其转化为气态物质，释放到大气中。有人研究了利用植物挥发去除环境中汞，即将细菌体内的汞还原酶基因转入芥子科植物（Arabidopsis）中，这一基因在该植物体内表达，将植物从环境中吸收的汞还原为单质汞，使其成为气体而挥发。另有研究表明，利用植物也可将环境中的硒转化为气态形式（二甲基硒和二甲基二硒）。由于这一方法只适用于挥发性污染物，应用范围很小，并且将污染物转移到大气中对人类和生物有一定的风险，因此它的应用将受到限制。

(3) 植物吸收

植物吸收是目前研究最多并且最有发展前景的一种利用植物去除环境中重金属的方法，它是利用能耐受并能积累金属的植物吸收环境中的金属离子，将它们输送并储存在植物体的地上部分。植物吸收需要能耐受且能积累重金属的植物，因此研究不同植物对金属离子的吸收特性，筛选出超量积累植物是研究的关键。根据美国能源部规定，能用于植物修复的最好的植物应具有以下几个特性：a. 即使在污染物浓度较低时也有较高的积累速率；b. 能在体内积累高浓度的污染物；c. 能同时积累几种金属；d. 生长快，生物量大；e. 具有抗虫抗病能力。经过不断的实验室研究及野外试验，人们已经找到了一些能吸收不同金属的植物种类及改进植物吸收性能的方法，并逐步向商业化发展。

在所有污染环境的重金属中，铅是最常见的一种。目前有关铅的植物修复研究最多，并且已有公司准备对铅植物修复商业化。很多研究表明植物可大量吸收并在体内积累铅，Kumar 等发现将芥子草（*Brassica juncea L.*）培养在含有高浓度可溶性铅的营养液中时，可使茎中铅含量达到 1.5%。在土壤中加入人工合成的螯合剂可促进农作物对铅的吸收，并能促进铅从根向茎的转移。美国的一项植物修复技术已用 *Brassica juncea L.* 进行野外修复试验，预计在 2 年内达到修复的目标。

有关其他金属的去除也有研究，但目前的研究较少。Chaney 及其同事研究了植物对锌和镉污染土壤的修复，他们筛选出能积累这两种金属的一种小型草本植物。Kumar 等的研究发现芥子草 *Brassica juncea L.* 不仅可以吸收铅，也可以吸收并积累铬、镉、镍、锌和铜等。

4.1.3.2 有机污染物的植物降解

植物修复可用于石油化工污染、炸药废物、燃料泄漏、氯代溶剂、填埋淋溶液和农药等有机污染物的治理。例如，裸麦（*Lolium perenne*）可以促进脂肪烃的生物降解（Gunther et al，1996），在田间试验的水牛草（*Buchloe dactyloides*）可以分解萘（Qiuetal，1997），*Fustuca arrundinocea* 可以使苯并［*a*］芘矿化（Epuri Sorensen，1997），冰草属的 *Agropy-ron desortorum* 可以使 PP 矿化（Ferroetsl，1994）。白杨可降解大部分阿特拉津（信欣等，2004），丹麦的植物 Taya 和美国的植物 Titan 对 DDT 降解能力强（安凤春等，2002）。但是，有时植物没有发生作用，例如，种紫苜蓿（*Medicago sativa*）对土壤中的苯并没有起到降解作用（Ferroetal，1997），所以，正确的选择作物，对生物修复很重要。

植物降解的成功与否，取决于有机污染物的生物有效性，即植物-微生物系统的吸收和代谢能力，生物有效性与化合物的相对亲脂性、土壤的类型（有机质含量、pH 值、黏土含量与类型）和污染物龄（the age of the contaminant）有关。传统的分析方法不能测定污染物的可利用性。土壤含有的可生物降解的污染物，会因为土壤的性质和污染物龄变化而变为难降解的污染物。污染物的生物有效性，可以在实验室内用微生物测定其生物降解性的方法得到大致的了解。与土壤颗粒紧密吸附的污染物、抗微生物或植物吸收的污染物不能很好地植物降解。如果污染物也不与其他生物（土壤节肢动物、草食动物）发生相互作用，又不易移动（以淋失表示），可以考虑植物稳定化。

植物修复有机污染有 3 种机制：直接吸收并在植物组织中积累非植物毒性的代谢物；释放促进生物化学反应的酶；强化根际（根-土壤界面）的矿化作用（这与菌根菌的同生菌有关）。

（1）有机污染物的直接吸收和降解

植物对浅层土壤中的中度憎水有机物（辛醇-水的分配系数的参数 $\lg K_{ow}=0.5\sim3$）有很高的去除效率，中度憎水有机物有 BTEX、氯代溶剂、短链脂肪族化合物。憎水有机物（$\lg K_{ow}>3.0$）和植物根表面结合得十分紧密，致使它们在植物体内不能转移，水溶性物质（$\lg K_{ow}>0.5$）不会充分吸着到根上，因此，不会通过植物膜迅速转移。

一旦有机物被吸收，植物可以通过木质化作用，在新的植物结构中储藏它们及其残片，也可以代谢或矿化它们，还可让它们挥发。去毒作用可将原来的化学品转化为对植物无毒的代谢物，如木质素等，并储藏于植物细胞的不同地点。化学物质经根直接吸收的情况取决于其在土壤水中的浓度和植物的吸收率、蒸腾率。植物的吸收率又取决于污染物的物理化学特性和植物本身（植物受有机污染物运载剂组分的影响）。蒸腾作用是决定植物修复工程中污染物吸收速率的关键变量，它又与植物种类、叶表面积、养分、土壤水分、风力条件和相对湿度有关。概括起来，植物对污染物的吸收受三个因素的影响：化合物的化学特性、环境条件和植物种类。因此，为了提高植物对环境有机污染物的去除率，应从以上方面入手。

通过遗传工程可以增加植物本身的降解能力，把细菌中的降解除草剂的基因转移到植物中，产生抗除草剂的植物。使用的基因还可以是非微生物的，如哺乳动物的肝和具有抗药性的昆虫。

某些细菌能以卤代烷烃作为其生长的唯一碳源。如自养黄色杆菌（*Xanthobacter autotrophicus*）可将二氯乙烷（或二溴乙烷）分解成烃基乙酸，并进入生物体中心代谢循环。郝林等（1999 年）将卤代烷烃脱卤酶基因（dhlA）转入拟南芥菜中，以期获得一种对卤代烷烃类污染土壤能进行生物修复的工程植株系统，利用植物根系去除土壤和地下水中的污染物。

dhlA 酶的使用底物较广，有二氯乙烷、二溴乙烷、二溴丙烷、二溴甲烷等。实验中，以土壤农杆菌介导将该基因整合到拟南芥菜基因组中，经数代筛选便可得到转基因纯合种子，Northern 印迹和气相色谱检测表明，转基因的表达程度很高，酶量占细胞可溶性总蛋白的 8%，酶活力达 7.8mU/mL 提取物。

将 dhlA 中的表达活性和酶活力（均为最高）的转基因植株的种子接种到含不同浓度的二氯乙烷 MS 培养基中培养，当培养基中的二氯乙烷达到 50mol/L 时，转基因种子不能萌发，而作为对照的野生型 MS 种子在 350mmol/L 的二氯乙烷培养基上仍能正常生长。这一结果从活性植株水平上进一步证明了 dhlA 基因具有高水平的表达。因为，在对自养黄色杆菌代谢中间物的研究中发现，二氯乙烷分解后的代谢中间物要比它本身对植物体的毒害更大，这些中间产物有氯乙醇、氯乙醛和氯乙酸，尤其是氯乙酸的毒害最大。在自养黄杆菌中，产生的氯乙酸在卤代乙酸脱卤酶的催化下，转变为羟基乙酸，并进入生物体中心代谢循环。经试验，植物体内不含有这种酶，所以，转基因植株，在含二氯乙烷的培养基上不能生长。因此，要得到能完全代谢卤代烷烃的工程植株，至少还需将这种脱卤酶基因一同转入目标植物中。

（2）酶的作用

植物根系释放到土壤中的酶可直接降解有关的化合物，并降解得非常快，致使有机污染物从土壤中的解吸和质量转移成为限速因素。植物死亡后，相关的特有酶释放到环境中还可以继续发挥分解作用。

植物特有的酶的降解过程为植物修复的潜力提供了有力的证据。在筛选新的降解植物或植物株系时需要关注这些酶系，注意发现新酶系。

美国佐治亚州 Athens 的 EPA 实验室从淡水的沉积物中鉴定出五种酶：脱卤酶、硝酸还原酶、过氧化物酶、漆酶和腈水解酶，这些酶均来自植物。硝酸还原酶和漆酶能分解炸药废物（2,4,6-三硝基甲苯 TNT），并将破碎的环状结构结合到植物材料或有机物残片中，变成沉积有机物的一部分。来源于植物的脱卤酶，能将含氯有机溶剂（三氯乙烯）还原为氯离子、二氧化碳和水。分离到的酶（例如硝酸还原酶）确实可以迅速转换 TNT 一类底物。但经验表明，植物修复还要靠整个植物体来实现。游离的酶会在低 pH 值、高金属深度和细菌毒下被摧毁或钝化，而在有植物生长的土壤上，酸性物质被中和，金属被生物吸着或螯合，酶被保护在植物体内或吸附在植物表面，不会受到损伤。

（3）根际的生物降解

玉米根系分泌物对芘具有显著的降解作用（Yoshitomi et al，2001），Anderson 等（1993 年）证明，植物以多种方式帮助微生物转化，根际在生物降解中起着重要作用。根际可以加速脂肪烃类、多环芳烃类和农药的降解。例如，几种表面活性剂的矿化速率在有根际的土壤条件比无根际的土壤条件下快 1.4～1.9 倍（Knaebel& Vestal，1992），深根系的土壤比未耕种的土壤中苯并 [a] 蒽、苯并 [a] 芘、二苯并 [a,h] 蒽等消失得快（Aprill and Sims，1990）。中国郑师章和乐毅全（1989 年）研究了凤眼莲对酚的降解，发现无菌凤眼莲 10h 只降解了 1.9%，有假单胞菌时酚也只降解了 37.9%，但在凤眼莲-假单胞菌体系却能降解 97.5%的酚。这表明凤眼莲的根系不能降解酚，是根际分泌物促进了假单胞菌对酚降解菌的生长，加速了酚的去除。

植物提供了微生物的生长环境，可向土壤环境释放大量分泌物（糖类、醇类和酸类等），其数量约占年光合作用产量的 10%～20%，细根的迅速腐解也向土壤中补充了有机碳，这些都加强了微生物矿化有机污染的速率。如莠去津的矿化与土壤中有机碳的含量有直接关系；植物根系微生物密度增加，多环芳烃的降解也增加；草原地区的微生物对 2-氯苯甲酸的降解率升高了 11%～63%。植物为微生物提供生存场所并提供氧气，使根区的好氧转化作用能够正常进行，这也是植物促进根区微生物矿化作用的一个机制。

根上有菌根菌生长，菌根菌与植物共生具有独特的代谢途径和独特酶系，可以代谢自生细菌不能降解的有机物。

4.1.3.3 放射性污染的植物修复

植物修复除了可以治理重金属和有机污染物以外，对放射性污染物的治理也有很大的潜力。

核反应装置运行产生的放射性物质是环境中的一类重要污染物。这些放射性核素长期存在于土壤中，对人类及生物的健康造成很大的威胁，如果农业生态系统被污染则会造成很多问题。植物可从污染土壤中吸收并积累大量的放射性核素，因此，用植物去除大面积低浓度的放射性核素污染是一个值得研究的方向。郑洁敏等（2009）发现在盆栽条件下酸模、戟叶酸模和向日葵 3 种植物可以积累^{134}Cs，并且，三种植物对铯污染土壤具有一定的忍耐性和较强的从土壤向植物转移铯的能力。万芹芳等（2011 年）选取分属 8 种科目的 19 种植物去修复模拟铀污染的土壤，发现四季香油麦菜是较好的铀富集植物。Nifontova 等（1989 年）在核电站的附近地区找到多种能大量吸收^{137}Cs 和^{90}Sr 的植物。Entry 等（1993 年）则发现桉树苗一个月可去除土壤中 31.0%的^{137}Cs 和 11.3%的^{90}Sr。Whicker 等（1960 年）发现水生大型植物天胡荽属（*Hydrocotyle* spp.）比其他 15 种水生植物积累^{137}Cs 和^{90}Sr 的能力强。用生长很快的多年生植物与特殊的菌根真菌或其他根区微生物共同作用，以增加植物吸收和积累放射性核素的速度，这是很有价值的研究方向。

植物对放射性核素的吸收不仅与植物种类有关，还与土壤的性质有着密切的关系。土壤的离子交换能力越强，植物对放射性核素的吸收能力越大。另有研究表明，在土壤中加入有机物、整合剂和化肥可以改变土壤的物理和化学特征，增加土壤中植物对放射性核素的可利用性，并能降低这种污染物在土壤中的流动性。

植物是一个有效的土壤污染处理系统，它同其根际微生物一起，利用生理代谢功能担负着分解、富集和稳定污染物的作用。土壤污染的植物修复技术是一项非常有前途的新技术，有许多优点，特别是和其他修复技术相比，费用较低，适合在发展中国家采用。但是由于刚刚起步，它在理论体系、修复机理和修复技术等方面还有许多不完善的地方，还有许多工作要做。基础研究方面包括：超量积累和耐性去污植物资源的筛选；植物分解、富集和稳定化污染物的机制；污染物在植物体系中的迁移和转化规律；污染物在植物-微生物体系中的作用规律；污染物在植物-土壤体系中的作用规律；特定植物的生理特性，各种植物的搭配，工程设计规范和工程治理标准，提高去除效率和减少费用，克服生物修复局限性，扩大生物修复应用范围以及和其他修复技术结合使用等问题。这些问题的研究，需要植物学、生态学、环境化学、土壤学、工程学、生理生化、遗传学、微生物学等多学科的通力合作。

4.2 用于大气环境净化的环境生态资源

环境生物资源在生态系统中起的作用是十分巨大的，特别是在物质循环转化过程中的作用，在环境净化中的作用，是其他作用不能比拟的。用于大气环境净化的环境生物资源主要是绿色植物及微生物。在陆生植物群落中，森林确是一个最强大的生态系统。在地球生物圈的物质循环和能量交换中，在维护整个自然界的平衡中，森林占有特别重要的地位。

4.2.1 植物资源在防治大气污染中的作用

森林是陆生植物中最强大的生态系统，主要是因为森林同其他植物类型相比，有三大特点：a. 分布广，全世界约有 1/4 的陆地面积为森林所覆盖；b. 生命持续时间长，森林是多年生木本植物，其生命周期可以长达数十年至数百年；c. 生物产量高，每公顷森林的生物产量约合干物质为 100～400t，是农田和草原植物群落的 20～100 倍，生态学家认为，植物群落对周围环境的影响程度，是与其生物总产量成正比的，生物产量越高，对周围环境影响越大。林木在防治大气污染中的诸多作用，主要是通过叶片进行的。一般说来，叶片面积愈大，净化能力就愈强，叶面积同净化能力成正比。由于上述 3 个原因，使得森林植物群落对大气环境的影响，无论就其范围，还是就其程度来说，均超过其他植被类型。

4.2.1.1 吸收 CO_2 放出 O_2 的作用

大气圈的厚度约 3000km，是生命存在的必要条件。如果人们突然进入一个没有水的环境，凭着本身贮存的水分尚可生活几天，如果人们突然进入一个没有空气的环境，5min 也活不了。地球表面的大气，按体积说：N_2 占 73.08%，O_2 占 20.95%，Ar（氩）占 0.93%，CO_2 占 0.03%，其他占 0.01%。

专家们认为，目前大气中的 O_2 含量是适宜的，是适合地球生物发展需要的。人类已经在类似目前这种 O_2 环境里生活了一百多万年，已经习惯了 O_2 含量大约为 21%的这个大气环境。但是，这并不是说，一百多万年以来地球上的 O_2 含量没有变化，而是说它的变化与近百年来的 O_2 消耗速度相比，是微不足道的。

前苏联著名的地球化学专家 B. N. 维尔纳茨基认为，现代大气圈中的 2.8×10^6 亿吨的 O_2，主要是生命活动的产物，植物光合作用的结果。

什么是光合作用呢？绿色植物在阳光作用下，将它所吸收的CO_2和H_2O转化为碳水化合物，并放出一定数量O_2的过程叫作光合作用。光合作用包括许多中间过程，而且是很复杂的，然而，可以概括为下列反应式。

$$CO_2 + H_2O \xrightarrow[\text{绿色植物}]{\text{阳光}} (CH_2O) + O_2$$

分子量　44　18　　　30　　32

在这个反应式中，CO_2和H_2O是原料，而CH_2O是碳水化合物的基本单元，代表光合作用所形成的有机物。对于生产干物质来说，O_2是光合作用的副产品，但对于整个生物界的繁衍生息来说，这个副产品却是非常重要的，对于人类生活来说，也是须臾不可缺少的。

根据光合作用反应式，绿色植物每吸收44g CO_2，就放出32g O_2。所有绿色植物都有呼吸作用，都要消耗一部分O_2，但光合作用放出的O_2比呼吸作用消耗的O_2多20倍，所以总算起来，绿色植物仍然是生产O_2的工厂。

据计算，每年全球植物吸收的CO_2约9.36×10^{10}t，放出O_2约6.83×10^{10}t。据研究，陆生植物放入大气圈的O_2，占全部绿色植物产氧量的60%以上，其中森林具有特别重要的作用。

大气中的CO_2的浓度，本来是比较稳定的，基本含量约占空气总体积的0.03%。但是，由于大工业的发展和城市越来越大，越来越多的原因，已有许多地区打破了这个平衡。仅由于人类经济活动的原因，每年进入大气圈的CO_2就有1.5×10^{10}t。大部分CO_2是由于燃烧石油、天然气、油页岩、木材、泥炭及发生森林火灾时进入大气的。最近100年（1860～1963年）内，空气中CO_2浓度从0.027%增长到了0.0323%。2012年全球年均大气二氧化碳浓度为0.0393%，而工业化以前是0.0278%许多学者认为，如果人们不减少CO_2的排放量，仍然保持目前的增长水平，到本世纪末，CO_2的浓度将达到0.04%。

由于CO_2的相对密度稍大于空气，多下沉于近地层空气中，所以大城市中的CO_2有0.07%，局部地区可高达0.2%。虽然说CO_2是无毒气体，但是当其浓度达到0.05%时，人们就会感到不舒服；当其含量达到0.2%时，就会出现头昏、耳鸣、心悸、脉搏缓慢、血压增高等现象；当其浓度高达1%时，人们就会迅速失去知觉停止呼吸而死亡。

波长较短的日光可以透过含CO_2的气层到达地面，然而由地面向外辐射的长波，却不能透过大气层中的CO_2。CO_2气层像温室的罩子一样罩着地球表面。据某些科学家研究，如果全世界仍以目前的速度继续燃烧含碳原料，到2050年，全世界的平均气温将增加3℃。全球性的温度上升，将导致堆积在南北极的冰雪融化，从而使海面上升，发生大面积海浸，使沿海的农田和人口中心被淹没，粮食基地向高纬度推进，给人类造成无法估量的损失。

那么，有没有降低大气CO_2含量，摆脱全球高温的办法呢？研究证明，$1hm^2$森林能够吸收200人呼出的CO_2；1株树木昼夜放出的O_2够3个人呼吸24h。

据研究，不同乔灌木树种，吸收CO_2放出O_2的性能是不一样的。$1hm^2$ 40年生的柞树林，1昼夜能吸收CO_2 220～280kg，放出O_2 180～220kg。在放出O_2方面，杨树很突出，$1hm^2$杨树林比$1hm^2$云杉林放出的O_2多6倍。$1hm^2$中龄杨树林，在生长季节里，每小时能吸收CO_2 40kg。如果以云杉吸收CO_2放出O_2的数量作为100%，那么落叶松就是118%，欧洲松为164%，椴树为254%，欧洲橡树为450%，柏林杨为691%。

据计算，通过光合作用，每生产1t木本植物，约消耗CO_2 1.5～1.8t，并放出O_2 1.1t。CO_2的吸收量与O_2的生产量依赖于许多因素，如森林的地位级、林龄、密度等。专家们认为，在最好的第一地位级森林里，光合作用和气体交换作用都比较强，$1hm^2$森林1年将吸收CO_2 4.6～6.5t，放出O_2 3.5～5.0t；中等程度的第三地位级森林，只能吸收CO_2 2.9～4.1t，放出O_2 2.2～3.2t；而60年生的松树林，1年放出的O_2多达10多吨。中龄林的光合作用最强。

全球性CO_2浓度的增加，除了工业发展和城市化的原因之外，森林面积的缩小也是一个重要原因。如果说欧洲森林之毁灭曾用了几世纪的时间，那么北美在两个世纪里，就把总数$1.7\times10^8hm^2$森林的$1.6\times10^8hm^2$砍掉了。非洲的森林已遭受了很大损失，它的面积在很短时间内就减少了2/3。现在，东南亚的森林面积正以每日$8000hm^2$的速度减少。

从全球性CO^2浓度增加的原因考虑，降低工业发展速度，疏散城市人口，减少木材采伐量，是降低全球性CO_2浓度比较直接的办法，然而却是任何国家和民族不能接受的。只有植树造林，绿化荒山荒地，实行大地园林化，绿化城市中每一寸可绿化的土地，增加CO_2吸收量和O_2生产量，才是切实可行的办法，因为城市中CO_2浓度较大，O_2浓度较小，所以从维护人民健康的观点出发，建立高质量的城市绿地尤显得重要。

据柏林中心大公园资料报道，每公顷绿地能吸收CO_2 900kg，生产O_2 600kg，高25m、树冠直径15m、80年生的橡树，每日可吸收CO_2 2.35kg，生产O_2 1.7kg。根据这些数字计算，每个城市居民有公园绿地30～$40m^2$，就能够维持生命和呼吸作用。联邦德国和美国把城市绿地面积定为每人$40m^2$，就是参照这个实验确定的。1971年日本人提出：每公顷森林每天可吸收CO_2 1t，生产O_2 0.73t，可供1000人呼吸使用。即是说，在日本每人有$10m^2$森林，就够其呼吸用了。

4.2.1.2 *减尘滞尘的作用*

尘因直径大小不同而分为三级。降尘颗粒直径大于$10\mu m$，在重力作用之下可以降至地面；粉尘颗粒直径介于5～$10\mu m$，有风则悬于空气中，无风则逐渐下沉于地面；飘尘颗粒直径小于$5\mu m$，很不容易从空气中分离出来，可在空中飘浮数月至数年之久。

尘的个别微粒是微不足道的，但在空气中的总量却是相当可观的。据估计，地球上每年的总降尘量已在千万吨以上。尘正在强烈地影响着生物圈。据阿巴斯图曼斯克天文台的资料说，高度为40～60km的空间，从前被认为是清洁的，现在发现已经强烈尘化了。同20世纪初期相比，就全球而言，空气含尘量增加了20%，仅美国的企业，每年就向大气中排放1.72×10^8t烟尘。许多工业城市，每年每平方千米降尘达500t，个别城市甚至达到1000t以上。尽管自然界本身具有一定的自净能力，能使颗粒较大的烟尘在重力作用之下降落，能使颗粒较小的飘尘被雨水淋洗干净，但是经常飘浮在大气中的各种尘仍然有$(9\sim10)\times10^6t$之多。

我国的燃料构成以煤为主。据研究，每燃烧1t煤约排放出11kg粉尘，家庭用煤排出的粉尘量还要更多一些。原料加工产生的粉尘，种类繁多，性质复杂。按性质分，有金属粉尘、矿物粉尘、动植物粉尘等。有些粉尘毒性很大，有些粉尘是致癌物质、病原菌。燃煤粉尘是危害性很大的粉尘。1952年伦敦烟雾事件，两周之内死亡人数达4000人，燃煤粉尘应该承担很大一部分责任。

粉尘污染能降低太阳照明度的40%，降低太阳辐射强度的10%～30%。在本来就很缺乏阳光的地方，可使儿童得佝偻病。英格兰地区因粉尘烟雾长年累月遮住日光，影响儿童发育，致使儿童患佝偻病。粉尘吸入气管和肺部可引起慢性气管炎，严重时可引起尘肺和矽肺病。

前苏联学者指出，大气中的尘可使植物的蒸腾量减少 1/3～1/2，使植物光合作用减少 9/10，对植物的生长发育极为不利。

可喜的是，森林有减尘滞尘的作用，可以使空气得到某种程度的净化。森林因为形体高大，枝叶茂盛，具有降低风速的作用，可使大粒灰尘因风速减小而沉于地面；叶片表面因为粗糙不平，多绒毛，有油脂或黏性物质，能吸附、滞留和黏着一部分粉尘，从而使空气含尘量相对减少。

据研究，在一个生长季内，水泥厂附近的黑松林，每公顷可滞尘 44kg，白杨林为 53kg，白柳林为 34kg，白蜡槭林为 30kg。在生长期内，树下的含尘量比旷地少 42.2%，在落叶的情况下，也比旷地少 37.5%。所以，无论春夏秋冬，绿化林将始终保持一定程度的滤尘性能，即使在没有叶片的情况下，也仍然如此。

据研究，在一些工业中心地区，$1m^3$的空气中含有 10 万～50 万粒烟尘。在森林中，烟尘的数目几乎比上述数字少上千倍。每公顷林冠约能阻滞固体降落物 6～78kg，其中 40%～80%是悬浮混合物。据专家们计算，云杉林的树冠，每年每公顷将滤出粉尘 32t，松树林是 36t，橡树林为 56t，山毛榉林为 63t。

使用仪器测定的结果表明：林地同旷地比较，林地含尘量显著减少。据调查，人工栽植的云杉林阻滞粉尘的效率最高。就吸附粉尘的能力而言，针叶树比白杨等阔叶树大 30 倍。

绿化林防治粉尘的作用，既包括树林对粉尘的机械阻滞，又包括其后的雨水淋洗。据研究，$1hm^2$森林 1 年可净化空气 $1.8\times10^7 m^3$，广州园林局等单位测定，用五爪金龙作绿化材料的地方与无绿化的地方比较，空气含尘量低 22%；用大叶榕绿化的地方与无绿化的地方相比，含尘量少 18.8%；绿化的街道较同一条街上未绿化的地段比，含尘量少 56.7%。

绿化林的防尘性质，依赖于许多因素，其中最重要的是林带宽度，树林组成，立木密度，树冠形状，枝叶密度，幼树和下木的状况等。

北京市环保所等单位，在研究了几条街道绿化之后指出：a. 慢车道边的降尘量比快车道边低，分车绿篱的防尘作用特别显著，减尘率可达 40%～98%，尤其是以高灌木组成的二行绿篱，效果最佳；b. 林带的防尘作用不完全与宽度成正比，更重要的是要有一个合适的结构，例如西颐路Ⅲ段，有绿篱的林带减尘率为 97.7%，无绿篱的林带减尘率仅为 86.5%。

据研究，与草坪植物相比，$1hm^2$高大的林木，其叶面积总和比其占地面积大 22～28 倍，而$1hm^2$高大的森林，其叶面积总和比其占地面积大 75 倍，因而，林木比草坪植物具有更大的吸附粉尘的能力。然而，林木不能完全代替草坪，草坪还有许多林木不具有的特点，从而使它有理由获得人们的重视并被不断扩大。

4.2.1.3 净化 SO_2的作用

SO_2等硫氧化物，无论是天然产生的，还是燃烧硫化物产生的，每年进入大气的总量约 2.5×10^8 t；其中工业产生的占 7.5×10^7 t。在工业产生的硫化物之中，70%是由燃烧生成的。

城市居民的小炉灶，冬季取暖及工业用煤，都将排出大量 SO_2。每燃烧 1t 煤平均放出 SO_2 16～17kg，而石油还要更多一些。在我国大气污染物中，无论大小城市，SO_2均居于很重要的地位。

据实验，大气 SO_2 浓度高达 10μL/L 时，将使人不能够正常工作，当达到 400μL/L 时，人就会迅速死亡。

硫的氧化物同水结合生成硫酸和亚硫酸。硫酸和亚硫酸能烧伤植物、酸化土壤、加速金属腐蚀过程，能使人们和动物的呼吸道疾病加重。丹麦、挪威、瑞典东北部和加拿大东南部地区，由于酸雨的作用森林生长率降低了，许多湖里的鱼也减少了，甚至于出现了鱼类绝迹的现象。

大气中的 SO_2，在浓度较低时可被植物同化吸收，浓度较高时可使植物受害。10μL/L 的浓度可使阔叶树很快变黄落叶。我国规定的 SO_2 卫生标准：一次最高允许浓度 0.5mg/m³，日平均最高允许浓度 0.15mg/m³，主要是针对居住区的，并不能完全保证对树林无害。

据研究，当污染源附近 SO_2 浓度为 0.27mg/m³ 时，在距污染源 1000～1500m 处，非绿化带浓度为 0.16mg/m³，绿化带浓度为 0.08mg/m³，绿化带比非绿化带 SO_2 浓度低 0.08mg/m³。

屯巴斯、罗斯托夫等的研究指出：在绿化林影响下，距热电站 1000m 处比对照点 SO_2 浓度低 20%～29%，2000m 处低 38%～42%。莫斯科的研究指出，白桦林吸收 SO_2 的效率最高。林木对 SO_2 的净化能力，因树种、林龄、树高之不同而有很大差异。具体资料见表 4-5。

表 4-5　林木对 SO_2 的净化能力

树种组成	树龄/年	高度/m	距林带边 600m 处的最高浓度/(mg/m³)
旷地(对照)			0.55
松树	12	5.0	0.27
白桦、松树	10	6.0	0.20
松树、白桦、榆树、锦鸡儿	10	4.5	0.14
白桦	10	8.0	0.13

库拉金等认为，在污染浓度较小的地区，1hm² 小叶椴林能吸收硫 40～50kg，在污染一直很严重的地带，每公顷香脂白杨能吸收 SO_2 100kg，其次是欧洲榆、稠李和白蜡槭。

塔拉勃林指出：小叶椴叶片含硫量是其干叶质量的 3.3%，槭树为 3.0%，七叶树为 2.8%，橡树为 2.6%，银白杨为 2.5%。它们的成分都能够很好地吸收空气中的 SO_2。日本资料报道，每公顷柳杉干叶质量为 20t，每月可吸收 SO_2 60kg，每年吸收 SO_2 720kg。

据北京市园林局等单位报道：a. 硫是树林必需的元素之一，各种树林叶片都含有一定数量的硫，一般来说，阔叶树比针叶树能够含有更多的硫；b. 如果把各种被分析树种的最低含硫量当作树林生长发育必需的含硫量，那么该树种的最高含硫量与最低含硫量之比，就是它的吸收潜力。从各树种的最高含硫量与最低含硫量的比值看，即使在污染严重的首钢厂区，各树种仍然具有相当强大的吸收 SO_2 潜力；c. 树叶含硫量，从发叶到 9、10 月份是在不断变化的，随着叶片的增长和新陈代谢作用的加强，叶片的含硫量将不断增加，到九、十月份的某个时候，因为营养物积累、叶片加厚和新陈代谢作用减弱等原因，其含硫量将稍有下降。

据报道，南京化学工业公司对女贞、悬铃木、刺槐、柳杉、黑松等林木进行了测定，测定结果表明：距林缘 100m 处的森林地，SO_2 的浓度降低了 66%，距林缘 100m 处的无林地，SO_2的浓度仅降低了50%。

4.2.1.4 防治光化学烟雾的作用

据调查，1990年全世界约有汽车11000辆，1976年达到26000万辆，1998年约30000万辆。目前，全世界约有汽车8.5亿辆，全球每年排放的尾气达上亿吨。现在，全世界的汽车平均每天约向空气中排放CO 50×10^4t，烃类化合物10×10^4t，NO_2的苯并芘2.6×10^4t。美国的大气污染物中（1970年），汽车废气所占的比例是碳素为48%、CO为59.1%、NO为34.9%；同年，日本的百分比是：烃类化合物为57.3%、CO为93%、NO为23%。纽约、洛杉矶、东京被汽车废气污染的空气达90%，前苏联的比例稍小一点，约13%。

当气温随着高度增加的时候，污染物的堆积和空气的混合都在近地层空气的下部进行。上面的暖空气像盖子一样压在地面附近的污染空气之上，使其不能垂直向上扩散。

汽车废气中的烃类化合物、CO、NO和其他物质，进入城市空气，在波长300～400Å的阳光照射下，就有可能发生光化学反应。

光化学烟雾的产生，是组成它的物质同原子氧不断发生光化学反应的结果。NO_2、SO_2和乙醛等，因吸收紫外线而活化，原子氧同分子氧结合形成O_3。在形成O_3的过程中，最本质的作用是NO_2的作用。NO_2分子在紫外线作用下，变成NO和原子氧，原子氧和O_2结合形成O_3。在气温25～35℃时，O_3和NO同空气中的有机化合物反应，形成一系列光氧化物，过氧乙酰硝酸盐就是其中之一。

现在，环境保护部门把烃类化合物的浓度大于5mg/m^3，CO浓度大于1mg/m^3，NO浓度等于1.5～2.0mg/m^{3}当作产生光化学烟雾的可能条件，用以预报光化学烟雾的发生。

现已发现，在汽车废气中有200多种不同的物质，其中仅5种是无毒的。O_3是很活泼的气体，能迅速参与化学反应，使同它接触的所有物品褪色，并破坏植物的叶绿细胞。NO_2能够刺激眼黏膜，并给空气带来刺鼻的臭味。

美国科学家在研究了3种农作物和4种树木后指出，这些农作物和树木都因暴露于臭氧中而生长减退了。因为农作物生长快，气体交换量大，所以农作物比树林易受影响。臭氧除能影响植物生长外，还能加速叶片老化，减少树木活力。树木活力的减弱，将导致其抗寒抗旱能力下降和病虫害次数增多。

据前苏联资料报道：在旷野里，CO的浓度随着离开公路边距的增加而减少。当公路边是15.1～15.2mg/m^{3}时，在离公路边5m处是15mg/m^3，10m处是13.4mg/m^3，15m处是13.1mg/m^3，在公路两边的绿化林内5～10m处，它的浓度就降到了3mg/m^{3}以下。绿化林对CO的吸收作用依赖于它的结构，前苏联（1977年）在莫斯科普希金区测定了四行混交林带对CO的吸收作用，其所获数据见表4-6。

表4-6 混交林带对CO的吸收作用

林带特征	防风系数		吸收作用/%	
	冬天	夏天	冬天	夏天
单行树木带	0.11	0.22	0～3	7～10
两行树木带	0.15	0.37	3～5	10～20
具有两行灌木的两行乔木带	0.18	0.58	5～7	30～40
具有两行灌木的三行乔木带	0.20	0.68	10～12	40～50
具有两行灌木的四行乔木带	0.23	0.75	10～15	50～60

据报道，当污染源附近NO浓度为0.22mg/m^{3}时，在距污染源1000～1500m处，绿化带浓度为0.07mg/m^3，非绿化带浓度为0.13mg/m^3，即绿化带比非绿化带低1倍。又据报道，绿化林可以降低致癌性物质的浓度。在德国的研究报道，由于苯并芘降落在绿化林的树叶上，夏天它在空气中的浓度是0.19mg/m^3，同一块地方，冬天时其浓度可达2.24mg/m^3。据前苏联资料报道，栓槭、加杨、桂香柳等能吸收醛、酮、醚及致癌物质安息香比林。据美国资料报道，橡树及刺槐为吸收光化学烟雾树种。

4.2.1.5　净化其他有害气体的作用

这里所说的其他有害气体，主要指HF、Cl_2等。它们的特点是危害范围不大，不能成为全球性危害，然而却是研究大气污染不可忽视的一个方面。我国的西北和西南地区，因为多山，城市位于群山环绕的小盆地内，工业多位于山谷之中，发生此类污染物危害的可能性很大。

（1）对含氟气体的作用

工业生产中排出的含氟气体有：元素氟（F_2）、氟化氢（HF）、二氟化氧（OF_2）、三氟化氮（NF_3）、三氟化硼（BF_3）、四氟化硅（SiF_4）等，其中以氟化氢毒性最大。

HF对人体的毒性比SO_2大20倍，比Cl_2大5倍。当吸入较高浓度的氟化物气体或蒸气时，能立即引起眼鼻及呼吸道黏膜的刺激性症状，严重者可产生化学性肺炎，肺炎肿或反射性窒息等。氢氟酸可引起皮肤烧伤。长期接触各种低浓度的HF，还可能引起牙齿酸腐蚀，出现齿面粗糙、齿缘不正、齿根不正等症状，也可能引起慢性口腔炎、鼻炎等。

HF对植物的毒性也较SO_2为甚。用浓度十亿分之五、十亿分之十的HF熏蒸木本植物7～9d，可使桃、杏及葡萄受害，在受HF污染的工厂周围，树木明显受害的范围可达数公里，在空气潮湿有雾HF变为氢氟酸的情况下，危害范围可达10km以上。

据研究，在HF污染浓度较低时，具有抗性的树木可以吸收一部分HF。例如，橘子叶的含氟量可达到113μg/g而不受危害。加杨的含氟量与大气HF的污染浓度呈正相关，在某些高浓度污染地区，这种正相关关系，在距污染源20km以上的地方还可以表现出来。

据江苏省植物所报道，在南京地区，泡桐、梧桐、大叶黄杨的抗氟和吸氟能力都比较强，是良好的空气净化植物，在未出现可见伤害时的含氟量为：泡桐106μg/g，梧桐68.4μg/g，大叶黄杨55.1μg/g，女贞53.1μg/g，榉树45.7μg/g，垂柳37.3μg/g。

（2）对Cl_2的作用

Cl_2多由食盐电解而得，主要用于冶金、造纸、纺织、染料、农药、橡胶、塑料及其他工业生产的氟化工序，其次是制造漂白粉、光气，有时也用于鞣革及饮水消毒等。

在第一次世界大战中，德国人曾在战场上把Cl_2当作毒气使用。据研究，长期生活在具有一定浓度的Cl_2环境中的人，可能引起上呼吸道、眼黏膜及皮肤刺激性症状，使慢性支气管炎发病率增高。患者常感到疲乏、头昏、皮肤瘙痒，有的还可见到牙齿腐蚀现象。

Cl_2对植物的毒害作用远较SO_2为甚。桃树在0.56μg/g条件下，经3h即受害。另有人将三种松树放在不同浓度的Cl_2中进行试验，在1μg/g 3h熏气条件下，三种松树的针叶均受害，但无落叶倾向。

据华南植物所报道，一般植物的含氟量为0.3～0.5g/kg。放置在广州化工厂58d的盆栽植物，其叶片含氟量为1.16～16.93g/kg，积累量为0.06～12.77g/kg。例如木麻黄为5.2g/kg，细叶榕3.6g/kg，芒果2.055g/kg，夹竹桃3.13g/kg，构树4.47g/kg。

4.2.2 大气污染的生物治理技术

随着工业现代化的不断进行，特别是有机合成工业和石油化学工业的迅速发展，进入大气的有机化合物越来越多，这类物质往往带有恶臭，不仅对感官有刺激作用，而且具有一定毒性，产生“三致”（致癌、致畸、致突变）效应，从而对人类和环境产生很大的危害。微生物对各类污染物均有较强、较快的适应性，并可将其作为代谢底物降解转化。同常规的有机废气处理技术相比，生物技术具有效果好，投资及运行费用低、安全性好，无二次污染，易于管理等优点，尤其在处理低浓度（小于 3mg/L）、生物降解性好的有机废气时更显其优越性。

4.2.2.1 生物净化有机废气的原理

有机废气生物净化是利用微生物将废气中有机污染物作为代谢底物，将其降解，转化成简单的无机物（CO_2、H_2O 等）及细胞组成的物质（图 4-3）。与废水生物处理过程的最大区别在于，废气中的有机物质首先要经历由气相转移到液相（或固体表面液膜）中的传质过程，然后在液相（或固体表面液膜的生物层）被微生物吸附降解。

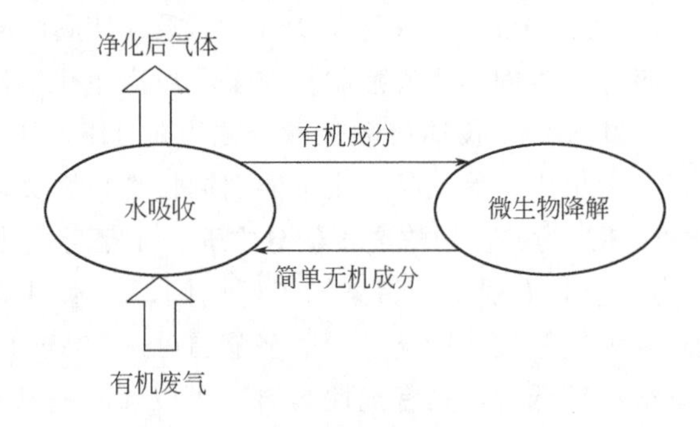

图 4-3 微生物净化有机废气模式

由于气液相间有机物浓度梯度、有机物水溶性以及微生物的吸附作用，有机物从废气中转移到液相（或固体表面液膜）中，进而被微生物吸收氧化降解。在此条件下，微生物对有机物进行氧化分解和同化合成，产生的代谢产物一部分溶入液相，一部分作为细胞物质或细胞代谢能源，还有一部分（如 CO_2）则进入到空气中，废气中的有机污染物通过上述过程不断减少，从而得到净化。

4.2.2.2 有机废气生物处理的工艺

根据微生物在有机废气处理过程中存在的形式，可将处理方法分为生物吸收法（悬浮态）和生物过滤法（固着态）两类。生物吸收法即微生物及其营养物配样存在于液体中，气体中的有机物通过与悬液接触后转移到液体中而被微生物降解，生物过滤则是微生物附着生长于固体介质上，废气通过由介质构成的固定底层（填料层）时被吸附式吸收，最终被微生物降解，较典型的有生物滤池和生物滴滤池两种形式。

(1) 生物吸收法

生物吸收法装置由一个吸收室和一个再生池构成，如图 4-4 所示。

生物悬浮液（循环液）自吸收室顶部喷泻而下，使废气中的污染物和氧转入液相，实现质量转移，吸收了废气中组分的生物悬浮液流入再生池（活性污泥池）中，通过空气充氧再

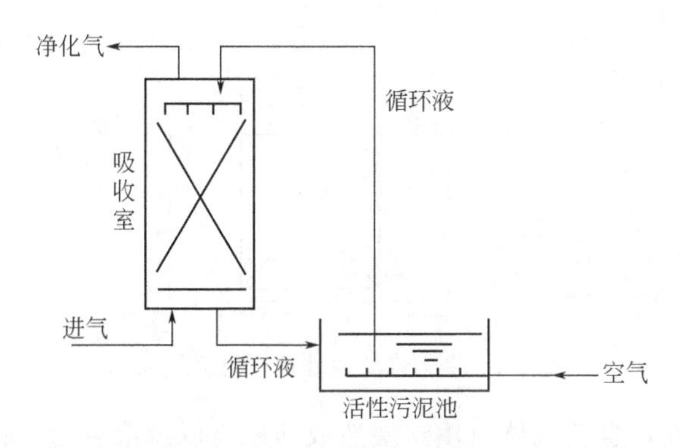

图 4-4　生物吸收法示意

生，被吸收的有机物通过微生物氧化作用，最终被再生池中活性污泥悬浮液去除。生物吸收法处理有机废气，其去除效率除了与污泥的浓度、pH 值、DO 等因素有关外，还与污泥的驯化与否、营养盐的投加量及投加时间有关，实验表明气体净化污泥浓度控制在 5000～10000mg/L，气速小于 12m/h 时，装置的负荷及去除率均很理想。日本一铸造厂采用此法处理含胺、酚和乙醛等污染物的气体，设备采用两段洗涤塔，装置运转十多年来，去除率保持在 95%以上。

（2）生物滤池

生物滤池（biofilter）处理有机废气的工艺流程见图 4-5。

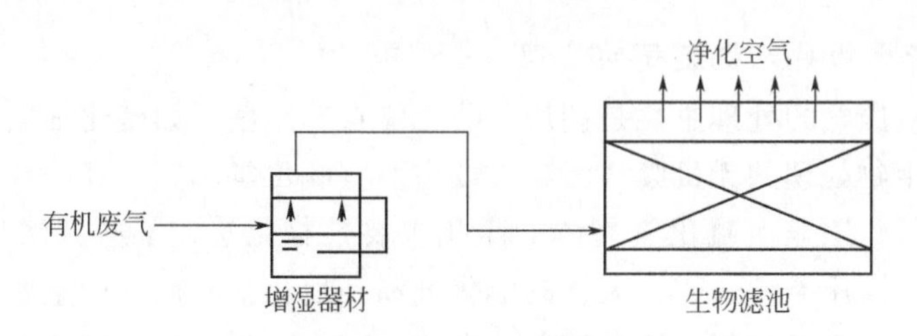

图 4-5　生物滤池处理有机废气的工艺流程

具有一定温度的有机废气进入生物滤池，通过约 0.5～1m 厚的生物活性填料层，有机污染物从气相转移到生物层，进而被氧化分解。生物滤池的填料层是具有吸附性的填料（如土壤、肥料、活性炭等）。生物滤池因其较好的通气性和适度的通水和持水性，以及丰富的微生物群落，能有效地去除烷烃类化合物，如丙烷、丁烷、异丁烷、酯及乙醇等，生物易降解物质的处理效果更佳。

Hodge 等采用堆肥做填料净化处理含乙醇蒸气的废气，当进行负荷（BOD_5）不高于 $90g/(m^2 \cdot h)$，停留时间为 30s 时，去除率达 95%以上。COX 等以珍珠岩为滤样，选用驯化后的真菌降解苯乙烯，气体浓度为 $800mg/m^3$、流量为 43L 时，处理效率达 99%。

（3）生物滴滤池

生物滴滤池（biotrickiling filiter）处理有机废气的工艺流程见图 4-6。

生物滴滤池与生物滤池的最大区别是在填料上方喷淋循环液，设备内除传质过程外还存在很强的生物降解作用。与生物滤池相似，生物滴滤池使用的是粗碎石、塑料、陶瓷等一类填料，填料的表面是微生物区系形成的 12mm 厚的生物膜，填料的表面积一般为 100～$300m^2/m^3$。巨大的生物量，对污染物去除的作用是非常重要的，一方面为气体通过提供了

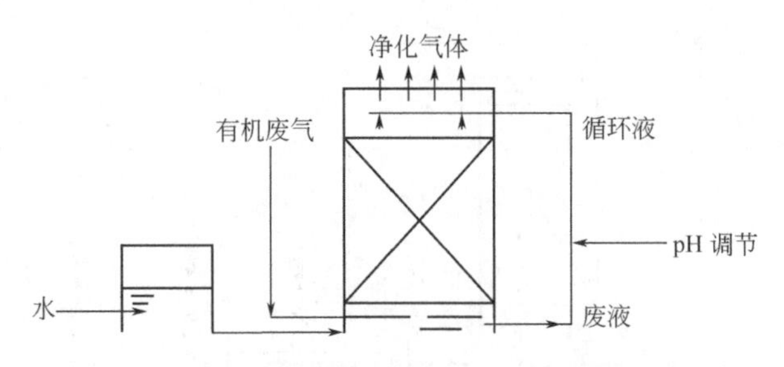

图 4-6 生物滴滤池处理有机废气系统

大量的空间；另一方面，也使气体对填料层造成的压力以及微生物生长和生物疏松引起的空间堵塞的危险降到了最低限度。与生物滤池相比，生物滴滤池的反应条件（pH 值，温度）易于控制（通过调节循环液的 pH 值、温度），而生物滤池的 pH 值控制主要通过在装填料时投配适当的固体缓冲液来完成。一旦缓冲液耗尽，则需要更新或再生填料，较麻烦。温度的调节则需外加强制措施来完成。故在处理卤代烃，含硫、含氮等通过微生物降解后产生酸性代谢产物及产能较大的污染物时，生物滴滤池比生物滤池更有效。Hartmans Diks 等的实验结果表明，气速为 145～156m/h，二氯甲烷浓度为 0.7～1.8g/m^3时，二氯甲烷的去除率为 80%～95%，另外，生物滴滤池单位体积填料附着的微生物浓度较高，适合同浓度的有机废气。Tonga 等的研究证明，当停留时间为 50s，处理效率为 90%时，生物滴滤池处理苯乙烯的负荷是生物滤池的 2 倍，处理苯的负荷是生物滤池的 3 倍以上。

4.2.2.3 微生物对无机废气的处理

微生物对无机废气的处理主要是利用一些化能自养细菌，如硝化细菌、硫化细菌和氢细菌等。适合于微生物处理的无机废气污染组成主要有硫化氢和氨，其中硫化氢的微生物处理研究得较多。目前，工业上硫化氢气体的净化主要是物化法，某些方法虽然治理的效果较好，但要求高温、高压条件，需要大量的催化剂和其他化学药剂，严重腐蚀设备，产生二次污染等。因此，工业含硫化氢气体的细菌处理成为一个新的研究方向。

除用脱氮硫杆菌（*Thiobaciuusdenitrifcans*）和排硫硫杆菌（*T. thioparus*）等细菌直接氧化硫化氢脱硫以外，主要利用氧化亚硫杆菌（*T. ferrooxidans*）的间接氧化作用，其脱硫原理如下。

$$2FeSO_4+\frac{1}{2}O_2+H_2SO_4\xrightarrow{\text{微生物}}Fe_2(SO_4)_3+H_2O$$

$$H_2S+Fe_2(SO_4)_3\xrightarrow{\text{化学吸收}}2FeSO_4+H_2SO_4+S$$

生物法处理含硫化氢废气主要是在生物膜过滤器中进行。联邦德国和荷兰已有用生物膜过滤器处理含硫化氢废气的大规模工业应用，硫化氢的去除效率达 90%以上。

我国从金矿酸废水中分离到氧化铁硫杆菌，采用穿流栅孔板塔为气体吸收塔，对含硫化氢的气体进行了初步的研究，由于用软性填料所制备的菌膜亚铁氧化装置单位体积菌膜的表面积大，从而有较高的亚铁氧化速率。在塔板数仅为 3 块的条件下，石油催化干气和沼气中硫化氢的去除率分别为 71.45%和 46.91%。细菌处理过程中所得副产品硫黄，易于分离回收，纯度在 95%以上，但在长期的运转过程中，由于富含菌的黄钾铁矾在铁性填料的表面上沉淀速度超过脱落速度，造成填料的结块。用城市污水处理厂活性污泥接种的生物滤池经低浓度的硫化氢气体直流通气驯化，可以培养出脱硫化氢效果良好的脱硫菌群，用陶粒为填料的生物滴滤池脱除硫化氢气体，脱硫容易，负荷可达5.4g H_2S/(g填料·d)。在低浓度与低负荷时，系统能将硫化氢全部去除，较适合对恶臭气体中硫化氢的处理。微生物把硫化氢氧化成单质硫，脱硫负荷达7000gS/(m·d)，通过反冲洗和自氧化除硫的周期约4d。

4.2.2.4 煤炭微生物脱硫

煤中含有一定量的硫化物（主要是有机硫和无机黄铁矿硫），在燃烧时产生大量的二氧化硫等有害气体，并进而形成酸雨，严重污染大气和水体，破坏生态平衡。因此，煤炭脱硫已成为国家目前亟待解决的重大课题。

煤炭中的硫约60%～70%为黄铁矿硫，30%～40%为有机硫，而硫酸盐硫的含量极少且易洗脱。就无机黄铁矿硫而言，凡属于侵染状、星散状，与有机质共生或充填于细胞腔中的硫铁矿，用物理脱硫法只能除去其中一部分黄铁矿，而且伴有尾煤中煤粉损失。对于煤中的有机硫，物理法则根本无法去除。至于煤燃烧后脱硫，由于排烟脱硫装置费用太高，无法普遍应用。因此，开发廉价简便的煤炭脱硫新技术已成为必然。燃烧前微生物脱硫技术具有能源耗费较省，投资少，不造成煤粉损失，且能减少煤中灰分等优点，使得该技术具有诱人的前景。

(1) 脱硫机理及有关微生物

黄铁矿硫的微生物脱除，是由于微生物的氧化分解作用。目前一般认为微生物对黄铁矿硫的脱除机理有两方面：一是直接氧化机理，认为是微生物直接溶化黄铁矿；二是间接作用机理，认为细菌起着类似化学触媒剂的作用，即细菌氧化硫酸亚铁生成的硫酸高铁，与黄铁矿迅速反应，生成更多的硫酸亚铁和硫酸，其反应方程式如下。

$$2FeS_2+7O_2+2H_2O\xrightarrow{\text{微生物}}2FeSO_4+2H_2SO_4 \quad ①$$

$$2FeSO_4+\frac{1}{2}O_2+H_2SO_4\xrightarrow{\text{微生物}}Fe_2(SO_4)_3+H_2O \quad ②$$

$$FeS_2+Fe_2(SO_4)_3\longrightarrow 3FeSO_4+2S \quad ③$$

$$2S+3O_2+2H_2O\xrightarrow{\text{微生物}}2H_2SO_4 \quad ④$$

首先，附着在黄铁矿表面的细菌氧化黄铁矿生成亚铁（反应式①）然后氧化亚铁为高铁（反应式②），高铁作为氧化剂再氧化黄矿生成亚铁和硫（反应式③），后者可被细菌氧化生成硫酸。现已基本认为细菌处理黄铁矿的过程中，上述两个作用是同时进行的，其中微生物将亚铁转变为高铁。反应式②和将单质硫转变为硫酸（反应式④）的作用非常重要。

煤炭中的有机硫主要为芳香族和脂肪族组成，其中二苯并噻吩（dibenzothiphene，简称DBT）是煤炭中含量高，较无机硫更难脱除的有机硫化物之一。目前认为微生物降解DBT有两条途径：一条是环状破坏途径，即不直接作用于DBT的硫原子，通过氧化分解碳架，把不溶于水的DBT变成水溶性的物质；另一条是特定硫途径，也就是仅对DBT的硫原子起作用，而不破坏碳架，这是把硫变成硫酸的途径。后一条途径由于没有破坏煤的碳架，不损失热量，因而具有很大的经济价值。美国煤气技术研究所（IGT）的微生物学专家筛选出一类新的微生物菌株，是一群混合菌，称之为IGTST。该菌群对有机硫有特异的代谢作用，既能与有机硫亲合，又能裂解C—S键，却不降低煤的质量，脱除有机硫的效率可高达91%。

能进行煤炭脱硫的微生物可按照所脱除硫的形态进行分类，其中用于脱除无机黄铁矿硫的微生物有氧化亚铁硫杆菌、氧化硫硫杆菌等自养型细菌；用于脱除有机硫的微生物是靠从外界摄取有机碳生长的异养型细菌，主要有假单胞菌属、产碱菌属和大肠杆菌等。嗜酸、嗜热的兼性自然菌酸热硫化菌（*Sulfolobus acidocaldarius*）既能脱除无机硫，又能脱除有机硫。

（2）微生物的脱硫方法

目前世界上许多国家都在积极研究煤炭微生物脱硫，但多数还属于基础性工作，所涉及的实验室脱硫方法，大体有以下两种类型。

① 细菌浸出法　利用微生物的作用把煤中不同类型的硫分解成可溶的铁盐和硫酸，然后滤出煤粉即可达到脱硫目的。该方法又分为堆浸法和空气搅拌法两种。堆浸法较为简便，利用地形堆积煤块，用耐酸泵将细菌浸出液喷洒淋到煤堆上，浸出后收集废液，除去废酸和铁离子。该方法不需要昂贵的设备和复杂的操作程序，只是处理时间太长。空气搅拌法可缩短反应时间，且提高脱硫效率。此法是在一定的反应器中使含细菌的浸出液与煤粉混合反应，同时用空气搅拌，为细菌提供必要的二氧化碳和氧气，经 1～2 周反应期即可获得较好效果。

② 表面改性法　传统的煤炭微生物脱硫方法的主要缺点是脱除黄铁矿硫需用的反应时间很长，这将导致设备庞大和投资高。如果减少细菌处理时间，该工艺就可大大降低成本。鉴于传统浮选工艺中黄铁矿的亲水性强，黏附于气泡的能力比煤中其他矿物要大，因而浮选工艺脱除黄铁矿能力的提高在于转变黄铁矿表面的疏水性。表面改性法就是利用细菌的氧化作用或附着作用改变黄铁矿表面性质，提高其分离能力，进而从煤中将黄铁矿脱除。由于这种方法只需将黄铁矿表面改性即可达到脱硫效果，所以表面处理时间较短（仅 30min 以内）。另外，该方法在把煤中黄铁矿脱除时，灰分同时沉淀，所以兼有脱除灰分的效果。日本中央电力研究所在研究水煤浆（CWN）表面改性脱硫过程中，采用硫分为 2%～3%、灰分为 10%左右的美国匹兹堡煤，经 1min 左右的细菌预处理，就除去了 70%的黄铁矿和 60%的灰分。

我国煤炭生物脱硫研究起步较晚，但也取得了可喜的进展。中国科学院微生物研究所利用从四川松藻煤矿分离到的氧化亚铁硫杆菌，对松藻煤样进行脱硫研究，取得 8d 时间内总脱硫率达 54%的成果。进而他们又采用任丘田分离的两株异养型细菌，在 15d 时间内可脱除煤中有机硫 22.2%～32.0%。中国矿业大学采用自朱子埠煤矿分离的氧化亚铁硫杆菌，在 12d 时间内将枣庄煤样总硫脱除 53.0%。

煤炭微生物脱硫技术的实际应用受诸多因素影响，如煤质结构不均匀，煤块与微生物的反应界面有限，脱硫细菌生长缓慢，难于富集，脱硫率低且不稳定。但与物理脱硫相比，微生物脱硫仍不失为一种投资少、耗能低、无污染的工艺，有着进一步研究和开发的前景。

4.2.2.5　二氧化碳的微生物固定

大气“温室效应”是全球环境问题中最重要，最亟待解决的问题之一，其中 CO_2 是对“温室效应”影响最大的气体，占总效应的 49%。另外，CO_2 又是地球上最丰富的碳资源，它与工业发展密切相关，而且关系到能源等一系列问题。近年来，能源紧张，资源短缺，公害严重，世界各国都在探索解决上述问题的途径，因此，CO_2 的固定在环境、能源方面具有极其重要的意义。

目前 CO_2 固定的方法主要有物理法、化学法和生物法，而大多数物理和化学方法最终都须依赖生物法来固定CO_2。固定CO_2的生物主要是植物和自养微生物，而人们的目光一般都集中在植物上。但地球上存在着各种各样的环境，在植物不能生长的特殊环境中，自养微生物固定CO_2的优势就显现出来。因此，从整个生物圈的物质能量流来看，CO_2的微生物固定是一支不可忽视的力量。

4.2.2.6 固定CO_2的微生物资源

固定CO_2的微生物一般有两类，光能自养型微生物和化能自养型微生物。前者主要包括藻类和光合细菌，它们都含有叶绿素，以光为能源，CO_2为碳源合成菌体物质或代谢产物，后者以CO_2为碳源，能源主要有H_2、H_2S、NH_4^+、NO_2^-、Fe^{2+}等。固定CO_2的微生物种类如表4-7所列。

表4-7 固定CO_2的微生物种类

碳源	能源	好氧低氧	微生物
二氧化碳	光能	好氧	藻类、蓝细菌
		厌氧	光合细菌
	化能	好氧	氢细菌、硝化细菌、硫化细菌、铁细菌
		厌氧	甲烷、醋酸菌

由于微藻（包括蓝细菌）和氢氧化细菌具有生长速度快，适应性强等特点，故对它们固定CO_2的研究及开发较广泛、深入。

培养微藻不仅可以获得藻菌体，同时还可以产生氢气和许多附加值很高的胞外产物，是蛋白质、精细化工和医药开发的重要资源。国内外现已大规模生产的微藻主要有小球藻（*Chlorella*）、螺旋藻（*Spiruliua*）、栅列藻（*Scenedesmus*）和盐藻（*Dunliella*）等，另外，还有许多微藻（主要是蓝藻和绿藻）的遗传育种和培养技术正在积极研究开发中，如浆球藻（*Synechococcus*）、紫球藻（*Porphyridium*）、褐指藻（*Phaeodoetyium*）、田片藻（*Tetraselmis*）、鱼腥藻（*Anabaene*）、衣藻（*Chlamydomonas*）、念球藻（*Nostoc*）等。

氢氧化细菌是生长速度最快的自养菌，作为化能自养菌固定CO_2的代表，已引起人们的高度重视。目前已发现的氢氧化细菌有18个属近40个种，如表4-8所列。

其中，两株氢氧化细菌，海洋氢弧菌（*Hydrogenovibrio marinus*）和氢嗜热假单胞菌（*Pseudomona hyarogemovora*）在最适温度下（37℃和52℃），其最大比生长速率分别为$0.67h^{-1}$和$0.73h^{-1}$。Zgarahi和Nishibara等筛选的噬氢假单胞菌（*Psudomonas hydrogenovora*）和海洋氢弧菌（*Hydrogenovibrio marinus*）在固定CO_2的同时还可分别积累大量的胞外多糖和胞内糖原型多糖。另外，还可利用自养产碱菌（*Alcaligenes eutrophus* ATCCl7697T）固定CO_2生产聚3-羟基丁酸酯（pH 13）。

总之，随着新型固定CO_2微生物不断被发现以及现代微生物育种技术、生物技术的应用，将不断地选育出新的高效固定CO_2的微生物资源，在固定CO_2的同时，实现CO_2的资源化。

4.2.2.7 微生物固定CO_2的重化机制

CO_2固定的途径始于对绿色植物光合作用固定CO_2的研究，近年来的研究表明，自养微生物固定CO_2的重化机制有多条途径，主要有以下几种。

表 4-8 固定 CO_2 的氢氧化细菌

菌属	革兰阳性(+)/阴性(−)	固氨能力	适宜生长温度/℃	菌属	革兰阳性(+)/阴性(−)	固氨能力	适宜生长温度/℃
Alcligenes	−	−	30～70	*Hydrogenobacter*	−	−	70
Aquaspirillum	−	−	30～70	*Microcyclus*	−	+	30～37
Arthrobacter	+	−	30～70	*Mycobacterium*	−	−	30～37
Azospirillum	−	+	30～37	*Nocardia*	+	−	30～37
Bacillus	+	−	50～70	*Paracoccus*	−	−	30～37
Colderobacterium	−	−	50	*Pseudomonas*	−	−	30～37 或 50
Derxia	−	+	70	*Renobacter*	−	+	30～37
Flavobacterium	−	−	30～37	*Rhizobizm*	−	+	30～37
Hydrogenobacter	−	−	50	*Xanthobacter*	−	+	30～37

(引自王建龙，文湘华. 北京：清华大学出版社，2001)

(1) 卡尔文循环

卡尔文循环一般可分为 3 部分：CO_2的固定；固定的 CO_2的还原；CO_2受体的再生。其中由 CO_2受体 5-磷酸核酮糖到 3-磷酸甘油酸是 CO_2的固定反应；由 3-磷酸甘油醛到 5-磷酸核酮糖是 CO_2受体的再生反应，这两步反应是卡尔文循环所特有的。一般光合细菌和蓝细菌都是此卡尔文循环固定 CO_2。另外，在嗜热假单胞菌、氧化硫杆菌、排硫杆菌、氧化亚铁硫杆菌、脱氮硫杆菌等化能自养菌中均发现了卡尔文循环的两个关键酶，即 1,5-二磷酸核酮糖羟化酶和 5-磷酸核酮糖激酶。整个卡尔文循环过程如图 4-7 所示。

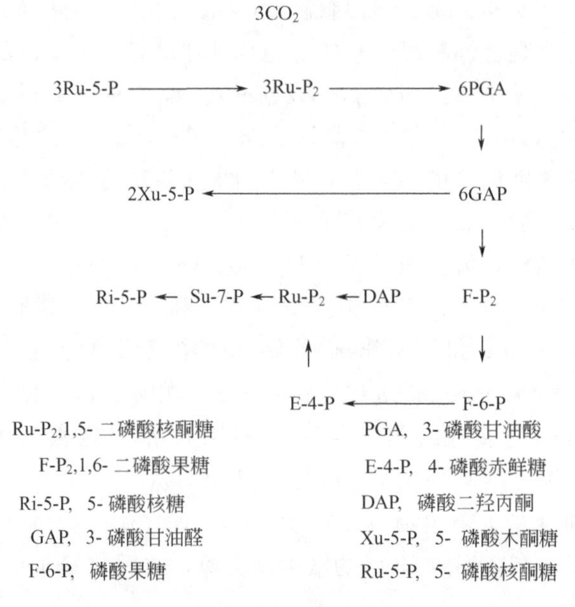

图 4-7 卡尔文循环过程

(2) 还原三羧酸循环

从图 4-8 可以看到，这个循环旋转 1 次，使 4 分子 CO_2 被固定，现已发现嗜热氢细菌 (*Hydrogenobacter thermophilus*)、绿色硫黄细菌 (*Chlorohbiu limicola*)、嗜硫代硫酸绿硫菌（*Chlorobim thiosulfatophilum*）等都是通过还原三羟酸循环固定CO_2。

（3）乙酰辅酶A途径

以乙酰辅酶A途径固定CO_2的过程如图4-9所示。甲烷菌、厌氧乙酸菌等厌氧细菌一般以乙酰辅酶A途径固定CO_2。

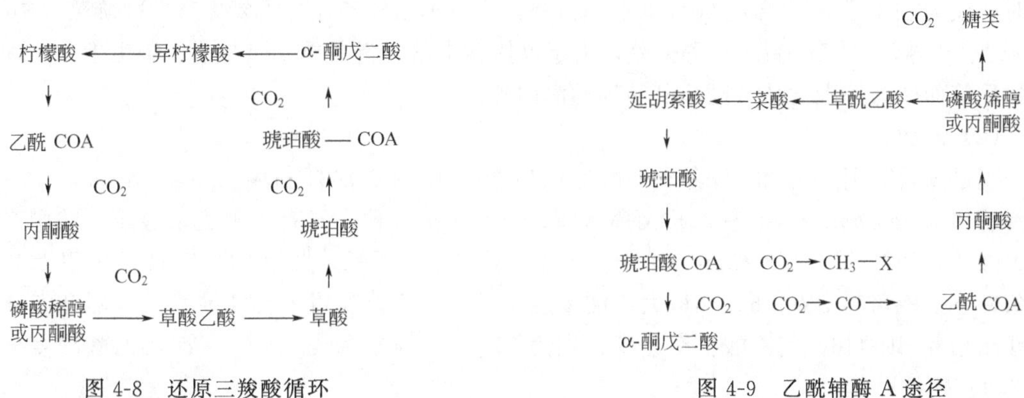

图4-8 还原三羧酸循环

图4-9 乙酰辅酶A途径

（4）甘氨酸途径

厌氧乙酸菌从CO_2合成乙酸的重化机制一般有两种，除上述的乙酰COA途径外，还有如图4-10所示的甘氨酸途径。

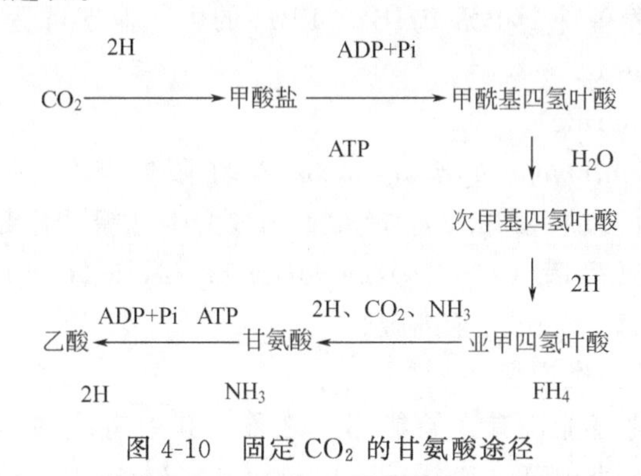

图4-10 固定CO_2的甘氨酸途径

总之，微生物固定CO_2的机理非常复杂，据报道，从一些极端微生物中，如高温光合细菌（*Choroflexus*）和高温嗜酸菌（*Acidianus*）发现了固定CO_2的有机酸途径。

能够固定转化CO_2的微生物种类繁多，固定机理也较为复杂，但通过筛选和驯化，更有效的开发微生物资源，不仅能使空气更加清新，更能降低减少CO_2的生成，避免“温室效应”的严重的趋势，同时还可获得许多附加值很高的产品，因此固定转化CO_2的微生物在环境、资源、能源等方面将发挥其极重要的作用。

4.2.2.8 微生物固定CO_2的应用

CO_2是有机质及化石燃料燃烧的产物，它一方面是造成温室效应的废物，另一方面又是巨大的可再生资源。据统计，全世界仅化石燃料一项每年就产生CO_2 5.7×10^9t。因此CO_2的资源化研究已引起人们极大的关注。其中，自养微生物在固定CO_2的同时，可以将其转化为菌体细胞以及许多代谢产物，如有机酸、多糖、甲烷、维生素、氨基酸等。

（1）单细胞蛋白（SCP）

利用CO_2生产单细胞蛋白较有潜力的微生物主要是菌体生长速度快的微型藻类及氢氧

化细菌，如自养产碱菌（*Alcaligens eutrophus*）以 CO_2、O_2、H_2及 NH_4^+ 等为底物合成的菌体，其蛋白质含量可达 74.29%～78.7%；嗜热氢细菌（*P. hy-drogenthermophila*）的蛋白质含量为 75%，而且这些氢细菌的氨基酸组成优于大豆，接近动物性蛋白，具有良好的可消化性。Yaguchi 等分离的可在 50～60℃下快速生长的高温蓝藻（*Synechococcus* sp.）倍增时间仅为 3h，蛋白质含量 60%以上。另外，在日本已经产业化重复生产的螺旋藻（*Spirulina*）、小球藻（*Chlorella*）等微藻，由于藻体含丰富的蛋白质、脂肪酯、维生素、生理活性物质等而作为健康食品及医药制品远销海内外。

（2）乙酸

现已发现利用 CO_2和 H_2合成乙酸的微生物有 18 种：醋杆菌属（*Acetocterium*）5 种，鼠孢菌属（*Sporomusa*）5 种，梭菌属（*Clostridium*）4 种，另有 4 种还未鉴定。其中产酸能力强的是醋杆菌（*Acetobacterim* BR-446），在 35℃、厌氧、气相 CO_2与 H 的体积为 1∶2 的条件下摇瓶培养 BR-446，其最大乙酸浓度可达 51g/L。利用中空纤维膜反应器和海藻钙包埋法培养 BR-446，其乙酸生产速率分别为 71g/(L·d) 和 4.0g/(L·d)，乙酸浓度分别为 2.9g/L 和 4.0g/L。

（3）生物降解塑料——聚 3-羟基丁酸酯（PHB）

利用自养产碱杆菌（*Alcaligenes eutrophus* ATCl7697），以 CO_2为碳源，在限氧条件下闭路循环发酵系统中培养至 60h，其菌体浓度高于 60g/L，PHB 为 36g/L。当采用两级培养法时（先异养生长，然后在自养条件下积累 PHB），PBH 的生产速率可达 0.56～0.91g/(L·h)，PHB 浓度达 5.23～23.9g/L。

（4）多糖（Polysaccharide）

革兰阴性细菌（*Pseudomonashydrogenovora*）在限氮条件下培养至静止期（30℃、76h），可分泌大量的胞外多糖（12g/L），其单糖组成为半乳糖、葡萄糖、甘露糖和鼠李糖。从海水中分离出的海洋氢弧菌（*Hydrogenovibriomarinus* MH-110），在限氧条件下培养 53h，胞内糖原型多糖含量 0.28g/g 干细胞。

（5）可再生能源——藻类产烃

藻类中储藏着巨大的潜能，有“储能库”之称。其中有望成为工业藻种的有葡萄藻（*Bothyococcubsbraunii*）、小球藻（*Chlorella*）和盐藻（*Dunalienasalina*）3 种。许多研究者发现，提高 CO_2的浓度可以促进藻类产烃，透明玻璃管培养葡萄藻并通以含 1%CO_2的空气，则对数产烃量占细胞干重的 16%～44%，最大产烃率为 0.234g/(d·g 生物量)，而在 12h∶12h 光暗比室外培养盐藻，产烃率可在 0.35g/(L·d)。

（6）甲烷

从目前分离到的甲烷细菌的生理学可以看出，绝大多数甲烷菌都可以利用 CO_2和 H_2形成甲烷，而且个别嗜热菌产甲烷活性很高，如在空纤维生物反应器中利用嗜热自养甲烷杆菌（*Methanobacillsthermoauttrophicum*）转化 CO_2和 H_2，该反应器可保持菌体高浓度及长时间产甲烷活性，甲烷及菌体产率分别为 33.1L/(L 反应器·d) 和 1.75g 细胞/(L 反应器·d)，转化率 90%。在搅拌式反应器中利用詹氏甲烷球菌（*Methanococcus jans*），80℃连续转化 H_2 和 CO_2（4∶1），菌体和甲烷的最大比生产速率分别达到 0.56h^{-1}和 0.32mol/(g·h)。

能够固定转化 CO_2 的微生物种类繁多，固定机理也比较复杂，目前有望实现工业规模的主要是微藻和氢氧化细菌。前者存在的最大难点是如何提高密度，促进微藻生长和代谢；

后者则是如何开发经济且无副产（或少副产）CO_2 的氢源。今后微生物固定 CO_2 的研究方向主要是：a. 利用基因工程技术构建高效固定 CO_2 的菌株；b. 开发具有高光密度的光生物反应器；c. 高效且经济的制氢技术；d. 进一步深入研究不同种类微生物固定 CO_2 机理，为 CO_2 固定反应的调控提供理论依据等。

4.2.2.9　生物法净化有机废气的现状及需要解决的问题

近年来，由于各国对有机废气造成的环境污染的关注，对有机废气的处理研究也日趋活跃。生物技术由于具有传统方法不可比拟的优越性和安全性，已成为废气净化研究的前沿热点课题之一。

生物法净化有机废气的研究，国外是从 20 世纪 80 年代初逐步展开的，最初应用是在堆肥场和动物脂肪加工场有机废气脱臭处理方面。废气中含臭味的物质主要有乙醇、丁二酮、丙酮、硫化氢、腐胺、戊二胺、脂肪酸等。国外某些动物脂肪加工厂曾用堆肥作滤料，在滤料厚度为 1m、气体在滤层中平均停留时间为 17s、过滤负荷为 $88m/(m^2 \cdot h)$ 的情况下，将废气中的有机物浓度由 $45mg/m^3$ 降到 $3.5mg/m^3$，获得了良好的除臭效果。

不同成分及浓度的污染物的生物净化系统不同。生物吸收适宜于处理净化气量较小、浓度大、易溶且生物代谢速率较低的废气；对于气量大、浓度低的废气可采用生物滤池处理系统；而对于负荷较高以及污染物降解后会生成酸性物质的废气处理则以生物滴滤池为好。在目前的废气生物净化实践中，运行操作简单的生物滤池系统使用较多，日本、德国、荷兰、美国等国家在生物法处理有机废气的设备与装置上的开发已呈商品化态并且应用效果良好，对混合有机废气的去除率一般在 95%以上。目前，我国有关这方面的研究及应用还处于起步阶段。总体上讲，我国的有机废气治理技术的发展比西方发达国家晚了至少 20 年，另一方面，就单项治理技术而言，经过近二十多年的发展，我国在诸如活性碳纤维吸附回收技术、催化燃烧技术、吸附＋燃烧技术等主流治理技术方面已取得了较大进展，技术水平有的已接近了国外先进水平。

有机废气生物处理是一项新的技术，由于生物反应器涉及气、液、固相传质及生化降解过程，影响因素多而复杂，有关的理论研究及实际应用还不够深入、广泛，需要进一步探讨和研究。

（1）反应动力学模式研究

通过反应机理的研究，提出决定反应速率的内在依据，以便有效地控制和调节反应速率，最终提高污染物的净化效率。尽管 Ottengra 等提出了较著名的生物膜理论，但该理论的提出是建立在以生物滤池为研究基础上的，对生物吸收法和生物滴滤池净化处理有机废气过程机理的描述不适合。在实际研究中发现，许多实验数据不能与上述理论模型相吻合，一些现象也难以用上述理论作出解释。这主要是由于生物滤池中存在相对稳定的液膜，而生物吸收法和生物滴滤池中由于循环液的流动性，无法产生类似的稳定液膜。

（2）填料特性研究

对于生物滤池和生物滴滤池来说，深入研究填料的一些特性是非常必要的。填料的比表面积、孔隙率及单位体积填充量不仅与生物量有关，还直接影响着整个填充床的压降及填充床是否易堵塞等。更重要的一点是，气态污染降解要经历一个气相到液-固相的传质过程，污染物在两相中的分配系数是整个装置可行性的一个决定因素。有资源表明，填料对分配系数有较大的影响，Hodge、Liu 等用生物滤池处理乙醇蒸气时发现，颗粒活性炭作填料时乙醇的分配系数是以堆肥作填料时的 2.5～3 倍。

(3) 动态负荷研究

目前，绝大多数研究报道中采用的是单一组成（或几个简单组分组合）气体作为实验对象，气体负荷的变化也是非常有顺序和平稳的，气速也是很“温柔”的。而对于非常负荷气流，多组分复杂混合气的研究较少。事实上，这种动态负荷的研究是非常有实际意义的，特别是可以解决一系列实际运用中遇到的问题。

4.3 用于水体环境净化的环境生物资源

在自然界生态系统中，污染物质进入环境后，由于环境自身的物理、化学、生物学因素的作用，即在没有人为因素的干预下，使污染物质的浓度逐渐下降，直至消除，使被污染环境又恢复到原来的本底状况，人们将这种现象称为自净作用。

人们从自然界的水体自净过程中得到启发，认识到自净作用中生物学作用是主要的，主要是靠微生物的氧化降解能力将有机污染物去除的，物理、化学作用不能把污染物质彻底消除，只是改变了污染物质的形态。

4.3.1 废水生物处理的作用原理

废水生化处理亦称生物处理，是指利用微生物的代谢作用去除废水中有机污染物的一种方法。

在废水构筑物中，微生物与污染物接触，通过微生物分泌的胞外酶或胞内酶的作用，将复杂的有机质分解为简单的无机物，将有毒的物质转化为无毒的物质；微生物在转化有机物质的过程中，将一部分分解产物用于合成微生物细胞原生质和细胞内的储藏物，另一部分变为代谢物排出体外并释放出能量，即分解与合成的相互统一，以此供微生物生物的原生质合成和生命活动的需要。于是，微生物不断地生长繁殖，不断地转化废水中的污染物，使废水得以净化。

在废水生物处理装置中微生物主要以活性污泥（activated sludge）和生物膜（biomebrane）的形式存在，在废水厌氧生物处理的 UASB 反应器中，微生物还能以颗粒污泥（granular sludge）的形式存在。它们具有很强的吸附和氧化分解有机物的能力，又具有良好的沉降性能，经处理后的废水能很好地进行泥水分离，澄清水排走，使废水得到净化。

废水生物处理的作用原理概括起来说，是通过微生物酶的作用，将废水中的污染物氧化分解。在好氧条件下污染物最终被分解成 CO_2 和 H_2O；在厌氧条件下污染物最终形成 CH_4、CO_2、H_2S、N_2 和 H_2O 以及有机酸和醇等。废水生物处理过程可归纳为四个连续进行的阶段，即絮凝作用（在生物膜法中称做挂膜）、吸附作用、氧化作用和沉淀作用。下面以活性污泥法为例说明这 4 个作用。

4.3.1.1 絮凝作用

在废水生物处理中，细菌常以絮凝体（floc）形式存在。废水进入生物反应池后，废水中的产荚膜细菌可分泌出黏液性物质，并相互粘连形成菌胶团。菌胶团又粘连在一起，絮凝成活性污泥或黏附在载体上形成生物膜。据资料介绍，纤毛类原生动物亦可分泌出多糖及黏蛋白（mueoprotein），可促进絮凝体的形成。所以，活性污泥或生物膜是微生物群体（包括细菌、真菌、放线菌、原生动物等）存在的形式，并在废水生物处理中具有重大的生态学意义。

4.3.1.2 吸附作用

吸附作用是发生在微小粒子表面的一种物理化学的作用过程。微生物个体很小，并且细菌也具有胶体粒子所具有的许多特性，如细菌表面一般带有负电荷，而废水中有机物颗粒常带正电荷，所以它们之间有很大的吸引作用。活性污泥的表面积介于2000～10000m^2/m^3，其表面附有的黏性物质对废水中的有机物颗粒、胶体物质有较强的吸附能力，而对溶解性有机物的吸附能力很小。对于悬浮固体和胶体含量较高的废水，吸附作用可使废水中的有机物含量减少70%～80%左右。

废水中的重金属离子，铁、铜、铬、镉、铅等也可被活性污泥和生物膜吸附，废水中大约有30%～90%的重金属离子可通过吸附作用去除。

吸附作用是一种物理化学作用，所以它的总吸附量是有一个极限的，达到此极限后，吸附作用就基本结束。吸附的速度在初期最大，随着时间的推移，吸附速度越来越小。根据活性污泥法的运行经验，在充分混合曝气的条件下，大约经过20～40min，即可完成这个吸附过程。从废水处理的角度看，颗粒和胶体有机污染物一旦黏附于活性污泥，即可通过固液分离的方法，将这些污染物从废水中清除出去。

4.3.1.3 氧化作用

氧化作用是发生在微生物体内的一种生物化学的代谢过程。被活性污泥和生物膜吸附的大分子有机物质，在微生物胞外酶的作用下，水解为可溶性的有机小分子物质，然后透过细胞膜进入微生物细胞内。这些被吸收到细胞内的物质，作为微生物的营养物质，经过一系列生化反应途径，被氧化为无机物CO_2和H_2O等，并释放出能量。与此同时，微生物利用氧化过程中产生的一些中间产物和呼吸作用释放出的能量，合成细胞物质。在此过程中微生物不断繁殖，有机物也就不断地被氧化分解。

微生物对吸附的有机物氧化分解需要较长的时间，有的需要几小时甚至十几个小时才能完成。在微生物吸附有机物的同时，尽管氧化分解作用以相当高的速度进行着，但由于吸附时期较短，氧化分解掉的有机物仅占总吸附量的一小部分，大部分被吸附的有机物需要更长的时间才能被全部氧化分解。

4.3.1.4 沉淀作用

废水中有机物质在活性污泥或生物膜的氧化分解作用下被无机化后，处理后的水往往排至自然水体中，这就要求排放前必须经过泥水分离。

活性污泥，特别是生物膜具有良好的沉降性能，使泥水分离，澄清水排走，污泥沉降至池底，这是废水生化处理必须经过的步骤，也是非常重要的步骤。若活性污泥或脱落的生物膜不能与水分离，则这两种生物处理技术就不可能实现。若泥水不经分离或分离效果不好，由于活性污泥本身是有机体，进入自然水体后将造成二次污染。

根据废水生物处理中微生物对氧的要求，可把废水生物处理分为好氧处理和厌氧处理两大类型。根据微生物存在的状态分为活性污泥法、生物膜法及自然处理技术。但不论何种处理工艺，污染物均有3个去向：微生物的增长和细胞物质积累；产生代谢产物和能量；残存物质。

废水生化处理对微生物的要求主要有：能够代谢废水中的有机物；能与处理后的水彻底

分离（这对于厌氧生物处理更为重要，因为它既是保证出水水质，又是使处理能持续下去的必要条件）。

同一种有机污染物在好氧和厌氧条件下转化的特点不同。共同点：微生物以有机污染物作为营养物质通过合成代谢组成细胞物质，通过分解代谢产生能量和代谢产物。不同点：a. 转化条件不同，好氧转化在有氧条件下进行，厌氧转化在无氧或缺氧条件下进行；b. 有机污染物的降解途径不同，代谢过程中的最终电子受体（受氧体）不同，好氧转化的受氧体是分子氧，厌氧转化的受氧体是代谢过程中产生的有机物（如小分子有机酸、醇）或含氧的无机物（如 NO_3^-、SO_4^{2-}、CO_3^- 等）；c. 代谢的终产物不同，好氧转化的产物为最终的氧化产物（如 CO_2、H_2O、NO_3^-、SO_4^{2-} 等），厌氧转化的产物为小分子有机物或相应的还原产物（如有机酸、醇、N_2、NH_3、H_2S、CH_4 等）；d. 物质代谢的速率不同，好氧代谢速率高于厌氧代谢；e. 细胞生长速率不同，好氧转化过程积累的细胞物质量高于厌氧转化过程。

4.3.2 废水生物处理的主要工艺类型

4.3.2.1 好氧生物处理

废水好氧生物处理是在不断地供给微生物足够氧气的条件下，利用好氧微生物分解废水中的污染物质。氧一般是通过机械设备往曝气池中连续不断地打入空气，并使氧溶解在废水中，这种过程称为曝气（qeration）。处理废水的构筑物称为曝气池（aerater），曝气有两方面的作用，除供氧外，还起搅拌混合作用，使活性污泥在废水中保持悬浮状态，并与废水充分接触。

其代谢途径，包括 EMP 途径、β-氧化、TCA 循环等，糖、脂类、蛋白质三大类有机物以及其他有机化合物好氧分解的彻底氧化离不开这些途径，只是中间转化途径不同（中心是 TCA 循环），微生物的类群不同。另外废水水质不同，微生物的种类和数量也有很大差别。如在生活废水处理过程中，微生物种类复杂多样，几乎多种微生物群都存在，如病毒、立克次氏体、细菌、放线菌、霉菌、酵母菌、单细胞藻类和原生动物。而在工业废水处理过程中，微生物种类比较单纯，自然界中的微生物大部分都无法在其中生存，只有少数种类可生长。当然，就废水处理过程中起主要作用的类群而言，细菌仍占主要地位。

（1）曝气方式

通常采用的曝气方式有鼓风曝气法、表面加速曝气法和射流曝气法。

① 鼓风曝气法　鼓风曝气法是利用空气压缩机（或鼓风机）将空气压入池内，通过池底扩散装置，如扩散板、穿孔管，使空气形成小气泡与废水混合，并将氧溶解于水中。扩散板是由多孔性材料制成的薄板，安装于池底预留泡槽上，空气由竖管通入槽内，然后通过扩散板的微孔进入废水中，扩散板曝气产生的气泡细小，因而增加了空气与废水的接触面积，氧转移效率比较高，布气也比较均匀。但是由于板的孔隙小，空气通过时压力损失大，比较容易堵塞。穿孔管曝气装置由管、竖管和穿孔管组装而成。通过空气压缩机进来的空气从穿孔管孔眼扩散至曝气池废水中进行曝气，根据曝气强度要求，可安装数组穿孔管。穿孔管多用钢管或塑料管。穿孔管曝气产生的气泡较大，因此，氧转移效率较低。

② 表面加速曝气法　表面加速曝气法是利用装在曝气池表面的机械叶轮转动时激烈搅动水面，通过水面不断更新，增加液体与氧的接触面积，从而使氧溶于水中，这种充氧方式称做表面曝气。表面加速曝气叶轮旋转时可有以下作用：产生提水及输水作用，使曝气池内液体不断循环流动，使气液接触面不断更新；在叶轮边缘造成水跃，液体迅速裹进大量空

气；在叶片后侧形成负压吸入空气。表面曝气叶轮的充氧是以上三个过程的总和，其中液面及水跃起主要作用。叶轮的充氧能力与叶轮构造、叶轮旋转速度和叶轮浸没深度有关。叶轮构造一定时，叶轮旋转的线速度越大，充氧能力越强，但动力消耗亦大，同时污泥也易被打碎。一般认为，叶轮线速度以 2.5～5m/s 为宜。叶轮浸没深度适当时，充氧效率高。浸没深度大，没有水跃产生，叶轮只起搅拌作用，充氧量极小；当浸没深度过小，则提水和输水作用减少，池内水流循环缓慢，甚至存在死水区，造成表面水充氧好，而底层水充氧不足。

③ 射流曝气法　射流曝气是一种负压吸气装置，是通过废水泵将有压力的水，即高速流体在射流器的喉管处与吸入的空气混合，发生激烈地充氧和传质。由于气、泥、水混合液在喉管中强烈混合搅动，使气泡粉碎成雾状，氧迅速转移到混合液中，从而强化了氧的转移过程，使氧的转移效率可提高到 20%～25%以上。

好氧生物处理工艺按微生物在处理构筑物内的存在状态，至少分为两类：即活性污泥和生物膜法。此外还有氧化塘、氧化沟和废水土地处理法等不同形式。

(2) 活性污泥法

活性污泥法（activated sludge process）处理废水效率高，效果好，处理后水质清澈透明，因此使用广泛，并成为处理污水的主要方法之一。活性污泥法处理污水的实质，是在充分曝气供氧条件下，以废水中有机污染物质作为底物，对活性污泥进行连续培养，并将有机物质无机化的过程。活性污泥在曝气池中生长，它有较好的絮凝能力，同时具有较强的吸附氧化废水中有机物和毒物的能力，又有良好的沉降性能，使污水处理能连续进行。

活性污泥法是由 Arden 和 Rockett 于 1914 年在英国的曼彻斯特市首创，至今，很多科技人员对活性污泥法的净化机理、新工艺进行了广泛深入的研究，虽取得了不少成果，但迄今为止，活性污泥法仍有许多方面需进一步完善。

传统活性污泥法的基本工艺流程见图 4-11。

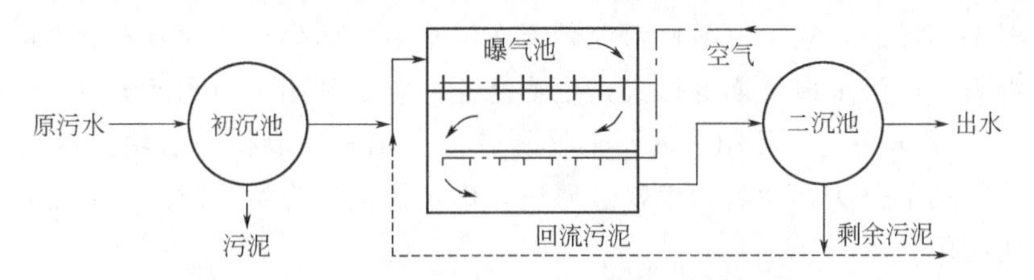

图 4-11　传统活性污泥法的基本工艺流程

① 初次沉淀池（简称初沉池）　废水先进入初次沉淀池，去除原废水中有机的和无机的悬浮固体、浮油，悬浮固体沉入池底，浮油上浮后经隔油回收。经初次沉淀后的废水水质可达到一级处理排放标准，因此，这一过程又称为一级处理。

② 曝气池　曝气池是废水处理的核心部分。活性污泥来源于二次沉淀池，通过曝气使曝气池处于好氧状态，并使有机污染物与活性污泥充分接触，完成吸附和氧化分解过程。此时，由于微生物的大量繁殖，产生出过量的活性污泥，叫做剩余污泥。通常，将生物处理过程称为二级处理。

③ 二次沉淀池（简称二沉池）　废水在曝气池中经过活性污泥吸附、氧化降解处理后，与活性污泥一起进入二次沉淀池。在二次沉淀池中活性污泥与水分离，沉于池底，澄清水排放。

④ 回流污泥　二次沉淀池分离出的活性污泥，经污泥泵回流至曝气池，从而循环利用，这部分活性污泥称做回流污泥。回流污泥的目的主要作为接种菌，使曝气池中始终保持一定

浓度的活性污泥，活性污泥浓度一般保持在3～4g/L。在废水生物处理中常用回流比这一概念，即回到曝气池的活性污泥体积和进入曝气池的废水体积之比。通常，回流比采用30%～100%。

⑤ 剩余污泥　曝气池中微生物利用有机污染物进行生长繁殖，使活性污泥量增加。为保持曝气池内污泥浓度恒定，沉入二次沉淀池底部的多余污泥要经常排出，这部分污泥称做剩余污泥。对剩余污泥进行排放不但可保持曝气池内污泥浓度恒定，而且可将老化污泥及内源呼吸残余物质不断排降，从而提高活性污泥的活性。剩余污泥应妥善处理，否则将造成二次污染。剩余污泥的处理常采用厌氧消化法（anaerobicdigestion）。

以上流程在废水处理运程过程中是一个相互联系、相互影响的整体，而曝气池就是这个整体的核心，决定废水处理的程序和效果。

活性污泥法处理有机废水的效果取决于活性污泥的活性，如果出现污泥膨胀，将会影响出水水质，下列条件可能造成污泥膨胀：a. BOD∶N和BOD∶P的比值高；b. pH值低；c. BOD负荷高；d. 进水中的低分子碳水化合物多；e. 水温低；f. 有重金属等毒物流入；g. 流入废水的悬浮固体低。

通过下列方法可控制污泥膨胀：a. 沉淀污泥与消化污泥混合；b. 投加$FeCl_3$的浓度为5～50mg/L，铝盐为10～100mg/L，Cl^-为10～20mg/L，H_2O_2为40～200mg/L；c. 降低溶解氧；d. 降低BOD负荷；e. 改为推流式；f. 对回流污泥再曝气。

（3）生物膜法

生物膜法（biomembrane process）处理污水，是利用生长在固体滤样表面上的生物膜处理污水的方法。

生物膜是由微生物群体组成的黏液性薄膜，薄膜是由细菌分泌的多糖类物质形成的，生物膜里有细菌、放线菌、真菌和原生动物，生物膜表面还有丝状菌漫伸在水中，实际上生物膜和活性污泥是一样的，只不过活性污泥悬浮在污水中，而生物膜附着在滤料的表面上。

利用生物膜处理污水最早期的形式是生物滤池，它是利用土地和河流自净作用原理发展起来的。1893年英国将废水往粗大滤料上喷洒进行净化试验取得了成功。1900年后这种净化废水的方法得到了公认，命名为生物过滤法，构筑物被称为生物滤池，并迅速地在欧洲和北美得到广泛应用。

早期出现的生物滤池负荷池，水量负荷只有1～4m^3/(m^2滤料·d)，BOD_5容积负荷也仅有0.1～0.4kg BOD_5/(m^3滤料·d)。其优点是净化好，BOD_5去除率可达90%～95%，缺点是占地面积大，滤料易堵塞，因此，在使用上受到了限制。近几十年生物膜法在美国、日本、德国一些国家不断研究改进，使生物膜法处理污水的新构筑物不断出现，如塔式生物滤池、生物转盘、20世纪70年代研究出的高效处理污水方法、生物接触氧化法、生物流化床法都是生物膜法的处理方式，曝气生物滤池（BAF）是20世纪80年代末和90年代初兴起的污水处理工艺，虽然各种方式在工艺上没有本质的不同，但在构造、净化功能等方面具有一定的特点，使处理效率有显著提高，水量负荷提高到5～40m^3/(m^2滤料·d)，BOD_5容积负荷提高到0.5～2.5kg BOD_5/(m^3滤料·d)。

4.3.2.2 厌氧生物处理

厌氧生物处理（anaerobicbiological treatment）法具有节能、运转费低、能产生沼气等特点，因而在处理高浓度有机废水中被普遍采用。厌氧处理废水是在无氧条件下进行的，由厌氧微生物作用的结果。厌氧微生物在生命活动过程中不需要氧，有氧还会抑制或杀死这些微生物。这类微生物分两大类群，即发酵细菌（产酸菌）和产甲烷菌。废水中的有机物在这些微生物联合作用下，通过酸性发酵阶段和产甲烷阶段，最终被转化生成 CH_4、CO_2 等气体，同时使废水得到净化。

酸性发酵阶段是指微生物在分解有机物过程中产生大量的有机酸，主要是挥发性脂肪酸（VFA）和醇，使发酵环境中 pH 值下降，呈现酸性。产甲烷阶段是指微生物在这一阶段中，分解第一阶段产生的有机酸和醇，通过无氧呼吸产生的 CH_4、CO_2、H_2S 等，使发酵环境中 pH 值上升，此时，水中的 pH 值可提高至 7～8。参与第二阶段的细菌为严格厌氧菌，主要是产甲烷细菌。因产甲烷细菌代谢速度很慢，故第二阶段需要较长的时间。

厌氧生物处理可直接接纳 COD＞200mg/L 以上的高浓度有机废水，而这种高浓度废水若采用好氧生物处理法，必须稀释几倍甚至几百倍，致使废水处理的运行费很高。酒精工业、食品工业、啤酒厂、屠宰场等的废水都适宜用厌氧处理法。但厌氧处理后的出水 COD 和 BOD_5 仍很高，达不到排放标准的要求，因而，欲达到国家排放标准，后续常接好氧生物处理工艺，即常称的 A/O 法。

近年来的研究和实践表明，处理高浓度有机废水，先采用厌氧法处理，使废水中的 COD 和 BOD_5 大幅度降低，然后再用好氧进行处理，可取得比较好的效果，特别是用来处理某些含难降解物质的高浓度的有机废水，如制药、酒精、屠宰、化工、轻纺工业等的高浓度废水，因为厌氧微生物对某些有机物有特异分解能力。

厌氧生物处理是一个复杂的微生物代谢过程。厌氧微生物包括厌氧有机物分解菌（或称不产生甲烷的厌氧菌）和甲烷菌。在一个厌氧发酵设备内，多种微生物形成一个与环境条件，营养条件相适应的群体，通过群体微生物的代谢发酵完成对有机物的分配去除，达到生产甲烷净化污水的目的。厌氧发酵的生化过程可分为三阶段，由相应种类的微生物分别完成有机物特定的代谢过程（见图 4-12）。

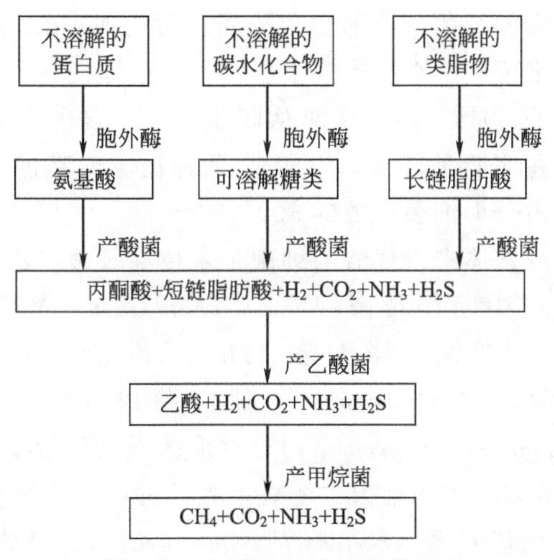

图 4-12　有机物的厌氧分解途径

4.3.3 废水生物处理中的主要生物资源

4.3.3.1 废水好氧生物处理中常见的微生物种类

在废水处理中不管采用何种处理构筑物的形式及何种工艺流程，都是通过处理系统中活性污泥或生物膜中微生物的代谢活动，将废水中的有机物氧化分解为无机物，从而得到净化。处理后出水水质的好坏都同组成活性污泥或生物膜的微生物种类、数量及其代谢活力有关。废水处理构筑的设计及日常运行管理主要是如何为活性污泥或生物膜中的微生物提供一个较好的生活环境条件，以发挥其更大的代谢活力。

在废水处理的运行过程中，会遇到许多问题，如二沉池漂泥、活性污泥的膨胀等，导致处理效果下降，严重时会使整个系统失败，这就促使我们去研究引起这些问题的污泥微生物的种类、生理代谢特点及预防解决的办法。

在工业废水处理中，有些废水成分单一，需要投加一定的营养，这就要求我们对污泥微生物的营养代谢有所了解，才能做到合理投加以提高处理效果，同时又不致因过量投加而造成对环境新的污染。此外，我们还应遵循微生物的代谢特点，提供适合于污泥中某类特定微生物的生长繁殖及代谢的条件，来进行脱氨和除磷。因此，我们必须对组成活性污泥的微生物种类及其对环境条件的要求有个概要的了解。

活性污泥中的微生物主要由细菌所组成，其数量可占污泥中微生物总质量的 90%～95%，在某些工业废水的活性污泥中甚至可达 100%。细菌在有机污染物的净化中起着最重要的作用。此外污泥中还有原生动物和后生动物等微型动物。在某些废水的污泥中有时尚可见酵母、丝状真菌、放线菌以及微型藻类。

活性污泥中的细菌主要有菌胶团细菌及丝状细菌，它们构成了活性污泥的骨架。微型动物附着生长于其上或遨游于其间。细菌、微型动物与其他的微生物加上废水中的悬浮物等杂质混杂在一起，形成了具有很强的吸附、分解有机物能力的絮状体——活性污泥。

(1) 细菌

① 菌胶团细菌　根据部分学者对活性污泥中细菌分离、鉴定的结果，发现了其中的细菌种类。

在这些细菌中，究竟有哪些能形成菌胶团呢？Mickinney（1963 年）认为，只要在低营养条件下，活性污泥中所有的细菌都能形成菌胶团。荷兰 Mulder（1980 年）却认为从活性污泥凝絮体中分离出来的细菌并不都能形成菌胶团，而且即使在低营养条件下，具有这种能力的细菌大概也只占总数的 20%。我们也对从印染废水、含酚废水、城市污水处理厂等活性污泥中分离得到的细菌在实验条件下，以尿素-葡萄糖培养基进行了菌胶团形成试验，发现能形成菌胶团的细菌约占分得细菌总数的 50%。

据资料报道，活性污泥絮体中占优势的细菌是生枝动胶菌（*Zoogloeramigera*）、蜡状芽孢杆菌（*Bacilluserecus*）、中间埃希菌（*E. internmedia*）、粪产气副大肠杆菌（*Paracolobactrum aerogenoides*）、放线形诺卡菌（*Nocardia actincrmorphya*）、假单胞菌属（*Pseudoonas*）、产碱杆菌属（*Alcligenes*）、黄杆菌属（*Flavobacterium*）、大肠杆菌（*E. coli*）、产气气杆菌（*Aerobacteraerobenes*）、变形菌类（*Proteus*）等类细菌。

能在人工培养基中形成絮状体的细菌主要有下列几种：大肠杆菌（*E. coli*）、费氏埃希菌（*Escherichiafreundii*）、中间埃希菌（*Escherichia intermedia*）、淡黄假单胞菌（*Pseudomonas Perlurida*）、卵状假单胞菌（*Pseudomonas ovalis*）、缓慢假单胞菌（*Pseu-domonas segnis*）、莓实假单胞菌（*Peudomonasfrage*）、粪产碱菌（*Alcalgenesfaecalis*）、拟产碱菌（*Alcaligenes metalcaligenes*）、粪产气副大肠杆菌（*Paracolobatrum arogenoides*）、放线形诺卡菌（*Nocardia actinomorphya*）、蜡状芽孢杆菌（*Bacillus cereus*）、迟缓芽孢杆菌（*Bacillu-slentus*）、生枝动胶菌（*Zoogloearamigera*）、无色杆菌属一种（*Acthromobacter* sp.）、节杆

菌属一种（*Arthrobacter* sp.）、黄杆菌属一种（*Flavobacterium* sp.）。

据 Gils（1964 年）的分离结果，处理生活污水的活性污泥絮凝体中，优势的科是无色杆菌科（Achromobacteraceae）、假单胞菌科（Pseudomonadaceae）和棒状杆菌科（Coryne-bac-teriaceae）。Allen 分离结果认为优势属为五色杆菌属（*Achrennobacter*）、黄杆菌属（*Flavobacterium*）和假单胞菌属（*Psedtrmonas*）。两者结果相似。除了以上提到的几个属以外，产碱杆菌（*Alcaligenes*）也是生活污水活性污泥絮凝体中的主要组成成分。

工业废水活性污泥絮凝体中细菌的优势成分，可能会有较大差异。据中国科学院水生生物研究所 1976 年资料报道，他们从武汉印染厂染色废水活性污泥中分离到 25 株菌种，其中有 22 株属于动胶菌属（*Zoogloea*），显然与生活污水活性污泥中的细菌成分有明显差异。

② 丝状细菌　丝状细菌同菌胶团细菌一样，是活性污泥中重要的组成部分。丝状细菌在活性污泥中交叉穿织在菌胶团之间，或附着生长于絮凝体表面，少数种类可游离于污泥絮粒之间。丝状细菌具有很强的氧化分解有机物的能力，起着一定的净化作用。在有些情况下，它在数量上可超过菌胶团细菌，使污泥絮凝体沉降性能变差，严重时即引起活性污泥膨胀，造成出水质量下降。

Eikelboom（1975 年，1981 年）根据：是否存在衣鞘和黏液；滑行运动；真分支或假分支；革兰染色和奈氏染色反应的特征；丝状体的长短、性质和形状；细胞直径、长短和形状；有无胞含体（PHB、多聚磷酸盐和硫粒）等方面对数百个废水处理厂的数千种污泥样品进行了观察研究，将所观察到的丝状细菌区分成 29 类。

贝氏硫细菌（*Beggiatoa*）。丝体短，长度小于 200pm，弯曲，能自主运动；丝体内看不到横隔，含大量硫粒；革兰染色阴性；奈氏染色阴性；该属依丝体直径不同可分成数种。常见于含硫废水的处理系统中。

蓝藻（*Cyanophyceae*）。丝体内含大量光合色素，较其他种类丝状菌粗，形态逼真，长 300～1000μm，不运动；细胞呈方形或长方形，直径 2.5～3.0μm；横隔明显；无缩缢，通常无鞘；无分支和附着生长物；细胞内无贮藏物颗粒，革兰染色阴性；奈氏染色阴性；硫粒试验阴性。

屈挠杆菌（*Flexibacter*）。丝体短，长度小于 200pm，弯曲，能自主运动，该属细菌依细胞形状、丝体直径的不同可分成数种，丝体游离漂浮于悬液中；不含硫粒，硫粒试验阴性；革兰染色阴性，奈氏染色阴性。

真菌类（*Fungi*）。丝体长 200～600μm，不运动，具真分支；横隔清晰，无缩缢；细胞长方形，直径 2.0～5.0μm，丝体粗壮，借此可与活性污泥中其他丝状细菌相区别；无鞘，无附着生长物，细胞结构清晰可见；奈氏染色阴性；硫粒试验阴性。常见于酸性废水或生理酸性废水的处理系统中。

Haliscomenobacter hyarossis。丝体通常较短，长度小于 100μm，不运动，丝体笔直从絮体伸出；细胞外有鞘，横隔有缩缢不可见；无分支、无颗粒储藏物；直径 0.3μm；偶见附着生物；革兰染色阴性；奈氏染色阴性，尢硫粒贮存。

微丝菌（*Microthrix parviceua*）。丝体长 200～400μm，直径 0.5μm 左右，高度弯曲，有时扭曲、缠绕或穿越絮体；不运动，光学显微镜下不易看到横隔和缩缢；无鞘；无分立；有时有一些附着生长物，可见多聚磷酸盐颗粒，奈氏染色阳性，革兰染色阳性；硫粒试验阴性。

诺卡菌（*Nocardia*）。丝体短，长度小于 100μm，直径 0.5pm 左右，分支、不运动，常为絮体的一部分所围绕，看不到横隔和缩缢；无鞘；无附着生长物，无颗粒贮存物；革兰染色阳性；奈氏染色阴性；硫粒试验阴性。在引起浮沫（sucm）的处理系统中，常可见诺卡氏菌占优势生长。

Nostocoida limicola Ⅰ。丝体长 100～300μm，直径 0.6～0.7μm，弯曲，不运动，常游离漂浮于絮粒之间；看不到横隔，细胞呈球状，无缩缢，无鞘、无分支，无附着生长物，无颗粒贮藏物；革兰氏染色阳性；奈氏染色阳性；硫粒试验阴性。

Nostocoida limicola。与 *N. Limicola* Ⅰ相似，但丝体较粗，直径 1.0～1.2μm；可见横隔和缩缢，细胞球状至盘状。

Nostocoida limicola Ⅱ。丝体扭曲，常缠绕絮体，不运动，横隔和缩缢清晰可见；细胞盘状，直径 1.5μm 左右；无鞘，无分支，革兰染色阳性，奈氏染色阳性，硫粒试验阴性。

浮游球衣菌（*Sphaerotilusnatans*）。丝体长 500～1000μm，不运动，丝体稍弯，常从絮体中伸出；细胞杆状两端钝圆，长 1.5～50μm，直径 1.2～2.0pm，裹在鞘中，缩缢清晰可见，含 PHB 颗粒，常可见假分支，鞘上有时有附着生长物，革兰染色阴性；奈氏染色阴性，硫粒试验阳性，但硫粒较小。球衣菌是引起污泥膨胀的常见丝状细菌。

链球菌（*Streptococcus*）。丝体短，长度小于 100μm，弯曲，不运动，游离于絮体间悬液中；细胞球状，直径 0.7～0.8μm；无鞘；无附着生长物；无分支；硫粒试验阴性；革兰染色阳性；奈氏染色阴性。

发硫菌Ⅰ（*Thiothrix* Ⅰ）。丝体稍弯曲，不运动，辐射状从絮体中伸出；长度变化极大，从 50μm 至 500μm，细胞呈长方形，直径 0.4～1.5pm，新生细胞较细；无鞘，有时丝体一端明显锥尖形；无分支，无附属生长物，含硫粒，硫粒试验阳性；革兰染色阴性；奈氏染色阴性。‘

发硫菌Ⅱ（*Thiothrix* Ⅱ）。丝体长 200～800μm，稍弯曲，不运动，细胞呈长方形或杆状，直径 0.8～1.5μm，常含硫粒，细胞中除去硫粒后，可见横隔和细胞的形状；在丝体末端能见到缩缢；有鞘；无附着生长物；无分支，硫粒试验阳性；革兰染色阴性；奈氏染色阴性。在含硫细菌处理中，常可见发硫菌的生长。

Eikelboom 0041 型菌。由 D. H. Eikelboom 在活性污泥中分离，鉴别并编号，但未做菌种鉴定（下同）。丝体长 200～300μm，笔直或稍弯曲，不运动，可游离生长或围绕于絮体四周；细胞方形至长方形，长 0.7～2.3μm，直径 1.0～1.4μm；外裹鞘；偶见分支，丝体外附着生长物多；横隔可见；细胞偶含小硫粒，硫粒试验微阳性；革兰染色阳性；奈氏染色阴性。

Eikelboom 0092 型菌。丝体短，长度小于 100μm，无弯曲，不运动，常见于絮体周围及悬液中；细胞方长形，直径 0.5～0.7μm；不易见到横隔，无缩缢；无分支，无附着生长物；无硫粒和 PHB 颗粒；硫粒试验阴性；革兰染色阴性；奈氏染色阴性。

Eikelboom 0211 型菌。丝体长度小于 100μm，弯曲或扭曲，不运动，常游离飘浮于絮体之间，细胞柱状，直径 0.2～0.3μm，缩缢清晰，无鞘；无分支；无附着生长物；无硫粒和 PHB 颗粒；硫粒试验阴性；革兰染色阴性；奈氏染色阴性。

Eikelboom 021 型菌。丝体长度小于 500～10000μm，略弯，不运动，横隔清晰；细胞形态多变，从盘状（长 0.4～0.7μm，直径 1.8～2.2μm）到长柱状（长 2.0～3.0μm，直径 0.6～0.8μm），原则上可形成所有中间形态，但多数为方形细胞，横隔附近常有明显缩缢；无鞘；无分支；偶见放射状生长；不常见附着生长物，细胞中有时有小硫粒；革兰染色阴性

(但有时部分丝体呈阳性反应)。

Eikelboom 0411 型菌。丝体短，长度 50～150μm，弯曲或扭曲，不运动，常见于絮体近边缘处，细胞长柱形，直径 0.5～0.7μm；缩缢清晰；无鞘；无分支；无附着生长物；无硫粒或 PHB 颗粒，革兰染色阴性；奈氏染色阴性；硫粒试验阴性。

Eikelboom 0581 型菌。丝体长 100～300μm，直径 0.3～0.4μm；弯曲或扭曲，通常游离生长于悬液中，有时形成缠结的球，不能见横隔的缩缢；无鞘；无分支；无附着物；无颗粒贮藏物；革兰染色阴性；奈氏染色阳性；硫粒试验阴性。

Eikelboom 0581 型菌。和 Eikelboom 0411 型菌很相似，但较细，直径 0.5～0.7μm。

Eikelboom 0803 型菌。丝体长 100～300um，直径 0.7～0.8μm；笔直或弯曲，不运动，常见于悬液中；细胞方形至长方形，无缩缢，横隔较难看到；无鞘；无分支；无附着生长物；无硫粒或 PHB 颗粒，革兰染色阴性；奈氏染色阴性；硫粒试验阴性。

Eikelboom 0904 型菌。丝体长 100～200μm，直径 0.7～0.9μm；笔直或稍弯曲，不运动，常游离在悬液中，无鞘；细胞正方形至长方形；无缩缢，细胞中有颗粒状硫粒；除去硫粒后横隔清晰，无分支，无附着生长物；但硫粒试验却呈阴性；革兰染色阳性；奈氏染色阴性。

Eikelboom 0961 型菌。丝体长 300～500μm，直径 1.1～1.5μm；笔直，从絮体中伸出；不运动；细胞长方形；透明；无鞘；无缩缢；无分支；无附着生长物；不形成硫粒和 PHB 颗粒；革兰染色阴性；奈氏染色阴性；硫粒试验阴性。

Eikelboom 1701 型菌。丝体长 100～200μm，不运动；略弯（如在絮状内部常扭曲）；细胞柱状，有鞘；有可见 PHB 黑色小颗粒；横隔和缩缢明显；偶有假分支，常有大量附着生物；无硫粒；革兰染色阴性，奈氏染色阴性。

Eikelboom 1702 型菌。丝体短长，长 50～150μm，笔直，从絮体中伸出；不运动，细胞长方形，直径 0.6μm 左右，为鞘包围；横隔和缩缢常不明显；无分支；无附着生长物，未见颗粒贮存物；硫粒试验阴性；革兰染色阴性。

Eikelboom 1851 型菌。丝体长 200～400μm，笔直或稍弯，稍长的丝体常碎裂；不运动；细胞长方形，长 1.7～3.5μm，直径 0.5～0.7pm；有鞘；横隔难见；无分支；无颗粒贮藏物；常有少量附着生长物；革兰染色阳性，奈氏染色阴性；硫粒试验呈阴性。

Eikelboom 1852 型菌。丝体笔直或略稍弯，从絮体中伸出；不运动，细胞长方形，直径 0.6～0.8μm；略透明，似 Eikelboom 0961 型菌，无缩缢，无分支；虽有鞘，但未见附着生长物；无硫粒和 PHB 颗粒；硫粒试验呈阴性，革兰氏染色阴性，奈氏染色阴性。

Eikelboom 1863 型菌。丝体短，长度小于 150μm，弯曲，不运动，常游离于悬液中；细胞球状或柱体，直径 0.8μm 左右，横隔和缩缢清晰可见；无鞘；无分支；无附着生长物；无硫粒和 PHB 颗粒；革兰染色阴性，奈氏染色阴性，硫粒试验阴性。

(2) 真菌

活性污泥中的真菌，主要为丝状真菌。下列各属已有报道：毛霉属（*Mucor*）、根霉属（*Rhizopus*）、曲霉属（*Aspergillus*）、青霉属（*Penicillium*）、镰刀霉属（*Fusarium*）、漆斑菌属（*Myrothecium*）、沾帚霉属（*Gliocladium*）、瓶霉属（*Phialophora*）、芽枝霉属（*Cladosporum*）、珠霉属（*Margarinomyces*）、短梗霉属（*Aureobasidium*）、木霉属（*Trichoderma*）和头孢霉属。

真菌在活性污泥中的出现一般与水质有关，它常常出现于某些含碳较高或 pH 值较低的工业废水处理系统中，有人从活性污泥中分离到约 20 种真菌，其中菌落出现率最高的为头孢霉属（*Cephalosporoium*），占 38%；此外，芽枝霉属（*Cladosporium*）占 22%，青霉属（*Penicillium*）占 19%，酵母菌占 1%。

（3）微型动物

在处理生活污水的活性污泥中存在着大量的原生动物和部分微型后生动物，其质量可占污泥总生物量的 5%～10%。在处理工业废水的活性污泥中，它们的种类和数量往往少得多，有些工业废水处理系统中甚至看不到这些微型动物。污泥中的动物有的代谢方式似细菌，可以通过体表吸收溶解性有机物，然后使之氧化分解；另一些可吞噬废水中细小的有机物颗粒或游离细菌，因此，皆起到了净化废水的作用。固着型的纤毛虫及吸管虫等还可分泌黏液，使之附着在絮凝体上生长，从而有利于絮体的形成。因此，在活性污泥培养初期，我们一旦在处理系统中发现固着型的钟虫，随后即可看到污泥絮体已开始形成并逐渐增多。

由于动物的体型较细菌大得多，借助于显微镜即可将它们很容易地区别出来。我们可根据污泥中动物的种类，它们的营养特性与净化程度之间存在的一定关系来判断系统运行的情况，亦即在处理中起着指标（指示生物）的作用。在水质突变或污泥中毒时，即可根据生物相的变化，及时发现问题，采取必要的措施。

据报道，活性污泥中能见到的原生动物有 228 种，其中以纤毛虫居多。在污泥发生变化或污泥培养初期可看到大量鞭毛虫、变形虫。在系统正常运行期可见固着型纤毛虫占优势，此外还可见匍匐型纤毛虫及轮虫等后生动物。

现根据与运行管理关系较密切的动物的运动方式及营养方式的不同，将污泥中的微型动物划分成下列几大类。

① 植鞭毛虫类（Phytofla gellates） 植鞭毛虫借鞭毛运动，体内有色素，可像植物一样进行光合作用，在生活污水处理的活性污泥中有时可见的眼虫（*Euglend*）即属此类，它往往由污水中带入。在海洋中引起赤潮的夜光虫（*Notiluca*）、裸甲腰鞭虫（*Gymnodinium* spp.）和沟腰鞭虫（*Gonyaulax* spp.）亦属此类。本类中的有些种，长期生活在活性污泥中光照条件差的情况下，体内色素可丧失，如杆囊虫等。

② 动鞭毛虫类（Zoomasigna） 虫体不含色素，借鞭毛运动。由于鞭毛数量少，每个个体仅 1～2 根，运动时不协调往往呈抖动或滑动，在显微镜下很易将它与其他种类原生动物区别开来，它生长在有机质丰富的水域中，营异养生活；培菌初期和处理效果差时可大量出现。活性污泥中常见的有波多虫属（bodo）和滴虫属等。

③ 变形虫类（Sareodina） 变形虫依靠形成伪足运动和捕食，细胞原生质分成外质和内质。外质可流动，形成伪足向前运动，并可包围有机物颗粒而摄食。活性污泥中常见的有表壳虫（*Arcella vulgaris*）、蛞蝓变形虫（*Amoeba limax*）、大变形虫（*A. Proteus*）、辐射变形虫（*A. Radiosa*）等。同鞭毛虫一样，它们都在处理效果差或培菌初期大量出现。

④ 游动型纤毛虫类 此类纤毛虫借助游泳型纤毛虫虫体周围的纤毛而在污泥中自由游动。由于纤毛数量极多，运动时节律性强，纤毛摆动极其协调，使它运动时前后、左右进退自如，我们可根据这一运动特性而将其与鞭毛虫相区别。在培菌初期，我们常可看到它在游离细菌及鞭毛虫之后大量出现，随着培菌的进行，BOD 浓度不断降低，游离细菌及鞭毛虫数量不断减少，使游动纤毛虫的食物也不断减少，其数量亦相应减少。在正常运行时期，可少量见之。在污泥因缺乏营养而老化、解絮，处理效果转差时往往可见其数量增多。污泥中常见的有草履虫（*Paramecium*）、肾形虫（*Colpoda*）、豆形虫（*Colpidium*）、漫游虫（*Li-*

onotus）和裂口虫（*Amphileptus*）等。

⑤ 匍匐型纤毛虫类　纤毛成束黏合成棘毛，排列于虫体“腹面”支撑虫体，用以在污泥絮体表面爬行或游动。以游离细菌或污泥散屑为食，在正常运行时期可少量出现。活性污泥中常见的有桶纤虫（*Asoidisca*）、尖毛虫（*Opisthoricha*）、棘尾虫（*Stylonychia*）和游仆虫（*Euplonychia*）等。

⑥ 固着型纤毛虫类　固着型纤毛虫类主要是指钟虫类原生动物。在活性污泥中是数量最多、最常见的一类微型动物。虫体似倒挂的钟，前端有一个多数纤毛构成的纤毛带，由外向内呈螺旋状，纤毛带向一个方向波动使水形成旋涡，污水中的有机物小颗粒被水流集中沉积至“口”处进入体内，并形成食物胞，这种取食方式称为沉渣取食，其可起到清道夫的作用，使出水更为澄清。体内还有较大的空泡称为伸缩泡，钟虫靠伸缩泡的收缩把吞入体内的多余水分不断排出体外，以维持体内水分的平衡。在正常情况下，伸缩泡定期收缩和舒张。但当废水中溶解氧降低到小于 1mg/L 时，伸缩泡就处于舒张状态，不活动，故可通过观察伸缩泡的状况来间接推测水中溶解氧的含量。

根据钟虫类中尾柄的有无、营群体和个体生活、尾柄中肌丝的有无及是否相连可将污泥中固着型纤毛虫分成数种。常见的有沟钟虫（*Vorticella*）、大口钟虫（*Ycamoanula*）、小口钟虫（*V. microstoma*）、累枝虫（*Bpistylis*）、盖纤虫（*Opercularia*）、独缩虫（*Carchesium*）、聚缩虫（*Zoothamnium*）和无柄钟虫（*Astylozoon pediculus*）等。

⑦ 吸管虫类（*Suctoria*）　吸管虫具有吸管，以柄固着于污泥絮粒上生活。游动型纤毛虫与吸管相接触时就会被黏住，并进而被通过吸管注入的消化液所消化，消化后汁液亦通过管被吸管虫作为营养吮吸。它在污泥培养成熟期后期可见到。常见的种类有足吸管虫（*Podophrya*）、壳吸管虫（*Acineta*）和锤吸管虫（*Tokophrya*）等。

⑧ 后生动物　活性污泥中除了上述整个虫体仅由一个细胞构成的原生动物以外，尚有多个细胞构成的后生动物。其中较常见的有轮虫、线虫和颗体虫。

轮虫（*Rotifers*）前端有两个纤毛环，纤毛摆动时犹如滚动的轮子，故名之。左右两个纤毛环相对方向拨动，形成向中间的水流，游离细菌、有机物颗粒或污泥碎屑即随水流进入两纤毛环之间的口部进入体内，这也是一种沉渣取食的方式。轮虫在系统正常运行时期、有机物含量较低、出水水质良好时才会出现，故轮虫的存在说明处理效果较好。然而有时处理系统因泥龄较长、负荷较低，污泥因缺乏营养而老化解絮，这时轮虫可因污泥碎屑增多而大量增殖，数量可多至 1mL 中近万个，这是污泥老化解絮的标志。污泥中常见的有玫瑰旋轮虫（*Philodina roseola*）和猪吻轮虫（*Dicranophorus*）。

线虫（*Rhabdolaimus*）身体圆形，似打足气的轮胎，可吞噬细小的污泥絮粒，在膜生长较厚的生物膜处理系统中常会大量出现。

颗粒虫（*Tubifex*）是污泥中体形最大、分化较高级的一种多细胞动物。身体分节、节间有刚毛伸出，以污泥碎屑、有机物颗粒为食料。武汉枕木防腐厂含酚废水处理系统中除酚率高时可常见之。在生活污水处理厂中出水水质良好时亦可出现。.

(4) 微型藻类

藻类是含有光合色素的一类生物，在光照下能进行光合作用，利用无机的 CO_2 和氮、磷盐来合成藻体（有机物），在活性污泥中数量及种类较少，大多为单细胞种类；沉淀池边缘、出水槽等阳光暴露处较多见，呈藻菌共生状态，还可出现丝状甚至更大型的种类。我们可在氧化塘等处理系统中，采用适当的方法采收藻类，以达到去氮、去磷的目的。藻类光合作用释放的氧又可供污泥中的细菌氧化分解有机物之用。据报道，在氧化塘类处理系统中，除了可去除 BOD 外，氮去除率可达 90%～95%，磷去除率达 50%～70%。在某些特殊情况下，有的单细胞藻类可降解废水中的有机物。

$$106CO_2+16NO_3+HPO_4+122H_2O+18H \xrightarrow[\text{藻类}]{\text{光}} [C_{106}H_{263}O_{110}N_{16}P]+138O_2$$

游离

4.3.3.2 废水厌氧生物处理的主要微生物类群

有机物消化过程中，参与厌氧生物处理的主要微生物是细菌，可分为产酸细菌与产甲烷细菌两大类。有机污泥和工业废水中的大分子有机物首先由产酸细菌将其转化为小分子量的有机酸、醇等物质。产甲烷细菌再将这些物质进一步转变为 CO_2 和 CH_4。近年来的研究表明，产甲烷细菌只能从一碳化合物（如 CO_2、HCOOH、CH_3OH）和乙酸与甲胺中产生甲烷。二碳以上的醇和三碳以上的酸首先必须由与产甲烷细菌共生在一起的非甲烷杆菌氧化乙醇为乙酸，并放出甲烷。

$$2CH_3CH_2OH+CO_2 \longrightarrow 2CH_3COOH+CH_4$$

但后来经过很多人研究，发现此菌实际上是由甲烷杆菌 M. O. H 菌株（*Methanobacterium* M. O. H）和乙醇氧化菌“S”菌株形成的共生物。乙醇的氧化和甲烷的产生是由这两种菌共同作用完成的。

$$2CH_3CH_2OH+2H_2O \xrightarrow{\text{S菌株}} 2CH_3COOH+4H_2$$

$$CO_2+4H_2 \xrightarrow{\text{M. O. H 菌株}} CH_4+2H_2O$$

在消化池中，真菌与微型动物也能生长。库克（Cooke）曾把丝状细菌和酵母菌加到消化池实验模型的分解物中，发现接种的细胞不死亡，个别种类的数量甚至还增加。便因此而认为真菌参与消化池中有机物发酵的过程，而不是以休眠细胞状态存在。科兹（Curds，1975 年）列举了消化池中存在的 63 种原生动物，但作用不明。一般认为，除细菌以外的其他微生物在厌氧消化过程中均不起主要作用。

（1）产酸细菌的种类及特征

在厌氧消化过程中的产酸阶段，参与有机物降解的微生物为厌氧产酸菌，主要由专性厌氧菌和兼性厌氧菌组成，大约有 18 个属，50 多种。其中专性厌氧菌主要有梭状芽孢杆菌（*Clostridium*）、拟杆菌属（*Bacteroides*）和双歧杆菌属（*Bifidobactrium*）等。兼性厌氧菌主要有变形菌属（*Priteus*）、假单胞菌属、芽孢杆菌属和链球菌属（*Streptococcus*）以及黄杆菌属、产碱杆菌属、埃氏菌属和产气杆菌属的细菌等。克罗泽（Crowther）等于 1975 年的资料指出，在产酸细菌中，专性厌氧菌的活菌数约有 10^8～10^{10}个/mL。

以上这些细菌虽然大量存在于消化池中，但被消化的有机废物不同，优势种群也有区别。这主要是因为各类细菌的酶系统及其他生物学性质不一样，因而所能利用的有机物也不同所造成的。一些研究资料表明，在富含纤维素的消化池内，也可分离出蜡状芽孢杆菌（*Bacilluscereua*）、巨大芽孢杆菌（*Bacillus megatherium*）、粪产碱杆菌（*Alcaligenes faecalis*）、普通变形菌（*Proteus vulgatis*）、铜绿色假单胞菌（*Pseudomohas aeruginosa*）、食爬虫假单胞菌（*Ps. reptilovora*）、核黄素假单胞菌（*Ps. riboflavina*）以及溶纤维丁酸弧菌（*Butyrivibrio fibrisolven*）、栖瘤胃拟杆菌（*Bacteroides ruminicola*）等。在富含淀粉物质的消化池内，可以分离出变异微球菌（*Micrococcus varians*）、尿素微球菌（*M. ureae*）、亮白傲球菌（*M. candidus*）、巨大芽孢杆菌、蜡状芽孢杆菌以及假单胞菌属的某些种。在富含蛋白质的消化池内，可以分离出蜡状芽孢杆菌、环状芽孢杆菌（*Bacilluscirculans*）、球形芽孢杆菌（*B. coccoideus*）、枯草芽孢杆菌、变异微球菌、大肠杆菌（*Escherichiacolu.*）、副大肠杆菌和假单胞菌属的一些种。在富含肉类罐头废物的消化池内，可以分离脱氮假单胞菌（*Pseudomonas denitrificans*）、印度沙雷菌（*Serratiaindicans*）、克雷伯菌（*Klebsiella*）及其他细菌。在硫化物浓度较高的消化池内，专性厌氧的脱硫弧菌属（*Desulfovbrio*）可能上升为主要类群。而在塞了生活废物和养鸡场废物的消化池内，兼性厌氧的大肠杆菌和链球菌（*Streptococcus*）占绝对优势，有时可达种群 50%。

从同一消化池内分离出来的细菌，其作用各不相同。产酸细菌在有机物质厌氧分解过程中的主要作用是将大分子有机物转变为乙酸、丙酸、丁酸、乳酸、琥珀酸和甲醇、乙醇等小分子中间产物 CO_2、H_2、H_2S、NH_3 等无机物。

产酸细菌由于大多数属于异养型兼性厌氧细菌群，故对 pH 值、有机酸、温度、氧等环境条件的适应性较强。与产酸细菌同时存在于消化池内的甲烷细菌对上述环境条件的要求则很苛刻。一般情况下，只要满足了甲烷菌的要求，产酸菌的正常生长是没有什么问题的。与甲烷菌相比，产酸菌世代时间短，数十分钟到数小时即可繁殖一代。与好氧菌相比，大多数产酸菌缺乏细胞色素，或细胞色素不完全。在专性厌氧菌中，还没有发现具有这种物质的细菌。

(2) 甲烷细菌的种类及特征

① 甲烷细菌的种类　甲烷细菌是产甲烷阶段的主要细菌。关于甲烷菌的研究，虽然做了许多工作，但迄今为止还有不少问题没搞清楚。根据发表的资料看，已从不同来源进行分离和纯培养的甲烷细菌大约十多种，其中大多数都可以在厌氧消化池中分离到。据报道，消化池内的产甲烷细菌主要有甲烷杆菌属（*Methanobacterium*）的反刍甲烷杆菌（*M. ruminantium*）、甲酸甲烷杆菌（*M. formicium*）、索氏甲烷杆菌（*M. soehngenii*）、热自养甲烷杆菌（*M. thermoautrophicum*）、甲烷杆菌 M. O. H 菌株（*Methanobacteriurn* M. O. H），甲烷八叠球菌属（*Methanosarcina*）的巴氏甲烷八叠球菌（*A. barkeri*）、甲烷八叠球菌（*M. menthanica*），甲烷球菌属（*Methanococcus*）的万尼甲烷球菌（*M. vanniellii*），甲烷螺菌属（*Methanospirillum*）的亨氏甲烷螺菌（*M. hungatii*）等。

② 甲烷细菌的形态与生理性状　甲烷细菌种类虽然不多，但却具有多种形态。主要有：球菌、甲烷八叠球菌、弧菌等。甲烷细菌的革兰反应、运动性及对温度和 pH 值的适应情况也有较大差别，后两者是采用厌氧消化法处理有机废水与污泥的主要控制因素。

甲烷细菌在生理上具有非常相似的高度专化性。它们的生长都需要严格的厌氧条件，生长所需的能量必须通过 CO_2 的还原而形成甲烷来产生。还原过程中所用的电子是由氢和甲酸盐的氧化作用而产生，或通过乙酸和醇等化合物发酵产生 CH_4 和 CO_2 的途径所产生。布赖恩特（Bryant）等在 1976 年曾指出，产甲烷细菌不能分解除了乙酸和甲酸之外的脂肪酸。产酸菌将大分子有机物分解后生成脂肪酸，二碳以上的脂肪酸要在与产甲烷细菌共生在一起的非甲烷细菌作用下发酵成为 H_2 和 CO_2 然后才能被甲烷细菌所利用。前面提到的索氏甲烷杆菌，据报道可以利用丁酸盐，这显然与目前的研究结果不符。但由于该菌一直没有得到过纯培养物，估计这种利用丁酸盐的现象也是由共生体中的非甲烷细菌所引起。

米歇尔（Mitchell）在 1978 年综合了以前的研究成果，提出了纯培养的各种甲烷菌的类型以及它们的较重要的形态生理特征。甲烷菌来源非常广泛，形态也各不相同。它们对底物的要求都很严格。除巴氏甲烷八叠球菌在利用 H_2 和 CO_2 的同时，尚可利用甲醇和乙酸外，其他的菌所要求的底物都是 H_2 和 CO_2，或者兼用酸盐。大多数甲烷细菌在正常生长过程中需要一种或多种特殊营养物质，如醋酸盐、B族维生素、酵母提取物，类似于维生素的生长因子以及 NaCl 等，这些物质对甲烷细菌制造甲烷有明显的刺激作用。

关于甲烷菌的分类问题，始终没有得到很好的解决。各种甲烷细菌不仅在细胞的形态结构上存在着明显的不同，而且在菌体内 DNA 碱基对的数量与比例上也有很大的差异。据报道，热自养甲烷杆菌 DNA 的 G+C 含量为 52.0%（mol)，而喜树甲烷杆菌 D. H. 菌株（*Methandbaacterqum arbophilium* D. H.）DNNArG+C 含量仅为 27.5%（mol)。所有这些性状特征都表明了各种甲烷菌的亲缘关系很远。以前的分类主要强调形态而把甲烷细菌分散到各相似细菌的已知的科和属中。但是，在新的分类方面不考虑它们的生理特征也是不行的。只要回忆一下前面讨论的内容就会发现，所有的甲烷细菌在获得能量的方式上有着惊人的相似之处。它们都有制造甲烷并且都需要严格的厌氧条件。随着人们对甲烷细菌的逐渐了解，越来越多的事实证明甲烷菌群是一类既不同于其他细菌，又保持内部相对统一的独特生理群。现在的分类又主要强调生理特征而将它们单独组成一科，即甲烷杆菌科（Methanobacteriaceae)。由上述分析可见，甲烷细菌无论怎样分类，都存在着一定的利弊。这个问题如何妥善解决，还需要更加细致深入的研究。

③ 甲烷细菌的独特性状　甲烷细菌是一类比较特殊的专性厌氧菌。近年来的研究表明，这种菌与其他厌氧菌相比有很多独特的性状。

1）甲烷菌在系统发育上与典型的原核微生物有很大的差别。鲍尔奇（Balch）于 1977 年的研究表明，这类菌的细胞壁不含有胞壁酸或像其他原核生物那样含有肽聚糖。他们认为，甲烷菌是一族特殊的古细菌。

2）最近发现甲烷菌具有一种特殊的辅酶——乙巯基乙烷磺酸（$HS—CH_2CH_2—SO_3H$)，又叫辅酶 M(HS—CoM)。这个辅酶在纯培养的各种甲烷细菌中都发现了。可是，在非甲烷细菌、真核组织以及原核有机体中都未见到。这个辅酶的功能是转移甲基。它们是甲烷细菌内可能存在的甲基还原酶系统的重要成员。

3）甲烷细菌在紫外线下能发出荧光。其中一种物质叫 F420（是按吸收峰命名的)，它是传递电子的辅酶。有人认为，甲烷细菌之所以对氧敏感，与这种物质有关。最近发现甲烷细菌内还存在另一种荧光物质 F430（也是按吸收峰命名的)。它具有四吡咯镍结构，是迄今报道的第一个相对分子质量低的含镍生物化合物。有人认为，F430 是乙巯基乙烷磺酸还原酶的辅基，也具有传递电子的能力。F420 与 F30 均为甲烷菌独有。

4）甲烷菌不存在其他细菌所具有的细胞色素 b、c 系统，缺乏一般厌氧细菌所能产生的铁氧还蛋白。

5）甲烷菌具有生物排他性。它对周围的病原菌以及其他微生物的生活能力均有很大影响。据报道，伤寒菌、霍乱菌在存在甲烷菌的情况下无法培养；蛔虫卵在 12℃ 的消化池中停留 3 个月就会死亡。好氧菌酸性消化时的兼性厌氧菌没有这种特性。

6）甲烷菌具有在没有太阳能和叶绿素的情况下分解 CO_2 的能力。

7）甲烷菌的世代时间都比较长，一般约 4～6d 繁殖一代。

（3）厌氧微生物群体间的关系

在厌氧生物处理反应器中，不产甲烷细菌和产甲烷菌相互依赖，互为对方创造与维持生命活动所需要的良好环境和条件，但又相互制约。厌氧微生物群体间的相互关系表现在以下几个方面。

① 不产甲烷细菌为产甲烷细菌提供生产甲烷所需要的基质　不产甲烷细菌把各种复杂的有机物质，如碳水化合物、脂肪、蛋白质等进行厌氧降解，生成游离氢、二氧化碳、氨、乙酸、甲酸、丙酸、丁酸、甲醇、乙醇等产物，其中丙酸、丁酸、乙醇等又可被产氢产乙酸细菌转化为氢、二氧化碳、乙酸等。这样，不产甲烷细菌通过其生命活动，为产甲烷细菌充当厌氧环境有机物分解物中微生物食物链的最后一个生物体。

② 不产甲烷细菌为产甲烷细菌创造适宜的氧化还原条件　厌氧发酵初期，由于加料使空气进入发酵池，原料、水本身也携带有空气，这显然对于产甲烷细菌是有害的。它的去除需要依赖不产甲烷细菌类群中那些需氧和兼性厌氧微生物的活动。各种厌氧微生物对氧化还原电位的适应也不相同，通过它们有顺序地交替生长和代谢活动，使发酵液氧化还原电位不断下降，逐步为产甲烷细菌生长和产甲烷创造适宜的氧化还原条件。

③ 不产甲烷细菌为产甲烷细菌清除有毒物质　在以工业废水或废弃物为发酵原料时，其中可含有酚类、苯甲酸、氧化物、长链脂肪酸、重金属等对产甲烷细菌有毒害作用的物质。不产甲烷细菌中有许多种类能裂解苯环、降解氰化物等，从中获得能源和碳源。这些作用不仅解除了以对产甲烷细菌的毒害，而且给产甲烷细菌提供了养分。此外，不产甲烷细菌的产物硫化氢，可与重金属离子作用生成不溶性的金属硫化物沉淀，从而解除一些重金属的毒害作用。

④ 产甲烷细菌为不产甲烷细菌的生化反应解除反馈抑制　不产生甲烷细菌的发酵产物可以反馈抑制其本身产物的不断形成。氢的积累可以抑制产氢细菌的继续产氢，酸的积累可以抑制产酸细菌继续产酸。在正常的厌氧发酵中，产甲烷细菌连续利用由不产甲烷细菌产生的氢、乙酸、二氧化碳等，使厌氧系统中不致有氢和酸的积累，就不会产生反馈抑制，不产甲烷细菌也就得以继续正常的生长和代谢。

⑤ 不产甲烷细菌和产甲烷细菌共同维持环境中适宜的 pH 值　在厌氧发酵初期，不产甲烷细菌首先降解原料中的糖类、淀粉等物，产生大量的有机酸，产生的二氧化碳也部分溶于水，使发酵液的 pH 值明显下降。而此时，一方面不产甲烷细菌类群中的氨化细菌迅速进行氨化作用，产生的氨中和部分酸；另一方面，产甲烷细菌利用乙酸、甲酸、氢和二氧化碳形成甲烷，消耗酸和二氧化碳。两个类群的共同作用使 pH 值稳定在一个适宜范围。

(4) 颗粒污泥

在高速率的上流式废水厌氧生物处理中，我们往往能看到反应中存在着颗粒污泥。颗粒污泥最重要的特征是它具有较高的沉降速度和很高的产甲烷活性。颗粒污泥的形成实际上是微生物固定化的一种形式。颗粒污泥外观具有相对规则的球形或椭圆形外观，成熟的颗粒污泥表面清晰，其直径多在 0.5～5.0mm。颗粒污泥的颜色以黑色或深浅不同的黑灰色居多。颗粒污泥中的黑色源于 Fe、Ni、Co 或其他金属硫化物的沉淀。

在放大镜下即可观察到颗粒污泥表面有一些孔隙。这些孔隙被认为是底物与营养物质传递的通道。颗粒污泥内部产生的气体也由这些孔隙逸出。颗粒污泥的剖面显示出污泥靠近外表面的部分细胞密度最大，颗粒内部区域较为松散。直径较大的颗粒污泥往往有一个空的内腔，这是由于底物和营养不足而引起细胞的自溶。大而空的颗粒污泥易于破裂，其破裂的碎片成为新生的颗粒污泥的内核。一些大的颗粒污泥由于气体不易释放出而易于上浮。

颗粒污泥微生物组成中类似产甲烷丝菌属（*Methanothrix*）的细菌占有相当大的比例。此外，各种各样不同类型的细菌以微小菌落的形式随机地分布在颗粒污泥中。通过采用改良近似数菌检法和免疫荧光技术，发现这些微小菌落主要由产甲烷丝菌和以产甲烷短杆菌

(*Methanobrevibacter*) 为主的互生菌组成。由于产甲烷短杆菌比其他利用氢的产甲烷菌生长更快，这类细菌极可能是颗粒污泥中最主要的以氢为营养的产甲烷菌。

根据 Thiele 等的观察，产乙酸菌和产甲烷菌并不是单独分布在各自的菌落中，而是在同一菌落中错落的呈“格子”状分布。Hsrade 等发现各种微生物种群有相当不同的分布区域，水解菌与产酸菌分布于污泥颗粒的外围，而类似产甲烷菌的微生物在颗粒内部居多。在以 VFA 混合物为底物培养出的颗粒污泥中，发现由产甲烷丝菌形成的大约 100～300μm 的球状菌落黏附于颗粒污泥外部。

虽然产甲烷丝菌被认为是颗粒污泥中最主要的产甲烷菌，但在麦芽汁和啤酒废水中培养的颗粒污泥中发现其中以产甲烷八叠球菌为主，同时也有产甲烷丝菌存在。颗粒污泥的比产甲烷活性与操作条件和底物组成有关。废水越复杂，颗粒污泥中的酸化菌占的比例越高，其结果是颗粒污泥的比产甲烷活性较低。在 30℃时，在未酸化的底物中培养的颗粒污泥的产甲烷活性可达到 1.0kgCOD/(kgVSS・d)，而对于已酸化的底物，颗粒污泥的产甲烷活性可达到 2.5kgCOD/(kgVSS・d)。文献中也有人报道过更高的产甲烷活性，例如 Guoiot 等以蔗糖为底物，在 27～29℃时，活性为 1.3～2.6kgCOD/(kgVSS・d)，活性的大小与微量元素的含量有关。Mieant 在 55℃下在乙酸和丁酸混合液中培养的颗粒污泥产甲烷活性高达 7.3kgCOD/(kgVSS・d)。

4.4 用于土壤环境净化的环境生物资源

有毒有害的有机污染物不仅存在于地表水中，而且更广泛地存在于土壤中。早在 20 世纪 50 年代末和 60 年代初，各国学者就对环境中农药的污染和残毒问题非常关注，展开了农药在土壤中可降解性的研究。随着现代农业的不断发展，对农药的使用及一些化工产品对土壤的污染日趋严重，世界各国纷纷制定了土壤修复计划，在受有机污染的土壤治理中，已证明生物修复是用于土壤环境净化的有效可行的方法之一。我国也面临着土地资源污染这一十分严峻的问题，大面积区域污染主要以有机污染为主，如农药、固体废弃物及其渗滤液等，据统计，我国每年施用农药达 (50～60)$\times 10^4$t，每年施用农药的农田在 2.8$\times 10^8$$hm^2$ 以上，其中约 80%的农药直接进入环境，这不仅影响到土壤环境质量和农作物品质，而且还进一步污染地面水体和地下水资源以及海洋环境，直接威胁人类的生存环境和身体健康。石油污染对土壤的危害也十分严重，此外工业废水的排放污染带来的后果等都是不容忽视的。

4.4.1 生物修复技术的产生和发展

生物修复 (bioremediation) 的基本定义为利用生物，特别是微生物催化降解有机污染物，从而去除或消除环境污染的一个受控或自发进行的过程。生物修复的目的是去除环境中的污染物，使其浓度降至环境指标规定的安全浓度以下。

从污染物的类型来分类，土壤污染主要分为两大类：重金属污染和有机污染。随着人为的有机污染物向土壤中的不断排放，土壤有机污染日益严重，越来越引起人们的重视。这些污染物包括农药、石油及其产品、固体废物及其渗滤液等。有机污染物进入土壤后的迁移转化如图 4-13 所示。

这些污染物的存在，造成了一系列的环境问题，如 a. 土壤物理化学性质的改变；b. 土壤生物群落的破坏；c. 污染物在农作物和其他植物中积累，进而威胁高营养级生物的生存

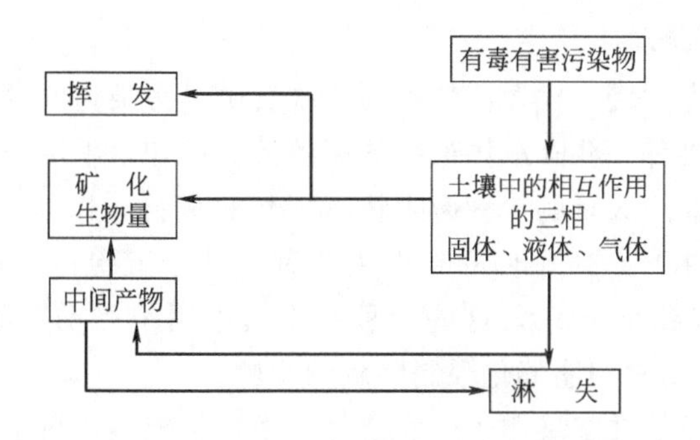

图 4-13　有机污染物在土壤中的迁移转化

和人类的健康。目前的土壤修复技术主要分为物理、化学和生物的方法，在各种方法中，对有机污染物而言，只有热解法和生物修复治理是最彻底的处理方法。生物修复治理技术的研究开始于 20 年前，经过大量的实际应用，现已取得了很大的进展，其应用范围在不断地扩大。生物修复技术已成功地应用于清除和减少土壤、地下水、海洋、湖泊中的化学污染物质，能够用各类生物修复技术分解的化合物种类很多，其中石油及石油制品、多环芳烃、氯代烷烃（如三氯乙烯和四氯乙烯）、氯代芳烃等受到较多关注，它们广泛存在并对健康和生态环境具有明显的危害作用，对微生物的降解也比较敏感。

金属尽管不能生物降解，但由于其可以通过微生物的转化降低毒性，通过植物的吸收、转移土壤中的污染物，关于金属污染的生物修复技术也得到了较多的关注。

4.4.2　土壤污染的生物修复原理

受污染的环境中有机污染物除小部分是通过物理、化学作用被稀释、扩散、挥发及氧化、还原、中和而迁移转化外，主要是通过微生物的代谢活动将其降解转化。可以用来作为生物修复菌种的微生物分为三大类型：土著微生物、外来微生物、基因工程菌，在生物修复过程中还有其他生物的参与作用。

4.4.2.1　土著微生物

微生物降解有机化合物的巨大潜力是生物修复的基础。自然界中经常存在着各种各样的微生物，在遭受有毒有害的有机物污染后，实际上就自然地存在着一个筛选、驯化过程，一些特异的微生物在污染物的诱导下产生分解污染物的酶系，或通过协同氧化作用将污染物降解转化。

目前，在大多数生物修复工程中实际应用的都是土著微生物，其原因一方面是由于土著微生物降解污染物的潜力巨大，另一方面也是因为接种的微生物在环境中难以保持较高的活性，以及工程菌的应用受到较严格的限制。引进外来微生物和工程菌时必须注意这些微生物对该土著微生物的影响。

当处理包括多种有机污染物（如直链烃、环烃和芳香烃）的污染时，单一微生物的能力通常很有限。土壤微生态试验表明，很少有单一微生物具有降解所有这些污染物的能力。另外，化学品的生物降解通常是分步进行的，在这个过程中包括了多种酶和多种生物的作用，一种酶或微生物的产物可能成为另一种酶或微生物的底物。因此，在污染物的实际处理中，必须考虑要接种多种微生物或者激发当地主要的土著微生物。土壤微生物具有多样性的特点，任何一个种群只占整个微生物区系的一部分，群落中的优势种会随土壤温度、湿度以及污染物特性等条件发生变化。

4.4.2.2 外来微生物

土著微生物生长速度太慢，代谢活性不高，或者由于污染物的存在而造成土著微生物的数量下降，因此，需要接种一些降解污染物的高效菌。例如，采用外来微生物接种时会受到土著微生物的竞争，需要用大量的接种微生物形成优势菌群，以便迅速开始生物降解过程。研究表明，在实验室条件下，30℃时每克土壤接种100个五氯酚（PCP）降解菌，可以使PCP的半衰期从2d降低到小于1d，这些接种在土壤中用来启动生物修复最初步骤的微生物，被称为“先锋生物”，它们能催化限制降解的步骤。

一些重大的研究项目正在扩展用于生物修复的微生物范围，科学家们一方面在寻找天然存在的、有较好的污染物降解动力学特性并能攻击广谱化合物的微生物；另一方面，也在积极地研究将在极端环境下生长的微生物，包括可耐受有机溶剂，可在极端碱性条件下或高温下生存的微生物用于生物修复工程中。极端环境微生物的重要性在于它们存在于对大多数微生物生长不利的环境中。

至1993年美国共有159个污染地点已经或正准备使用生物修复技术进行修复治理，对其中的124个地点使用的生物修复技术做了分类，其中96处（77%）使用的是土著微生物，17处（14%）是采用添加微生物的方式，另外11处（9%）是两种方式共用。

4.4.2.3 基因工程菌

采用细胞融合技术等遗传工程手段可以将多种降解基因转入到同一微生物中，使之获得广谱的降解能力。例如，将甲苯降解基因从恶臭假单胞菌转移给其他微生物，从而使受菌在0℃时也能降解甲苯，接种特定微生物的方法比这些细菌单独去除多种污染物并适应外界环境要有效得多。

基因工程菌引入现场环境后会与土著微生物菌群发生激烈的竞争，基因工程菌必须有足够的存活时间，其目的基因方能稳定地表达出特定的基因产物——特异的酶。如果在基因工程生存的环境中最初没有足够的合适能源和碳源，就需要添加适当的基质促进其增殖并表达其产物。引入土壤的大多数外源基因工程菌在无外加碳源的条件下，不能在土壤中生存与增殖。目的基因表达的产物对微生物本身的活力并无益处，有时会降低基因工程菌的竞争力。

现已分离出以联苯为唯一碳源和能源的多株微生物，它们对多种多氯联苯化合物有着共代谢功能，相关的酶有四个基因编码，这些酶将多氯联苯转化为相应的氯苯酸，至此氯苯酸可逐步被土著菌降解。由多氯联苯降为二氯化碳的限速步骤是在共代谢氧化的最初阶段。联苯可为降解菌提供碳源和能源，但其水溶性低和毒性强等特点给生物修复带来困难。解决这一问题的新途径是为目的基因的宿主微生物创建一个适当的生态位，使其能利用土著菌不能利用的选择性基质。

理想的选择性基质应有以下特点：对人和其他高等生物无毒、价廉以及便于使用。一些表面活性剂能较好地满足上述要求。选择性基质有时还会成为土著菌的抑制剂，增加基质的可利用性，对有毒物质降解更为有效。环境中加入选择性基质会造成土壤微生物系统的暂时失衡，土著菌需要一段时间才能适应变化，基因工程菌就利用这段时间建立自己的生态位。由于土著菌群中的一些成员在后期也可利用这些基质，因此，含有现场应用性基因质粒的基因工程菌特别适合于一次性处理目标污染物，而不适应反复使用。

尽管利用遗传工程提高微生物降解能力的工作已取得了巨大的成功，但是美国、日本和其他大多数国家对工程菌的实际应用有严格的立法控制。在美国，工程菌的使用受到“有毒物质控制法”（TSCA）的管制。因此，尽管已有许多关于工程菌的实验室研究，但至今还未见一篇应用的报道。这一状况受到美国一些科学家的抨击，例如，美国微生物学会和工业微生物学会以及全国研究理事会都认为，从科学的观点来看，决定是否将一种微生物施用于环境中，主要基于该微生物的生物学特性（如致病性等），而不是它的来源。他们指出过分严格的立法和不切实际的科学幻想宣传，阻碍了现代环境微生物技术在污染治理中的推广和应用。虽然许多环境保护主义者因害怕发生环境灾难而反对将遗传工程菌释放到环境中的观点是可以理解的，但因此而放弃微生物遗传工程技术这一 20 世纪辉煌的科学成就，将是不科学和不实际的态度。

4.4.3　用于土壤环境净化的主要环境生物资源

4.4.3.1　微生物资源

微生物的种类多，代谢类型多样，利用底物广泛，凡自然界存在的有机物几乎都能被微生物利用分解。例如，假单胞菌属的某些菌种，甚至可能代谢 90 种以上的有机物，可利用其中的任何一种作为唯一的碳源和能源进行代谢，并将其分解。随着科学技术的不断发展，不断出现大量的人工合成有机物，虽说微生物与其并没有接触过，但由于微生物有巨大的变异能力，这些难降解、毒性强的有机化合物，如杀虫剂、除草剂、增塑剂、合成洗涤剂、塑料等，都已陆续找到能分解它们的微生物种类。表 4-9 列举了能够降解难降解有机污染物和重金属的主要微生物资源。

表 4-9　难降解有机污染物和重金属及其相应的降解转化微生物

污染物	降解菌	污染物	降解菌
五氯酚	*Flavobacterium* 属		*Penicilliuam* 属
	Phancrochacte scideida	氯化愈创木酚	*Acinetobacter junii*
	Pnanarochaete chrysosporien	农药、莠去津、扑灭津、西玛律	*Rhodecoccuc* sp. B-30
	Trametes verscolor		
氯酚	*Rhedotoruda ghainis*	β 硫丹	*Aspergillus niger*
多环芳烃(PAH)类	*Bacillas* 属，*Myccbacyterium* 属	1,4-二氯六环	*Actinomyces* CB1990
	Nocardia 属，*Sphingomonas* 属	2,4-二氯苯氧乙酸(2,4-D)	*Pseudomonas cupacia*
	Alcaligenes 属，*Pseudomonas* 属		
	Flavobacyterium 属	2,4,5-三氯苯氧乙酸(2,4,5-T)	*Burkhaldena cepacia* AC1100
高分子 PAH	*Mycobacterium* sp. *strain* PYR-1		
2-硝基甲苯	*Pseudomonas* sp. JS42	高浓度脂类	*Pseudomonas* sp.
蒽醌染料	*Bacillus subilla*		*Aeromenas hydrophila*
甲基溴化物	*Methylocoecus capsulatus*		*Staphylococcus* sp.
氯苯	*Pseudomona* sp.	水胺硫	动物球菌属
多氯联苯(PCB)	*Pseudomonas* 属，*Alcaligenes* 属	甲胺磷	*Pseudomononas* sp. WS-5
石油化合物	*Bacteruides* 属，*Wolinella* 属	单甲脒	*Pseudomononas mendocina* DR-8
	Desulfomonas 属，*Desulfobacter* 属	洁霉素	*Aeromonas* sp.
	Desalfomonas 属，*Megasphaera* 属	重金属	*Copseudomonas*
	Aeinetobacter sp.	Pb Ca Cr	*Desulfovibrie disidforicans*
n-十六烷	*Aeinetobacter* sp.	钼(Am)钚(Pl)	*Citrobacter* sp.
间硝基苯甲酸	*Pseudomonas* sp.	Ni^{2+}	*Desulfovibrio* sp.
3-羟基丁酸聚合物及其与 3-羟基戊酸聚合物的共聚体	*Acidvorax jacilis*	Cr^{6+}	*Desulfovibrio* sp.
	Variovorax paradoxus	Cd	*Rhizopus oryzac*
	Bacillus 属，*Streptontyces* 属	有机汞	*Bacillus* sp.
	Aspergillus funigatus		

4.4.3.2 植物资源

植物修复是生物修复技术不可忽视的重要组成部分，植物可以通过吸收、固定、挥发污染来进行生物修复。目前，研究发现吸收、固定有机物、重金属的主要植物资源很多，如芥菜（*Brassica juncea*）培养在含有高浓度可溶性铅的环境中，可使茎中铅含量达到1.5%，芥菜不仅可以吸收铅，也可以吸收并积累Cr、Cd、Ni、Zn和Cu等金属，山榄科的渐尖塞贝山榄（*Cebertia aaunuinata*）可以在含铁量很高的土壤中生长，黄会一等（1986年）发现杨树（*Popwus* spp.）对金属和汞污染有很好的消减和净化功能，熊建平等（1991年）研究发现，水稻田改种萱麻后能极大地缩短受汞污染土壤恢复到背景值水平的时间。鲁莽等（2009年）研究发现，高羊茅对饱和烃的降解具有强化作用。刘世亮等（2007年）发现黑麦草加快了土壤中苯并［*a*］芘的降解。郝小青等（2013年）用水蜈蚣富集镉，结果表明，非矿山生态型水蜈蚣对镉具有较强的富集能力。麻风树对铜有很好的吸收作用（P. Ahmadpour et al.，2014）。金合欢维多利亚可用于铅污染土壤的植物固定化技术（A. Mahdavi et al.，2014）。Kuziemaska等的研究表明，在不添加石灰的条件下，野茅更易富集铅和钡；在添加有机废料为废料时，野茅对钡的富集能力更强。裸麦（*lolium perenne*）可以促进脂肪烃的生物降解（Gunther et al.，1996），在田间试验的水牛草（*Buchloe dactyloides*）可以分解萘（Qiu et al.，1997）。*Fustuca arundinacea* 可以使苯并［*a*］芘矿化（Epuri，Sorenseh，1997），冰草属的沙生冰草（*Agrvpyron desortorm*）可以使PCP矿化（Ferro et al.，1994）。植物可以吸收和积累必需的营养物质（浓度可高达1%～3%），某些非主要元素（如钠和硅）也可在植物体内大量积累，大多数植物会将重金属排除在组织外，使重金属的积累只有0.1～100mg/kg。但也有一些特殊植物超量积累重金属，从分类上来说超量积累植物（hyperaccumurator）很广泛。据报道，现已发现有Ca、Co、Cu、Pb、Se、Mn、Ni、Zn的超量积累植物400余种，其中73%为Ni超积累植物。

4.5 用于污染事故补救的环境生物资源

固体废物填埋场、污水处理厂、油库、地下输送管路以及海洋运输的泄漏对自然生态环境的污染正日益受到关注。美国的一预测认为，有70%～80%的填埋场对土壤产生污染，有些地区有害化学物品已经开始污染地下水；海洋运输石油巨轮每天都有因为事故出现原油泄漏事件，对环境造成的危害是灾难性的。用物理、化学的方法进行污染事故的补救，虽行之有效但费用较高，且不能从根本上解决问题，而用生物补救费用低，环境影响小，不会形成二次污染和污染物转移，可以达到将污染物永久去除的目的，最大限度地降低污染物浓度，可用于其他处理技术难以应用的场地，生物补救中的应用价值是难以计算的。

4.5.1 用于污染事故补救的主要环境生物资源

用于污染事故补救的主要环境生物资源是微生物资源，因为微生物对高浓度、难降解、毒性大的污染物有极高的适应性和很强的降解性，能够在短时间内将污染物去除。在自然环境中存在着各种微生物资源，参与污染事故补救的微生物，包括细菌、放线菌、真菌等，主要细菌微生物为假单胞菌（*Pseudomonas*）、葡萄球菌（*Staphycoccus*）、真单胞菌（*Xanthomonas*）、黄杆菌（*Mycobacterium*）、棒杆菌（*Corynebacterium*）、梭状芽孢杆菌

(*Clostyidium*)、纤维单胞菌、诺卡菌属（*Nocardoa*）、球衣细菌（*Sphaerotihus*）、短杆菌属（*Brevibocterium*）等，真菌、霉菌相对较少，主要有曲霉属（*Aspergillus*）、金霉属(*Mucor*)、青霉属（*Penicillium*）、木霉属（*Trichoderma*）、热带假丝酵母（*Candida tropicalis*）等。这些微生物在污染事故的补救、污染场地的修复等方面起的作用是非常巨大的。

4.5.2 污染事故的生物补救技术

4.5.2.1 地下水污染的生物补救技术

地下水污染事故近几年时有发生，一般主要是由于地下储油罐泄漏造成的，所以处理对象主要是石油烃类污染物，包括苯、甲苯、乙苯和二甲苯。虽然这些物质开始时存在于洗油箱中，但值得注意和重视的是这些化合物具有毒性，而且能够以持续不断的方式释放到水箱中，这种持续释放的过程以及释放到水箱中的量取决于该类化合物在水中的溶解度和它们从汽油箱到进入水箱的分配系数，其他像被柴油等污染的地下水也可以用生物的方法来进行处理。

进行生物补救处理前，应对被污染地下水的水文地质状况有一个清楚的了解，一般要求地下的土壤环境必须具有良好的渗透性，以使得加入的N、P和O_2能顺利地传递到各个被污染区域的微生物群落中。

添加适量的营养盐，通常微生物处于理想活性状态所需要的营养物有三种，即N、P和O_2，它们是地下水中土著微生物群落活性的限制因子，N、P营养物一般溶解在地下水中，循环通过污染区域，普遍使用的方法是将营养盐溶液通过深井注入到地下水饱和区域或通过渗透渠加入到地下水不饱和区域和表层土壤中，见图4-14。

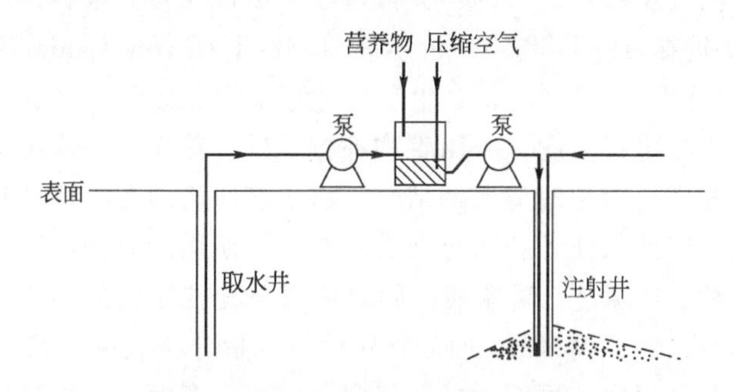

图4-14　利用注射井进行地下水修复

（引用王建龙等，北京：清华大学出版社，2001）

营养盐加入的量要适度，以避免添加营养盐过多或过少。营养盐加入过少会使生物污染降低，而过多则会使由于生物量太大而堵塞蓄水层，影响处理效果。

此外，为维持好氧微生物的活性，必须使地下水中的微生物在有较高溶解氧的环境下生活，目前采用较多的方法是在营养盐浴中加H_2O_2作为O_2的来源。H_2O_2在水中溶解度很大并可在蓄水层中缓缓分解释放出自由的O_2。但是要注意的是，H_2O_2在浓度达到100～200mg/L时对某些微生物存在毒性，减少或避免H_2O_2毒性的方法是在开始加入时采用较低的浓度（约50mg/L)，然后逐步提高浓度，最后可达到1000mg/L。

4.5.2.2 土壤污染的生物补救技术

土壤除遭受金属的污染外，更多的是来自有毒有机废物的污染，这些污染物包括农药、石油及其垃圾滤液等。土壤中的微生物具有范围很宽的代谢活性，因此可以充分利用土壤中微生物的作用将污染物氧化降解去除。在土壤污染的生物补救过程中，以下几个条件是必须考虑的。

① 碳源及营养盐　一般而言，污染物中碳源已经比较充分，足以维持土壤中大量生物量的生存，但土壤中一般 N、P 或其他无机营养盐比较缺乏，需要添加。

② 氧　随着外加碳源的增加，微生物群落生长增加，对氧的需求量也增加，而且土壤上层空气中的氧进入到土壤中的速度较慢，不足以维持降解过程中微生物对氧的需求量，所以需要外加氧源。

③ 湿度　湿度也是限制微生物污染的主要因素，因为表层土壤常常被风干，所以必须添加一定量的水分以保持适宜的湿度。

④ 气温　土壤中的微生物生长活性受一年中季节、气温的影响，微生物菌落得以保持迅速生长和良好活性需要一个相对适宜的温度范围，较冷的天气生物降解不易进行。

在土壤生物补救技术中，对工程方面有较高的要求，包括提供水与营养物的搅拌系统，土壤底层的衬底和渗滤液的收集装置等，当然这些是指异位修复时的措施，应充分考虑。

4.5.2.3　海洋石油泄漏的生物补救技术

海洋港湾中的油类泄漏问题已经由来已久，特别是近几年海洋大型石油泄漏事故频有发生，危害极大，对海洋的生态环境造成了很大的威胁，应用生物技术，也就是微生物的氧化降解能力来消除海上污染已得到广泛认可。研究表明，烃类氧化细菌分布广泛，处理效果较好，最近十几年由于生物技术突飞猛进，越来越多的新技术、新工艺不断出现，运用生物工程技术手段构建工程菌处理海洋油污的相关报道经常出现在各大报刊。最早运用生物补救方法处理海上石油泄漏是在 1989 年。1989 年 3 月 24 日 Exxon Valdez 号油轮在 Alaska 的 Prince william 海湾触礁后，42003L 原油泄漏，对海洋的生态环境带来十分沉重的打击，泄漏的原油污染了海洋水与附近海岸，采用生物补救处理，首先投加选用特定的 N、P 肥料播撒到海岸上，因为这些肥料能和油类保持结合，由于该海湾的潮汐活动和偶发的风暴，使得其水流运动比较活跃，因而保证了肥料与油类的结合。所用的原油性肥料是一种液体，其中 N 源是含尿素的原油酸，P 源是三磷醋酸，同时使用一种胶囊化的 N、P 制剂，以刺激土壤下表层微生物群落的生长。泄漏事故后 16 个月后的定量分析表明，70% 的油类被降解。在海岸、海面的生物补救过程中，可不考虑氧气问题，因为海面一般风浪较大，风浪搅拌作用可以提供所需的氧气。

参考文献

[1] 胡家骏，周群英．环境工程微生物 [M]．北京：高等教育出版社，1998．

[2] 贺延龄编著．废水的厌氧生物处理 [M]．北京：中国轻工业出版社，1998．

[3] 周群英，高延耀．环境工程微生物学 [M]．北京：高等教育出版社，2000．

[4] 孔繁翔，尹大强．环境生物学 [M]．北京：高等教育出版社，2000．

[5] 徐亚同等．污染控制微生物工程 [M]．北京：化学工业出版社，2001．

[6] 任南琪，马放等编著．污染控制微生物学 [M]．哈尔滨：哈尔滨工业大学出版社，2002．

[7] 马放等编著．污染控制微生物学实验 [M]．哈尔滨：哈尔滨工业大学出版社，2002．

[8] 钱易，汤鸿霄等．水体颗粒物和难降解有机物的特性与控制技术原理．下卷．难降解有机物 [M]．北京：中国环境

科学出版社，2000.
[9] 王恩德. 环境资源中的微生物技术 [M]. 北京：冶金工业出版社，1997.
[10] 程树培. 环境生物技术 [M]. 南京：南京大学出版社，1994.
[11] 姚献平，郑丽萍. 几种天然淀粉的理化性质 [J]. 造纸化学品，1995，7 (2)：10-18.
[12] 金浩等. 污水处理活性污泥微生物群落多样性研究 [J]. 微生物学杂志，2012，32 (4)：1-5.
[13] 朱海霞等. 活性污泥微生物菌群研究方法进展 [J]. 生态学报，2007，(1)：314-322.
[14] 闫晓明等. 污染土壤植物修复技术研究进展 [J]. 中国生态农业学报，2004 (3)：131-133.
[15] 刘亭亭等. 石油污染土壤的生态修复 [J]. 广东化工，2010，37 (12)：103-104.
[16] 佟丽华，侯卫国. 菌根生理机能及其在污染土壤修复中的应用 [J]. 安徽农学通报，2007，13 (17)：19-22.
[17] 陈国瑞等. 福建省海岛综合性防护林体系社会环境效益 [J]. 林业勘察设，1996 (2)：50-53.
[18] 孙雅芹等. 论林木在改善城市生态环境中的作用 [J]. 北方环境，1996 (2)：8-10.

第5章 生态恢复中的环境生物资源

自1940年以来，由于科学技术的进步，人类生产、开发和探险的足迹遍及全球，尤其是全球人口已达57亿，而且每年仍以9000多万人的速度在递增。在所有有人类居住的地方，人类为了生存，将大部分的自然生态系统改造为城镇和耕地，使原有的自然生态系统结构及功能退化，严重的甚至完全失去生产力。随着人口急剧增长、社会经济发展和自然资源的高强度开发，对自然生态系统的人为干扰胁迫已成为一个全球性的问题，直接或间接导致的生态系统退化主要表现在生态系统初级和次级生产力降低、生物多样性减少或丧失、土壤养分维持能力和物质循环效率下降、外来物种入侵和非乡土固有物种优势度的增加等，继而引发了一系列的生态环境问题，如水土流失、森林消减、土地荒漠化、水体和空气污染加重、生物多样性锐减、淡水资源短缺等，对人类的生存和经济的持续发展构成了严重的威胁。到1995年年初，全世界荒漠化土地面积已达$3.6\times10^{7}km^{2}$，占地球陆地面积的28%，受荒漠化直接和间接威胁的人口近15亿人，土地荒漠化也以每年$(5\sim7)\times10^{4}km^{2}$的惊人速度扩展。近些年来，全球平均每年有超过$5.0\times10^{6}km^{2}$的土地由于过度利用、侵蚀、盐渍化等原因已不能再生产粮食。目前，我国荒漠化土地面积为$2.622\times10^{6}km^{2}$（含沙漠和荒漠化土地），占国土总面积的27.3%，且以每年$2460km^{2}$的速度扩展。以黄河断流为代表的河流断流问题日趋严重，草地退化愈演愈烈，森林生态功能不断退化，湿地破坏加剧。人类即使能够加强对生态系统的管理，避免对自然资源的滥用，也同样面临重新恢复和发展已退化地区生态系统功能的迫切任务。如何减缓和防止自然生态系统的退化萎缩，恢复重建受损的生态系统越来越受到国际社会的广泛关注和重视，这是改善生态环境、提高区域生产力、实现可持续发展的关键。

生态恢复的理论依据是植被的演替，也就是说在生态恢复过程中起关键作用的是环境生物资源——植物。本章首先对生态系统的退化、生态恢复的研究概况以及生态恢复中的环境生物资源进行阐述，然后分别介绍荒漠化、盐碱化、矿区废弃地、林地、湿地的有关生态恢复及相关的环境生物资源。

5.1 生态恢复及生态恢复中的环境生物资源

5.1.1 生态恢复的研究概述

5.1.1.1 生态恢复的定义

“生态恢复”一词自20世纪90年代出现后，已被国际上广泛应用。各国学者对其含义有不同的理解和认识。美国生态重建学会将生态重建（恢复）定义为：将人类所破坏的（生态系统）恢复成具有生物多样性和动态平衡的本地生态系统，其实质是将人为破坏的区域环境恢复或重建成一个与当地自然界相和谐的生态系统。

我国学者认为，生态恢复最本质的目的就是恢复系统的重要功能并达到系统的自维持状态，可把生态恢复分为严格科学意义上的和人类社会需求意义上的两种恢复。严格科学意义上的恢复就是再现或重建适宜当地生态因素和环境条件的生态系统；而人类社会需求意义上的恢复应建立在不同的社会、经济、文化背景之上。生态恢复是相对于生态破坏而言的。生态破坏是指生态系统的结构发生变化、功能退化或者丧失。因此生态恢复是指根据生态学原理，通过一定的生物、生态以及工程的技术与方法，人为地改变和切断生态系统退化的主导因子的过程，调整、配置和优化系统内部及其外界的物质、能量和信息的流动过程和时空次序，使生态系统的结构、功能和生态学潜力尽快成功地恢复到一定的或原有乃至更高的水平。

5.1.1.2 生态恢复研究的现状

生态恢复是当今生态学科研究的热点之一，为众多国家生态学界所重视，其中有关土地利用与土壤恢复、荒漠恢复、草地恢复、矿区废弃地恢复以及河流、湖泊、湿地的生态恢复的研究比较活跃。

(1) 国外生态恢复研究概况及特点

近十多年来，国外在恢复生态学的理论与技术方面都进行了大量的研究工作。美国是世界上最早进行生态恢复研究与实践的国家之一。早在20世纪30年代就成功恢复了一片温带高原草原。随后在20世纪60～70年代就开始了北方阔叶林、混交林等生态系统的恢复试验研究，探讨采伐破坏及干扰后系统生态学过程的动态变化及其机制研究，取得了重要发现；在20世纪90年代开始了世界著名的佛罗里达大沼泽的生态修复研究与实验，至今仍在进行。欧洲共同体国家，特别是中北欧各国，对大气污染如酸雨等胁迫下的生态系统退化研究较早，从森林营养健康和物质循环角度已开展了深入的研究，迄今已近20年，形成了独具特色的欧洲共同体森林退化和研究分享网络，并开展了大量的恢复实验研究；英国对工业革命以来留下的大面积采矿地以及欧石楠灌丛地的生态恢复研究最早。北欧国家对寒温带针叶林采伐迹地植被恢复开展了卓有成效的研究与试验。在澳大利亚、非洲大陆和地中海沿岸的欧洲各国，研究的重点是干旱土地退化及其人工重建。此外，澳大利亚对采矿地的生态恢复也是一个研究历史长、研究深入的重点方向；美国、德国等国家的学者对南美洲热带雨林，英国和日本学者对东南亚的热带雨林采伐后的生态恢复也有较好的研究。

Rapport等（1999年）将近年来西方恢复生态学研究进展总结为如下3个方面的工作：a. 退化生态系统营养物质积累和动态，提出资源比率的变化最终可导致群落物种组成成分的变化，即资源比率决定生态系统的演替过程（Aber et al，1993；Tilman et al，1994，1997；Likens et al，1996；Foster et al，1997；Chadwich，1999；韩兴国，1995）；b. 外来物种对退化生态系统的适应对策（Leach，1995）；c. 生态环境的非稳定性机制（Wilson，1998）。

国外生态恢复研究主要表现出如下特点：a. 研究对象的多元化，主要包括森林、草地、灌丛、水体、公路建设环境、机场、采矿地、山地灾害地段等在大气污染、重金属污染、放牧、采用等干扰体影响下的退化与自然恢复；b. 研究积累性好、综合性强，涉及生态功能群的方方面面如植被、土壤、气候、微生物、动物；c. 生态恢复研究的连续性强，特别注重受损后的自然生态学过程及其恢复机制研究；d. 注重理论与实验研究。

(2) 国内生态恢复研究概况及特点

我国是世界上生态系统退化类型、山地生态系统退化最严重的国家之一。我国也是较早开始生态重建实践和研究的国家之一。我国的生态恢复研究，最初主要是以土地退化，尤其是土壤退化为主，而且土地退化和土壤退化研究往往交织在一起，主要针对水土流失、风蚀沙化、草场退化及盐渍化对农林牧业的危害进行的，也包括岩化、裸土化、砾化、土地污染及肥力贫瘠化等。近期，有关生态系统退化的研究除继承前期的研究内容外，重点逐渐转移到区域退化生态系统的形成机理、评价指标及恢复重建的研究上。目前，已在生态系统退化的原因、程度、机理、诊断以及退化生态系统恢复重建的机理、模式和技术方面做了大量的研究。同时，对退化生态系统的定义、内容及恢复理论也有了一定的完善和提高，提出了一些具有指导意义的应用基础理论。这些研究已取得了显著的生态效益、社会效益和经济效益，为地方自然资源的持续利用和生态环境的改善发挥了重要的作用。综合我国多年来的研究，从生态系统层次上，有森林、草地、农田、水域等方面的研究，也有地带性生态系统退化及恢复方面的研究，如干旱、半干旱区、荒漠化及水土流失地区生态恢复的工程、技术、机理方面的研究。20 世纪 50 年代末，华南地区对退化坡地进行荒山绿化、植被恢复的研究；20 世纪 70 年代，“三北”防护林工程建设；20 世纪 80 年代，长江中上游地区（包括岷江上游）的防护林工程建设、水土流失治理工程等一系列的生态恢复工程；20 世纪 90 年代开始的沿海防护建设研究；另外还有沿海侵蚀地的植被恢复研究、太行山荒山秃岭植被恢复研究、盐碱化草地的植被恢复、固体废弃物处置场和矿区废弃地的生态恢复研究等，提出了许多切实可行的生态恢复与重建技术和模式，也取得了可喜的成绩和阶段性成果。

我国生态恢复研究的特点：a. 试验实践重于基础理论研究，即注重生态恢复重建的试验与示范研究；b. 注重人工重建研究，特别注重恢复有效的植物群落模式试验，相对忽视自然恢复过程的研究；c. 大量集中于研究砍伐破坏后的森林和放牧干扰下的草地生态系统退化后的生物途径恢复，尤其是森林植被的人工重建研究；d. 注重恢复重建的快速性和短期性；e. 注重恢复过程中的植物多样性和小气候变化研究，相对忽视对动物、土壤生物（尤其是微生物）的研究；f. 对恢复重建的生态效益及评价研究较多，特别是人工林重建效益，缺乏对生态恢复重建的生态功能和结构的综合评价；g. 近年来开始加强恢复重建的生态学过程的研究。

5.1.1.3 生态恢复的主要意义及类型

人类对自然植被的自由的不合理的开发利用，尤其是资本主义掠夺式的生产方式，相应地引起自然条件恶化、严重水土流失、地力衰退、风水干旱等自然灾害以及流行病等大自然的无情报复。近年来全球平均每年有 $5.0\times10^6hm^2$ 土地，由于极度破坏、侵蚀、盐渍化、污染等原因，已不能再生产粮食；全世界每年以 $(5\sim7)\times10^4km^2$ 的惊人速度使土地沙漠化；全世界的热带森林，每年达 2%的破坏率；20 世纪以来，全世界 3800 多种哺乳动物中，已有 110 种和亚种消失了，9000 多种鸟类中已有 139 个种和 39 个亚种消失了，还有 600 种动物和 2.5 万种植物正面临着绝灭的危险。人类对植被自然资源盲目地掠夺式地开发和利用所造成的后果是极其严重的。

我国由于人类过度活动的影响，工业化和城市的加速发展，加之不合理的开发利用，忽视生态保护和环境治理，使原有的自然生态系统遭到很大的破坏。大面积植被破坏后的严重水土流失是加剧生态系统退化的主要原因。这类生态系统土地贫瘠，水源枯竭，生态环境恶化，从而严重地制约着农业生产的发展，严重影响着人类生存空间的质量。据统计，我国退化土地约 $1.5\times10^6km^2$，华南地区每年约有 $(5\sim6)\times10^6hm^2$ 的土地失去再生产能力。如何进行综合治理，使退化生态系统得以恢复，这是提高区域生产力、改善生态环境、使资源得以持续利用、经济得以持续发展的关键。

生态恢复是相对于生态破坏而言的，由于人为的和自然的因素使原有生态系统遭受破坏。Daily（1995 年）指出，基于以下 4 个原因人类进行生态恢复是非常必要和重要的：a. 需要增加作物产量满足人类需要；b. 人类活动已对地球的大气循环和能量流动产生了严重的影响；c. 生物多样性依赖于人类保护和恢复生态环境；d. 土地退化限制了国民经济的发展。而对于不同的生态系统类型，其退化的表现是不一样的。由于生态恢复是针对不同的退化生态系统而进行的，所以决定了生态恢复类型繁多，主要的类型如下。

① 荒漠化生态恢复　荒漠（desert）可由自然干扰或人为干扰而形成。目前我国荒漠化土地面积占国土总面积的 1/3。荒漠化生态恢复就是针对这些退化生态系统，通过引入抗旱、耐盐碱、耐风沙的草本植物重建其原有功能。

② 湿地生态恢复　湿地是陆地和水生生态系统间的过渡带，具有“地球之肾”之称。随着社会和经济的发展，全球约 80%的湿地资源丧失或退化。湿地生态恢复是指通过生物技术或生态工程对退化或消失的湿地进行修复或重建，再现干扰前的结构和功能，使其发挥原有的作用。

③ 草地生态恢复　草地退化是指草地在不合理人为因素干扰下，在其背离顶级的逆向演替过程中，表现出的植物生产力下降、质量降级、土壤理化和生物性状恶化，以及动物产品的下降等现象。全世界草地有半数已经退化或正在退化，我国草地严重退化面积占草地总面积的 1/3，草地生态恢复就是通过改进现存的退化草地或建立新草地两种方式来完成的。

④ 矿区废弃地生态恢复　由于自然资源的大量开采，不仅造成土壤和植被的破坏，而且导致水土流失，又是巨大的污染源。因此，废弃地的整治在生态系统的恢复与重建中具有重要的地位。

⑤ 林地生态恢复　森林作为陆地生态系统的主体和重要的可再生资源，在人类发展的历史中起着极其重要的作用。但由于人类的过度砍伐，使森林生态系统退化，严重的变成裸地。世界各地已开始通过封山育林、退耕还林、林分改造等进行林地生态恢复。

⑥ 水体生态恢复　所谓水体生态系统的恢复是指重建干扰前的功能及相应的物理、化学和生物特性，即在水体生态恢复过程中常常要求重建干扰前的物理条件，调整水和土壤中的化学条件，再植水体中的植物、动物和微生物群落。

5.1.1.4　生态恢复的理论基础

退化生态系统中的植被恢复是恢复生态学的首要工作，因为所有的自然生态系统的恢复和重建，总是以植被的恢复为前提的。植被恢复是重建任何生物群落的第一步，它是以人工手段促进植被在短期内得以恢复。生态恢复过程是按照一定的功能水平要求，由人工设计并在生态系统层次上进行的，因而具有较强的综合性、人为性和风险性。目前生态恢复的基本思路是根据地带性规律、生态演替及生态位原理选择适宜的先锋植物，构造种群和生态系统，实行土壤、植被与生物同步分级恢复，以逐步使生态系统恢复到一定的功能水平。

生态演替规律和动态变化机制为生态恢复奠定了理论基础。生态演替是指一些植物取代另一些植物，一个群落取代另一个群落的过程。生态演替按着演替发生的方向不同可分为进展演替和逆行演替。进展演替，即从先锋群落经过一系列的阶段达到中生顶级群落（与环境最适应、最稳定的成熟群落）；反之，如果是由顶级群落向着先锋群落演变，则称为逆行演替。进展演替程序是植物体逐渐增多的程序，也是植物组合建立的程序，这些程序在时间上不断利用自然界的生产力，而逆行演替在人为干扰下是暂时的。在进展演替过程中，群落结构是逐渐变复杂，反之逆行演替过程中群落结构则趋于简化，因此在某种意义上来说，退化群落和生态系统是逆行演替的群落和生态系统，而生态恢复是在人的参与下使退化生态系统向着进展演替的方向进行。进展演替由于最初土壤条件不同，决定了演替的类型也不同，原生演替发生在没有土壤的沙丘表面或裸露岩石上，由于大多数植物在这种条件下是不能进入并生存的，如果不加任何人工措施，几十年过去仍会是寸草不生；次生演替一般发生在有土壤但由于外界的干扰已将天然植被除掉的地方，因为土壤仍然存在，所以植被在短时间内就可以出现。一般来说在自然条件下，植被遭受干扰和破坏后是能够恢复的，如果破坏的严重一些，恢复时间就会长一些。那么，给以足够的时间，演替在任何情况下都能够修复所有的干扰重建原来的顶级群落吗？并非总是如此，修复过程是有限度的，生态演替在人为干扰下可能加速、延缓、改变方向以致向相反方向进行，但究竟向哪个方向进行就取决于人类的行为了。因此根据生态系统自然演替的规律，对退化生态系统在以下方面加以人工辅助，加速其生态恢复进程。

① 植物种类的迁移　种源的自然扩散过程可以将许多种类带到任何地方，但是适宜的种类可能在附近得不到。因此，有必要将所需的种源辅助以人工措施或者设法扩大扩散介质。

② 定居　辅助植物种子或繁殖体定居有许多方式，譬如表土耕作、局部土壤改良、使用覆盖物、利用庇护种等。

③ 营养成分　能够定居成功的先决条件必须满足生长发育的养分条件，但即使如此，必要的施肥措施也是需要的。在种类的选择上，那些固氮的植物非常重要。

④ 元素循环　土壤生物是另一种重要的因素，蚯蚓、蚂蚁等对于植物群落的形成有非常重要的作用。这部分土壤动物是易移动的，用少部分的土壤就可以带来，但对于大一点的动物就需要人工引入。

⑤ 去除毒性　土壤的酸性和重金属物质可以通过施加石灰石去除，或者利用对这些物质有抗性的本地种类，有时这两种方法的综合效果更有效。

⑥ 组合法则　生态理论所揭示的演替过程中种间的相互关系是值得重视的因素。但是，我们是否只有被动地等待某种促进过程或抑制过程发生，而无所适从？经验证明虽然这些因素是很重要的，但只要我们确定了生态恢复的目标，它们不可能成为限制生态恢复的最终因素。

生态恢复的重要因素有两条：其一，选择适宜的植物种类，这是所有问题的关键；其二，待恢复地点的生态环境是否适合所选择的种类。如果不遵守这些基本的规律，生态恢复就不可能达到预期的目标。当然，恢复过程中的经济因素和所恢复目标自身的恢复能力也很重要。

5.1.2 生态恢复中的环境生物资源

5.1.2.1 环境生物资源在生态恢复中的作用

生态恢复中的一个关键成分是生物体，因而环境生物资源在生态恢复计划、项目实施和评估过程中具有重要的作用。对一个缺损的生态系统，生物种类及其生长介质的丧失或改变是影响生态恢复的主要障碍，而这正是大多数陆生生态系统恢复所要解决的关键问题。在通常情况下，生态恢复的首要工作就是要选择那些乡土的温度造应型、土壤适应型和抗干扰适应型的品种来改造介质，使其更合适其他植物的生长。因为几乎所有的自然生态系统的恢复总是以植被的恢复为前提的，植物在退化生态系统恢复与重建中的基本作用为：a. 利用多层次多物种的人工植物群落的整体结构，通过林冠层的截流，凋落物增厚产生的地面下垫层的改变，以减缓雨滴溅蚀力的地表径流量，控制水土流失；b. 利用植物的有机残体和根系穿透力，以及分泌物的物理化学作用，促进生态系统土壤的发育和熟化，改善局部环境，并在水平和垂直空间上形成多格局和多层次，造成生态环境的多样性，促使生态系统生物多样性的形成；c. 利用植物群落根系错综复杂的整体网络结构，增加固土、防止水土流失的能力，为其他植物提供稳定的生态环境，逐步恢复已退化的生态系统。所以，根据具体环境条件与需要选择适宜的物种是生态恢复的关键技术之一，因而在物种层次上根据退化程度选择阳生性、中生性或阴生性种类并合理搭配，同时考虑物种与生态环境的复杂关系。生态恢复的最终目的是恢复生态系统原有的结构和功能，最优的群落结构是林、灌、草的完美结合，同时兼顾景观上的效果。

通常在生态恢复实践中采用乡土种具有更大的优势，这主要因为乡土种更适于当地的生态环境，而且繁殖能力和种子的传播潜力最大，同时易于和当地残存天然群落结合。当然，那些耐干旱、耐贫瘠、固氮、速生、高产的草本或灌木也是首选种类，因为这类植物可以迅速生长并获得永久的植被。人们在进行生态恢复时不仅要注重生态效益，还应该注意社会和经济效益，所以生态恢复中所需环境生物资源应具有以下一项或几项特性。

① 抗性、耐性　依据不同的生态条件，所选植物应具有对特定环境的抗性或耐性，如在矿区废弃地的生态恢复中，植物需在高酸、碱、重金属等环境中生长。

② 速生、快长性　生态恢复中所需植物要求能迅速萌发、生长，达到郁蔽。

③ 吸附重金属等特性　在受污染生态系统的恢复中，选择对污染物有吸附能力的植物，可降低污染程度，缩短生态恢复的时间。

④ 美化环境。

⑤ 具一定的经济价值　遭受生态破坏的地区多数属于贫困地区，进行生态恢复除要注重生态效益外，还应与当地的经济建设相联系，因此在条件允许的情况下应选择当地的经济植物。

5.1.2.2　环境生物资源的种类

生态恢复的理论基础是群落的演替。一个先锋植物群落在裸地形成后，演替便会发生，一个植物群落接着一个植物群落相继不断地被另一个植物群落所取代，直到顶级群落。典型的陆生植物群落演替模式，通常可划分为地衣群落阶段、苔藓群落阶段、草本群落阶段和木本群落阶段。

(1) 地衣群落

壳状地衣是最常见的先锋植物，壳状地衣将极薄的一层植物紧贴在岩石表面，由于假根分泌出溶蚀性的碳酸而使岩石变的松脆，并机械地促使岩石表层萌解。它们可能积聚一层堆积物的薄膜，并在某些情况下，一个或多个后继地衣群落取代了先锋群落。通常后继者首先是叶状地衣，叶状地衣可以积蓄更多的水分，积聚更多的残体，而使土壤增加得更快。在叶状地衣将岩石表面遮盖的地方，叶状地衣出现，甚至可出现真菌属与萼藓属之类的苔藓植物。枝状地衣是植物体为几厘米的多枝体，生长能力强，逐渐可以完全取代叶状地衣群落。地衣群落在裸地的演替过程中持续的时间最长。

（2）苔藓群落

苔藓植物生长在岩石表面上，与地衣植物类似，在干旱期时，可以停止生长并进入休眠，等到温暖多雨时，再大量生长，它们积累的土壤更多些，为后来生长的植物创造更好的条件。

（3）草本群落

群落演替进入草木群落阶段，首先出现的是蕨类植物和一些一年生或二年生的草本植物，它们大多是短小和耐旱的科类，并早已以个别植物出现在苔藓群落中，随着群落的演替大量增殖而取代苔藓植物。随着土壤的继续增加和小气候的开始形成，多年生草本植物相继出现。在草本群落阶段中，原有的岩面环境有了较大的改变，首先在草丛郁蔽的条件下，土壤增厚，蒸发减少进而调节了温度和湿度。土壤中的微生物和小动物活动也加强，为木本植物的生长创造了适宜的生态条件。

（4）木本群落

草本群落进一步发展，一些喜光的阳性灌木首先侵入，并逐渐增殖，常与草本植物混生而形成草灌丛群落。随着灌木的增多而逐渐形成森林群落。此时林下形成荫蔽的森林小气候，耐阴树种得以定居。随着耐阴树种的增加，阳性树种因在林内不能更新而逐渐消失。森林群落发展为种性顶级群落。

5.1.2.3 环境生物资源在生态恢复中的作用机理

退化生态系统是指生态系统在自然或人为干扰下形成的偏离自然状态的系统。与自然生态系统相比，一般的，退化的生态系统种类组成、群落或系统结构改变，生物多样性减少，生物生产力降低，土壤和微环境恶化，生物间相互关系改变。对退化生态系统的恢复往往是在这种恶劣的环境条件下进行的，只有那些能够适应这种环境的物种即先锋植物首先存活下来，继而创造适合其他生物存活的有利环境。而对于不同的植物适应逆境的机制有所不同。

（1）植物对盐渍逆境的适应

一般的植物是不能在盐碱土上生长的，但有一类植物却能在含盐量高的盐土或碱土里生长，具有一系列适应盐、碱生态环境的形态和生理特性。这类植物在形态上的表现为植物体干而硬；叶子不发达，蒸腾表面强度缩小，气孔下陷；表皮具有厚的外壁，常具灰白色绒毛。在内部结构上，细胞间隙强烈缩小，栅栏组织发达。有的具有大量的贮水细胞，用以稀释盐分，如在盐碱地生长的碱蓬属、猪毛菜属、海篷子属植物。在生理上，有些植物通过茎、叶上的盐腺将运进的盐分分泌到体外，从而避免盐分的毒害作用，如二色补血草；有的植物根部细胞的细胞膜特殊，对 Na^+ 不吸收，可以避免盐分的伤害，如獐茅、风毛菊；还有些植物能从土壤中吸收大量的盐类，并把其聚在体内而不受伤害，如盐穗木。

（2）植物对干旱逆境的适应

不同的植物以各自不同的方式适应干旱。许多沙漠一年生植物以短命、避旱的方式逃避干旱，如繁缕、蝎子草等；大部分的被子植物，它们的避旱适应通常是在干旱环境里，体内有水分贮存，而且还有深广的根系及根系的快速生长，以此避免干旱的胁迫，如圣柳、仙人掌等；还有一些真正抗旱的植物，它们能够忍受胞质失水。但总的来看植物对干旱的适应是通过形态和生理两方面来反映的，在形态结构方面，植物减小表面积，角质层发达，气孔下陷，甚至在干旱季节落叶，因此达到增强保水能力。植物根系因干旱而向深、广伸展，支根及根毛发达，以此增强吸水能力。植物还通过生理机制来调节气孔的开闭、抑制分解酶的活性及增强转化酶和合成酶的活性，以维持基本的代谢活动。

（3）植物对沙区环境的适应

沙区生态环境最显著的特征是风大沙多，干燥少雨，光照强烈，冷热剧变。植物通过对这种环境的长期适应，有的能在被沙埋没的茎干长出不定根和不定芽，如沙竹、黄柳、沙引草；有的植物在风蚀露根时在裸露根系上长出不定根，如白刺、梭梭；有的植物根系生长迅速，根系极为发达，根幅常为冠幅的几倍到几十倍，如绵蓬；有的植物在根部形成根套，如沙芦草；有的以休眠的形式避开干旱或成为短命植物迅速完成一生。另外，沙生植物的种子和果实能借风力传播，遇水发芽生根，有的植物还以根蘖、根茎分株进行繁殖。

（4）植物对土壤污染的适应

土壤污染包括多种形式，在这里我们主要介绍植物对重金属污染土壤的抗性机制。对于大多数植物来说，极小浓度的重金属就会对其造成严重的影响，然而某些植物种能生长在污染的环境中，因为这些植物在长期的适应过程中已经形成了多种抗性、耐性机制，能够避免重金属对自身的伤害。这些机制包括：a. 减少吸收；b. 通过细胞壁对毒性离子的固定，可以防止毒性离子与原生质的接触及通过质外体的进一步运输；c. 阻止跨原生质界面层的渗漏；d. 在细胞质中将毒性离子整合成含硫多肽、含 SH 蛋白或诱导产生可防止金属毒性的应激蛋白；e. 使毒性离子在液泡中与有机酸、无机酸、酚衍生物或糖苷形成复合物；f. 将毒性离子再转移。具有毒性离子抗性的植物如细弱剪股颖（*Agrostis tenuis*）、绒毛剪股颖（*A. canina*）、羊茅（*Festuca ovina*）、长叶车前（*Plantago lanceolata*）和麦瓶草（*Silene vulgaris*）对 Zn、Cu、Ni 等具有抗性，这类植物对矿区废弃地植被重建具有重要作用。

5.2 荒漠化生态恢复中的环境生物资源

荒漠化是一个全球性的最为严重的生态问题，其造成的资源丧失和环境破坏给人类带来了严重的危害，成为影响深远的缓发的生态环境灾害，有“地球的癌症”之称。联合国环境规划署的调查表明（Daily，1995），全球荒漠化土地有 $36\times10^8\,hm^2$ 以上（占全球干旱地面积的 70%），其中轻微退化的 $12.23\times10^8\,hm^2$，中度退化的 $12.67\times10^8\,hm^2$，严重退化的有 $10\times10^8\,hm^2$ 以上，极度退化的有 $0.72\times10^8\,hm^2$，此外，弃耕的旱地每年还以 $0.09\times10^8\,hm^2$ 的速度在递增。联合国环境署还估计，1978～1991 年间全球土地荒漠化造成的损失达 3000 亿～6000 亿美元，现在每年高达 423 亿美元，而全球每年进行生态恢复而投入的经费达 100 亿～224 亿美元。中外学者对荒漠化开展了大量的研究，朱震达认为中国的荒漠化是人类不合理的经济活动和脆弱生态相互作用而造成的土地退化过程（朱震达等，1996）。林年丰研究认为第四纪地质环境人工再造作用是导致土地荒漠化的主要原因（林年丰，1998）。所以必须将导致荒漠化的自然因素和人为因素结合进行研究，方能全面揭示荒漠化的成因（林年丰，汤洁，1998）。

5.2.1 荒漠和荒漠的动物及主要植被

热荒漠分布在北纬 30°和南纬 30°之间。半荒漠生态系统出现在并不太干旱但水分又是有限的区域。热荒漠植被是非常稀疏的，它包括有很大空间的多刺灌木，这些多刺的灌木能够在干旱季节里落叶成为优势植物。荒漠植物以不同的方式如短命、地下茎和肉质等形式适应干旱环境。冷荒漠具有稠密的灌丛植被，像北美蒿，在整个夏季保持常绿。微植物区系，包括苔藓、地衣和蓝绿藻，能够在凉爽湿润的时期迅速生长繁殖。

在荒漠地区许多动物通过长期的适应而在此定居，爬行动物和昆虫能够通过防水体表和干燥的排泄物等特征而在荒漠条件下生存。还有一些哺乳动物如少数夜行的啮齿类动物，其他的如骆驼，都能很好地适应荒漠生活。对于爬行类动物、小型哺乳动物和鸟类，半荒漠是它们重要的栖息地。

5.2.2 荒漠化的定义及类型

5.2.2.1 定义

最初提出荒漠化（desertification）这一术语的是法国植物学家、生态学家 A. Aubreville，他在 1949 年出版的《热带非洲的气候、森林和荒漠化》一书中对荒漠化的定义是：在人为造成土壤侵蚀而破坏土地的情况下，使生产性土地最终变成荒漠的过程。1994 年 6 月 17 日，联合国荒漠化公约政府谈判委员会第五轮会议上，将多年来各国学者研究、争论的土地沙漠化、沙化、砂石化等术语统一起来，称为“荒漠化”。荒漠化是指包括气候变异和人类活动在内的种种因素造成的干旱、半干旱和干燥半湿润地区的土地退化。这种土地退化是指由于使用土地和由于一种营力或数种营力结合致使干旱、半干旱和干燥半湿润地区雨浇地、水浇地或是草原、牧场、森林和林地的生物或经济生产力的复杂性下降或丧失，其中包括：a. 风蚀和水蚀致使土壤物质流失；b. 土壤的物理、化学和生物特性或经济特性退化；c. 自然植被长期丧失。干旱、半干旱和干燥半湿润地区是指年降水量与潜在蒸发量之比在 0.05～0.65 之间的地区。国内一些学者认为，土地荒漠化是在脆弱的生态背景下（内因），由于不合理的经济、社会活动的干扰，使土地质量下降（退化），而最终导致土地完全丧失生产能力，地表出现类似荒漠景观的过程。

5.2.2.2 类型

① 根据其成因可分为：水蚀荒漠化、风蚀荒漠化、盐渍荒漠化、水渍荒漠化及由人类经营活动作用引起的土地退化、气候干旱引起的植被退化等荒漠化类型。

② 根据土壤质地可分为：沙质荒漠化、土质荒漠化、砾质荒漠化等。

③ 根据表现形式可分为：耕地退化、林地退化、草地退化等。

④ 根据退化程度可分为：轻度退化、中度退化、重度退化。

根据中国防治荒漠化研究与发展中心公布的普查与统计结果（卢琦，慈龙骏，1998），当时我国荒漠化总面积已达 $262.23\times10^4 km^2$，占可能发生荒漠化地区总面积的 80%，占国土总面积 27.3%，并以每年 $2460km^2$ 的速度扩展。其中风蚀（沙质）荒漠化 $160.74\times10^4 km^2$，占荒漠化总面积 61.3%；水蚀荒漠化 $20.46\times10^4 km^2$，占 7.8%；冻融荒漠化 $36.33\times10^4 km^2$，占 13.8%；土壤盐渍化 $23.32\times10^4 km^2$，占 8.9%；其他荒漠化 $21.38\times10^4 km^2$，占 8.2%。按程度划分，轻度为 $95.15\times10^4 km^2$，中度 $64.11\times10^4 km^2$，重度 $102.97\times10^4 km^2$，分别占荒漠化总面积的 36.29%、24.44%和 39.27%。草地退化 $10523.7\times10^4 hm^2$ 中，轻度、中度、重度分别占 53.8%、32.6%和 13.6%。耕地退化 $772.6\times10^4 km^2$，林地退化超过 $10\times10^4 hm^2$。可见草地退化是各种类型荒漠化的主要表现。

5.2.3　荒漠化的成因及危害

5.2.3.1　荒漠化形成的原因

荒漠化的发生，源于良性生态系统的崩溃及其植被第一性生产力的过度减少或丧失。荒漠生态系统是比较脆弱的，一旦遭到破坏，会引起风蚀或流沙，成为不毛之地，其退化速度惊人，且往往是不可逆的，恢复极为困难且缓慢。要想进行荒漠化的生态恢复就必须首先了解其形成的原因，荒漠化形成的原因可以分为自然因素和人为因素。

(1) 自然因素

① 气候因素　主要是气候干燥，降水稀少，风大风多，沙尘暴频繁，沙物质丰富，这是促使沙质荒漠化（沙漠化）发生和发展的自然动力。

② 土壤因素　土壤含有沙物质且风沙土广为分布，这成为沙质荒漠化的物质基础。

③ 植被因素　植物种类贫乏，植被稀疏，生长矮小，植被覆盖度低，植物群落结构简单。

④ 土壤盐碱化　沉积的岩层含有较高盐分，土壤盐分无法外泄，造成植被缺乏导致荒漠化。

(2) 人为因素

人类活动已成为当代影响全球变化和荒漠化的一个重要因素，有 85%沙漠化是由人为因素引起的。

a. 随着人口数量的增加，盲目开荒和人为不合理耕作是造成土地荒漠化的直接原因。

b. 水资源不合理利用是造成土地荒漠化的主要原因。

c. 人为破坏植被，过度砍伐、垦殖、放牧、樵采是导致土地荒漠化的重要原因。

d. 工业污染环境，大规模石油气开发也是造成土地荒漠化的原因。

5.2.3.2　荒漠化发展的主要危害

随着科学技术的不断进步，人类改造自然征服自然的能力在不断提高，在人类改造自然的同时，对自然的破坏以及遭受破坏的自然环境对人类的威胁也在不断地加剧，我国乃至全球荒漠化的逐渐扩大，荒漠化对人类造成的危害日益加剧。荒漠化给人类带来的危害是多方面的，它可以破坏土地资源，甚至使其丧失生产能力，春季沙区风吹蚀地表层的沃土，吹露籽种，沙割、沙埋和吹蚀幼苗，轻者减产，重者颗粒无收。受此影响，荒漠化地区内耕地退化率超过 40%，受荒漠化严重影响的农田产量普遍下降 75%～80%。同时，荒漠化过程还引起土壤侵蚀，造成土壤有机质和养分损失严重，肥力下降（董光荣，1989)；加速地表水、土壤水的蒸发，促使土地干旱和盐碱化；破坏建设工程设施，阻碍经济振兴。沙漠化地区的交通线路因荒漠化而阻塞中断的情况经常发生，土壤侵蚀常常给水利等工程设施带来许多不良后果，泥沙侵入水库、埋压灌渠等，使其难以发挥正常作用甚至遭到破坏。荒漠化对各项工程的破坏和影响，已严重阻碍了当地社会经济的发展与振兴；荒漠化通过地表植被的破坏极大地加剧了生态环境的恶化，人类不合理的经济活动促进了荒漠化的发展。另外，风蚀荒漠化过程中产生的一系列沙尘物质等，对环境产生严重污染，并可扩及风蚀荒漠化以外的广大地区，是我国环境影响范围大、危害严重的最大污染源。荒漠化的发生和发展，还存在着很大的潜在威胁，如在生态环境方面将导致生物多样性的损失，破坏正常的地球-生物化学循环，成为全球气候变化的重要原因之一，这在区域环境退化中起着日益重要的作用；在社会经济方面，会造成食物缺乏和人口供养能力减少，使受影响地区经济不稳定，社会动乱、纷争，还影响到人们特别是儿童的健康与营养状况等，这些都将必然危及荒漠地区社会经济的稳定与可持续发展。粗略估计，中国因荒漠化造成的经济损失每年达480亿元（Tang Jie，Lin Nianfeng，1995）。

5.2.4 荒漠化生态恢复中的环境生物资源

荒漠化给人类造成的危害是有目共睹的，荒漠化的生态恢复势在必行。荒漠化防治的关键体系是从生物多样性的恢复和生态系统合理结构的重建入手，在生态建设适合于自然规律和社会需求的前提下，遵循植被演替规律，通过生物和工程相结合的技术措施，控制荒漠化生态系统的变化过程和演变方向。在不同的荒漠化地区其植被类型的发展趋势也是不同的，但是随着荒漠化土地在不断地变化及植被进展演替，植物种类组成和群落结构也在发生相应的动态变化，例如植被生产力和生物量的高低、土壤肥力的高低，以及生态系统自我调节能力的高低和稳定性，这些都是衡量和评估沙漠化土地程度的基本要素。在荒漠化地区，由于不同生态环境以及人类经济活动的不同，将会产生不同类型、不同演替阶段的植被群落，这种相互关系是人类长期从事经济活动和利用形式不同而产生的。植物群落所处的演替阶段、组成、结构与分布，以及植被群落退化过程的不同即土地沙漠化程度不同所造成的植物对生态环境的适应能力和适应程度也有所差别。因此说在荒漠化生态恢复过程中，要根据荒漠化程度的不同、残存植被类型的不同选择合适的植物种类对其加以恢复和重建。

5.2.4.1 荒漠化生态恢复中环境生物资源的特性

适应荒漠生态环境的环境生物资源是具有独特生物学、生理学、生态学并能造应风蚀沙埋又耐沙层风沙、土壤干旱、大气干旱的一类植被类型。春夏之交萌芽快、生长速度快、雨后猛长、短期即能完成生活史。在高温降雨开始减少的伏旱期间可以假死，秋雨后又复活，或雨后迅速繁殖，或快速传播种子繁衍后代。植物根系深扎而强大，根长及根幅是地上部的几倍至几十倍，起到对沙丘的固定及阻止地表沙砾滚动的作用，另外根勒、茎叶绒毛、下陷气孔、细小叶片等多种适应荒漠的生态、生理、形态学特征，构成荒漠化生态恢复中环境生物资源的共同特性，见表5-1。

表5-1 荒漠植物的主要特征

特　征	干旱逃避者	深根植物	常绿灌木	肉质植物
生命期	多数为一年生，少数多年生	多年生	多年生	多年生
主要表现	无明显特化	长有深根	小面积的特化叶或无叶	肉质，通常无叶
光合特性	光合效率高，多为C4植物	无明显光合特化	光合作用相对低，但在水分不足时仍可进行光合作用，多为C3植物	光合效率很低，但可在任何条件下进行，多为CAM植物
水经济	无特化持水	抽取地下水	特化标准水压，高抗水分消耗	储水

5.2.4.2 荒漠化生态恢复中环境生物资源的类型

(1) 不同荒漠地带的环境生物资源

荒漠发育阶段不同，在其上生长的建群种有所不同。在固定荒漠上的优势类型是荒漠疏林一荒漠森林，建群种有棒子松群系、白杆（*Picea mojoii*）群系、白榆（*Ulmus pumilla*）群系、油松（*Pinus tabullaeformis*）等。

在半固定荒漠阶段，植被主要是由富属半灌木的各个种如差巴嘎蒿（*Artemisia halon-*

dendron)，褐沙蒿、油蒿、黑沙蒿（*A. salsoloidea*）、沙蒿（*A. arenaria*）等以及柳属灌木、小黄柳（*Salix flaveda*）、沙柳（*S. cheilophila*）、乌柳（*S. microstaclys*）及锦鸡儿属的几个种如小叶锦鸡儿、中间锦鸡儿、拧条锦鸡儿等作为代表性群系，在极端干旱区由桂柳属、沙拐枣属等几个种作为半固定沙地的建群种。

在流动荒漠阶段，基质极易被风吹移，植被稀疏，土壤发育微弱，自然植被主要有一二年生沙生先锋草本植物——黎科、禾本科、十字花科、沙芥属的几个种及菊科中的白花蒿、黄蒿（*A. scoparia*）、白沙蒿（*A. sphaerocephala*）、篦齿蒿（*A. pectinata*）及根茎禾草、丛生禾草如竹沙、白草、拂子茅、假苇拂子茅、芦苇、苔草、砾苔草等分别在流动沙地上成为建群种或优势种。我国荒漠植被分类系统见表 5-2。

表 5-2　我国荒漠植被分类系统

群系亚型	群系组及群系	群系亚型	群系组及群系
草原化荒漠群系亚型	灌木、禾草草原化荒漠群系组 沙冬青群系(Form. *Ammopiptanthus mongolica*) 油紫群系(Form. *Tetrarea mongolica*) 半日花群系(Form. *Helianthemum soongoricum*) 绵刺群系(Form. *Potaninia mongolica*) 拧条群系(Form. *Caragana korshinskii*) 川青锦鸡儿群系(Form. *Caragana toibitica*) 木旋花群系(Form. *Convulvulus tragacanthoides*) 猫头刺群系(Form. *Oxytropis aciphylla*) 半灌木、禾草草原化荒漠 小叶亚菊(Form. *Ajania hhartense*) 灌木亚菊(Form. *Ajania fruticulosa*)	半灌木荒漠群系亚型	砾质、沙砾质典型小半灌木、半灌木群系组 红砂群系（Form. *Reaumuria soongorica*） 珍珠群系(Form. *Salsola passerina*) 骆驼黎群系(Form. *Celatoides latus*) 蒿叶猪毛莱群系(Form. *Salsola abrostanoides*) 列士合头草群系(Form. *Sympygma regelii*) 戈壁黎群系(Form. *Iijinia regelii*) 小蓬群系(Form. *Nanophyta exinaceum*) 无叶假木贼群系(Form. *Anabasis aphylla*) 短叶假木贼群系(Form. *Anabasis brevifolia*) 盐生假木贼群系(Form. *Anabasis salsa*) 戈壁短舌菊群系(Form. *Brachyanthemum gobicum*) 亚洲柴苑木群系(Form. *Asterothamus centraliasiaticus*)
灌木荒漠群系亚型	砾质、砂砾质典型灌木群系组 膜果麻黄荒漠(Form. *Ephedra przewalskii*) 泡泡刺群系(Form. *Nitraria sphaerocarpa*) 木霸王群系(Form. *Zygophyllum xanthoxylon*) 裸果木群系(Form. *Gymnocarpus przewalshii*) 塔里木沙拐枣群系(Form. *Calligonum roborowskii*) 沙生灌木荒漠群系组 蒙古沙拐枣群系(Form. *Calligonum mongolicum*) 柴达木沙拐枣群系(Form. *Calligonum zadamunae*) 白杆沙拐枣群系(Form. *Calligonum leucoladum*) 红杆沙拐枣群系(Form. *Calligonum rubicundum*)		蒿属半灌木砂质荒漠群系组 油蒿群系(Form. *Artemisia ordosica*) 籽蒿群系(Form. *Artemisia sieversiana*) 骆驼蒿群系(Form . *Artemisia mmpads*) 沙蒿群系(From. *Artemisia desertorum*) 苦艾蒿群系(Form . *Artemisia mvztolina*) 蒿属小半灌木壤质荒漠群系组 喀什蒿群系(Form. *Artemisia kasckgarica*) 地白蒿群系(Form. *Artemisia terrae*) 卜乐蒿群系(Form. *Artemisia borotalensis*)
	盐化壤质沙壤质灌木荒漠群系组 唐古特白刺群系(Form. *Nitraria tangutorum*) 齿叶白刺群系(Form. *Nitraria roborowskii*) 西伯利亚白刺群系(Form. *Nitraria sibirica*) 多枝桂柳群系(Form. *Tamarix rammosissima*) 刚毛桂柳群系(Form. *Tamarix hispida*) 沙生桂柳群系(Form. *Tamarix psammophila*) 盐豆木群系(Form. *Halimedendron halodendron*)		薄肉质多汁盐生小半灌木、半灌木群系组 细枝盐爪爪群系(Form. *Kalidium gracile*) 里海盐爪爪群系(Form. *Kalidium caspicum*) 有叶盐爪爪群系(Form. *Kalidium foliatum*) 尖叶盐爪爪群系(Form. *Kalidium cuspitatum*) 盐节木群系(Form. *Halostachys belangeriana*) 盐穗木群系(Fonn. *Halostachys belangeriana*) 白滨黎群系(Form. *Ateriples cana*) 囊果碱蓬-小叶碱蓬群系(Form. *Suaeda physophora Suaeda. microphylla*) 圆叶盐爪爪群系(Form. *Kalidium schrenkianum*)

续表

群系亚型	群系组及群系	群系亚型	群系组及群系
小半乔木砂质荒漠群系亚型	梭梭沙质荒漠群系组 梭梭柴群系(Form. *Haloxylon ammondendron*) 白梭梭群系(Form. *Haloxylon persicum*)	根茎禾草群系亚型	芦苇沙竹群系组 芦苇群系(Form. *Phragmites communis*) 沙竹群系(Form. *Psammochloa mongolica*)

(引自张强，1998)

(2) 不同生活型的环境生物资源

在植物和环境的相互关系中，一方面环境对植物具有生态作用，能影响和改变植物的形态结构和生理生化特性；另一方面植物对所处环境也具有明显的影响，使环境更适于植物的生长。植物的生活型是指植物对于综合环境条件的长期适应而在外貌上反映出来的植物类型，人们习惯将其分为乔木、灌木、半灌木、藤本、草本、垫状植物等。对于荒漠化的生态恢复，不同生活型的植物在不同时期起着不同的作用。草本植物因其易成活、繁殖快、抗性强等特性常常用作防风固沙的先锋植物，如小针茅（*Stipa klemenzii*）、沙生针茅（*Stipa glareosa*）、短花针茅（*Stipa breviflora*）、戈壁针茅（*Stipa gobica*）、糙隐子草（*Clehtogenes squarrosa*）、无芒隐子草（*Cleistogenes songorica*）、冷篙（*Artemisia frigida*）、耆状亚菊（*Ajania achilloides*）、多根葱（*Allium polyrhizum*）等。随着草丛的郁蔽，有了遮阴，减少了蒸腾，温湿变化得到调节，土壤中真菌、细菌和小动物的活动也增加，生态环境不再那么严酷了。

在草本植物群落发展到一定时期，一些喜光的阳性灌木出现，如在灌丛化荒漠草原群落中，适宜的治沙灌木如梭梭、中间锦鸡儿（*Caragana davazamcii*）、狭叶锦鸡儿（*Caragana stenophylla*）、藏锦鸡儿（*Caragana tibetica*）等多成为优势种，常与高草混生而形成“高草灌木群落”。以后灌木大量增加，成为优势灌木群落。继而，阳性的乔木树种生长，逐渐形成森林。至此，耐阴树种得以定居，随着耐阴种类的增加，阳生种类逐渐消失，原来的旱生生态环境逐渐变为中生生态环境。荒漠化的生态恢复除主要依靠当地优势生物种类以外，目前也在加紧人工选用耐风沙、抗逆性强、生长快的生长种类，表 5-3 列举了当前荒漠治理中常用的种类。

表 5-3 防风固沙的主要植物种类

生活型	种类	生活型	种类
草木	射干(*Belamcanda chinensis*) 小针茅(*Stipa klemenzii*) 沙生针茅(*Stipa glareosa*) 短花针茅(*Stipa breviflora*) 戈壁针茅(*Stipa gobica*) 糙隐子草(*Cleistogenessquarrosa*) 无芒隐于草(*Cleistogenessongorica*) 冷篙(*Artemisia frigida*) 耆状亚菊(*Ajania achilloides*) 多根葱(*Alliumpolyrhizum*) 黄花矶松(*Limonium aureum*)	灌木	苦参
灌木	绵毛优若藜(*Ceratoides lanata*) 单叶蔓荆(*Vitex trifolia var. simplicifolia*) 中间锦鸡儿(*Caragana davazamcii*) 狭叶锦鸡儿(*Caragana stenophylla*) 藏锦鸡儿(*Caragana tibetica*) 百里香(*Thymus mongolicus*)	乔木	灰杨(*Populus pruinosa*) 胡杨(*P. euphratica*) 蒙古沙拐枣(*Calligonum mongolicum*) 柽柳(*Tamarix chinensis*) 甘肃桂树 甘蒙桂柳(*Tamarix austronglica Nakai*) 沙生桂柳(*Tamarix taklamakanensis* M. T. Liu) 沙枣(*Elaeagnus angustifolia*) 梭梭(*Haloxyion ammodendron*) 白梭梭(*H. persicum*) 叉子圆柏(*Sabina vulgaris*) 棒子松(*Pinussu-luestris var. mongolica*) 油松(*Pinus tabulaeformis*) 云杉(*Picea asperata Mast*) 新疆杨(*Populus alba L. var Pyramidalis Bge*) 中国沙棘(*Hippophae rhamnoides subsp. sinensis*)

5.2.5　环境生物资源在荒漠化恢复中的应用

荒漠或荒漠植被恢复首先应充分利用地下水和其他水资源来营造绿地。一般在无林地段，首先计划在有利的地形引水建立人工林地。按林地的本性，人工诱导其根系伸展到地下水层，便停止灌溉，使之依靠浅地下水维持林地生长，原来供灌溉的水源随之转移到新的营林地点，继续扩大绿地面积，遵循荒漠自然植丛侵移规律，因势利导，营造绿地。中国新疆营造柽柳实生幼林，必须在夏季高温时利用洪灌或集流造成的小范围淤积，而梭梭则只能选择冬雪分布区，在早春短命植物可以繁殖的范围造林，并利用入冬后化雪前的季节播种。

簇生和簇播是荒漠自然植被恢复的有效措施之一，前苏联近 80 年来沙地造林普遍采用簇植方式，每公顷面积内设置 800～1000 个小块，每个小块面积为 2m×2m 或 3m×3m，其中均匀种植 20 株苗木，这样可促进小块区迅速形成丛郁蔽，但丛间却需维持一定的距离，使每一树簇都能得到充足的光照。由于每一团块的簇生苗株互相间提供荫蔽，局部改变水热风沙条件，因而能较迅速生长，这种植被恢复措施已取得良好效果。

5.3　草地生态恢复中的环境生物资源

全球草地总面积约 5×10^7hm^2，约占陆地总面积的 33.5%；此外，全球还有 15.2%的耕地用来种草（李博等，1991）。草地净初级生产力的生物量占全球总量的 16%～17%（洪锐民，1993）。草地对人类的主要贡献是为野生和驯养的动物提供主要的饲料，而这些动物及其产品是人类食物营养的重要来源；草地在保护水土资源、改善生态环境方面也具有重要作用，草地能够有效地控制水土流失，改良土壤状况，保持土壤水分，防止土壤风蚀和土壤污染，从而保护地下水资源，这些作用是现有耕地中的作物难以实现的。此外，草地可以保护野生动物资源，维持生态平衡，为人类提供活动和娱乐场所。但是，随着人口增长、资源的过度开采以及环境污染等已造成草地大面积退化。草地的严重退化包括荒漠化、土地盐碱化和风沙化等问题。全球分布的草地主要以干旱和半干旱地区为主，全世界草地有半数已经退化或正在退化。据农业部统计，20 世纪 80 年代初，中国草地严重退化面积占草地总面积的 1/3，鼠害、虫害面积占 30%。我国北方草地退化面积已达 87×10^6hm^2，每年还以 1.33×10^6hm^{2}的速度增加，各类草地产草量近 20 年下降 30%～50%，牧草质量也在大幅度下降（陈灵芝，陈伟烈，1995）。

5.3.1　草地及草地动物和主要植被

草地存在于降雨量介于荒漠和森林之间的区域。依据温度的不同，草地有两种主要的类型：热带草地和温带草地。草地优势植物生活型是各类禾草，它们从 5～8ft（1ft＝0.3048m）高的种类一直到 6in(1in＝0.0254m）或更矮的种类都有分布，形成了丛生或草皮。草地群落通常是很复杂的，许多是具有重要意义的非禾草草本植物，而且常有树木，如金合欢树。温带草地包括阔叶的多年生植物，这些多年生的植物要么在较早季节开花，要么在禾草死亡之后开花。

热带草地养活着众多的食草动物种类，像斑纹角马（*Connochaetes taurinus*）、斑马（*Equus burchelli*）、非洲水牛（*Syncercua caffer*）、长颈鹿（*Giragga camelopardalis*）、黑犀牛（*Diceros biconis*）。这些食草动物养活了大量的哺乳类食肉动物如斑霞狗（*Crocuta*

crocuta)、狮(*Panthera leo*)、豹(*P. pardus*)等，这些动物不仅提供了重要的收入来源，而且吸引了大量游客前来观光。原始的温带草原动物区系是由迁徙的食草动物、营洞穴生活的哺乳动物和相关的捕食者组成的。温带草地中鸟类是不多的。

5.3.2 草地与环境的关系

草地由于主要植被存在差异，所以其生产力不同。较低生产力的草地已经作为牧场用来饲养牛群、山羊等。草地的重度放牧能够导致其群落的破坏和土壤的侵蚀。在表层土流失和持续放牧的压力下，植物不能更新的地方会发生荒漠化(desertification)。

由于人口的增加，使需求与资源之间发生了冲突，导致饲养动物过度啃食和人类的偷猎。在一些地区，大象的濒临灭绝导致了灌丛地的增加和草地的减少，这对食草动物和食叶动物有明显的影响。由于狩猎和草地向农耕地及牧场转化使绝大多数原始的温带草地动物区系几乎灭绝了。广袤的欧亚草原曾经养活了大量的普氏野马(*Equus przewalskii*)群，现在这些物种在野生状态下已经灭绝，仅仅在动物园里能够看到。洞穴动物，像北美大草原的黄鼠，其数量已经下降了，同时以它们为食的种类如狼和丛林狼的数量也下降了。因此，对退化草地的综合治理及草地生物多样性的保护是当前世界各国面临的一个重要课题。

5.3.3 草地退化原因及其生态恢复的重要意义

草地退化是指一定环境条件下，草地植被与该环境的顶级或亚顶级植被状态的背离。导致草地生态系统退化的原因有自然因素和人为因素，而人为因素在草地生态系统退化中起着主要的作用。人为因素主要包括人类不合理放牧、过度开垦、樵采、狩猎、采矿以及旅游业的兴起等。由于对草地可持续承载力的认识不足，家畜数量发展过快造成对草地的过度啃食是导致草地退化的首要原因。盲目开垦则是导致草地退化的主要原因(National Research Council，1992)。

此外，我国草地所处的自然条件比较恶劣，夏季少雨，冬季严寒。草地雪灾、火灾、沙尘暴、荒漠化和鼠害等自然灾害频繁，这些自然因素和人为因素相结合，也极易造成草地生态系统的退化(周禾，1999)。随着草地牧业的发展，过分增加草场载畜量，对草场缺乏科学管理，引起草地退化的不断发展。

占全球陆地面积较大比例的草地，无论是现在还是将来都是人类重要的畜牧业生产资源和生态环境基础，我们必须高度重视。这种低投入、高索取、掠夺式的经营方式使产草量大幅度降低，已严重阻碍畜牧业的发展，这就迫使我们对退化草地进行生态恢复。通过草地生态恢复，不仅可以提高草场产草量，同时能够起到水土保持、防止土地沙化、盐碱化、荒漠化，提高土地利用效率，保护生物资源，维持生态平衡等重要作用。

有关草地生态系统的退化及恢复改良研究，20世纪50年代在全国草地资源状况调查的基础上已注意到了草地退化问题，开始了划区轮牧、以草定畜及退化机理分析方面的工作，探讨了有关的理论及防治退化的措施和手段。20世纪80年代以来，国家政策性地对退化草地的恢复给予了重视，针对西部地区自然条件进行了草地工程建设。而真正把草地生态系统的退化与环境、生物多样性保护联系起来，进行专业性的退化机理及其恢复机制的研究则是近些年才开始的，这些研究分地带，由多学科多专业的人员合作开展。研究地区主要包括干旱草原区、沙漠化草原区、高寒草甸区及黄土高原区，主要研究内容包括草地退化的机理，各类退化草地恢复改良及优化生态经营模式的研究。

5.3.4 草地生态恢复的方法

草地恢复首先要求了解草地退化的原因是生物因素、非生物因素还是二者的联合作用。由于草地面积大，因此在对其进行生态恢复时要尽量不灌溉或少灌溉，不施用杀虫剂和化肥等。草地生态恢复中主要考虑的问题还有：优势种、外来种、入侵灌木以及草地上的动物和草地的发展动态。针对草地的生态条件选择适宜的种类并兼顾经济效益。

目前草地生态恢复主要有两种方法：一种是恢复原有退化草地；另一种是人工建立新的草地。

人工草地是人类根据生产的需要和牧草的生物学特性，将土地开垦后种植多年生或一年生牧草而建立起来的草地。人工草地与天然草地相比具有生长快、产量高、品质好等优点。建立人工草地，不仅可以增加牧草产量，弥补冬季饲草不足，对促进畜牧业稳定发展具有重要作用，还有合理利用水土资源、防风固沙、保持水土、培肥土地、改善当地生态环境的作用，同时还可以缓解被破坏草地的进一步退化。

对已退化草地的恢复，根据生态系统具有自我修复的能力，在环境条件不变时，通过排除干扰因素，给予足够的时间，使其通过自然演替来恢复。而对于已严重退化的草地，完全依靠其自然恢复比较困难，时间也太长，为此可以因地制宜进行松土、翻耕松土补播、人工播种抗性优良牧草等方法加速其恢复，还可以通过物理（压沙）或化学（石膏）方法加以改良退化草地。

5.3.5 草地生态恢复中的环境生物资源

草地的严重退化表现为荒漠化、土壤盐碱化和风沙等问题。我国北方草地沙化严重，大部分草地处于退化之中，环境生物资源在退化草地的生态恢复中起着重要的作用，但在退化草地的治理过程中应根据生物资源的特性和适宜种植的条件选择适宜当地的牧草。

我国北方沙区 4 个一级区草地生态恢复中适宜的牧草种类：a. 在东北西部干旱、半干旱沙地主要的环境生物资源以沙打旺、苜蓿和羊草为主，其他主要草种有老芒草、披碱草、草木犀等，辅助草种有扁蓿豆、胡枝子、毛笤子、箭舌豌豆等；b. 内蒙古高原东南部半干旱沙区适宜草种为羊草、老芒草、青燕麦、苜蓿和沙打旺等，在内蒙古高原北部干旱沙区以抗旱性较强的沙打旺、披碱草、扁穗冰草及锦鸡儿等为主，在鄂尔多斯高原半干旱沙区适宜草种为沙打旺、草木状黄芪、草木犀、披碱草、老芒草、苏丹草等，黄河沿岸冲积平原沙地适宜草种为苜蓿、草木犀、毛笤子、箭舌豌豆、沙生冰草等；c. 西部荒漠区的河西走廊沙地当家草种有苜蓿、草木犀、箭舌豌豆和毛笤子等，阿拉善高原沙区宜种植苜蓿、沙打旺、老芒草、披碱草、扁穗冰草、沙生牧草等，新疆暖温带沙区以苜蓿、老芒草、披碱草、鹅观草为主；d. 高寒山区当家品种有老芒草、垂穗披碱草、无芒燕麦、燕麦、鹅观草、冰草等。

我国除大面积的沙区外还有许多重盐碱化草地，对这类草地退化的生态恢复主要依靠种植耐盐碱的牧草。我国耐盐牧草资源比较丰富，近年来，随着盐碱地改良的需要，各地广泛地进行了耐盐牧草的筛选工作，筛选出的牧草主要是禾本科（49 种）和豆科（11 种）植物，还有少数其他科的植物。已有 1/2 筛选出的牧草得以在滨海盐碱土、西北的硫酸盐盐化土、内蒙古河套灌区盐化土和东北的苏打碱土上试种。目前应用面积较大的牧草种类有碱茅、星星草、大米草、湖南稷子、黄花草木犀、白花草木犀和天菁。碱茅在河西走廊的内陆盐土改良中得到大面积应用，星星草在松嫩碱化草地上大面积种植，内蒙古河套灌区盐化土的改良主要应用的是碱茅和星星草，湖南稷子用于宁夏盐碱地的改良，黄花草木犀和白花草木犀在西北地区的轻、中度盐碱地推广，大米草和天菁多种植于江苏滩涂盐碱地。这些耐盐碱牧草的选用对我国盐碱化草地退化的生态恢复起了重要的作用。我国已筛选出的耐盐碱牧草见表 5-4。

表 5-4 我国已筛选出的耐盐碱牧草

科	牧草名称	科	牧草名称
禾本科	碱茅(*Puccinellia chinampoensis*)	禾本科	大米草(*Spartina anglica*)
	星星草(*P. tenuiflora*)		苇状羊茅(*Festuca arundinacea*)
	羊草(*Aneurolepidium chinense*)		马丁苇状羊茅(*Festuca arundinacea*. Martin)
	披碱草(*Elymus dahuricus*)		法雷杰苇状羊茅(*Festuca arundinacea*. Forage)
	肥披碱草(*E. excelsus*)		米梅草地羊茅(*F. pratensis*. Mimer)
	毛披碱草(*E. villifer*)		牛尾草(*F. pratensis*)
	短芒披碱草(*E. breviaristatus*)		长穗偃麦草(*Elytrigia elongata*)
	垂穗披碱草(*E. nutans*)		御草(*Pennisetum glaucum*)
	圆柱披碱草(*E. cylindricus*)		黑麦草(*Lolium perenne*)
	紫芒披碱草(*E. purpuraristatus*)		里瓦尔鹬草(*Phalaris arundinacea*)
	老芒草(*E. sibiricus*)		卡斯托鹬草(*Phalaris. Castor*)
	麦宾草(*E. tangutorum*)		草地早熟禾(*Poa pratensis*)
	无芒雀麦(*Bromus inermis*)		粗糙早熟禾(*P. trivialis*)
	吉林无芒雀麦(*B. i.* cv. Jilin)	豆科	苜蓿
	新疆无芒雀麦(*B. i.* cv. Xinjiang)		紫花苜蓿(*Medicaga sativa*)
	锡盟无芒雀麦(*B. i.* cv. Ximeng)		草木犀(*Melilotus suaveolens*)
	呼盟无芒雀麦(*B. i.* cv. Humeng)		白花草木犀(*M. alba*)
	林肯无芒雀麦(*B. i.* cv. Lincoln)		黄花草木犀(*M. officinalis*)
	卡尔顿无芒雀麦(*B. i.* cv. Carlton)		红豆草(*Onobrychis viciaefolia*)
	北美雀麦 (*B. catharticus*)		沙打旺(*Astragalus adsurgens*)
	冰草(*Agropyron cristatum*)		田菁(*Sesbania cannabina*)
	蒙古冰草(*A. mongolicum*)		苦豆子(*Sophora alopecuroides*)
	诺登沙生冰草(*A. desertorum* cv. Nordan)		海滨香豌豆(*Lathyrus maritimus*)
	酋长中间冰草(*Elytrigia intermadia* cv. Chief)		冬箭舌豌豆(*Vicia villosa*)
	奥比特高冰草(*E. pontica* cv. Orbit)	菊科	茵陈蒿(*Artemisia capillaries*)
	苏丹草(*Sorghum sudanense*)		黄蒿(*A. scoparia*)
	鹅头稗(*Echinochloa utilis*)		花花柴(*Karelinia caspica*)
	湖南稷子(*E. frumentacea*)	藜科	盐地碱蓬(*Suaeda salsa*)
	稗谷(*E.* sp.)		翅碱蓬(*S. heteroptera*)
	饲料稗 (*E. beauv*)		盐角草(*Salicornia europaea*)
	碱谷(*Eleusine coracana*)	蓝雪科	二色补血草(*Limoninm bicolor*)
	芨芨草(*Achnatherum splendens*)		
	野大麦(*Hordenum brevisubulatum*)		
	獐茅(*Aeluropus littoralis*)		大叶补血草(*L. bmelinii*)

(仿阎秀峰，2000)

5.3.6 环境生物资源在草地生态恢复中的实际应用

松嫩草地是我国著名的天然草场，我国 11 个重点牧区之一（章祖同，刘起，1992），松嫩草地位于北纬 43°30′～48°40′，东经 121°30′～127°，属于温带半湿润大陆性季风气候，是中国乃至世界上最好的草原之一，并具有重要的生态学意义，但是由于各种因素的影响（刘德玉，1989；郑慧莹等 1993；李建东，1995），致使草地沙化、盐碱化，尤其是盐碱化的加重，使生态环境恶化，影响了粮食生产及生态环境。而对盐碱化草地的生态恢复是一个长期、复杂的系统工程。对草地生态系统的恢复和重建首先要找出造成盐碱化的原因，然后根据不同的自然条件和盐碱化程度，采取不同的措施，因地制宜。东北师范大学草地研究所通过多年对盐碱化草地的研究，总结出一套切实可行的治理盐碱化草地的方法，其中在盐碱化草地上直接种植耐盐碱牧草——羊草的研究获得成功（葛莹等，1991；李建东等，1997），目前羊草已成为我国北方草原区建立人工草地和改良退化盐碱化草地主要的不可替代的优良品种之一。

羊草广布于我国内蒙古东部和东北西部的草原区，耐寒、耐旱、耐盐碱、耐践踏，是一种优良牧草。羊草属于耐盐植物，并非盐生植物，所以在盐碱化土壤上直接播种不能成活，必须在播种前 1 年的晚秋或当年的早春，将枯草与土壤混合后再播种。羊草的幼苗较弱，生长缓慢，出苗后 10～15d 才产生吸收、固定性较强的长根，30d 左右长成第三片叶，开始分蘖并产生根茎。由于羊草根茎繁殖力强，只有定居产生根茎才不怕其他杂草的侵害。播种后羊草形成繁茂的单优种群落，2～3 年内应禁止任何利用，以使羊草群体有一个充分繁殖生息的时间和机会，同时也增加羊草与其他杂草竞争的能力。

羊草的根茎主要分布在土层深 5～10cm 处，地下根茎纵横交错，地上有植被覆盖。由于植物生长活动的结果，使土壤深层盐碱不但不能上返，表层的盐碱还会被植物的活动所中和或下移，形成一个新的表土层，这时羊草植物群落才稳定，盐碱化草地从而得到治理。对于已恢复的草地生态系统必须加以科学管理，合理放牧。

在腾格里沙漠西南缘沙区，原多为沙旱生植物，主要有碱蓬（*Suaeda glauca* Bge)、白刺（*Nitraria* spp.)、沙蒿（*Artemisia arenaria* DC)、缪子朴（*Inula salsoliodes*)、沙蓬(*Agriophyllum squarrosum* L.)、盐爪爪（*Kalidium gracile*)、珍珠（*Salsola passerina* Bge)、冰草（*Agropron cristatum* L.），盖度在 15%以下，1983 年开始实行封沙育草，到 1987 年底在封沙育草地上造林，靠近有水处栽植杨树（*Populus* spp.）和柳树（*Salix* spp.)；沙丘顶部和中部栽植梭梭（*Haloxylon ammodendron* Bge)、沙拐枣（*Calligonum mongolicum*）和花棒（*Hedgsarum scoparium*)，沙丘下部为柽柳（*Tamorix* spp.)、拧条(*Caragana korshinskii* Kom.)、小叶锦鸡儿（*C. microphylla* Lam)、胡杨（*Populus euphratica*）以及人工撒播沙蒿和沙蓬等，经过 5 年封育后，植被覆盖率提高到 50%左右，然后开始放牧。沙区退化草地通过人工播种可快速恢复。1980 年以来，内蒙古阿拉善盟草原工作站先后在一些沙漠湖盆周围，流动、半流动沙地大面积人工播种了籽蒿（*Artemisia sphaerocephala*）和沙拐枣（*Calligonum mongolicum*）等沙生植物，取得良好的效果。其中 1981 年在阿左旗克贝那地区沙化草场补播 133.3hm^2 籽苗和沙拐枣，1984 年平均有苗率 66.4%，植被覆盖度和产草量由 1.7%和 3kg/hm^2 增加到 70%和 675kg/hm^2，分别增加了 49.2 倍和 224 倍。

5.4 矿区废弃地生态恢复中的环境生物资源

5.4.1 矿区废弃地的类型及特点

矿区废弃地是指采矿剥离土、废矿坑、尾矿、矸石、洗矿废水沉淀物等占用的，非经治理而无法使用的土地。这类土地的一个共同特点是土层表面被剥离、堆占，土壤结构被破坏，重金属污染严重，土壤养分流失，植被丧失或废弃长久而荒草丛生，即原来的生态景观消失，代之以裸地或次生草、灌丛生态系统。

根据矿区废弃地的来源可分将其为3种类型：a. 由剥离的表土、开采的废石及低品位矿石堆积形成的废石堆废弃地；b. 随着矿物开采而形成的大量的采空区域及塌陷区，即开采坑废弃地；c. 利用各种分选方法分选出精矿物后的剩余物排放形成的尾矿废弃地。根据废弃地的化学性质，可分为有毒性废弃地和无毒性废弃地。根据废弃地的水分状况，可分为积水型废弃地、潮湿型废弃地和干旱型废弃地。根据废弃地有价组分含量，可分为具有提炼价值的废弃地和不具有提炼价值的废弃地。根据矿种不同可划分为煤矿废弃地、有色金属矿业废弃地、冶金矿业废弃地、贵金属矿业废弃地等。总体来说，矿区废弃地分布广，在自然地理单元中，具有特殊性，是自然地理叠加人为活动的产物，在区域可持续发展研究和实践中具有特殊的重要性。一方面作为环境要素，一种环境问题，直接影响和威胁区域经济和社会的可持续发展；另一方面，作为一种潜在的资源，是区域可持续发展的重要支撑。

5.4.2 矿区废弃地对生态环境的危害

随着矿产资源开发的扩大，矿区废弃地对环境的影响是多方面的，造成的大规模土地破坏在中国乃至世界都是一个十分严重且日益受到高度重视的问题。矿山开发造成生态系统的破坏十分严重，特别是土壤和植被的丧失，使土地失去利用价值。如露天开采会直接摧毁地表土层和植被，地下开采会导致地表塌陷，矿山开发过程中的废弃物（如尾矿、废石等）需要大面积的堆置场地，从而导致对土地的大量占用和对堆置场原有生态系统的破坏。一般地说，露天采矿所占用土地面积大约相当于采矿场面积的5倍以上。据估计，1993年年底我国尾矿累积堆放直接破坏和占用的土地达（1.7～2.3）$\times 10^4 km^2$，每年以200～300km^2的速度增加。1957～1990年，我国因矿山占地而损失的耕地，占到全国总耕地损失的49%（孙翠玲，顾万春，1995）。根据前瞻产业研究院发布的《2015～2020年中国矿山生态修复行业市场前瞻与投资战略规划分析报告》显示，目前全国因采矿形成的采空区面积超过1.349×$10^6 hm^2$，占矿区面积的26%，采矿活动占用或破坏的土地面积约2.383×$10^6 hm^2$，占矿区面积的47%。矿业废弃物中的酸性、碱性、毒性或重金属成分，通过径流和大气扩散会污染水、大气、土壤及生物环境，并形成限制植物生长和发育的环境因子。与此同时，选矿排泄的有毒有害物质还易造成重大生态环境问题，如环境污染和因植被丧失引起的局部水土流失与生态环境恶化等。矿山废弃地不仅占用土地，污染环境，影响当地经济发展，而且也对当地社会产生不良作用（表5-5）。

表5-5 矿山开发的生态环境影响的主要特征

受影响体	直接影响
露天采场	山坡露天矿将形成台阶状的地形地貌，凹陷露天矿将形成台阶状的深坑，台阶坡度较陡，基岩裸露
废石场	山谷型和平地型废石场（排土场、排矸场）将形成堆积山，一面或多面形成台阶状，台阶坡度陡，粒度分散，多是岩土混排
尾矿库	山谷型和平地型尾矿库将形成堆积山，一面或多面形成台阶状，台阶坡度较陡，粒度细，易受水蚀和风蚀
地下采空区	地下开采所形成的地下巷道、硐室、采场等地下空区
地下水降落漏斗	保证矿山安全生产而进行的地下水抽排，由此形成的地下水降落漏斗区
道路管线	占地为条带状，扰动相对较轻微
工业场地	采选生产的工业设施，主要为建构筑物

续表

受影响体	直接影响
办公生活区	矿山办公生活区，主要为建构筑物
受影响体	间接影响
塌陷地	因地下采空引起的，需要较长的时间才能稳定，一般不改变地层层序，呈盆地状、漏斗状、裂缝状
受污染水体、土地	含重金属、酸性、碱性等污染物的废水，粉尘对矿山周边水体、土地造成污染一旦形成，修复相当困难

（矿山生态修复及考核指标，祝怡斌等，2008）

5.4.3　矿区废弃地生态恢复的要求

矿山环境问题一直受到国际社会的关注，矿区土地复垦技术的研究和实施工程在一些国家已有几十年的历史。国际上矿业发达的国家如美国、加拿大、澳大利亚、德国等，早在 20 世纪 70 年代就十分重视矿山环境的保护和治理，大部分西方国家均实行了较为严格的矿山环境保护和矿山环境评估制度。尤其是近十几年来，随着联合国可持续发展战略的提出和实施，各国政府和矿业界对矿山环境保护更加重视，加强了有关环保立法等方面的工作，并对矿山企业实行履约保证金制度。矿产资源开发与环境保护一体化已成为当前国际矿业发展的一个重要趋势。我国于 1988 年出台了《土地复垦规定》，使矿区废弃地的生态恢复工作步入了法制轨道，矿区废弃地恢复的速度和质量都有较大的提高。

矿区废弃地生态环境与重建的关键是在正确评价废弃地类型、特征的基础上进行植被的恢复与重建，进而使生态系统实现自行恢复并达到良性循环。植被恢复与重建的关键是基质改良与植物种类的筛选，所以对矿区废弃地生态恢复的目标是要求首先要实现地表基底的稳定，因为地表基底（地质地貌）是生态系统发育与存在的载体，矿区废弃地的基底所遭受的破坏最为严重，基底不稳定就不可能保证生态系统的持续演替与发展。通过抗性、耐性植物的选择，保证地表有一定植被的覆盖率，同时改善土壤肥力、消除环境污染，为更多植物创造有利的生存环境，从而增加种类组成和生物多样性，最终实现生物群落的恢复，提高生态系统的生产力和自我维持能力，恢复矿区废弃地原有生态景观，增加视觉和美学享受。

5.4.4　矿区废弃地生态恢复的研究与技术

5.4.4.1　矿区废弃地生态恢复的研究

矿山废弃地的生态修复研究，从学科分类上已扩展到生物多样性、景观生态学、植被生态学、生态经济学、安全经济学及可持续发展等方面，其中最主要的是以生态恢复学为基础的复垦技术，建立了多种矿区废弃地复垦模式和自维持生态系统。

国外对矿区的生态建设主要有采矿区稳定性及环境影响；复垦的表土贮存与铺覆技术；矿山覆盖物的剥离与处理；矿山废弃地特别是干旱半干旱地区的废弃地植被恢复技术研究；土壤污染、水污染控制技术研究；确定和设计合理的采矿边坡角度研究；塌陷区防蚀工程措施研究；塌陷区植被恢复措施研究等。

Bradshaw 等研究提出，废弃地的土壤条件会阻碍植物的生长，主要表现在物理条件、营养缺乏和毒性方面的作用，必须减轻或消除这些影响，才能保证生态恢复过程的有效进行。因此只有在废弃地土壤系统恢复的前提下，植物群落才能在废弃地上重新建植，而后生态系统才能够渐渐地恢复。

Duquea 等认为应施加氮磷钾复合肥，并采用固氮植物和禾本科植物可在采砂场废弃地快速形成覆盖，产生有机质。黄瑞农等研究发现，对富含较高碳酸钙及 pH 值的矿区废弃地可利用适当的煤炭腐植酸物质行改良。对于矿区废弃地的土壤系统修复，还可以采用植物和微生物修复技术。Dick 等研究了巴西南部煤矿废弃地植被对土壤的改良效应，认为植被能够稀释土壤中难以处理的有机物质。Rao 等研究了印度干旱地区石灰石采石场不同物植入 AM 菌根对其生长和养分吸收的影响，发现 AM 菌根能够促进植物的养分吸收，并能增强植物抵抗高温的能力。Quintero 等发现，从枝菌根真菌侵染的植物在短时间内可以增加土壤中有机质的含量，而有机质可以改善土壤的结构。

Holl 研究表明，美国东部矿区恢复 35 年的植被组成与棕壤阳坡缓坡植物群落相似，但种植具有侵略性的外来种会减缓植被演替的进程。Darina 等比较了褐煤矿山植被的人工恢复与自然恢复的特点，认为人工恢复仅仅是时间上的特征，而自然演替会在长的时间尺度上进行。Burton 认为自然过程的恢复会长达十几年或几个世纪，但通过人工模仿或采用自然过程可获解决。

Prakash 等研究了 4 种植入菌根的豆科植物在石灰石采石场的适宜性。Dutta 则从养分平衡的角度选择树种，认为阿拉伯胶树、木麻黄和桉树这类树种，树叶积累与分解速率适中，易使废弃地保持养分循环平衡。而 Smit 指出，在采煤废弃地，宜选择椴树，因它与落叶松-刺槐混交林及槭树林相比，林地土壤有机质和腐殖质总量积累较多，对土壤性质的改善作用大。

对于矿区水土流失的生态修复，我国在这方面也开展了大量的工作并取得了一定的成效。苏芳莉等对矿区的采场和煤矸石山采用人工辅以工程措施和植物措施的方法恢复植被，有效地控制了由于矿山开采等造成的水土流失，成功改善了矿山的生态环境。张志权等对定居植物对重金属的吸收和再分配研究表明，木本植物对重金属的吸收只有很小的比例会随着落叶而归还到环境中去。祝怡斌等（2008）从全过程出发，根据矿山不同场地生态修复特点，提出并构建矿山生态修复考核指标体系，见表 5-6。

表 5-6 矿山生态修复考核指标

场地类别	生态修复率	
	施工生产期	服务期满后
废石场、尾矿库	永久平台、边坡≥75%	整个场地≥85%
露天采场	永久平台、边坡≥50%	整个场地≥50%
塌陷地	稳定区≥75%	稳定区≥85%
工业场地、办公生活区	绿化率 15%～30%	
道路管线区	达到国家关于道路管线的绿化要求	
临时占地	施工结束后立即恢复，≥90%	
受污染的水体、土地	立即采取应急措施，≥85%	

注：表内数据是一般情况的参考数据，具体应根据矿山实际情况分析确定。

5.4.4.2 矿区生态修复技术

矿山生态修复制约因素很多，如地形地貌、土壤物理化学生物特征，当地的气候条件、水文条件、表土条件、潜在污染等。

大规模的复垦工程也已经普遍展开，并在实施技术、土壤改良、现场管理等方面取得了重大的成果和经验。同时也产生了许多实用的修复技术，包括：煤矿塌陷区的综合治理技术、粉煤灰场的复垦技术、露天排土场的复垦技术、煤矸石山绿化技术、矿山酸性水防治技术、污染土壤的植物修复技术、微生物修复技术等。

下面主要从采矿区生态修复技术、排土场复垦技术、尾矿库复垦技术和废石边坡复垦技术4个方面进行介绍。

(1) 采矿区生态修复技术

露天矿采场开采后，多形成坡度陡的岩石边坡，以及宽度不大的台阶。凹陷露天坑底部，有积水，应因地制宜地开展采区以台阶为主的复垦工程，覆盖300～500mm的表土，种植草灌为主的乡土品种，有条件的边坡可喷植植被层，合理安排复垦区的保水和排水。对周边的植林防护林带和露天采区的景观，进行总体设计和实施。

Andres和Mateos在露天矿修复之后，检验修复的效果是很有必要的。通常情况下，土壤的物理和化学性质作为评价土壤质量的指标，但是土壤的生物学指标则更能反映土壤在提供生态服务功能方面的作用。作者利用土壤内动物区系生物学指标来作为矿区修复四年后的效果，采用四种处理方式，分别是土壤撒布、土壤撒布+播种草、土壤撒布+种树、土壤撒布+种草+种树。研究结果表明：土壤撒布效果是最差的；土壤撒布+播种草以及土壤撒布+种草+种树均培育了草地的土壤条件；土壤撒布+种树处理方式则孕育了具有初步森林土壤结构的土壤。在评价土壤修复时，类群数量、跳虫和甲螨的多样性以及区系结构是最为敏感的土壤动物区系参数。

(2) 排土场复垦技术

排土场复垦技术，包含单一废石堆场的复垦技术。作为金属废弃堆场的排土场，常为酸性排土场，这类堆场生态复垦的特殊性，是硫化矿物的废石，酸度常在pH 1～2或更低，常规技术复垦植被难以正常生长。因此，需要处置酸性污染后才可建立植被。近十多年来，国内外对此类堆场的治理做过大量的实验研究，示范工程发展也很快，出现了从源头治理工程，以及堆存后的治理工程的两种不同的治理程序和效果。其中，源头治理措施，主要是通过对废弃物产酸特性、产酸潜势研究后，提出防止措施和实施酸性控制工程以及气候生态恢复工程。堆存后的治理工程，重在场地酸性的去除，建立人工植被层。国内畅行的是后者。主要是难以实现酸性物排放和治理时序的科学结合，而在废弃堆体形成后，多只能按处理生长基质酸性设计恢复生态工程。从源头研究产酸机制，采用控制产酸过程、防止酸性物产生的措施，本领域的研究在国内尚未有成熟的技术和规模工程化治理。

(3) 尾矿库复垦技术

尾矿库植被恢复的技术难点是尾砂粒径粗，没有土壤的团粒结构，内聚力极低、持水能力差、营养成分低下，甚至存在不同程度的有毒有害成分，植被品种赖以生存的微生物几近为零，风蚀严重，昼夜温差大，尾砂极端温度可达50℃以上等恶劣生境。在查明、确定矿山废弃的废石、尾矿、废渣堆场等污染物处置完成后，可进行矿山各类废弃堆场的复垦和生态恢复工程，完成最终堆场稳定化和生态化处置。在本领域先进、成熟的技术，是尾矿库有土复垦的生态恢复技术和无土复垦生态恢复技术。该技术是针对有色金属矿山尾矿的专业技术，具有针对性符合所在地自然特点、场地及边坡稳定性好、复垦后场地稳定符合安全要求的特点，植被覆盖度高，在缺乏土壤的地区可实施无土覆盖复垦生态恢复工程。相对一般复垦技术，该复垦技术成本低，综合复垦工程质量为前沿水平。该技术成功实现了尾矿库边坡上不需要覆土直接建立植被层，实现边坡稳定，水土流失控制达到90%以上，为缺乏土源的地区提供了行之有效的植被稳定边坡的复垦生态恢复技术，受到业主单位的欢迎，推广潜力巨大。

(4) 废石边坡复垦技术

国内对石质边坡实施生态防护始于20世纪80年代中期，90年代后期得到了迅速发展。由于石质边坡的特殊立地条件，土质边坡植被护坡常用的技术，如液压、固相喷播技术、挖沟植草技术、植生带技术及三维网绿化等技术并不适用。厚层基质喷附技术，已经成为我国坡面防护及植被恢复工程的一种常用技术，在全国各地得到普及推广。厚层基质喷附技术，是将人工配制的植物生育基质与植物种子、防侵蚀材料等混合在一起，采用专用设备（喷射机），通过高压空气将其喷射出去，附着在边坡表面的一种植被建植方法。技术优点：一是能在坡面上形成较厚的植物生长发育所需的有机质层（7～15cm）；二是使植物种子有比较自然的发芽过程，保证喷撒的种子有较高的发芽率和存活率；三是喷播速度快；四是适用范围广；五是有效防止水土流失，植被覆盖度达到85%。

目前，喷播技术广泛地应用于公路、铁路以及部分废弃采石场边坡，技术相对成熟。而喷播技术应用到采矿废石堆场的研究还未见报道。将实用的喷播技术引进到采矿废石堆场边坡生态恢复，对全面实施矿山废弃地的生态恢复，将起到推动作用。

5.4.5 矿区废弃地生态恢复的实例

矿区的修复工作一直是各领域的专家们长期以来共同关注的问题，其中根据当地自然条件和资源条件的最大限度，使矿区的修复达到最佳效果，满足矿区发展自然-经济-社会-生态环境共同效益的需要，也是各领域专家们共同努力追求的目标和愿望。

5.4.5.1 国外矿区废弃地生态恢复的实例

美国的矿区环境保护和治理成绩显著，在复垦区种植作物、矸石山植树造林和利用电厂粉煤灰改良土壤等方面做了很多工作，积累了大量经验。据美国矿务局1930～1980年51年间调查，美国采矿占地$23\times10^4hm^2$，平均每年占用土地4500多公顷，其中已有47%恢复了生态环境。20世纪70年代以来，复垦率为70%。

弗吉尼亚煤矿的矸石地用煤矸石填入煤塌陷区复垦，复垦工程措施是用机械将煤矸石分层压实，达到适宜种植目的。即将煤矸石下部底层充填密实，防止耕种层的含水量下渗，上部耕种层的厚度约0.5m，用较细碎的耕作层来充填，比较疏松，适宜于植物生长。耕作层上面铺一层5cm的城市污水处理厂的活性泥，然后再铺一层3～5cm的树皮或碎草，为作物的生长提供条件。

英国过去也是矸石堆积大国，矸石积存量达1.6×10^9t，占地$900hm^2$，对老矸石地复垦是用机械设备就地推平，保持一定标高后先种草，植树造林绿化矸石堆。为了减少矸石占地和环境污染，改用排矸系统与复田相结合，直接排到矸石场或排入采煤塌陷区。由于政府重视，资金落实，复垦成绩显著，到1993年露天矿已复垦$5400hm^2$，用于农业、林业，重新创造一个合理、和谐、风景秀丽的自然环境。英国在矿区废弃地生态恢复中认为，应该选择耐贫瘠的豆科植物，并注重乔、灌、草合理配置，既有利于控制水土流失，也有利于植物对土壤的改良。Good等在英国，对生长在营养缺乏的采矿废弃地和其他废弃地上的桦木和柳树进行了优良无性系选择。经选择的优良无性系，在露采煤矿废弃地种植，其成活率明显高于其他植物。在土壤特别贫瘠，条件恶劣的地方表现效果更为明显；在土壤肥沃，排灌良好的土壤上，优势不很明显。

德国是世界上采褐煤最多的国家，自20世纪20年代就开始在矿区矸石地进行林业复垦和植树造林，并取得了很大的成绩，防治环境污染，恢复了生态平衡。它们对煤矸石山主要采用覆土种草植树，微生物循环处理技术，水泥将其包起来，防止煤矸石对周围环境的污染。20世纪90年代，德国鲁尔区的国际建筑展埃姆舍公园中，有许多利用工业废弃地建造的园林景观，旧工业遗留下的众多的巨大的矸石堆都保留下来，成为大地艺术作品，昔日的污染重地现在成了人们旅游休闲的好去处，人们在游览参观的同时，也从中认识到环境保护的重要性。

法国十分重视矸石堆积地与露天排土场覆土植草工作，整个复垦过程分3个阶段完成：a. 试验阶段，研究多种树木的效果，进行系统绿化，总结开拓生土、增加土壤肥力的经验；b. 综合种植阶段，筛选出生长好的白杨和赤杨，进行大面积种植试验（包括增加土壤肥力、追肥和及时管理等内容）；c. 树种多样化和分阶段种植阶段。经过过渡性复垦后，再复垦为新农田，最后通过绿化、美化，使复垦区的景观与周围环境相协调。

Martinez-Ruiz 等在西班牙中西部半干旱地中海气候下的一个城市矿区废弃地中用水力播种机喷播一种商品种子混合物种用于矿区的植被修复。研究结果表明：该废弃矿区的植被重建过程中，采用混合植物种是不合适的；当地的先锋物种有待于在未来的植物修复中考证。在生态修复中，促进自然的集群现象是至关重要的。

前苏联对矿区废弃土地则是有计划地创建和加速形成具有高生产力、高经济价值、最佳人工景观的采矿、生物、工程、土壤改良及生态学综合技术措施，并且用生物学标准和经济技术标准来评价复垦土地的效益。澳大利亚的矿区生态恢复技术在国际上处于领先地位，不仅合理安排土地恢复功能，而且注重防止矿山废弃物的浸滤对地下水的影响，防止矿山废弃物对空气的污染，同时恢复动植物栖息地，恢复生态也是考虑的重要内容，最终实现土地、环境和生态的综合恢复。

5.4.5.2 国内矿区废弃地生态恢复的实例

(1) 开滦矿区矿南塌陷的修复实例

中国矿业大学国土资源研究所1990～1995年对开滦矿区矿南塌陷坑进行了复垦实验研究，效果明显。其过程如下。

① 回填　该矿区经过30多年的开采，形成了两个塌陷积水坑，积水面积达300hm^2，最深达7.1m，研究人员采用全厚充填法进行回填，即一次性用矸石充填，矸石堆积深度达11m，充填后，田面高出塌陷坑水面4～6m，高出周围未沉陷土地2～3m。

② 复土　在矸石上进行全面式、条带式和穴植式三种形式的复土，厚度为30cm。

③ 先锋植物的筛选和种植　在矸石回填区复土上种植各类树木242856株，其中乔木18156株，灌木224700株。其中树木有紫穗槐、桑条、洋槐、臭椿、山海关杨等品种，还有桃、梨、山楂、泡桐、毛白杨、火炬树、葡萄等；种植的蔬菜和农作物品种有大豆、白薯、玉米、韭菜、西红柿、大葱、黄瓜、青椒、茄子、白菜等；牧草有苏丹草、铁扫帚等。

④ 复垦及其对土壤养分状况的改变　经过4年的种植实验，复垦结果表明，在复土上，洋槐、臭椿、火炬树、泡桐、紫穗槐的成活率分别为85%、95%、100%、95%、100%，其中最耐营养贫瘠、抗风寒性能最好的是洋槐、臭椿、火炬树和紫穗槐，它们是最能耐酸性矸石排放场的乔木和灌木品种；蔬菜中，除青椒和茄子对重金属Pb、Cd、Cu、Zn的富集

较高外，其他品种均适宜种植。

复垦土壤养分的改善主要是依靠初期种植牧草、紫穗槐等实现的，在此基础上，3～4年后可以改种粮食作物和蔬菜，土地资源得到充分利用。

(2) 辽宁阜新海州露天矿矸石山修复技术研究实例

阜新矿区地处辽宁省阜新市区东部、南部和西部，属温带大陆性季风气候，年均降水量539mm，蒸发量达1800mm，是典型的半干旱地区。阜新煤矿从1919年开始采掘，同时也排出了大量的煤矸石，到21世纪初，历年积存量达8.0×10^8t。其中，最有代表性的是已经堆放了50多年的海州露天矿矸石堆，占地20km^2，垂直高度均在40m以上。

樊金拴等（2006）对辽宁阜新海州露天矿的矸石山进行了调查研究，根据矸石山的停止排矸年限、矸石堆放高度，将被调查的矸石山划分为：停止排矸10年以内的矸石山（Ⅰ类)；停止排矸10～20年（Ⅱ类)；停止排矸21～30年（Ⅲ类)；停止排矸31～40年（Ⅳ类）4个类型，从各类矸石山的植被分布特征看，Ⅳ类矸石山上分布的植被种类最多，且长势良好；Ⅰ类、Ⅱ类、Ⅲ类矸石山上分布的植被不尽相同，但是植被种类数相差不很明显；在Ⅰ类、Ⅱ类矸石山上先锋植物［以猪毛菜、蒺藜、苋菜（*Amaranthus retroflexus*)，野古草（*Arundinella hirta*）等］处于优势地位，这些植物特点是耐干旱，说明该立地类型干旱、瘠薄，适合耐旱植物生长；在Ⅲ类和Ⅳ类矸石山上先锋植物逐渐减少，逐渐出现了适合中生立地类型的植被，如以天然鸡爪草、萝摩（*Cynanchum libiricum*)、猪毛菜、狼尾草（*Pennisetum alopecuroides*)、大针茅（*Stipa grandis*）等为主，这些草本植物抗盐碱，适合在山坡、草地、石质地生长。在此基础上初步确定了该矿不同类型矸石山适宜的植被类型和植被恢复技术措施。提出植被选择原则：a. 生长迅速适应性强、抗逆性好；b. 优先选择固氮树种；c. 尽量选择当地优良的乡土树种和先锋树种，也可以引进外来速生树种；d. 选择树种时既要考虑经济价值高，又要注重树种的水土保持、绿化等多功能生态效益。在矸石山上自然定居的植物，能适应矸石山上的极端条件，应该作为优先考虑的植物。

(3) 北京市露天开采首云铁矿矿区水土保持分区植被恢复实例

针对铁矿各区域水土流失及生态环境影响分析，结合密云县生态涵养发展带的功能定位和北京首云铁矿为了可持续发展而确定的矿山公园的整体规划，将整个矿区按照功能分为开采区、排土场（平台、边坡）和尾矿库等，然后遵循自然规律，按照近自然、生态优先的原则，创建矿区良好的景观效果。

① 开采区　根据矿区开采坑开采形成侧壁的特点，对不同坡度、坡面稳定程度、坡面现有植被状况采取不同的技术措施实施分区域防治实现水土保持植被恢复。

1) 近乎垂直和反坡部位且风化不严重坡面的种植槽穴植被恢复技术模式。利用局部坑洼或人工手段形成种植穴，在种植穴内栽植爬山虎等攀缘植物，对开采坑内近乎垂直和反坡部位且风化不严重的坡面实施垂直绿化。主要物种选择中国地锦、美国地锦、连翘、迎春、鸢尾等。

2) 45°～60°的岩面风化程度较轻坡面的挂网客土喷播技术模式。采用锚杆固定＋挂两层双向土工格栅＋客土喷播＋生态植被毯的方式，对45°～60°的岩面风化程度较轻的坡面实施植被恢复。主要植物品种选择苇状羊茅、胡枝子、荆条、柠条、紫穗槐、珍珠梅、波斯菊等。

3) 帮坡平台苗木种植结合平台拦挡模式。首先利用平台上现有废石在距平台边缘1m处砌筑一道30～50cm的拦渣矮墙，在内侧平台内将平台上风化堆积物进行平整处理，结合局部客土种植和表层覆土工艺，栽植灌木和乔木，再在表层撒播草种。植物品种主要选用苇状羊茅、胡枝子、荆条、紫穗槐、波斯菊、黄栌、沙地柏、油松、侧柏、丁香、沙打旺、二月蓝、鸢尾等。

② 排土场 将排土场分为平台和边坡两部分，分别进行水土保持植被恢复。

1）平台。利用原弃渣塑造植被恢复后的地貌地形，使排土场进行植被恢复后地形起伏，接近自然，能与周边原始自然山体相融合。通过场地平整后，在地形渣体的顶部全面进行覆土，营建适合植物生长的基盘，播种花草种子，铺设生态植被毯。对平台区域进行适度场地整理后挖种植穴，采用局部客土、抗旱造林技术措施，进行植被恢复。种植植物品种选择山杏、山桃、丁香、黄刺玫、迎春、黄栌、沙地柏等花灌木，地被混播二月兰、波斯菊和黑心菊，同时栽植油松、桧柏、云杉、白蜡、栗树、香花槐、臭椿等乔木，营造物种丰富、生机盎然、充满野趣的植物群落空间。道路两侧的乔灌木为行状配置，其他栽植区域种植点以簇式配置，规则种植与不规则种植有机结合，形成乔、灌、草各植物群落呈不均匀的群丛状分布。

2）边坡。坡度是人为形成的松散岩石堆积体，土壤贫瘠，保水保肥力极差，较难进行植被恢复。根据现场排土场边坡坡度较陡，在45°左右，坡长数10m不等的地形，因地制宜对坡面进行分级整理。在坡脚设置浆砌石挡土墙，并对坡面进行稳定整理，在坡顶修出作业道。再对坡面进行灌浆和覆土工作，营建植物生长的基盘，平均厚度要求达到20cm，对坡顶和坡脚根据栽植苗木的规格进行局部客土，以满足所栽苗木的生长要求。选择适应立地条件的树种栽植，充分利用各分级平台进行乔木栽植，迅速达到绿化效果，从前到后形成由低到高，具有层次感的立体布置。在分级平台考虑常绿和阔叶树种搭配，灌木、小乔木、大乔木的有机结合；在坡面采用先锋草种和乡土灌木形成植被覆盖，营造植物生长的环境，为后期顶级群落的形成创造条件。在平台栽植2行丁香、2行油松和1行洋槐；黄栌株行距1m×2m；油松3m×3m，品字形布置；洋槐株距3m；丁香与油松行距2m，洋槐与油松行距2m。在坡面主要采用草本和乡土灌木植物，包括荆条、酸枣、紫穗槐、黄栌、臭椿、紫花苜楷、沙打旺等植物品种，播种建植为主，部分有商品大苗的则进行自然式栽植布置。

3）尾矿库 采用两种模式对尾矿库坝面进行植被恢复对比试验。一种是在坝面覆盖10cm的山皮土，然后覆盖含有灌草种的生态植被毯进行植被恢复；另一种是直接撒施适量的草炭土有机质和缓效氮肥，进行土壤肥力改良，然后铺设生态植被毯进行植被恢复。选择植物品种为荆条、胡枝子、碱茅、紫穗槐、沙打旺、波斯菊、黑麦草等。试验结果看来，不覆土也能够实现坝面的植被恢复。两种方案不仅施工简单易行而且造价低，短期内能起到保持水土流失的功效。

通过以上矿区生态环境修复的发展史以及所取得的生态修复研究成果的介绍和分析，可以清楚地看到国外矿区环境修复与国内相比较，具有起步早、相关的法规颁布早且多的特点；同时还发现国内外矿区环境修复在大多数情况下，比较集中于矿区退化土地的复垦工作和个别领域（土壤改良和重金属污染修复、水体修复等）；而对矿区废弃地所留下的区域景观格局极其不合理、矿区复合生态系统服务功能下降、可持续发展力下降等现象需要从矿区区域整体范围内以及矿区所在城市等更广的尺度去解决。对废弃矿区的修复，过去注重矿区内的土地复垦，忽视矿区土地与周围生态环境的连接性与和谐性；现在和未来的生态修复则将受采矿影响的矿区周围的荒地、裸岩石砾地、农用地以及水域等都融入到矿区生态修复的整体规划中。大尺度生态修复需要当地居民、企业、政府和规划部门共同努力，从整体上营造一个修复成功的蓝图，完成修复的目标。

5.5 森林生态恢复中的环境生物资源

森林是陆地上最大、最复杂的生态系统。据估计最早地球有 2/3 的陆地生长着茂盛的森林，面积约有 $76\times10^{8}hm^{2}$，覆盖率为 60%，1862 年降到 $55\times10^{8}hm^{2}$，1963 年减少到 $38\times10^{8}hm^{2}$。据联合国粮农组织统计（1968～1972 年），全世界共有森林面积 $28\times10^{8}hm^{2}$，覆盖率只有 22%，前几年（1978～1979 年）统计资料表明又降到 $26.4\times10^{8}hm^{2}$，覆盖率仅 20.7%，有人估计热带雨林是世界上效率最高的森林，而它竟以每分钟 $20hm^{2}$ 的速度在地球上消失。

我国是一个少林缺材的国家，现有森林面积仅 18.3 亿亩，占国土总面积的 12.7%，按人均有林面积，我国排列在第 120 位，而且分布不均，毁林开荒十分严重。

上述情况的出现，与人口增长、能源危机对森林的压力有关系。据资料报道，发展中国家 80%的木材做柴烧了；全世界约有 1/2 的木材烧掉了，大约有 15 亿人口的生活能源依靠烧木柴；而我国 10 亿人口，约有 7.5 亿人口靠烧木柴为能源。由此可见，人类活动对森林的破坏是多么的严重！这就必然导致森林生态系统的失调或破坏。

5.5.1 森林及森林动物和主要植被

森林类型依赖于降雨和温度（纬度和高度）。不同的温度和降雨的分配支配了不同的森林群落和沿着南、北梯度方向上的不同森林类型等级。北方针叶林（coniferous boreal forest）是寒冷气候的象征，广泛分布于北美、欧洲和亚洲北部并向南延伸到高海拔的山脉上。温带森林（temperate forest）出现在更南的区域，分布于欧洲的中西部、东亚和北美西部。热带雨林（tropical forest）分布在温度和降雨都很高的区域，主要出现在南北美洲的赤道带、中美洲、非洲、东南亚和印度与太平洋的许多岛屿上。

森林中由于有大量的永久的木本物质的存在，所以其净初级生产力和生物量都很高。北方森林是以云杉（*Picea* spp.）、冷杉（*Abies* spp.）、落叶树（*Larix* spp.）和松树（*Pinus* spp.）这样的针叶树为优势种类，其中混有少量的阔叶种类，如华木（*Betula* spp.）和杨树（*Populus* spp.）。针叶树的针叶最小限度地降低蒸腾和水分散失。温带森林是由落叶阔叶林（栎树、山核桃、槭树、水青冈）以及一些针叶树（松树、铁树）组成。林下有较稠密的灌木层，在阳光能够渗透下来的地方，有丰富的地面植物区系，包括草本植物、蕨类植物、地衣和苔藓植物。已经被砍光并又重新种植的管理林地与以前的林地相比，林内地下植物多样性是不同的。热带森林以众多高耸的树木为特征，最高的树木可以达到 60m 或更高。这里的温度和降雨为植物生长提供了优越的条件，其净初级生产力在陆地生物区系中是最高的。耐阴的树种生长在优势树种的林冠以下，其上有大量的附生植物和藤本植物。

温带和北方森林养活了食草的哺乳动物（如鹿）和像狼一样的捕食种类。森林对鸟类来说是重要的栖息地，而且在温带森林里，小型的哺乳动物居住在稠密的森林下层。森林生态系统也含有范围很广的专食性和泛食性的食草昆虫。热带雨林支持了巨大的动物多样性，尤其是昆虫、两栖类、鸟类和小型的哺乳动物。许多物种是居住在树上的，以吃果实和/或种子为生。

5.5.2　森林生态系统的主要功能

森林生态系统是一种具有多功能的有机整体，所以素有“农业水库”、“都市肺脏”、“天然吸尘器”和“自然总调度”的美称。其主要功能如下：a. 森林是世界上最丰富的生物资源和基因库资源，在森林生态系统中栖息着地球上 1000 万个物种中的大部分；b. 森林生态系统是地球上生产力最高的生态系统，是生物圈的能源基地；c. 森林生态系统具有良好的自调能力，主要是调节生物之间，生物与环境之间的关系，并有滋养水源，保持水土，调节气候的巨大作用，特别是对大气中 CO_2 的吸收，以恢复大气中 CO_2 的正常含量；d. 森林具有放氧、吸毒、滞尘等净化空气，保护环境的作用。

由于森林生态系统具有以上多种功能，所以我们要很好的保护森林生态系统。不断造出结构合理的人工森林生态系统，合理开发利用森林资源。但为了开垦农田和为牲畜提供草场，大面积的热带雨林遭到砍伐，导致生物多样性的丧失、土壤流失以及发生土壤侵蚀。森林内代表着全球价值的生物资源严重遭到破坏，许多含有对人类有益的化学成分的植物种类几乎绝灭。通过烧林来清除热带雨林也影响全球的碳循环并且通过向大气中排放 CO_2 引起全球变暖。横跨欧洲北部的温带森林正在遭受来自工业污染的酸雨的危害。砍伐森林会导致土壤裸露，造成土壤侵蚀，使地表径流加大。许多现象表明砍伐森林是造成被砍伐森林地区的下游发生洪水的一个必然原因。

5.5.3　森林生态系统的退化及其危害

森林破坏是导致森林生态系统退化的主要原因。病虫害、干旱、洪涝、地震等自然灾害也会导致森林的退化。森林退化主要是人口增加后，人们大量毁林造田、种植作物引起的。由于森林出产木材，也是导致老年林退化的原因之一。砍伐后的森林裸露，很容易退化成灌丛或裸地。退化后的森林生态系统生产力下降，生物多样性减少，调节气候的能力减弱，涵养水分、防风固沙的作用减弱，贮存生态系统营养元素的能力降低，野生动物的栖息地减少。破坏森林生态系统带来的生态危机主要表现在以下几方面。

(1) 水土流失，水库受损，破坏了农业生产的基础

土壤形成过程非常缓慢，大约 100～400 年才能形成约 10mm 的土层，而且流失后很难恢复。

据不完全统计，我国水土流失面积占国土面积的 1/6 以上，分布在一千多个县内，相当于 4 个日本的土地面积。每年流失土壤 50×10^8 t，养分流失相当 $(4\sim5)\times10^7$ t 的化肥。长江泥沙流失量为 10×10^8 t，黄河输沙量达 16×10^8 t。水土流失除造成水灾外，还可引起土壤沙化、贫瘠化，河道堵塞，下游河床增高。更严重的是湖泊淤积，失去了控制能力，原为我国第一大湖的洞庭湖，面积日益缩小。

(2) 沙漠化

全世界沙漠及沙化面积占陆地面积的 1/3，已有 64 个国家受到威胁。而且，估计全球每年扩大沙化面积约 600×10^4 hm²，其中 87% 是由于人为不合理地利用自然资源造成的，我国沙漠及沙化总面积为 109.6×10^4 km²，占国土面积的 11.4%，比建国初期沙漠面积增加近万亿亩，主要是滥伐森林，滥垦草原等造成的。

(3) 物种保护

森林中食物丰富，生物多种多样，森林面积减少，物种失去生存环境，有人估计一个植

物种的灭亡可造成10种动物的灭亡。由于不合理的开发利用，据估计，世界上将有25000种植物，1000种以上的脊椎动物濒临灭绝，不少珍贵树种和动物遭受严重破坏和绝迹。

5.5.4 森林生态恢复的研究进展

我国有关退化森林生态系统的研究起步较早。如从1959年开始，中国科学院华南植物研究所组织多学科多专业的科研人员在广东沿海侵蚀地上开展了热带、亚热带退化生态系统恢复与重建的长期定位研究。系统地研究了退化生态系统恢复过程中水、土、气、生等因子的变化和机理，总结出了国内外先进的集水区法、植被恢复三步法和时空替代法等行之有效的方法；论证了热带极度退化生态系统经过人工启动得以恢复的可行性；筛选了以豆科植物为主的一批先锋物种和适合于林分改造的优良品种；探讨了生物多样性与生态系统稳定性的关系，论证了植物多样性是森林生态系统稳定性的基础。这些研究成果在学术上丰富和发展了人工恢复和重建森林生态系统的理论，在热带、亚热带地区得以大面积推广，对区域经济发展起到了重要作用。温带地区森林植被的恢复与重建主要是工程性的，如大面积人工防护林建设。研究重点主要在荒漠区，目前在气候变迁过程中的森林消失问题、种质资源、水分生态、抗旱造林、灌木林固沙等方面开展了研究，在荒漠生态系统受损与恢复的动力学机制、沙区引种樟子松和沙生灌木以及通过短期有限灌溉重建胡杨、红柳等绿洲植被技术等方面取得了重大进展。

5.5.5 森林生态恢复的方法

我国地域辽阔，气候、地形条件复杂，森林群落类型及其发生发展的具体过程也多种多样。退化森林生态系统恢复的过程也有所不同，现按从北向南的顺序各举一例，以说明该地区森林恢复的一般规律。

5.5.5.1 东北地区东部山地过伐的针阔混交林的恢复

当前在东北地区东部山地所存在的多种多样的森林类型，除原始林和人工林外，基本上都是阔叶红松林在外部因素的作用下发生次生演替的结果。由于外部因素的作用方式和程度不同而产生各种类型的次生演替。

在皆伐迹地和撂荒地上，由于面积不大，周围仍有原生的红松阔叶林存在，整个环境变化不大，原生群落主要组成树种的种源比较充足，因而在迹地上很快为先锋树种（柳、杨、桦等）占据，形成杨、桦林，即东北林区的“派生林”。这类林分的稳定性很低。目前在东北原始林区中，经常可以见到这类派生的杨、桦林，原生群落的主要组成树种红松或云杉、冷杉的幼、壮龄树生长旺盛，甚至有的已与杨、桦处于同一林层，有恢复到阔叶红松林的趋势。对于那些长期大面积反复破坏的阔叶红松林，由于生态条件、树种特性及外因作用方式和程度的不同，其恢复过程和所需时间也不同。在较干旱的陡坡，绣线菊红松林由于反复的采伐和火灾，退化成草原性植被或胡枝子丛，如果不加人为干预会逐渐恢复为绣线菊样木林，进一步演替为花曲柳柞木林。

5.5.5.2 长江中、下游退化森林的恢复

由铁芒萁、蜈蚣草、白茅或扭黄茅（*Heterogon contortus*）等为主所组成的低草群落，在自然条件下发展为由芒（*Miscanthus sinensis*）、野枯草（*Arundinella anomala*）、紫苏（*Periua frutescens*（L）.Britt）等组成的高草群落，它具有较高的土壤肥力。高草群落中常混生有灌

木，如白檀、金樱子等，并可自然发展为灌木丛。灌丛常见组成种有乌药、黄端木、山苍子、新木姜子、蜡办花以及杜鹃、乌饭树、絮金牛等。草地或灌丛，通过自然发展或人工造林都可恢复为马尾松林、毛竹林、杉木林（天然形成的杉木林很少）或阳性阔叶树的混交林。

在干燥贫瘠坡地、山脊的马尾松林，伴生的乔灌木树种很少，草本层也很单调。这种类型的其他树种很难侵入，形成比较稳定的状态。而在立地条件较好的马尾松林中则混有较多的乔灌木种类，知青刚栎、木荷、栲树、枫香等，可迅速向针阔混交林过渡，最后发展为稳定性最大的常绿阔叶林。

5.5.5.3 热带、亚热带退化的雨林、季雨林的恢复

雨林、季雨林分布在我国最南方，包括粤、桂的南部，云南东南部和横断山脉河谷中以及海南岛和台湾两岛。除在交通不便的山区和河谷地带尚保存有较大面积的原始雨林、季雨林外，其他均被破坏（影响最严重的主要是“刀耕火种”）为后次生的乔木、灌木和草本群落以及人工植被。

海南岛热带雨林分布区的撂荒地上，首先生长一些草木和半灌木的先锋种类，如两耳草、毛叶黍、白茅和一些菊科植物。随后，一些灌木如红背山麻秆、山黄麻、九节木、毛果算盘子、白背叶和狗花椒等与一些乔木种类如白楸、山麻树等也先后侵入。最初 1 年内，草本植物还占有一定地位。2～3 年后即被以红背山麻秆为优势的灌木群落代替。这样的群落很不稳定，4～5 年后，以白楸占据优势，并出现一些乔木树种，如黄杞、半枫荷、红豆和黄桐等。白楸群落进一步发展为黄杞占优势的次生乔木群落。从撂荒地到黄杞群落约需10～20 年时间，以后则被较耐阴的树种所代替，并向类似的原生性雨林类型发展。

5.5.6 森林生态恢复的典型实例

位于广东电白县沿海热带季雨林的生态恢复是森林生态恢复的成功范例之一。由于近百年的砍伐和开垦，当地原始林已基本消失，水土流失严重，生态环境恶劣。自 1959 年起建立了一个结构模拟当地地带性植被的人工阔叶混交林。试验采用工程措施和生物措施，分两步进行整治和森林重建。

1959～1964 年进行先锋群落的重建，即在光板地上，采用工程措施和生物措施相结合但以生物措施为主的综合治理方法。工程措施包括开截流沟和筑拦沙坝等，生物措施是选用速生、耐旱、耐瘠薄的桉树、松树和相思树重建先锋群落。由此改善恶劣的环境并利于后来植物的生长。1964～1979 年配置多层多种阔叶混交林，在 20hm^2 的先锋群落迹地上，模拟热带天然林群落的结构特点，从天然次生林中引人桫椤、藜蒴、铁刀木、白格、黑格、白木香等乡土树种和大叶相思、新银合欢等豆科外来种种植。混交方式有小块状、带状和行混等。树种配置考虑了阳生与阴生、深根与浅根、速生与慢生、常绿与落叶、豆科与非豆科的种类搭配问题。在土壤贫瘠的地方恢复阔叶混交林必须要有一定的营林措施，要用小苗定植提高成活率，要挖大穴施基肥保证成林，幼林成林后要封山育林，避免人为干扰。

在森林恢复过程中，先后引种了 320 种植物，分属 230 属、7 个科。数量较多的种类有桫椤、藜蒴、竹节树、铁刀木、白格、黑格、白木香、大叶相思和新银合欢等树种。恢复后的森林群落可分为乔木层、灌木层和草本层 3 层，通过对各层多样性指数、均匀度和生态优势度的调查，表明人工恢复的林地已处于向顶级群落演替的过程中。森林恢复后生物量和生产力明显提高，植被恢复后土壤的理化性质趋于好转，热带人工阔叶混交林的温湿度条件向

有利于林木生长的方向发展。

对于次生林的恢复要比在光板地上重建森林容易得多，因为次生林地生态环境较好，土壤尚未被破坏或还有稀疏林木生长。在东北采用透光抚育或遮光抚育的方法进行林地的恢复。东北的红松纯林不易成活，而纯的阔叶林（如水曲柳等）也不易长期存活，科学家采用栽针保阔的人工恢复途径，实现了当地森林的快速恢复，这主要是改善林地的环境条件，促进了林地的顺行演替。

5.6 湿地生态恢复中的环境生物资源

我国是世界上湿地（wetland）类型多、面积大、分布广的国家之一。湿地面积约$2.5\times10^7hm^2$，仅次于加拿大和俄罗斯，居世界第3位（杨朝飞，1996）。从寒温带到热带，从沿海到内陆，从平原到高原、山区均有湿地分布，包括沼泽、泥炭地、湿草甸、浅水湖泊、高原咸水湖泊、盐沼和海岸滩涂等多种类型，其中，具有独特生态功能的青藏高原湿地，通过涵养水源，孕育了长江、黄河、雅鲁藏布江等亚洲主要江河。近几十年来，随着工农业的迅猛发展，人口的大量增加和城市化进程的不断加快，我国的湿地正面临着区域生态环境破坏、自然景观消失、生物多样性减少、气候条件变化、生态系统结构和功能丧失等多种生态灾害，从而严重制约了湿地的进一步开发利用和湿地生态系统的保护，为此，必须对退化的生态系统进行生态恢复。

5.6.1 湿地的定义及类型

湿地是分布于陆生生态系统和水生生态系统之间具有独特水文、土壤、植被与生物特征的生态系统。按拉姆萨尔（Ramsar）公约，湿地的定义为："湿地是指天然或人工、长久或暂时性的沼泽地、泥炭地、水域地带，静止或流动的淡水、半咸水、咸水体，包括低潮时水深不超过6m的水域。"湿地的定义还应该包含下述3个主要内容：a. 湿地以水的存在为特征；b. 湿地的土壤与邻近的高地明显不同；c. 湿地供养的植物适应湿生条件（有些就是水生植物），与之相反，不耐淹植物在此是不能立足的。

根据地理分布及形成特点的不同可将湿地划分为滨海湿地、河口湿地、河流湿地、湖泊湿地、沼泽湿地、人工湿地6种类型。

5.6.2 湿地生态系统的特点、作用

5.6.2.1 湿地生态系统的特点

湿地通常处于陆生生态系统和水生生态系统之间的过渡区域，一般由湿生、沼生和水生植物、动物、微生物等生物因子以及与其紧密相关的阳光、水分、土壤等非生物因子构成。湿地生态系统具有以下特点（崔保山，1997；窦鸿身等，1988；黄锡畴，1989）。

① 脆弱性　湿地特殊的水文条件决定了湿地生态系统易受自然及人为活动干扰，生态极易受破坏，且受破坏后难以恢复。

② 高生产力和生物与生态多样性　湿地多样的动、植物群落决定其具有较高的生产力和丰富多样的生物物种与生态系统类型。

③ 过渡性　湿地既具有陆生生态系统的地带性分布特点，又具有水生生态系统的地带性分布特点，表现出水陆相兼的过渡性分布规律。湿地水陆交界的边缘效应是湿地具有高生

产力和丰富生物多样性的基本原因。

5.6.2.2　湿地生态系统的作用

湿地是地球上最重要的生态系统之一。大而言之，石炭纪时的沼泽环境产生并保存了许多矿物燃料，至今为我们所享用。就平常而言，湿地是许多化学、生物和遗传物质的重要来源和贮运场所。由于参与水文循环和化学循环以及接受自然和人为的废水排泄的特殊功能，有“自然之肾”之称。它们在调节气候、涵养水源、蓄洪防旱、控制土壤侵蚀、促淤造陆、净化环境等方面均具有十分重要的功能。最重要的作用是，湿地是景观中许多动植物赖以生存的居住地。

由于我国湿地特殊的自然条件和地理位置，使我国成为世界水禽的重要栖息地，我国沿海地区是南北半球候鸟迁徙的重要中转站。每年冬天，来自日本、俄罗斯、朝鲜和我国北方的鹤类在我国盐城湿地越冬，其中丹顶鹤数量最多，有600余只，已成为世界上丹顶鹤的主要越冬地。新疆的巴音鲁克湿地，每年夏天有来自各地的天鹅5000～8000只，是世界最大的天鹅繁殖基地之一。江苏洪泽湖是大鸨的越冬地，每年10月从俄罗斯、蒙古、朝鲜和我国北方到洪泽湖越冬的大鸨多达5000～7000只，这里是世界上大鸨分布最集中的地区。

5.6.3　湿地恢复研究进展

湿地是地球上最脆弱的生态系统之一，随着社会和经济的发展，全球80%的湿地资源丧失或退化。湿地丧失和退化的主要原因有物理、生物和化学三个方面，具体表现为：围垦湿地用于农业、工业、交通和城镇用地；筑堤、分流等切断或改变了湿地的水分循环过程；建坝淹没湿地；过度砍伐、燃烧或啃食湿地植物；过度开发湿地内的水生生物资源；废弃物的堆积；排放污染物。此外，全球变化还对湿地结构与功能有潜在的影响（Mitsch，1993；Middleton，1999；余作岳，1997）。

湿地恢复是指通过生态技术或生态工程对退化或消失的湿地进行修复或重建，再现干扰前的结构和功能，以及相关的物理、化学和生物学特性，使其发挥应有的作用。包括提高地下水位来养护沼泽，改善水禽栖息地；增加湖泊的深度和广度以扩大湖容，增加鱼的产量，增强调蓄功能；迁移湖泊、河流中的富营养沉积物以及有毒物质以净化水质；恢复泛滥平原的结构和功能以利于蓄纳洪水，提供野生生物栖息地以及户外娱乐区，同时也有助于水质恢复。目前的湿地恢复实践主要集中在沼泽、湖泊、河流及河缘湿地的恢复上。

目前全球湿地生态系统正在受到严重的改变和损害，这种变化和破坏的程度大于历史上任何时期。1996年9月在澳大利亚西海岸的泊斯召开了第五届国际湿地会议，大会的主题是“湿地的未来”，主要议题是讨论如何增强湿地效益，防止和解决湿地丧失、功能衰退、生物多样性减少等问题及保护与重建湿地的策略和措施（王仁卿，1997）。在受损湿地恢复与重建方面，美国开展得较早。从1975～1985年的10年间，联邦政府环境保护局（EPA）清洁湖泊项目（CLP）的313个湿地恢复研究项目得到政府资助，包括控制污水的排放、恢复计划实施的可行性研究、恢复项目实施的反应评价、湖泊分类和湖泊营养状况分类等。1988年，水科学和技术部（WSTB）就国家研究委员会（NRC）所从事的湿地恢复研究项目评价和技术报告进行了讨论。1989年，水科学技术部的水域生态系统恢复委员会（CRAM）开展了湿地恢复的总体评价，包括科学、技术、政策和规章制度等许多方面。1990～1991年，NRC、EPA、CRAM和农业部提出了庞大的湿地恢复计划，在2010年前

恢复受损河流 $64\times10^4hm^2$、湖泊 $67\times10^4hm^2$、其他湿地 $400\times10^4hm^2$。计划实施的最终目标是保护和恢复河流、湖泊和其他湿地生态系统中物理、化学和生物的完整性，以改善和促进生物结构与功能的正常运转。针对湿地的退化情况，世界各国都在积极采取措施进行湿地的生态恢复。加拿大湿地面积 $1.27\times10^8hm^2$，占世界湿地资源的24%，居世界第1位。为了有效地保护湿地资源，加拿大于1992年颁布了联邦湿地保护政策（Rubec，1994）。英国对莱茵河下游河漫滩（湿地）的生态恢复、印度对Rihand河的生态恢复、澳大利亚对一个用于沉积稀有金属矿砂的湖泊群的生态恢复都获得满意的结果。在瑞典，30%地表由湿地组成，包括河流和湖泊，由于湿地的不断退化，有些学者已经建议并提出方案来恢复浅湖湿地，提高水平面，降低湖底面或结合这两种方法。这些项目计划的目标是多种多样的，主要依赖于河流和泛滥平原的规模和地貌特征。1993年，大约200多位学者聚集在英国谢菲尔德大学讨论了湿地恢复问题。为更好地进行湿地的开发、保护以及科研，科学家们就如何恢复和评价已退化和正在退化的湿地进行了广泛交流，特别在沼泽湿地的恢复研究上发表了许多新的见解。在1995年，出版了这次会议的论文集《温带湿地的恢复》，从沼泽湿地恢复的基本理论到实践，文中都有详尽的论述。可以说，通过这次会议，对湿地恢复的研究又进入了一个新的领域。

近20年来，我国对东湖、巢湖、滇池、太湖、洪湖、保安湖、鸭儿湖、白洋淀等浅水湖泊的富营养化控制和生态恢复进行了大量的研究，获得了许多成功的经验（刘建康，1990，1995；屠清瑛等，1990；顾丁锡，1983；章申，1995；金相灿等，1995；许木启，黄玉瑶，1998）。三江平原是我国平原区沼泽面积最大、最集中的地区，自建国以来经过40多年的开发，湿地面积减少了近 $3.4\times10^6hm^2$，湿地垦殖率达64%。自20世纪50年代末开展湿地研究工作以来，通过采用适当的水土调控技术，合理确定农业开发的规模与模式，成功地将湿地的生态恢复与生态农业建设有机地结合起来。洞庭湖湖群是我国面积最大的湖泊湿地，面积 $87.7\times10^4hm^2$，于1992年被列入《世界重要湿地名录》。从20世纪50年代至今，洞庭湖湖群的垦殖率已高达50%以上。由于泥沙淤积和人类活动干扰，湿地生态系统退化十分严重，调蓄洪水的功能在逐渐衰退。通过入湖河流上游的生态建设，减少入湖泥沙量，并通过生物物种的合理配置，减缓湖泊淤塞过程，稳定湿地面积，保障湖泊的调蓄功能，建立起高效复合的生态系统。

5.6.4 湿地生态恢复的基本要求和遵循的原则

对于不同的退化湿地生态系统，生态恢复的要求有所不同，基本要求如下：a. 实现生态系统地表基底的稳定性；b. 恢复湿地良好的水状况及植被和土壤状况，保证一定的植被覆盖率和土壤肥力；c. 增加物种组成和生物多样性，实现生物群落的恢复，提高生态系统的生产力和自我维持能力；d. 恢复湿地景观，增加视觉和美学享受，实现区域社会、经济的可持续发展。

湿地生态恢复应遵循的主要原则如下。

① 地域性原则　我国湿地分布广，涵盖了从寒温带到热带，从沿海到内陆，从平原到高原山区各种类型的湿地。因此应根据地理位置、气候特点、湿地类型、功能要求、经济基础等因素，制定适当的湿地生态恢复策略、指标体系和技术途径。

② 生态学原则　生态学原则主要包括生态演替规律、生物多样性原则、生态位原则等。

③ 可行性原则　可行性是许多计划项目实施时首先必须考虑的。湿地恢复的可行性主

要包括两个方面，即环境的可行性和技术的可操作性。通常情况下，湿地恢复的选择在很大程度上由现在的环境条件及空间范围所决定。现实的环境状况是自然界和人类社会长期发展的结果，其内部组成要素之间存在着相互依赖、相互作用的关系，尽管可以在湿地恢复过程中人为创造一些条件，但只能在退化湿地的基础上加以引导，而不是强制管理，只有这样才能使恢复具有自然性和持续性。比如，在温暖潮湿的气候条件下，自然恢复速度比较快，而在寒冷和干燥的气候条件下，自然恢复速度比较慢。不同的环境状况，花费的时间也就不同，甚至在恶劣的环境条件下恢复很难进行。另一方面，一些湿地恢复的愿望是好的，设计也很合理，但操作非常困难，恢复实际上是不可行的。因此全面评价可行性是湿地恢复成功的保障。

④ 稀缺性和优先性原则　计划一个湿地恢复项目必须从当前最紧迫的任务出发，应该具有针对性。为充分保护区域湿地的生物多样性及湿地功能，在制定恢复计划时应全面了解区域或计划区湿地的广泛信息，了解该区域湿地的保护价值，了解它是否是高价值的保护区，是否是湿地的典型代表类型，是否是候鸟飞行固定路线的重要组成部分等。尽管任何一个恢复项目的目的都是恢复湿地的动态平衡而阻止陆地化过程，但轻重缓急在恢复前必须明确。例如一些濒临灭绝的动植物种，它们的栖息地恢复就显得非常重要，即所谓的稀缺性和优先性。因为小规模的物种、种群或稀有群落比一般的系统更脆弱更易丧失。但恢复这种类型的湿地难度也就很大，常常会事与愿违。

⑤ 最小风险和最大效益原则　对生态恢复进行准确的估计和把握，尽力做到在最小风险、最小投资的情况下获得最大效益。

5.6.5 湿地生态恢复的成功范例

我国在湿地生态恢复方面最为成功的例子是贵州威宁的草海。为了扩大耕地面积，1970 年曾排水疏干草海，湖中的鱼类、贝类、虾和水生昆虫等几乎绝灭，所剩水禽也寥寥无几，地下水位下降，农业减产，自然生态失去平衡。1980 年政府决定恢复草海，实施蓄水工程，恢复水面面积 $20km^2$，平水期可达 $29km^2$。目前，生物物种已得到恢复，浮游植物有 8 门 91 属，高等植物 20 科 26 属 37 种，组成了多种挺水植物群落、浮叶植物群落和沉水植物群落。浮游动物有 9 纲 74 属 115 种，鱼类 9 种，两栖类 14 种，特别是鸟类丰富，有 179 种，其中水禽有 68 种。黑颈鹤、白头鹤、白鹤、灰鹤、游隼、白琵鹭等 16 种国家一、二级保护鸟类的数量日渐增多，湿地恢复效果良好，被国外专家视为中国湿地生态恢复的成功典范。该湿地作为我国特有物种黑颈鹤的主要越冬栖息地，目前已被建立为国家级自然保护区。

参考文献

[1] 余作岳，彭少麟．热带亚热带退化生态系统植被恢复研究［M］．广州：广东科技出版社，1997.
[2] Mitsch W J，Gosselink J G. Wetland（seconde dition）［M］. New york：Van Nostrand Reinhold，1993.
[3] Midleton B. Wetland Restoration，Flood Pulsing，and Disturbance Dynamics［M］. New york：John Wiley & Sons，Inc，1999.
[4] 阎秀峰，孙国荣．星星草生理生态学研究［M］．北京：科学出版社，1999.
[5] 任海，彭少麟．恢复生态学导论［M］．北京：科学出版社，2001.
[6] 王仁卿等，从第五届国际湿地会议看湿地保护与研究趋势．生态学杂志，1997，16（5）：72-76.
[7] Mitsch W J，et al. Wetlands of the old and new world：ecology and management. In Mitsch W Jed. Global etlands：old

world and new. Elsevier Netherlands，1994.
[8] Ruber C D A. Canada，a federal policy on wetland conservation：a global model. In：Mitsch W Jed. Global etlands：old world and new. Elsevier Netherlands，1994.
[9] 刘建康主编．东湖生态学研究（一）[M]．北京：科学出版社，1990.
[10] 刘建康主编．东湖生态学研究（二）[M]．北京：科学出版社，1995.
[11] 屠清瑛等．巢湖富营养化研究 [M]. 合肥：中国科学技术大学出版社，1990.
[12] 顾丁锡．二十年来太湖生态环境状况的若干变化 [J]．上海师范学院学报（环境保护专辑），1983：50-59.
[13] 章申等．白洋淀区域水污染控制研究（第一集）[M]．北京：科学出版社，1995.
[14] 金相灿等．中国湖泊环境（第一册）[M]．北京：中国环境科学出版社，1995.
[15] 许木启，黄玉瑶．受损水域生态系统恢复与重建研究 [J]．生态学报，1998，18（5）：547-558.
[16] 蔡晓明，尚玉昌．普通生态学（下册）[M]．北京：科学出版社，1995.
[17] Cams J J ed. The Recovery Process in Damaged Ecosystem：Ann Arbor science Press，1982.
[18] 孙翠玲，顾万春．矿区及废弃矿造林绿化工程——恢复废弃矿生态环境的必由之路 [J]. 世界林业研究，1995，4（2）：105-107.
[19] 朱震达，吴焕忠，崔书红．中国土地荒漠化、土地退化的防治与环境保护 [J]. 农村生态环境，1996，12（3）：1-6.
[20] 林年丰．第四纪地质环境的人工再造作用与土地荒漠化 [J]．第四纪研究，1998（2）：128-135.
[21] 林年丰，汤洁．东北平原第四纪环境演化与荒漠化问题 [J]. 第四纪研究，1998（5）：448-455.
[22] 卢琦，慈龙骏．中国荒漠化灾害评价、防灾减灾对策及受影响地区可持续发展研究 [J]．中国沙漠，1998，18（1）：167-171.
[23] 董光荣等．我国土地沙漠化的分布与危害 [J]. 干旱区资源与环境，1989，3（4）：33-42.
[24] Tang Jie，Lin Nian Feng. Some Problems of ecological environmental geology in arid and semiarid of China [J]. Environmental geology，1995，26（1）：64-67.
[25] 张强等．中国沙区草地 [M]．北京：气象出版社，1998.
[26] 李博等．草地生态学的发展．见：马世骏主编．中国生态学发展战略研究 [C]．北京：中国经济出版社，1991：379-404.
[27] 洪锐民．天然草地净初级生产力研究进展 [J]. 草业科学，1993，10（5）：31-34.
[28] 陈灵芝，陈伟烈．中国退化生态系统研究 [M]．北京：中国科学技术出版社，1995.
[29] Naional Research Council，Grasslands and Grassland Sciencein Northland China [M]．Washington DC：National Academy Press，1992.
[30] 周禾．中国草地自然灾害及其防止对策 [J]. 中国草地，1999（2）：1-3.
[31] 刘德玉．松嫩平原草原的退化及其对策．见：中国草地生态研究 [C]．呼和浩特：内蒙古大学出版社，1989：321-327.
[32] 郑慧莹，李建东．松嫩平原的草地植被及其保护 [M]．北京：科学出版社，1993.
[33] 李建东，郑慧莹．松嫩平原碱化草地改良治理的研究 [J]．东北师大学报（自然科学版），1995（3）：34-38.
[34] 章祖同等．中国重点牧草草地资源及其开发利用 [M]．北京：中国科学技术出版社，1992.
[35] 葛莹等．松嫩平原重碱地改良方法的初步研究，见：中国草地科学研究发展战略 [C]．北京：中国科学技术出版社，1991：223-226.
[36] 李建东，郑慧莹等．松嫩平原盐碱化草地治理及其生物生态机理 [M]．北京：科学出版社，1997.
[37] 崔保山．湿地生态系统生态特征变化及其可持续性问题 [J]．生态学杂志，1999（2）：43-48.
[38] 窦鸿身等．太湖流域围湖利用的动态变化及其环境影响 [J]. 环境科学学报，1988，8（1）：1-9.
[39] 黄锡畴．沼泽生态系统的性质 [J]．地理科学，1989，9（2）：97-104.
[40] 杨朝飞．保护湿地、改善环境、是我国的一项基本国策．见：林业部野生动物和森林植物保护司编．湿地保护与合理利用——中国湿地保护研讨会文集 [C]．北京：中国林业出版社，1996.
[41] 樊金拴等．煤矿矸石山植被恢复的初步研究 [J]. 西北林学院学报，2006，21（3）：7-10.
[42] 祝怡斌等．矿山生态修复及考核指标 [J]．金属矿山，2008（8）：109-112.
[43] 夏既胜等．露天矿生态问题及生态重建方法探讨 [J]．金属矿山，2009（6）：163-166，183.
[44] 袁志琼等．北京市露天开采铁矿水土保持植被恢复实践 [J]．北京水务，2009 增刊（2）：25-27.

第章 现代生物技术与环境生物资源开发利用

6.1 概述

进入 21 世纪，人类社会发展面临的健康、粮食、能源、环境等问题日益严重。生物技术对解决人类面临的人口、健康、粮食、能源、环境等主要问题具有重大战略意义，是当今国际科技发展的主要推动力，生物产业已成为国际竞争的焦点。环境生物资源为可再生资源，对其合理开发利用将对日益严重的环境污染监测评价与防治发挥不可代替的作用，随着现代生物技术的迅猛发展，环境生物资源的开发利用也将会出现日新月异的新变化。

本章重点介绍现代生物技术在开发利用环境生物资源中的应用，其他传统生物技术见各章内容。

6.1.1 生物技术

生物技术一词最初是一位匈牙利工程师 Karl Ereky 于 1917 年提出的。当时他提出的生物技术一词的含义是指用甜菜作为饲料进行大规模养猪，即利用生物将原料转变为产品。实际上在此之前乳酸、酒精、面包、酵母、柠檬酸和蛋白酶等次级代谢产物发酵产品就已经进行了大规模生产。随着发酵工业的发展，生物技术产业不断涌现，例如 1928 年，Flemming 爵士发现的青霉素；20 世纪 40 年代获取细菌的次级代谢产物——抗生素；20 世纪 50 年代，氨基酸发酵工业兴起；20 世纪 60 年代酶制剂工业的兴起等。

鉴于生物技术的迅速发展，1982 年国际合作和发展组织对生物技术这一名词的含义进行了重新定义：生物技术是应用自然科学及工程学原理，依靠微生物、动物、植物体作为反应器将物料进行加工以提供产品来为社会服务的技术。生物技术逐步成为与微生物学、生物化学、化学工程等多学科密切相关的综合性交叉学科。

6.1.2 传统生物技术与现代生物技术

生物技术包括传统生物技术和现代生物技术两部分。传统生物技术是指旧有的制造酱、醋、酒、面包、奶酪、酸奶及其他食品的传统工艺；现代生物技术有时也称为生物工程，是指 20 世纪 70 年代末 80 年代初发展起来的，以现代生物学研究成果为基础，综合先进的工程技术手段和其他基础学科的科学原理，按照预先的设计改造生物体或加工生物原料，为人类生产出所需产品或达到某种目的的技术。其中先进的工程技术手段是指基因工程、细胞工程、酶工程、发酵工程和蛋白质工程等新技术。改造生物体是指获得优良品质的动物、植物和微生物品系。生物原料是指生物体的某一部分或生长过程中所能利用的物质，如淀粉、蜜糖、纤维素等有机物，也包括一些无机化学品，甚至某些矿石。为人类生产所需的产品包括

粮食、医药、食品、化工原料、能源、金属等各种产品。达到某种目的包括疾病的预防、诊断与治疗、环境污染的检测和治理等。

现代生物技术是由多学科综合而成的一门新学科，就生物科学而言，它包括了生物化学、遗传学、细胞生物学、微生物学、分子生物学等几乎所有与生物科学有关的学科，现代分子生物学是现代生物技术的基础。

6.1.3 现代生物技术与环境生物技术

环境生物技术（environmental biotechnology）是生物技术在环境治理和环境保护中的广泛应用衍生出的一门新学科和新技术，是一门由现代生物技术与环境工程技术相结合而形成的前沿交叉学科。凡是与生物技术结合，对环境进行监控、治理或修复，清洁生产、污染物资源化以及生物材料和能源开发等，均属于环境生物技术研究和应用的范畴。

相对其他环境技术而言，环境生物技术的明显特点是用环境生物技术处理污染物时，最终产物大都是无毒无害的、稳定的物质，如二氧化碳、水和氮气。利用生物方法处理污染物通常能一步到位，避免了污染物的多次转移，因此它是一种消除污染安全而彻底的方法。特别是现代生物技术的发展，尤其是基因工程、细胞工程和酶工程等生物高技术的飞速发展和应用，大大强化了上述环境生物处理过程，使生物处理具有更高的效率，更低的成本和更好的专一性，为生物技术在环境保护中的应用展示了更为广阔的前景。美国环保局（EPA）在评价环境生物技术时指出“生物治理技术优于其他技术的显著特点在于其是污染物消除技术而不是污染物分离技术”。

环境生物技术可分为高、中、低三个层次。高层次是指利用生物工程技术灵敏监测污染物以及高效降解处理污染物的技术。中层次包括传统的治理污染的方法，如污水处理的活性污泥法和生物膜法，及其在新的理论核心技术背景下强化的技术与工艺等。低层次主要是指氧化塘、人工湿地、生态工程等处理技术。划分层次的重要依据是技术的难度或理论的深度。从发展过程来看，先有低技术，后有中技术，近期才产生了高层次的环境生物技术。环境生物技术的三个层次，均是治理污染不可缺少的生物工程技术。高层次的技术为寻找快速有效防治污染的新途径开辟了广阔的前景，以满足经济发展和人类文明建设的需要。没有高层次技术，就不足以解决日益涌现的大量环境问题。中层次生物技术，仍然是目前广泛使用的治理污染的生物技术，它应用性强，性能稳定。如果没有中层技术，现实的环境污染就会达到不可救药的地步，更何况中层技术还在不断强化改进，高层次技术也深入其中。低层次技术，其特点是最大限度地发挥自然界生物环境的功能，它的投资费用少，易于操作管理。

环境生物技术的三个层次，需要有机配合应用，没有重要不重要之分，唯有难易之分或理论深度之区别。

6.1.4 生物技术的发展现状与未来趋势

生物技术是当今世界高层次技术发展最快的领域之一。不仅生命科学和生物技术相关研究已经占据了科学研究的主导地位，生物技术正在进入大规模产业化阶段，生物医药、生物农业日趋成熟，生物制造、生物能源、生物环保快速兴起。根据 2009 年美国的一份研究报告显示，2008 年全球制药、生物技术和生命科学产业的收入达到 9170 亿美元，其中制药占 74.61%，达 6842 亿美元，生物技术产业占 21.27%，达 1951 亿美元。截至 2010 年年底，全球（主要是美国、加拿大、欧洲和澳大利亚）约有生物技术企业 4700 多家，其中上市生物技术公司622家。上市生物技术公司总收入846亿美元，研发投入228亿美元，净盈利47亿美元，比2009年增长30%。我国2009年生物产业产值达1.4万亿元人民币左右，其中医药产业产值为10381亿元，生物农业约1200亿元，生物制造约1800亿元，生物能源约280亿元。2010年我国生物产业产值超过1.5万亿元（“十二五”生物技术发展规划）。

21世纪以来，全球生物技术及产业发展呈现四大趋势：一是生物技术已经成为许多国家科研开发和资金投入的战略重点；二是生物技术已经成为国际科技竞争的重点；三是生物产业正在成为新的经济增长点；四是生物安全已经成为保障国家安全的重要组成部分（表6-1）。

表6-1　21世纪世界各国抢占生物技术的制高点的佐证事例

时间	国家/组织	内容
2009年	美国国家研究理事会	发布了《21世纪的“新生物学”：如何确保美国引领即将到来的生物学革命》的报告，建议采取国家行动以加快发展“新生物学”，重点加强生命科学和生物技术在粮食、能源、环境和健康4个领域的应用
2010年	英国生物技术与生物科学研究理事会(BBSRC)	发布了发展生物技术的5年规划《生物科学时代：2010—2015战略计划》，将尖端生物科学与技术作为首要优先支持领域
	日本	将生物技术产业上升到国家战略高度，将“生物技术产业立国”战略作为日本新的国家目标，通过强大的财政支持，发展生物技术产业
2000年	韩国	公布了长期科技发展规划《2025年构想》又制定了国家规划《Bio-Vision 2016(2006—2016)》，指导和推动韩国生物科技的发展
2007年	印度	发布了生物技术发展战略，在5年内，把生物技术投资翻4倍

我国也高度重视生物技术。胡锦涛总书记在2006年年初的全国科学技术大会上明确指出：“把生物科技作为未来高技术产业迎头赶上的重点，加强生物科技在农业、工业、人口和健康等领域的应用”。《国家中长期科学和技术发展规划纲要（2006—2020年）》（以下简称《纲要》）把生物技术作为科技发展的五个战略重点之一。2010年9月通过的《国务院关于加快培育和发展战略性新兴产业的决定》（以下简称《决定》），将生物和节能环保、新一代信息技术、高端装备制造、新能源、新材料、新能源汽车等产业列入战略性新兴产业。为贯彻落实《决定》和《纲要》的部署，配合《国民经济和社会发展第十二个五年规划（2011—2015年）》实施，全面推进我国生物科技与产业的快速发展，促进经济发展方式转变、培育战略性新兴产业，科学技术部制定了《“十二五”生物技术发展规划》（国科发社［2011］588号）。生物技术及其催生的战略性新兴产业的发展迫切需要世界一流的生物技术人才，迫切需要建立一支具有较强国际竞争力的生物技术人才队伍。我国制定并实施《国家中长期生物技术人才发展规划（2010—2020年）》（国科发社［2011］673号），大力推进生物技术人才队伍建设，为我国逐步实现由生物技术大国向生物技术强国的转变提供强有力的人才支撑。

我国“十二五”期间生物技术发展的目标是：生物技术自主创新能力显著提升，生物技术整体水平进入世界先进行列，部分领域达到世界领先水平。生物医药、生物农业、生物制造、生物能源、生物环保等产业快速崛起，生物产业整体布局基本形成，推动生物产业成为国民经济支柱产业之一，使我国成为生物技术强国和生物产业大国。具中，发表SCI论文总数达到世界前3位；申请和授权发明专利数总数进入世界前3位；生物技术研发人员达到30万人以上，生物技术人力资源总量位居世界第一；生物产业年均增长率保持在15%以上。

6.1.5　微藻生物技术的现状与产业前景

微藻是一类微型生物的总称，包括众多真核和原核种类。考虑到微藻具有种类多、分布广、繁殖快等特点，在许多蓝藻和真核微藻中含有多种高价值的生物活性物质成分，如多不饱和脂肪酸、微藻多糖、微藻蛋白、色素、抗生素和生物毒素等，再加上微藻中的蓝藻、绿藻和硅藻可能转入外源基因并稳定地表达，微藻将成为新生物产品最有前途和希望的来源。以1968年国际上成立微型藻类国际联盟（MIU）为开始标志，微藻的商业化养殖与应用已经有近五十年的历史。藻种的选育、养殖方式的改进、培养条件的优化、产品的深加工以及分离提纯工艺的改进等在提高微藻产品价值和微藻产业效益上发挥重要作用（张学成、魏东，1999）。

6.1.5.1 微藻生物技术的现状

20世纪60年代以来，世界各国已探索了多种微藻高值物质开发的途径，主要集中到两条途径：一是生态生理生化途径（主要在细胞水平）；二是基因工程途径（主要在分子水平）。基因工程途径，是通过在微藻中表达外源基因或改变原有的基因来制备重组产品。

微藻生物技术是现代生物技术的组成部分之一，由于产业潜力巨大，近年来，全球的众多科研机构也纷纷开始从事微藻生物技术方面的研究，微藻生物技术产业研究出现了空前火热的局面。我国微藻生物技术产业发展迅速，尤其在微藻生物能源研发方面受到政府、科研机构和企业的高度关注。我国也先后启动“863”，“973”和“十二五”重大专项等开展相关研究。

(1) 功能基因的调控表达

微藻的任何高值化生物活性物质的合成，都是在一定环境条件下，由一系列酶参与，通过一定的合成途径进行的。

近几年来，由于多不饱和脂肪酸（PUFA）在人体健康中起到重要作用，微藻合成PUFA的分子机制成为研究的热点。已有几种微藻的脂肪酸去饱和酶或延长酶的cDNA序列得到克隆和表达（表6-2），但至今未见系统阐明微藻的PUFA合成路径的报道。此外，关于环境因子对PUFA去饱和酶和延长酶表达调控的影响，更是所知甚少。因此，构建微藻合成PUFA的cDNA文库，筛选得到有关去饱和酶及延长酶的全长基因序列，通过酵母表达，阐明EPA生物合成途径，并研究环境因子影响各种不饱和脂肪酸含量的分子机理，具有重要的理论意义和广阔的应用前景。

表6-2 已克隆和表达的微藻去饱和酶和延长酶

微藻及种名	基因	研究者
集胞藻(*Synechocystis* sp.)	Δ9、12、6和ω3去饱和酶	Los等(1997)
莱茵衣藻(*C. Reinhardtil*)	叶绿体ω6去饱和酶	Sato等(1997)
红藻(*C. merolae*)	Δ9去饱和酶	Itoh等(1998)
纤细裸藻(*E. gracilis*)	Δ8去饱和酶	Wallis等(1999)
三角褐指藻(*P. tricornutum*)	Δ5、5、12去饱和酶	Domergue等(2002,2003)
球等鞭金藻(*L. galbana*)	Δ4去饱和酶基因	Perein等(2004)
	延长酶	Qi等(2002)
巴尔夫藻(*Pavlova* sp.)	Δ4去饱和酶	Tonon等(2003)
	延长酶	Perein等(2004)
海链藻(*T. pseudonana*)	Δ11去饱和酶	Tonon等(2004)
	延长酶	Meyer等(2004)
绿色游藻(*O. tauri*)	延长酶	Meyer等(2004)

注：表中“Δ”，“*w*”都表示编码体系，在不饱和脂肪酸中，“Δ”表示从脂肪的羧基碳起计算碳原子的顺序，*w*表示从脂肪酸的甲基碳起计算碳原子的顺序。

(2) 利用基因工程改造藻种，提高活性物质的表达

微藻的遗传系统较高等植物简单，利于基因操作，通过转基因和基因阻断技术操纵微藻基因组，可以创造出更具开发价值的工程藻株。但微藻和其他生物之间存在着相当大的进化距离，需要重新构造转基因系统，包括目的基因转入技术（Kindle，1990）、合适的启动子、新的标记基因以及表达载体（Apt，1999）。

微藻具有快速繁殖和生长的特点，而且许多微藻能生产和积累脂肪酸，这为生物燃料的开发提供了研究方向。目前通过基因工程用微藻来生产类脂已经投入研究，Dunahay（1996）报道了通过转基因硅藻来生产生物柴油；Melis等（2001）发现，衣藻中插入反义CrepSulp序列修饰基因后，在无氧的环境下进行光照能产生氢气，这为清洁能源的生产提供了可能。Dunahay等（1996）在蓝藻中引入去饱和酶，有效地改变其不饱和脂肪酸的组成。Harker等（1997），Takeyama（1997）等在不能合成虾青素和DHA的蓝藻中转入相关的酶或酶系基因，使得受体细胞获得了相应的合成能力。商业应用中，美国Cyanotech公司已经利用转基因微藻来生产类胡萝卜素等食用色素。德国Subitec公司则利用转基因微藻生产多不饱和脂肪酸。

(3) 转基因微藻作为生物反应器

微藻作为一种新型高效的生物反应器，拓宽了发酵工程的概念，具有广阔的应用前景，在某些方面比细菌更具优越性。真核微藻相比酵母更具真核特性，可以用来异源表达高等哺乳动物的蛋白，如激素、抗体等；同时在自养或异养的光反应器中，转基因微藻的保存和生长更容易控制（Richmond，2003；Zaslavskaia et al，2001）。许多微藻不仅可以大规模养殖还可以直接食用，利用微藻来表达医用蛋白或多肽分子，可以直接口服，大大提高了微藻的附加值，同时还能降低相关药物的价格，有利于推广和普及这些药物的应用。

微藻丰富的生活环境使其存在多种抗逆基因，如果能获得这些基因并转入到其他藻种中，就可以扩大养殖藻种的范围并降低成本，同时还有可能将研究成果推广到高等植物中，但抗逆基因的筛选在微藻中的研究还不多。

尽管转基因微藻有着不错的前景，但有许多方面值得注意：a. 微藻生物活性物质积累有一定的阈值，片面追求高含量，超过其阈值，对其新陈代谢就存在负面影响，可能造成得不偿失；b. 转基因微藻对生态系统构成潜在的威胁，户外培育系统很可能被禁止，或者需要具备严格的监控能力；c. 通常情况下，转基因细胞比野生型细胞适应能力差，生产中需要使用大量的抗生素，这将对公众健康带来潜在的危害。

6.1.5.2　微藻生物技术产业前景

目前微藻生物技术产业的规模总的来说还比较小。已经实现大规模（自养）培养的微藻物种仅有螺旋藻、小球藻、杜氏盐藻和雨生红球藻等。但是，为了规模培养微藻，已研制了各种光生物反应器，对于能异养培养的种类，还可利用控制系统较完善的微生物发酵罐。长远来看，运用分子生物学手段改造微藻，增加表达，培育出更具商业价值的工程藻株和开发高价值微藻产品，推动微藻生物技术产业发展，使微藻产品高值化更具诱人的前景。

微藻生物技术主要面向能源、环境、食品和医药卫生等领域。

(1) 能源领域

微藻有望成为继粮食作物生物乙醇、纤维素生物乙醇和陆生作物生物柴油之后第3代生物质能源的原材料。微藻是乙醇发酵的良好原料，因为干藻生物质中具有较高的淀粉含量

(37%)，而淀粉转化为乙醇的效率可以达到65%。2006年以来，全球新成立了上百家从事微藻生物质能源开发的创业公司。

微藻能源的利用形式多种多样，生产方法也不尽相同，根据工艺原理的不同，可将微藻能源的利用方式分为生化转化、热解、转酯化和直接燃烧。

① 生化转化　生化转化包括厌氧消化、乙醇发酵和光合产氢三种。厌氧消化是利用厌氧菌将有机质转化为CH_4、CO_2等生物燃气的过程，适用于含水率达80%～90%的有机质。由微藻生物质厌氧消化所能回收的能量与提取微藻油脂所获得的能量相当，而且还能留下营养丰富的剩余物作为后续的微藻培养基。乙醇发酵是将多糖类物质通过微生物发酵转化为乙醇的过程。光合产氢的方法包括两段法和一步法两种。在两段法中，H_2和O_2在不同时间生成，两步法产氢的理论产率能够达到198kgH_2/(hm^2·d)。一步法则是保持微藻在厌氧环境，其持续产氢时间比两段法更为短暂，通过持续通入氮气保持培养液的无氧环境，可以延长微藻的产氢时间。

② 热解　与木材热解油相比，微藻热解油的热值更高，与石油热值相近（42MJ/kg)，因此更适于替代化石燃料。1993年曾有学者将蛋白质含量较高的盐藻作为液化热解材料，获得了低硫、低氮的优质油，促进了人们对微藻热解产油的研究。在热解转化方面，如果热解过程控制较好，能量转化率可达到95.5%。热解产物的组成与产率与原料密切相关。Miao等分别以自养*Chlorella protothecoides*和异养*Chlorella protothecoides*生物质为原料，在500℃时快速热解所获得的热解油性质如表6-3所列。由于异养藻的脂含量（55.2%）高于自养藻（14.57%)，所以其热解油产率比自养藻提高3.4倍。

表6-3　微藻热解油和木材热解油元素组成和理化性质比较

项目	自养藻热解油	异养藻热解油	木材热解油
C含量/%	62.07	76.22	56.4
H含量/%	8.76	11.61	6.2
O含量/%	19.43	11.24	37.3
N含量/%	9.74	0.93	0.1
热值/(MJ/kg)	30	41	21
密度/(kg/L)	1.06	0.92	1.2

③ 转酯化　转酯化的利用方式是将藻细胞中油脂提取后，与短链醇发生转酯化反应，制备生物柴油进行利用。对于小球藻、栅藻等能够进行异养、混养的微藻，在有机底物存在时，其生长速率和细胞密度比自养时能够提高数倍，但是需要葡萄糖或其他小分子有机物作为底物，而且需要对微藻进行无菌培养，成本较高。而对于以CO_2为碳源的自养微藻，受光透射的限制往往只能达到1g/L左右的细胞密度，因此微藻收集困难，消耗能量较多，并且藻细胞的生长速率也较低，培养时间较长，增加了培养成本。

④ 直接燃烧　较高的油脂和烃类化合物含量能够提高微藻的热值。脂含量55.2%的异养藻热值可以达到27MJ/kg。目前关于微藻直接燃烧的研究还较少，相关研究还需要深入开展。直接燃烧通常要求对生物质进行干燥、粉碎等预处理，这会增加额外的能量消耗，从而增加了成本。由于微藻细胞的粒径较小，因此可以省略粉碎的过程。另外微藻燃烧的污染物排放也较低。微藻生物质还可以掺杂到液体燃料中使用，Scragg等将藻类匀浆与油菜籽生物柴油混合后，添加少量的表面活性剂，形成了稳定的微浊混合燃料，用作柴油机的燃料，柴油机的运行没有受到显著影响，并且与石化柴油相比，微浊混合燃料的CO_2和NO_x

排放量还有所降低。

(2) 环境领域

微藻在处理生活和工业污水，大幅减排温室气体二氧化碳等方面有广阔的应用前景。

① 废水处理 利用微藻可以去除废水中的有机物、重金属和病毒等污染物，同时培养微藻，用于微藻能源的生产，这样能够节省营养底物的费用，并减少水资源的消耗，从而降低生产成本，有利于实现微藻能源的工业化生产。

Wang 等以野外分离的一株小球藻对厌氧消化后的牛粪废液进行处理，在不同稀释倍数下 NH_4^+ 去除率均能达到100%，TP 的去除率则由25倍稀释时的74.7%下降到15倍稀释时的62.5%。其他人以养牛场废水作为培养基，以包括 *Clorella micractinium* 和 *Actinastrum* 在内的混合藻群对废水进行处理，25%废水时的微藻生物质密度比10%废水时提高近1倍，脂含量则由14%提高到29%。

当以异养或混养微藻对市政污水等有机物含量较低的废水进行处理时，向培养液中提供 CO_2 有助于微藻的生长，因为 CO_2 能够调节废水中C、N、P之比，使其更接近 Redfield 比例，从而得到较高的微藻生长速率。降低出水中的污染物浓度。

Wang 等利用 *Chlorella* sp. 处理牛粪消化液，对藻细胞的元素分析表明，其C/N为2.64～3.81，而废水中被利用的C/N为0.83～1.12，因此认为小球藻还通过光合作用利用了大气中的 CO_2。当以市政污水为培养基，分别以空气和 CO_2 混合气为气源，利用混合藻群对废水进行处理，微藻生物质密度由空气时的317mg/L提高到 CO_2 混合气的812mg/L，油脂产率由9.7mg/(L·d)提高到24.4mg/(L·d)，对氨氮的去除率则由84%提高到99%以上。

② 生物固碳 生物固碳是通过微生物或植物的光合作用，将大气中的 CO_2 转化为生物质，从而将其从大气中分离出来并固定。植物由于其较慢的生长速度，只能吸收固定化石燃料燃烧所排放 CO_2 的3%～6%。与植物相比，由于微藻的生长速率较快，因此其光合固碳的效率可以提高10～50倍。

微藻除可以直接利用大气或烟道气等气体中的 CO_2 外，还可以利用 CO_2 与其他物质反应所生产的碳酸盐和碳酸氢盐。除用于 CO_2 固定外，微藻还能够吸收利用废气中的氮氧化物和硫氧化物。同时对废气中的悬浮颗粒物也有一定的去除作用。

CO_2 的固定速率受微藻种类、CO_2 含量、温度等因素的影响，表6-4列举了数种用于 CO_2 固定的微藻及其生长特性，并根据微藻生物质的化学通式 $CO_{0.48}H_{1.83}N_{0.11}P_{0.01}$，对 CO_2 的固定速率进行了计算。

表6-4 部分用于 CO_2 固定的微藻及其生长特性

藻种名称	CO_2 含量/%	温度/℃	微藻生长速率/[g/(L·d)]	CO_2 固定速率/[g/(L·d)]
Chlorococcum littorrale	40	30		1.0
Chlorella kessleri	18	30	0.087	0.163
Chlorella sp. UK001	15	35	—	>1
Chlorella vulagris	15	—	—	0.624
	空气	25	0.040	0.075
	空气	25	0.024	0.045
Chlorella sp.	40	42		1.0
Dunaliella	3	27	0.17	0.313
Haematococcus pluvialis	16～34	20	0.076	0.143

续表

藻种名称	CO_2含量/%	温度/℃	微藻生长速率/[g/(L·d)]	CO_2固定速率/[g/(L·d)]
Scenedesmus obliquus	空气	—	0.009	0.016
	空气	—	0.016	0.031
	18	30	0.14	0.26
Botryococcus braunii	—	25～30	1.1	>1.0
Spirulina sp.	12	30	0.22	0.413

(3) 食品领域

微藻有潜力为人类提供大量单细胞蛋白质、植物油脂、类胡萝卜素类和ω-3长链不饱和脂肪酸等食品或食品添加剂。

① 虾青素　虾青素是一种红色的类胡萝卜素，被广泛用于水产养殖饲料和保健食品，市场总规模在3亿美元以上。然而，因为生产成本的原因，目前主要靠化工合成的方法生产。化工合成产品因为和天然产品结构不同，生物学效应和安全性一直受到质疑，仅被允许用作水产饲料添加剂，其应用范围有限。利用微藻生物技术生产的天然虾青素，具有增强免疫、消除炎症、预防心脑血管疾病等生物学功能，可用作保健食品。最新文献报道，微藻生物技术生产的天然虾青素生产成本可能低于化工合成虾青素的生产成本，这可能为微藻生物技术产业打开了一个大约3亿美元的虾青素水产养殖市场。

② 叶黄素　是一种橘黄色的类胡萝卜素，具有预防老年性黄斑变性、白内障、癌症和心脑血管疾病等生物学功能，从营养学角度来看几乎等同于维生素，在保健食品和食品着色剂领域有广泛的应用。仅在美国，每年的市场总额就有1.5亿美元。在欧洲，植物来源的叶黄素也被批准为食品添加剂使用。目前叶黄素的生产方法是从万寿菊花瓣中提取，这种生产方法有很多缺点：a. 万寿菊花瓣的叶黄素含量很低，最低只有0.03%，并且不稳定；b. 万寿菊单位面积产量低，叶黄素的生产需要大面积占用可耕地；c. 万寿菊采摘需要在很短的时间内完成，需要大量的劳动力。由此导致从万寿菊花瓣生产叶黄素的成本很高，并且只能在土地和人力资源丰富的发展中国家进行。中试规模的研究表明，如果利用微藻生产叶黄素，即使是在目前的微藻生物技术水平，与种植万寿菊的方法相比在成本上也有竞争力。随着发展中国家土地和劳动力价格水平的提高和微藻生产叶黄素技术的进步，微藻取代万寿菊生产叶黄素可能成为发展趋势，形成几亿美元的产业。中试规模的研究报告表明，微藻生物技术生产叶黄素具有产业化的可行性。

③ ω-3不饱和脂肪酸　主要指二十二碳六烯酸（简称DHA，俗称脑黄金），二十碳五烯酸（简称EPA）和亚麻酸（简称LNA）等，是人体重要营养成分，有抗凝血、防心血管病、降血脂、防动脉硬化和抗癌等重要生理功能，摄入不足会影响婴幼儿的智力发育、成年人的记忆力思维力以及诱发老年痴呆症。此外，ω-3不饱和脂肪酸还广泛用于海水鱼类的育苗和养殖。ω-3不饱和脂肪酸市场规模很大，仅DHA在美国的市场就有100亿美元。传统上ω-3不饱和脂肪酸是从深海鱼油中提取，但从鱼油中提取有得率低、易氧化、有鱼腥味和含有污染物质等问题。随着海洋渔业资源的减少，ω-3不饱和脂肪酸产品生产成本逐渐升高。利用微藻生产ω-3不饱和脂肪酸可以保证产品的质量和产量稳定，满足不断增长的市场需要，是理想的鱼油的替代品，具有深远的意义。异养培养微藻生产DHA产品在商业上已经取得了成功，能够和传统的鱼油方法在价格上竞争，形成了相当规模的产业。自养培养微藻生产EPA等不饱和脂肪酸也有潜力在近期内产业化。

微藻食用油脂产品的商业化也极有可能领先于微藻生物柴油产品。一方面，微藻生物油脂产品如果能用于食品行业，其价格要高于生物柴油。世界的政治、经济和农业发展水平决定了食用油脂的价格要远高于生物柴油，否则大量的食用油脂就会被转化成生物柴油作为能源消费，将会造成食用油脂严重短缺。另一方面，微藻生物柴油产品从生产工艺上来讲需要利用微藻生物油脂作为原材料，经过化工或生物化学过程转化而成，其生产成本肯定要高于微藻生物油脂。那么根据经济学的常识就可以判断，微藻生物食用油脂产品的商业化肯定就要早于微藻生物柴油产品。

(4) 医药卫生领域

微藻中还发现其他多种抗肿瘤、抗微生物和抗病毒因子，类激素因子和生物毒素等生物活性物质。Pratt (1944) 等是最早从微藻中分离出抗生素的研究者，他们从小球藻中分离得到含小球藻素 (chlorellin) 的脂肪酸混合物，具有抗细菌和自身毒性的功能。随后的研究分离出了多种抗生素物质，如日本星杆藻 (*Asterionellajaponica*) 的二十碳五烯酸光氧化产物有很强的抗菌活性，褐胞藻 (*Chattonella marina*) 合成的丙烯酸是抗菌化合物 (朱明珍，1987) 等。

某些微藻具有产生生物毒素的能力。微藻所产生的毒素大多是以对生物神经系统或心血管系统的高特异性作用为基础的，因此，这些毒素及作用机制是开发神经系统或心血管系统药物的重要导向化合物和线索。美国、澳大利亚、德国已经开展了相关的研究，估计在抗癌药物和抗病毒药物开发中具有广阔的前景 (Sirenko et al，1999；Muller-Feuga et al，2003)。

另外某些蓝藻具有抗真菌的功效，而水绵 (*Spirogyra*) 和鞘藻 (*Oedogonium*) 中的某些物质具有驱虫功效。

从微藻生物资源中寻找新的抗生素、抗癌和抗病毒药物的研究也常见报道。但这些物质一般含量甚微，提取困难，微藻基因工程为提高这些活性含量提供技术的可能性 (张学成等，2000)。美国 Phycotransgenic 公司也与一些研究机构开始合作开发转基因微藻的药物研究。西班牙 PharmaMar 公司已经利用转基因衣藻来生产疫苗和抗肿瘤药物 (Sun el al.，2003)。

6.2 基因工程与环境生物资源的开发利用

基因工程是以某一生物作为供体，将其基因片段在体外与载体连接 (重组)，形成重组的 DNA 分子后，再转入另一受体的生物细胞中，使外源基因在受体细胞中得以表达并遗传。其原理是应用人工方法把生物的遗传物质，通常是脱氧核糖核酸 (DNA) 分离出来，在体外进行切割、拼接和重组，然后将重组的 DNA 导入某种细胞或个体，从而改变它们的遗传特性；有时还使新的遗传信息在新的宿主细胞中大量表达，以获得基因产物 (多肽或蛋白质)。这种创造新生物并给予新生物以特殊功能的过程称为基因工程，也称 DNA 重组技术。

6.2.1 基因工程

6.2.1.1 核酸的结构和功能

核酸是遗传物质的载体，无论从裸露的质粒到病毒颗粒，从原核细胞到真核细胞，承载和传递遗传信息的物质都是核酸，因此，核酸就成为基因工程操作的主要对象。

（1）核酸的结构

核酸是一类由多种核苷酸聚合而成的大分子。核苷酸分子由戊糖、磷酸和碱基组成。戊糖的第一位碳原子（1′）上连接一个碱基，第五位上连接一个磷酸。一个核苷酸的磷酸和另一个核苷酸的3′-羟基结合形成磷酸二酯键，把两个核苷酸连接在一起。按此方式把一个一个核苷酸连接成多聚核苷酸，其5′端有一个游离的磷酸，3′端为羟基。

核酸可分为核糖核酸（RNA）和脱氧核糖核酸（DNA）。RNA的戊糖为核糖，碱基有腺嘌呤（A）、鸟嘌呤（G）、胞嘧啶（C）和尿嘧啶（U）。DNA的戊糖是脱氧核糖，碱基有A、G、C和胸腺嘧啶（T）。由于整个核酸分子中各个核苷酸的戊糖和磷酸的结构和位置是一致的，不同的只是碱基，因此以碱基序列表示核酸的核苷酸序列，并且一般从核苷酸分子的5′端开始定序。

DNA通常以两条相互配对的脱氧核苷酸反向结合的形式存在。两条核苷酸链总是按碱基A与T、G与C互补配对，通过氢键形成稳定的双螺旋结构，称为双链DNA（图6-1）。

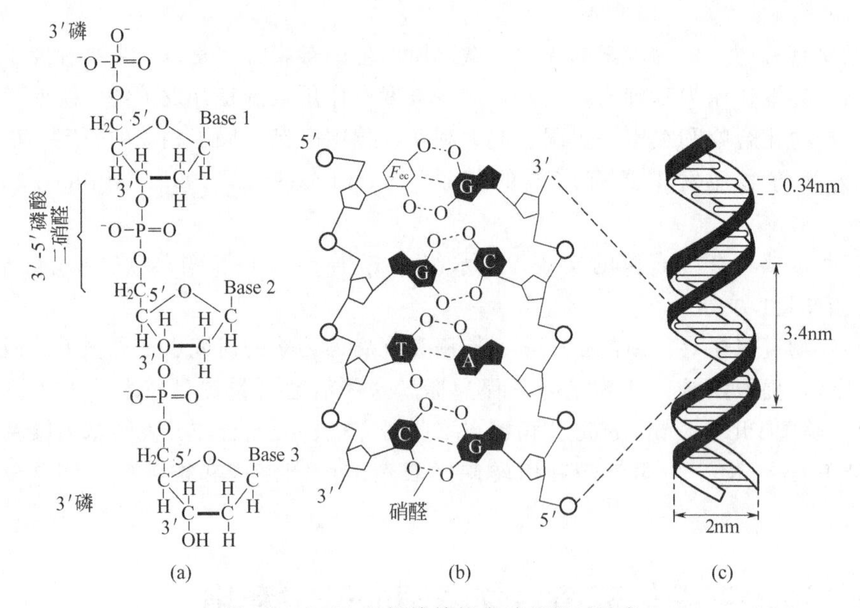

图6-1 DNA双螺旋结构中碱基配对示意

只有当RNA分子的某些位置存在互补的序列时，才会出现碱基互补配对，造成局部的双链，否则一般以单链形式存在，如转移RNA（tRNA）由于一些位置存在少量的互补碱基配对从而形成双链，形成三叶草形态的结构（图6-2），而其余的为单链。

（2）核酸的功能

① 遗传信息的携带　研究证实，遗传信息编码在核酸分子上，且主要定位在DNA分子上。DNA分子上的遗传信息引导信使RNA（mRNA）、核糖体RNA（rRNA）和转移RNA（tRNA）的合成。mRNA的核苷酸序列由DNA上的核苷酸序列决定，而mRNA的核苷酸序列编码蛋白质的氨基酸序列。一般而言，一条mRNA链编码一条多肽链，而原核细胞中有些mRNA一条链能编码多条多肽链。编码一条RNA或一个多肽的DNA片段称为一个基因。

② DNA分子可在细胞内复制　半保留形式是DNA双链在生物体内的独特复制形式进

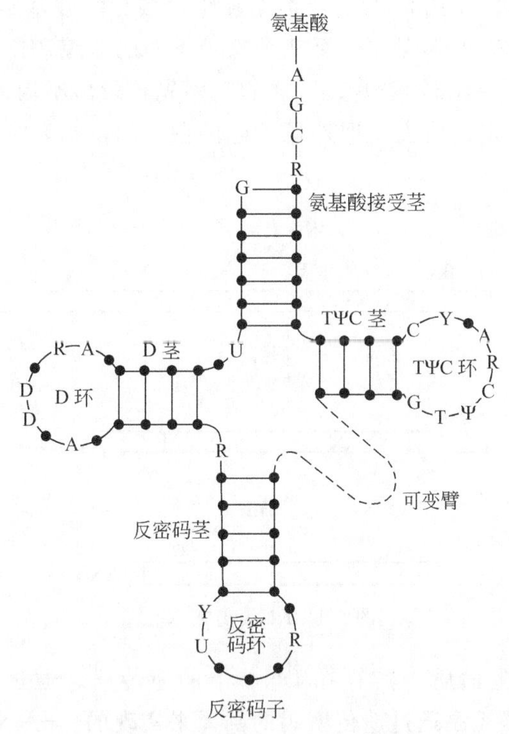

图 6-2 酵母 tRNA 二级结构

行的。复制从起始点开始，通过解链，以解开的单链 DNA 为模板，按 5′→3′方向合成互补的 DNA 新链。复制的最终结果是，新产生的 DNA 分子中含有一条旧的链和一条新的链。这种复制形式称为半保留复制。但根据模板 DNA 的构型以及是以单链复制还是以双链复制的不同就有多种复制方式。环状 DNA 分子有 Q 型、滚环型和 D-环型复制方式；而线状 DNA 分子在复制起始点形成复制眼，从此开始以单向（如腺病毒）或双向（真核生物染色体 DNA）进行复制。

③ DNA 分子可转录合成 RNA　RNA（mRNA、rRNA、tRNA）只有在细胞内相应的 DNA 分子上编码基因的片段才能转录合成出。一个能转录的基因至少由三个区域组成（图 6-3），中间是转录 RNA 的序列，称为转录单位。RNA 聚合酶识别结合的区域，是转录单位上游的一些保守序列，称为转录启动子。RNA 聚合酶与启动子结合后向前移到转录单位时就开始转录。转录终止子在转录单位下游，提供转录终止和合成 RNA 离开的信号。

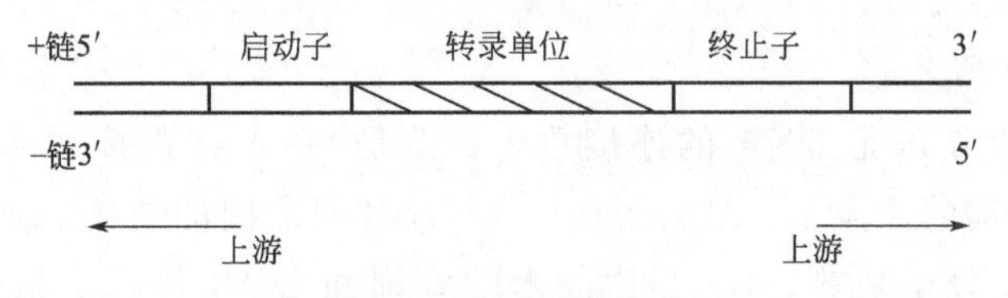

图 6-3 基因结构示意

无论是真核细胞还是原核细胞，转录出的 tRNA 和 rRNA 是前体，须经核糖核酸酶（RNA 酶）修饰后才成为长度正确的 tRNA 和 rRNA。真核细胞中转录出的 mRNA 需要进行修饰。而原核细胞基因转录出的 mRNA 不需任何修饰就能直接翻译。在 mRNA 的 5′端添加一个帽子结构序列 5′m^7Gppp Nm Nm，对翻译起识别作用，并使 mRNA 免遭核酸酶的破坏。在 mRNA 的 3′端添加 150～200 个多聚腺嘌呤核苷酸残基尾巴（polyA）。大多数真核细胞基因的基因转录单位内部存在一至几个长短不一的非编码间隔区，称为内含子（intron），把编码区（外显子 exon）隔开。这样的基因先转录出不均一性核 RNA（hnRNA），含有内含子，必须通过酶将其切去，把外显子连接在一起，成为能翻译的 mRNA，此过程称为剪接（图 6-4）。

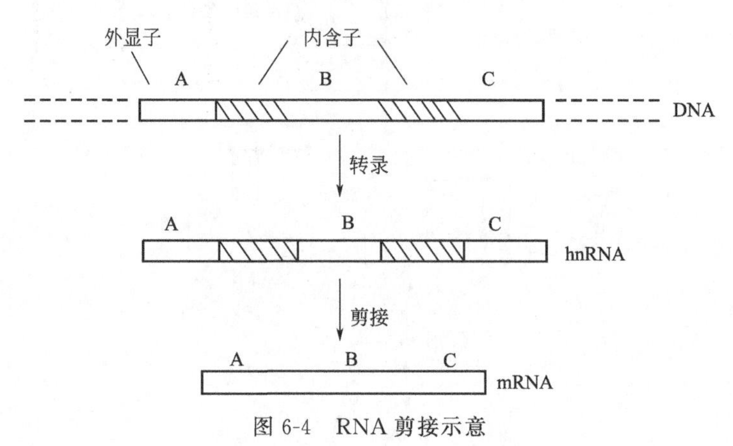

图 6-4 RNA 剪接示意

④ mRNA 翻译合成蛋白质 贮存在 DNA 上的遗传信息通过 mRNA 传递给蛋白质。mRNA 与蛋白质之间的联系是通过遗传密码的翻译来实现的。mRNA 上每 3 个核苷酸翻译蛋白质多肽链上的 1 个氨基酸。这 3 个核苷酸组成 1 个密码子（也叫三联密码子）。密码子共有 64 个（包括起始密码子和休止密码子），而氨基酸只有 20 种，所以大多数氨基酸有不止 1 个的密码子。

mRNA 密码翻译和蛋白质装配都是在核糖体上进行的。tRNA 分子也参与蛋白质合成，每个 tRNA 共价结合到一个特异的氨基酸上，形成氨酰-tRNA，暴露出与合成蛋白质的氨基酸密码子互补的三联碱基（称为反密码子）。tRNA 起着运送氨基酸并将其与相应的密码子铆合在一起的作用。

mRNA 翻译时从起始密码子 AUG 开始，沿着 mRNA 5′→3′的方向连续翻译一个一个的密码子，使一个一个相应的氨基酸按序连接，直至休止密码于 UGA（或 UAA、或 UAG），生成一条具有特异氨基酸序列的多肽链——蛋白质。新生成的多肽链中氨基酸的组成和排列顺序决定于 DNA（基因）的碱基组成和排列顺序。因此，作为基因产物的蛋白质是由基因决定的。

6.2.1.2 工具酶

基因工程的关键技术是 DNA 的连接重组，但是 DNA 在连接之前必须进行加工，把 DNA 分子切割成所需的片段。有时为了便于 DNA 片段之间的连接，还需对片段末端进行修饰。一般把 DNA 分子切割、DNA 片段末端修饰和 DNA 片段连接等所用的酶称为工具酶。

(1) 限制性内切酶

限制性内切酶（restriction endonuclease）是一类以环状或线形双链 DNA 为底物，能识别 DNA 中特定核苷酸序列，并在合适反应条件下使每条链的一个磷酸二酯键断开，产生具 3′-OH 和 5′-P 基团 DNA 片段的内脱氧核苷酸酶（endo-deoxyribonuclease）。至今发现的此类酶有三种类型，即Ⅰ型酶、Ⅱ型酶和Ⅲ型酶。目前基因工程中真正有用的是Ⅱ型酶。至今已发现上千种限制性内切酶，常用的有几十种。

（2）DNA 连接酶

能催化两个 DNA 片段末端之间—P 基团和—OH 基团形成磷酸二酯键，使两末端连接的酶称为 DNA 连接酶（DNA ligase）。现在用于连接 DNA 的连接酶只有 2 种：a. 由 T_4 噬菌体 DNA 编码的 DNA 连接酶，称之 T_4DNA 连接酶，反应系统中需供给 ATP，既能连接具有互补黏性末端的 DNA 片段，也能连接用不同限制性内切酶切割产生的平末端 DNA 片段；b. 由大肠杆菌基因组编码的 DNA 连接酶，称之 *E. coli* DNA 连接酶，反应系统中需供给 NAD^+，并只能连接具有互补黏性末端的 DNA 片段。

（3）DNA 片段末端修饰酶

为便于 DNA 片段的连接，往往用不同的酶对 DNA 片段末端进行修饰。常用的末端修饰酶如下。

① 末端脱氧核苷酸转移酶（terminal deoxynucleotidyldyl transferase） 简称末端转移酶。

② 核酸外切酶 在合适的反应系统中，这种酶可以切去 DNA 片段的凸出末端，成为平末端。

③ 碱性磷酸酶 根据 DNA 重组的需要，为防止两 DNA 片段末端之间连接，经常采用碱性磷酸酶处理，使 DNA 末端的 5′-P 成为 5′-OH。

6.2.1.3 载体

把能承载外源 DNA 片段（基因）带入受体细胞的传递者称之基因载体（gene vector）。作为基因载体至少必须具备 3 个条件：a. 具有能使外源 DNA 片段组入的克隆位点；b. 能携带外源 DNA 进入受体细胞，或游离在细胞质中进行自我复制，或整合到染色体 DNA 上随染色体 DNA 的复制而复制；c. 必须具有选择标记，承载外源 DNA 的载体进入受体细胞后，以便筛选克隆子。目前已构建应用的基因载体有质粒载体、噬菌体载体、病毒载体以及由它们互相组合或者与其他基因组 DNA 组合而成的载体。

（1）质粒载体

质粒是独立于染色体外的能够自主复制的 DNA 分子，最早发展起来的一类基因克隆载体，是微生物和植物转基因研究的主要载体。质粒广泛存在于细菌之中，在某些蓝藻、绿藻和真菌细胞中也存在质粒。一个质粒就是一个 DNA 分子，多数以超螺旋环状共价双链分子形式存在，以 cccDNA 表示，体外在理化因素作用下可成为开环（ocDNA）或线形（1-DNA）分子。质粒 DNA 分子小的不足 1500bp（1bp＝1 碱基对），大的可达 100kb 以上（1kb＝1000bp）。质粒在宿主细胞内能自主复制，有的能复制几百上千个拷贝，称之松弛型复制质粒；有的只能复制少数拷贝，称之严紧型复制质粒。构建质粒载体一般选用小分子和松弛型复制的质粒。构建的质粒载体应具有复制起始点（ori），能在受体细胞内复制。根据构建质粒载体的目的，至今已构建了上百种的质粒载体，如 pBR322，pUC18/19。

（2）噬菌体和病毒载体

基因载体除质粒载体以外，还有一大类由噬菌体和病毒 DNA（或 RNA）构建的载体。此类载体和承载的外源 DNA 可以转染受体细胞，但是通过噬菌体或病毒颗粒转导受体细胞必须用外壳蛋白进行体外包装，如 λ 噬菌体载体、CaMV 基因载体、SV40 载体、反转录病毒载体。

6.2.1.4 目的基因获得

基因工程的主要目的是通过优良性状相关基因的重组，获得具有高度应用价值的新物种。为此必须从现有生物群体中，根据需要分离出可用于克隆的此类基因。这样的基因通常称之为目的基因。目的基因主要是结构基因。

(1) 结构基因组成

作为一个能转录和翻译的结构基因必须包括转录启动子、基因编码区和转录终止子。

(2) 分离目的基因的途径

根据实验需要，待分离的目的基因可能是包含转录启动区、基因编码区和终止区的全功能基因，甚至是一个完整的操纵子或由几个功能基因，几个操纵子聚集在一起的基因簇，也可能是只有基因的编码序列，甚至是只含启动子或终止子等元件的 DNA 片段，而且不同基因组类型的基因大小和基因组成也各不相同。因此分离目的基因应采用不同的途径和方法。

① 通过构建 cDNA 文库和基因组文库分离目的基因　通过转录和加工，每个基因转录出一个相应的 mRNA 分子，经反转录可产生相应的 cDNA（complementary DNA，互补 DNA)。这样产生的 cDNA 只含基因编码序列，不具启动子和终止子以及内含子。

② 用 PCR 技术从基因组中扩增出目的基因 PCR（polymerase chain reaction，多聚酶链式反应） 是以 DNA 的一条链为模板，在多聚酶的催化下，通过碱基配对使寡核苷酸引物向 3′方向延长合成模板的互补链。

6.2.1.5 目的基因导入受体细胞

目的基因能否有效地导入受体细胞，取决于是否选用合适的受体细胞和合适的基因转移方法。

(1) 受体细胞

基因克隆的受体细胞从实验目的上讲是有应用价值和理论研究价值的细胞；从实验技术上讲是能摄取外源 DNA（基因）并使其稳定维持的细胞。原核细胞、植物细胞和动物细胞可以作为受体细胞，但不是所有细胞都可以作为受体细胞。

(2) 目的基因组入克隆载体

目的基因导入受体细胞之前，一般须先把含目的基因的 DNA 片段组入合适的克隆载体。

(3) 重组 DNA 分子导入原核细胞

大肠杆菌是用得最广泛的基因克隆受体，要把重组 DNA 分子导入受体细胞，可以通过转化、转导和三亲本杂交等途径。

① 转化途径　携带基因的外源 DNA 分子通过与膜结合进入受体细胞，并在其中稳定维持和表达的过程称为转化（transformation)。DNA 转化大肠杆菌的技术包括制备感受态细胞和转化处理。

处于能摄取外界 DNA 分子的生理状态的细胞即为感受态细胞。制备感受态细胞的方法是，在最适培养条件下培养受体菌至对数生长后期，离心获得菌体后，将其悬浮在含 $CaCl_2$ (50～100mmol/L) 的无菌缓冲液中，置冰浴中 15min 后离心沉淀，再次悬浮在含 $CaCl_2$ 的缓冲液中，4℃下放置 12～14h，便成为可用于转化的感受态细胞。

向新制备的感受态受体细胞悬浮液中加入重组 DNA 溶液，配成 $CaCl_2$ 的最终浓度为

50mmol/L，置于冰水浴中1h左右后，转移至42℃水浴中放置2min，受体细胞吸收DNA后，马上转移到37℃水浴中培养5min，加入适量LB培养基，37℃振摇培养30～60min，就可以接种在选择培养基上筛选克隆子。

② 转导途径　以噬菌体（病毒）颗粒为感染媒介，把DNA导入指定的受体细胞的过程称为转导（transduction）。噬菌体（病毒）载体的重组DNA分子与含目的基因的DNA导入受体细胞一般先须进行体外包装。为此，根据λ噬菌体体内包装的原理，获得了分别缺D蛋白和E蛋白λ噬菌体突变株的两种溶源菌。在这两种溶源菌单独培养时，体内即使有λDNA也不能进行包装，因为各缺一种包装必备的蛋白质，所以细胞内积累了大量除一种以外的其他供包装用的蛋白质。如果在试管内混合两种溶源菌合成的蛋白质，使D蛋白和E蛋白互相补充，就可以包装λDNA或重组的λDNA。其主要过程如下。

1）包装用蛋白质的制备。培养溶源菌BHB 2690（D蛋白缺失）和BHB 2688（E蛋白缺失）至对数生长中期，诱导溶源菌生长，混合两种培养物后离心沉淀，使其在合适的缓冲液中悬浮，快速分装（每管50μL）。置于液氮中速冻，贮存于－70℃的冰柜中，6个月内有效。

2）体外包装。取包装物（50μl）置于水浴中升温，当其正要融化时加入重组的λDNA，边融化边搅拌，充分混匀后置于37℃保温60min，加入少量氯仿，离心出沉淀杂物。此时上清液中含有新包装的噬菌体颗粒，可用来感染受体细胞，筛选克隆子。

③ 通过三亲本杂交转化大肠杆菌重组DNA分子　当重组DNA分子不能直接转化受体菌时。可采用三亲本杂交（triparental mating）转化法。含重组DNA分子的供体菌、被转化的受体菌和含广泛宿主辅助质粒的辅助菌三者进行共培养，在辅助质粒的作用下，重组DNA分子被转移到受体菌细胞内，按照重组DNA分子携带的选择标记筛选克隆子。

外源DNA通过上述3种方法导入大肠杆菌的技术已趋于成熟。其中有的方法经适当修改可以用于蓝藻、固氮菌和农杆菌等其他原核生物的基因转移。

（4）重组DNA分子导入植物细胞

① 致癌农杆菌介导的Ti质粒载体转化法　含有Ti质粒的致癌农杆菌与一些植物的细胞接触后，Ti质粒的一部分（T-DNA）可以导入植物细胞，整合到植物基因组DNA，随其复制而复制。根据这一特性可构建一系列Ti质粒载体，与含目的基因的DNA片段重组，导入致癌农杆菌，再采用叶盘转化法、原生质体共培养法和悬浮细胞共培养法，通过致癌农杆菌介导进入植物细胞。

1）叶盘转化法。将实验植物材料的叶片进行表面灭菌，用无菌的打孔器从叶片上取下图形小片，接种含Ti质粒载体重组DNA的致癌农杆菌。有圆形小片长出的愈伤组织通过筛选培养和再分化培养就可以获得转基因植株。与此类似的方法是将致癌农杆菌接种在植物新产生的伤口上，同样可获得转基因植株。

2）原生质共培养转化法。取含Ti质粒载体重组DNA的致癌农杆菌，同刚再生细胞壁的植物原生质体进行短暂的共培养，使重组DNA导入细胞，经筛选和再分化培养获得转基因植株。

3）悬浮细胞共培养转化法。此方法类似原生质体共培养转化法，不同的是需首先建立植物悬浮细胞系。

用致癌农杆菌介导法已获得了一些转基因植物，但是一般局限于双子叶植物。

② 重组DNA的直接转移法　为克服致癌农杆菌介导法的受体局限性，近来发展了电穿

孔法、微弹轰击法、激光微束穿孔法、多聚物介导法和花粉管道法等，把重组 DNA 分子直接导入植物细胞。采用的克隆载体不限于 Ti 质粒载体。

1）电穿孔法。细胞膜的基本组成是磷脂，在适当的外加脉冲电场的作用下，细胞膜被击穿，但还达不到对细胞致命伤害，所以当移去外加电场后，被击穿的膜孔可以自行复原。根据这一性质，植物原生质体同外源 DNA 分子混合，置于电击仪的样品室中。按预定的参数进行直流电脉冲处理，再通过常规的再分化培养和筛选，可获得转基因植株。为避免制备原生质体和原生质体再生植株的困难，近来用此技术直接处理具有完整细胞壁的植物细胞、愈伤组织和花粉粒，均取得一定的效果。

2）微弹轰击法。金属微粒在外力作用下达到一定速度后，可以进入植物细胞，但又不引起细胞致命伤害，仍能维持正常的生命活动。利用这一特性，先将含目的基因的外源 DNA 同钨、金等金属微粒混匀，使 DNA 吸附在金属微粒表面，随后用基因枪轰击，使 DNA 随高速金属微粒进入细胞。此方法可直接处理植物某器官或某组织，是当今普遍使用的植物转基因方法。

3）激光微速穿孔法。利用直径很小、能量很高的激光微束可引起细胞膜可逆性穿孔的原理，在荧光显微镜下用激光处理细胞，处于细胞周围的重组 DNA 随之进入细胞。此方法最适用于活细胞中线粒体和叶绿体等细胞器的基因转移。

4）多聚物介导法。聚乙二醇（PEG）、多聚赖氨酸和多聚鸟氨酸等是协助 DNA 转移的常用聚合物，尤以 PEG 应用最广。这些聚合物同二价阳离子（Mg^{2+}、Ca^{2+}、Mn^{2+}）和 DNA 混合，可在原生质体表面形成颗粒沉淀，使重组 DNA 随之进入细胞内。

5）花粉管通道法。将重组 DNA 涂于授粉的柱头上，使 DNA 沿花粉管通道或传递组织通过珠心进入胚囊，转化尚不具有正常细胞壁的卵、合子和早期胚胎细胞，在活体内产生转基因种子。

此外，还有人采用显微镜注射法和脂质体介导法进行转化。

（5）重组 DNA 分子导入哺乳动物细胞

哺乳动物的细胞不易从周围捕获外源 DNA，明显地影响了哺乳动物转基因的发展。近年来通过研究发展了一系列能有效地将外源 DNA 分子导入哺乳动物细胞的方法，主要有以下几种。

① 病毒颗粒转导法　由于病毒的种类繁多，用病毒 DNA 或 RNA 构建的载体性质各异，所以转导的过程各有不同，主要有三种类型：其一，带有目的基因的病毒颗粒直接感染受体细胞，目的基因随同病毒 DNA 分子整合到受体细胞染色体 DNA 上；其二，带有目的基因的病毒基因组是缺陷型的，需同另一辅助病毒一起感染受体细胞；其三，虽然带有目的基因的病毒基因组是缺陷型的，但是被感染的受体细胞的基因组中已整合了病毒缺失的基因，所以没有必要用辅助病毒混合感染。

② 用磷酸钙转染法　哺乳动物细胞能捕获黏附在细胞表面的 DNA-磷酸钙沉淀物，使 DNA 转入细胞。先将待转染的重组 DNA 同 $CaCl_2$ 混合制成 $CaCl_2$-DNA 溶液，随后逐滴缓慢地加入 Hepers-磷酸钙溶液中，形成 DNA-磷酸钙沉淀，黏附在培养的细胞表面上达到转染目的。

③ DEAE-葡聚糖转染法　DEAE-dextram（二乙胺乙基葡聚糖）是一种相对高分子量的多聚阳离子试剂，能刺进哺乳动物细胞捕获外源 DNA 分子。基本操作过程主要有两种方式：其一，先使病毒的 DNA 直接同 DEAE-葡聚糖混合，形成 DNA-DEAE-葡聚糖复合物，

再处理受体细胞；其二，受体细胞先用DEAE-葡聚糖溶液预处理，随后再同DNA接触，也可达到转染目的。

④ 聚阳离子-DMSO（二甲基亚砜）处理转染法 用聚阳离子（polybrene）处理哺乳动物细胞，使细胞表面增加对外源DNA的吸附能力，再用25%～30%DMSO处理细胞，增加膜的通透性，提高对DNA的捕获量，达到有效的转染。

⑤ 脂质体介导法 脂质体（liposome）是由人工构建的磷脂双分子层组成的膜状结构。把用来转染的DNA分子包在其中，通过脂质体与细胞接触，将外源DNA导入受体细胞。包装成脂质体的SV40-DNA转染率比裸露的DNA的转染率高出100倍。如先用PEG处理培养的受体细胞，使其易吸收培养基中的脂质体，可提高转染率10～20倍，在正常情况下，每个细胞平均可吸收1000个左右的脂质体。这是哺乳动物转基因研究中常用的方法之一。

⑥ 显微注射转基因技术 鉴于哺乳动物细胞便于注射的特性，常应用显微注射法把外源DNA分子直接注入细胞。获得稳定转化子的数量取决于注射的DNA分子。用pBR322/HSV-ltk重组DNA分子注射，转化率不到0.1%，而用连接SV40-DNA某些序列的pBR322/HSV-ltk重组DNA注射，转化率可高达20%。

此外，为便于操作，也可采用“穿刺”法。处于细胞周围的DNA随微针穿刺形成的小孔进入细胞，或穿刺的针头带入细胞。

⑦ 电穿孔法 其原理和操作过程类似植物细胞的电穿孔转移DNA的方法。

6.2.1.6 克隆子的筛选和鉴定

一般来说，受体细胞经转化（转染）或转导处理后，真正获得目的基因并能有效表达的克隆子只是一小部分，而绝大部分仍是原来的受体细胞，或者是不含目的基因的克隆子。为了能够从处理后的大量受体细胞中分离出真正的克隆子，已建立了一系列筛选和鉴定的方法。

（1）利用克隆载体携带的选择标记基因筛选克隆子

目前常用的选择标记基因有抗生素抗性基因和*lacZ′*基因。

① 利用抗生素抗性基因进行筛选 不同克隆载体通常分别携带Amp^r（氨苄青霉素抗性）、Cmp^r（氯霉素抗性）、Kan^r（卡那霉素抗性）、Tet^r（四环素抗性）和Str^r（链霉素抗性）等抗性基因。当含任何一种抗生素抗性基因的载体处理不具这种抗性基因的受体细胞，并在含相应抗生素的培养基上培养时，只有获得载体的受体细胞才能继续生长，这样便可筛选出含克隆载体的克隆子。要筛选含目的基因的克隆子，可选用具Amp^r和Tet^r这样的双抗选择标记载体，把含目的基因的DNA片段插入其中之一的Tet^r选择标记基因区，导致该基因的插入失活。用这样的重组DNA处理不抗Amp和Tet的受体细胞，先在只含Amp的培养基上培养，结果是含重组DNA或只含克隆载体的受体细胞才能长成菌落。随后从每个菌落取一部分再接种在含Tet的培养基上培养，能继续生长的是被克隆载体转化的克隆子，而含目的基因的重组DNA转化的受体细胞不能生长。据此可以从原来仍保留的系列菌落中筛选出含目的基因的真正克隆子。

② 利用乳糖操纵子*lacZ′*基因筛选克隆子 具完整乳糖操纵子的菌体能翻译*β*-半乳糖苷酶（Z）、透性酶（Y）和乙酰基转移酶（A），当培养基中含有X-gal（5-溴-4-氯-3-吲哚-*β*-*D*-半乳糖苷）和IPTG（异丙基硫代-*β*-*D*-半乳糖苷）时，可产生蓝色沉淀，使菌落成蓝色。如含乳糖操纵子缺陷型（1*acZ′*）的载体转化互补型菌株，在含X-gal和IPTG的培养基中

培养，克隆子是蓝色菌落，而未转化的互补型菌株的菌落是白色的。当含目的基因的 DNA 片段插入 *lacZ'* 基因区，即使转化互补型菌株细胞在含 X-gal 和 IPTG 的培养基中也是长出白色的菌落。由此可以根据菌落的蓝、白颜色筛选出含目的基因的克隆子。为区分含目的基因的克隆子与未被转化的受体菌（白色菌落），可在选择培养基中添加克隆载体其他选择标记药物。

(2) 利用双酶切片段重组法初筛克隆子

在无法利用克隆载体选择标记的情况下，可以考虑采用双酶切片段重组法，根据实验设计，选用两种限制性内切酶切割载体 DNA 分子，用凝胶电泳回收两端具有不同黏性末端的线形载体 DNA，并经碱性磷酸酶处理后，与同样用那两种限制性内切酶切割获得的含目的基因的 DNA 片段连接，转化受体细胞，在含克隆载体选择标记药物的培养基上培养，长出的菌落绝大部分是含目的基因的克隆子。因为如此处理的克隆载体 DNA 不能自行环化，只有同具有相同黏性末端的含目的基因的 DNA 片段连接成环状 DNA 分子，才能有效地转化受体细胞。但不排除有少量线形的克隆载体 DNA 转化的受体细胞长出只含载体的克隆子。

(3) 利用报告基因筛选克隆子

对于那些不宜用克隆载体选择标记筛选克隆子的受体细胞，往往在含目的基因的 DNA 片段与克隆载体连接之前，先在目的基因上游或下游连接一个报告基因，这样的重组 DNA 导入受体细胞后，可根据报告基因的表达产物筛选克隆子。常用的报告基因有 GUS（葡萄糖苷酸酶）基因和 LUC（荧光素酶）基因，利用这些基因产物催化特定底物的反应产物筛选出克隆子；此外，NPT-Ⅱ（新霉素磷酸转移酶Ⅱ）基因和 CAT（氯霉素乙酰基转移酶）基因也可用作报告基因。

(4) 进一步鉴定克隆子

用上述方法筛选的克隆子，难免得到一些假阳性的克隆子。为进一步鉴定克隆子，可采用限制性内切酶分析、分子杂交、PCR 扩增和 DNA 测序等方法。

① 限制性内切酶分析法　这是一种最简单也是最常用的方法，从克隆子提取 DNA，经凝胶电泳检测，若出现外源 DNA 带，可初步认定是克隆子。在此基础上回收外源 DNA，根据实验设计选用一些限制性内切酶切割，进一步用凝胶电泳检测，如果检测结果同原来用于转化的外源 DNA 被这些酶切割的结果一致，则可认为是真的克隆子。

② 分子杂交法　根据实验设计，先制备含目的基因的 DNA 片段的探针，随后采用斑点杂交或 DNA 印迹（southern blotting）等方法进行鉴定。

1) 斑点杂交法。提取待鉴定的克隆子的全部 DNA，直接固定在用于分子杂交的膜上，用上面制备的探针与其杂交，若出现明显的杂交信号，可认为是真的克隆子，与此类似的有菌落杂交法和噬菌斑杂交法；所不同的是菌落和噬菌斑直接转移到用于分子杂交的膜上，先经降解和变性处理后，再用探针进行杂交。

2) DNA 印迹法。斑点杂交、菌落杂交和噬菌斑杂交只能说明克隆子中含目的基因，但不能显示目的基因是定位在受体细胞内的染色体基因组上还是其他基因组上，而 DNA 印迹法则可对它进行定位。方法是先把提取的总 DNA 经凝胶电泳使不同大小的 DNA 分子分开，或者某种 DNA 分子先用限制性内切酶切割成不同大小的 DNA 片段，再用凝胶电泳分开，随后把分开的 DNA 分子或 DNA 片段转移到用于杂交的膜上，用探针与其杂交。若出现明显的杂交带，不仅证实是真的克隆子，而且显示出目的基因的定位。

③ PCR法　根据含目的基因两端或两侧已知核苷酸序列，设计合成一对引物，将待鉴定的克隆子的总DNA为模板进行扩增，若获得特异性扩增DNA片段，表明待鉴定的克隆子含有目的基因，是真的克隆子。此方法的优点是灵敏、快速，并且可证实是完整的目的基因。而采用DNA分子杂交的方法，只要在被杂交的DNA中存在目的基因的一部分DNA序列，就会出现杂交信号。

④ DNA测序法　以上方法可断定克隆子含有目的基因，但并不能了解目的基因的核苷酸序列在一系列操作过程中是否发生了变化。为此还必须进行目的基因的核苷酸测序。如果待测序的目的基因比较大，测序有困难，也可用RFLP（限制性片段长度多态性）技术。用限制性内切酶对待克隆的目的基因和已克隆的目的基因进行切割，若凝胶电泳结果不一致，可断定克隆子中克隆的不是目的基因，或者克隆的目的基因的核苷酸序列已发生了变化。经多种限制性内切酶切割分析，若两者结果都一样，可认为克隆子中克隆的是原定的目的基因，其核苷酸序列没有变化。

⑤ 检测目的基因转录产物　通过克隆子筛选和鉴定，证实含目的基因的DNA片段已随克隆载体进入受体细胞，以不同方式进行复制。但还须进一步检测目的基因能否在受体细胞内进行有效的转录。为此常用RNA印迹（northern blotting）法检测。根据转录的RNA在一定条件下可以同转录该种RNA的模板DNA链进行杂交的特性，制备目的基因DNA探针，变性后同克隆子总RNA杂交，若出现明显的杂交信号，可以认定进入受体细胞的目的基因转录出相应的mRNA。

⑥ 检测目的基因翻译产物　由于基因工程的最终目的是获得目的基因的表达产物，而基因的最终表达产物是蛋白质（酶），因此检测蛋白质的一些方法可用于检测目的基因的表达产物。最常用的是蛋白质印迹（western blot）法。提取克隆子的总蛋白质，经SDS-聚丙烯酰胺凝胶电泳按分子大小分开后，转移到供杂交用的膜上，随后与放射性同位素或非放射性标记物标记的特异性抗体结合，通过抗原抗体反应，在杂交膜上显示出明显的杂交信号，表明受体细胞中存在目的基因表达产物。

虽然上面列出了如何鉴定是否是真正克隆子的多种方法，但是未必每次确定真正克隆子都需用这一系列方法鉴定，必须根据实验目的和要求来决定采用哪些方法。

6.2.2　基因工程技术在污染治理中的应用

6.2.2.1　污染治理中的基因工程菌

构建基因工程菌治理环境污染是环境微生物工程高新技术中的前沿课题。它能定向有效地利用环境微生物细胞中降解污染物的基因，去执行净化污染物的功能。已发现环境微生物具有降解农药、塑料、多氯联苯、多环芳烃、石油烃、染料及其中间体、酚类化合物和木质素等有机污染物的功能及相关的基因。具有降解污染物基因的土著微生物菌株有时难以适应处理环境，而且繁殖速度慢，清除有机污染物的速度和效果达不到治理工程的要求，因此有必要将降解污染物的基因转入繁殖能力强和适应性能佳的受体菌株内，构建出高效菌株用于治理污染或用于建立清洁生产工艺及生产其他利于环境保护的生物制品。例如利用降解石油烃的基因构建出基因工程菌用于清除大面积海洋石油污染，利用木质素降解基因构建出基因工程菌用于建立生物制浆造纸的清洁生产工艺，利用毒性蛋白基因构建出基因工程菌生产生物农药等。

(1) 降解除草剂的基因工程菌

除草剂苯氧酸，特别是2,4-二氯苯氧乙酸（2,4-D）在世界上使用极为广泛。美国农民仅1976年一年在农田喷洒的苯氧乙酸除草剂就超过1.98×10^7kg，它是美国“农业支柱”之一。但长期接触这种除草剂时，患非金氏淋巴瘤的可能性要远远高于未接触者。美国科学家从细菌质粒中分离得到一种能降解2,4-D除草剂的基因片段，将其组建到载体上并转化到另一种繁殖快的菌体细胞内，构建出的基因工程菌具有高效降解2,4-D除草剂的功能，大大减少了2,4-D除草剂在环境中的危害，减少了食品中2,4-D的残留量。

（2）降解难降解化合物的基因工程菌

难降解芳香烃化合物主要包括：苯、烷基苯、硝基苯、苯胺、卤代苯等。主要降解微生物有假单胞菌属、产甲烷菌属、反硝化菌属、芽孢杆菌属、节细菌属、棒状杆菌属、无色杆菌属、土壤杆菌属、黄杆菌属、微球菌属、黄单胞杆菌属、埃希杆菌属、气杆菌属等，以及一部分真菌、放线菌、藻类。其代谢途径分为好氧代谢和厌氧代谢。

① 降解芳香烃化合物的基因工程菌　人们发现假单胞菌在降解苯环过程中起关键作用的酶是2,3-双氧化酶（2,3-dioxygenase）。很多基于TOL质粒的假单胞基因工程菌被构建，并取得显著的效果。Samanta等用基因取代的方法获得了一株单糖降解缺陷的恶臭假单胞菌，对苯和水杨酸的降解速度均有较大提高。吕萍萍等构建的甲苯加双氧酶的基因工程菌*E. coli*. JM109（pKST11）对苯具有较高的降解效率和降解速度，应用于固定化细胞反应器中效果突出。在较短的水力停留时间内，可以将1500mg/L苯降解70%，降解速度为1.11mg/(L·s)，延长水力停留时间，可以使去除率达到95%以上。

自然界中JMP134菌株体内存在降解氯代苯邻二酚的质粒基因，将其克隆重组并转化到合适的假单胞菌细胞中，构建的基因工程菌能分解去除环境中的氯代邻苯二酚，该质粒基因也可用于构建降解氯代-*O*-硝基苯酚的工程菌。

一种能降解3-氯苯甲酯的工程菌引入模型曝气池后可存活8周以上，能较快地利用3-氯苯甲酯作碳源，提高降解环境中3-氯苯甲酯的效率；而从活性污泥中筛选出降解3-氯苯甲酯的土著菌，需经过长期的驯化过程方可产生一定的降解功能。

② 降解农药的基因工程菌　国外已有较多关于农药降解基因分析和工程菌构建的报道。Rowland等将黄杆菌ATTCC27551的*opd*基因（对硫磷水解酶基因）片段插入质粒，导入链霉菌，得到了稳定产生对硫磷水解酶基因的转化菌株。Walker等研究了能降解对硫磷的假单胞菌的代谢工程，通过操纵子PNP将*opd*基因转移到质粒上提高了菌株利用对硫磷的能力。刘智等将水解甲基对硫磷的基因转移到耐盐苯乙酸降解菌中，构建出能降解多重生物异源性物质，且耐受高浓度盐分的基因工程菌。崔中利等通过结合转移手段将甲基对硫磷水解酶基因*mpd*转移到假单胞菌中，获得了表达甲基对硫磷水解酶活性的基因工程菌，该菌能以甲基对硫磷作为唯一碳源生长，具有较高的甲基对硫磷水解酶活性及稳定性。谢珊等构建的基因工程菌BL21能快速、高效地降解废水中高浓度有机磷混合农药，10min内，工程菌对对硫磷和甲基对硫磷的降解率高达98%，对敌敌畏和丙溴磷的降解率分别为88%和75%。但该工程菌不能降解农药马拉硫磷。我国也已先后构建了降解苯酚、对硝基苯酚和有机氯农药7504、菊酯类农药溴氰、菊酯的基因工程菌。

③ 降解染料的基因工程菌　染料大多数是难以生物降解的芳香族化合物。随着染料工业、纺织工业、印染工业的发展以及染料品种和用量的日益增多，染料废水已成为环境的主要污染源之一。实验证明，微生物对染料降解的基因多数是位于降解性质粒上或由质粒所控制。目前已从细菌的质粒或染色体中克隆到目的基因，并已得到表达。

(3) 分解尼龙寡聚物的基因工程菌

尼龙寡聚物在化工厂污水中难以被微生物分解。目前已经发现在黄杆菌属、棒状杆菌属和产碱杆菌属细菌中，存在分解尼龙寡聚物的质粒基因，但上述三种的细菌不易在污水中繁殖。利用基因重组技术，可以将分解尼龙寡聚物的质粒基因转移到污水中广为存在的大肠杆菌中，使构建的工程菌也具有分解尼龙寡聚物的特性。

(4) 生物杀虫剂基因工程菌

人工合成的杀虫剂污染农作物后，对人类和其他动物都会产生严重的危害，导致动物的疾病发生，诱导癌变发生等。美国科学家将苏云金杆菌中能杀死鳞翅目害虫的毒性蛋白基因转移到大肠杆菌和枯草杆菌中，制成一种微生物杀虫剂。把这种杀虫剂微生物包附在种子表面，作物生长之后，根部布满这种微生物，使植物免受虫害。我国最近研究成功灭杀棉花和蔬菜害虫的苏云金芽孢杆菌杀虫基因工程菌 WC-001 等，实验表明该菌田间防效二代棉铃虫达 80%～90%、小菜蛾达 85%～90%。据报道，日本科学家正计划将苏云金杆菌 29 个亚种的毒性蛋白基因一起组建到大肠杆菌中，以期开发出一种广谱的细菌杀虫剂，避免化学杀虫剂生产的高投资、高能耗和严重的污染环境。

(5) 清除石油污染物的基因工程菌

利用基因工程技术来构建工程菌以清除石油污染物，这是生物恢复技术的发展方向之一。据报道，美国有人率先利用基因工程技术，把四种假单胞杆菌的基因组入到同一个菌株细胞中，构建了一种有超常降解能力的超级菌。这种超级细菌降解石油的速度奇快，几小时内就能清除掉浮油中 2/3 的烃类；而用天然细菌则需 1 年多才能消除这些污油烃。

(6) 重金属污染治理中基因工程菌

生长于污染环境中的某些细菌细胞内存在抗重金属的基因。这些基因能促使细胞分泌出相关的化学物质，增强细胞膜的通透性，将摄取的重金属元素沉积在细胞内或细胞间。目前已发现抗汞、抗镉和抗铅等多种菌株，不过这些菌株生长繁殖缓慢，直接用于净化重金属污染物效果欠佳。人们现正试图将抗重金属基因转移到生长繁殖迅速的受体菌中，使后者成为繁殖率高、金属富集能力强的工程菌，并用于净化重金属污染的废水等。基因工程技术在重金属废水治理中的作用主要体现在提高微生物菌体细胞对重金属离子的富集容量以及提高菌体对特定重金属离子的选择性两方面。基因工程菌的构建方式随研究者要达到的目标不同而不同。

Kuroda 等在 *Saccharomyces cerevisiae* 细胞表面表达含 His 的寡肽，该菌株对 Cu^{2+} 的抗性得到提高，并且其 Cu^{2+} 吸附能力与对照菌株相比提高 8 倍多。蔡颖等构建的高选择性基因工程菌，在细胞内同时表达高特异性镉结合转运蛋白和豌豆金属硫蛋白。该基因工程菌具有较强的镉离子富集能力，达 63.78mg/g 细胞干重

(7) 分解多糖基因工程菌

将分解纤维素和木质素的基因，组建到新的菌体中去，国际上已获得了成功。1983 年就有人将这类基因组建到酵母菌体中，用于处理有机废水生产乙醇。也有人将嗜热单胞酵母的纤维素酶基因组建到大肠杆菌中去或将谷氨酸脱氢酶基因引入到大肠杆菌质粒 pss515 中，再转入到产甲烷的受体菌中。这些工程菌降解有机废物种类广泛，菌体耐受性强，功能稳定。

(8) 耐辐射基因工程菌

辐射会严重损害生物，并导致细胞死亡。微生物对辐射损伤效应敏感，它们只能用于辐

射水平非常低的环境的修复。研究发现 *Deinococcaceae* 家族的细菌不仅具有耐辐射性，容易培养，为非病原菌。细菌 *Deinococcus radiodurans* 对一系列的损伤因子，如电离辐射、干燥、紫外辐射、氧化剂以及亲电诱变剂等表现出极强的耐性。*Deinococcus radiodurans* 不仅可以在超过 15000Gy 的急性 γ 辐照下存活，不出现致死或发生诱变，而且可以在慢性 γ 辐照下（60Gy/h）连续生长，生长速率和克隆基因的表达不受这种辐照的影响。因此，*Deinococcus radiodurans* 可以安全地应用于放射性核素污染环境的生物修复。Minton 等报道，*Deinococcus radiodurans* 可以在 ^{137}Cs 辐照下生长，经过遗传改造的 *Deinococcus radiodurans* 可以在 60Gy/h 的辐照下生长，并且克隆的一些进行生物修复的基因功能可以表达，这些基因工程菌还可用于一些更复杂环境系统的修复（如重金属和核素污染的生物修复）。

6.2.2.2 污染治理中的转基因植物

利用植物治理污染是人们所关心的问题，但利用植物治理污染也有其局限性。首先并不是所有的污染物都适于植物的生长，即使适合于植物的生长，其 pH 值、盐浓度等也必须在植物的耐受范围内；另外植物治理污染见效慢，它属于长期工程，在快速消除污染物方面该方法远不如物理化学方法。

植物可自发地将重金属等物质富集到植物体内，一方面可以治理土壤环境中的重金属污染；另一方面，便于对这些金属元素的再利用。

最早利用植物治理污染的例子是利用植物除去土壤中的镉（Cd）。这方面研究已进行了数十年，人们发现有些植物可以从土壤中吸收重金属并在体内积累达到自身重量的 1%～3%。有的植物可在体内富集镍（Ni）达到其干重的 25%，但是这些野生的具有重金属吸收能力的植物在实际应用中还存在一定的局限性：第一，每种植物通常只能吸收一种重金属元素；第二，这类具有吸收重金属元素能力的植物通常都生长缓慢，其质量较小，从而其吸收能力受到限制；第三，这类具有吸收重金属元素能力的植物通常都属于稀有植物，一般难以获得，且人们对这类植物生长、发育特点知之甚少，这更增加了利用这类植物治理污染的难度。

鉴于上述困难，人们将注意力转移到了从常见植物中筛选突变体及利用植物基因工程手段获得转基因植物方面。现在已经获得了几种突变体，例如一种突变的矮牵牛可以在其体内积累比野生型多 10～100 倍的镁离子，而一种突变的拟南芥可以在体内积累比野生型多 10 倍的镁离子，除了筛选突变株之外，另一种行之有效的方法是通过基因工程获得具有重金属代谢能力的转基因植物。现在已经获得了转金属硫蛋白基因的植物，它对重金属离子的耐受能力较强，此外还可以将细菌中与金属离子代谢有关的基因转入植物，从而获得具有较强的重金属离子耐受性的转基因植物。例如将细菌的汞离子还原酶转入拟南芥中，转基因拟南芥可以将对细胞有毒害作用的二价汞离子转变为零价的汞原子，从而能够在高汞离子的环境中生长。

植物不但可以用来消除无机物的污染，还可以用来消除有机物的污染。目前已经获得了可以代谢三硝基甲苯（TNT）、三氯乙烷（TCE）的转基因植物。研究人员正致力于获得能够代谢多聚氯苯（PCB）、多聚芳香烃（DAAS）的转基因植物。

目前利用植物消除污染物才刚刚起步，还需进行更深入的研究。例如对重金属在植物体内代谢机理了解甚少，人们还希望能够继续提高现有的植物对重金属的耐受能力等。

6.2.3　基因工程生物的安全问题

随着全球化进程不断加快和生物技术的飞速发展，生物安全形势日益严峻，逐渐成为一个涉及政治、军事、经济、科技、文化和社会等诸多领域的世界性安全与发展的基本问题。

生物安全是指生物技术从研究、开发、生产到实际应用整个过程中存在的安全性问题。广义的生态危害应包括生物体（动物、植物、微生物，主要是致病性微生物）或其产物（来自于各种生物的毒素、过敏原等）对健康、环境、经济和社会生活的现实损害或潜在风险，其狭义概念是由于人为操作或人类活动而导致生物体或其产物对人类健康和生态环境的现实损害或潜在风险，主要包括：基因技术、操作病原体（活的生物体及其代谢产物）和由于人类活动使非土著生物进入特定生态区域即生物入侵等所造成的危害。其中基因技术带来的安全问题尤其受到普遍关注。

基因工程技术的应用，在给人类解决环境与发展的矛盾带来新希望的同时，不仅对人类赖以生存的自然环境产生了巨大的威胁，而且已迅速渗透到政治、经济等各个领域，会给国家或地区环境安全造成灾难性的影响。特别是在对其危害性认识不足或被人类滥用时，其潜在危险更难以预料，因而倍受世界的关注与忧虑。

6.2.3.1　基因工程微生物应用的安全性问题

虽然基因工程菌用于环境污染、污染物处理的研究成果令人鼓舞，发展潜力巨大。随着基因工程技术的发展，我们能够按人类意识定向的重组具很高降解能力、底物范围广、表达稳定、在自然环境中能很好生存的新菌株。但是，基因工程菌的应用研究尚停留在实验室水平，真正投入实际应用的还很少。其原因一是基因工程菌构建过程中抗生素标记基因的引入限制了基因工程菌的应用范围；二是基因工程菌稳定性的问题。一方面是构建的基因工程菌本身稳定性的问题。据报道，目前研究的工程菌都采用给细胞增加某些遗传缺陷的方式或使其携带一段“自杀基因”，使该工程菌在非指定底物或非指定环境中不易生存或发生降解作用。但是，“自杀基因”应有很高的杀伤效率，应在广泛宿主范围内有效地起作用，而且不应与引入细胞内的修饰系统相互作用，它的突变率应尽可能的低。另一方面是构建的基因工程菌在环境中与其他生物交换遗传物质，产生新的有害生物或增强有害生物的危害性，以致引起疾病的流行。所以，用于环境污染物处理的工程菌应用的安全性问题是人类最关注的问题，它对环境和人类造成的影响是长期的，不是在很短的时间内就能检测到的，并且也没有一个很有效的手段和方法对其进行预测。

（1）基因工程微生物对生态安全的潜在危害

基因工程微生物引入环境给自然生态系统和人类健康带来了潜在威胁，虽然各种实际工作和研究结果表明产生危险的可能性比原来设想的要小，并且也未见到有大规模的实例报道，但对基因重组过程中及重组产物的安全性却时刻不能忽略。因而，必须全面了解被释放到环境中的基因工程微生物的存活、扩散、繁殖、与土著生物之间的相互作用和遗传物质的转移等问题，研究影响基因工程微生物对生态安全的危害大小的因素，这样才能解决基因工程微生物在生态系统中的安全性问题。

① 基因转移　环境中大多数细菌都能与附近的细菌交换遗传信息。要考察DNA是否具有潜在的从基因工程菌向土著细菌转移的风险，必须考虑以下几个因素：a. 用分子生物学技术测定是否发生基因转移；b. 如果确实发生了基因转移，应考虑新产生的遗传信息是否

能在细菌中保留和表达；c. 如果能够保留并表达，必须评价对其他生物区系的影响。

质粒能够频繁地转移，不宜广泛地将其释放于环境。但由于易于操作，又具有许多潜在的应用价值，质粒又常常作为重要的基因工程载体。因此，质粒的转移问题一直是基因工程菌安全性研究的核心问题。质粒 DNA 通过结合转移问题在陆地和水域生态系统中都有研究。近年发现在非灭菌的土壤中，以含质粒的慢生型大豆根瘤菌 USDA123 为供体，以多种大豆根瘤菌为受体，质粒的接合转移率高达 9.1×10^{-5}，该质粒含有多个抗生素基因。Smith 等研究表明，环境中的质粒可以通过转导和转化等机制发生转移。基因转移是制订基因工程微生物释放风险评价计划时必须考虑的重要因素。目前发展的一些新技术，如自杀载体的应用，可以逐渐阻止重组 DNA 的转移。

② 基因工程微生物的适合度　基因工程微生物的适合度包括它在环境中的存活能力，繁殖能力和竞争能力等。当考虑到长期影响时，必须研究基因工程微生物在环境中存活和繁殖的潜力。基因工程微生物释放后如需起作用，首先必须能够存活。环境中影响存活的因素有生物因素和非生物因素，非生物因素中最重要的是营养、温度和 pH 值；生物因素主要有原生生物的取食、噬菌体的感染以及与其已建立了牢固生态位的土著菌的竞争。此外，各种酶和抗生素也会导致释放物种的消失。

通常认为，额外基因的加入会降低生物的存活能力，因为外源基因表达时需要合成额外的核酸和蛋白质，新性状的表达会干扰正常的生理过程。但实际上，转基因微生物释放后很难消除，少数个体（低于检测水平）仍可以存留一段时间，当环境条件适宜时会突然萌发。因此基因工程微生物在土壤中释放后细菌密度总是逐渐下降。可见，释放基因工程微生物和释放化学物质有很大差异，其影响并不一定随着时间的延续和离释放点距离的增加而减小。基因工程微生物的存活状况是风险评价的重要内容。

③ 扩散和转运　如果基因工程微生物能扩散到释放区以外，并能够存活，将大大增加潜在的危险性。基因工程微生物本身的运动能力很弱，但有很多因素能影响转基因微生物的扩散，如昆虫、啮齿类、鸟类和人的携带、灌溉系统的转运以及风的影响等。细菌可以在空气中存活很长时间，因此可以移动到离释放点很远的地方，有的可随气流移动数百千米，由植物组织和土壤颗粒携带的细菌还可以移动得更远。

转基因生物体的异域扩散主要是由人类造成的。这些途径主要包括：通过实验室逃逸到周围环境；由生产环境扩散到周围环境；由转基因生物体的应用环境通过水域、土地等途径扩散到周围环境；生物制剂的气溶胶通过空气扩散；人类有目的引种驯化，提高养殖对象数量和质量，或利用引种改善环境条件等，一般而言这是导致水生生物异域扩散的最主要途径。

④ 潜在的生态影响　生态系统都具有一定的结构，并且这些结构可以产生特定的功能。因此，在评价基因工程微生物对生态系统的影响时，必须同时考虑结构和功能两个方面。如果引入的基因工程微生物有很高的适合度并能在生态系统中转移，就容易造成土著种群的替换，产生复杂的生态效应，如营养循环的改变。

自然微生物群落中有许多“多余成分”，即与许多物种起相似的生态作用。因此某些自然物种被替换，对整个生态系统来说并不会造成太大的影响。但是，这些功能等价的物种其他的生态特性是存在差异的。基因工程微生物对生态系统功能的影响很难预测和评价，到目前为止还没有观察到基因工程微生物对生态系统产生明显的副作用。生态系统中需要检测的环境参数很多，包括酶和营养物浓度、生产量/呼吸量的比率以及 pH 值变化等，不同的基因工程微生物有不同的功能影响，因此参数的选择往往依赖于基因工程微生物的构建及其目的。生态系统中哪些环境参数需要检测，在特定情况下某一参数的“正常值”该取多少，目前还没有一致的意见。

（2）解决方法

① 必须将安全性放在首位　基因工程微生物生态风险评价研究的一个主要目的就是研究特定基因工程微生物的生态安全性，将安全性放在首位有两方面的含义：一是对于即将投入野外实验和应用的基因工程微生物来说，应首先重点研究其与生态安全性有关的问题；二是对于处在实验室研究阶段的基因工程微生物来说，对其进行有关生态学研究时，必须把实验设施和实验方法的安全性问题放在首位加以考虑，防止这些生物体扩散或逃逸到自然环境中去。

基因工程微生物都有其特定的生态学特征和生态影响，并且基因工程产生的微生物通常是在不同情况下分别被逐渐培养出来，并被分别释放到不同的环境中去。这些都决定了基因工程微生物生态学研究宜采取“具体问题具体分析”的策略，即基因工程微生物在应用之前，应根据其物种特征和其他生物学性状，以及在实验室受控条件下所获得的该生物种的有关知识，制定相应具体的研究方案，控制其潜在的生态影响，安全和有效地应用基因工程微生物。

② 注重对导入基因前的原有物种的生态学研究　通过重组 DNA 技术，将具有一定特性的某种基因导入到特定的生物种中，使该物种除具有其原来的生物学特征和功能外，还获得了由导入基因所赋予的独特生物学性状。一般而言，基因工程生物体与原物种基本相似。了解 GEM 在特定生态系统中的行为，应首先研究和了解基因工程前的原生物体在该生态系统中的行为和特征。这将为研究和认识基因工程微生物的生态特征提供重要基础。

③ 利用微宇宙法（microcosms）研究基因工程微生物与生态安全　微宇宙即模拟生态系统，也称微生态系统、人工生态系统、实验室生态系统和组合生态系统等。微宇宙法是将自然环境的某一部分置于受控条件下，保持天然生态系统复杂特性的可应用、可重复的实验系统。目前，微宇宙在环境研究中的应用日益受到重视。释放于环境中的 GEM 初期往往数量较少，未建立种群，不易检出。而且野外自然规模试验经费太高，还存在许多不明的相互关系。为了评价基因工程微生物的生态影响，需有一种比传统的单一物种试验更为完善的试验系统。微宇宙法是介于传统的单一物种试验和野外自然规模试验之间的理想试验手段，其优越性在于能提供受控试验系统内共存的多种生物资料，体积小，可以重复试验，实验参数清楚，有真实的物理、化学和生物相互作用，可估价生态影响和所释放的基因工程微生物的命运。微宇宙和整个装置可以灭菌，可安全地接种小量或大量的微生物以进行实验。此外，在微宇宙中可方便地进行许多环境参数的研究，用以评价基因工程微生物释放的生态风险评价。但微宇宙法还有一些不足，由于天然生态系统的复杂程度和时空的不同，往往使微宇宙试验结果无法被以后的实验所验证，因而也难以将已知的微宇宙试验结果应用于天然生态系统，使微宇宙法的应用受到限制。

④ 防范基因工程微生物扩散的措施　为防止逃逸的基因工程微生物在生态系统中产生不可预计的影响，需要制定严密的防范措施。

1）选择安全的实验场所和生产环境。开展基因工程微生物的研究与生产，首先应当考虑实验和生产场所的安全性。例如建立封闭的实验环境、良好的安全保障体系、正确的实验生产操作。

2）控制本源途径传播。限制基因工程微生物通过空气、水体、土地的扩散，使基因工程微生物在规定的范围内发挥作用，减少潜在的危害。主要通过强化各种控制手段、提高检测水平、改善应用环境。

3）强化安全管理。实验场所的安全管理对防止转基因水生生物扩散非常重要。这些措施主要包括限制管理人员的活动范围，禁止外来人员进入实验点，防止捕食动物接近实验点等。

6.2.3.2 转基因植物应用的安全性问题

由于目前还不可能完全精确地预测一个外源基因在新的遗传背景中会产生什么样的相互作用，且转基因植物中基因的表达受环境等多种因素影响，加之外源基因导入受体时因插入位点不同而产生位点效应，还有基因的多效性、体细胞变异等问题，因此要完全精确地预测转基因植物可能产生的所有效应是不可能的。同时，转基因植物的基因来源不同于常规育种，转基因植物的基因既可来于种内，更多的来自于不同的物种间。由于遗传背景不同，基因会发生各种各样的相互作用，转基因植物中有可能出现一些在常规育种中不曾遇到的新组合、新性状，它们是否会影响生态环境。环境治理中转基因植物安全性问题主要应考虑以下两方面问题。

① 转基因作物的杂草化问题 这里面又包含两层含义：一是转基因作物自身的杂草化问题，多数研究表明转基因并没有提高作物的生存竞争能力，在没有选择压力的自然条件下，即使转入了抗病抗逆基因，转基因植株的生存竞争能力也没有增加，因此杂草化的可能性很小；二是转基因作物通过基因漂移使得同种或近缘野生种获得某种抗性而成为更加难以防除的“超级杂草”，由于不同植物种间杂交能力不同，外源基因转移并稳定遗传的概率受到多种因素的影响，不同作物的风险性也不同，因此必须经过长期的监测才能得出科学的结论。

② 转基因作物对作物遗传多样性、物种多样性及生态系统多样性的影响 多数观点认为转基因作物会通过基因漂移，外来基因在农家品种或野生种中固定及其竞争优势导致遗传多样性减少乃至丧失。也有观点认为，从长远看，转基因作物将会增加作物的生产力，从而少用农田，少用农药，有助于保护生物多样性。转基因作物对物种多样性的影响正反两方面的报道均有，有待进一步的研究，尤其是研究分析方法亟待规范，转基因作物对生态系统多样性的影响仍在研究争论之中，尚无定论。

6.2.4 分子生物技术在环境监测评价中的应用

6.2.4.1 PCR技术

PCR技术广泛应用于环境微生物学中，目前集中在以下2个方面研究：a. 应用PCR技术研究特定环境中微生物区系的组成、结构，分析群动态；b. 应用PCR技术监测环境中特定微生物，如致病菌和工程菌。

（1）PCR在环境微生物检测中应用的方法

环境样品中特定的微生物类群可应用PCR技术检测，其基本步骤如下。

① 提取DNA或RNA 要进行PCR反应首先从环境样品中提取微生物遗传物质DNA或RNA。环境样品如水样、气样或土样，由于一般成分都很复杂，因此在提取特定微生物的核酸时，应先对样品进行处理，提取的RNA或DNA也必须进行纯化，尽量去除干扰，满

足PCR反应的要求。氧化铯密度梯度离心法、酚/氯仿抽提法、乙醇沉淀法、亲和层析法等是目前常用的方法，有时也结合使用以上几种方法。

一般情况下，从土样或空气样品中提取核酸比从水样中要难一些。多数情况下是首先对水样进行过滤，收集微生物细胞，然后用溶菌酶处理微生物使核酸从细胞中释放出来，也可采用反复冻融的方法进行处理。通过上述处理得到的核酸粗液即可进行PCR扩增，有时亦可用酚/氯仿抽提，高速离心及乙醇沉淀等方法进一步纯化，然后再以纯化的DNA或RNA样品进行扩增。

从土壤样品中提取DNA，目前主要有两种方法：a. 先将微生物细胞从土样中分离，然后对分离的微生物细胞进行酶解脱壁，提取并纯化DNA；b. 先对上壤样品中微生物连同上壤基质一起酶解，然后再纯化其中的DNA。通常前者提取的DNA获得率低，但产品较纯，而后者提取的DNA获得率较高，但样品含杂质也多，需进一步纯化。

② 进行PCR扩增反应　是以从环境微生物中提取的DNA或RNA核酸作为模板。在操作中应注意使每一步的操作程序优化，每一步反应的温度和时间要严格控制好，循环反应的总数应适当，一般情况下30次左右即可。

③ 检测与分析PCR的反应产物　经过PCR反应扩增以后，环境样品中DNA或RNA的量成百万倍增加，因而通过适当的方法就很容易检测出来，通常进行琼脂糖凝胶电泳PCR扩增后的产物，经过溴乙锭染色后，在紫外灯下即可观察到清晰的电泳区带。如果样品中待测核酸DNA或RNA的量极少，电泳后无法直接从琼脂糖凝胶上观察到清晰的电泳带，要想达到检测的目的，就必须借助现代生物技术如Southern印迹分子杂交生物素标记的分子探针等。

(2) PCR在环境微生物检测中的作用

① 利用PCR技术检测环境中的基因工程菌株　科技工作者在研究中，改造或构建了许许多多的基因工程菌，其中有一些将不可避免地进入人类环境中。出于研究工作本身的需要和安全因素，检测环境中基因工程菌的动态显得十分重要。应用PCR技术可对已知基因组结构和功能的基因工程菌进行检测是非常方便的。

Chaudry等1989年报道了应用PCR技术检测环境中工程菌株的结果。他们将一工程菌株接种于经过过滤灭菌的湖水及污水中，定期取样并对提取的样品DNA进行PCR扩增，特异性地扩增其0.3kbDNA片段（为核工程菌株的标记），然后用0.3kbDNA检测。结果表明接种10～14d后仍能用PCR方法检测出该工程菌株。

② 应用PCR技术检测环境中的致病菌与指标菌土壤、水和大气环境中都存在着多种多样的致病菌和病毒，它们与许多传染性疾病的传播和流行密切相关，因此定期检测环境中致病菌的动态（种类、数量、变化趋势等）具有重要的实际意义。采用分离培养的方法进行检测，不仅费时（一般需要几天到数周），而且无法检测一些难以人工培养的病原菌。近年来采用PCR技术进行检测则克服了上述缺陷，一般仅需2～4h就能完成。

Niederhauser（1992年）等利用PCR技术检测了食品中的单核细胞增生李斯特菌(*Listeria monocytogenes*)。这是一种容易导致人类脑膜炎的致病菌，广泛存在于乳制品、肉类、家禽和蔬菜上。特别容易感染孕妇、新生儿和免疫损伤的病人。以往微生物学上采用培养方法至少需要5d才能公布某种食品有没有被李斯特菌污染，至少需要10d才能鉴定已感染了单核细胞增生李斯特菌的存在。而现在应用PCR技术，通过对单核细胞增生李斯特菌中*hly*和*iap*基因的扩增，只需要几个小时的时间即可完成对该菌的检测。连同其他分析时间在内，也只需 32～56h。他们用这种方法检测 100 个样品，实验结果与传统经典培养法相比，其阳性检出率相同或高于培养法。

③ PCR 技术在环境微生物基因克隆中的应用　通过 PCR 技术，可以既简单又方便地克隆和分析突变基因，从自然环境中直接分离基因，或用来直接构建新的基因序列与表达序列。

Zehr 等（1989 年）报道，他们采用 PCR 技术直接从海水 DNA 样本中特异性地扩增其固氮基因（*nif*）片段，最终克隆到 *Trichodesmium thiebautii* 的 *nif* 基因，而 *Trichodesmium thiebautii* 至今无法人工培养，用常规方法无法克隆到 *nif* 基因。

6.2.4.2 基因芯片技术

(1) 基因芯片技术

生物芯片主要是指通过微加工技术和微电子技术在固体芯片表面构建微型生物化学分析系统，以实现对蛋白质 DNA 以及其他生物组分准确、快捷、大信息量的检测，是近年来在生命科学领域中迅速发展起来的一项新技术。常用的生物芯片分为三大类，即基因芯片、蛋白质芯片和芯片实验室。

基因芯片是按特定的排列方式固定有大量 DNA 探针或基因片段的硅片、玻片、塑料片。目前在该技术平台上开展的研究主要集中在基因表达谱分析、新基因发现、基因突变及多态性分析、基因组文库作图、疾病诊断和预测、药物筛选、基因测序和基因毒理学分析等领域。从 20 世纪 80 年代初 SBH（sequencing by hybridization）概念的提出，到 20 世纪 90 年代初以美国为主开始进行的各种生物芯片的研制，不到 10 年的时间，芯片技术得以迅速发展。生物芯片的主要特别是高通量、微型化和自动化。芯片上集成的成千上万的密集排列的分子微阵列，能够在短时间内分析大量的生物分子，快速准确地获取样品中的生物信息。

基因芯片技术在毒理学研究领域也具有广阔的前景，对诸如污染物分类分级、毒性机制及剂量效应关系的确定、生物评价等毒性毒理研究方面都产生革命性的影响。

(2) 基因芯片技术在环境毒物评价中的应用

由于大量的人工、天然的化合物及其次生产物对人类的健康和生态环境有着极其严重的威胁，因此了解这些物质的毒性及其作用机制非常重要，通常都是利用动物试验进行研究评价，基因芯片技术改变了这一现状。近年来，基因芯片技术应用于毒理学研究已逐渐成为该领域的热点之一。

基因芯片技术可以帮助科学家解决诸多的基因毒理学问题，使基因毒理学研究的效率和准确性得以提高。EIEHs 的研究者提出基因芯片技术可应用于以下环境科学领域：a. 阐述环境物质引起基因表达变化的反应机制；b. 通过评价分子信号对化学物质暴露的响应确定毒性专一的基因表达模式；c. 研究将一种化合物的毒性影响推及另一种化合物的方法；d. 使用毒性诱导的基因表达作为毒物暴露的生物标记；e. 研究毒物与毒物诱导基因表达的剂量效应关系；f. 研究混合化学物质毒性的相互作用；g. 解释低剂量暴露与高剂量暴露对基因表达影响的对应关系；h. 在毒物暴露之前与之后进行生物个体间基因表达的比较；i. 研究年龄、食物与其他因素对基因表达的影响。步骤简单介绍如下。

① 筛选毒物靶标　选择合适的靶标和提高筛选效率是靶标筛选的关键问题。基因芯片作为一种高度集成化的分析手段能够很好地胜任。基因芯片还可以从疾病和药物两个角度对生物体的多个参量同时进行研究以发掘、筛选靶标（疾病相关分子）并同时获得大量其他相

关信息。利用基因芯片可比较正常组织及病变组织中大量相关基因表达的变化，发现疾病相关基因作为药物筛选的靶标。基因芯片在药物研究中的应用同样可以用于毒物靶标的筛选，这种筛选具有平行和快速的特点。例如，由鼠的113种cDNA作为微阵列单元组成的基因芯片可以检验鼠肝脏被暴露到肝毒素（包括peroxisome proliferator，醋氨酚或它的相应代谢物、多环芳烃）时的基因响应，这种方法可用于有毒化合物的筛选及指定化合物代谢机理的研究。

② 污染物的分类与分组　cDNA微阵列和寡核苷酸芯片可以用于基因表达分析，包括基因组DNA的序列变化分析、筛选DNA突变的个体或基因多态性研究。基因芯片技术在毒物（或药物）作用下受体基因组日标模式的变化，具有并行解释上千种基因的能力，为研究化学物质或药物对生物系统的影响提供了新的认识工具，能够使被研究的毒理学问题发生革命性的方法学进步。

③ 毒性机制及剂量效应关系的确定　在环境健康科学的领域，cDNA微阵列技术将用于确定潜在的风险。基因芯片可以评价模型系统，通过体内和体外的实验去比较基因表达的变化，以此作为化学影响的结果是比较方便的。在那些确定的模型系统中，用已知毒性物质处理如多环芳烃、生殖毒素、氧胁迫和雌激素化合物，毒性物质导致的信号响应将改变基因芯片上的基因表达的信号，这些信号代表组织或分子对毒性物质的影响，分子对不同毒性物质的反应将诱导很多对毒性产生影响的指示基因表达上的变化。而且一套基因表达对一类特殊化合物的响应是特定的。这种方法尤其适于低剂量毒物实验。

④ 生物评价方法的改进　基因与环境相互关系研究考虑的是多因子疾病如癌症、糖尿病、心脏病、哮喘和神经紊乱等的评价。个体的基因组成可以影响人体暴露到环境后患病的危险性，基因芯片可以反映出环境胁迫下来自不同个体的基因表达谱图发生的变化，确定新的致突变、致畸、致癌物和药物的毒性，改进现有的检验模型，了解毒物的反应机理。基因表达信号能够测定不同类型的组织特异基因，而且新的化合物能够通过那些特征信号被筛选出来，通过基因芯片可以迅速地评价不同个体对环境胁迫的响应。这有助于生物评价方法的选择或替代性生物方法的发现，同时减少实验时间，降低成本以及减少动物的使用。将芯片技术加入到标准的生物评价方法中，可以显著地提高生物评价的灵敏性和判断性。

基因芯片在环境容量控制研究中用于测量潜在污染物对生物基因表达谱图的影响。通过样品暴露前和暴露后基因表达谱图进行比较，获得毒性暴露的特征和相应的安全因子。基因表达在个体之间是不同的，这种不同能够成为环境起源的人类疾病的影响因子。NIEHs已经开始环境基因组目标的研究以确定包括环境疾病中的200个基因共同的序列多态性。例如，NIEHs对暴露到PAHs和其他污染物环境中的波兰煤炭炉工人的血液、淋巴系统基因表达进行了研究。这种研究一个重要的考虑是基因表达可以被其他因素影响。如食物、健康状况、个人习惯等，减少这些因素的影响必须完成大量处理样品与对照品的比较。一个新的领域——基因毒理学正在发展起来，研究基因差异与毒物易感性的关系。在人类对疾病易感性个体变化的认识上基因毒理学将产生巨大的推动作用。

另外，芯片科学家正在着手构建美国国家公众数据库作为基因表达的响应数据库，同时致力于来源于不同平台的数据共享，最终实现实验室之间、不同平台之间与国家数据库间数据的交叉分析与共享。将来，化学物质对人类和环境的影响评价将主要依靠来源于芯片杂交的结果。

6.2.4.3　宏基因组技术

宏基因组（metagenome）的概念是Handelsman等于1998年提出的，其定义为“生境中全部微小生物遗传物质的总和（the genomes of the total microbiota found in nature）”。宏基因组又常被称做“collectivegenome”、“environmental genome”等，现已普遍采用“metagenome”的说法，且主要指环境样品中的细菌和真菌的基因组总和。宏基因组文库既包括了可培养的，又包括了未培养的微生物遗传信息。

宏基因组技术已经在生物医药和疾病治疗领域体现出巨大的应用潜力。利用宏基因组技术可以发现很多有价值的基因和蛋白质，可用于新药品的开发。环境宏基因学技术是近几年发展比较迅速的一种技术。环境宏基因技术不仅可以用于新基因和生物活性的筛选和挖掘，还可以作为研究环境微生物复杂群落结构的重要工具。

(1) 宏基因组文库的构建

① 样品总DNA的提取　获得高质量样品中的总DNA是宏基因组文库构建的关键之一，既要尽可能地完全抽提出样品中的DNA，又要保持其较大的片段以获得完整的目的基因或基因簇。另外样品中存在腐植酸类物质强烈抑制分子克隆操作过程中多种酶的活性，须尽量除去。提取方案大致分为两类。一类是原位（in situ）裂解法，将环境样品直接悬浮在裂解缓冲液中处理，继而抽提纯化；此法操作容易，成本低，DNA提取率高，偏差小，但由于机械剪切作用较强，所提取的DNA片段较小（1～50kb），且腐植酸类物质也难以完全去除；适合用质粒（plasmid）或λ噬菌体（λ phage）为载体克隆。另一类是异位（ex situ）裂解法，先采用物理方法将微生物细胞从样品中分离出来，然后采用较温和的方法抽提DNA；此法可获得大片段DNA（20～500kb）且纯度高，但操作繁琐，成本高，有些微生物在分离过程中可能丢失，温和条件下一些细胞壁较厚的微生物DNA抽提不出来；适合用柯斯质粒（cosmid）或者细菌人工载体（bacterial artificial chromosome，BAC）为载体克隆。

② DNA提取前的富集　由于富集的方法会导致微生物多样性减少，并且预先富集只针对可培养的微生物种群，而利用宏基因组技术目的是充分开发不可培养的微生物，因此很多学者认为不应该用富集的方法。相关资料表明传统的富集方法应该和现代宏基因组技术相结合。这样可以降低筛选的工作量并获得大量新的基因。因此将传统的富集方法和现代的宏基因组技术结合起来是一种可行的手段。

③ DNA的获得及纯化　从环境样品中获得高质量的DNA，首先要保证总DNA从环境样品中完全释放出来。其次，提取的DNA要尽量保证结构的完整性。最后，提取DNA的过程中常含有一些酚类化合物及高浓度的金属离子，将影响了DNA提取液的作用，使DNA不能完全释放出来。如果最后提取的DNA含有腐植酸，重金属离子等将会影响PCR、酶切、酶连、转化等后续操作，所以纯化很关键。通常采用氯化铯密度梯度超速离心、色谱法、电泳法、透析和过滤法等方法进行纯化，由于以上任何一种方法都不可以完全去掉样品中的污染物。有研究者用两种或两种以上的纯化方法结合进行纯化。

④ 载体的选择　载体在基因工程中占有十分重要的地位，目的基因能否有效地转入宿主细胞并在其中维持和高效表达，在很大程度上取决于载体，因此，载体在宏基因组技术中也处于重要的地位。宏基因组文库多以质粒、BAC、cosmid等为载体，但要注意载体的选择主要针对有利于目标基因的扩增、表达及在筛选细胞活性物质时表达量的调控等。现在常用的载体大致可分为以下3类。

1) 大片段插入载体。由于很多微生物活性物质是其次生代谢产物，代谢途径由多基因簇调控，尽量插入大片段DNA以获得完整的代谢途径多基因簇很有必要。目前多采用BAC

和Cosmid载体，前者插入片段大（可达350kb），但克隆效率低；后者插入片段中等（20～40kb），克隆效率高。

2）表达载体。为了提高宏基因的表达便于重组克隆子活性检测，有研究者直接利用表达载体构建宏基因组文库。表达载体可插入的宏基因片段一般小于10kb，适合于筛选单一基因或小的操纵子产物。

3）穿梭载体。外源基因的表达受宿主细胞的遗传类型（顺式元件、反式因子、tRNA丰度、密码子偏爱等）、细胞基质、细胞的生理状态及初级代谢产物等的影响，利用穿梭载体扩大宿主范围有利于促使和提高外源基因的表达。

⑤ 宿主的选择　选择适宜的宿主细胞是重组基因高效克隆或表达的前提之一。宏基因组文库多以细菌、酵母、链霉菌等为主要的宿主菌株，它的选择主要考虑转化效率、重组载体在宿主细胞中的稳定性、宏基因的表达、目标性状（如抗菌）缺陷型等。不同的微生物种类所产生的活性物质类型有明显差异，因此不同的研究目的应选择不同的宿主菌株。

⑥ 宏基因组文库的筛选　环境样品中微生物种类繁多，宏基因组文库容量一般较大，活性克隆子的筛选是新活性物质筛选的关键。根据研究目的不同可从生物活性水平、化合物结构水平以及DNA序列水平设计不同的筛选方案。生物活性水平的筛选又称功能驱动筛选（function-driven screening），根据重组克隆产生的新活性进行筛选，采用各种活性检测手段（如选择性平板）检测挑选活性克隆子，进而对其深入研究。此方法以生物活性为线索能发现全新的活性物质或基因，能快速鉴别有开发潜力的克隆子，但工作量大、效率低，并受检测手段的限制。

化合物结构水平的筛选是在一定条件下不同结构的物质在色谱中有不同的峰值，通过比较转入和未转入外源基因的宿主细胞或发酵液抽提的色谱图来筛选产生新结构化合物的克隆子。此法可直接筛选到新结构化合物，但不一定有生物活性，且工作量大，成本高。DNA序列水平的筛选又称序列驱动筛选（sequence-driven screening），是以序列相似性为基础，执行某类功能的酶可能具有相识的基因序列。根据已知相关功能基因的序列设计探针或PCR引物，通过杂交或PCR扩增筛选阳性克隆子。这一方法有可能筛选到某一类物质中的新分子，而且其中的DNA操作有可能利用基因芯片技术，可大大提高筛选效率，但必须对相关基因序列有一定的了解，较难发现全新的活性物质。底物诱导基因表达筛选（substrate-induced gene expression screening）是利用底物诱导克隆子分解代谢基因进行筛选，这种方法已经成功地从宏基因中筛选出芳烃化合物诱导的基因。国内外的资料显示这4种筛选方法可以筛选到所需要的物质，但筛选效率低，费用高。

（2）构建环境宏基因组文库存在的问题

宏基因组技术作为一种新的技术，在构建环境宏基因组文库的实施过程中还存在着很多问题。一方面，环境土壤中存在大量的腐植酸，在提取的过程中很难去掉，这将影响到提取DNA的纯度，DNA的纯度将决定构建文库能否成功。另一方面，大片段的克隆很关键，但大片段的DNA不容易从土壤中获得，首先在提取DNA的过程中要避免人为因素使它断裂，其次，寻找容量大且高效的载体。最后是筛选问题。有时从几万或几十万个克隆子中就只能筛选到几个具有活性的克隆子，甚至只筛选到1个克隆子。如Hennet等从730000个克隆子中只能筛选到1个克隆子具有脂肪活性。Yunt等从30000个克隆子中只能筛选到1个淀粉酶基因，可见寻求一种有效的筛选方法和高通量的筛选方法是迫在眉睫的问题。

（3）宏基因组技术环境微生物研究中的应用

① 筛选生物活性物质　自从 1991 年 Pace 等首次构建了海洋微小浮游生物环境 DNA 文库以来，目前已构建了土壤、海洋、人唾液、堆肥样品等环境样品的宏基因组文库(表 6-5)。所采用的载体种类十分广泛，包括 cosmid、fosmid、BAC、λ 噬菌体以及各种穿梭载体，所采用的宿主系统为常用的大肠杆菌、链霉菌和假单胞菌。尽管这些文库所采用的载体/宿主系统不同，但实验方案和技术操作基本一致。通过对文库的筛选，发现了许多新的基因及其编码的活性物质，涉及各种酶类、抗菌抗肿瘤活性物质和色素等一些小分子物质。

表 6-5　已构建的宏基因组文库特征及其目的基因筛选应用实例

环境样品	目的基因	宿主	载体	克隆子数	插入片段大小
农田土壤	核酸酶、淀粉酶、抗菌活性、脂肪酶	大肠杆菌 DH10B	pBeloBAC11	24576	44.5
马粪、各种土壤	生物素合成	大肠杆菌 VCS257	pWE15	35000	30～40
甜菜地、底泥样品	乙醇氧化还原酶	大肠杆菌 DH5α	pSK＋	400000	3.0～5.6
撂荒土壤	淀粉酶、琼脂糖酶、酰胺酶、纤维素酶、葡聚糖分支酶	大肠杆菌 VCS257	pWE1	1532	25～40
草场、河谷、甜菜地	4-羟基丁酸代谢酶系	大肠杆菌 DH5α	pSK＋	930000	5～8
地热沉积物	亚铁血红素合成酶、磷酸二脂酶	大肠杆菌 TOPOIO	pCR-TOPO-XL	37000	1～10
耕作土壤	聚酮体合成酶	变铅青链霉菌	大肠杆菌-变铅青链霉菌穿梭黏粒	5000	50
人唾液	四环素抗性	大肠杆菌 TOPOIO	TOPO-XL	450	0.8～3.0
沿海海水	几丁质酶	Gigapack Ⅲ	λ-Z apⅡ	825000	2～10
甜菜地、湖水、河水	甘油脱水酶、二醇脱水酶	大肠杆菌 DH5α	pSK＋	560000	3.5～5.0
土壤	抗菌和抗真菌活性	变铅青链霉菌、恶臭假单胞菌	BAC 穿梭载体		35～120
泥地、海岸、森林	酯酶	大肠杆菌	fosmid	60000	30～40
池塘水	酯酶	大肠杆菌 DH10B	pUC19	30000	2～12
溪水	淀粉酶	大肠杆菌 DH5α	pUC19	30000	3～7
活性污泥、土壤	聚-3-羟基丁酸代谢酶系	大肠杆菌 HBIO1	pRK7813	45630	25～45
堆肥样品	解脂酶、淀粉酶、磷酸大肠酶、双加氧酶	杆菌 DH5α	pJOE930	560000	3～8
堆肥样品	木聚糖酶	大肠杆菌 EPIIO0	pWEB:TNC	50000	35
牛瘤胃	β-葡萄糖苷酶	大肠杆菌 EPI100	pWEB:TNC	12000	31.5～45.5

② 分析环境细菌多样性　与单菌的 16SrDNA 扩增比对分析不同，从环境中提取总 DNA，以总 DNA 为模板，扩增 16SrDNA，进行测序比对，这就是宏基因组技术在细菌分类鉴定中的应用。环境基因组总 DNA 是环境中各种微生物基因组的混合物，虽然它包括了环境当中微生物组成的信息，但是由于基因组 DNA 过于复杂，不方便直接进行研究，因此实际上通常是通过研究基因组中的"biomarker"来研究环境中微生物的多样性的。16SrDNA 是目前微生物生态学研究中已经广泛使用的 biomarker。同样，用 PCR 的方法把环境中所有的 16SrDNA 收集到一起，然后用克隆建库的方法，把每一个 16SrDNA 分子放到文库中的每一个克隆里，再通过测序比对，就可以知道每一个克隆中带有 16SrDNA 分子的属于哪一种微生物，整个文库测序比对得到的结果就反映了环境中微生物的组成。

构建 16SrDNA 克隆文库的一般步骤是：首先用环境基因组总 DNA 进行 16SrDNAPCR 扩增得到样品中不同微生物的 16SrDNA 的混合物，接着将纯化后的 PCR 产物与载体连接，然后转化大肠杆菌，在鉴定了阳性克隆以后，就得到了 16SrDNA 克隆文库。还有一种方法是先制备总的 mRNA，然后通过 RT-PCR 得到 16SrDNA 再建文库。

16SrDNA 克隆文库构建完后，就可以直接送文库中的克隆去测序，把所有的测序结果进行比对以后，按序列相似性大于 97%（97%～100%都可以）的标准，把所有的测序结果分成若干个 OTU（operational taxonomic unit）。然后用每个 OTU 的代表序列在 GeneBank 和 RDPⅡ数据库中进行比对，就可以找到这些 OTU 相应微生物的系统发育地位，这样就可以知道环境中微生物的组成情况。一般可以用 16SrDNAPCR 扩增时的一个引物作为测序引物，每个克隆都先测一个反应，得到 450bp 左右的序列，这样长短的序列既可以在 GeneBank 和 RDPⅡ数据库中进行比对找到这些序列相应微生物的系统发育地位，又可以用于构建系统发育树。

③ 寻找重金属抗性基因　在重金属污染土壤的治理方法中，微生物的重金属抗性基因在重金属污染土壤的生物修复中起着重要的作用。有人采用宏基因组技术，在重金属污染土壤中获得了一个具有镉抗性的阳性克隆，其 Cd^{2+} 的耐受能力达到了 150μg/mL。提取该阳性克隆质粒，经初步酶切分析，发现该转化子包含 2.47kb 大小基因片段。

6.3 细胞工程与环境生物资源的开发利用

6.3.1 概述

6.3.1.1 基本概念

(1) 细胞工程

一般认为细胞工程是指以细胞为基本单位，在体外条件下进行培养、繁殖、或人为地使细胞某些生物学特性按人们的意愿发生改变，从而达到改良生物品种、加速繁育动植物个体，以获得某种有用的物质的过程。细胞工程包括动植物细胞的体外培养技术、细胞融合技术（也称细胞杂交技术）、细胞器移植技术等。

细胞是细胞工程操作的主要对象。生物界有两大类细胞：原核细胞与真核细胞。细菌与放线菌等细胞属于原核细胞，细胞小，DNA 裸露于细胞质中，不与蛋白质结合。胞内无膜系构造细胞器，核外由肽聚糖组成细胞壁，它是细胞融合的主要障碍。不过原核细胞生长迅速，无蛋白质结合的 DNA 易于进行遗传操作，因此它们又是细胞改造的良好材料。

酵母、动植物等细胞属于真核细胞，体积较大，内有细胞核和众多膜系构造细胞器，植物细胞外还有数层以纤维素为主要成分的细胞壁。真核细胞一般都有明显的细胞周期，处于有丝分裂时期的染色体呈现高度螺旋紧缩状态，既不利于基因外调，也不利于外源基因的插入。因此采取一定的措施诱导真核细胞同步化生长，对于成功地进行细胞融合及细胞代谢物的生产具有十分重要的作用。

(2) 原生质体

细胞质壁分离后去掉细胞壁所余下的那部分结构称为原生质体（proto-plast）。原生质体基本具备细胞原来的内部结构与生理性能，但是它完全无细胞壁，失去了细胞的刚性而呈球型。对渗透压敏感。

来自丝状真菌不同菌丝部位的原生质体，往往存在明显的生理生化等差异性。在适当的条件下，这些原生质体能够再生并恢复成原来完整的细胞形态与群落形态。因细胞壁已被去除，所以原生质体比较容易吸收外来 DNA、蛋白质等，同时对外界理化因子比较敏感，因此，也可用理化因子诱变原生质体进行育种。细胞在去除细胞壁后，在原生质体外面仅存一层原生质膜，在融合剂的诱导下，有可能以高频率进行相互间的融合杂交，即使在没有接合、转化、转导等遗传手段的情况下也能发生基因组的融合重组，这样就打破了种间的障碍，甚至能打破传统杂交方法所难以克服的远缘界限。

6.3.1.2 基本技术

(1) 无菌操作技术

细胞工程的所有实验都要求在无菌条件下进行。稍有一点疏忽都可能导致实验失败。因此实验人员一定要有十分严格的无菌操作意识。实验操作应在无菌室内进行。无菌室应定期用紫外线或化学试剂消毒，实验前后还应各消毒1次。无菌室外有间缓冲室，实验人员在此换鞋、更衣、戴帽，做好准备后方可进入无菌室。此外还应注意周围环境的卫生整洁。超净工作台是最基本的实验设备，一切工作都应在超净工作台进行才能达到较高的无菌要求。其次，对生物材料进行彻底的消毒与除菌是实验成功的前提，实验所用的一切器械、器皿和药品都应进行灭菌或除菌，实验者的双手应戴无菌手套。实验者一定要十分认真细心地把好这道关，以保证无菌操作的顺利进行。

(2) 细胞培养技术

细胞培养是指动物、植物和微生物细胞在无菌条件下的保存和生长。虽然这些细胞培养在营养要求等方面有许多差异，但作为培养细胞，它们也有些共同之处。首先，要取材和除菌。除了淋巴细胞可直接抽取以外，植物材料在取材后，动物材料在取材前都要用一定的化学试剂进行严格的表面清洗、消毒。有时还需借助某些特定的酶，对材料进行预处理，以期得到分散生长的细胞。其次，根据各类细胞的特点配制细胞培养基，对培养基进行灭菌和除菌。采用无菌操作技术，将生物材料接种于培养基中。最后将接种后的培养基放入培养室或培养箱中，提供各类细胞生长所需的最佳培养条件，如温度、湿度、光照、氧气及二氧化碳等。当细胞达到一定生物量时应及时收获或传代。

(3) 细胞融合技术

两个或多个细胞相互接触后，其细胞膜发生分子重排，导致细胞合并、染色体等遗传物质重组的过程称为细胞融合。细胞融合是细胞工程的重要技术，其主要过程包括如下内容。

1) 制备原生质体。由于微生物及植物细胞具坚硬的细胞壁，因此通常需要用酶将其壁降解；动物细胞则无此障碍。

2) 诱导细胞融合。两亲本细胞（原生质体）的悬浮液调至一定细胞密度，按1∶1的比例融合后，逐渐滴入高浓度的聚乙二醇（PEG）诱导融合，或用电击的方法促进融合。

3) 筛选杂合细胞。将上述混合液移到特定的筛选培养基上，让杂合细胞有选择地长出，其他未融合细胞无法生长，借此获得具有双亲遗传特性的杂合细胞。

就其细胞融合方法而言，主要分为物理方法和化学方法。

① 化学方法　前文中提到的PEG，是一种多聚化合物，具有一系列分子量，一般PEG1000～6000较为适宜，但不同种类微生物对PEG分子量要求各有不同。放线菌适用的分子量常为1000～1500，真菌一般采用4000～6000，细菌则用1500～6000。PEG常用浓度为30%～50%，酵母菌原生质体融合时常用浓度为20%～35%，真菌在30%左右效果较好。一般认为PEG本身是一种特殊的脱水剂，它以分子桥形式在相邻原生质体膜间起中介作用，进而改变质膜的流动性能，降低原生质膜表面势能，使膜中的相嵌蛋白质颗粒凝聚，

形成一层易于融合的无蛋白质颗粒的磷脂双分子层区。在 Ca^{2+} 存在下，引起细胞膜表面的电子分布的改变，从而使接触处的质膜形成局部融合，出现凹陷，构成原生质桥，成为细胞间通道并逐渐扩大，直到两个原生质体全部融合。PEG作介质诱导细胞融合，不仅可以促使植物、动物、微生物的细胞融合，而且还能促使微生物原生质体与动物细胞融合，促使动物细胞与植物的原生质体发生融合，促使植物原生质体摄入微生物，但是，PEG诱导细胞融合也存在一些问题，如PEG在有效的浓度范围内（50%～55%）对细胞毒性很大。

② 物理方法

1）电脉冲诱导细胞融合技术。是20世纪80年由德国的Halfman和Zimmermann等（1982年、1983年）发明的一种电融合法。以双向电泳和电子击穿细胞质膜的联合作用为基础，对哺乳动物细胞、植物和酵母原生质体的融合都有成功的结果。其优点在于：融合频率高，是PEG的100倍；操作简便，快速；对细胞无毒；可在镜下观察融合过程。

2）空间细胞融合技术。20世纪80年代以来，德国细胞电融合技术发明家Zimmermann等在空间材料科学的启发下，用大量的飞行实验结果证明，在微重力条件下酵母细胞杂种得率有很大的增加。融合得率增加显然是由于没有重力沉降影响的缘故，杂种细胞活力增加可能是细胞排列时间缩短引起的。在取得这些成功实验的基础上，进一步研究融合后的细胞在空间培养的可能性已经开始。

3）离子束细胞融合技术。20世纪80年代中期，中国科学院等离子体物理研究所发现并证实了离子注入生物效应和粒子沉积生物效应的存在，建立了质量、能量、电荷三因子作用机制体系。在离子束与生物体相互作用中，粒子的植入、动量的传递和电荷交换可导致细胞表面被刻蚀，引起细胞膜透性和跨膜电场的改变，据此原理，发展了离子束诱导细胞融合技术。由于用于辐照的离子束的参数除了能量可调外，离子种类、电荷、质量皆可调，因此，离子束的可操纵性高，可以用微束对细胞进行超微加工，有目的地切割染色体用于基因工程和细胞工程，通过消除部分染色体或染色体的某些片段达到细胞非对称融合的目的。此项研究一旦成功，将改变传统的一对一细胞融合的弊端，减少供体细胞导入的染色体范围，使融合更具目的性，大大减少筛选的工作量，将是细胞融合研究的一大进步。

4）激光融合技术。发明于20世纪80年代中期。即利用光镊捕捉并拖动一个细胞使之靠近另一个细胞并紧密接触，然后对接触处进行脉冲激光束处理，使质膜发生光击穿，产生微米级的微孔。这样，由于质膜上微孔的可逆性，细胞开始变形融合，最终成为一个细胞。激光微束融合法与以前的PEG法、电融合法相比较，可选择任意两个细胞进行融合，易于实现特异性细胞融合，作用于细胞的应力小，定时、定位性强，损伤小，参数易于控制，操作方便，可利用监控器清晰地观察整个融合过程，实验重复性好，无菌，无毒性。但它只能逐一处理细胞，不能像其他方法一样同时处理大量细胞。

5）非对称细胞融合技术。即利用某种外界因素（常为γ射线，即γ融合）辐照某一细胞原生质体，选择性地破坏其细胞核。并用碘乙酰胺碱性蕊香红6G处理在细胞核中含有优良基因的第二种原生质体，选择性地使其细胞质失活。然后融合来自这两个原生质体品系的细胞，从而实现所需胞质和细胞核基因的优化组合，或使前者被打碎的细胞核染色体片段中的个别基因渗入到后者原生质体的染色体内，实现有限基因的转移，从而在保留亲本之一全部优良性状的同时改良其某个不良性状。值得注意的是，此方法特别适用于细胞质雄性不育基因的转移，通过辐照胞质不育的原生质体，破坏其染色体，与其具有优良性状品种的原生质体融合，从而获得实用的新的胞质不育系。这些都是常规育种所做不到的。

6.3.2 微生物细胞工程

本部分仅从细胞工程的角度，概述通过原生质体融合的手段改造微生物种性，创造新变种的途径与方法。

6.3.2.1 原核细胞的原生质体融合

细菌是最典型的原核生物，它们都是单细胞生物。细菌细胞外有一层成分不同、结构相异的坚韧细胞壁形成抵抗不良环境因素的天然屏障，根据细胞壁的差异一般将细菌分为革兰阳性菌和革兰阴性菌两大类。前者肽聚糖约占细胞壁成分的90%，而后者的细胞壁上除了部分肽聚糖外还有大量的脂多糖等有机大分子。由此决定了它们对溶菌酶的敏感性有很大差异。

溶菌酶广泛存在于动植物、微生物细胞及其分泌物中。它能特异地切开肽聚糖中*N*-乙酰胞壁酸与*N*-乙酰葡萄糖胺之间的β-1,4糖苷键，从而使革兰阳性菌的细胞壁溶解。但由于革兰阴性细菌细胞壁组成成分的差异，处理革兰阴性菌时，除了溶菌酶外，一般还要添加适量的EDTA（乙二胺四乙酸），才能除去它们的细胞壁，制得原生质体或原生质球。

革兰阳性菌细胞融合的主要过程如下：分别培养带遗传标志的双亲本菌株至对数生长中期，此时细胞壁最易被降解；分别离心收集菌体，以高渗培养基制成菌悬液，以防止下阶段原生质体破裂；混合双亲本，加入适量溶菌酶，作用20～30min；离心后得原生质体，用少量高渗培养基制成菌悬液；加入10倍体积的聚乙二醇（40%）促使原生质体凝集、融合；数分钟后，加入适量高渗培养基稀释；涂接于选择培养基上进行筛选，长出的菌落很可能已结合双方的遗传因子，要经数代筛选及鉴定才能确认已获得杂合菌株。

对革兰阴性细菌而言，在加入溶菌酶数分钟后，应添加0.1mol/L的$EDTANa_2$共同作用15～20min，则可使90%以上的革兰阴性菌转变为可供细胞融合用的球状体。

尽管细菌间融合的检出率仅在10^{-5}～10^{-2}之间，但由于菌数总量十分巨大，检出数仍是相当可观的。

6.3.2.2 真菌的原生质体融合

真菌主要有单细胞的酵母类和多细胞菌丝真菌类。同样的，降解它们的细胞壁、制备原生质体是细胞融合的关键。

真菌的细胞壁成分比较复杂，主要由几丁质及各类葡聚糖构成纤维网状结构，其中夹杂着少量的甘露糖、蛋白质和脂类。因此可在含有渗透压稳定剂的反应介质中加入消解酶（Zymolase终浓度0.3mg/mL）进行酶解；也可用取自蜗牛消化道的蜗牛酶（复合酶）进行处理（终浓度30mg/mL），原生质体的得率都在90%以上。此外，还有纤维素酶、几丁质酶、新酶（novozyme）等。

真菌原生质体融合的要点与前述细胞融合类似，一般都以PEG为融合剂，在特异的选择培养基上筛选融合子。具体的PEG法诱导原生质体融合的过程大致为：首先将一定浓度（至少1×10^6个/mL）的两亲本原生质体1∶1等量融合，3000r/min离心10min，去掉上清液，然后沉淀在余液中混匀，并加入20%～40%的PEG（4000～6000）溶液，于20～30℃保温10～30min，再加入pH 7～9含Ca^{2+}的缓冲液（0.05mol/L $CaCl_2\cdot2H_2O$，0.05mol/L Glycine）稀释，放置10～15min，同样的条件下离心去掉上清液，沉淀用渗透压稳定剂（或液体再生培养基）洗涤数次除去PEG，最后的沉淀经适当稀释后置再生培养基上培养，让融合子再生。真菌原生质体融合程序如图6-5所示。

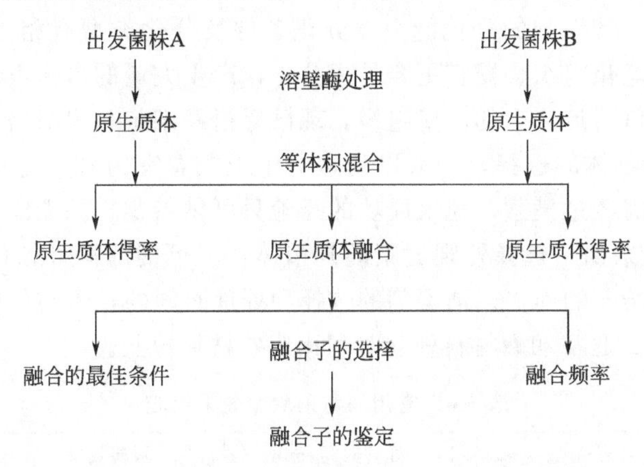

图6-5 真菌原生质体融合程序示意图（引自王娟娟等，2005）

但由于真菌一般都是单倍体，融合后只有那些形成真正单倍重组体的融合子才能稳定传代。具有杂合双倍体和异核体的融合子遗传特性不稳定，尚需多代考证才能最后断定是否为真正的杂合细胞。至今国内外已经成功地进行过数十例真菌的种内、种间、屑间的原生质体融合，大多是大型的实用真菌，如蘑菇、香菇、木耳、凤尾菇、平菇等，取得了相当可观的经济效益。

6.3.3 植物细胞工程

6.3.3.1 植物组织培养

植物组织培养是在无菌和人为控制外因（营养成分、光、温湿）条件下培养，研究植物组织器官，甚至进而从中分化、发育出整体植株的技术。植物组织培养的历史可以追溯到20世纪初，当时德国植物学家Haberlandt就曾预言“植物细胞具有全能性”。但由于技术上的限制，他的离体培养细胞未能分裂。不久之后，Hanning成功地在他的培养基上培养出能正常发育的萝卜和辣根菜的胚，成为植物组织培养的鼻祖，到了20世纪30年代，植物组织培养取得了长足的发展，我国植物生理学创始人之一李继侗和罗宗洛、罗士伟相继发现银杏胚乳和幼嫩桑叶的提取液能分别促进离体银杏胚和玉米根的生长，为维生素和其他有机物作为培养基中不可缺少的成分提供了重要的依据。1934年美国人White以番茄根为材料，建立了第一个能无限生长的植物组织。1956年Mller发现了激动素，并指出激动素能强有力的诱导组织培养中的愈伤组织分化出幼芽。这是植物组织培养中的一项重要进展，直接导致两年后Steward顺利地从胡萝卜的细胞培养中分化长出了胚状体乃至整株。从此以后通过组织培养方法培育完整菌株的探索便在世界范围内蓬勃开展。现已有600多种植物能够借助组织培养的手段进行快速繁殖，多种具有重要经济价值的粮食作物、蔬菜、花卉、果树、药有植物等实现了大规模的工业化、商品化的生产。虽然从总体上看我国的植物组织培养工作起步较迟，但凭着中国人特有的勤劳与智慧，短短20年间，已经在多个方面取得巨大成绩。

进行植物组织培养，一般要经历以下5个阶段。

（1）预备阶段

① 选择合适的外植体是本阶段的首要问题 外植体即能被诱发产生无性增殖的器官或组织切段，如一个芽、一节茎。选择外植体，要综合考虑以下几个因素。a. 大小要适宜，

不宜太小。外植体的组织块要达到 2 万个细胞（即 5～10mg）以上才容易成活。b. 同一植物不同部位的外植体，其细胞的分化能力、分化条件及分化类型有相当大的差别。c. 植物胚与幼龄组织器官比老化组织、器官更容易去分化，产生大量的愈伤组织。愈伤组织原意指植物因受创伤而在伤口附近产生的薄壁组织，现已泛指经细胞与组织培养产生的可传代的未分化细胞团。d. 不同物体的选择，一般以幼嫩的组织或器官为宜。此外外植体的去分化及再分化的最适条件都需经过摸索，他人成功的经验只可供借鉴，并无捷径可循。

② 除去病原菌及杂菌　选择外观健康的外植体，尽可能除净外植体表面的各种微生物是成功进行植物组织培养的前提。消毒剂的选择和处理时间的长短与外植体对所用试剂敏感性密切相关（表 6-6）。通常幼嫩材料处理时间比成熟材料短些。

表 6-6　常用消毒剂除菌效果比较

消毒剂	使用浓度	处理时间/min	除菌效果	去除难易
氯化汞	0.1%～1%	2～10	最好	较难
次碳酸钠	2%	5～30	很好	容易
次氯酸钙	9%～10%	5～30	很好	容易
溴水	1%～2%	2～10	很好	容易
过氧化氢	10%～12%	5～15	好	较难
硝酸银	1%	5～30	好	较难
抗生素	20～50mg/L	30～60	较好	一般

（引自赵国凡）

对外植体除菌的一般程序如下：外植体→自来水多次漂洗→消毒剂处理→无菌水反复冲洗→无菌滤纸吸干。

③ 配制适宜的培养基　由于物种的不同、外植体的差异，组织培养的培养基多种多样，但它们通常都包括以下 3 大类组分：a. 含量丰富的基本成分，如蔗糖或葡萄糖高达每升 30g，以及氮、磷、钾、镁等；b. 微量无机物，如铁、锰、硼酸等；c. 微量有机物，如激动素、吲哚乙酸、肌醇等。

各培养基中，激动素和吲哚乙酸的变动很大，这主要因培养目的而异。一般较高的生长素（吲哚乙酸）对细胞分裂素（激动素）比值有利于诱导外植体产生愈伤组织，反之则促进胚芽和胚根的分化。

（2）诱导去分化阶段

外植体是已分化成各种器官的切段。组织培养的第一步就是让这些器官切段去分化，使各细胞重新处于旺盛有丝分裂的分生状态，因此培养基中一般应添加较高浓度的生长素类激素。可以采用固体培养基（添加琼脂 0.6%～1.0%），这种方法简便易行，可多层培养，占地面积小。外植体表面除菌后，切成上片（段）插入或贴放培养基即可。但外植体的营养吸收不均、气体及有害物质排放不畅、愈伤组织易出现极化现象是本方法的主要缺点。如果把外植体浸没于液体培养基中，营养吸收与物质交换便捷，但需提供振荡器等设备，投资较大，且一旦染菌则难以挽回。本阶段为植物细胞依赖培养基中的有机物等进行的异养生长，原则上无须光照。

（3）继代增殖阶段

愈伤组织上出后经过 4～6 周的迅速细胞分裂，原有培养基的水分及营养成分多已耗失，细胞的有害代谢物已在培养基中累积，因此必须进行移植，即继代增殖。同时通过移植，愈伤组织的细胞数大大扩增，有利于下阶段收获更多的胚状体或小苗。

(4) 生根成芽阶段

愈伤组织只有经过重新分化才能形成胚状体，继而长成小植株。所谓胚状体指的是在组织培养中分化产生的具有芽端和根端类似合子胚的构造。通常要将愈伤组织移植于含适量细胞分裂素和生长素的分化培养基中，才能诱导胚状体的生成。光照是本阶段的必备外因。

(5) 移栽成活阶段

生长于人工照明玻璃瓶中的小苗，要适时移栽室外以利生长。此时的小苗还十分幼嫩，移植应在能保证适度的光、温、湿条件下进行。在人工气候室中锻炼一段时间能大大提高幼苗的成活率。

6.3.3.2 植物细胞原生质体制备与融合

人类对自然界的认识总是不断地经历由表及里，由浅入深的发展过程。面对五彩缤纷的大千世界，人们往往不满足于自然界的种种恩赐，历史上曾有不少有识之士提出过，在不同物种间进行杂交，以期获得具有双方优良性状的杂种生物的美好设想。然而常规的杂交育种由于物种间难以逾越的天然屏障而举步维艰，科学家们受细胞全能性理论及组织培养成功的启示，逐渐将眼光转向细胞融合，试图有这种崭新的手段冲破自然界的禁锢。1937年Michel率先实施植物细胞融合的实验。如何去除坚韧的细胞壁成了生物学工作者必须解决的首要问题。起初科学家采用机械法切除细胞壁。他们先把植物外植体（或愈伤组织，悬浮培养细胞）进行糖或盐的高渗处理，引起脱水，细胞质收缩，最后导致质壁分离，随后用组织捣碎机等高速运转的刀具随即切割细胞，最终可从中获得少量脱壁细胞（或亚细胞）供细胞融合用。不过经上述随机机械法制取的脱壁细胞往往活力低（损伤严重），数量少，难以进行有效的实验操作。1960年该领域终于出现了重大突破，由英国诺丁汉大学Cocking教授领导的小组率先利用真菌纤维素酶，成功地制备出了大量具有高度活性可再生的番茄幼根细胞原生质体，开辟了原生质体融合研究的新阶段。

植物细胞原生质体是指那些已去除全部细胞壁的细胞。这时细胞外仅由细胞膜包裹，呈圆形，要在高渗液中才能维持细胞的相对稳定。此外在酶解过程中残存少量细胞壁的原生质体叫原生质球或球状体。它们都是进行原生质体融合的好材料。

原生质体融合的一个有效的方法是1973年Keller提出的高钙pH值方法。第二年加拿大华人高国楠首创聚乙二醇法（PEG）诱导原生质体融合，1977年他又把聚乙二醇与高钙高pH值法结合，显著提高了原生质体的融合率。次年Melchers用此法获得了番茄与马铃薯细胞融合的杂种。1979年Senda发明了以电激法提高原生质体融合率的新方法。由于这一系列方法的提出和建立，促使原生质体融合实验蓬勃开展起来。

(1) 原生质体的制备

① 取材与除菌　原则上植物任何部位外植体都可成为制备原生质体的材料。但人们往往对活跃生长的器官和组织更感兴趣，因为由此制得的原生质体一般都生命力较强，在生与分生比例较高。常用的外植体包括种子根、子叶、下胚轴、胚细胞、花粉母细胞、悬浮培养细胞和嫩叶。

对外植体的除菌要因材而异。悬浮液培养细胞一般无须除菌。对较脏的外植体往往要用肥皂水清洗再以清水洗2～3次，然后浸入70%酒精消毒后，再放入3%次氯酸钠处理，最后用无菌水漂洗数次，并用无菌滤纸吸干。

② 酶解　由于植物细胞的细胞壁含纤维素、半纤维素、木质素及果胶质等成分，因此

市售的纤维素酶实际上大多是含有多种成分的复合酶，如中国科学院上海植物生理研究所生产的纤维素酶 EA_3-867 和日本产的 Onozuka R-10 就含有纤维素酶、纤维素二糖以及果胶酶等。此外，直接从蜗牛消化道提取的蜗牛酶也有相当好的降解植物细胞壁的功能。

现以叶片为例说明如何制备植物原生质体。

a. 配制酶解反应液。反应液应是一种 pH 值为 5.5～5.8 的缓冲液，内含纤维素酶 0.3%～3.0%以及渗透压稳定剂、细胞膜保护剂和表面活性剂等。

b. 酶解。除菌后的叶片→撕去下表皮→切块放入反应→不时轻摇 $\xrightarrow[2\sim4h]{25\sim30℃}$ 反应液转为绿色。

反应液转绿是酶解成功的一项重要指标，说明已有不少原生质体游离在反应液中。经镜检确认后及时终止反应，避免脆弱的原生质体受到更多的损害。

③ 分离　反应液中除了大量的原生质体外，尚有一些残留的组织块和破碎的细胞。为了取得高纯度的原生质体就必须进行原生质体的分离。可选取 200～400 目的不锈钢网或尼龙布进行过滤除渣，也可采用低速离心法和比重漂浮法直接获取原生质体。

④ 洗涤　刚分离到的原生质体往往还含有酶及其他不利于原生质体培养、再生的试剂，应以新的渗透压稳定剂或原生质体培养液离心洗涤 2～4 次。

⑤ 鉴定　只有经过鉴定确认已获得原生质体后才能进行下阶段的细胞融合工作。由于已去除全部或大部分细胞壁，此时植物细胞呈圆形。如果把它放入低渗溶液中，则很容易胀破。也可用荧光增白剂染色后置紫外显微镜下观察，残留的细胞壁呈现明显荧光。通过以上观测基本上可判别是否为原生质体及其百分率。此外，尚可借助台盼蓝活细胞染色、胞质环流观察以及测定光合作用、呼吸作用等参数定量检测原生质体的活力。

(2) 原生质体的融合

① 化学法诱导融合　化学法诱导融合无须贵重仪器，试剂易于得到，因此一直是细胞融合的主要方法。尤其是聚乙二醇（PEG）结合钙高 pH 值诱导融合法已成为化学法诱导细胞融合的主流。以下简介此方法（在无菌条件下进行）。

按此比例混合双亲本原生质体→滴加 PEG 溶液，摇均，静置→滴加原生质体培养液洗涤数次→离心获得原生质体细胞团→筛选、再生杂合细胞。

通常，在 PEG 处理阶段，原生质体间只发生凝集现象。加入高钙高 pH 值溶液稀释后，紧挨着的原生质体间才出现大量的细胞融合，其融合率可达到 10%～15%。这是一种非选择性的融合，既可发生于同种细胞之间，也可能在异种细胞中出现。有些融合是两个原生质量体的融合，但也经常可见两个以上的原生质体聚合成团，不过此类融合往往不大可能成功。应当指出高浓度的 PEG 结合高钙高 pH 值溶液对原生质体是有一定毒性的，因此进行诱导融合的时间要适中。处理时间过短，融合频率降低；处理时间过长，则将因原生质体活力明显下降而导致融合失败。Jelodar 近年介绍，以丙酸钙取代氯化钙作为助融合剂，细胞融合频率和植板率都有明显提高，甚至超过了电激融合法。

② 物理法诱导融合　1979 年 Senda 等发明了微电极法诱导细胞融合。1981 年 Zimmermann 等提出了改进的平行电极法，现简介如下。

将双亲本原生质体以适当的溶液悬浮混合后，插入微电极，接通一定的交变电场。原生质体极化后顺着电场排列成紧密接触的珍珠串状，此时瞬间施以适当强度的电脉冲，则使原生质体质膜被击穿而发生融合。电激融合不使用有毒害作用的试剂，作用条件比较温和，而且基本上是同步发生融合。只要条件摸索适当，亦可获得较高的融合率。

上述操作实际上是供体与受体原生质体对等融合的方法。由于双方各具几万对基因，要筛选得到符合需要且能稳定传代的杂核细胞是相当困难的。最近有人提出以X射线、γ射线、纺锤体毒素或染色体浓缩剂等对供体原生质体进行前处理。轻剂量处理可造成染色体不同程度的丢失、失活、断裂和损伤，融合后实现只有少数染色体甚至是DNA片段的转移；致死量处理后融合则可能产生没有供体方染色体的细胞质杂种。利用这种所谓的不对称融合法，大大提高了融合体的生存率和可利用率。

经过上述融合处理后再生的细胞株将可能出现以下几种类型：a. 亲本双方的细胞和细胞质能融洽的合为一体，发育为完全的杂核植株，这种例子不多；b. 融合细胞由一方细胞核与另一方细胞质构成，可能发育为核质异源的植株，亲缘关系越远的物种，某个亲本的染色体被丢失的现象就越严重；c. 融合细胞由双方胞质及一方核或在附加少量其他方染色体或DNA片段构成；d. 原生质体融合后两个细胞核尚未融合时就过早地被新出现的细胞壁分开，以后它们各自分生成嵌合植株。

(3) 杂合体的鉴别与筛选

双亲本原生质体经融合处理后产生的杂合细胞，一般要经含有渗透压稳定剂的原生质体培养基培养（液体或固体），再生出细胞壁后转移到合适的培养基中，待长出愈伤组织后按常规方法诱导其长芽、生根、成苗。在此过程中对是否为杂合细胞植株进行鉴别与筛选。

① 杂合细胞的显微镜鉴别　根据以下特征可以在显微镜下直接识别杂合细胞：若一方细胞大，另一方细胞小，则大小细胞融合的就是杂合细胞；若一方细胞基本无色，另一方为绿色，则白绿色结合的细胞是杂合细胞；如果双方原生质体在特殊显微镜下或双方经不同染料着色后可见不同特征，则可作为识别杂合的标识。发现上述杂合细胞后可借助显微镜操作仪在显微镜下直接取出，移至再生培养基培养。

② 互补法筛选杂合细胞　显微镜鉴别法虽然比较可信，但实验者有时会受到仪器的限制，工作进度慢且未知其能否存活或生长。遗传互补法则可弥补以上不足。

遗传互补法的前提是获得各种遗传突变细胞株系。如不同基因型的白化突变株aB×AB，可互补为绿色细胞株AaBb，这叫做白化互补；甲细胞株缺少外源激素A不能生长，乙细胞株需提供外源B才能生长。则甲株与乙株融合，杂合细胞在不含激素A、B的选择培养基上可能生长，这种选择类型称生长互补；假如某个细胞株具某种抗性（如抗青霉素），另一个细胞株具另一种抗性（如抗卡那霉素），则它们的杂合株将可在含上述两种抗生素的培养基上再生与分裂，这种筛选方式即所谓的抗性互补筛选。此外，根据碘代乙酰胺能抑制细胞代谢的特点，用它处理原生质体，只有融合后的供体细胞质才能使细胞活性得到恢复，这就是代谢互补筛选等。

③ 采用细胞与分子生物学的方法鉴别杂合体　经细胞融合后长出的愈伤组织和植株，可进行染色体核型分析、染色体显带分析、同工酶以及更为精细的核酸分子杂交、限制性内切酶片段长度多态性（RFLP）和随机扩增多态性DNA（RAPD）分析，以确定其是否结合了双亲本的遗传素质。

④ 根据融合处理后再生长出来的植株的形态特征进行鉴别　自从Cocking教授（1960年）取得制备植物原生质体的重大突破以来，科学家在植物细胞融合，甚至植物细胞与动物细胞融合方面进行了不懈的努力，已在种内、种间、属间乃至科间细胞融合取得了200例再生株。最突出的成就当推番茄与马铃薯的属间细胞融合。已经能得的番茄-马铃薯杂交株，

基本像马铃薯那样的蔓生，能开花，并长出 2～11cm 的果实。成熟时果实黄色，具番茄气味，但高度不育。综上所述，虽然细胞融合研究至今尚面临种种难题和挑战，但该领域在理论和实践两方面的重大意义，仍然吸引了不少科学家为之忘我奋斗，更为激动人心的研究成果一定会不断地涌现出来。

(4) 植物原生质体的培养方法

植物原生质体培养方法起源于植物单细胞培养方法，随着多种适用于原生质体分离的商品酶的出现，原生质体的培养方法也得到了不断的改进，大体可分为液体培养法、固体培养法、液体-固体培养法。

① 液体培养法

1) 液体浅层培养 (liquid thin culture)。这是目前较常用的原生质体培养方法，一般适用于容易分裂的原生质体，将含有原生质体的培养液在培养皿底部铺一薄层，封口进行培养。这种方法操作简单，对原生质体损伤较小，且易于添加新鲜培养物。但这种方法也常使原生质体分布不均匀，发育的原生质体之间产生粘连而影响其进一步的生长和发育，尤其是难以定点观察单个原生质体的命运。

2) 滴培养 (Droplet culture)。是由液体浅层培养发展起来的一种方法，它克服了后者局部密度过高和原生质体粘聚的缺点。此方法是将 0.1mL 或更少的原生质体悬浮液用滴管滴于培养皿底部，封口后进行培养。为避免微滴蒸发，可将培养器皿置于湿润的环境中，或在微滴上覆盖矿物油。此法适用于融合体及单个原生质体培养，尤其适用于较多组合的实验。质体悬浮液用滴管滴于培养皿底部，封口后进行培养。

② 固体培养-琼脂糖平板法 (agrose beadmethed) 作为凝固剂的物质可以是琼脂、琼脂糖或 Gellan gum ，琼脂糖平板法是将原生质体纯化后悬浮在液体培养基中，然后与热融并冷却到 45℃的琼脂糖按一定比例混合，轻轻摇动使原生质体均匀分布，凝固后封口培养。由于原生质体彼此分开并固定了位置，就避免了细胞间有害代谢产物的影响，既便于定点观察，又有利于追踪原生质体再生细胞的发育过程。琼脂平板法比微滴培养及液体浅层培养具有更高的植板率。但此种方法对操作技术要求比较严格，尤其是温度一定要适宜；添加低渗透压的培养基和转移再生愈伤组织也比较繁琐，而且培养的原生质体极易褐变死亡。

③ 液体-固体结合培养

1) 琼脂岛培养法 (agrose-island culture)。此方法是将悬浮于液体培养基中原生质体与琼脂糖混合，用滴管将混合液滴于器皿底部，待其凝固后再滴加适量液体培养基（多少一般以刚刚浸没琼脂小岛为标准）。用这种方法可以在摇床上旋转以增强通气状况，并通过定时更换液体培养基以及调整液体培养基的渗透压促进其进一步的生长和发育。这种方法由于改变了培养物的通气和营养环境，从而促进了原生质体的分裂及细胞团的形成。此种方法的缺点是更换液体培养基过频时很容易造成污染，更换培养基的不同间隔天数对原生质体生长发育也有很大的影响。

2) 双层培养法 (agrose-liquid doublelayer)。这种方法即在培养皿的底部先铺一薄层含或不含原生质体或细胞的固体培养基，再在其上进行原生质体的液体浅层培养，这是目前广泛应用的培养方法之一，有利于固体培养基中的营养成分（或细胞有用代谢物）缓慢地向液体培养基中释放，以补充培养物对营养的消耗，同时培养物所产生的有害物质也可被固体培养基吸收。在固体培养物中加入吸附剂如 PVP、活性炭，则更有利于培养物的生长。

3) 饲喂层培养 (feeder-layer technique)。由双层培养法引伸而来，是将原生质体与其同种或不同种的植物细胞共同培养以提高其培养效率的一种方法，主要适用于低密度原生质体培养，融合细胞的筛选和原生质体培养不易成功的植物，如禾本科、豆科植物的原生质体。此方法是将看护细胞包埋于琼脂或琼脂糖的培养基中，在上面铺上聚酯纤维或硝酸微孔滤膜，再将靶原生质体的液体培养液置于其上进行培养。

6.3.4 细胞工程技术在污染治理中的应用

6.3.4.1 纤维素降解菌株的构建

原生质体融合技术在废水处理工程菌研究中的应用始于20世纪80年代。在生物降解反应中，微生物细胞间的共生或互生现象普遍存在，究其机理，可能是由于微生物间相互提供了彼此生长或发生降解反应所需的某种生长因子，或是由于互利作用形成一个所需降解酶光活性均很高的反应体系，对于这种有共生或互生作用的细胞，通过原生质体融合技术，可将多个细胞的优点集中到一个细胞中。

两株脱氢双香草醛（DDV）降解菌 *Fusobacterium varium* 和 *Enterococcus Faecium*（DDV是与纤维素相关的有机化合物）单独作用时，8d可降解3%～10%DDV，混合培养时降解率可达30%，说明有明显的互生作用存在。将两菌株进行原生质体融合，从中获得5株降解活力上升2～4倍的融合子，其中FE7菌株降解率高达80%，将其和G^+具有纤维素分解能力的白色瘤胃球菌（*Ruminococcus albus*）进行融合，获得1株G^+融合子，它具有 *Ruminococcus albus* 株45%～47%的β-葡萄糖苷酶和纤维二糖酶活性，同时还具有FE7降解脱氢双香草醛酶活性的87%。

为了获得能分解利用纤维素水解物，高效率产生乙醇的菌株，将一株利用纤维二糖能力强的 *Candida abtusa* 和产乙醇率高的发酵接合糖酵母（*Zygosaccharomyces fermentati*）进行原生质体融合，筛选出的融合子不但能以纤维二糖为唯一碳源生长，而且产乙醇能力高于双亲。

融合了两株有协同作用的绿脆链霉菌（*Streptomyces Vridosporus*）TTA和西康链霉菌（*Streptomyces Setonii*）75viz，19株融合子中4株降解玉米秆木质纤维素的能力比亲株高出155%～264%。

6.3.4.2 苯环化合物降解菌株的构建

Pseudomonas alcaligenes CO可降解苯甲酸酯和3-氯苯甲酸酯，但不能利用甲苯，*Pseudomonas Putida* R5-3可以降解苯甲酸酯和甲苯，但不能利用3-氯苯甲酸酯，两菌株均不能利用1,4-二氧苯甲酸酯，融合后可得到可以同时降解上述4种化学污染物的融合子CB1-9。

用来自乙二醇降解菌 *Pseudomonas mendocina* 3RE-15和甲醇降解菌 *Bacillus lentus* 3RM-2 DNA转化新降解苯甲酸、苯的 *Acinetobacter Calcoaceticus* T3的原生质体中，获得的重组子TEM-1可同时降解苯甲酸、苯、甲醇和乙二醇，降解率分别为100%、100%、84.2%、63.5%，此菌株用于化纤污水处理，对COD去除率可达67.36%，高于三株菌混合培养时的降解力。

程树培等将白腐真菌黄胞显毛平革菌（*Phanerochaete chrysosporium*）、酿酒酵母真菌（*Saccharmyces cerevisiae*）和从精对苯二甲酸废水处理系统中分离获得的土著细菌跨界融合构建了拟用于高效处理精对苯二甲酸废水的遗传工程菌Fhhh菌株。

6.3.4.3 杀虫剂菌株的构建

球形芽孢杆菌 *Bacillus sphaericus* TS-I 与苏云金芽孢杆菌 *Bacillus thuringiensis* H4 是两种重要的昆虫病原菌，前者对淡色库蚊的毒性与国外 1593-4 和 T-M-1 菌株相当，后者对黏虫、玉米螟等有高毒力。其制剂国外已有商品化生产。它们的毒性均来源于菌体所特有的毒蛋白，这些毒蛋白由染色体或质粒 DNA 所编码，通过原生质体融合技术，使芽孢杆菌属的不同良种菌株进行融合，可获得既杀双翅目又杀鱼鳞翅目幼虫的重组菌株。从苏云金杆菌得到稳定的既杀鳞翅目又杀双翅目幼虫的融合重组菌株，已获得了成功。

6.3.4.4 有机磷农药降解工程菌

王永杰和李顺鹏采用原生质体转化方法成功地将不动细菌（*Acinetobacter* sp.）的 DNA 转入地衣芽孢杆菌（*B. Licheniformis*）。经筛选得到的转化子 J-PZ，连续传代 10 次，性状保持稳定，在实验条件下，对甲胺磷、敌敌畏、对硫磷和乐果的降解率分别为 79.1%、46.7%、29.4%和 46.4%。

最近，国内还分别构建了降解含氯有机化合物和处理制药废水的遗传工程菌。前者用于处理造纸漂白废水，去除 COD_{Cr} 和 TCL 能力比混合菌分别提高了 72.05%和 190%；后者用于制药废水处理，在进水 COD_{Cr} 浓度为 40000mg/L 时，处理后的废水 COD_{Cr} 浓度达到 200mg/L 以下。

6.4 酶工程与环境生物资源的开发利用

所谓酶工程是利用酶、细胞器或细胞具有的特异催化功能，对酶进行修饰改造，并借助生物反应器和工艺过程来生产人类所需产品的一项技术。它包括酶的固定化技术、细胞的固定化技术、酶的修饰改造技术及酶反应器的设计等技术，它是生物技术重要组成部分。酶技术以其高效率、低耗能、反应条件温和等优点在化工、医药、石油化工产品的生产方面已得到了成功应用，环境工程技术方面的应用也将越来越广泛。

6.4.1 酶的发酵生产及分离纯化

6.4.1.1 酶的发酵生产

商业用酶可来自于动植物组织和某些微生物。传统意义上由植物提供的酶有蛋白酶、淀粉酶、脂氧化酶和其他专化酶，由动物组织提供的酶主要有胰蛋白酶、脂肪酶和用于奶酪生产的凝乳酶。但是从动植物组织或植物组织大量提取的酶，经常要涉及技术上、经济上以及伦理上的问题，使得许多传统的酶源已远远不能适应当今世界对酶的需求。为了扩大新老酶源，人们正越来越多地求助于微生物。

发展微生物作为酶生产的来源主要有以下原因。a. 微生物生长繁殖快，生活周期短，产量高，单位干重产物的酶比活很高。例如细菌在合适条件下只需 20～30min 便可繁殖 1 代，而农作物至少要几天或几周才能增重 1 倍，一般来说，微生物的生长速度比农作物快 500 倍，比家畜快 1000 倍。b. 微生物培养方法简单，所用的原料大都为农副产品，来源丰富，价格低廉，机械化程度高，经济效益高。例如同样生产 1kg 结晶的蛋白酶，如从牛胰脏中提取需要 1 万头牛的胰脏，而由微生物生产则需数百千克的淀粉、麸皮和黄豆粉等副产品。几天便可生产出来。c. 微生物菌株种类繁多，酶的品种齐全。不同环境中的微生物有迥然不同的代谢类型，分解不同的基质有着多样性的酶，可以说一切动植物细胞中存在的酶几乎都能从微生物细胞中找到。d. 微生物有较强的适应性和应变能力，可以通过适应、诱导、诱变及基因工程等方法培育出新的产酶量高的菌种。

但实际上，迄今能够用于酶生产的微生物种类是十分有限的。人们偏好于使用长期以来食品和饮料工业上用作生产菌的微生物。因为要使用未经检验的微生物进行生产，就必须获得法定机构的许可，而获准前必须进行产品毒性与安全性的估价，整个过程耗资十分巨大。基于这个原因，目前大多数的工业微生物酶的生产，都局限于使用仅有的11种真菌，8种细菌和4种酵母菌。只有找到更加经济可靠的安全试验方法，才能使更多的微生物在工业酶的生产中得到应用。微生物发酵生产酶的方法同其他发酵行业类似，首先必须选择合适的产酶菌株，然后采用适当的培养基和培养方式进行发酵，使微生物生长繁殖并合成大量所需的酶，最后将酶分离纯化制成一定的酶制剂。

(1) 优良产酶菌种的筛选

优良产酶菌种是提高酶产量的关键，筛选符合生产需要的菌种是发酵产酶的首要环节，一个优良产酶菌种应具有以下几点：a. 繁殖快，产量高，有利于短期生产周期；b. 能在便宜的底物上生长良好；c. 产酶性能稳定，菌株不易退化，不易受噬菌体侵袭；d. 产生的酶容易分离纯化；e. 不是致病菌及产生有毒物质或其他生理活性物质的微生物，确保发酵生产和应用的安全。

产酶菌种的筛选方法与发酵工程中微生物的筛选方法一致，主要包括以下几个步骤：含菌样品的采集、菌种分离、产酶性能测定及复筛等。对于胞外酶的产酶菌株，经常采用分离定性和半定量测定产酶性能相结合的方法，使之在培养皿分离时就能大致了解菌株的产酶性能。具体操作如下：将酶的底物和培养基混合倒入培养皿中制成平板，然后涂布含菌的样品，如果长出的菌落周围底物发生变化，即证明它产酶。如果是胞内酶，则可采用以下两种方法来确定：a. 固体培养法，把菌种接入固体培养基中，保温数天，用水和缓冲液浸泡培养基，将酶抽提，测定酶活力，这种方法主要适用于霉菌；b. 液体培养法，将菌种接入液体培养基后，静置或在摇床上震荡培养一段时间（视菌种而异），再测定培养物中酶的活力，通过比较筛选出产酶性能较高的菌种供复筛使用。

(2) 微生物酶的发酵生产

微生物酶的发酵生产是指在人工控制的条件下，有目的地利用微生物培养来生产所需的酶，其技术包括发酵方式的选择及发酵条件的控制管理等方面。

① 酶的发酵生产方法　酶的发酵生产方式有两种：一种是固体发酵；另一种是液体深层发酵。固体发酵法主要是用于真菌来源的商业酶生产，其中用米曲霉生产淀粉酶，以及用曲霉和毛霉生产蛋白酶在中国和日本已有悠久的历史。这种培养方法虽然简单，但是操作条件不容易控制。随着微生物发酵工业的发展，现在大多数的酶是通过液体深层发酵培养生产的。液体深层培养应注意以下条件。

1) 温度。温度不仅影响微生物的繁殖，而且也明显影响酶和其他代谢物的形成和分泌。一般情况下产酶温度低于生长温度，例如酱油曲霉蛋白合成酶合成的最适温度为28℃，而其生长的最佳温度为40℃。

2) 通气和搅拌。需氧的呼吸作用要消耗氧气，如果氧气供应不足，将影响微生物的生长发育和酶的产生。为提高氧气的溶解度，应对培养液加以通气和搅拌。但是通气和搅拌应适当，以能满足微生物对氧的需求为妥，过度通气对有些酶如青霉素酰化酶的生产会有明显的抑制作用，而且在剧烈的搅拌和通气下容易引起酶蛋白发生变性失活。

3）pH 值的控制。在发酵过程中要密切注意控制培养基 pH 值的变化。有些微生物能同时产生几种酶，可以通过控制培养基的 pH 值来影响各种酶之间的比例。例如当利用米曲霉生产蛋白时，提高 pH 值有利于碱性蛋白酶的形成，降低 pH 值则主要产生酸性蛋白酶。

② 提高酶产量的措施。在酶的发酵生产过程中，为了提高酶的产量，除了选育优良的产酶菌株外，还可以采用一些与发酵工艺有关的措施，例如添加诱导物，控制阻遏物浓度等。

1）添加诱导物。对于诱导酶的发酵生产，在发酵培养基中添加诱导物能使酶的产量显著增加。一般可分为三类：酶的作用底物，例如青霉素是青霉素酰化酶的诱导物；酶的反应产物，例如纤维素二糖可诱导纤维素酶的产生；酶的底物类似物，例如异丙基-*β*-*D*-硫代半乳糖苷（IPTG）对 *β*-半乳糖苷酶的诱导效果比乳糖高几百倍。其中使用最为广泛的诱导物是不参与代谢的底物类似物。

2）降低阻遏物浓度。微生物酶的生产受到代谢末端产物阻遏和分解代谢物阻遏的调节。为避免分解代谢物的阻遏作用，可采用难于利用的碳源，或采用分次添加碳源的方法使培养基中的碳源保持在不至于引起分解代谢物阻遏的浓度。例如在 *β*-半乳糖苷酶的生产中，只有在培养基中不含葡萄糖时，才能大量诱导产酶。对于受分解代谢物阻遏的酶，可通过控制末端产物的浓度使阻遏解除，例如组氨酸的合成途径中，10 种酶的生物合成受到组氨酸的反馈阻遏，若在培养基中添加组氨酸类似物，如 2-噻唑丙氨酸，可使这 10 种酶的产量增加 10 倍。

3）表面活性剂。在发酵生产中，非离子型的表面活性剂常被用作产酶促进剂，但它的作用机理尚未搞清，可能是由于它的作用改变了细胞的通透性，使更多的酶从细胞内透过细胞膜泄漏出来，从而打破了胞内酶合成的反馈平衡，提高了酶的产量。此外，有些表面活性剂对酶分子有一定的稳定作用，可以提高酶的活力，例如在霉菌的发酵生产中添加 1%的吐温可使纤维素酶的产量提高几倍到几十倍。

4）添加产酶促进剂。产酶促进剂是指那些能提高酶产量但作用机理尚未阐明的物质，它可能是酶的激活剂或稳定剂，也可能是产酶微生物的生长因子，或有害金属的整合剂。例如添加植酸钙可使多种毒菌的蛋白酶和橘青霉的 5′-磷酸二酯酶的产量提高 2～20 倍。

6.4.1.2 酶的分离纯化

酶的种类繁多，性质各异，分离纯化方法不尽相同，即便是同一种酶，也因其来源不同，酶的用途不同，而使分离纯化的步骤不一样。工业上的用酶一般无须高度纯化，如用于洗涤用的蛋白酶，实际上只须经过简单的提取分离即可。而对食品工业用酶，则需要经过适当的分离纯化，以确保安全卫生。对于医药用酶，特别是注射用酶及分析测试用酶，则需经过高度的纯化或制成晶体，而且绝对不能含有热源物质。酶的分离纯化步骤越复杂，酶的收率越低，材料和动力消耗越大，成本就越高，因而在符合质量要求的前提下，尽可能采用步骤简单、收率高、成本低的方法。

由于酶很不稳定，在提取时容易变性失活，因而提取酶时应注意：a. 整个提纯操作尽可能在低温下（0～4℃）进行，以防止蛋白水解酶对目的酶的破坏作用（尤其是在有机溶剂或无机盐存在下更应注意）；b. 因为大多数蛋白质具有盐溶性质，所以在抽提过程中应选用合适浓度的盐溶液以促进蛋白质溶解，但要注意盐浓度过高时，酶容易变性；c. 在提纯过程中一般采用缓冲液作为溶剂，防止过酸或过碱，特定的酶，溶剂 pH 值的选择应考虑酶的 pH 稳定性以及酶的溶解度；d. 剧烈搅拌容易引起蛋白质变性，提纯中应避免剧烈搅拌和产生泡沫；e. 酶液是微生物生长的良好的培养基，在提纯过程中尽可能防止微生物对酶的破坏。

(1) 酶制剂的制备

微生物细胞制备酶的流程一般包括破碎细胞、溶液抽提、离心、过滤、浓缩、干燥这几个步骤，对某些纯度要求很高的酶则需经几种方法乃至多次反复处理。

① 破碎细胞　除了胞外酶的提取以外，所有胞内酶均需将细胞壁破碎后方可进一步抽提。破碎细胞有许多方法，动植物细胞常用高速组织捣碎机和组织匀浆机破碎，而微生物细胞的破碎则有机械破碎法、酶法、化学试剂法和物理破碎法等多种。

② 溶剂抽提　大多数蛋白酶都可用稀酸、稀碱或稀盐溶液浸泡抽提，选用何种溶剂和抽提条件视酶的溶解性和稳定性而定，抽提时应注意溶剂种类、溶剂量、溶剂 pH 值等的选择。

③ 离心分离　离心分离是酶分离提纯中最常用的方法，主要用于除去发酵液中的菌体残渣或抽提过程中生成的沉淀物。工业上常用板框压滤机来完成酶的粗分离。

④ 浓缩　由于发酵液或酶抽提液中酶的浓度一般都比较低，必须经过进一步纯化以便于保存、运输和应用。事实上，大多数纯化酶的操作如吸附、沉淀、凝胶过滤等均包含了酶的浓缩作用，工业上常采用真空薄膜浓缩法以确保酶在浓缩过程中基本不失活。

⑤ 干燥　酶溶液或含水量高的酵制剂即使在低温下也极不稳定，只能作短期保存。为了便于酶制剂的长时间的运输、贮存，防止酶变性，往往需对酶进行干燥，制成含水量较低的制品。常用的干燥方法有真空干燥、冷冻干燥、喷雾干燥等。

(2) 酶的纯化与精制

医药、分析、测试等用酶必须使用精制品，因而有必要进一步进行酶的纯化和精制。根据酶分子的不同特性，可以采用以下一些纯化方法，但每一种方法往往包含两种以上的作用因素。

① 根据酶分子大小和形状的分离方法

1) 离心分离。许多酶往往富集于某一特定的细胞内，因此匀浆处理后应先通过离心得到某一特定的亚细胞成分，如细胞核、线粒体、溶酶体等，使酶先富集 10～20 倍，然后再对某一特定酶进行纯化。对于一般的沉淀分离，如硫酸铵沉淀和有机物沉淀，可选用4000～6000g 的离心力，对于线粒体之类的细胞器则需用 18000g 以上的离心力才能得以分离。离心力越大，离心时间就越短。在条件许可下，可选用稍大的离心力，以节约离心时间，同时也减少酶变性的可能性。

2) 差速离心和等密度梯度离心分离。对于某一悬浮液，可选用较低的转速进行离心，分离后得到沉淀和上清液，如此反复操作，以达到分级分离样品的目的。这种分离方法称之为差速离心，但分辨率较低，仅适用于粗提或浓缩。

在离心管中预先加入呈密度梯度的介质，然后在此介质表面加入样品溶液进行离心，那么样品中各组分就会按各自的沉降速率，被分离成一系列样品区带，这种离心方法称为速率区带法。但如果离心时间太长，所有的物质都会沉淀下来，因而要选择最佳的分离时间。速率区带离心可以得到相当纯的亚细胞成分，用于酶的进一步分离纯化，避免了差速离心中出现的大小组分一起沉降的问题。但这一制备方法容量较小，只能用于酶的少量制备。

如果制备的离心介质的梯度密度范围包括了待分离样品中所有颗粒的密度，那么经较长时间的离心后，各种颗粒沉降在与其密度相同的位置，这种离心称为等密度梯度离心。常用的离心介质有氯化铯、溴化钾、碘化钠等，这种方法在核酸研究中应用更为广泛。

3）凝胶过滤。分离蛋白时分子大于凝胶孔径的蛋白被凝胶排阻，因而在凝胶颗粒间隙中移动，速度较快；小分子蛋白可自由出入凝胶颗粒的小孔内，路径加长，移动缓慢。这样通过一定长度的凝胶层析柱后，大小不同的分子蛋白就被分开了。实际操作过程中应注意选择合适孔径的分离介质，使待分离的蛋白质分子落在凝胶的工作范围内。此外凝胶过滤法还可用于测定未知蛋白的相对分子质量。

4）透析与超滤。透析在纯化过程中极为常用，通过透析可以除去酶液中的盐类、有机溶剂、低分子量的抑制剂等，透析膜的截留极限分子量为5000左右，如果分子量小于10000的酶液进行透析就有泄漏的危险。超滤是指在一定压力（正压/负压）下，将料液强制通过一定孔径的滤膜以达到分离纯化的目的，也可用于酶液的浓缩及脱色等。例如细菌蛋白酶经丙烯腈滤膜一次超滤后可浓缩5倍左右，去除杂蛋白50%，去除干物质70%，而酶活性保持75%以上。

② 根据酶分子电荷性质的分离方法

1）离子交换层析。由于不同的蛋白质分子暴露在外表面的侧链基团和数量不同，因此在一定pH值和离子强度的缓冲液中，所带的电荷情况也不相同的。根据不同的蛋白质与离子交换剂的亲和力不同而达到分离目的的方法称为离子交换层析。上样时应注意加入的蛋白量及样品体积尽可能小，才能得到较高的分辨率。洗脱时，可以通过改变洗脱剂的离子强度，减弱蛋白质与载体亲和力的方法，逐一洗脱各蛋白组分；也可通过改变洗脱剂的pH值，使蛋白质的有效电荷减少而被解吸。

2）层析聚焦。层析聚焦类似于等电聚焦，但其连续的pH梯度是在固相离子交换载体上形成的。它既具有等电聚焦的高分辨率，又具有柱内容量大的特点，具有较大的应用价值。一般以颗粒直径为10～100μm、表面含有强缓冲能力的离子基团（如聚乙烯酰亚胺）的二氧化硅作层析介质。

3）电泳。在外电场作用下，由于蛋白质离子所带净电荷的大小和性质不同，因而其泳动方向和速率也不同，从而达到分离的目的。为减少扩散，整个过程通常是在多孔性的固体载体如淀粉胶上进行的。由于电泳分离的样品量较小，常作为分析用，但现在已发展了制备电泳，用这种方法制备的酶，可以在介质中洗脱或直接从电泳柱底部依次流出。

4）等电聚焦电泳。它属于移动界限电泳法。具体操作方法如下：先从阳极顶端扩散装入一种酸如硫酸，然后从阴极端扩散装入一种碱如乙醇胺，这样便可在两端间建立起一pH梯度，此种pH梯度可以利用引入两性电解质混合物而加以稳定。一般是用合成的或是天然的氨基酸当作两性电解质混合物，而选用的等电点值要涵盖所需的pH值。每一种两性电解质在电场作用下泳动到其等电点的pH区时便停留在那，形成一pH梯度。引入欲分离的蛋白样品后继续进行电泳，直到每一蛋白成分达到其等电点的pH区为止。电泳时间可能需要数天，用这种方法可以分离和检出等电点相差仅0.02的两种蛋白成分。

③ 根据酶分子专一性结合的分离方法

1）免疫吸附层析。免疫吸附层析是利用抗原-抗体反应的高亲和性进行酶的分离纯化。通常利用小鼠免疫制备单克隆抗体，因为这种方法所需的抗原酶量极少，有时50μg便足够用，也无须太纯，而且还可从中挑出亲和力适中的单克隆抗体制备亲和介质，这样既可达到高效吸附酶的目的，又可避免后面洗脱困难的缺陷。

2）亲和层析。当其他分离方法非常困难时，可以采用亲和层析法进行分离，即利用酶分子的专一性结合位点或特异的结构性质来达到分离的目的，它具有结合效率高、分离速度快的特点。为了使载体能与酶进行亲和结合，需对载体进行活化，即将载体与待分离的酶配基结合，这种配基可以是酶的底物、抑制剂、辅因子，也可以是酶的特异性抗体。如果配基与载体偶联后，由于载体的空间位阻影响，使配基与酶蛋白不能很好地结合，可以在配基与载体间加上一“手臂”，如烃类化合物链。当酶经亲和吸附后，可以通过改变缓冲液的离子强度和 pH 值的方法，将酶洗脱下来，也可以使用浓度更高的同一配体溶液或亲和力更强的配体溶液洗脱。

3）共价层析。利用层析介质与被分离酶之间形成共价键而达到分离目的，目前主要用于含巯基酶的分离纯化。在吸附过程中被分离物质通过共价键结合到层析介质上，如形成二硫键。但由于偶联反应是可逆的，因此可在洗去那些没有吸附上的物质后，用含有酯还原二硫键的相对分子质量低的化合物的洗脱剂洗脱。如果酶蛋白的巯基由于空间位阻效应不能参与反应，可在含变性剂的缓冲液中进行。如果蛋白质所含的巯基已形成二硫键，那么就先用还原剂打开二硫键再进行分离。

4）染料配体亲和层析。由于染料分子与被纯化的酶没有任何生物学关系，因此严格地说只能被称之为假亲和层析。尽管它们的结合机制尚未搞清楚，但已被证明是分离含 NAD 及 NADP 脱氢酶和与 ATP 有关的激酶类的有效方法。染料配基的层析效果除主要取决于染料配基与酶亲和力的大小外，还和洗脱时缓冲液的种类、离子强度、pH 值及待分离的酶样品纯度有关。但须注意，在一定条件下，固定化染料起到阳离子交换剂的作用，为避免这种现象发生，最好在离子强度小于 0.1 和 pH 值大于 7 时进行层析操作。

④ 根据分配系数的分离方法　某些聚合物与一些无机盐或另一种聚合物相混时，当浓度达到一定范围，体系会自动分为两相，由于生物活性物质在两相中具有不同的分配比，经过反复处理则可达到分离的目的，这种分离方法称为双水相萃取分离。常用于生物物质分离的体系有聚乙二醇（PEG）/葡萄糖、PEG/硫酸氨等。由于双水相体系具有含水比例高、选用的聚合物及盐类对酶无毒性、分离设备与化学工业通用等优点，因而在工业上作为酶的提取分离的新工艺日益受到重视。双水相体系的分配行为受到所用聚合物分子大小、成相浓度、pH 值、无机盐种类等因素的影响。现在已发展出具有亲和双水相萃取以及膜分离双水相萃取等新型双水相分离技术。

（3）酶的纯度与酶活力

酶纯化过程中的每一个步骤都须进行酶活性及比活性的测定，这样才能知道所需的酶是在哪一个部分，才可以用来比较酶的纯度。所谓纯酶是相对的而不是绝对的，即使得到结晶，也未见得是单一的酶蛋白，因为蛋白的混合物也会结晶。酶的纯度可用酶的比活力来衡量，比活力是每毫克蛋白所具有的酶活力单位数。一般情况下，酶的比活力随酶的纯度提高而提高。

（4）酶制剂保存

酶的保存条件的选择必须有利于维护酶天然结构的稳定性，保存酶应注意以下几点。

① 温度　酶的保存温度一般在 0～4℃，但有些酶在低温下反而容易失活，因为在低温下亚基间的疏水作用减弱会引起酶的解离。此外，零摄氏度以下溶质的冰晶化还可引起盐分

浓缩，导致溶液的 pH 值发生改变，从而可能引起酶巯基间连接成为二硫键，损坏酶的活性中心，并使酶变性。

② 防氧防护　由于巯基等酶分子基团或 Fe-S 中心等容易为分子氧所氧化，故这类酶应加巯基保护剂或在氩或氮气中保存。

③ 缓冲液　大多数酶在特定的 pH 值范围内稳定，偏离这个范围便会失活，这个范围因酶而异，如溶菌酶在酸性区稳定，而固氮酶则在中性偏碱区稳定。

④ 蛋白质的浓度及纯度　一般地说，酶的浓度越高，酶越稳定，制备成晶体或干粉更有利于保存。此外，还可通过加入酶的各种稳定剂如底物、辅酶、无机离子等来加强酶稳定性，延长酶的保存时间。

6.4.2 酶分子的改造

酶虽然已在工业、农业、医药和环保等方面得到了越来越多的应用，但大规模应用酶和酶工艺的仍不多。导致这种现象的原因很多，其中酶自身在应用上暴露出来的一些缺点是最根本的原因。酶一旦离开生物细胞，离开其特定的作用环境条件，常常变僵不太稳定，不适合大量生产的需要；酶作用的最适 pH 条件一般在中性，但在工业应用中，由于底物及产物带来的影响，pH 值常偏离中性范围，使酶难于发挥作用；在临床应用上，由于绝大多数的酶对人体而言都是外源蛋白质，具有抗原性，直接进入会引起人体的过敏反应。改变酶特性有 2 种主要的方法：a. 通过生物工程方法改造编码酶分子的基因从而达到改造酶的目的；b. 通过分子修饰的方法来改变已分离出来的天然酶的结构。近年来应用蛋白质工程改造酶的一个成功例子是磷脂酶 A_2 的修饰，修饰后的酶变得更耐酸，现已广泛地用作食品乳化剂。

6.4.2.1 酶分子修饰

酶分子修饰是指通过主链的剪接切割和侧链的化学修饰对酶分子进行改造，改造的目的在于改变酶的一些性质，创造出天然酶不具备的某些优良性状，扩大酶的应用以达到较高的经济效益。酶分子修饰常见的方法有：部分水解酶蛋白的非活性主链，利用小分子或大分子物质对活性部位或活性部位以外的侧链基团进行共价修饰；酶辅因子的置换等。酶分子的化学修饰由于技术较简单，容易见效，开展的工作最多。

制备修饰酶的目标（Smith John E，1996）：提高酶活力；改进酶的稳定性；允许酶在一个变化的环境中起作用；改变最适 pH 值或温度；改变酶的特异性使它能催化不同底物的转化；改变催化反应类型；提高过程的反应效率。

酶的化学修饰主要是利用修饰剂所具有的各类化学基团的特性，直接或经一定的活化步骤后与酶分子上的某种氨基酸残基（一般尽可能选用非酶活必需基团）产生化学反应，从而改造酶分子的结构与功能。酶进行化学修饰时，应注意以下几点。

① 修饰剂的要求　一般情况下，要求修饰剂具有较大的相对分子质量、良好的生物相容性和水溶性，修饰剂表面有较多的反应基团，修饰后酶活的半衰期较长。

② 酶性质的了解　应熟悉酶活性部位的情况、酶反应的最适条件和稳定条件以及酶分子侧链基团的化学性质和反应活性等。

③ 反应条件的选择　尽可能在酶稳定的条件下进行反应，避免破坏酶活性中心功能基团，因此必须仔细控制反应体系中酶与修饰剂的分子比例、反应温度、反应时间、盐浓度、pH 值等条件，以得到酶与修饰剂高结合率及高酶活回收率。

大多数酶经过修饰后性质会发生一些变化，如酶的热稳定性、抗各类失活因子能力、抗原性、半衰期、最适 pH 值等酶学性质，但并不是说酶修饰后以上这些性质都会得到改善。

6.4.2.2　**生物酶工程**

生物酶工程主要包括 3 方面内容：a. 用基因工程技术大量生产酶（克隆酶）；b. 修饰酶基因，产生遗传修饰；c. 设计出新酶基因，合成自然界从未有过的酶。

重组 DNA 技术的建立，使人们在很大程度上摆脱了对天然酶的依赖，特别是当从天然材料获得酶蛋白极其困难时，重组 DNA 技术更显示出其独特的优越性。近十年来，基因工程的发展使得人们可以较容易地克隆各种各样天然的酶基因，使其在微生物中高效表达，并通过发酵进行大量生产，目前已有 100 多种酶基因克隆成功，包括尿激酶基因、凝乳酶基因等。酶基因克隆及表达的大致步骤如图 6-6 所示。

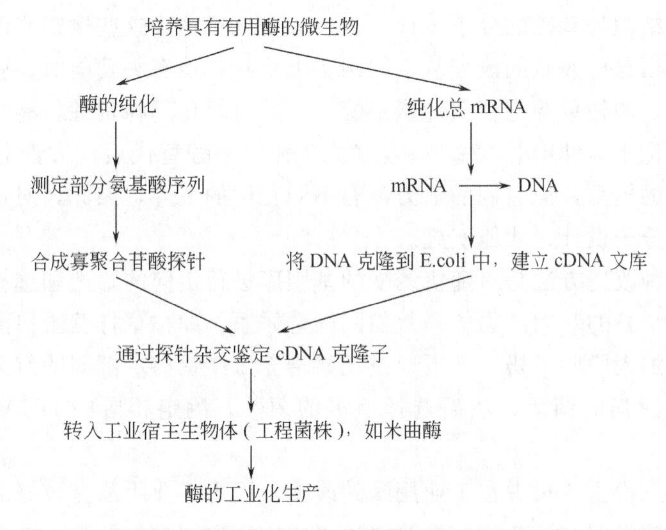

图 6-6　酶基因克隆及表达的大致步骤（Smith John E.，1996）

克隆是酶基因工程的关键的一步，是把编码目的酶的基因插入适当的载体，然后带入与载体相容的宿主，并随宿主复制。当酶基因插入载体后，在宿主中有两种表达方式，一种是利用自身携带的起始密码子，启动合成与天然酶完全相同的酶：另一种是利用载体所具有的密码子，合成相应的融合蛋白，融合蛋白经化学或酶法水解后形成天然酶。要构建一个具有良好产酶性能的菌株，必须具备良好的宿主——载体系统，一个理想的宿主应具备以下几个特性：a. 所希望的酶占细胞总蛋白量的比例要高，能以活性形式分泌；b. 菌体容易大规模培养，生长无特殊要求，且能利用廉价的原料；c. 载体与宿主相容，克隆酶基因的载体能在宿主中稳定维持；d. 宿主的蛋白酶尽可能少，产生的外源酶不会被迅速降解；e. 宿主菌对人安全，不分泌毒素。

酶的蛋白质工程是在基因工程的基础上发展起来的，而且仍需要应用基因工程的全套技术。所不同的是，酶的基因工程主要解决的是酶大量生产的问题，而蛋白质工程则致力于天然蛋白质的改造，制备各种定做的蛋白质，但也要用到基因工程的技术手段。酶蛋白质工程的工作程序见图 6-7。

根据蛋白质结构理论，有些蛋白质立体结构实际上是由一些结构原件组装起来的，而且他们的各种功能也与这些结构原件相对应。因此，如果想对这些蛋白质结构原件进行分解或重组来获得具有单一或复合功能的新蛋白质，就可以通过分子裁剪的方法来实现。也就是对

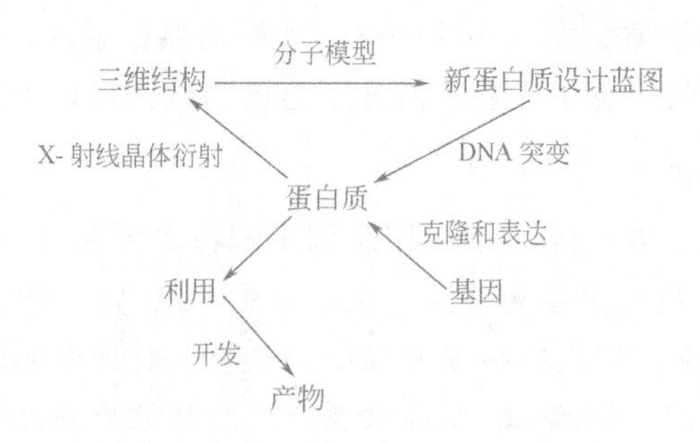

图 6-7 酶蛋白质工程的工作程序（杨开宇等，1996 年）

这些蛋白的功能原件相应的一级结构进行分解和/或重组，而无须从空间结构的角度上考虑。同样，对一些功能和特性仅仅由蛋白质一级结构中某些氨基酸残基的化学特性所决定的酶，也可不经过以空间结构为基础的分子设计，直接改变或者消除这些侧链来改变它们的有关功能或特性。但是，当这些残基的改变从空间结构上影响其他有关功能时，就必须对取代残基仔细地选择或筛选，如枯草芽孢杆菌的蛋白酶，它具有氧化不稳定性，有一个容易被氧化的甲硫氨基酸残基，位于活性中心 222 位。当被 19 种氨基酸替代后，大部分突变型酶的氧化稳定性得到了明显的提高，但它们的活力都有不同程度的下降，因此，对这类蛋白酶的改造往往要经过仔细的分子设计，才能实施。

酶蛋白的另一种改造方法是对随机诱变的基因库进行定向的筛选和选择，使用这种方法的前提是必须有一个目的基因产物的高效检测筛选体系。如枯草杆菌蛋白酶是一胞外碱性蛋白酶，在培养基中加入脱脂牛奶，就可通过观察培养皿中蛋白水解圈的有无或大小来筛选蛋白酶基因阳性或表达强的菌落，然后选择所需的菌落，测定相应的 DNA 序列，找出突变位点。

目前酶蛋白质工程主要集中在工业用酶的改造，因为工业用酶有较好的酶学和晶体学研究基础，酶的发酵技术（如诱变技术和筛选）也比较成熟，而且其微生物的遗传工程发展较好，其次工业酶无须进行医学鉴定，能很快地投入使用。如用作洗衣粉添加酶的枯草芽孢杆菌蛋白酶，是一种天然的丝氨酸蛋白酶，它能够分解一些蛋白质等物质，使衣服上的血迹和汗渍等很容易洗掉。但这种酶一般比较脆弱，在漂白剂的作用下容易被破坏而失去活性，原因是 222 位的甲硫氨酸容易被氧化成砜或亚砜。现在利用蛋白质工程技术，用丝氨酸或丙氨酸替代后，酶的抗氧化能力大大提高，可在 1mol/L 的过氧化氢溶液中停留 1h 而活性不受损失，这样便可与漂白剂混合使用。

酶的遗传设计的目标是设计出具有优良性状的新酶基因图案。虽然已有近 300 种蛋白质晶体学结构数据，从中获得了一些结构规律性，但直接从蛋白质的氨基酸顺序来推测它的三维结构还有相当一段的距离，由此酶的遗传设计还只是一个美好的梦想。但随着人们对蛋白质化学、蛋白质晶体学、酶催化本质等的进一步了解，再加以适当的技术，一定可以将它变为现实。近年来抗体酶的发展为酶的分子设计提供了一个全新的思路，它打破了化学酶工程和生物酶工程的界限，依据对酶分子催化反应机制的理解，并结合免疫球蛋白的分子识别特性，应用免疫学、细胞生物学、化学、分子生物学等技术，制备出具有高度底物专一性及特殊催化活力的新型催化抗体。可以预料，随着新生物工程技术和噬菌体抗体库技术的发展，将有更先进更新的重组技术用来直接从抗体库中筛选催化抗体。

不久的将来，基因工程和蛋白质工程将对酶工业产生引人注目的影响。基因工程可以降低酶产品的成本，同时也使稀有酶的生产变得更加容易，而蛋白质工程则可生产出完全符合人们要求的酶。

6.4.3 固定化技术及酶反应器

6.4.3.1 固定化技术

由于酶是一种蛋白质，稳定性差，而且在催化结束后难以回收。为适应工业化生产的需要，人们模仿人体酶的作用方式，通过固定化技术对酶加以改造固定。经固定化后的生物催化剂既具有酶的催化性质，又具有一般化学催化剂能回收、反复使用的优点，并在生产工艺上可以实现连续化和自动化。随着固定化技术的发展，作为固定化的对象不一定是酶，亦可以是微生物或动植物细胞和各种细胞器，这些固形物可统称为生物催化剂。自 1973 年日本千田一郎首次在工业上成功应用固定化微生物细胞连续生产 L-天冬氨酸以来，细胞固定化已经取得了迅猛进展，近年来又从静止的固定化菌体发展到了固定化活细胞（增殖细胞）。

固定化酶及固定化技术研究的发展可分为两个阶段，“第一阶段”主要是载体的开发、固定化方法的研究及其应用技术的发展，目前已进入了“第二阶段”主要包括辅酶系统或 ATP、ADP、AMP 系统的多酶反应系统的建立，以及疏水体系或含水很低的体系的固定化酶催化反应的研究。近年来，人们又提出了联合固定化技术，它是酶和细胞固定化技术发展的综合产物。与普通的固定化酶或固定化细胞相比，联合固定化生物催化剂可以充分利用细胞和酶的各自特点，把不同来源的整个细胞的生物催化剂结合到一起。

(1) 酶的固定化方法

至今还没有一种固定化方法可以普遍地适用于每一种酶，特定的酶要根据具体的应用目的选择特定的固定化方法。已建立的固定化方法，大致可分为 3 类：载体结合法（包括物理吸附、离子吸附法、螯合法、共价结合法）、交联法和包埋法（包括聚合物包埋法、疏水相互作用、微胶囊、脂质体包埋）。图 6-8 为一些常见的酶固定化方法。

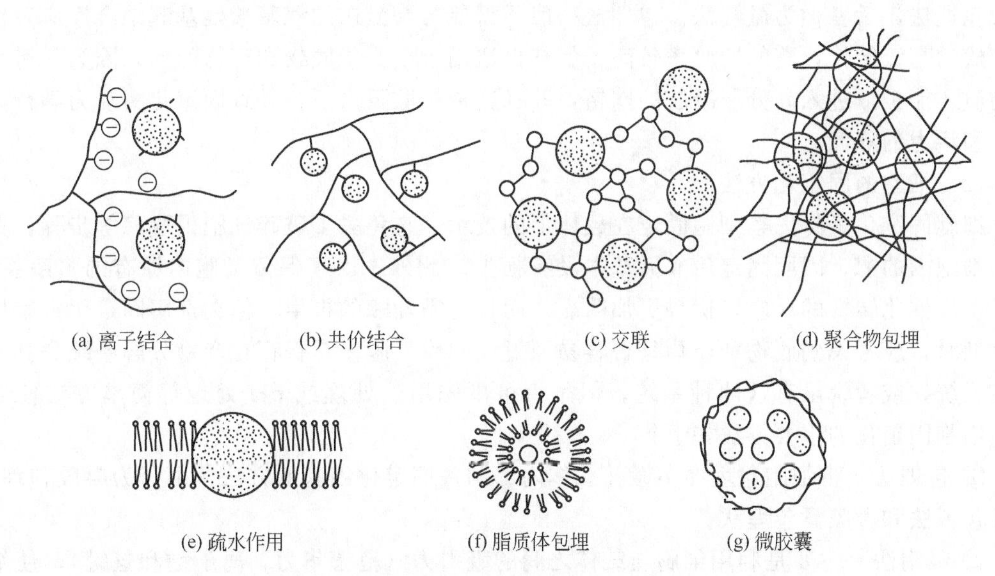

图 6-8 酶固定化方法示意（戚以政等，1996）

① 载体结合法

1) 物理吸附法。物理吸附法是制备固定化酶最早采用的方法，它是以固体表面物理吸附为依据，使酶与水不溶性载体相接触而达到酶吸附的目的。吸附的载体可以是石英砂、多孔玻璃、硅胶、淀粉、高岭土、活性炭等对蛋白质有高度吸附力的吸附剂。该方法操作简单，反应条件温和，可反复使用，但结合力弱，酶易解吸并污染产品。

2）离子吸附法。该法是通过离子效应，将酶分子固定到含有离子交换基团的固相载体上。最早应用于工业化生产的氨基酰化酶，就是使用多糖类阴离子交换剂 DEAF-葡萄糖凝胶固定化的。常见的载体有 DEAE-纤维素、CM-衍生物等。离子吸附法的操作同样简便，反应条件温和，制备出的固定化酶活性高，但载体与酶分子之间的结合仍不牢固，当使用高浓度底物，高离子强度或 pH 值发生变化时酶容易脱落，但这种固定化酶容易回收再生。

3）螯合法。这是一种吸引人的技术，它主要是利用整合作用将酶直接整合到表面含过渡金属化合物的载体上，具有较高的操作稳定性。已知能用于酶固定化的金属氢氧化物有钛（二价和四价）、锆（四价）和钒（三价）等，其中以钛（四价）和锆（四价）的氢氧化物较好，它们能与酶的羧基、氨基和羟基结合。

4）共价结合法。共价结合法是通过酶分子上的功能团，与载体表面上的反应基团发生化学反应形成共价键的一种固定化方法，是研究得最多的固定化方法之一。与吸附法相比，其反应条件苛刻，操作复杂，且由于采用了比较激烈的反应条件，容易使酶的高级结构发生变化而导致酶失活，有时也会使底物的专一性发生变化，但由于酶与载体结合牢固，一般不会因为底物浓度过高或存在的盐类等原因而轻易脱落。

② 共价交联法　共价交联法是通过双功能或多功能试剂，在酶分子间或酶分子和载体间形成共价键的连接方法。这些具有两种相同或不同功能基因的试剂叫做交联剂。共价交联法与共价结合法一样，反应条件比较激烈，固定化酶的回收率比较低，一般不单独使用，但如能降低交联剂浓度和缩短反应时间，则固定化酶的比活会有所提高。常见的交联剂有顺丁烯二酸酐和乙烯共聚物、戊二醛等，其中以戊二醛最为常用。

③ 包埋法　将酶包埋在高聚物凝胶网格中或高分子半透膜内的固定方法，前者又称为凝胶包埋法，后者称为微囊法。包埋法一般不需要与酶蛋白的氨基酸残基起结合反应，较少改变酶的高级结构，酶的回收率较高。但它仅适用于小分子底物和产物的酶，因为只有小分子物质才能扩散进入高分子凝胶的网格，并且这种扩散阻力还会导致固定化酶动力学行为的改变和活力的降低。

（2）细胞的固定化方法

细胞固定化是将完整细胞固定在载体上的技术，它免去了破碎细胞提取酶等步骤，直接利用细胞内的酶，因而固定后酶活基本没有损失。此外，由于保留了胞内原有的多酶系统，对于多步催化转换的反应，优势更加明显，而且无需辅酶的再生。但在选用固定化细胞作为催化剂时，应考虑到底物和产物是否容易通过细胞膜，胞内是否存在产物分解系统和其他副反应系统，或者说虽有这两种系统，但是否可事先用热处理或 pH 处理等简单方法使之失效。细胞固定化的主要方法如下。

① 包埋法　将细胞包埋在多微孔载体内部制备固定化细胞的方法，可分为凝胶包埋法、纤维包埋法和微胶囊包埋法。

② 吸附法　主要是利用细胞与载体之间的吸引力（范德华力、离子键和氢键），使细胞固定在载体上，常用的吸附剂有玻璃、陶瓷、硅藻土、多孔塑料、中空纤维等。用吸附法制备固定化细胞所需条件温和，方法简便，但载体和细胞的吸引力与细胞性质、载体性质以及二者的相互作用有关，只有当这些参数配合得当，才能形成较稳定的细胞-载体复合物，才

能用于连续生产。

(3) 固定化酶(细胞)的性质

在水溶液中游离酶分子与底物同处于液相，十分邻近，而酶被固定化后，则处于载体的特定的微环境中。由于载体的物理性质对酶与底物作用的影响，酶的性质发生了变化。

① 动力常数的变化 酶固定于电中性载体后，表现米氏常数往往比游离酶的米氏常数高，而最大反应速率变小；而当底物与具有带相反电荷的载体结合后，表现米氏常数往往减小，这对固定化酶实际应用是有利的。此外，动力学常数的变化还受溶液中离子强度的影响，但在高离子强度下，酶的动力学常数几乎不变。

② 酶稳定性提高 从已有的报道来看，人多数酶经固定化后，其稳定性都有所提高，这对于实际应用是十分有利的，酶稳定性包括热稳定性、对各种有机试剂的稳定性、对pH值的稳定性、对蛋白水解酶的抗性及储存稳定性等。固定化酶稳定性提高的原因可能是由于固定化后酶与载体多点连接或酶分子间的交联防止了酶分子的伸展变形，同时也抑制了自降解反应。

③ 最适pH值的变化 酶固定化后，催化底物的最适pH值活性曲线常发生变化。其原因是微环境表面电荷的影响。例如当载体带负电荷时，载体内的氢离子浓度要高于溶液主体的氢离子浓度，为了使载体的pH值保持游离酶的最适pH值，载体外液的pH值要相应高一些，因而从表现上看，最适pH值向碱性一侧偏移。

④ 最适温度的变化 酶反应的最适温度是酶失活速率与酶反应速率综合的结果。在一般情况下，固定化后的酶失活速率下降，所以最适温度也随之提高，这是非常有利的结果。

⑤ 酶活力的变化 固定化酶的活力在多数情况下比天然酶的活力低，专一性也可能发生变化，原因可能是：a. 酶的构象的改变导致了酶与底物结合能力或催化底物转化能力的改变；b. 载体的存在给酶的活性部位或调节部位造成某种空间障碍，影响酶与底物或其他效应物的作用；c. 底物和酶的作用受其扩散速率的限制。在个别情况下，固定化酶由于抗抑能力的提高使得它反而比游离酶活力高。

(4) 固定化酶(细胞)的指标

游离的酶(细胞)被固定化以后，酶的催化性质也会发生变化。通过测定固定化酶的各种参数，可以判断固定化方法的优劣及其固定化酶的实用性，常见的评估指标有以下几条。

① 相对酶活力 具有相同酶蛋白量的固定化酶与游离酶活力的比值称为相对酶活力，它与载体结构、颗粒大小、底物分子量大小及酶的结合效率有关。相对酶活力低于75%的固定化酶，一般没有实际应用价值。

② 酶的活力回收率 固定化酶的总活力与用于固定化的酶总活力的百分比称为酶的活力回收率。将酶进行固定化时，总有一部分酶没有与载体结合在一起，测定酶的活力回收率可以确定固定化的效果。一般情况下，活力回收率小于1，若大于1，可能是由于固定化活细胞增殖或某些抑制因素排除的结果。

③ 固定化酶的半衰期 即固定化酶的活力下降到初始活力的1/2时所历经的时间。用$t_{1/2}$表示，它是衡量固定化酶操作稳定性的关键。其测定方法与化工催化剂半衰期的测定方法相似，也可以通过较短时间的操作来推算。

6.4.3.2 酶反应器

以酶为催化剂进行反应所需要的设备称之为酶反应器。酶反应器有两种类型：一类是直接应用游离酶进行反应，即均相酶反应器；另一类是应用固定化酶进行的非均相酶反应器。均相酶反应能在分批式反应器或超滤膜反应器中进行，而非均相酶反应则可在多种反应器中进行。酶反应器的基本类型有搅拌罐型反应器、固定床型反应器、流化床型反应器和膜氏反应器（具体见图 6-9），因其种类很多，大致可根据催化剂的形状来选用。粒状催化剂可采用搅拌罐、固定化床和鼓泡塔式反应器，而细小颗粒的催化剂则可选用流化床。对于膜状催化剂，则可考虑采用螺旋式、转盘式、平板式、空心管式膜反应器。事实上，选用某种固定化酶最合适的反应器型式，并无明确的准则，必须综合考虑各种因素。

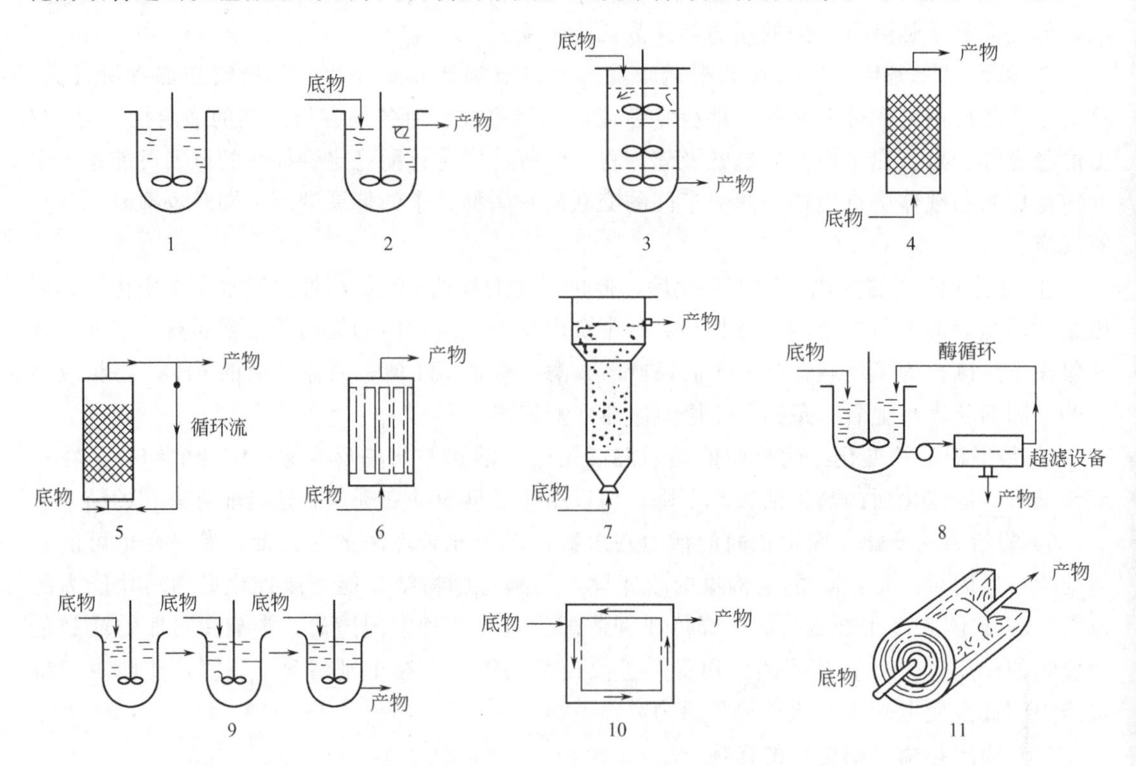

图 6-9　酶反应器的类型（戚以政等，1996）

1—间歇式搅拌罐；2—连续式搅拌罐；3—多级连续搅拌罐；4—填充床（固定床）；5—带循环的固定床；6—列管式固定床；7—流化床；8—搅拌罐（超滤器联合装置）；9—多釜串联半连续操作；10—环流反应器；11—螺旋卷式生物膜反应器

（1）酶反应器的基本类型

① 搅拌罐型反应器　无论是分批式还是连续流混合罐型的反应器，都具有结构简单、温度和 pH 值易控制、能处理胶体底物和不溶性底物及催化剂更换方便等优点，因而常被用于饮料和食品加工工业，但也存在缺点，即催化剂颗粒容易被搅拌桨叶的剪切力所破坏，在连续流搅拌罐的液体出口处设置过滤器，可以把催化剂颗粒保存在反应器内，或直接选用磁性固定化酶，借助磁场吸力固定。此外，可将催化剂颗粒装在丝网制成的扁平筐内，作为搅拌桨叶及挡板，以改善粒子与流体间的界面阻力，同时也保证了反应器中的酶颗粒不致流失。

② 固定床型反应器　把催化剂填充在固定床（填充床）中的反应器叫做固定床型反应器。这是一种使用得最广泛的固定化酶反应器，它具有单位体积催化剂负荷量高、结构简单、容易放大、剪切力小、催化效率高等优点，特别适合于存在底物抑制的催化反应。但也

存在下列缺点：a. 温度和 pH 值难以控制；b. 底物和产物会产生轴向分布，易引起相应的酶失活，程度也呈轴向分布；c. 更换部分催化剂相当麻烦；d. 柱内压降相当大，底物必须加压后才能进入。固定化床反应器的操作方式主要有两种：一种是底物溶液从底部进入而由顶部排出的上升流动方式；另一种则是上进下出的下降流动方式。

③ 流化床型反应器　流化床型反应器是一种装有较小颗粒的垂直塔式反应器。底物以一定的流速从下向上流过，使固定化酶颗粒在流体中维持悬浮状态并进行反应，这时的固定化颗粒和流体可以被看做是均匀混合的流体。流化床反应器具有传热与传质特性好、不堵塞、能处理粉状底物、压降较小等优点，也很适合于需要排气供气的反应，但它需要较高的流速才能维持粒子的充分流态化，而且放大较困难。目前，流化床反应器主要被用来处理一些黏度高的液体和颗粒细小的底物，如用于水解牛乳中的蛋白质。

④ 膜式反应器　膜反应器是利用膜的分离功能，同时完成反应和分离过程的反应器。这是一类仅适合于生化反应的反应器，包括了固定化酶膜组装的平板状或螺旋卷型反应器、转盘反应器和空心酶管、中空纤维膜反应器等，其中平板状和螺旋卷型反应器具有压降小、放大容易等优点。但与填充塔相比，反应器内单位体积催化剂的有效面积较小。空心酶管反应器主要与自动分析仪等组装，用于定量分析。转盘反应器又可细分为立式和卧式两种，主要用于废水处理装置，其中卧式反应器由于液体的上部接触空气可以吸氧，适用于需氧反应，中空纤维反应器则是由数根醋酸纤维素制成的中空纤维构成，其内层紧密光滑，具有一定的相对分子质量截留值，可截留大分子物质，而允许不同的分子量小的物质通过；外层则是多孔的海绵状支持层，酶被固定在海绵支持层中。这种反应器不仅能承受 68 个标准大气压以上的压力，而且还具有高的膜装填密度（单位体积反应器内的膜面积），具有很好的工业应用前景，但是当流量较小时容易产生涡流现象。

尽管酶工艺在近几十年来有了显著的进展，但是在已知的 2000 多种酶中已被利用的酶还是少数。目前工业上大规模应用的酶仅限于水解酶和异构酶两大类中的某些酶，而且大多是单酶系统。为了适应酶的开发利用的需要，酶反应器的研制也在提高层次。从第二代酶反应器的研制来看，主要包括以下 3 种类型：a. 含辅因子的酶反应器；b. 多相或两相反应器；c. 固定化多酶反应器。其中多相反应器在近几年来进展较快，例如可以利用脂肪酶的特点来合成具有重要医疗价值的大环内酯和光学聚酯。

（2）酶反应器的设计原则

反应器设计的基本要求是通用和简单，为此在设计前应先了解：a. 底物的酶促反应动力学以及温度、压力、pH 值等操作参数对此特性的影响；b. 反应器的类型和反应器内流体的流动状态及传热特性；c. 需要的生产量和生产工艺流程。

其次，无论采用什么样的工艺流程和设备系统，我们总希望它在经济、社会、时间和空间上是最优化的，因此必须在综合考虑了酶生产流程和相应辅助过程及二者的相互作用和结合方式的基础上，对整个工艺流程进行最优化。

（3）酶反应器的性能评价

反应器的性能评价应尽可能在模拟原生产条件下进行，通过测定活性、稳定性、选择性、达到的产物产量、底物转化率等，来衡量其加工制造质量。测定的主要参数有空时、转化率、生产强度。

空时是指底物在反应器中的停留时间，数值上等于反应器体积与底物体积流速之比，又常称为稀释率。当底物或产物不稳定或容易产生副产物时，应使用高活性酶，并尽可能缩短反应物在反应器内的停留时间。

转化率是指每克底物中有多少克转化为产物。在设计时，应考虑尽可能利用最少的原料得到最多的产物。只要有可能，使用纯酶和纯的底物，以及减少反应器内的非理想流动，均有利于选择性反应。实际上，使用高浓度的反应物对产物的分离也是有利的，特别是当生物催化剂选择性高而反应不可逆时更加有利，同时也可以使待除的溶剂量大大降低。

酶反应器的生产强度以每小时每升反应器体积所生产的产品克数表示，主要取决于酶的特性、浓度及反应器特性、操作方法等。使用高酶浓度及减小停留时间有利于生产强度的提高，但并不是酶浓度越高、停留时间越短越好，这样会造成浪费，在经济上不合算，总体而言，酶反应器的设计应该是在经济合理的基础上提高生产强度。此外，由于酶对热是相对不稳定的，设计时还应特别注意质与热的传递，最佳的质与热的转移可获得最大的产率。

（4）酶反应器的操作

① 酶反应器的微生物污染　用酶反应器制造食品和生产药品时，生产环境通常须保持无菌，并应在必要的卫生条件下进行操作，因为微生物的污染不仅会堵塞反应柱，而且它们产生的酶和代谢物，还会进一步使产物分解或产生令人厌恶的副产物，甚至能使固定化酶活性载体降解。为防止微生物污染，可向底物加入杀菌剂、抑菌剂、有机溶剂等物质，或隔一定时间用它们处理反应器。酶反应器在每次使用后，应进行适当的消毒，可用酸性水或含过氧化氢、季铵盐的水反复冲洗。在连续运转时也可周期性地用过氧化氢水溶液处理反应器，防止微生物污染。但是，在进行所有这些操作之前，必须考虑这些操作是否会影响固定化酶的稳定性。一般情况下，当产物为抗生素、酒精、有机酸等能抑制微生物生长的物质时，污染机会可减少。

② 酶反应器中流动方式的控制　酶反应器在运作时，反应器流动方式的改变会使酶与底物接触不良，造成反应器生产力下降；同时，由于流动方式的改变造成返混程度变化，也为副反应的发生提供了机会。因而在连续搅拌罐型反应器或流化床反应器中，应控制好搅拌速度。由于生物催化剂颗粒的磨损随切变速率、颗粒占反应器体积的比例的增加而增加，随悬浮液流的黏度和载体颗粒的强度的增加而减少，目前人们正试图通过采用磁性固定化酶的方法来解决搅拌速度控制的问题。在填充床式反应器中，流动方式还与柱压降的大小密切相关，而柱高和通过柱的液流流速是柱压降的主要决定因素，为减少压降作用，可以使用较大的、不易压缩的、光滑的珠型填充材料均匀填装。此外，壅塞也是影响酶反应器流动方式的一个不可忽视的问题，是限制固定化催化剂在许多食品、饮料和制药工业上应用的主要因素。它的产生是由于固体或胶体沉积物的存在，妨碍了底物与酶的接触，从而导致固定化催化剂活性丧失，可以通过改善底物的流体性质来解决。对于填充床反应器，还可采用重新装柱、返冲洗等方法克服壅塞，另外，底物的高速循环也有助于避免壅塞。

③ 酶反应器恒定生产能力的控制　在使用填充床式反应器的情况下，可以通过反应器的流速控制来达到恒定的生产能力，但在生产周期中，单位时间产物的含量会降低。在反应过程中，随时间而出现的酶活性丧失，可通过提高温度增加酶活性来补偿。现在普遍采用将若干使用不同时间或处于不同阶段的柱反应器串联的方法与上述方法之一相结合。尽管每根柱的生产能力不断衰减，但由于新柱不断地代替活性已耗尽的柱，总的固定化酶量不随时间而变化。增加柱反应器数量可获得更好的操作适用范围。由于在串联操作中物流较小，压降及压缩问题较大，如果采用并联法则具有最好的操作稳定性，每个反应器基本可以独立操作，能随时并入或撤离运转系统。

(5) 固定化技术处理废水技术

酶和细胞的固定化技术渗透到环境科学领域，是生物治理技术在新层次上得到了发展。酶或细胞特别是具有某些特异功能的酶和细胞，按照工程设计的要求，被固定在反应器的载体上，可以按照处理要求，控制反应器内的生物量和传质面，因而处理效能很高。筛选出来的高效菌种固定后，不易流失，抗毒和耐受力明显增强，固液分离也容易得多，剩余污泥也大为减少，还根治了污泥膨胀。这些独特的优点，将引起活性污泥法的巨大变革，为研制具有划时代的小型、快速、高效、连续的生物处理设备开创了诱人的前景。

一些发达国家已利用固定化技术制备出酶布、酶粉、酶粒等，用于处理含一种或少数几种已知污染物的工业废水。如美国宾夕法尼亚大学将提取出来的高活性的酚氧化酶用化学手段结合到玻璃珠上，用于处理冶金工业含酚废水，固定化酶的活性可达游离细胞的90%。德国将降解对硫磷等9种农药的酶，以共价结合法固定于多孔玻璃及硅床上，制成酶柱。用于处理含硫磷的废水，去除率可达95%以上，且可连续工作70d而酶活性无明显损失。日本用固定化α-淀粉酶处理造纸的水和含淀粉废水，使水得到回收或循环使用。但由于提取酶的方法复杂，成本可观，使固定化酶的普及应用受到很大限制。

细胞实际上是一个完整的多酶反应器，可进行复杂的多步降解反应。应用固定化细胞来处理废水废气，适应性广，无须提酶操作，成本相对较低，稳定性也较高。固定化细胞的另一优点是可以通过再培养恢复其相对活力，这对降低使用成本有实际意义。国内外应用细胞固定化技术处理有机污染物、无机金属毒物和废水脱色的成功例子很多。

① 固定化酵母细胞降解酚　用海藻酸钙包埋固定热带假丝酵母菌，在反应器中连续处理含酚废水，进水酚浓度为300mg/L，出水酚浓度小于0.5mg/L，酚的最大容积负荷比活性污泥法高1倍，其污泥发生量仅为活性污泥法的1/10。

② 固定化镰刀菌降解氰　镰刀菌经海藻酸钙固定化后，酶的相对活力为89.66%。固定化细胞上柱后连续处理浓度为500mg/L和1000mg/L的CN^-，当进水CN^-浓度为500mg/L，运转90h后，出水CN^-浓度$<$10mg/L。

③ 固定化混合菌细胞脱色印染废水　印染废水中所含染料一般为酸性染料、直接染料、分散染料、活性染料、硫化染料等几种，其中以水溶性的活性染料最难脱色。普通的絮凝沉淀和活性污泥曝气等方法效果甚微。实验中，将脱色混合菌WD-1固定在多孔陶珠载体上，对棉纺厂印染废水（均为活性染料）进行连续脱色实验。结果表明固定化细胞对印染废水的脱色作用效果与常规处理方法相比，具有脱色时间短、效果好、2h脱色率达57%，并有一定抗杂菌污染能力及可连续使用等优点。

6.4.4 生物传感器

随着生产力的高度发展和物质文明的不断提高，在工农业生产、环境保护、医疗诊断和食品工程等领域，每时每刻都有大量的样品需要分析和检验。这样样品要求在很短时间内完成检测，有时甚至要求在线或在活体内直接测定。

由于酶蛋白具有高度的分子识别功能，固定化酶柱或酶管又具有能被重复使用的优点，因面可被广泛地用于生产分析和临床化学检测。自20世纪60年代酶电极问世以来，生物传感器获得了巨大的发展，已成为酶法分析的一个日益重要的组成部分。生物传感器是一种由生物学、医学、电化学、光学、热学及电子技术等多学科相互渗透而成长起来的分析检测装置，具有选择性高、分析速度快、操作简单、价格低廉等特点，而且又能进行连续测定、在线分析甚至活体分析，因此引起了世界各国的极大关注。

6.4.4.1 生物传感器的原理

生物传感器是用生物活性物质作敏感器件，配以适当的换能器所构成的分析工具（或分析系统）。它的工作原理以图6-10表示：待测物质经扩散作用进入固定化生物敏感膜层，经分子识别，发生生物化学反应，产生的信息继而被相应的化学或物理换能器转化为可定量和可处理的电信号，再经仪表的放大和输出，便可知道待测物的浓度。

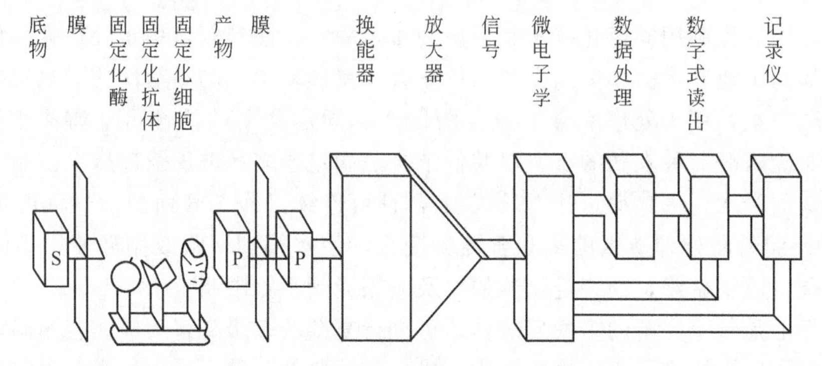

图6-10 生物传感器的简图（于兆林等，1992）

生物敏感膜又称分子识别元件，是生物传感器的关键元件。它是由对待测物质（底物）具有高选择性分子识别能力的膜构成的，因此直接决定了传感器的功能和质量。例如葡萄糖氧化酶能从各种糖类中识别出葡萄糖，并把它迅速氧化。那么这种葡萄糖氧化酶则可作为生物敏感膜的材料。生物敏感膜依所选的材料不同，可以是酶膜、细胞膜、免疫膜、细胞器膜等，各种膜相应的内容物见表6-7。

表6-7 生物传感器的分子识别元件（张先恩，1991）

分子识别元件	生物活性材料	分子识别元件	生物活性材料
酶膜	各种酶类	细胞器膜	线粒体、叶绿体
全细胞膜	细菌、真菌、动植物细胞	免疫功能膜	抗体、抗原，酶标抗原等
组织膜	动植物组织切片		

在生物传感器内，生物活性材料是固定在换能器上的，为了将分子和器官固定化，已经发展了各种技术。常见的方法有6种：夹心法、包埋法、吸附法、共价结合法、交联法和微胶囊法。但无论使用何种方法，应能延长材料的活性。一般情况下，用常规法嵌入的酶，其活性可维持3～4周或50～200次测定；而化学方法结合的酶，其活性常能提高到1000次测定。

生物化学反应过程中产生的信息是多元化的，它可以是化学物质的消耗或产生，也可以是光和热的产生，因而对应的换能器的种类也是多样的（表6-8）。目前生物传感器中研究得最多的是电化学生物传感器，在这类传感器中，换能器主要有电流型和电位型两类。例如尿素传感器属电位型传感器，它的分子识别元件是含有尿素酶的膜，而换能器是电位型平面pH电极。酶膜是紧贴在电极表面的氨透性膜上的，当尿素在感应器内遇到尿素酶时，尿素立即被分解成氨。这种新生成的氨透过氨透膜到达pH电极的表面，使pH值上升，从pH值上升的程度可以求出尿素的浓度。

表6-8 生物学反应信息和换能器的选择（张先恩，1991）

生物学信息	换能器的选择	生物学信息	换能器的选择
离子变化	电流型或电位型的离子选择电极，阻抗计	色效应	光纤、光敏管
质子变化	离子选择电极，场效应晶体管	质量变化	压电效应
气体分压变化	气敏电极，场效应晶体管	电荷密度变化	阻抗计、导纳、场效应晶体管
热效应	热敏元件	溶液密度变化	表面等离子共振
光效应	光纤、光敏管、荧光剂		

6.4.4.2 生物传感器的类型

根据生物识别单元的不同，生物传感器有酶传感器、微生物传感器、免疫传感器和DNA传感器等。

(1) 酶传感器（enzyme biosensor）

不同酶传感器检测污染物机理是不同的，有些酶对污染物具有催化转化能力（如酪氨酸酶对酚类），有些污染物对酵活性有特异性抑制作用（如有机磷酸酯类对乙酰胆碱酯酶），或作为调节、辅助因子对酶活性进行修饰［如Mn（Ⅱ）对辣根过氧化酶］，检测酶反应所产生的信号，即可间接测定污染物的含量。

(2) 微生物传感器（microbial biosensor）

酶对底物有高度专一性，但价格昂贵，稳定性差，因而许多生物传感器中用全活细胞（whole living cells）如细菌、酵母和真菌等，这些微生物通常从活性污泥、河水、腐质中分离出来，用其制成的传感器称为微生物传感器。利用活微生物的代谢功能检测污染物，其优点是能适用宽范围的pH值和温度、寿命长、价格低，但有选择性差的缺点。

(3) 免疫传感器（immunosensor）

免疫传感器利用了抗体和抗原之间的免疫化学反应。抗体是上百个氨基酸分子高度有序排列而成的高分子，当免疫系统细胞暴露在抗原物质或分子（如有机污染物）时，抗体中有对抗原结构进行特殊识别、结合的部位，根据“匙-锁”模型，抗体可与其独特的抗原高度专一地可逆结合，其间有静电力、氢键、疏水作用和范德华力。将抗体固定在固相载体上，可从复杂的基质中富集抗原污染物，达到测定污染物浓度的目的。酶生物传感器在测定污染物时有催化过程，可直接通过放大、转换系统产生相应信号，而在免疫传感器中的抗体与污染物作用时没有催化过程，需要有其他体系帮助才能完成物理信号的转换和放大，但目前对催化型抗体的性能研究表明，抗体不仅能与目标分子相结合，而且还能化学转换目标分子，如Blackbum等用抗体作传感元件催化乙酸苯酯的水解，从而检测乙酸苯酯。免疫传感器可分为电压型、电化学型、光学型和热学型等。

(4) DNA传感器

DNA传感器的理论基础是DNA碱基配对原理。高度专一性的DNA杂交反应与高灵敏度的电化学检测器相结合形成DNA杂交生物传感器。在DNA传感器检测过程中，形成的杂交体通常置于电化学活性指示剂（如氧化-还原活性阳离子金属配合物）溶液中，指示剂可强烈地但可逆地结合到杂合体上。由于指示剂与形成的杂交体结合，产生的信号可以用电化学法检测。

合适长度的DNA片段有利于探针与之杂交，DNA分子中任何正电荷或负电荷残基都会影响杂交效率。此外，在有利于杂交双链形成的条件下，探针分子本身也有利于形成自身双链的二级结构甚至三级结构，使靶序列不易被检测到。有人研究以肽核酸（peptide nucleic acid DNA）代替DNA作为探针解决上述问题。PNA是以肽为骨架的一种新型DNA模拟物，具有DNA和RNA结合的高度亲和性，良好的稳定性，并能方便地固相合成。

6.4.4.3 生物传感器在环境检测中的应用

（1）水和废水监测

① BOD传感器 通常BOD测定的全过程需要5d，而Karube等将丝孢酵母（*Trichosporom cutaneum*）固定在直径为14mm的多孔膜上，再将该膜置于氧电极的Teflon膜上，使得固定菌夹在两膜之间，制成微生物传感器。

当样品溶液通过传感器检测系统时，渗透过多孔膜的有机物被固定化的微生物吸收，微生物开始消耗氧，引起膜周围溶解氧的降低，使得氧电极的电流随时间急剧减小，18min内达到稳态。稳态指示着微生物消耗的氧与样品溶液扩散到膜上的氧达到平衡。稳态电流的大小取决于样品溶液的BOD浓度，而传感器的响应时间（即电流达稳态的时间）则取决于样品的类型，对乙酸溶液为8min，对葡萄糖溶液为18min。对比传感器法和5d培养法测定不同类型的工业废水BOD值，结果见表6-9。

表6-9 不同类型工业废水的BOD值

废水	BOD/(mg/L)		偏差/%
	传感器	5d培养法	
食品厂	155	152	2
食品厂(淀粉糖化)	4250	4000	6
棕榈油制造厂	12400	9840	26

这种传感器测定有机物的现行范围在3～60mg/L，对40mg/L的BOD测定10次，标准误差在1.2mg/L；用20mg/L的BOD标液，经传感器做17d（400次）分析，发现其响应恒定，17d内电流、基线漂移分别为±20%、±15%。

除丝孢酵母外，另外还有用假单胞菌（*Psuedomomas*）、芽孢杆菌（*Bacillus*）及混合微生物种群制成的BOD传感器。BOD传感器还有用生物发光菌和嗜热菌的，由固定化发光菌膜和光学检测器构成。未来的BOD传感器有望使用半导体装置，使传感器小型化并可一次性使用。

② 硝酸盐微生物传感器 Larsen等发展了测定硝酸盐的小型生物传感器。他们将一种假单细胞菌*Pseudmonas* sp.固定在小毛细管中，置于N_2O小电化学传感器的前端，固定化菌将NO_3^-转化为N_2O，随即N_2O在小传感器的电负性的银表面还原。该传感器对0～400μmol/L的NO_3^-浓度响应呈线性，介质中呈涡流或静止状态，对结果影响不大。唯一的干扰物是NO_2^-和N_2O，高浓度的硫化物使传感器永久失活。

该传感器的寿命只有几天，但他们认为在设计上稍加改进可使其寿命延长至几个月。

③ 酚类微生物传感器 炼油、煤气洗涤、炼焦、造纸、合成氨、木材防腐和化工等水中常含有酚类化合物，各国普遍采用4-氨基安替比林光度法分析这一类高毒物质，但硫化物、油类、芳香胺类等干扰其测定。

用酶电极安培传感器检测酚类化合物，由极表面的酶分子被氧（当酶是酚氧化酶如酪氨酸酶tyrosinases，漆酶laccases时）或氧化氢（当酶是过氧化氢酶时）氧化，接着被酚类化合物重新还原，酚类主要转化为苯醌或酚自由基，这些产物通常具有电化学活性，能在相对于饱和甘汞电极（SCE）0V以下的电位还原，还原电流正比于溶液中酚类化合物的浓度。

这种传感器结构简单，能防止高分子产物在电极表面的积累，电极操作在电化学测量的最佳范围为－0.2～0V（对SCE），此时噪声低，背景电流小，大大降低了检测限，干扰反应也少。

用于全自动流动注射或液相色谱流动系统，该酶传感器能检测复杂的环境样品，准确度高，检测限可低于微克每升（μg/L）水平。

④ 阴离子表面活性剂传感器 阴离子表面活性剂，如直链烷基苯硫酸钠（LAS）造成严重的水污染，在水面产生不易消失的泡沫，并消耗溶解氧。用LAS降解细菌制成的生物传感器，可监测阴离子表面活性剂的浓度。这种反应型的传感器由一固定化LAS降解细菌柱和流通池型氧电极构成，菌种从污水处理厂的活性污泥中提取而得。测量依据的原理是阴离子表面活性剂存在时，LAS降解菌的呼吸活性会增加。

⑤ 水体富营养化监测传感器 Lee等研究表明，水体富营养化主要由氰基细菌 *Cyanobacteria* 的大量增殖引起，这些细菌能杀死水生植物，从而产生恶臭。

生物传感器可实现对水体富营养化的在线监测。由于氰基细菌的细胞体内有藻青素（cyanophycin）存在，其显示出的荧光光谱不同于其他的微生物，用这种对荧光敏感的生物传感器就能监测氰基细菌的浓度，预报藻类急剧繁殖状况。

（2）空气和废气监测

微生物传感器也可应用于废气或环境大气的监测。

① 亚硫酸传感器 NO_x 和 SO_2 是酸雨和酸雾形成的主要原因。用常规方法检测这些化合物的浓度很复杂，因此简单适用的生物传感器便应运而生。

Karube等用亚细胞类脂质（subcellular lipoid）——含亚硫酸盐氧化酶的肝微粒体（heptic microsome）和氧电极制成安培型生物传感器，用于测定亚硫酸盐。相当于2.7mg蛋白量的类脂质被固定在醋酸纤维膜上，该膜附着于氧电极两层Teflon气体渗透膜之间。

当 SO_3^{2-} 样品溶液经过氧电极表面时，微粒体在氧化样品的同时消耗氧，引起电极周围溶解氧的降低，使传感器的电流随着时间的延长而急剧减小，直至10min后达到稳定状态。在 SO_3^{2-} 的浓度小于 3.4×10^{-4} mol/L时，电流与 SO_3^{2-} 的浓度呈线性关系，最小检测浓度为 0.6×10^{-4} mol/L。用 2.8×10^{-4} mol/L样品溶液做重现性试验，30次实验的标准偏差为 0.3×10^{-4} mol/L。

用类脂质作传感器的生物单元，克服了分离亚硫酸氧化酶的困难，但类脂质的寿命仍取决于其中的亚硫酸氧化酶，在冷冻－20℃贮存条件下，其活性可保持6个月，但在37℃下使用和保存时，该传感器的寿命只有2d，能满足20次分析。用硫杆菌属（*Thiobacillus thiopanus*）和氧电极制作出的微生物传感器，比I. Karube等制作的传感器要稳定，硫杆菌被固定在两个硝化纤维膜之间，由于亚硫酸盐存在时微生物的呼吸作用会增加，相应溶解氧的下降即可被测出。

② 亚硝酸盐传感器 Hansch等认为，空气污染物中主要的氮氧化物为NO和 NO_2，在各种矿物燃料燃烧时，会形成约0.1%～0.5%的NO，及更少量的 NO_2，释放到大气中后，NO氧化为 NO_2，NO_2 是氮氧化物中反应性最强的，也是光化学烟雾的主要成因。

由多孔气体渗透膜、固定化硝化细菌（*Nitrobacter* sp.）和氧电极组成的微生物传感器用于测定亚硝酸盐。硝化细菌（*Nitrobacter* sp.）用亚硝酸盐作为唯一的能源，呼吸活性随亚硝酸盐的存在而增加，而溶解氧浓度的降低可由氧电极检测出，从而间接测定亚硝酸盐的浓度。当亚硝酸钠的浓度低于0.59mmol/L时，传感器的电流与 $NaNO_2$ 的浓度成正比，而高于0.65mmol/L后则无线性关系，$NaNO_2$最低检出浓度为0.01mmol/L，用0.25mmol/L的$NaNO_2$对样品溶液进行25次实验，标准偏差为0.01mmol/L。

该传感器对挥发性物质如乙酸、乙醇、胺类（二乙胺、丙胺、丁胺）或不挥发性物质如葡萄糖、氨基酸、离子（K^+、Na^+）无响应，选择性高。和常规方法（二甲基-2-萘氨基法）比较所得结果与NO^{2-}浓度具有很好的相关性，相关系数0.99。

③ 氨传感器　氨的监测在环境分析中也很重要。常规的电位传感器由复合玻璃电极和气体渗透膜构成，为氨气体电极，在强碱性条件（pH＞11）下测定氨，受挥发性物质如胺类的干扰。

Karube等发现，一种硝化细菌（*Nitrosomonas* sp.）利用氨作为唯一的能源，通过呼吸作用消耗氧；而另一种硝化细菌（*Nitrosomonas* sp.）则将亚硝酸盐氧化为硝酸盐。新型安培型氨传感器用氧电极和两种硝化菌属制成。硝化细菌在需氧呼吸过程中降解氨，消耗溶解氧。

这种传感器的灵敏度与玻璃电极几乎在同一数量级，最低检出浓度为0.1ng/L。对33mg/L的氨样品溶液进行10d以上、200次分析后，传感器的电流输出几乎恒定，且选择性很好，对乙醇、胺类及钾、钙等离子不响应。

该传感器不仅可用于监测大气中的氨，也可用于监测废水中的氨。

④ 甲烷传感器　甲烷是种清洁燃料，但空气中甲烷含量在5%～14%之间具爆炸性。从天然物质中提取并在纯的培养环境中生长的甲烷氧化细菌，单基甲胞鞭毛虫（*Methylomonas flagellata*）利用甲烷作为唯一能源进行呼吸，同时消耗氧。

将单基甲胞鞭毛虫用琼脂固定在醋酸纤维膜上，制备出固定化微生物反应器（每个反应器固定有300mg细胞）用以测定甲烷。该微生物传感器由固定化微生物传感器、控制反应器和两个氧电极构成。当含甲烷的样品气体传输到固定化细菌池时，甲烷被微生物吸收，同时微生物消耗氧，使得反应器中溶解氧的浓度降低，电流开始下降。当微生物消耗的氧与氧从样品气体到固定化细菌的扩散之间达到平衡时，电流下降会达到一平衡状态，稳态电流的大小取决于甲烷的浓度。当空气通过反应池时，传感器电流在1min内恢复初始状态。分析甲烷气总共需时间2min。甲烷浓度低于6.6mmol/L时，电极间的电流差与甲烷浓度呈线性关系，最小检测浓度为13.1mmol/L。该传感器系统可用于大气中甲烷含量的快速、连续监测。

⑤ CO_2传感器　常规的电位传感器，常会有各种离子和挥发性酸的干扰。Hiroaki等使用自养微生物和氧电极的CO_2传感器，传感器对浓度在3%～12%之间的CO_2有线性响应，灵敏度高，寿命长于1个月。

(3) 农药残留量监测

气相色谱法是测定不同基质中农药残留量最常用的方法。当其与傅立叶红外（FTIR）或质谱（MS）联用时，能对农药作“指纹鉴定”（fingerprint）。但是，有些农药具有热不稳定性，或挥发性低、极性高，要用液相色谱或毛细管电泳才能测定。近年来，根据一些化合物能抑制特定的酶活性而设计出的电化学生物传感器已应用于测定农药。

五氯酚（PCP）曾是用量较大的除草剂，目前已被美国EPA列为必测物质。将特殊PCP抗血清与磁性颗粒固体共价结合，所建立的竞争性酶免疫检验法，可用于测定水中（100ng/L）和土壤中（100μg/kg）的PCP。该法与GC/MS及HPLC的测定结果具有可比性，水样和土壤的相关系数分别为0.980和0.996。

据统计，1994年有机磷和氨基甲酸酯类杀虫剂占全球农药市场的57%以上。其快速检测手段发展很快，目前主要有胆碱酯酶-电化学生物传感器。

黄雁（1995年）已研制出一种简易、快速测定水中有机磷农药的酶片和生色基片，胆碱酯酶活性被试验水中的有机磷农药抑制，检测灵敏度在0.01～10mg/L之间，分析周期约15～20min，尤适用于现场监测。而检测灵敏度则取决于胆碱酯酶的类型和来源，用从电鳗中提取的乙酰胆碱酯酶（AChE）、从马血清中提取的丁酰胆碱酯酶分别测定西维因、庚烯磷、马拉硫磷、对氧磷、甲基对氮磷和敌百虫，检测限从1.5～500μg/L不等。用氧化电极和固定化AChE测定对氧磷、马拉硫磷和甲基对硫磷的最低检出限为10^{-9}～10^{-10}mol/L。

① 电位型传感器　在乙酸胆碱酯酶（AChE）存在的情况下，乙酸胆碱可发生酶促水解。

有机磷农药与底物乙酰胆碱的分子形状类似，能与酶酯基的活性中心发生不可逆的键合从而抑制酶活性，酶反应产生的pH值变化可由电位型生物传感器测出，从而间接测定有机磷，20世纪80年代末期Gray等首次根据该原理用丁酰硫代胆碱酯酶（BChE）测定了有机磷农药。

电位型传感器中的酶往往是固定化的，如将AChE用丙烯酰胺-异丁烯酰胺化学交联固定在氧化电极的表面，则用较简单的包埋法将BChE固定在铱氧化电极表面的纤维素三乙酸酯层中，效果也不错。

② 安培型传感器　安培型生物传感器是根据胆碱氧化酶（2hOD）的酶促反应，通过在该反应中生成的过氧化氢或消耗的氧量来测定胆碱，从而间接测定有机磷。在测定H_2O_2的安培型传感器中，胆碱酯酶溶于溶液中或固定在电极表面。这种方法也成功用于地表水和土壤样品中几种农药的回收研究。但高含量的重金属离子、无机阴离子及一些有机物对传感器的响应有负干扰。

在测定酶促反应消耗氧的浓度的传感器中，可用一种或两种酶固定在纤维素三乙酸酯膜上，数据表明用BChE测定农药比AChE好。研究证明，酯酶在溶液中要比其与ChOD共同固定于膜上所得检出限低。当BChE在溶液中，用测H_2O_2的生物传感器测定河水中1.5μg/L水平的对氧磷，结果与GC法吻合得很好，但该法不适于对海水和废水样品的测定。将BchE和ChOD共同固定在尼龙膜上，测定土壤、湖水的马拉硫磷时回收率较好。

6.5 发酵工程与微生物资源的开发利用

6.5.1 概述

6.5.1.1 发酵工程基本概念

人们把利用微生物在有氧或无氧条件下的生命活动来制备微生物菌体或其代谢产物的过程统称为发酵。生物化学上定义发酵为“微生物在无氧时的代谢过程”。

发酵依靠微生物的酶系统，将基质（包括有机污染物）的大分子分解成微生物细胞吸收的小分子化合物，并参与细胞的合成代谢。发酵提供细胞生命活动所需的能量和各种细胞结构物质，构建新的细胞，同时合成各种初级代谢产物和次级代谢产物。

发酵工程是利用微生物生长速度快、生长条件简单以及代谢过程特殊等特点，在合适条件下，通过现代化工程技术手段产生有用物质或直接把微生物应用于工业化生产的一种技术体系。发酵工程又称为微生物工程。

6.5.1.2 发酵类型

发酵类型可分为以下5种。

① 微生物酶发酵 目前应用的酶大多来自微生物发酵，因为微生物种类多，产酶品种广泛，生产容易，并且成本低。微生物酶制剂有广泛的用途，随着环境生物技术的发展，酶制剂在污染监测和治理中得到了广泛应用。

② 微生物菌体发酵 这是以获得具有某种用途的菌体为目的的发酵。如发酵的微生物菌体用作微生物杀虫剂，发酵工程菌用于污染治理等。

③ 微生物代谢产物发酵 菌体对数生长期所产生的产物，如氨基酸、核苷酸、蛋白质、核酸、糖类等，是菌体生长繁殖所必需的，这些产物为初级代谢产物，许多初级代谢产物在经济上具有相当的重要性，分别形成了各种不同的发酵产业。在菌体生长静止期，某些菌体能合成一些具有特定功能的产物，这些产物与菌体生长繁殖无明显关系，称之为次级代谢产物。次级代谢产物多为相对分子质量低的化合物，但其化学结构类型多种多样，如抗生素等。

④ 生物工程细胞的发酵 这是指利用生物工程技术所获得的细胞，如DNA重组的工程菌，细胞融合所得的重组细胞等进行培养的新型发酵。

⑤ 微生物的转化发酵 微生物转化是利用微生物细胞的一种或多种酶，将一种化合物转变成另一种化合物或将有毒化合物转变成无毒化合物的过程。

6.5.2 微生物发酵过程

微生物发酵过程即微生物反应过程，是指由微生物在生长繁殖过程中所引起的生化反应过程。根据微生物的种类不同（好氧、厌氧、兼性厌氧），可以分为好氧性发酵和厌氧性发酵两大类：一是好氧性发酵——在发酵过程中需要不断地通入一定量的无菌空气，如利用黑曲霉进行柠檬酸发酵、利用棒状杆菌进行谷氨酸发酵、利用黄单孢菌进行多糖发酵等；二是厌氧性发酵——在发酵时不需要供给空气，如乳酸杆菌引起的乳酸发酵、梭状芽孢杆菌引起的丙酮、丁醇发酵等。

酵母菌是兼性厌氧微生物，它在缺氧条件下进行厌气性发酵积累酒精，而在有氧即通气条件下则进行好氧性发酵，大量繁殖菌体细胞，称为兼性发酵。

按照设备来分，发酵又可分为敞口发酵、密闭发酵、浅盘发酵和深层发酵。一般敞口发酵应用于繁殖快并进行好氧发酵的类型，如酵母生产，由于其菌体迅速而大量繁殖，可抑制其他杂菌生长，所以敞口发酵设备要求简单。相反密闭发酵是在密闭的设备内进行，所以设备要求严格，工艺也较复杂。浅盘发酵（表面培养法）是利用浅盘仅装一薄层培养液，接入菌种后进行表面培养，在液体上面形成一层菌膜，在缺乏通气设备时，对一些繁殖快的好氧性微生物可利用此法。深层发酵法是指在液体培养基内部（不仅仅在表面）进行的微生物培养过程。

液体深层发酵是在青霉素等抗生素的生产中发展起来的技术。同其他发酵方法相比，它具有很多优点：液体悬浮状态是很多微生物的最适生长环境；在液体中，菌体及营养物、产物（包括热量）易于扩散，使发酵可在均质或拟均质条件下进行，便于控制，易于扩大生产规模；液体输送方便，易于机械化操作，厂房面积小，生产效率高，易进行自动化控制，产品质量稳定；产品易于提取、精制等。因而液体深层发酵在发酵工业中被广泛应用。

6.5.2.1　发酵微生物种类

微生物资源非常丰富，广布于土壤、水和空气中，尤以土壤中为最多。有的微生物从自然界中分离出来就能够被利用，有的需要对分离到的野生菌株进行人工诱变，得到突变株才能被利用。当前发酵工业所用菌种的总趋势是从野生菌转向变异菌，从自然选育转向代谢控制育种，从诱发基因突变转向基因重组的定向育种。工业生产上常用的微生物主要是细菌、放线菌、酵母菌和霉菌，由于发酵工程本身的发展以及遗传工程的介入，藻类等也正在逐步地变为工业生产用的微生物。

(1) 细菌

细菌是自然界中分布最广、数量最多的一类微生物，属单细胞原核生物，以较典型的二分裂方式繁殖。细胞生长时，单环 DNA 染色质体被复制，细胞内的蛋白质等组分同时增加一倍，然后在细胞中部产生一横断间隔，染色质体分开，继而间隔分裂形成细胞壁，最后形成两个相同的子细胞。如果间隔不完全分裂就形成链状细胞。工业生产中常用的细菌有枯草芽孢杆菌、乳酸杆菌、醋酸杆菌、棒状杆菌、短杆菌等，用于生产淀粉酶、乳酸、醋酸、氨基酸和肌苷酸等。

(2) 放线菌

放线菌因其菌落呈放射状而得名。它是一个原核生物类群，在自然界中分布很广，尤其在含有机质丰富的微碱性土壤中较多。大多腐生，少数寄生。放线菌主要以无性孢子进行繁殖，也可借菌丝片段进行繁殖。后一种繁殖方式见于液体沉没培养之中。其生长方式是菌丝末端伸长和分支，彼此交错成网状结构，称为菌丝体。菌丝长度既受遗传性的控制，又与环境相关。在液体沉没培养中由于搅拌器的剪应力作用，常易形成短的分支旺盛的菌丝体，或是分散生长，或呈菌丝团状生长。它的最大经济价值在于能产生多种抗生素。从微生物中发现的抗生素，有 60%以上是放线菌产生的，如链霉素、金霉素、红霉素、庆大霉素等。常用的放线菌主要来自以下几个属：链霉菌属、小单孢菌属和诺卡菌属等。

(3) 酵母菌

酵母菌为单细胞真核生物，在自然界中普遍存在，主要分布于含糖质较多的偏酸性环境中，如水果、蔬菜、花蜜和植物叶子上，以及果园土壤中。石油酵母较多地分布在油田周围的土壤中。酵母菌大多为腐生，常以单个细胞存在，以发芽形式进行繁殖。酵母细胞体积长到一定程度时就开始发芽，芽长大的同时母细胞缩小，在母子细胞间形成隔膜，最后形成同样大小的母子细胞。如果子芽不与母细胞脱离就形成链状细胞，称为假菌丝。工业上常用的酵母菌有啤酒酵母、假丝酵母、类酵母等，用于酿酒、制造面包、制造低凝固点石油、生产脂肪酸，以及生产可食用、药用和饲料用的酵母菌体蛋白等。

(4) 霉菌

凡生长在营养基质上形成绒毛状、网状或絮状菌丝的真菌统称为霉菌。霉菌在自然界分布很广，大量存在于土壤、空气、水和生物体内外等处。它喜欢偏酸性环境，大多数为好氧性，多腐生，少数寄生。霉菌的繁殖能力很强，它以无性孢子和有性孢子进行繁殖，大多数以无性孢子繁殖为主。其生长方式是菌丝末端的伸长和顶端分支，彼此交错呈网状。菌丝的长度既受遗传性的控制，又受环境的影响，其分支数量取决于环境条件。菌丝或呈分散生长，或呈菌丝团状生长。工业上常用的霉菌有藻状菌纲的根霉、毛霉、犁头霉，子囊菌纲的红曲霉，半知菌类的曲霉、青霉等，用于生产多种酶制剂、抗生素、有机酸及甾体激素等。

(5) 藻类

藻类是自然界分布极广的一大群自养微生物资源，许多国家已把它用作人类保健食品和饲料。培养螺旋藻，按干重计算每公顷可收获 60t，而种植大豆每公顷才可获 4t；从蛋白质产率看，螺旋藻是大豆的 28 倍。培养栅列藻，从蛋白质产率计算，每公顷栅列藻所得蛋白质是小麦的 20～35 倍。伴随着经济的高速发展，能源和资源大量消耗，环境污染日益严重，生态系统遭到破坏，从而影响人类的生存与发展，因此，生物能源中氢气成为理想的载能体。利用藻类或蓝细菌光解水制氢成为未来清洁能源发展的重点，蓝细菌和绿藻均可光裂解水产生氢气，例如人们熟知的莱茵衣藻（*Chlamydomonas reinhardtii*）是一种能产生氢气的微藻。近些年，随着对微藻光水解制氢技术研究的不断深入，发现了更多产氢微藻。如斜生栅藻（*Scenedesmus obliquus*），绿球藻氮菌如聚球蓝细菌属（*Synechococcus*）和黏杆蓝细菌属（*Gloebacter*）等蓝细菌，均有产氢能力。研究表明，丝状异形胞蓝细菌（*A. cylindrica*）和多变鱼腥蓝细菌（*A. variabilis*）具有很高的产氢能力，具有开发广阔的前景。

6.5.2.2 培养基的种类

培养基是人们提供微生物生长繁殖和生物合成各种代谢产物需要的多种营养物质的混合物；培养基的成分和配比，对微生物的生长、发育、代谢及产物积累，甚至对发酵工业的生产工艺都有很大的影响。依据其在生产中的用途，可将培养基分成孢子培养基、种子培养基和发酵培养基等。

① 孢子培养基　孢子培养基是供制备孢子用的。要求此种培养基能使形成大量的优质孢子，但不能引起菌种变异。一般说，孢子培养基中的基质浓度（特别是有机氮源）要低些，否则影响孢子的形成。无机盐的浓度要适量，否则影响孢子的数量和质量。孢子培养基的组成因菌种不同而异。生产中常用的孢子培养基有麸皮培养基，大（小）米培养基，由葡萄糖（或淀粉）、无机盐、蛋白胨等配制的琼脂斜面培养基等。

② 种子培养基　种子培养基是供孢子发芽和菌体生长繁殖用的，营养成分应是易被菌体吸收利用的，同时要比较丰富与完整。其中氮源和维生素的含量应略高些，但总浓度以略稀薄为宜，以便菌体的生长繁殖。常用的原料有葡萄糖、糊精、蛋白胨、玉米浆、酵母粉、硫酸铵、尿素、硫酸镁、磷酸盐等。培养基的组成随菌种而改变。发酵中种子质量对发酵水平的影响很大，为使培养的种子能较快适应发酵罐内的环境，在设计种子培养基时要考虑与发酵培养基组成的内在联系。

③ 发酵培养基　发酵培养基是供菌体生长繁殖和合成大量代谢产物用的。要求此种培养基的组成丰富完整，营养成分浓度和黏度适中，利于菌体的生长，进而合成大量的代谢产物。发酵培养基的组成要考虑菌体在发酵过程中的各种生化代谢的协调，在产物合成期，使发酵液 pH 值不出现大的波动。

6.5.2.3 发酵的一般过程

生物发酵工艺多种多样，但基本上包括菌种制备、种子培养、发酵和产物提取等下游处理几个过程。典型的发酵过程如图 6-11 所示。以下以霉菌发酵为例加以说明。

(1) 菌种

在进行发酵生产之前，首先必须从自然界分离得到能产生所需产物的菌种，并经分离、

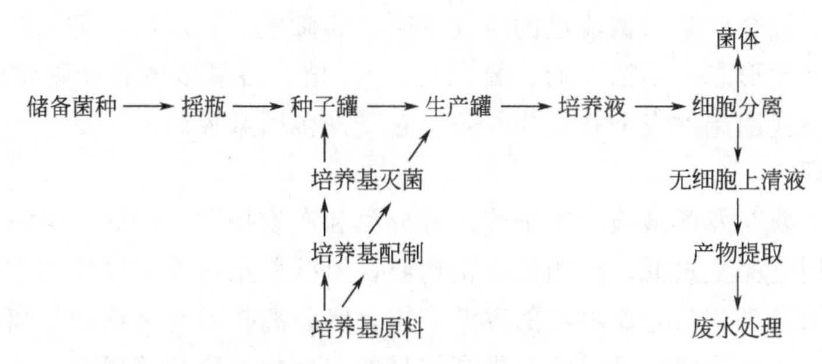

图 6-11　典型发酵基本过程示意（引自熊宗贵，1995）

纯化及选育后或是经基因工程改造后的“工程菌”，才能供给发酵使用。为了能保持和获得稳定的高产菌株，还需要定期进行菌种纯化和育种，筛选出高产量和高质量的优良菌株。

（2）种子扩大培养

种子扩大培养是指将保存在砂土管、冷冻干燥管或冰箱中处于休眠状态的生产菌种，接入试管斜面活化后，再经过茄子瓶或摇瓶及种子罐逐级扩大培养而获得一定数量和质量的纯种的过程。这些纯种培养物称为种子。

发酵产物的产量和成品的质量，与菌种性能以及孢子和种子的制备情况密切相关。先将贮存的菌种进行生长繁殖，以获得良好的孢子，再用所得的孢子制备足够量的菌丝体，供发酵罐发酵使用。种子制备有不同的方式，有的从摇瓶培养开始，将所得摇瓶种子液接入到种子罐进行逐级扩大培养，称为菌丝进罐培养；有的将孢子直接接入种子罐进行扩大培养，称为孢子进罐培养。采用哪种方式和多少培养级数，取决于菌种的性质、生产规模的大小和生产工艺的特点。种子制备一般使用种子罐，扩大培养级数通常为二级。种子制备的工艺流程如图 6-12 所示。对于不产孢子的菌种，经试管培养直接得到菌体，再经摇瓶培养后即可作为种子罐种子。

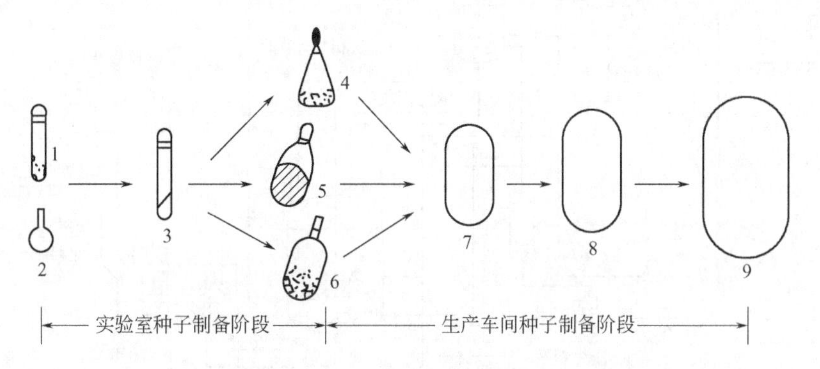

图 6-12　种子扩大培养流程（刘如林，1995）

1—沙土孢子；2—冷冻干燥孢子；3—斜面孢子；4—摇瓶液体培养（菌丝体）；5—茄子瓶斜面培养；6—固体培养基培养；7，8—种子罐培养；9—发酵罐

（3）产物合成

微生物合成大量产物的过程，是整个发酵工程的中心环节。它是在无菌状态下进行纯种培养的过程。因此，所用的培养基和培养设备都必须经过灭菌，通入的空气或中途的补料都必须是无菌的，转移种子也要采用无菌接种技术。通常利用饱和蒸汽对培养基进行灭菌，灭菌条件是在 120℃（约 0.1MPa 表压）维持 20～30min。空气除菌则采用介质过滤的方法。

可用定期灭菌的干燥介质来阻截流过的空气中所含的微生物，从而制得无菌空气。发酵罐内部的代谢变化（菌丝形态、菌浓、糖、氮含量、pH 值、溶氧浓度和产物浓度等）是比较复杂的，特别是次级代谢产物发酵就更为复杂，它受许多因素控制。

（4）下游处理

发酵结束后，要对发酵液或生物细胞进行分离和产物提取。例如，啤酒行业中，传统的下游处理方法是用硅藻土过滤，或用离心机离心，但硅藻土过滤会改变啤酒口味，离心机离心方法对设备要求较高。随着新材料的逐渐应用，膜分离技术与传统的分离方法相比具有节能、几乎无污染、不会改变产品口味、提高产品的非生物稳定性等优点。这种膜分离技术在酿酒行业中已日益显示出其强大的生命力和竞争能力。

6.5.3 发酵的操作方式

6.5.3.1 发酵的操作方式

根据操作方式的不同，发酵过程主要有分批发酵、连续发酵和补料分批发酵 3 种类型。

（1）分批发酵

传统的生物产品发酵多用此过程，营养物和菌种一次加入进行培养，直到结束放出，中间除了空气进入和尾气排出，与外部都没有物料交换。它除了控制温度和 pH 值及通气以外，不进行任何其他控制，操作简单。但从细胞所处的环境来看，则明显改变，发酵初期营养物过多可能抑制微生物的生长，而发酵的中后期可能又因为营养物减少而降低培养效率；从细胞的增殖来说，初期细胞浓度低，增长慢，后期细胞浓度虽高，但营养物浓度过低也长不快，总的生产能力不是很高。分批发酵的具体操作如图 6-13 所示。

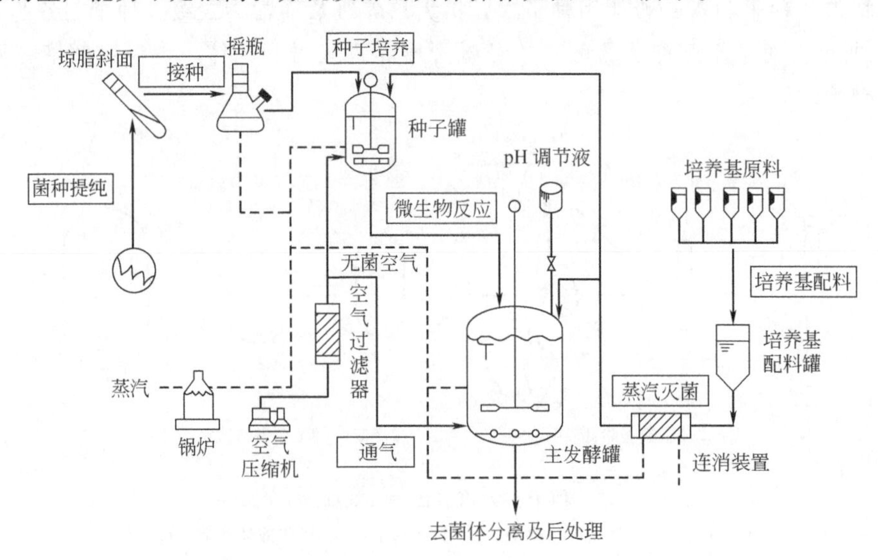

图 6-13 典型的分批发酵工艺流程（刘如林，1995）

（2）连续发酵

所谓连续发酵，是指以一定的速度向发酵罐内添加新鲜培养基，同时以相同的速度流出培养液，从而使发酵罐内的液量维持恒定，微生物在稳定状态下生长。稳定状态可以有效地延长分批培养中的对数期。在稳定的状态下，微生物所处的环境条件，如营养物浓度、产物浓度、pH 值等都能保持恒定，微生物细胞的浓度及其比生长速率也可维持不变，甚至还可以根据需要来调节生长速度。

连续发酵使用的反应器可以是搅拌罐式反应器，也可以是管式反应器。在罐式反应器中，即使加入的物料中不含有菌体，只要反应器内含有一定量的菌体，在一定进料流量范围内，就可实现稳态操作。罐式连续发酵的设备与分批发酵设备无根本差别，一般可采用原有发酵罐改装。根据所用罐数，罐式连续发酵系统又可分单罐连续发酵和多罐串联连续发酵（图 6-14）。

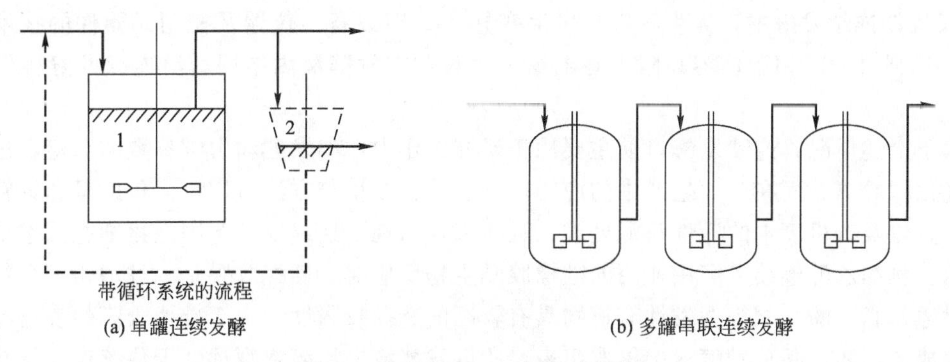

图 6-14　搅拌罐式连续发酵系统

1—发酵罐；2—细胞分离器

如果在反应器中进行充分的搅拌，则培养液中各处的组成相同，且与流出液的组成一样，成为一个连续流动搅拌罐式反应器（CSTR）。连续发酵的控制方式有两种：一种为恒浊器（turbidostat）法，即利用浊度来检测细胞的浓度，通过自控仪表调节输入料液的流量，以控制培养液中的菌体浓度达到恒定值；另一种为恒化器（chemostat）法，它与前者相似之处是维持一定的体积，不同之处是菌体浓度不是直接控制的，而是通过恒定输入的养料中某一种生长限制基质的浓度来控制。

在管式反应器中，培养液通过一个返混程度较低的管状反应器向前流动（返混——反应器内停留时间不同的料液之间的混合），其理想形式为活塞流反应器（PFR，没有返混）。在反应器内沿流动方向的不同部位，营养物浓度、细胞浓度、传氧和生产率等都不相同。在反应器的入口，微生物细胞必须和营养液一起加到反应器内。通常在反应器的出口，装一支路使细胞返回，或者来自另一个连续培养罐（图 6-15）。这种微生物反应器的运转存在许多困难，故目前主要用于理论研究，基本上还未进行实际应用。

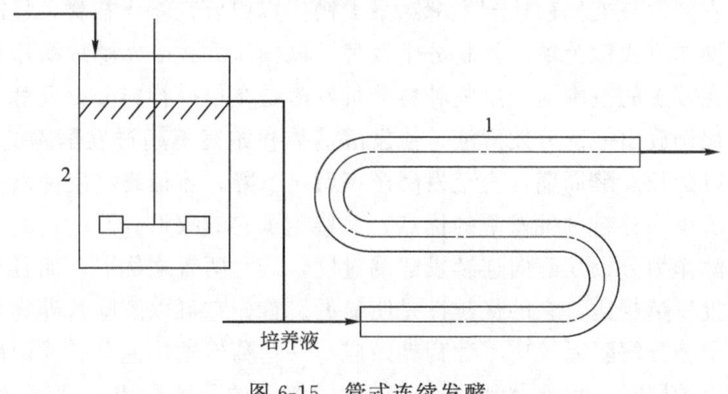

图 6-15　管式连续发酵

1—管式反应器；2—种子罐

与分批发酵相比，连续发酵具有以下优点：a. 可以维持稳定的操作条件，有利于微生物的生长代谢，从而使产率和产品质量也相应保持稳定；b. 能够更有效地实现机械化和自动化，降低劳动强度，减少操作人员与病原微生物和毒性产物接触的机会；c. 减少设备清洗、准备和灭菌等非生产占用时间，提高设备利用率，节省劳动力和工时；d. 由于灭菌次数减少，使测量仪器探头的寿命得以延长；e. 容易对过程进行优化，有效地提高发酵产率。当然，它也存在一些缺点：a. 由于是开放系统，加上发酵周期长，容易造成杂菌污染；b. 在长周期连续发酵中，微生物容易发生变异；c. 对设备、仪器及控制元器件的技术要求较高；d. 黏性丝状菌菌体容易附着在器壁上生长和在发酵液内结团，给连续发酵操作带来困难。

由于上述情况，连续发酵目前主要用于研究工作中，如发酵动力学参数的测定、过程条件的优化试验等，而在工业生产中的应用还不多。连续培养方法可用于面包酵母和饲料酵母的生产，以及有机废水的活性污泥处理。近年来，出现了连续发酵与固定化细胞技术结合的新技术。例如乙醇连续发酵中使用的硅橡胶膜生物反应器，硅橡胶膜是一种均相聚合物无孔膜，对醇、脂、酚、酮等挥发性有机物具有较高的选择吸附性，由于硅橡胶膜的渗透蒸发作用将生成的乙醇不断从发酵液中提取出来，所以发酵液中乙醇浓度远低于传统连续发酵期间发酵液中的乙醇浓度，而酵母不能透过膜，被膜固定在发酵罐内。使用这种技术，能够有效消除发酵过程中发酵产物的抑制作用，从而提高发酵产率。

（3）补料分批发酵

补料分批发酵又称半连续发酵，是介于分批发酵和连续发酵之间的一种发酵技术，是指在微生物分批发酵中，以某种方式向培养系统补加一定物料的培养技术。通过向培养系统中补充物料，可以使培养液中的营养物浓度较长时间地保持在一定范围内，既保证微生物的生长需要，又不造成不利影响，从而达到提高产量的目的。补料在发酵过程中的应用是发酵技术上一个划时代的进步。补料技术本身也由少次多量、少量多次，逐步改为流加，近年又实现了流加补料的微机控制。但是，发酵过程中的补料量或补料率，目前在生产中还只是凭经验确定，或者根据一两个一次检测的静态参数（如基质残留量、pH 值、溶解氧浓度等）设定控制点，带有一定的盲目性，很难同步地满足微生物生长和产物合成的需要，也不可能完全避免基质的调控反应。因而现在的研究重点在于如何实现补料的优化控制。

补料分批发酵可以分为两种类型：单一补料分批发酵和反复补料分批发酵。在开始时投入一定量的基础培养基，到发酵过程的适当时期，开始连续补加碳源或（和）氮源或（和）其他必需基质，直到发酵液体积达到发酵罐最大操作容积后，停止补料，最后将发酵液一次全部放出。这种操作方式称为单一补料分批发酵。该操作方式受发酵罐操作容积的限制，发酵周期只能控制在较短的范围内。反复补料分批发酵是在单一补料分批发酵的基础上，每隔一定时间按一定比例放出一部分发酵液，使发酵液体积始终不超过发酵罐的最大操作容积，从而在理论上可以延长发酵周期，直至发酵产率明显下降，才最终将发酵液全部放出。这种操作类型既保留了单一补料分批发酵的优点，又避免了它的缺点。

补料分批发酵作为分批发酵向连续发酵的过度，兼有两者之优点，而且克服了两者之缺点。同传统的分批发酵相比，它的优越性是明显的。首先它可以解除营养物基质的抑制、产物反馈抑制和葡萄糖分解阻遏效应（葡萄糖效应——葡萄糖被快速分解代谢所积累的产物在抑制所需产物合成的同时，也抑制其他一些碳源、氮源的分解利用）。对于好氧发酵，它可以避免在分批发酵中因一次性投入糖过多造成细胞大量生长，耗氧过多，以至通风搅拌设备不能匹配的状况，还可以在某些情况下减少菌体生成量，提高有用产物的转化率。在真菌培养中，菌丝的减少可以降低发酵液的黏度，便于物料辅送及后处理。与连续发酵相比，它不会产生菌种老化和变异问题，其适用范围也比连续发酵广。

6.5.3.2　发酵工艺控制

反映发酵过程变化的参数可以分为两类。一类是可以直接采用特定的传感器检测的参数，它们包括反映物理环境和化学环境变化的参数，如温度、压力、搅拌功率、转速、浊度等。为了能对生产过程进行必要的控制，需要对有关工艺参数进行定期取样测定或进行连续测量。泡沫、发酵液黏度、浊度、pH值、离子浓度、溶解氧、基质浓度等称为直接参数；另一类是至今尚难于用传感器来检测的参数，包括细胞生长速率、产物合成速率和呼吸熵等，这些参数需要根据一些直接检测出来的参数，借助于电脑计算和特定的数学模型才能得到，因此这类参数被称为间接参数。上述参数中，对发酵过程影响较大的有温度、pH值和溶解氧浓度等。发酵工艺参数检测见表6-10。

表6-10　发酵工艺参数检测

参数名称	单位	测试方法	意义及主要作用
(a)物理、工程参数			
温度	℃;K	传感器	维持生长、合成
罐压	Pa	压力表	维持正压、增加DO
空气流量	m^3/h	传感器	供氧、排泄废气、提高K_La
搅拌转速	r/min	传感器	物料混合、提高K_La
搅拌功率	kW	传感器	反映搅拌情况、K_La
黏度	Pa·s	黏度计	反映菌生长、K_La
密度	kg/m^3	传感器	反映发酵液性质
装量	m^3;L	传感器	反映发酵液数量
浊度/透光度	%	传感器	反映菌生长情况
泡沫		传感器	反映发酵代谢情况
加糖速率	kg/h	传感器	反映耗氧情况
加消泡剂速率	kg/h	传感器	反映泡沫情况
加中间体或前体速率	kg/h	传感器	反映前体、基质利用情况
加其他基质速率	kg/h	传感器	反映基质利用情况
(b)生物、化学参数			
菌体浓度	g(DCW)/L	取样	了解生长情况
菌体中RNA、DNA含量	mg(DCW)/g	取样	了解生长情况
菌体中ATP、ADP、AMP	mg(DCW)/g	取样	了解菌的能量代谢活力
菌体中NADH	mg(DCW)/g	在线荧光法	了解菌的合成能力
溶解氧浓度	%(饱和度)	传感器	反映氧供需情况
排气O_2浓度	%	传感器(热磁氧分析仪)	了解耗氧情况
菌摄氧率	$gO_2/(L·h)$	间接计算	了解耗氧速率
呼吸强度	gO_2/(g菌·h)	间接计算	了解比耗氧速率
溶解CO_2浓度	%(饱和度)	传感器	了解CO_2对发酵的影响
排气CO_2浓度	%	传感器(红外吸收)	了解菌的呼吸情况
酸碱度	pH	传感器	反映菌的代谢情况
效价或产物浓度	U/mL;g/L	取样(传感器)	产物合成情况
前体或中间体浓度	mg/mL	取样	中间体或前体利用情况
氨基酸浓度	mg/100mL	取样	了解氨基酸等含量变化情况
矿物盐浓度(Fe^{2+}、Mg^{2+}、Ca^{2+}、Na^+、NH_4^+、PO_4^{3-})	%	取样(离子选择电极)	了解这些离子对发酵的影响

注：DCW为细胞干重。　　　(引自刘如林，1995)

（1）温度

温度对发酵过程的影响是多方面的，它会影响各种酶反应的速率，改变菌体代谢产物的合成方向，影响微生物的代谢调控机制，除这些直接影响外，温度还对发酵液的理化性质产生影响，如发酵液的黏度、基质和氧在发酵液中的溶解度与传递速率、某些基质的分解和吸收速率等，进而影响发酵的动力学特性和产物的生物合成。

最适发酵温度是既适合菌体的生长，又适合代谢产物合成的温度，它随菌种、培养基成分、培养条件和菌体生长阶段不同而改变。理论上，整个发酵过程中不应只选一个培养温度，而应根据发酵的不同阶段，选择不同的培养温度。在生长阶段，应选择最适生长温度，在产物分泌阶段，应选择最适生产温度。但实际生产中，由于发酵液的体积很大，升降温度都比较困难，所以在整个发酵过程中，往往采用一个比较适合的培养温度，使得到的产物产量最高，或者在可能的条件下进行适当的调整。发酵温度可通过温度计或自动记录仪表进行检测，通过向发酵罐的夹套或蛇形管中通入冷水、热水或蒸汽进行调节。工业生产上，所用的大发酵罐在发酵过程中一般不需要加热，因发酵中释放了大量的发酵热，在这种情况下通常还需要加以冷却，利用自动控制或手动调整的阀门，将冷却水通入夹套或蛇形管中，通过热交换来降温，保持恒温发酵。目前在发酵生产中温度测量多采用传统的插入式测量方法，这会造成清洗死角，不适合无菌酿造的要求。最近，针对这种现状，着眼于无菌化的壁面测量正受到越来越多的关注。由于壁面测量是紧贴壁面安装，无需插入被测对象容器内，从而可以避免由测量仪器引起的污染。

（2）pH 值

pH 值对微生物的生长繁殖和产物合成的影响有以下几个方面：a. 影响酶的活性，当 pH 值抑制菌体中某些酶的活性时，会阻碍菌体的新陈代谢；b. 影响微生物细胞膜所带电荷的状态，改变细胞膜的通透性，影响微生物对营养物质的吸收及代谢产物的排泄；c. 影响培养基中某些组分和中间代谢产物的离解，从而影响微生物对一些物质的利用；d. pH 值不同，往往引起菌体代谢过程的不同，使代谢产物的质量和比例发生改变。另外，pH 值还会影响某些霉菌的形态。

发酵过程中，pH 值的变化取决于所用的菌种、培养基的成分和培养条件。培养基中营养物质的代谢，是引起 pH 值变化的重要原因，发酵液的 pH 值变化乃是菌体产酸和产碱代谢反应的综合结果。每一类微生物都有其最适的和能耐受的 pH 值范围，大多数细菌生长的最适 pH 值为 6.3～7.5，霉菌和酵母菌为 3～6，放线菌为 7～8。而且微生物生长阶段和产物合成阶段的最适 pH 值往往不一样，需要根据实验结果来确定。为了确保发酵的顺利进行，必须使其各个阶段经常处于最适 pH 值范围之内，这就需要在发酵过程中不断地调节和控制 pH 值的变化。首先需要考虑和试验发酵培养基的基础配方，使它们有个适当的配比，使发酵过程中的 pH 值变化在合适的范围内。如果达不到要求，还可在发酵过程中补加酸或碱。过去是直接加入酸或碱来控制，现在常用的是以生理酸性物质 $(NH_4)_2SO_4$ 和生理碱性物质氨水来控制，它们不仅可以调节 pH 值，还可以补充氮源。当发酵液的 pH 值和氨氮含量都偏低时，补加氨水，就可达到调节 pH 值和补充氨氮的目的；反之，pH 值较高，氨氮含量又低时，就补加 $(NH_4)_2SO_4$。此外，用补料的方式来调节 pH 值也比较有效。这种方法，既可以达到稳定 pH 值的目的，又可以不断补充营养物质。最成功的例子就是青霉素发酵的补料工艺，利用控制葡萄糖的补加速率来控制 pH 值的变化，其青霉素产量比用恒定的加糖速率和加酸或加碱来控制 pH 值的产量高 25%。目前已试制成功适合于发酵过程监测

pH值的电极，能连续测定并记录pH值的变化，将信号输入pH值控制器来指令加糖、加酸或加碱，使发酵液的pH值控制在预定的数值。

(3) 溶解氧浓度

对于好氧发酵，溶解氧浓度是最重要的参数之一。好氧性微生物深层培养时，需要适量的溶解氧以维持其呼吸代谢和某些产物的合成，氧的不足会造成代谢异常，产量降低。微生物发酵的最适氧浓度与临界氧浓度是不同的。前者是指溶解氧浓度对生长或合成有一最适的浓度范围，后者一般指不影响菌体呼吸所允许的最低氧浓度。为了避免生物合成处在氧限制的条件下，需要考察每一发酵过程的临界氧浓度和最适氧浓度，并使其保持在最适氧浓度范围。现在已可采用覆膜氧电极来检测发酵液中的溶解氧浓度。要维持一定的溶氧水平，需从供氧和需氧两方面着手。在供氧方面，主要是设法提高氧传递的推动力和氧传递系数，可以通过调节搅拌转速或通气速率来控制，同时要有适当的工艺条件来控制需氧量，使菌体的生长和产物形成对氧的需求量不超过设备的供氧能力。已知发酵液的需氧量，受菌体浓度、基质的种类和浓度以及培养条件等因素的影响，其中以菌体浓度的影响最为明显。发酵液的摄氧率随菌体浓度增大而增大，但氧的传递速率随菌体浓度的对数关系减少。因此可以控制菌的比生长速率比临界值略高一点，达到最适菌体浓度。这样既能保证产物的比生产速率维持在最大值，又不会使需氧大于供氧。这可以通过控制基质的浓度来实现，如控制补糖速率。除控制补料速度外，在工业上，还可采用调节温度（降低培养温度可提高溶氧浓度）、液化培养基、中间补水、添加表面活性剂等工艺措施，来改善溶氧水平。发酵过程中各参数的控制很重要，目前发酵工艺控制的方向是转向自动化控制，因而希望能开发出更多更有效的传感器用于过程参数的检测。目前使用先进的微机管理，能实现对每个发酵罐的温度、压力、液位、pH值溶解氧的自动监测，实现按工艺曲线控制冷媒的温度曲线和排气管道的双向压力控制。

此外，对于发酵终点的判断也同样重要。生产不能只单纯追求高生产力，而不顾及产品的成本，必须把二者结合起来。合理的放罐时间是由实验来确定的，就是根据不同的发酵时间所得的产物产量计算出发酵罐的生产力和产品成本，采用生产力高而成本又低的时间，作为放罐时间。确定放罐的指标有产物的产量、过滤速度、氨基氮的含量、菌丝形态、pH值、发酵液的外观和黏度等。发酵终点的确定，需要综合考虑这些因素。

6.5.4 发酵设备

进行微生物深层培养的设备统称发酵罐。一个优良的发酵装置应具有严密的结构，良好的液体混合性能，较高的传质、传热速率，同时还应具有配套而又可靠的检测及控制仪表。由于微生物有好氧与厌氧之分，所以其培养装置也相应地分为好氧发酵设备与厌氧发酵设备。对于好氧微生物，发酵罐通常采用通气和搅拌来增加氧的溶解，以满足其代谢需要。根据搅拌方式的不同，好氧发酵设备又可分为机械搅拌式发酵罐和通风搅拌式发酵罐。

我国“十二五”生物技术发展规划中也强调对新型好氧、厌氧和复合的高效反应器的开发。

6.5.4.1 机械搅拌式发酵罐

机械搅拌式发酵罐是发酵工厂常用类型之一。它是利用机械搅拌器的作用，使空气和发酵液充分混合，促进氧的溶解，以保证供给微生物生长繁殖和代谢所需的溶解氧。比较典型的是通用式发酶罐和自吸式发酵罐。

(1) 通用式发酵罐

通用式发酵罐是指既有机械搅拌又有压缩空气分布装置的发酵罐。由于这种型式的罐是目前大多数发酵工厂最常用的，所以称为“通用式”。其容积为0.2～20L，有的甚至可达500m^3。罐体各部分有一定的比例，罐身的高度一般为罐直径的1.5～4倍。发酵罐为封闭式，一般都在一定罐压下操作，罐顶和罐底采用椭圆形或碟形封头。为便于清洗和检修，发酵罐设有手孔或人孔，甚至爬梯，罐顶还装有窥镜和灯孔，以便观察罐内情况。此外，还有各式各样的接管。装于罐顶的接管有进料口、补料口、放料口、排气口、接种口和压力表等，装于罐身的接管有冷却水进出口、空气进口、温度和其他测控仪表的接口。取样口则视操作情况装于罐身或罐顶。现在很多工厂在不影响无菌操作的条件下将接管加以归并，如进料口、补料口和接种口用一个接管。放料可利用通风管压出也可在罐底另设放料口。

发酵罐的传热装置有夹套和蛇管两种。一般容积为5m^3以下的发酵罐采用外夹套作为传热装置，而大于5m^3的发酵罐采用立式蛇管作为传热装置。如果用5～10℃的冷却水，也有发酵罐采用外蛇管作为传热装置，它是把半圆形钢或角钢制成螺旋形焊于发酵罐的外壁上而成的。在通用式发酵罐内设置机械搅拌的首要作用是打碎空气气泡，增加气-液接触面积，以提高气-液间的传质速率。其次是为了使发酵液充分混合，液体中的固形物料保持悬浮状态。通用式发酵罐大多采用涡轮式搅拌器。为了避免气泡在阻力较小的搅拌器中心部位沿着轴周边上升逸出，在搅拌器中央常带有圆盘。常用的圆盘涡轮搅拌器有平叶式、弯叶式和箭叶式3种，叶片数量一般为6个，少至3个，多至8个。对于大型发酵罐，在同一搅拌轴上需配置多个搅拌器。搅拌轴一般从罐顶伸入罐内，但对容积100m^3以上的大型发酵罐，也可采用下伸轴。为防止搅拌器运转时液体产生游涡，在发酵罐内壁需安装挡板，挡板的长度自液面起至罐底部为止，其作用是加强搅拌，促使液体上下翻动和控制流型，消除涡流。立式冷却蛇管等装置也能起一定的挡板作用。

通用式发酵罐内的空气分布管是将无菌空气引入到发酵液中的装置。空气分布装置有单孔管及环形管等形式，装于最低一挡搅拌器的下面，喷孔向下，以利于罐底部分液体的搅动，使固形物不易沉积于罐底。空气由分布管喷出，上升时为转动的搅拌器打碎成小气泡并与液体混合，加强了气液的接触效果。

发酵液中含有大量的蛋白质等发泡物质，在强烈的通气搅拌下将会产生大量的泡沫，大量的泡沫将导致发酵液外溢和增加染菌机会。消除发酵液泡沫除了可加入消沫剂外，在泡沫量较少时，可采用机械消沫装置来破碎泡沫。简单的消沫装置为耙式消泡桨，装于搅拌轴上，齿面略高于液面。消泡桨的直径为罐径的0.8～0.9m，以不妨碍旋转为原则。由于泡沫的机械强度较小，当少量泡沫上升时，耙齿就可以把泡沫打碎。也可制成半封闭式涡轮消泡器，泡沫可直接被涡轮打碎或被涡轮抛出撞击到罐壁而破碎，常用于下伸轴发酵罐，消泡器装于罐顶。

(2) 自吸式发酵罐

自吸式发酵罐罐体的结构大致上与通用式发酵罐相同，主要区别在于搅拌器的形状和结构不同。自吸式发酵罐使用的是带中央吸气口的搅拌器。搅拌器由从罐底向上伸入的主轴带动，叶轮旋转时叶片不断排开周围的液体使其背侧形成真空，于是将罐外空气通过搅拌器中心的吸气管而吸入罐内，吸入的空气与发酵液充分混合后在叶轮末端排出，并立即通过导轮向罐壁分散，经挡板折流涌向液面，均匀分布。空气吸入管通常用一端面轴封与叶轮连接，确保不漏气。

由于空气靠发酵液高速流动形成的真空自行吸入，气液接触良好，气泡分散较细，从而提高了氧在发酵液中的溶解速率。据报道，在相同空气液量的条件下，溶氧系数比通用式发酵罐高。可是由于自吸式发酵罐的吸入压头和排出压头均较低，习惯用的空气过滤器因阻力较大已不适用，需采用其他结构型式的高效率、低阻力的空气除菌装置。另外，自吸式发酵罐的搅拌转速较通用式高，所以它消耗的功率比通用式大，但实际上由于节约了空气压缩机所消耗的大量动力，对于大风量的发酵，总的动力消耗还是减少的。

自吸式发酵罐的缺点是进罐空气处于负压，因而增加了染菌机会，其次是这类罐搅拌转速甚高，有可能使菌丝被搅拌器切断，影响菌的正常生长。所以，在抗生素发酵上较少采用，但在食醋发酵、酵母培养方面已有成功使用的实例。

6.5.4.2 射流搅拌发酵罐

射流搅拌发酵罐是最新开发的一种高效节能发酵罐。它是将传统搅拌反应罐最下端的搅拌桨叶去掉，替换成若干以气体为引射介质的射流混合器，这些射流混合器利用原有压缩空气的能量代替搅拌桨进行第一次气体分散；既大大改进了气体分散状况和传质效率，也降低了能耗。在射流气泡区形成的气泡群在上升中由发酵罐上部的搅拌桨将其再分散。避免了因外部泵送和循环系统引发发酵杂液污染和细胞损伤的缺点。与传统机械搅拌发酵罐相比，射流搅拌反应罐具有增产、节能和发酵指数提高等优点。

例如常见的高位塔式发酵罐，其是一种类似塔式反应器的发酵罐，其高径比约为7左右，罐内装有若干块筛板。压缩空气由罐底导入，经过筛板逐渐上升，气泡在上升过程中带动发酵液同时上升，上升后的发酵液又通过筛板上带有液封作用的降液管下降而形成循环。这种发酵罐的特点是省去了机械搅拌装置，如果培养基浓度适宜，而且操作得当的话，在不增加空气流量的情况下，基本上可达到通用式发酵罐的发酵水平。

6.5.4.3 厌氧发酵设备

厌氧发酵也称静止培养，因其不需供氧，所以设备和工艺都较好氧发酵简单。严格的厌氧液体深层发酵的主要特色是排除发酵罐中的氧。罐内的发酵液应尽量装满，以便减少上层气相的影响，有时还需充入非氧气体。发酵罐的排气口要安装水封装置，培养基应预先还原。此外，厌氧发酵需使用大剂量接种（一般接种量为总操作体积的10%～20%），使菌体迅速生长，减少其对外部氧渗入的敏感性。酒精、丙酮、丁醇、乳酸和啤酒等都是采用液体厌氧发酵工艺生产的。具有代表性的厌氧发酵设备如酒精发酵罐（图6-16）和用于啤酒生产的锥底立式发酵罐（图6-17）。

6.5.5 发酵工程在净化处理环境污染中的应用

环境污染物生物处理工程是利用发酵工程的原理与技术，净化处理环境污染物，同时生产有用的产物，可以认为是最大的发酵工程。它以减轻环境污染物为首要目的，同时实现废物资源化，提高整体工艺的经济效益，降低运行成本。生物处理发酵工程是环境工程与发酵工程相结合的产物。

6.5.5.1 发酵工程在环保方面的工艺改进

目前，建设环境友好型工厂成为发展趋势，力求发酵过程零排放，走可持续发展道路，避免先污染后治理的老路子，这就要求发酵工程应在环保方面进行改进，增加发酵工程的后

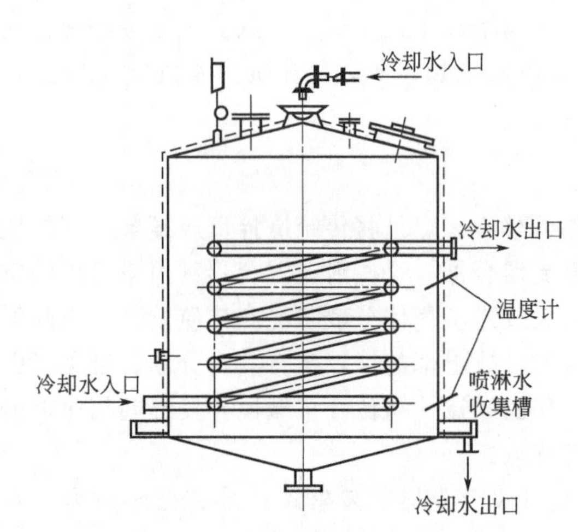

图 6-16 酒精发酵罐（引自刘如林，1995）

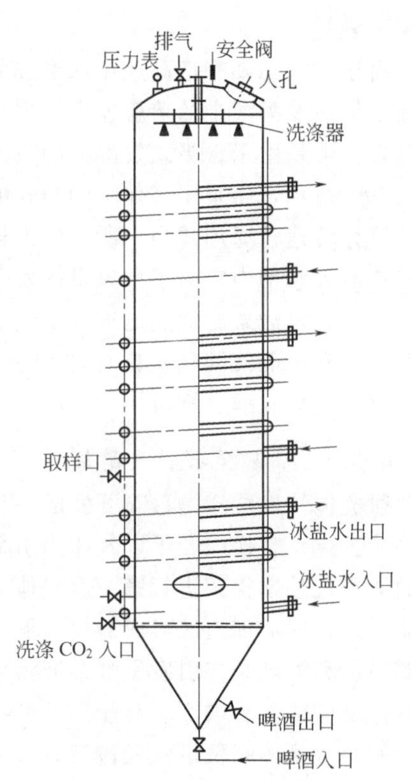

图 6-17 锥底立式发酵罐（引自刘如林，1995）

期处理环节。

(1) 利用废糖类发酵生产乙醇

凡是含有可发酵性糖，或含有可转化为可发酵性物的有机废物，都可作为乙醇发酵的底物。根据废物的化学组成可作如下分类：a. 糖类废物，包括制糖工业的副产品废糖蜜和甜菜废料，干酪工业的下脚料乳清（含有4.5%～5.0%的乳糖）；b. 淀粉类废物，包括有机农作物纤维下脚料，森林、木材加工工业下脚料，工厂纤维素和半纤维素下脚料，城市废纤维垃圾和亚硫酸盐纸浆废液。

(2) 利用废酵母水解制得酵母抽提物来生产酱油

根据酵母细胞的自溶特性，利用啤酒酵母细胞内的降解酶，添加部分酶制剂，在一定的温度和pH值条件下，可将酵母细胞内富含的蛋白质、碳水化合物、核酸等大分子营养物质分解成易于被人体吸收的小分子营养物质并扩散到酵母细胞外的溶液中，然后经过盐析、过滤、煮沸等工艺，辅以适当的调配，即可生产出色、香、味、营养俱佳的优质酱油。

(3) 发酵反应器及生物处理发酵工程工艺改进

发酵反应器分为两大类，厌氧生物反应器和通风生物反应器。与乙醇发酵过程有关的生物反应器包括糖化罐、发酵罐及各类新型反应器等。设计生物处理反应器应考虑如下特性：细胞系统的微生物和生物化学特性；发酵器的流体力学特性；发酵器中污染物类型、质量和热量特性；细胞生长与产物形成的动力学特性；发酵器环境参数控制；分离、利用发酵产物；发酵器的成本、操作费用和可放大能力。

由于废物来源和发酵处理过程不同，其工程设计可变性较大。但基本原则如下：废物处理工艺首先要能有效地去除各种有机污染物，同时考虑经济上的合理性，生产有用的物质，实现废物资源化；在保证处理效果的前提下，处理过程要简单，时间要短，且管理方便；降低或消除发酵处理过程中新产生的废物、废水和废气，防止二次污染的发生。

(4) 废物资源化单细胞蛋白工程

单细胞蛋白（single cell protein，SCP）是作为人类食物或动物饲料的单细胞微生物菌体的统称。单细胞蛋白工程已成为新兴生物工程产业，是高浓度有机无毒废水资源化的重要途径之一。SCP 工程的开发，使得自然资源得到充分利用，化害为宝，变废为宝，促进了物质再循环利用。

① 生产 SCP 的原料来源　生产 SCP 的原料来源极为广泛，农业废弃物是廉价原料，无毒无害有机工业废料，包括垃圾等均可作为 SCP 的生产原料。生产 SCP 的废水废物简单分类如下：城市生活污水和城市垃圾；农业废弃物和废水，如作物秸秆、壳秕、蔗渣、甜菜渣、锯木等含纤维素原料，农林产品加工废水，牲畜粪尿和垫草等；工业废物废水，如食品和发酵工业排出的含淀粉、糖类等营养物的有机废水，含纤维素的废渣和废水，发酵工业的废菌体，乳品工业的乳清，造纸工业的亚硫酸纸浆废液、废纸和石油工业废水等。

② 生产 SCP 的微生物类型　单细胞蛋白是通过培养单细胞生物而获得的生物体蛋白，又称微生物蛋白。由于 SCP 的营养价值高，已在食品和食品工业、药物生产和饲料行业得到了广泛应用，所以生产 SCP 的微生物类型主要是产蛋白质量高的菌株，包括有细菌、放线菌中的非致病菌、酵母菌、霉菌和微型藻类等。

单细胞生物易诱变，可用物理、化学、生物学方法定向诱变育种或通过分子生物学手段构建工程菌，可获得蛋白质含量高、质量好并易于提取蛋白质的优良菌株。

③ SCP 生产的一般工艺流程。

1) SCP 生产菌种的准备。选育生产所需的菌种，在一定条件下，由试管经三角瓶等逐步扩大培养至种子罐中，当增殖至足够菌体量后，供发酵罐接种需要。

2) 发酵液准备。首先进行发酵基质的预处理，通过物理方法（切割与粉碎、沉淀与过滤等）、化学方法（用酸、碱或溶剂处理）、生化方法（利用特定的水解酶）等途径，将待用基质转变为微生物可以利用的状态。然后配制发酵液，按所选 SCP 生产菌的要求添加氯、磷等无机盐，并调节 pH 值至该菌生长繁殖所需的范围之内。最后进行发酵液灭菌，如果该 SCP 生产菌活力强，繁殖速度快，或该菌的发酵条件不利于一般杂菌生长，则可以不进行发酵液的灭菌。

3) 发酵罐培养。按一定比例将菌种液接种入发酵罐中，通常菌种液与发酵液的比例为 1∶10，控制发酵条件，使菌种得以迅速繁殖，对于中温需氧微生物而言，发酵液需保温在 25～35℃，并需通气和搅拌。必要时在培养过程中需添加营养并调试 pH 值。为了使培养液中营养成分充分利用，可将部分培养液连续送入分离器中，分离出的清液回流到发酵罐中循环使用。

4) 菌体收获。SCP 菌种在发酵罐中培养一段时期后，可经离心、沉淀、过滤等不同方法使液菌分离，收集菌体 SCP。一些易于自溶的微生物，例如酵母菌，在培养结束后，应及时进行分离菌体，以免损失营养成分。最后，菌体干燥，制成 SCP 成品。

6.5.5.2　*污染物的微生物降解*

生物降解是生物发酵处理的重要基础，微生物是决定处理效率的内在因素。因此，既要注重过程技术，更不能忽视对起主要作用的微生物的净化功能的研究。近年来，在微生物降解污染物方面取得了一定成就，如开展对有毒有机化合物高效降解菌的分离和选育的研究，重点集中在难降解污染物上，并发现了一批高效降解菌种。

有效微生物群（effective microorganisms，EM）自1978年问世以来，受到了许多行业专家学者的重视，EM生物技术已广泛应用于种植业、养殖业和环境净化等领域，取得了明显效果。下面就EM生物技术在环境净化中的应用作以介绍。

（1）EM的作用机理

虽然目前EM在许多方面得到广泛应用，但对其作用机理的理论分析还比较少。从现有的资料来看，其主要作用机理是：光合细菌利用太阳热能或紫外线将硫氢或烃类化合物中的氧分离出来，变有害物质为无害物质，并与二氧化碳、氮等混合在一起合成糖类，氨基酸类、维生素类和生物活性物质（激素）等；醋酸杆菌摄糖固氮，放线菌在有氮的条件下大量繁殖，生成大量抗生素；乳酸菌摄取光合菌产生的物质，分解常温下不易被分解的木质素和纤维素，使未腐败的有机物发酵，进而转化为动植物有效的养分；酵母菌可产出促进细菌分裂的生物活性物质，同时还对促进其他有益微生物增殖基质的生产起着重要作用，大量的好氧和厌氧微生物利用各自产生的有用物质及其分泌物，营养互补，协调共生，共同增殖，形成一个复杂而稳定的微生物系统。

（2）EM生物技术在污水处理、江河湖泊污染生物修复中的应用

EM处理废水的机理是：EM菌群中既有分解性细菌，又有合成性细菌，既有厌氧菌、兼性菌，又有好氧菌，作为多种细菌共存的一种生物体，激活后的EM通过驯化在污水中迅速生长繁殖，能快速分解污水中的有机物，同时依靠相互间共生增殖及协同作用，代谢出抗氧化物质，生成稳定而复杂的生态系统，并抑制有害微生物的生长繁殖，抑制含硫、氮等恶臭物质产生的臭味，激活水中有净化水功能的原生动物、微生物及水生植物，通过这些生物的综合效应从而达到净化水的目的。

在污水池中投入EM间歇曝气，可通过好氧菌和厌氧菌交替繁殖而达到减少污泥产量的功效。研究表明，EM菌对控制水体N、P营养源，减轻水体富营养化方面十分有效。EM用于治理富营养化湖泊，主要是通过EM微生物吸收水体N、P等营养成分而减轻水体藻类的繁殖与发生。综合目前研究和应用成果，EM在污水处理中可降解有机物、减少污染产量、分解营养盐类物质并具有除臭功效。

在污水处理方面具有代表性的是日本县志川立图书馆采用EM处理生活污水，按原水0.1%比例投加EM，2～4次/年，每天曝气3h，通过一段时间处理，2周可使原污水从BOD 196mg/L，降到BOD 9mg/L，SS 2.0mg/L，大肠杆菌30d后检不出，无污泥产生，采用该工艺污水处理电耗仅为原来电耗的1/8。

宋昆衡等采用了EM在含高浓度硫酸盐有机废水处理上进行试验，证实EM能利用CH_4、NH_3和H_2S作为营养，对提高厌氧处理效果较为显著，用EM处理猪场排放污水1月后BOD下降36.4%，SS下降69%左右。

我国在利用EM技术治理江河、湖泊方面也做了一定工作。中国环境科学研究院等引进美国AM公司开发的复合微生物制剂用于云南滇池内湖草海，试验规模为中试，三个阶段（5个月），处理后水体透明度平均提高了68.2%，COD降低了24.3%，BOD降低了58.0%，叶绿素a降低了63.3%，藻量降低了40.0%。中国环境科学研究院利用EM复合菌液，在广西南宁南湖进行了中试试验，试验连续进行了10个月，试验结果表明COD、BOD、TN、TP等去除效果显著，对湖泊水具有良好的净化能力。经EM处理后湖泊试验

区各项指标可达到景观娱乐用水质标准，除去了以前水面疯长形成的绿油漆状的水华。该技术投资少、操作简单、运行成本低，可维持一定的年限。将该技术与清淤工程结合起来，用EM在排污点处理污水，再排入清淤的湖中，这样湖泊污染才能达到彻底的根治。

广西工业微生物应用研究所引进日本的EM，结合原有的稳定塘系统，将日排8000t，COD为8000～12000mg/L，BOD为6000～8000mg/L的广西明阳农场高浓度有机废水排入与南湖（南宁市）贮水量相近的大氧化塘中，在废水排入同时添加了EM复合菌液，经2周处理后去除了原有的恶臭，3～4个月后各项指标符合国家一级排放标准。

（3）EM生物技术在有机废物生物降解方面的应用

席北斗等选择适宜的原料，将EM菌与纤维素分解菌、木质素分解菌（主要为白腐菌）共同发酵，作为高效微生物接种剂，添加于生活垃圾堆肥系统。试验结果证明堆料中接种高效复合微生物菌群后，增加了堆层中微生物总菌数，且由于复合微生物菌群各菌种之间相互协同作用，生产抗氧化物质，形成复杂而稳定的生态系统，使堆层中的微生物迅速繁殖，并维持在相对稳定的较高水平之上。与对照组相比，接种高效复合微生物菌群堆肥系统，可以加速堆肥过程，使堆肥腐熟时间从对照组30d左右，缩短到2d。因此，利用生活垃圾和污泥作为原材料，接种高效复合微生物菌群进行堆肥，是固体废物资源化的一条有效途径。

（4）EM生物技术除臭

随着我国经济的快速发展，养殖业迅速发展壮大，由于没有合适的处理技术和方法，大量的畜禽粪便得不到利用，既浪费资源又污染了环境，养殖场周围大多是臭气熏天，蚊蝇滋生。中国农业大学李维炯、倪水珍教授针对这一现状，引进EM生物技术应用于畜禽粪便恶臭处理，取得了较好的效果。丁雪梅等利用EM生物技术在北京市海淀区上庄堆肥场进行试验，通过将培养过的EM液喷洒于垃圾堆上进行除臭、灭蝇试验。试验结果表明EM应用于垃圾处理中，具有极强的除臭和灭蝇效果，与其他物理、化学等除臭方法相比，采用EM生物技术除臭具有设备简单、能耗低、投资少等特点。

6.5.5.3　微生物絮凝剂

微生态制剂、生物吸附剂和微生物絮凝剂是微生物水处理剂中的三类主要的生物环保产品。

微生物絮凝剂又被称为沉降剂，是一种绿色水处理剂，它可以快速有效地与废水中的悬浮物和胶体颗粒结合并脱稳，形成较大絮团后沉淀，经过滤后使出水水质符合标准。之所以越来越多地引发人们的关注主要是其具有高效、无毒、避免二次污染等特点和优势。微生物絮凝剂作为一种高分子化合物质，拥有一般的化学絮凝剂所无法比拟的优势，而且具有产絮能力的微生物也不计其数，它们广泛地存在于自然界的许多角落，如活性污泥、排污口和土壤中都有它们的身影。现阶段人们已经将研究重点转移到具有更强絮凝能力的菌种的筛选和微生物絮凝剂的纯化上来，进而为降低应用成本和大规模应用提供支持。

（1）国内外研究状况

1935年Butterfield将其筛选出一种具有产絮能力的菌种命名为*Zoogloea-forming*，随后Nakamura J. 在对产絮微生物的研究过程中发现了多种产絮能力较强的微生物，其中效果最好的为酱油曲霉（*Aspergillus souae*），Nakamura J. 将其所产生物絮凝剂命名为AJ7002；1985年，对产絮微生物研究中发现，拟青霉素（*Paecilomyces* sp.）发酵产生的絮凝剂对微生物的细胞液具有很高的絮凝率，Takagi H. 将这种具有高絮凝能力的絮凝剂命名为 PF101。1986 Kurane 发现的 NOC-1 絮凝剂是经过红平红球菌（*Rhodococcus*）发酵所产生，该种絮凝剂也是迄今为止人们所发现的絮凝效果最好，对废水、微生物等均具有较高的絮凝率。

相比于国际上的研究成果，我国虽然起步较晚，但已经有越来越多的学者开始关注于微生物絮凝剂的发展，张本兰（1996）和王镇等（1993）均已成功地从污泥中分离出具有高絮凝能力的菌种，有的絮凝剂是多种菌种互相协同产生的高效絮凝剂；康健雄等（1996）研制出了普鲁兰絮凝剂，该种微生物絮凝剂是由酵母菌利用淀粉废水发酵而得。台湾邓德丰（1990）在污水处理厂所筛选得到的 C-62 细菌也具有产絮能力，其所产的絮凝剂对处理养殖废水等絮凝效果良好。

当前，我国的研究重点主要集中在高效絮凝剂产生菌的筛选培育和絮凝条件的优化，在前者的研究过程中已经发现了数十种具有高产絮能力的菌种，包括细菌、放线菌等，而对后者的研究相对较分散，因为针对不同的产絮微生物需要找到能让其发挥最大絮凝作用的环境条件，这也是制约微生物絮凝剂走向市场的瓶颈，也是下一步的研究方向。

（2）微生物絮凝剂类型

微生物絮凝剂是利用其发酵代谢产物或者菌体本身而发挥对污染物絮凝能力的一类水处理剂，主要的作用成分随着微生物种类的不同而各异，比较常见的有核酸、多糖、蛋白质和脂类等。尽管絮凝剂种类繁多，但可以分为单一菌种微生物絮凝剂和复合菌种絮凝剂。

① 单一菌种微生物絮凝剂　纯种的产絮微生物大多是从废水或污泥中经过分离纯化得到的并且絮凝能力较强的菌种，单一的菌种在发酵时不存在对营养物质的竞争作用，从而提高产絮凝剂的效率。刘祎等（2011）所分离纯化的产絮微生物 NII4 对污水中 SS 和 COD_{Cr} 有较高去除率，分别达到了 86%和 39.25%。杨劲峰（2008）所研究的 M-127 具有很强的产絮能力，由活性污泥中筛选得到，利用该菌种所产的絮凝剂进行试验发现，其对自来水的浊度去除率达到 93.89%。同样是从活性污泥中筛选出的高效产絮菌 *Pseudomonas* sp. F-8，张云峰（2005）运用该种菌种所产微生物絮凝剂对淀粉和医疗废水进行絮凝试验时，发现其对废水，特别对生活废水的色度和化学需氧量去除率很高，分别为 85.2%和 87.5%。在处理养殖场废水时，于皓（2008）在对比无机絮凝剂和生物絮凝剂的处理效果时发现，两种处理剂的去除效果都比较高，也十分接近，但在最佳的投加量下，微生物絮凝剂对 COD 的去除率比无机絮凝剂 $FeCl_3$ 和 $Al_2(SO_4)_3$ 分别高出 6.3%和 12.4%，对 SS 的去除率分别高出 3.8%和 10%。使用含 Fe^{3+} 和 Al^{3+} 的絮凝剂会造成过量的铁离子和铝离子残留在出水中，含 Fe^{3+} 的废水带有颜色，而大量的 Al^{3+} 残留会引起老年痴呆等一系列健康问题，对环境危害极大，因此相比于传统水处理剂，微生物絮凝剂的优越性不言而喻，对水处理技术的创新指明了新的方向。

② 复合菌种絮凝剂　利用复合菌种进行产絮的这一理念是由马放教授首先提出来的，研究者将事先筛选出来的四种纯菌落任意两种进行混合后发现 F2 和 F6 两种菌株联合作用时的絮凝率要比其中任一单一的菌种的絮凝率要高（马放等，2003）。F2 和 F6 两种菌株复合生产的絮凝剂 HITM02，其特点如下。

1）利用能够分解纤维素的菌群进行连续发酵而摒弃传统的单一发酵。在第一阶段发酵过程中，絮凝菌可以迅速利用纤维素菌的降解产物，不仅促进了纤维素酶连续地生成，其对酶的抑制作用也促使微生物能够最大限度地利用纤维素，提高絮凝剂生产效率。

2）该复合型生物絮凝剂的活性成分主要存在于发酵液中，对发酵液进行高温灭菌后依然保持较高的絮凝率，经高岭土悬浊液测试，仅下降了2.3%，由此可以判断其热稳定性良好，大大优于一部分单一菌株所产的生物絮凝剂。

3）复合型絮凝剂之所以在絮凝效果上有所提高，还有一个间接的原因就是在发酵过程中，一些有机大分子会吸附在底物中所含有的未被完全利用的纤维素上，离心后作为絮凝剂的一个组成部分而提高絮凝作用的效果。

张玉玲等（2008）将筛选出来的9种纯菌进行$C_9{}^2$、$C_9{}^3$组合，找到絮凝效果最佳的组合进行絮凝试验，试验中该种絮凝剂对高岭土的絮凝率达到100%，用乙醇提取纯净物，提取率为3.5g/L，转化率为18.9%。复合型微生物絮凝剂这一概念的提出也为更高效絮凝剂的研制开拓了思路，加快了生物絮凝剂由实验室阶段到大规模投入生产应用的步伐。

（3）絮凝机理研究

近年来，随着生物絮凝剂的应用范围越来越广泛，揭示絮凝剂的作用机理对生物絮凝剂的合理应用具有十分重要的意义，也是必要的，因为研究清楚了絮凝机理，不仅可以最大可能地发挥絮凝能力，还可以降低其使用成本。

不同微生物所产生的絮凝剂成分不同，絮凝机理也因此各异，但是由于国内外对絮凝机理的研究尚不深入，还没有发现通用的絮凝模型，这也是生物絮凝剂领域亟待补充的内容，但综合来看，对现已有研究的絮凝剂机理进行总结后形成了几种公认的絮凝机理，具体内容如表6-11所示。

表6-11　絮凝机理简介

序号	机理名称	主要内容
1	吸附架桥	它们带有的特殊基团能吸附颗粒物质能，借助范德华力、静电引力、离子键、氢键、配位键等，与胶体颗粒发生吸附作用
2	电性中和	大多数的MBF由糖类物质组成，并呈负电性，当絮凝剂或其水解产物靠近颗粒物表面时，会中和其表面的部分电荷，减少胶体颗粒间的静电斥力和电荷密度，使胶体脱稳
3	化学反应	溶液中的物质与絮凝剂所带的相应基团发生化学反应形成较大絮团，脱稳沉淀
4	网捕卷扫	絮凝剂分子与溶液中的物质结合形成小絮团，在重力作用下而卷扫其他的小絮团，最终使其脱稳沉淀
5	其他理论	类外源絮凝集素假设、菌体外纤维素纤丝理论、病毒学理论、化学反应理论、PHB酯合学说和黏质假设等

（4）生物絮凝剂在处理各种废水的应用

① 畜牧业废水　畜牧场废水中总碳和总氮含量高，有研究表明在应用微生物絮凝剂进行处理时可以很好地降低总碳和总氮的浓度（唐晓萍，2002）。在80mL畜牧废水中加入10mL浓度为1%的Ca^{2+}和5mL的R. erythropolis培养物，可以使总有机碳从原来的1420mg/L下降到425mg/L，使总氮从420mg/L降为215mg/L，去除率分别为70%和40%（高杰，2005）。

② 染料废水　传统地混凝技术对废水的BOD_5具有一定的降解作用，但当废水中含有可溶性色素时，絮凝率很低，而*P. alcaligenes* 8724型絮凝剂对造纸黑液和氯霉素的脱色效果十分理想，分别达到了95%和98%（Li Zhiliang，1997）。用NTX絮凝剂对蒽醌染料废水进行脱色，其脱色率可以达到93%，使出水几乎达到无色（宋文化，1999）。

③ 城市污水　利用从排污口污泥中筛选出具有产絮能力的微生物菌群所产絮凝剂处理城市废水时，几乎可以将污水的COD和BOD_5全部去除（薛西改等，2010）。应用TH6型絮凝剂处理生活污水，其COD和SS的去除率可以分别达到68%和91%（胡玉平

等，2006)。

④ 屠宰废水　一般的屠宰废水中成分复杂，由于含有大量的血水而呈红褐色，并伴有刺鼻的气味，对周围的环境影响十分严重，不易处理，许多屠宰厂甚至直接将污水直接排入农田，这会使得有害物质通过食物链最终影响人类的生命安全。屠宰废水中除了血水外还含有动物体内的不饱和脂肪酸、骨屑和内脏等，这也使得这类废水具有良好的可生化性（江慧华等，2010)，因此在处理这类废水时通常采用的是生物法，如序批间歇活性污泥法（SBR）等。张耀华（2006）运用序批间歇活性污泥法处理屠宰废水时，化学需氧量的去除率最高可以达到70%。但是经过长期的使用发现，单一地使用SBR法处理时COD_{Cr}的去除率有限，最重要的是对氨氮的去除率不高，有时出水的氨氮浓度甚至高于进水。在此基础上又衍生出了两段式SBR法。林晓利（2007）将两个SBR反应池串联，使第一段的反应过程处于好氧状态，用于去除废水中的有机物，第二段反应先好氧再缺氧反硝化，这样可以通过控制硝化反应而达到提高氨氮去除率的目的；刘绍根等（2001）通过UASB-SBR联用法处理屠宰废水，经过调试测试，当废水分别经过UASB池和SBR池时对废水COD_{Cr}的去除率分别达到了78.5%～80.5%和81.9%～83.4%。

6.5.5.4　生物除藻

随着工业化程度的提高、城市化进程的不断加快以及人口的不断增加，人类活动越来越频繁和深刻地影响着水环境。近年来，随着对流域的不断治理，流域内的点源污染逐渐减少，面源污染逐渐凸显出来，主要表现为水体中氮、磷含量超标。水体中氮、磷积累达到一定数量就会引起水体的富营养化，甚至引发有害藻类水华。生物除藻是利用藻类的天敌和某些生物产生的特殊物质对藻类的生长、繁殖进行抑制，从而达到控制藻类数量、防治富营养化的目的。能除藻的生物既包括某些高等植物、水生动物外，还有溶藻微生物。

(1) 除藻的高等植物

水葫芦生长过程中对水中营养元素如氮、磷等有一定的吸收，因此可以利用水葫芦来降低水中氮、磷含量，达到控制水华藻类生长的目的。董悦安等（2005）采用水葫芦在密云水库内湖进行试验，水葫芦放养设施由浮管框架和定植网筐单元组成，通过对试验水体和对照水体的水温、TP、TN等指标的监测发现试验水体的总磷和总氮浓度低于对照水体的总磷和总氮浓度，说明水葫芦生长期间从水体中吸收了一部分磷和氮元素，使试验水体的总磷和总氮浓度降低。

通常在一个植物群落里，某些植物和微生物能够通过释放化感物质来促进或抑制其他植物个体的生长。大麦秆就能释放出某种化感物质抑制水华藻类的生长，且这种化感物质是存在于麦秆中而不是在麦秆腐败过程中产生的新物质。

(2) 除藻的水生动物

螺类作为淡水生态系统中重要的底栖动物，其摄食与生理代谢显著影响着水层中颗粒悬浮物、营养盐和浮游藻类的种类和数量组成。目前已有一些研究表明铜锈环棱螺（*Bellamya aeruginosa*）能通过摄取水体营养物质，有效降低水体中氮、磷等含量，起到净化水质的作用。潘洁慧等通过铜锈环棱螺对微囊藻的摄食的研究表明铜锈环棱螺对铜绿微囊藻有一定的去除能力，实验开始较短时间内铜锈环棱螺对铜绿微囊藻的清滤率和滤食率较明显，随着时间增加逐渐出现下降趋势；清滤率和滤食率与投加的铜绿微囊藻密度呈反比。同时对于富营养化水体中的COD、氮、磷、叶绿素a等有一定的去除效果。

罗非鱼食性广泛，大多为植物性为主的杂食性，摄食量大，耐低氧能力很强，水中溶氧1.6mg/L时，罗非鱼仍能生活和繁殖。2000～2003年陆开宏等（2005）在宁波月湖等富营养化景观水体进行了罗非鱼控制蓝藻水华的应用试验，罗非鱼对水华蓝藻有很强的摄食与消化能力，湖中放养罗非鱼后大规模蓝藻水华不再出现，叶绿素含量和浮游植物年均细胞数明显减少，蓝藻占浮游植物生物量的比例也明显下降，水体透明度也随之提高。

（3）溶藻微生物

对于某些水华现象的突然消失，相关研究表明可能与溶藻微生物有关。溶藻微生物作为水环境生态系统中生物种群结构的重要组成部分，因其繁殖速度快，溶藻效果好和寄主特异性等特点而备受关注，成为最具潜力的生物控藻方法之一。近年来，研究者从爆发水华的水体中分离出多株安全、高效的溶藻微生物，目前，溶藻微生物主要包括：溶藻细菌、噬藻体、原生动物、溶藻放线菌和真菌。下面重点介绍溶藻细菌。

① 溶藻细菌的种类　溶藻细菌的最早发现，是在1924年，由GeitLer等发现作用于刚毛藻的黏细菌（*PoLyangium parasiticum*）。随着微生物学、藻类学及其他自然科学的发展，国内外研究者陆续发现了多种溶藻细菌，这些细菌多属于黏细菌属、假单胞菌属、节杆菌属、噬胞菌属、弧菌属、交替单胞菌属、交替假单孢菌属、蛭弧菌属、纤维弧菌属、芽孢杆菌属和黄杆菌属等。目前已发现的各类溶藻细菌作用对象广泛，有的可以溶解多个藻属。已报道的部分溶藻细菌的作用方式及作用藻类见表6-12。

② 溶藻细菌的作用方式　溶藻细菌的作用方式一般分为直接溶藻和间接溶藻两种。

直接溶藻是指细菌直接进攻宿主，细菌与藻细胞直接接触，甚至侵入藻细胞内。Yamamoto等（1977）从土壤中分离出一株可以直接溶解鱼腥藻的细菌MY-1。Caiola等（1984）从发生水华的水体中分离出一株能够侵入铜绿微囊藻藻细胞内并直接溶解宿主的类似蛭弧菌。Choi等（2005）从富营养化湖泊中分离得到一株通过直接接触藻细胞并裂解微囊藻的链霉菌。

国内李勤生和黎尚豪（1981）也报道过黏细菌同蓝藻细胞相互接触，导致藻细胞溶解的试验研究。另外，晏荣军等（2011）从珠海赤潮海水中分离出两株溶解球形棕囊藻的细菌Y01、Y04，这两株菌都是通过直接方式裂解藻细胞的，经鉴定均属于芽孢杆菌属。王媛媛（2011）从宁波象山港海域分离出一株溶解球等鞭金藻的细菌J1，对球等鞭金藻的96h去除率为74.03%，由于其过滤液对宿主无感染效果，判定该菌的溶藻方式为直接溶藻或竞争性溶藻。史荣君等（2012）从深圳大鹏湾南澳赤潮爆发海域分离得到1株溶解海洋原甲藻的海洋细菌N10，该菌的溶藻方式为直接溶藻，通过16S rRNA序列分并结合细菌形态及生理生化特征，鉴定菌株N10隶属于黄杆菌科。

间接溶藻是指细菌间接进攻宿主，溶藻细菌同藻类竞争营养或通过释放特异性或非特异性的溶藻物质杀死藻细胞。间接溶藻是溶藻细菌的主要溶藻方式，这类细菌常见的有弧菌、假单胞菌、黄杆菌、交替单胞菌、假交替单胞菌、芽孢杆菌等。目前已经报道的溶藻物质包括如蛋白质、多肽、氨基酸、抗生素和羟胺等。

Lamura等（2000）从含有微囊藻的湖水中分离出的一株溶藻细菌，经过滤后无菌培养液对藻细胞有致死作用，而菌体无溶藻作用，经鉴定其溶藻物质为一种五肽。Shinya等（2004）分离出一株通过分泌哈尔碱间接溶解柱胞鱼腥藻的假单胞菌。Lee等（2000）筛选出一株溶解骨条藻的交替假单胞菌，其溶藻活性成分为菌体细胞分泌的胞外蛋白酶。陈彩云等（2009）从福州市某富营养化水库底泥中分离出一株能降解藻毒素的假单胞菌M26，该

表 6-12 已报道部分溶藻细菌的作用方式及作用藻类

作用方式			菌株	作用藻类
直接方式		直接接触	黏细菌 *Myxobacter*	蓝藻营养细胞
		直接接触	假单胞菌 *P. putida*	冠盘藻、铜绿微囊藻
		直接溶藻	交替单胞菌 *Alteromonas strians* S,K,D,R	古老卡盾藻
		直接溶藻	芽孢杆菌 *Bacillus* sp.	微囊藻、球形棕囊藻
		侵入藻细胞	类似蛭弧菌 *Bdellovibrio*-like bacteria	铜绿微囊藻
间接方式	分泌已知溶藻成分	分泌哈尔碱	假单胞菌 *Pseudomonas* sp. K44-1	柱胞鱼腥藻
		分泌胞外蛋白酶	交替假单胞菌 *Pseudoalteromonas* A28	骨条藻
		分泌 β-氰丙氨酸	弧菌 *Vibrio* sp. *strain* C-979	颤藻、铜绿微囊藻
	分泌未知溶藻成分	分泌高分子量热稳定物质	假单胞菌 *Pseudomonas* sp. T827/2B	一种硅藻
		分泌某些未确定物质	交替假单胞菌 *Pseudoalteromonas* sp. 48	塔玛亚历山大藻
		分泌某种 $<500\times10^3$ 的碱性物质	黄杆菌 *Flavobacterium* sp. 5N-3	长崎裸甲藻
		分泌一种杀藻物质	芽孢杆菌 *Bacillus* sp. SY-1	腰鞭毛藻
		分泌热稳定非蛋白类物质	芽孢杆菌 *Bacillus cereus*	铜绿微囊藻、绿色微囊藻
		分泌非蛋白类物质	芽孢杆菌 *Bacillus* sp.	铜绿微囊藻、栅藻、小球藻
		分泌热稳定代谢产物	芽孢杆菌 *B. fusiformis*	栅藻、小球藻、微囊藻
		分泌热稳定性物质	红球菌 *Rhodococcus* sp.	铜绿微囊藻
		分泌杀藻物质	葡萄球菌 *Staphylococcus* sp.	铜绿微囊藻、念珠藻
		分泌杀藻物质	节杆菌属 *Arthrobacter* sp.	铜绿微囊藻、鱼腥藻

菌是通过间接方式溶藻的，降解藻毒素的酶属于胞内酶，整个降解过程主要有 3 种酶参与，经鉴定为 3 种细胞内本身所含有的组织酶。

除了报道过的已知成分的溶藻物质外，还有一些通过释放某些未知成分的具有热稳定性溶藻物质溶藻的研究。汪辉等（2008）从富营养化的池塘里分离出一株无色杆菌属溶藻细菌，该菌的胞外分泌物质具有溶藻作用，为一种非蛋白类、具有热稳定性的物质。普利等（2010）针对一株对铜绿微囊藻具有抑制作用的芽孢杆菌的作用机理进行研究，发现该菌是通过分泌溶藻物质间接抑制铜绿微囊藻生长的，且溶藻物质具有一定的热稳定性。彭超、吴刚（2003）从武汉市的池塘中分离出 3 株通过释放某种化学物质溶藻的溶藻细菌 M6、M8 和 M13，它们分别能溶解鲍氏织线藻、念珠藻、鱼腥藻、坑形席藻、铜绿微囊藻、鞘丝藻等多种蓝藻，经鉴定这 3 株菌分别属于葡萄球菌属、芽孢杆菌属和节杆菌属。李东等（2013）从福建漳江口红树林区筛选出一株对产贝毒赤潮原因藻——塔玛亚历山大藻具有强溶藻能力的微泡菌属细菌 BS03，菌株 BS03 通过间接方式溶藻，所分泌的胞外溶藻物质耐酸碱、具热稳定性，推测为非蛋白质、非核酸和非多糖类物质。史顺玉（2006）从滇池集藻区分离出两株对多种水华蓝藻具有溶解作用的溶藻细菌 DC10、DC-P，经鉴定这两株细菌分别为门多撒假单胞菌和嗜鳍黄杆菌，其中，细菌 DC10 是通过释放一种具热稳定性的胞外分泌物溶藻的，而细菌 DC-P 的溶藻成分则可能是一类亲水蛋白质。林敏等（2007）从广州城区某富营养化池塘筛选出 3 株对水华鱼腥藻具有溶解效果的溶藻细菌 L7、L8 和 L18。菌株 L7 和 L8 属蜡状芽孢杆菌，菌株 L18 为短小芽孢杆菌。3 株溶藻细菌的活性代谢产物具有明显的溶藻效果，且均具有良好的热稳定性。裴海燕等（2005）从对藻类及藻毒素有良好去除作用的海绵固定化微生物系统中分离得到一株通过分泌某种非蛋白质类溶藻物质溶藻的细菌 P07，该菌株不但对铜绿微囊藻具有良好的溶解效果，而且对淡水中常见的栅藻及小球藻也具有良好的去除作用，经鉴定该菌归属于芽孢杆菌属。部分溶藻细菌的作用方式和适用于作用的藻类见表 6-13。

表 6-13 部分溶藻细菌的作用方式和适用于作用的藻类

作用方式			菌株	作用藻类
直接方式		直接接触	黏细菌 *Myxobacter*	蓝藻营养细胞
		直接接触	假单胞菌 *P. putida*	冠盘藻、铜绿微囊藻
		直接溶藻	交替单胞菌 *Alteromonas strians* S,K,D,R	古老卡盾藻
		直接溶藻	芽孢杆菌 *Bacillus* sp.	微囊藻、球形棕囊藻
		侵入藻细胞	类似蛭弧菌 *Bdellovibrio-like bacteria*	铜绿微囊藻
间接方式	分泌已知溶藻成分	分泌哈尔碱	假单胞菌 *Pseudomonas* sp. K44-1	柱胞鱼腥藻
		分泌胞外蛋白酶	交替假单胞菌 *Pseudoalteromonas* A28	骨条藻
		分泌 β-氰丙氨酸	弧菌 *Vibrio* sp. *strain* C-979	颤藻、铜绿微囊藻
	分泌未知溶藻成分	分泌高分子量热稳定物质	假单胞菌 *Pseudomonas* sp. T827/2B	一种硅藻
		分泌某些未确定物质	交替假单胞菌 *Pseudoalteromonas* sp. 48	塔玛亚历山大藻
		分泌某种分子量小于 500×10^3 的碱性大分子物质	黄杆菌 *Flavobacterium* sp. 5N-3	长崎裸甲藻
		分泌一种杀藻物质	芽孢杆菌 *Bacillus* sp. SY-1	腰鞭毛藻
		分泌热稳定非蛋白类物质	芽孢杆菌 *Bacillus cereus*	铜绿微囊藻、绿色微囊藻
		分泌非蛋白类物质	芽孢杆菌 *Bacillus* sp.	铜绿微囊藻、栅藻、小球藻
		分泌热稳定代谢产物	芽孢杆菌 *B. fusiformis*	栅藻、小球藻、微囊藻
		分泌热稳定性物质	红球菌 *Rhodococcus* sp.	铜绿微囊藻
		分泌杀藻物质	葡萄球菌 *Staphylococcus* sp.	铜绿微囊藻、念珠藻
		分泌杀藻物质	节杆菌属 *Arthrobacter* sp.	铜绿微囊藻、鱼腥藻

（摘自郭鑫．溶藻细菌的分离鉴定及其对铜绿微囊藻溶解作用效果研究［D］．辽宁大学，2014）

参考文献

[1] 吕萍萍等. 基因工程菌强化芳香化合物的处理工艺 [J]. 中国环境科学，2003，23 (1)：12-15.

[2] 谢珊等. 利用基因工程菌 BL21 处理有机磷混合农药废水的研究 [J]. 环境工程学报，2008，2 (7)：869-874.

[3] 蔡颖等. 基因工程菌生物富集废水中重金属镉 [J]. 水处理技术，2006，32 (1)；26-29.

[4] 王建龙. 耐辐射基因工程菌 Deinococcusradiodurans 及其在环境修复中的应用 [J]. 辐射研究与辐射工艺学报. 2004，22 (5)：257-260.

[5] 陈旭玉等. 宏基因组技术构建土壤宏基因组文库研究进展 [J]. 广东农业科学. 2008 (1)：32-34.

[6] 刘娜等. 转基因作物环境安全性研究进展 [J]. 分子植物育种，2006，4 (1)：9-14.

[7] 李慧等. 宏基因组技术在开发未培养环境微生物基因资源中的应用. 生态学报，2008，28 (4)；1762-1772.

[8] 王娟娟，贾彦军. 微生物原生质体融合方法的综述 [J]. 畜牧兽医科技信息，2005 (10)：17-19.

[9] 霍乃蕊，韩克光. 细胞融合技术的发展及应用 [J]. 激光生物学报，2006，15 (2)：209-213.

[10] 梅兴国等. 植物原生质体培养方法 [J]. 生物学通报，2001，36 (7)：14-15.

[11] 傅秀梅等. 生物制氢———能源、资源、环境与经济可持续发展策略 [J]. 中国生物工程杂志，2007，27 (2)：119-125.

[12] 叶立等. 硅橡胶膜用于工业化乙醇连续发酵的实验研究 [J]. 上海化工，2003，04：18-21.

[13] 刘宝玲等. 发酵罐无菌化测温及控制的研究机电工程 [J]. 2006，23 (5)：37-40.

[14] 刘海波，周利. 微机控制系统在啤酒发酵罐中的应用 [J]. 酿酒，2000 (2)：99.

[15] 薛才利. 射流式好氧发酵罐的研究与应用化工设计，1994 (4)，41-46.

[16] 刘振扬等. 啤酒废酵母酶法生产酱油技术 [J]. 酿酒科技，2006，11：97-98.

[17] 王镇，王孔星. 微生物絮凝剂的研究概况 [J]. 微生物学通报，1993，20 (6)：362-367.

[18] 张本兰. 新型高效、无毒水处理剂——微生物絮凝剂的开发与应用 [J]. 工业水处理，1996，16 (1)：7-8.

[19] 康建雄，唐赢中. 短梗霉多糖絮凝剂的研究 [J]. 适用技术市场，1996，(12)：3-5.

[20] 寿洪志等. 膜分离技术在酿酒业中的应用探讨. 中国酿造，2007，3：58-60.

[21] 刘祎等. 微生物絮凝剂 NII4 处理生活污水的研究 [J]. 环保科技，2011，17 (3)：30-32.

[22] 杨劲峰等. 微生物絮凝剂在给水处理中的应用及其动力学研究 [J]. 供水技术，2008，2 (6)：5-7.

[23] 张云峰. 微生物絮凝剂的提纯及絮凝条件研究 [J]. 淮阴师范学院学报 (自然科学版)，2005，4 (4)：331-333.

[24] 于皓. 微生物絮凝剂预处理养猪场废水研究 [J]. 能源与环境，2008 (1)：90-91.

[25] 马放等. 复合型微生物絮凝剂的开发 [J]. 中国给水排水，2003，19 (4)：1-4.

[26] 张玉玲等. 复合型微生物絮凝剂研究 [J]. 哈尔滨工业大学学报. 2008，40 (9)：1481-1484.

[27] 马放等. 环境生物制剂的开发与应用 [M]. 北京：化学工业出版社、环境科学与工程出版中心，2004.

[28] 唐晓萍. 微生物絮凝剂应用污水处理过程中的优化分析 [J]. 重庆大学学报. 2002，25 (7)：118-121.

[29] 高杰等. 微生物絮凝剂在水处理中的应用 [J]. 化工环保. 2005，25 (2)：147-150.

[30] Li Zhiliang. Screening ofmicroorganisms which produceflocculants and their flocculation effectexperiment [J]. Microbial Journa，1997，3 (1)：67-70.

[31] 宋文化. 蒽醌染料及其中间体絮凝菌的特性 [J]. 环境与城市生态，1999，12 (1)：22-24.

[32] 薛西改，郝雯，宋丽芝，张金虎. 微生物絮凝剂在废水处理中的应用 [J]. 河北工业科技，2010，27 (1)：60-62.

[33] 胡玉平等. 微生物絮凝剂在废水处理中的应用研究进展 [J]. 广西轻工业，2006 (6)：102-104.

[34] 江慧华等. 微生物絮凝剂处理屠宰厂废水的研究 [J]. 九江学院学报 (自然科学版)，2010，2 (2)：1-4.

[35] 张耀华. 屠宰废水的生物治理研究 [J]. 环境科学与技术. 2006，29 (增刊)：125-129.

[36] 林晓利. SBR 法处理屠宰废水氨氮升高原因分析及改进措施 [J]. 环境保护科学，2007，33 (2)：29-30.

[37] 刘绍根等. UASB-SBR 工艺处理屠宰废水 [J]. 安徽建筑工业学院学报 (自然科学版)，2001，9 (1)：54-57.

[38] 董悦安等. 物理及生物技术在密云水库富营养化防治中的应用 [J]. 地学前缘，2005，12 (特刊)：77-82.

[39] 潘洁慧，陆开宏. 铜锈环棱螺对微囊藻的摄食及其毒素积累研究 [J]. 宁波大学学报 (理工版)，2008，21 (4)：479-484.

[40] Shilo M. Lysis of blue-green algae by myxobacter [J]. J Bacteriol，1970，34 (1)：453-461.
[41] 李勤生，黎尚豪. 溶解固氮蓝藻的细菌 [J]. 水生生物学集刊，1981，7 (3)：377-384.
[42] Kang YH，et al. Isolation and characterization of a bioagent antagonistic to diatom，Stephanodiscushantzschii [J]. J Appl Microbiol，2005，98：1030-1038.
[43] Imai I，et al. Algicidal marine bacteria isolated from northern Hiroshima bay，Japan. Fish Sci，1995，61 (1)：628-636.
[44] 郭吉等. 太湖溶藻细菌的分离及评价 [J]. 东南大学学报自然科学版，2006，36 (2)：293-297.
[45] 晏荣军等. 2株球形棕囊藻溶藻细菌的分离及鉴定 [J]. 环境科学，2011，32 (1)：225-230.
[46] Caiola MG，Pelleg r ini S. Lysis of Microcystisaeruginosa by Bdellovibrio-like bacteria [J]. J Phycol，1984，20 (4)：471 476.
[47] Shinya K，et al. Isolation and identifi cation of the antialgal compound，harmane (1-methyl-β-carboline)，produced by the algicidal bacterium，Pseudomonas sp. K44-1 [J]. J Appl Phycol，2004，14：109-114.
[48] Lee S，et al. Involvement of an extracellular protease in algicidal activity of the marine bacterium Pseudoalteromonas sp. Strain A28. Appl Environ Microbiol，2000，66 (1)：4334-4339.
[49] Yoshikawa K，et al. β-cyanoalanine production by marine bacteria on cyanide-freemedium and its specific inhibitory activity toward cyanobacteria [J]. ApplEnvirMicrobiol，2000，66：718-722.
[50] Baker KH，Herson DS. Interactions between the diatom Thallasiosirapseudonana and an associated Pseudomonad in a mariculture system [J]. Appl Environ Micmbiol，1978，35 (6)：791-796.
[51] Su JQ，et al. Isolation and characterization of a marine algicidal bacterium against the toxic dinoflagellateAlexandri-umtamarense [J]. Harmful Algae，2007，6 (6)：799-810.
[52] Fukami K，et al. Isolation and properties of a bacterium inhibiting the growth of Gymnodiniumnagasakiense [J]. Nippon Suisan Gakkaishi，1992，58：1073-1077.
[53] Jeong SY，et al. Bacillamide，a novel algicide from the marine bacterium，Bacillus sp. SY-1，against the harmful dinoflagellate，Cochlodiniumpolykrikoides [J]. Tetrahedron Lett，2003，44：8005-8007.
[54] Nakamura N，et al. A novel cyanobacteriolytic bacteria，Bacillus cereus，isolated from a eutrophic lake. J Biosci&Bioeng，2003，95：179-184.
[55] 彭超，吴刚. 3株溶藻细菌的分离鉴定及其溶藻效应 [J]. 环境科学研究，2003，16 (1)：37-40.
[56] 裴海燕等. 一株溶藻细菌的分离鉴定及其溶藻特性 [J]；环境科学学报，2005，25 (6)：796-802.
[57] Mu RM，et al. Isolation and algae-lysing characteristics of the algicidal bacterium B5. J Environ Sci，2007，19 (11)：1336-1340.
[58] 裴海燕等. 一株溶藻细菌的溶藻特性及其鉴定 [J]. 中国环境科学，2005，25 (3)：283-287.
[59] 史顺玉等. 溶藻细菌DC21的分离、鉴定及其溶藻特性 [J]. 中国环境科学，2006，26 (5)：587-590.
[60] Yamamoto Y，Suzuki K D. Ultrastructural Studies on Lysis of Blue-green Algae by a Bacterium [J]. Gen Appl Mi-crobial，1977，23 (3)：285-295.
[61] Choi HJ，et al. Streptomyces neyagawaensis as a control for the hazardous biomass of Microcystisaeruginasa (Cya-nobacteria) in eutrophic freshwaters [J]. Biol Coutrol，2005，33 (3)：335-343.
[62] 王媛媛. 二株海洋溶藻细菌的分离及其溶藻特性研究 [D]. 华中师范大学，2011.
[63] 史荣君等. 一株溶藻细菌对海洋原甲藻的溶藻效应 [J]. 生态学报，2012，32 (16)：4993-5001.
[64] 张勇等. 溶藻细菌杀藻物质的研究进展 [J]. 微生物学通报，2004，31 (l)：127 131.
[65] Lamura N，et al. Argimicin A，a novel anti-cya-nobacterial compound produced by an algae-lysing bacterium [J]. J Anti-biotics，2000，53 (11)：1317-1319.
[66] 陈彩云等. 假单胞菌降解微囊藻毒素的效能及酶作用机理水生生物学报 [J]. 2009，33 (5)：951-956.
[67] 汪辉等. 一株溶藻菌的分离、鉴定及其溶藻物质的研究 [J]. 中国环境科学，2008，28 (5)：461-465.
[68] 晋利等. 一株溶藻细菌对铜绿微囊藻生长的影响及其鉴定 [J]. 中国环境科学，2010，30 (2)：222-227.
[69] 李东等. 溶藻细菌BS03分离、鉴定及其对塔玛亚历山大藻生长的影响 [J]. 环境科学学报，2013，33 (1)：

44-52.
[70] 史顺玉. 溶藻细菌对藻类的生理生态效应及作用机理研究 [D]. 中国科学院研究生院，2006.
[71] 林敏等. 三株溶藻细菌溶藻活性代谢产物的初步研究 [J]. 生态环境，2007，16 (2)：358-362.
[72] 陆开宏等. 罗非鱼对蓝藻的摄食消化及对富营养化水体水华的控制 [J]. 水产学报，2005，29 (6)：811-818.
[73] 王建龙，文湘华编著. 现代环境生物技术 [M]. 北京：清华大学出版社，2001.
[74] 陈坚主编. 环境生物技术 [M]. 北京：中国轻工业出版社，1999.

第7章 生物多样性与环境生物资源的保护

7.1 生物多样性概述

7.1.1 生物多样性的定义和组成

生物多样性是人类社会赖以生存和发展的基础。保护生物多样性，保证生物资源的永续利用是一项全球性任务，也是全球性环境保护行动计划的重要组成部分。

所谓生物多样性就是地球上所有的生物——植物、动物和微生物及其所构成的综合体。它包括遗传多样性、物种多样性和生态系统多样性三个组成部分。

生态系统是生物及其所生存环境所构成的综合体。所有物种都是各种生态系统的组成部分。每一物种都在维持着其所在的生态系统，同时又依赖着这一生态系统以延续其生存。生态系统的类型极其多样，但是所有生态系统都保持着各自的生态过程，这包括生命所必需的化学元素的循环和生态系统各组成部分之间能量流动的维持。不论是对一个小的生态系统而言或是从全球范围来看，这些生态过程对于所有生物的生存及进化和持续发展都是至关重要的。另外，维持生态系统多样性对于维持物种和基因多样性也是必不可少的。

物种多样性是指动物、植物及微生物种类的丰富性，它是人类生存和发展的基础。物种的多样性是生物多样性的关键，它既体现了生物之间及环境之间的复杂关系，又体现了生物资源的丰富性。物种多样性，为人类提供了基本的生活资料来源。在人类进化史的绝大部分时期内，人类几乎完全依赖自在的自然生物生存，即依靠狩猎和采集野生植物生存。随着生产力的发展，人类把一些捕获的野生动物进行驯养，把一些野生植物进行栽培，从而在一万多年前产生了原始畜牧业和种植业，进而发展成农、林、牧、渔业。即使在科学技术高度发达的当今社会，物种资源仍是农业生产经营的主要对象，很多野生生物资源至今仍是人类食物的重要来源。据环境学家统计分析认为，我国高等野生植物3万多种，但只有1.5万种具有药用和观赏价值。现代工业中很大一部分原料仍直接或间接来源于野生生物，据统计，2007年全球处方药中30%为天然药物，约有10000余种药用植物。物种资源是农、林、牧、副、渔各业经营的主要对象，它为人类提供了必要的生活物质，特别是随着医学科学的发展，许多野外生物种属的医药价值将不断被发现。物种多样性，直接影响生态系统的能量利用效率、物质循环过程的方向、生物生产力、系统缓冲与恢复能力等。保护物种多样性，就是保护生态系统多样性，就是保护农业可持续发展，就是保护人类自己。

遗传多样性是指存在于生物个体内、单个物种内以及物种之间的基因多样性。一个物种的遗传组成决定着它的特点，这包括它对特定环境的适应性，以及它被人类的可利用性等特点。任何一个特定个体和物种都保持着大量的遗传类型，就此意义而言，它们可以被看作单独的基因库。基因多样性，包括分子、细胞和个体三个水平上的遗传变异度，因而成为生命进化和物种分化的基础。一个物种的遗传变异越丰富，它对所生存的环境的适应也便越强，而一个物种的适应能力越强则它的进化潜力也越大。因此，遗传多样性对农、林、牧、副、渔业的生产具有重要的现实意义。

7.1.2 生物多样性的价值

7.1.2.1 物质生产

人类几乎从生物多样性的野生和驯化组分中得到了所需要的全部食品、许多药物。大约80%的世界人口仍主要依赖从植物中获得的各种药材，在亚马逊流域有2000多种动植物被作为药物；主要以野生物种为基础的渔业，1989年向世界提供了1×10^8t的食物；在尼日利亚的一些边远地区，猎物为人类提供的蛋白质占全年消耗的20%。木材观赏植物、油料、树胶和许多纤维也都来自野生生物种。近年来，科学家发现不少新奇的“燃料植物”，如银合欢树、苦配巴乔木、阔叶木棉、油楠树、汉加树等。我国海南岛的尖峰岭，每株一年可收获10～25kg的“柴油”。绿色植物通过光合作用积累人类不可缺少的生命维持物质，制造了大量的社会发展必需的重要自然资源，各种生物与环境因素共同作用形成的石油、煤炭和天然气是工业发展的基础，木材和动物粪便提供了尼泊尔、坦桑尼亚和马拉维主要能源的90%和其他一些国家的80%；农、林、牧业的发展直接依靠粮食作物、糖类作物、油料作物、蔬菜作物、森林和牧草；制糖工业、淀粉工业、纤维工业、橡胶工业、油脂工业、涂料工业都在不同程度上依赖丰富的动植物资源；植物所含的生物碱、多种萜类、苷类、有机酸、氨基酸、激素、抗菌素、鞣质是医药的主要成分；许多野生生物产品可直接用于各种工业生产树胶、精油、松香、树脂、染料、丹宁、蜡和其他许多化合物。

7.1.2.2 农业方面

生物多样性的价值在农业上尤为明显，估计90%的潜在的农作物害虫通过天敌控制，包括许多鸟类、蜘蛛、寄生蜂、苍蝇、瓢虫、真菌、病毒和大量其他类型的有机体，自然生物间的相互作用控制害虫，减少化学杀虫剂的使用，每年可节省数十亿美元。土壤肥力的产生和维持也是大量细菌、真菌、甲壳动物、螨类、白蚁和昆虫活动的结果。所有这些物种作为一个整体发挥重要作用，一些细菌负责固氮，从空气中获取这种蛋白质的重要组成成分，并转变成植物可利用的形式，最终为人类和动物所利用。遗传多样性在作物增产、抗病虫害等方面发挥重要作用。各种生物类型提供丰富的基因和生化资源，巩固目前的农业发展。面对新的害虫、疾病和其他压力，粮食增产能力主要依靠从野生相关种移植抵抗这些挑战的基因，这种从生物多样性“基因库”中的移植每年增加粮食产量约1%，创值100亿美元。运用当代生物技术从各种有机体中移植作物基因，更有效地利用丰富的基因库，将成为未来增产的主要部分。传统作物产品以外，其他许多生物也可能成为潜在的新食物。历史发展进程中，约有7000种植物被人类作为食物，其中仅有150种植物被大面积种植，世界上90%的食物来源于20个种。然而，有许多别的更有营养或适应能力更强的物种，利用现有作物的野生亲缘种可以培育出抗病虫害新品种。由于可灌溉农田盐渍化的日益严重和气候变化的可能性，未来的食物保障可能要依靠现在农业中相对没有重视的抗旱、抗盐种。

7.1.2.3 医药方面

生物多样性组分对人类健康至关重要。前25年，全球推出的所有药物新化学实体和小分子药物新化学实体中分别有52%和63%可追溯到天然产物。天然产物在某些疾病治疗药物中占很大比例；78%的抗感染药物和65%的抗肿瘤药物来自于天然产物或其衍生物中。我国现有药用植物11146种，商品药材中可栽培的有400种，占总商品药材的30%，常用药材约500种中可人工种植的约150种，其余都来自野生植物。从一种土壤真菌中提取的*Cyclosporin*，通过抑制免疫反应，使得心脏和肾脏移植手术有了很大的突破；阿司匹林以及其他许多人工合成的药品首先是在野生物种中发现的。

7.1.2.4 净化环境

在分解有机废物方面，生物发挥重要作用，同时还可以分解许多潜在病原体。粗略估算全球每年产生有机物废物约1.3×10^{11}t，各种土壤微生物像生产线工人一样加工特殊的化合物，摄取有机废物中化学键能并使之沿着食物链传递。许多工业废品，包括肥皂、去污剂、杀虫剂、石油、酸和纸，如果其浓度没超过系统的承载能力，都能通过各种生物有机体解毒和分解。各种植物不仅是人类食物和药材的来源，还是净化空气，制造氧气的天然"氧吧"。通过光合作用和呼吸作用与大气交换CO_2和O_2，使大气中CO_2和O_2的动态平衡得以维持；如果没有植物的光合作用，大气中的O_2含量可能会逐渐下降并最终消耗殆尽。有些植物还可以减少空气中硫化物、氮化物、卤素等有害物质的污染，滞留和滤过粉尘，1km^2阔叶林可以吸收SO_2 88.65kg、滞尘10.11t。当前地球上的极端气候事件的不断出现都在一定程度上与大片草地和森林的破坏有关。

7.1.2.5 生态系统稳定性

物种的多样性影响生态系统的生产力及其功能，当一个生态系统的物种多样性发生变化时，生态系统对污染的吸收和分解、土壤肥力和小气候的维持、水的净化以及其他功能同样也发生变化。最近的研究表明：随着区域生物多样性的下降，植物生产力也随之下降；随着生物多样性的丧失，生态系统抵抗干旱等灾害的能力下降；生物多样性的下降引起土壤氮水平、水分利用、植物生产力、病虫害等生态过程更加不稳定。随着植物多样性的下降，草地稳定性和生物多样性也急剧下降。当植物种类从25种减少到5种或更少时，草地抗干旱能力下降；并且总生物量下降4倍多，结果草地对干旱更加敏感，恢复其原有生产力所需时间更长。

7.1.2.6 娱乐旅游

生物资源同样也在娱乐和旅游业中起着重要作用，如野外观鸟、赏花、森林浴等。在全世界，生态旅游可获得120亿美元的收入。多姿多彩的生物界是人类美感、灵感无可比拟的源泉。

7.1.2.7 其他潜在的价值

随着时间的推移，生命多样性的最大价值可能还在于为人类提供适应当地和全球变化的机会。基因、物种、生态系统未知的潜力展现出一个永无休止的、不可估量的但肯定是很高价值的生物学前沿。遗传多样性使杂交育种者可以按照新的气候条件"设计"作物；地球上的生物群落，拥有治疗不断出现的疾病的秘方；多样化的基因、物种和生态系统是一种能够随着人类的需求变化而选择的资源。

7.2 生物多样性受威胁现状及其原因

7.2.1 生物多样性受威胁现状

虽然就生物多样性的现状而言，我们也许生活在最富有的地质年代，然而，这笔财富正通过生物种类不可逆转的丧失和生态系统的破坏，处在危机当中。生物多样性危机是物种濒危、灭绝及与之相关联的遗传基因多样性衰减、灭绝，生态系统破坏、解体的系统危机。

地球上已知的生物种类有200多万种，据科学家估计，地球上实际存在的物种数从500万种到1亿种之间。一般从极地到赤道，物种的丰富程度呈增加趋势，其中热带雨林几乎包含了世界一半以上的物种。1980年，科学家被热带森林昆虫多样性所震惊，仅对巴拿马19棵树的研究中发现，全部1200种甲壳虫的80%以前没有命名；$1m^2$的土壤可能含有20万只节肢动物和线蚓属动物以及几十亿的微生物；仅亚马逊河中的鱼类就有3000多种。但是，全球生物多样性丧失的速度更加惊人。

7.2.1.1 惊人的物种灭绝速度

在地球生命进化的大部分时间里，物种的灭绝速度和形成速度应该是大致相等的，自6500万年前恐龙灭绝以来，全球的物种灭绝速度在加快，现据科学家估计：由于人类活动的强烈干扰，近代物种的丧失速度比自然灭绝速度快1000倍，比形成速度快100万倍，德国《明镜》周康说：到2100年地球上1/3～2/3的动植物以及其他有机体将消失，出现物种大规模死亡的现象。

据美国2000年报告预测，到2050年，地球上物种灭绝的总数将为66万～186万种，要比自然状态下高2500倍。专业人士认为，即使做出最大的努力来保护世界的生物多样性，物种的1/4仍将在100年内灭绝。目前大约20000种植物、350种鸟类、280种哺乳动物灭绝，而且还有许多其他物种濒临绝灭或面临严酷的生存威胁（表7-1）。

表7-1 全球受到威胁的物种数量

类别	灭绝	濒危	渐危	稀有	未定	全球受威胁总数
植物	384	3325	3022	6749	5598	19078
鱼类	23	81	135	83	21	343
两栖类	2	9	9	20	10	50
爬行类	21	37	39	41	32	170
无脊椎动物	98	221	234	188	614	1355
鸟类	113	111	67	122	624	1037
哺乳类	83	172	141	37	64	497

注：引自《保护世界的生物多样性》，中国环境科学出版社（1991年版）。

世界自然保护联盟（IUCN）2012年发布的红色名录中表明，在所有受评估的6万多类生物物种里，已经灭绝和受到不同程度威胁的占32%，而在所有受威胁的物种中，两栖类最高，约占41%。据联合国环境计划署预测，在21世纪前20～30年地球上将有1/4生物物种陷入绝境，到2050年将有50%动植物从地球上消失。

7.2.1.2 基因多样性的丧失

物种是基因的载体，每个物种都是一个基因库。物种多样性的丧失，必然导致遗传基因多样性的危机。目前世界范围内，474种遗传基因显著不同的家禽数量已变得很少，617种家禽自1892年起已濒临灭绝。20世纪50年代，“绿色革命”导致一些单一的现代品种代替传统地方品种。印度尼西亚74%的水稻品种来自同一母系，这种遗传多样性丧失造成农业生产系统抵抗力下降。1991年，巴西橘子树遗传相似性导致了历史上最大的柑橘溃烂；1972年苏联小麦大面积损失；1984年佛罗里达柑橘的溃烂的大爆发；20世纪50年代，中国水稻品种有46000多个，到2006年仅剩1000多个，这些皆起因于遗传多样性的减少。

7.2.1.3 生态系统多样性的丧失

生物圈是一个相互关联的功能整体。一种物种的灭绝人类损失的不仅仅是一个物种，连带的损失还包括这个物种所能提供的各种物理的、生化的功能，从而导致生态系统的失衡，危及多个物种的生存。

就生态系统而言，最大规模的物种灭绝发生在包含全球物种50%以上的热带森林。但是全球的热带雨林现在正以每分钟20hm^{2}的速率减少，照此下去，不出100年，全球的热带雨林将荡然无存，大量珍惜生物也将随着热带雨林的消失而灭绝。温带森林的破坏同样严重，温带森林的1/3已被砍伐，温带雨林已成为濒危生态系统。澳大利亚、新西兰、美国的湿地已经消失1/2，红树林被砍伐后变成虾塘。印度、巴基斯坦和泰国至少有3/4的红树林受到破坏。脊椎动物和昆虫的消失比例可能更高。大面积海洋和淡水生态系统也在不断丧失和严重退化，其中受到冲击最严重的是处于相对封闭环境中的淡水生态系统。一些岛屿物种的生存也面临严重的威胁。

7.2.2 生物多样性丧失的原因

生物多样性丧失的直接原因可概括为如下几方面：a. 自然栖息地的侵占和人为隔离（片断化）；b. 野生动植物资源的过度开发；c. 外来种的侵入；d. 土壤、空气和水污染；e. 气候变化；f. 工业化农业和林业。然而，是人类活动改变了局部、全球环境，导致全球气候变暖、生态系统稳定性下降和严重的环境污染。人类为了扩展农田、都市和道路，破坏了大量的自然栖息地，生物多样性的丧失的根本原因还是在于人类，包括人口的增加、人类自身生态位的拓宽以及对地球上生物产品越来越多的占有、自然资源的过度消耗等。

（1）生物资源需求量剧增

自1950年以来谷物、鱼类和木材的人均需求量分别增加了40%、100%和33%，然而，人类所能利用的自然资源是有限的，如果不尽早完善当前的工农业生产活动，未来人均所能拥有的鱼类、耕地、森林数量将大幅度下降。人类大规模工业化生产活动带来的污染日趋严重，臭氧层的耗竭、酸雨、空气和水污染都会导致严重的生物多样性损失。世界人口最多、耕地和淡水等自然资源人均占有量较少的中国面临更为严峻的挑战。

（2）认识不足

当前民众认识到食物、生物产品、药物和旅游业的价值，但没意识到正是各种生物协同作用才为人类的繁衍提供了各种服务，包括供给食物、净化空气和水、稳定气候、缓解洪涝和干旱、形成土壤和恢复土壤肥力、散播种子、传粉控制害虫等；应认识到许多物种巨大的潜在价值，如未开发的药物，尚未发现但也许未来需要的农产品野生亲缘种。由于没有认识到生物多样性的巨大价值，生物多样性的保护常被认为是耗资而不是投资。

（3）管理不力

例如世界各地渔业资源的不断衰竭不是因为缺乏渔业知识而是相关的法规制度不完善。大部分自然资源保护机构和组织存在管理力度等方面的不足，人力和财力匮乏；缺乏法律法规系统的制约，即使有一些相关法规制度，出于局部和短期利益的诱惑，也难以真正贯彻执行，有法不依、有禁不止的现象普遍存在。

（4）缺乏利益权衡

大多数人只关心当前利益而不反思自己的所作所为带来的长远后果，缺乏短期经济利润和长期效益之间的正确权衡，不考虑会把一个什么样的世界留给子孙后代。为了满足自身的需求大面积采伐、开垦、过度放牧，导致栖息地的大量丧失，即使保留下来的也支离破碎，对野生物种造成了毁灭性影响，严重破坏自然生态系统的可持续生产能力。

（5）不合理农、林、渔生产活动

当前农作物种类非常单一，这些作物在产量或品质方面具有一定的优势，但随着作物种类的减少，当地固氮菌捕食者、传粉者、种子传播者以及其他一些传统农业系统中通过几世纪共同进化的物种消失了。化肥、杀虫剂和旨在短时间里寻求最大产量和效益的高产量品种的使用加剧了生物多样性的损失。在林区，快速和全面的森林转变（经常转向单优势种群的经济作物）正在蔓延；在水域，在经济利益的驱动下，“地毯式捕鱼”越来越普遍。对生物物种的过度捕猎采集等掠夺式利用方式，使野生物种难以正常繁衍。

7.3 中国生物多样性状况

7.3.1 生物多样性资源丰富

我国地域辽阔，自然条件复杂多样，南北跨约纬度49°15′，东西跨越经度62°，气温存在明显的北、南梯度，从北向南有寒温带、中温带、暖温带、北亚热带、中亚热带、南亚热带、北热带、热带等；降水量地区差异极大，从湿润、半湿润过渡到半干旱、干旱、极干旱；山脉众多复杂，海拔高度从海平面直到海拔高达8848m的高峰，青藏高原的隆起、众多山脉阻隔和垂直分异造成自然地理环境复杂，这些纬度经度、垂直三维空间的相互结合及其复杂的自然历史演变过程造就了丰富多样的生物种类，使我国成为全球生物多样性特丰富国家之一。中国的种子植物有30000余种，仅次于世界种子植物最丰富的巴西和哥伦比亚，居世界第三位；被子植物328科、3123属、30000多种，分别占世界被子植物科、属、种的75%、30%和10%；裸子植物10科、34属、约250种，分别占世界裸子植物科、属、种的66.7%、43%和29.4%；苔藓植物2200种，106科，占世界种科的9.7%和70%。蕨类植物52科，约2200～2600种，分别占世界科种的80%和22%。脊椎动物6588种，占世界总种数的14%。中国是世界上鸟类种类最多的国家之一，共有鸟类1332种，占世界总种数的14.6%；鱼类3862种，占世界总种数的20.3%。我国特有高等植物约17300种，特有脊椎动物667种，为中国脊椎动物总数的10.5%。同时，我国复杂的地势、土壤和气候条件，加上各民族各种各样的耕作制度，产生了众多适应不同地区栽培需要的地方品种，基因多样性丰富。如在全国农业生产中起重要作用的水稻地方品种50000个，大豆达20000个；家畜品种和类群1900多个；在中国境内已知的经济树种就有1000种以上，栽培和野生果树种类总数世界第一位；中国的重要观赏花卉2200多种。这些品种都有十分重要的经济价值，也是宝贵的“基因”资源。另外，如此复杂的气候和地貌条件也使我国拥有了世界上绝大多数的生态系统类型，包括森林生态系统212类、灌丛生态系统113类、草原生态系统55类、荒漠生态系统52类、草甸生态系统77类、沼泽生态系统37类。

7.3.2　生物多样性保护形势严峻

由于长期过度开发利用，我国已有不少野生植物已经或将灭绝，如海南美登木、海南细辛、瓜耳木、霉草、海南粗榧、海南论环藤、嘉兰、海南阿斯菲木以及蒙古高原产的单花郁金香等，我国野生高等植物濒危比例达15%～20%。《国家重点保护野生植物名录》中包括已经发布的第一批（1999）和未发布的第二批（讨论稿）共包括了2177个物种，1984年国务院环境保护委员会公布的我国第一批《中国珍稀濒危保护植物目录》389种。面临人类掠夺式采挖，青藏高原的雪莲、红景天、冬虫夏草等稀有药用植物已濒临灭绝，若不立即采取有效保护措施，可能完全失去可持续开发利用能力。有233种脊椎动物面临灭绝，约44%的野生动物呈数量下降趋势，非国家重点保护野生动物种群下降态势明显。2006～2012年间，环境保护部联合中国科学院等初步提出陆生脊椎动物灭绝35种，濒危343种。1988年公布的《重点保护野生动物目录》有257种，其中兽类83种、鸟类77种、爬行类17种、两栖类22种，分别占全国相应总种数的18.4%、6.49%、5.31%和10.48%。2010年长白山自然保护区的水獭种群数量比1975年下降了99.3%。世界级稀有动物白鳍豚种群数量研究结果先后为1982年的400头、1987的300头、1993年的200头、1994的不足200头，2006年不足100头，2007年已正式公布功能性灭亡，种群数量下降的趋势非常明显。我国沿海共有数十个经济开发区，由于注重经济发展而忽略环境管理，生活、工业污水源源不断排入近海，再加上过度捕捞、围垦湖泊、兴建闸坝等，我国鱼类生存环境日益恶化，鱼群密度和渔获个体趋小。例如，出于短期利益的渔民不顾国家规定，捕捞大量产卵或卵尚未成熟而即将产卵的带鱼，致使资源急速趋于枯竭，长江中下游江段有70多种淡水经济鱼类，近20年，除河口区凤鲚资源相对稳定外，鲈鱼、银鱼、鲻鱼都大幅度减少，鱼类物种多样性正逐步丧失。农业生产中过于强调高产品种的推广和外来种的引进，已导致不少地方品种和类型的丧失，如在我国小麦生产上起重要作用的品种已从20世纪50年代的623个减少到80年代的472个。优良的九斤黄鸡，定县猪已经灭绝；到20世纪90年代初已灭绝的家畜有牛种3个，绵羊1个，猪2个，鸡4个，濒临灭绝的猪种5个，鸡种2个。

我国生态系统多样性丧失尤为严重。例如东灵山有代表性的生态系统类型落叶阔叶林大部分被砍伐而形成灌丛和草地，还有很大一部分被开垦为农田和果园；东北鸭绿江流域、图们江流域、松花江流域、牡丹江流域的平原被大面积开发，昔日的荒芜草原、灌丛以及坡度较缓的山林皆为农田所替代；中国最大的三片针叶林区：大兴安岭、长白山地和西南横断山区，70%的天然林已被采伐；据“我国近海海洋综合调查与评价”显示，与20世纪50年代相比，我国红树林面积丧失73%，由$5.5\times10^5\text{hm}^2$减至$1.5\times10^5\text{hm}^2$。全国各大牧区过度放牧，滥垦乱挖、鼠害等原因引起的草地退化、沙化更是惊人。中国草场主要分布于蒙新高原和青藏高原，由于超载放牧，有1/2以上已经退化，其中1/4严重退化；宁夏部分地区大规模采集发菜已导致草原退化面积达总面积的97%。每年夏季大批民众涌向草地挖麻黄、党参、贝母、野茴香、冬中夏草等草药，大片的草地因此而沦为流动、半流动的沙地；还有大量的民工淘金毁坏植被，原本丰茂的草场短期内彻底变成不毛之地，促使整片草地迅速沙化。为了保证众多人口的粮食问题，我国许多自然生态系统被人为改造成人工生态系统，即使还未被人为改造的自然生态系统，也已在很大程度上经受了人类的掠夺，自然生态系统类型急剧减少。同时由于人工生态系统物种非常单一，这一人为的转变过程导致生物物种多样性大量丧失。

我国生物多样性丧失的根本原因在于人口的剧增和人为造成的自然资源的高速消耗，不断狭窄的农、林、渔生产导致的环境污染等。如果现在不立即采取行动扭转目前物种灭绝日益加剧的趋势，我国丰富的生物资源将会在不远的将来被挥霍殆尽，危及未来的生产、发展和生态环境稳定。

大量生物多样性的丧失极大程度上降低甚至可能导致许多生物资源可持续利用能力丧失殆尽，造成人类生存和发展所必需的自然资源不可估量的损失，生物多样性的巨大价值及其对人类未来社会的发展重要性迫使人类采取积极措施保护丰富的动植物和微生物资源，努力寻求既能满足人们对生物资源的需求，又能维持地球上生物资源的可持续利用的模式。保护生物多样性不仅包含对野生种的保护，也包含对栽培和驯化种及其野生亲缘种的遗传多样性的保护，还包括对各种生物栖息地和生境稳定的保护。维持丰富的自然生物提供的人类生命支持系统稳定，同时科学开发和合理利用社会发展所必需的生物资源，是人类生存和可持续发展的重要保障。

生物多样性保护可以影响一个国家、一个地区乃至全球的发展和经济的繁荣，因此它引起了国际社会的关注，成为全球环境问题的热点。

7.4 生物多样性保护

生物多样性是人类社会赖以生存和发展的基础，保护生物多样性，保证生物资源的永续利用是一项全球性任务，也是全球性环境保护行动计划的重要组成部分。目前，世界各国正努力通过建立自然保护区、制订法规以及缔结国际公约等措施来保护生物多样性，滞缓物种灭绝的进程。

7.4.1 《生物多样性公约》

早在1961年12月2日国际上就发起并制定了《国际植物新品种保护公约》，1972年11月10日、1978年10月23日在日内瓦又进行了修订。我国第九届全国人民代表大会常务委员会第四次会议于1998年8月29日决定加入该公约，并声明：在中华人民共和国政府另行通知之前，《国际植物新品种保护公约》（1978年文本）暂不适用于中华人民共和国香港特别行政区。1983年9月13日在马德里制定了《国际遗传工程和生物技术中心章程》，我国政府代表于1983年9月13日签署，1986年11月6日交存加入书。1992年6月5日在里约热内卢制定了《生物多样性公约》（Biodiversity Convention），并于1993年12月29日生效。我国政府总理1992年6月11日在里约热内卢签署了该公约，1992年11月7日全国人民代表大会常务委员会决定批准该公约。1993年1月5日，我国交存批准书，同年12月29日该公约对我国生效。到2005年12月该公约已有188个缔约国。生物多样性公约并不是第一个着眼于物种和栖息地保护的国际公约，但它是第一个提出保护所有生物多样性和第一个包括持续利用这些资源的公约。

7.4.1.1 《生物多样性公约》的目标

《生物多样性公约》的目标是保护生物多样性、持久使用其组成部分以及公平合理分享由利用遗传资源而产生的惠益；实现手段包括遗传资源的适当取得及有关技术的适当转让，但需顾及对这些资源和技术的一切权利，以及提供适当资金。这里的“持久使用”是指使用生物多样性组成部分的方式和速度不会导致生物多样性的长期衰落，从而保持其满足当代和后代的需要及期望的潜力。管辖范围以不妨碍其他国家权利为限，该公约规定下列情形适用于每一缔约国：生物多样性组成部分位于该国管辖区内：在该国管辖或控制下开展的过程和活动，可位于该国管辖区内也可在该国管辖区外。每一缔约国应尽可能直接与其他缔约国或酌情通过有关国际组织为保护和持久使用生物多样性在国家管辖范围以外的地区进行合作。现代生物技术是实现《生物多样性公约》目标的重要手段，也为人类解决粮食、医药和环境等重大问题提供了诱人的前景，但转基因生物的环境释放、进出口和开发利用也会对生物多样性、生态环境和人体健康构成潜在的风险和严重危害，已引起了国际社会关注。为此，对由现代生物技术的开发和应用可能产生的负面影响所采取的有效预防和控制措施，即生物安全，是《生物多样性公约》最重要的议题之一。

7.4.1.2 《〈生物多样性公约〉的卡塔赫纳生物安全议定书》

为预先防范和控制转基因生物可能产生的各种风险，保护全球的生物多样性和人类健康，联合国环境规划署和《生物多样性公约》秘书处从 1994 年开始组织制定“生物安全议定书”，共组织了 10 轮工作组会议和政府间谈判。1995 年 12 月《国家生物技术安全技术准则》在埃及开罗召开的“《国家生物技术安全技术准则》政府指定专家全球协商会议”上通过，并正式发布。我国政府十分重视“议定书”的谈判。由原国家环境保护总局牵头编制的《中国国家生物安全框架》，提出了我国生物安全管理体制、法规建设和能力建设方案，受到联合国有关部门的高度评价。

《〈生物多样性公约〉的卡塔赫纳生物安全议定书》首先于 2000 年 5 月 15 日至 26 日在内罗毕开放签署。从 2000 年 6 月 5 日至 2001 年 6 月 4 日，该议定书在纽约联合国总部开放签署。2000 年 8 月，我国政府正式签署《〈生物多样性公约〉的卡塔赫纳生物安全议定书》。中国是签署该议定书的第 70 个国家。截至 2005 年 12 月已有包括中国在内的 121 个缔约方签署了《生物安全议定书》。同年，我国第一次以缔约方的身份参加《议定书》的缔约方大会。《〈生物多样性公约〉的卡塔赫纳生物安全议定书》的目标是协助确保在安全转移、处理和使用凭借现代生物技术获得的、可能对生物多样性的保护和持续使用产生不利影响的改性活生物体领域内采取充分的保护措施，同时顾及对人类健康构成的风险并特别侧重越境转移问题。

议定书的内容包括：目标和适用范围、提前知情同意程序、风险评估和风险管理、信息交换所、能力建设、公众意识和参与、赔偿责任和补救、监测与报告等。议定书适用范围包括由现代生物技术产生的、拟作田间和商品生产的转基因活生物体的越境转移。封闭使用、药品和用于食品、饲料及其他加工材料（无繁殖能力）的转基因活生物体国际贸易并不包括在议定书范围之内。中国政府十分重视生物安全管理工作，已于 2000 年 8 月 8 日正式签署了《生物安全议定书》，先后发布了《基因工程安全管理办法》、《农业转基因生物安全管理条例》，制定了《中国国家生物安全框架》，在国家环境保护总局成立了生物安全办公室、国家联络点和生物安全信息交换所。此外，由国家环境保护总局牵头，外交、科技、农业、外经贸、质检等部门及中国科学院组成的中国政府代表团参加了“议定书”的历次工作组会议和谈判，并发挥了积极作用。

国际社会广为关注的有关生物安全的主要问题为转基因生物对非目标生物的影响、增加目标害虫的抗性、杂草化、对生物多样性和生态环境的影响、对人体健康的威胁和影响。

7.4.1.3 外来物种入侵的生物安全问题

外来物种入侵是指外来物种在自然状态或人类作用下，在异地获得生长与繁殖的现象。由于外来物种在新的环境中没有天敌，一旦环境条件适宜，其种群密度能迅速增强并蔓延成灾，与本地物种竞争养分、水分、生存空间等，影响生态系统的结构和功能，使本地物种数量大量减少或灭绝。入侵种已严重威胁到本土的动植物物种、种群、生态系统的结构和功能以及地方的经济。外来物种入侵是一个全球性的问题，外来物种对本地生态系统产生危害的现象在全世界非常普遍，它不仅是导致生物多样性丧失的主要原因之一，而且威胁着全球的生态环境和经济发展，成为生物多样性保护中的又一热点问题。根据第 55 届联合国大会第 201 号决议，国际生物多样性日由原来的每年 12 月 29 日改为 5 月 22 日，2002 年国际生物多样性日的主题为“生物多样性与外来入侵物种管理”，就是要将外来物种问题放在优先地位，把外来入侵物种纳入国家生物多样性政策、战略和行动计划。外来物种入侵会对环境和经济发展造成危害，特别是一些外来物种难以控制的生长造成的生物污染，不仅严重损害生物多样性和经济作物，还破坏农田、水利等工程，且很难控制、清除。典型的外来有害物种如大豚草，已对当地生物多样性、水土保持、旅游业和畜牧业造成了严重危害。全球每年由于外来物种入侵造成的经济损失超过 4000 亿美元，美国、印度、南非每年因外来物种造成的经济损失分别为 1500 亿美元、1300 亿美元、800 多亿美元。外来物种入侵正成为威胁我国生物多样性与生态环境的重要因素之一。据统计，松材线虫、湿地松粉蚧、松突圆蚧、美国白蛾、松干蚧等森林入侵害虫严重发生与危害的面积在我国每年已达 $1.5\times10^6\,hm^2$ 左右。美洲斑潜蝇、马铃薯甲虫、非洲大蜗牛等农业入侵害虫近年来每年严重发生的面积达到 $(1.4\sim1.6)\times10^6\,hm^2$。入侵我国东北、华北、华东、华中的豚草，入侵西南地区的紫茎泽兰和飞机草，入侵广东的薇甘菊，在我国华东、华中、华南、西南地区作饲料引进的空心莲子草与水葫芦，沿海省区引进的大米草等的蔓延，对本地生物多样性和农业生产造成了巨大威胁，已经到了难以控制的地步。这些物种疯长成灾，侵入草场、林地和荒地，很快形成单种优势群落，导致原有植物群落的衰退。外来生物一旦入侵成功，要彻底根除极为困难。用于控制其危害的防治费用极为昂贵。据估计，我国目前每年为了防治美洲斑潜蝇的费用高达 45 亿元以上，昆明市为了打捞水葫芦已花费 40 多亿元。

随着问题的日益突出以及各国科学家的积极呼吁，许多国家更加重视外来入侵物种的预防和整治工作，其主要对策是建立完整的法律框架和协调管理体制，加强口岸控制和宣传，提高公众对外来物种入侵的认识，提高公众的生物多样性保护意识，制订经济奖惩措施以及其他政策和手段，减少外来入侵物种的威胁。

7.4.2 生物多样性保护

生物多样性保护包括两个方面：一是对那些面临灭绝的珍稀濒危物种和生态系统的绝对保护，如就地保护和迁地保护等；二是对数量较大的可以开发的资源进行可持续的合理利用。

7.4.2.1 就地保护——自然保护区

就地保护是指保护生态系统和自然生境以及维持和恢复物种在其自然环境中有生存力的群体。“保护区”是指一个划定地理界限，为达到特定保护目标而指定或实行管制的地区。自然保护区是生物多样性就地保护的重要基地，在全世界得到普遍推广。全世界建立的各类自然保护区已超过1万个。中国的自然保护区建设开始于1956年，至今快有60年的发展历史。截至2011年年底，我国共建立各种类型、不同级别的自然保护区2640个，面积$1.4971\times10^{8}hm^{2}$，其中陆地面积$1.4333\times10^{8}hm^{2}$，海域面积$638hm^{2}$。其中，国家级自然保护区335个，面积$9.315\times10^{7}hm^{2}$，已初步形成类型齐全、布局合理、功能健全的自然保护区网络。

自然保护区的主要保护对象是具有一定代表性、典型性和完整性的各种自然生态系统，野生生物物种，各类具有特殊意义的、有价值的地质地貌、地质剖面和化石产地等自然遗迹。但最主要的保护对象仍是生物物种及其自然环境所构成的生态系统，即生物多样性。

自然保护区属于就地保护，是最有力、最高效的保护生物多样性的方法。就地保护，不仅保护了生境中的物种个体、种群、群落，而且保护和维持了所在区生态系统的能量和物质的运动过程，保证了物种的生存发育和种内的遗传变异度。因此，就地保护对生态系统多样性、物种多样性和遗传多样性三个水平都得到最充分最有效的保护，是保护生物多样性的最根本的途径。自然保护区是野生动植物物种，尤其是珍稀濒危物种的自然基因库。全世界建立的保护区（其中一半以上与物种有关），保护着成千上万的野生动植物物种，尤其是珍稀濒危的脊椎动物和高等植物。通过有效的保护物种及其种群，为我们的子孙后代保存了大量的野生动植物的基因类型。例如，为了保护珍贵动物大熊猫及其生境，在四川、甘肃和陕西等省建立了64个自然保护区，同时进行研究和繁育，使其种群延续；为保护珍稀孑遗植物银杉，建立了广西花坪、四川金佛山自然保护区。我国公布的国家重点保护动植物名录中的大多数物种都在自然保护区内得到保护。

7.4.2.2 移地保护

移地保护是指将生物多样性的组成部分移到它们的自然环境之外进行保护。移地保护主要适应于受到高度威胁的动植物物种的紧急拯救。移地保护往往是单一的目标物种，如利用植物园、动物园和移地保护基地和繁育中心等对珍稀濒危动植物进行保护。中国的植物园于20世纪80年代以来发展很快，目前已有234个。有用于科学研究的综合性植物园或药用植物园，有的是以收集树种为主的树木园，还有观赏植物园等。我国植物园保存的各类高等植物约有4万种。目前我国已建的动物园有240多个，这些动物园和展区共饲养国内外动物775种。我国动物园在珍稀动物的保存和繁育技术方面不断取得进展，许多珍稀濒危动物可以在动物园进行繁殖，如大熊猫、东北虎、华南虎、雪豹、黑颈鹤、丹顶鹤、金丝猴、扬子鳄、扭角羚、黑叶猴等。

野生动植物移地保护的主要问题是植物园、保护基地和繁育中心的数量和规模不够，移地保护物种的种群小，不能满足多基因库样本的要求。如目前人工繁育的华南虎为91只，并且全部都有血缘关系，任何一次繁殖都是近亲繁殖。

7.4.2.3 持续利用

建立自然保护区的目的不是单纯的消极保护，而是在实现有效保护的前提下合理开发利用。保护是手段，利用是目的。为了保证持续利用，必须强调保护。

生物多样性保护和可持续利用是当今环境保护和持续发展关注的热点之一。生态学原则不允许一次性的或短期的利用生物资源。可持续利用需要掌握动植物的区系种类、地理分布、生物生态学习性、资源消长和国内外贸易特点等。因此，应在保护区开展科学研究，尤其是确定和研究珍稀和濒危物种，发挥生物资源的潜在的经济价值。合理开发保护区的丰富生物资源，获得直接经济效益是保护区发展的经济基础，也是妥善解决当地居民生活生产的关键。在实行人工保护条件下，野生动植物资源的增长速度、生物量都可能增加，甚至种群超量发展。合理开发利用部分野生动植物、种植本地特产的经济作物、喂养本地野生经济动物，对于稳定天然食物链、保护保护区的自然承载能力、维持合理的种群数量都是有益的。

7.4.3 生物多样性保护在中国

我国非常重视生物多样性保护，1992 年我国签署《生物多样性公约》后，中国对履行《公约》持认真的态度，积极参与国际履约活动，制定和完善了一系列保护和持续利用生物多样性的政策、法律法规和规划，加强生物多样性的保护和科学研究，积极开展生物多样性的公众教育和培训，有效地保护了中国的生物多样性。

7.4.3.1 积极参与国际公约履行

中国在履约方面做了大量的工作，成立了“中国履行《生物多样性公约》工作协调组”，该履约协调组由国家环境保护部牵头，有国务院所属 24 个部门参加；建立了《公约》国家联络点、资料交换所机制联络点、《生物安全议定书》政府间会议联络点和全球分类倡议协调机制；参加了《生物安全议定书》10 轮工作组会议和谈判，对议定书的通过发挥了积极作用，并于 2000 年 8 月 8 日签署了《生物安全议定书》。派政府代表和专家参加了大量全球、区域和次区域活动，参加了科咨机构（SBSTTA）历次会议；积极支持《公约》秘书处的工作，提交了第一次和第二次国家履约报告、有关专题报告以及大量建设性建议和意见；2011 年为“联合国生物多样性十年”，中国为此成立了“中国生物多样性年国家委员会”。

中国政府与联合国环境规划署（UNEP）、联合国开发计划署（UNDP）、世界银行、全球环境基金（GEF）建立了良好的合作关系，与德国、英国、俄罗斯、加拿大、美国、荷兰、挪威、瑞典、日本、韩国、澳大利亚等国家建立了广泛的双边关系，先后制定了“中国生物多样性国情研究报告”、“中国生物多样性保护战略与行动计划”、“中国履行《生物多样性公约》第一次和第二次国家报告”、“中国生物多样性数据管理和信息网络化能力建设”、“中国国家生物安全框架”、“中国自然保护区管理”、“中国湿地生物多样性保护与可持续利用”、“中国海洋和海岸生物多样性保护”、“联合国生物多样性十年中国行动方案”、野生动物保护、植树造林、水土保持、生物多样性培训和宣传教育等一系列项目。通过这些项目的实施，获取了相关知识和技术，加强了能力建设，提高了广大公众的保护意识，2005～2011 年间，欧盟出资 3000 万欧元，投入中国森林、草原、海洋等生态系统、可持续利用及保护区管理方面，大力推动了国内的生物多样性保护工作。

7.4.3.2 加强了立法、执法和规划

中国颁布了《环境保护法》、《自然保护区条例》、《进出境动植物检疫法》、《种子法》、《植物新品种保护条例》、《野生植物保护条例》、《农业转基因生物安全管理条例》，修订了《森林法》、《海洋环境保护法》、《渔业法》等法律法规，生物多样性保护和持续利用的法律

制度日趋完善。根据公约第6条的要求，中国有关部委于1993年年底完成了《中国生物多样性保护行动计划》（BAP）的编制，并于1994年6月由中国政府正式发布并开始实施，这使中国成为世界上率先完成“多样性保护行动计划”的少数国家之一，在国际上产生了积极的影响。与此同时，根据公约要求，中国于1994年开始实施公约的后续行动，编写了《中国生物多样性国别报告》（1997年）。报告详细阐述了中国生物多样性的现状，分析了保护生物多样性的效益，提出了加强生物多样性保护和可持续利用方面的国家能力建设。中国还发布了《全国生态环境建设规划》、《全国生态保护规划纲要》、《中国自然保护区发展规划纲要》和《中国国家生物安全框架》（1999年），有关部门还制定了林业生物多样性、农业生物多样性、海洋生物多样性、湿地生物多样性、生物种质资源、大熊猫迁地保护等专项保护行动计划，使一些主要部门的生物多样性保护纳入国家行动计划之中。2010年编制完成了《中国生物多样性保护战略与行动计划（2011～2030年）》提出我国未来20年生物多样性保护的总体目标、战略任务和优先行动。

7.4.3.3　加强了就地和迁地保护

到2010年年底，我国自然保护区达到2531个，其面积占国家面积的15.2%，其中国家级自然保护区已达到323个，并有26个自然保护区被联合国教科文组织列入“国际生物圈自然保护网”，30个自然保护区被列入《国际重要湿地名录》。目前，我国90%的陆地生态系统、45%的天然湿地、85%以上的珍稀野生动植物物种，特别是65%的珍稀濒危野生动植物物种都在自然保护区里得到较好的保护。

截至2007年，全国共有植物园234个，在近几年又有郑州、秦皇岛等几座城市兴建的植物园，共保存高等植物约有4万种，属于我国植物区系成分有可能有20000种，占我国区系成分的2/3以上；截至2008年，我国经林业局批准的综合性野生动物园有15家，未经批准、小规模的多达30多家，其数目已达到美国的3倍，日本的5倍；据中国动物协会统计，我国包括城市动物园和野生动物园在内至少有240个，同时还有水族馆、鸟类动物园、东北虎等濒危野生动物救护和繁育中心，淡水鱼类种质资源综合库、鱼类冷冻精液库、试验性牛羊精液库、胚胎库等。

7.4.3.4　实行污染防治与生态保护并重的方针

中国实行“污染防治与生态保护并重”、“生态保护与生态建设并举”的方针。国务院发布了原国家环境保护总局拟订的《全国生态环境保护纲要》，加强生物多样性保护的范围和力度。大力开展生态建设和生态保护，实施了天然林资源保护工程、“三北”和长江中下游地区等重点防护林体系建设、退耕还林还草工程、环北京地区防沙治沙工程、重点地区以速生丰产用材林为主的林业产业基地建设工程。经过30多年的长期努力，防护林体系工程建设取得重要进展，“三北”防护林工程已累计造林$2.647\times10^7\text{hm}^2$，工程区森林覆盖率由1977年的5.05%提高到12.4%。自2001年开始历时10年的四期工程，完成了$7.909\times10^6\text{hm}^2$，工程区森林覆盖率提高近4个百分点，共营造固沙林$1.58\times10^6\text{hm}^2$，水土流失治理面积$3.32\times10^5\text{km}^2$。中国还对森林资源实行限额采伐制度；划定禁渔区和休渔期，实行渔业许可证制度；在淡水湖泊和海洋开展放流增殖工作；人工栽种中草药，建立中药材基地；实施出入境检验检疫制度，防止动、植物病虫害的侵入和传播。

7.4.3.5　重视科学研究和监测

国家科技攻关计划、国家重点基础发展规划、国家863计划、国家自然科学基金重点支持了生物多样性保护政策和战略、生物多样性数据管理和信息共享、自然保护区管理、可持续旅游、外来入侵物种防治、生物安全、遗传资源保护与保存、保护生物学、生态环境保护与恢复技术，以及湿地、森林、农业、海洋、缺水和半湿润地区生态系统生物多样性保护等方面的研究。通过这些研究工作，初步查明了中国一些森林、草原、淡水和珊瑚礁生态系统的受损现状及其原因，评估了重要濒危物种的受威胁状态，提出了保护和持续利用生物多样性的对策建议及相关法律法规和标准草案，为生物多样性保护提供了科学技术支持。其中一些工作在国际学术界产生了重要影响，如关于大熊猫等濒危动物的研究成果、常温下种子的超干保存方法等。这些科学研究工作还出版了大量有影响的专著，反映了中国生物多样性研究的整体水平。

国家环境保护总局和中国科学院还发布了《中国濒危动物红皮书》，全书共有兽类、两栖类和爬行类、鱼类、鸟类四卷，每卷提供了濒危动物的种群分布、数量现状和趋势、濒危等级和受威胁原因等科学资料；林业、农业等有关部门发布了《国家重点保护野生植物》名录（第一批）和未发布的第二批，计有 2177 种植物。

国家环保总局建立了环境监测总站和地方环境监测站，环境监测仪器也在显著增加，由 2000 年的 37993 台增加到 2012 年的 273847 台。国家林业局建立了森林资源监测、湿地资源监测、野生动植物资源监测和荒漠化监测体系；农业部建立了农业环境监测网络；国家海洋局建立了由卫星、飞机、船舶、浮标和岸站组成的全国海洋环境监测系统；中国科学院建立了生态定位研究站。中国加强对全国环境、生物多样性的监测，并为国家决策和履约提供科学依据。

7.4.3.6 强化了公众宣传教育和培训

中国广泛利用广播、电影、电视、报纸等大众传媒，以及开展多种形式的展览、夏令营、节日纪念日等活动，普及生物多样性保护知识，如每年在世界环境日、地球日、国际生物多样性日开展大规模公众参与的宣传教育活动，宣传《生物多样性公约》的作用和意义以及保护生物多样性的重要性，中国举办各种形式的专家会议、讲习班、研讨会，大大提高广大公众和管理人员的生物多样性保护意识和自觉性。

尽管中国在履行《生物多样性公约》方面取得了巨大成就，但同时也面临着严峻的挑战。由于气候变化和人为破坏等原因，生态破坏还十分严重，生物多样性丧失正在迅速加快，我国工作还不能满足生物多样性保护的需要。目前，生物多样性保护已成为国家可持续发展优先重点行动之一，急需加强国家一级生物多样性保护能力建设，完善立法，强化执法，增加投入，加强生物多样性领域的多边和双边合作，重视生物多样性热点地区的就地保护，重视生物多样性热点问题，如生物安全、外来入侵物种、遗传资源等的调查和基础工作，同时，加强对《生物多样性公约》和世界贸易组织规划的研究，维护我国环境、生物多样性和经济贸易的权益，调整不利于生物多样性保护的各项政策和制度，有效履行公约义务。

7.5 环境生物资源的保护

生物多样性对维持人类的生存与发展有着无可替代的意义。环境生物资源作为生物资源的有机组成部分，保护生物资源，保护生物多样性，也就保护了环境生物资源，以达到更好地发挥其潜在或实际具有的保护环境、评价环境或净化污染等功能。保护是手段，最终目的是为了持续利用。

以生物多样性保护为核心，为有效地保护环境生物资源，应遵循如下基本原则：

(1) 避免物种濒危和灭绝

这是针对物种大规模灭绝而采取的一种应急措施，主要采取建立自然保护区、捕获繁殖、重新引种、试管受精技术以及建立种子、胚胎和基因库等方法保存物种和基因。

(2) 保护生态系统的完整性

生态系统的功能是以系统完整的结构和良好的运行为基础的。功能寓于结构之中，体现于运行过程之中；功能是系统结构特点和质量的外在体现。高效的功能取决于稳定的结构和连续不断的运行过程。因此，生态环境保护也是以功能保护着眼，从系统结构保护入手。生态系统结构的完整性包括以下几个方面。

① 地域连续性　分布地域的连续性是生态系统存在和长久维持的重要条件。由于人类开发利用土地的规模越来越大，将野生生物的生境切割成一块块越来越小的处于人类包围中的“岛屿”，使之成为易受干扰和破坏的岛状环境，破坏了生态系统的完整性，也加速了物种灭绝的速度。

② 物种多样性　物种多样性是构成生态系统多样性的基础。也是使生态系统趋于稳定的重要因素。在生态系统中，每一个物种的损失或灭绝增加了其余物种灭绝的危险；当物种损失到一定程度时，生态系统就会彻底被破坏。

③ 生物组成的协调性　植物之间、动物之间、动物和植物之间形成的组成协调性，是生态系统结构整体性和维持系统稳定性的重要条件，破坏了这种协调关系，就可能使生态平衡受到严重破坏。

④ 环境条件匹配性　土壤、水、植被三者是构成生态系统的支柱，它们之间的匹配性对生态系统的盛衰具有决定意义。

(3) 防止生境损失和干扰

对大多数野生生物来说，最大的威胁来自其生境被分割、缩小、破坏和退化。生境改变一般是将高生物多样性的自然生态系统变为低生物多样性的半自然生态系统或将大面积连片生态系统分割成一个个“孤岛”，形成脆弱的“岛屿”生境。生境的这些改变对生物多样性影响十分巨大，有些是毁灭性的。

(4) 保持生态系统的自然性

人干预过多会使生态系统失去自然性，导致生物多样性的侵蚀。生物多样性保护不单单是保护物种，而且也需保护物种间关系以及演化过程和生态过程。因此，尽可能保持生态系统的自然性，减少任何人为的干预、改善和建设是生物多样性保护的法则之一。

(5) 可持续利用生态资源

人类开发利用生态资源的方式和强度直接影响生物多样性。因此，要从可持续发展的角度出发，避免商业性的过度采伐、猎捕和更替，以实现生态资源的永续利用，保护生物多样性。

(6) 恢复被破坏的生态系统和生境

对特殊的生态系统、生境、生态因子或特别需要保护的生态目标，或因其有特殊的生态环境功能如生物多样性高，或是珍稀濒危生物生境、水源地等，或因其具有典型的生物地理代表性，或具有较大的进化潜力，或有特别的历史文化、科学研究或其他特别的价值，或因其具有稀有性特点等，在生态环境保护中必须给予特别的关注和重视，如热带雨林、原始森林等重要生境以及生态脆弱带等。将解决重大生态环境问题与恢复和提高生态环境功能紧密结合。以适应经济、社会发展和人类精神文明发展不断增长的需要。

（7）限制野生物种贸易和引进外来物种

野生物种贸易是刺激捕杀野生物种从而获取高额利润的主要原因之一，必须加以限制；外来物种对本地生态系统产生危害的现象在全世界已非常普遍，它不仅是导致生物多样性丧失的主要原因之一，而且威胁着全球的生态环境和经济发展，外来物种的引进必须加以限制。

据统计，中国现有外来入侵植物约 515 种，隶属 72 科 285 属。其中，蕨类植物两种，被子植物 513 种（双子叶植物 432 种，单子叶植物 81 种）。为了防止外来物种入侵，减轻其对我国造成的影响，国家环境保护总局或中国环境保护部先后于 2003 年、2010 年及 2014 年公布了 3 批中国外来入侵物种名单，分别见表 7-2～表 7-4。在公布的 3 批外来物种名单中，外来入侵植物 29 种，外来入侵动物 24 种。

表 7-2 中国第一批外来入侵物种名单（2003 年）

序号	中文名(中文异名)	学名	分类地位
1	紫茎泽兰(解放草、破坏草)	*Eupatorium adenophorum* Spreng.	菊科 Compositae
2	薇甘菊	*Mikaina micrantha* H. B. K.	菊科 Compositae
3	空心莲子草(水花生、喜旱莲子草)	*Alternanthera philoxeroides*(Mart.)Griseb	苋科 Amaranthaceae
4	豚草	*Ambrosia artemisiifolia* L.	菊科 Compositae
5	毒麦	*Lolium temulentum* L.	禾本科 Gramineae
6	互花米草	*Spartina alterniflora* Loisel.	禾本科 Gramineae
7	飞机草(香泽兰)	*Eupatorium odoratum* L.	菊科 Compositae
8	凤眼莲(凤眼蓝、水葫芦)	*Eichhornia crassipes*(Mart.)Solms	雨久花科 Pontederiaceae
9	假高粱(石茅、阿拉伯高粱)	*Sorghum halepense* (L.)Pers.	禾本科 Gramineae
10	蔗扁蛾香蕉蛾	*Opogona sacchari*(Bojer)	鳞翅目 Lepidoptera 辉蛾科 Hieroxestidae
11	湿地松粉蚧(火炬松粉蚧)	*Oracella acuta*(Lobdell)	同翅目 Homoptera 粉蚧科 Pseudococcidae
12	强大小蠹(红脂大小蠹)	*Dendroctonus valens* Le Conte	鞘翅目 Coleptera 小蠹科 Scolytidae
13	美国白蛾(秋幕毛虫、秋幕蛾)	*Hyphantria cunea*(Drury)	鳞翅目 Lepidoptera 灯蛾科 Arctiidae
14	非洲大蜗牛(褐云玛瑙螺、东风螺、菜螺、花螺、法国螺)	*Achating fulica*(Férussac)	柄眼目 Stylomnatophora 玛瑙螺科 Achatinidae
15	福寿螺(大瓶螺、苹果螺、雪螺)	*Pomacea canaliculata* Spix	中腹足目 Mesogastropoda 瓶螺科 Ampullariidae
16	牛蛙美国青蛙	*Rana catesbeiana* Shaw	无尾目 Anura(Salientia) 蛙科 Ranidae
合计		植物 9 种	动物 7 种

表 7-3 中国第二批外来入侵物种名单（2010 年）

序号	中文名(中文异名)	学名	分类地位
1	马缨丹(五色梅、如意草)	*Lantana camara* L.	马鞭草科 Verbenaceae
2	三裂叶豚草(大破布草)	*Ambrosia trifida* L.	菊科 Compositae
3	大薸(水浮莲)	*Pistia stratiotes* L.	天南星科 Araceae
4	加拿大一枝黄花(黄莺、米兰、幸福花)	*Solidago Canadensis* L.	菊科 Compositae
5	蒺藜草(野巴夫草)	*Cenchrus echinatus* L.	禾本科 Gramineae
6	银胶菊	*Parthenium hysterophorus* L.	菊科 Compositae
7	黄顶菊	*Flaveria bidentis*(L.) Kuntze	菊科 Compositae
8	土荆芥(臭草、杀虫芥、鸭脚草)	*Chenopodium ambrosioides* L.	藜科 Chenopodiaceae
9	刺苋(野苋菜、土苋菜、刺刺菜、野勒苋)	*Amaranthus spinosus* L.	苋科 Amaranthaceae
10	落葵薯藤三七、藤子三七、川七、洋落葵	*Anredera cordifolia*(Tenore)Steenis	落葵科 Basellaceae
11	桉树枝瘿姬小蜂	*Leptocybe invasa* Fisher et La Salle	膜翅目 Hymenoptera 姬小蜂科 Eulophidae
12	稻水象甲稻水象	*Lissorhoptrus oryzophilus* Kuschel	鞘翅目 Coleoptera 象甲科 Curculionidae
13	红火蚁	*Solenopsis invicta* Buren	膜翅目 Hymenoptera 蚁科 Formicidae
14	克氏原螯虾 小龙虾、淡水小龙虾、喇蛄、红色螯虾	*Procambarus clarkii*	十足目 Decapoda 螯虾科 Cambaridae
15	苹果蠹蛾(苹果小卷蛾、苹果食心虫)	*Cydia pomonella* L.	鳞翅目 Lepidoptera 卷蛾科 Tortricidae
16	三叶草斑潜蝇 三叶斑潜蝇	*Liriomyza trifolii*(Burgess)	双翅目 Diptera 潜蝇科 Agromyzidae
17	松材线虫	*Bursaphelenchus xylophilus*(Steiner et Buhrer) Nickle	滑刃目 Aphelenchida 滑刃科 Aphelenchoididae
18	松突圆蚧	*Hemiberlesia pitysophila* Takagi	同翅目 Homoptera 盾蚧科 Diaspididae
19	椰心叶甲	*Brontispa longissima*(Gestro)	鞘翅目 Coleoptera 铁甲科 Hispidae
合计		植物 10 种	动物 9 种

表 7-4 中国第三批外来入侵物种名单（2014 年）

序号	中文名(中文异名)	学名	分类地位
1	反枝苋(野苋菜)	*Amaranthus retroflexus* L.	苋科 Amaranthaceae
2	钻形紫菀(钻叶紫菀)	*Aster subulatus* Michx.	菊科 Compositae /Asteraceae
3	三叶鬼针草(粘人草、蟹钳草、对叉草、豆渣草、鬼针草、引线草)	*Bidens pilosa* L.	菊科 Compositae /Asteraceae
4	小蓬草(加拿大飞蓬、飞蓬、小飞蓬、小白酒菊)	*Conyza canadensis*(L.)Cronquist	菊科 Compositae /Asteraceae

续表

序号	中文名(中文异名)	学名	分类地位
5	苏门白酒草(苏门白酒菊)	*Conyza bonariensis* var. leiotheca(S. F. Blake)Cuatrec.	菊科 Compositae /Asteraceae
6	一年蓬(白顶飞蓬、千层塔、治疟草、野蒿)	*Erigeron annuus* Pers.	菊科 Compositae /Asteraceae
7	假臭草(猫腥菊)	*Praxelis clematidea*(Grisebach.)King et Robinson	菊科 Compositae /Asteraceae
8	刺苍耳	*Xanthium spinosum* L.	菊科 Compositae /Asteraceae
9	圆叶牵牛(牵牛花、喇叭花、紫花牵牛)	*Ipomoea purpurea*(L.)Roth	旋花科 Convolvulaceae
10	长刺蒺藜草(草蒺藜)	*Cenchrus pauciflorus* Benth.	禾本科 Gramineae /Poaceae
11	巴西龟	*Trachemyss cripta elegans*(Wied.)	爬行纲 Reptilia、龟鳖目 Testudines
12	豹纹脂身鲇(清道夫、琵琶鼠、垃圾鱼)	*Pterygoplichthys pardalis*(Castelnau)	硬骨鱼纲 Osteichthyes、鲇形目 Siluriformes
13	红腹锯鲑脂鲤(食人鲳或食人鱼)	*Pygocentrus nattereri* Kner 1858	硬骨鱼纲 Osteichthyes、脂鲤目 Characiformes
14	尼罗罗非鱼(罗非鱼、吴郭鱼、非鲫)	*Oreochromis niloticus*(L.)	硬骨鱼纲、鲈形目、丽鱼科
15	红棕象甲	*Rhynchophorus ferrugineus*(Oliver)	昆虫纲 Insecta、鞘翅目 Coleoptera
16	悬铃木方翅网蝽	*Corythucha ciliata* Say	昆虫纲 Insecta、半翅目 Hemiptera
17	扶桑绵粉蚧	*Phenacoccus solenopsis* Tinsley.	昆虫纲 Insecta、半翅目 Hemiptera
18	刺桐姬小蜂	*Quadrastichus erythrinae* Kim	昆虫纲 Insecta、膜翅目 Hymenoptera
合计		植物 10 种	动物 8 种

龙连娣等（2015）对中国公布的 3 批外来入侵植物种类特征与入侵现状进行了分析（表 7-5），其中菊科和禾本科植物合计 20 种，约占 3 批 29 种外来入侵植物总种数的 68.96%；生活型为草本的植物最多，占 96.55%；原产地为美洲的占 93.10%。现今已全部建立种群，且在全国各地大范围扩散。

表 7-5 中国公布的 3 批外来入侵物种名单中的外来入侵植物种类及特征

种名	国内种群范围	引入路径	入境后扩散途径	首次发现地
紫茎泽兰(*Ageratina adenophora*)	西南地区广为扩散	自然传入	自然扩散	1953 年在云南南部
空心莲子草(*Alternanthera philoxeroides*)	南北各地普遍	南北各地普遍	茎段随河流及人为和动物的活动传播	20 世纪 30 年代末日本侵华传入上海
豚草(*Ambrosia artemisiifolia*)	南北各地	无意引入,混杂于马饲料传入	瘦果具喙和尖刺,靠鸟类、人为携带和交通工具传播	1935 年于中国杭州采集得标本
毒麦(*Lolium temulentum*)	大部分地区		农作活动时种子携带扩散	1954 年从保加利亚进口的小麦中发现

续表

种名	国内种群范围	引入路径	入境后扩散途径	首次发现地
互花米草(*Spartina alterniflora*)	黄河三角洲、渤海湾、东部沿海	有意引入,护滩、消浪、保堤	人工引种	1963年从英国引种
飞机草(*Eupatorium odoratum*)	东南至西南	有意引入,香料	有意引入,香料	1934年在云南南部,后传入珠江三角地区
凤眼莲(*Eichhornia crassipes*)	长江流域及其以南地区	有意引进,水体花卉	人工引种后自然扩散	1901年引入,20世纪初引入中国台湾
假高粱(*Sorghum halepense*)	广布于大部分地区	无意引进,随作物	无意引进,随作物	20世纪初自美洲传入中国台湾,80年代见于华东、华北等地
马缨丹(*Lantana camara*)	各地园圃及其周边	种子携带有意引入,观赏花木	人工引进,后逃逸	明末由西班牙人引入中国台湾
三裂叶豚草(*Ambrosiatrifida*)	北方	无意引进,混杂马	借鸟类、人为携带和交通	20世纪30年代传入中国
大薸(*Pistia stratiotes*)	各地水域	有意引入,药用	人工引种	明末引入中国
加拿大一枝黄花(*Solidago canadensis*)	长江、珠江流域	有意引进,花卉,观赏	人工引种,种子借风力传播	1935年作为观赏植物引进
蒺藜草(*Cenchrus echinatus*)	华南、台湾	无意引入	自然扩散,颖果借其刺传播	1934年在中国台湾兰屿采到标本
银胶菊(*Parthenium hysterophorus*)	华南、西南	无意引进,通过混杂在谷物、草种里引入	自然扩散	1926年在云南采到标本
黄顶菊(*Flaveria bidentis*)	华北	无意引入或其他途径	自然扩散	2001年首次在天津、河北发现
土荆芥(*Chenopodium ambrosioides*)	各地归化已久	无意引进或人类活动带入	随人类活动及交通工具传播扩散	清代引入中国,1864年中国台湾采到标本
刺苋(*Amaranthus spinosus*)	南北各地	无意引进,随农作物引种带入	随人类活动扩散	1857年在香港采集到标本
落葵薯(*Anredera cordifolia*)	东南沿海至西南各城市	有意引入,观赏	人工引种	20世纪70年代从东南亚引种,作为观赏植物或药用植物栽培
反枝苋(*Amaranthus retroflexus*)	广泛扩散	有意引进,人工引种	人工引种	至迟19世纪30年代发现于河北和山东
钻形紫菀(*Aster subulatus*)	南北各地	无意引入	可产生大量瘦果,果具冠毛随风散布	1947年于湖北武昌
三叶鬼针草(*Bidens pilosa*)	淮河流域以南	无意引入	人类活动携带扩散	至迟清代中国已出现。1857年香港有报道
小蓬草(*Conyza canadensis*)	各地	无意引进或自然传播	瘦果借冠毛随风力传播、扩散	1860年在山东烟台发现
苏门白酒草(*Conyza sumatrensis*)	长江流域及以南	无意引入或自然扩散进入	瘦果借冠毛随风传播、扩散、蔓延	19世纪中期引入中国
一年蓬(*Erigeron annuus*)	大部分地区	无意引进或自然扩散	随风传播	1886年在上海郊区发现
假臭草(*Praxelis clematidea*)	东南至西南	无意传入	自然扩散	20世纪80年代末于香港

续表

种名	国内种群范围	引入路径	入境后扩散途径	首次发现地
刺苍耳(*Xanthium spinosum*)	辽宁、河北、河南安徽等地	无意引进	果具细钩刺，随人与动物传播或混杂于作物种子播种	1974 年在北京丰台发现
圆叶牵牛(*Ipomoea purpurea*)	各地	有意引入，观赏花卉	人工引种与非人为扩散兼有	中国 19 世纪末已见
长刺蒺藜草(*Cenchrus pauciflorus*)	辽宁、华南地区	随动植物引种或随车船带入	刺苞具倒刺，随动物和混杂种子传播	1934 年在中国台湾兰屿采到标本

[摘自龙连娣等，中国公布的 3 批外来入侵植物种类特征与入侵现状分析 [J]．生态科学，2015，34 (3)：33.]

从公布的 3 批入侵植物入侵途径来看，绝大部分是人为（有意或无意）引起的。这些因素包括：对引进物种的利益与风险不正确评估（如互花米草的引进）、盲目引入（如作为猪饲料引进的空心莲子草、凤眼莲）、口岸检验检疫及监测等部门执法不严等。因此，为防止外来物种入侵和进一步扩散，我国应建立和完善外来植物的生态风险评估制度，完善和加强口岸检验检疫制度，政府加强宣传，让公众参与到外来入侵植物防范与治理工作中。2013 年，中华人民共和国农业部公告（第 1897 号）的国家重点管理外来入侵物种名录（第一批）见表 7-6。

表 7-6 国家重点管理外来入侵物种名录（第一批）

（中华人民共和国农业部公告 第 1897 号）

序号	中文名	拉丁名
1	节节麦	Aegilops tauschii Coss
2	紫茎泽兰	*Ageratina adenophora* (Spreng.) King & H. Rob. (=*Eupatoeium adenophorum* Spreng.)
3	水花生(空心莲子草)	*Alternanthera philoxeroides* (Mart.) Griseb
4	长芒苋	*Amaranthus palmeri* Watson
5	刺苋	*Amaranthus spinosus* L.
6	豚草	*Ambrosia artemisiifolia* L.
7	三裂叶豚草	*Ambrosia trifida* L.
8	少花蒺藜草	*Cenchrus pauciflorus* Bentham
9	飞机草	*Chromolaena odorata* (L.) R. M. King & H. Rob. (=*Eupatorium odoratum* L.)
10	水葫芦(凤眼莲)	*Eichhornia crassipes* (Martius) Solms-Laubach
11	黄顶菊	*Flaveria bidentis* (L.) Kuntze
12	马缨丹	*Lantana camara* L
13	毒麦	*Lolium temulentum* L
14	薇甘菊	*Mikania micrantha Kunth ex* H. K. B
15	银胶菊	*Parthenium hysterophorus* L
16	大薸	*Pistia stratiotes* L
17	假臭草	*Praxelis clematidea* (Griseb.) R. M. King et H. Rob. (=*Eupatorium catarium* Veldkamp)
18	刺萼龙葵	*Solanum rostratum* Dunal
19	加拿大一枝黄花	*Solidago canadensis* L

续表

序号	中文名	拉丁名
20	假高粱	*Sorghum halepense*(L.) Persoon
21	互花米草	*Spartina alterniflora* Loiseleur
22	非洲大蜗牛	*Achatina fulica*(Bowdich)
23	福寿螺	*Pomacea canaliculata*(Lamarck)
24	纳氏锯脂鲤(食人鲳)	*Pygocentrus nattereri* Kner
25	牛蛙	*Rana catesbeiana* Shaw
26	巴西龟	*Trachemys scripta elegans*(Wied-Neuwied)
27	螺旋粉虱	*Aleurodicus dispersus* Russell
28	桔小实蝇	*Bactrocera*(*Bactrocera*) *dorsalis*(Hendel)
29	瓜实蝇	*Bactrocera*(*Zeugodacus*) *cucurbitae*(Coquillett)
30	烟粉虱	*Bemisia tabaci* Gennadius
31	椰心叶甲	*Brontispa longissima*(Gestro)
32	枣实蝇	*Carpomya vesuviana* Costa
33	悬铃木方翅网蝽	*Corythucha ciliata* Sa
34	苹果蠹蛾	*Cydia pamonella*(L)
35	红脂大小蠹	*Dendroctonus valens* Le Conte
36	西花蓟马	*Frankliniella occidentalis* Pergande
37	松突圆蚧	*Hemiberlesia pitysophila* Takagi
38	美国白蛾	*Hyphantria pilysophila* Takagi
39	马铃薯甲虫	*Leptinotarsa decemlineata*(Say)
40	桉树枝瘿姬小蜂	*Leptocybe invasa* Fisher et LaSalle
41	美洲斑潜蝇	*Liriomyan satime* Blanchard
42	三叶草斑潜蝇	*Liriomyan trifolii*(Burgess)
43	稻水象甲	*Lissorhoptrus oryzophilus* Kuschel
44	扶桑绵粉蚧	*Phenacoccus solenopsis* Tinsley
45	刺桐姬小蜂	*Quadrustichus erythrinae* Kim
46	红棕象甲	*Rhynchophorus ferrugineus* Olivier
47	红火蚁	*Solenopsis invicta* Buren
48	松材线虫	*Bursnphelenchus xylophilus*(Steiner &Buhrer) Nickle
49	香蕉穿孔线虫	*Radopholus similis*(Cobb) Thorne
50	尖镰孢古巴专化型 4 号小种	*Fusarium axysporum f*. sp. cubense Schlechtend(Smith) Snyder & Hansen Race 4
51	大豆疫霉病菌	*Phytophtorn sojne* Kaufmann &Gerdemann
52	番茄细菌性溃疡病菌	*Clambacter michiganensis* sub. sp. Michignensis(Smith) Davis et al.

参考文献

[1] 王伟. 正确处理野生动植物保护与开发的关系 [J]. 湖南林业，2006 (7)：25-26.

[2] 欧阳志云等. 生态系统服务功能及其生态经济价值评价 [J]. 应用生态学报，1999，10 (5)：635-640.

[3] 王建英. 基于生物多样性保护的土地利用结构优化 [D]. 中国地质大学，2013.

[4] 黄金火，杨新军，马晓龙. 国内外生态旅游研究的问题及进展 [J]. 生态学杂志，2005，24 (2)：228-232.

[5] 赵兴华. 全球生物多样性保护 [J]. 环境，1994 (5)：13.

[6] 段勇. 多元文化：博物馆的起点与归宿 [J]. 中国博物馆，2008，3：004.

[7] 曹志娟，苑铁军. 首都作家紧急倡议：救救野生动物 [J]. 森林与人类，2001 (10).

[8] 汤锡芳. 生物多样性新发现出人意料 [J]. 科技导报，32 (16)：9-9.

[9] 陈祖风. 2050年告别100万个物种 [J]. 今日科苑，2006 (3)：28-29.

[10] 阚宏悦. 三江源区生物多样性保护法律制度研究 [D]. 西南政法大学，2011.

[11] 《中国生物多样性国情研究报告》编写组. 中国生物多样性国情研究报告 [M]. 北京：中国环境科学出版社，1998.

[12] 张维平. 生物多样性与可持续发展的关系 [J]. 环境科学，1998，19 (4)：92-96.

[13] 《中国植被》编委会. 中国植被 [M]. 科学出版社，1980.

[14] 刘东来等. 中国自然保护区 [M]. 上海：上海科技教育出版社，1996，122-171.

[15] 刘泽英. 换位思考，为地球护住绿色心脉 [J]. 中国林业，2012 (9)：23.

[16] 谢庆裕. 海平面上升　红树林告急 [J]. 环境，2013 (2)：48-51.

[17] 秦境泽. 文化遗产数字化保护问题研究 [D]. 兰州大学，2012.

[18] 刘成. 专家提醒：警惕外来入侵物种 [J]. 中国青年科技，2004 (7)：54.

[19] 许霖庆. 中国第一个现代植物园——香港植物园 (1871～2009) [J]. 中国植物园 (第十二期)，2009.

[20] 吴静. 天津市湿地资源可持续保护利用与规划 [C]. 见：首届北京生态建设国际论坛文集，2005.

[21] 薛达元，武建勇，赵富伟. 中国履行《生物多样性公约》二十年：行动，进展与展望 [J]. 生物多样性，2012，20 (5)：623-632.

[22] 沃尔特，A·里德等著. 生物多样性的开发利用 [M]. 柯金良等译. 北京：中国环境科学出版社，1995.

[23] 孙胜龙编著. 环境材料 [M]. 北京：化学工业出版社，2002.

[24] “中国生物多样性保护行动计划”总报告编写组. 中国生物多样性保护行动计划 [M]. 北京：中国环境科学出版社，1994.

[25] 国家环境保护总局《中国国家生物安全框架》课题组编. 中国国家生物安全框架 [M]. 北京：中国环境科学出版社，2000.

[26] 徐世晓等. 生物资源面临的严重威胁：生物多样性丧失. 资源科学，2002，24 (2)：6-11.

[27] 曲格平. 从斯德哥尔摩到约翰内斯堡的道路. 环境保护，2002 (6)：11-15.

第 8 章 可持续发展与环境生物资源可持续利用

8.1 可持续发展

8.1.1 可持续发展战略的由来

在 20 世纪 60 年代之前，无论是原始经济时期、农业经济时期，还是工业经济时期追求 GDP 的增长这样一种发展观一直统治着人们的认识。18 世纪初工业革命后，随着科学技术和商品经济的迅猛发展，人类生产力水平有了极大提高，世界出现了前所未有的“增长热”，在这一阶段，发展主要是按经济增长来定义的，以工业化为主要内容，以国民生产总值或国民收入的增长为根本目标，认为有了经济增长就有了一切，这种高速的经济增长，不仅加剧了通货膨胀、失业等固有的社会矛盾，而且加剧了南北差距、能源危机、环境污染和生态破坏等更为广泛而严重的问题。

从 20 世纪初到 60 年代，人类在经历了一系列重大公害事件对经济和社会发展带来严重的冲击后，痛定思痛，开始反思和总结传统经济发展模式不可克服的矛盾，努力寻求新的发展模式。在西方国家，“反污染，争生存”形成了声势浩大的人民运动。

人们在这一时期提出了许多发展的观点，其中最醒目的是联合国《第一个发展 10 年》中得出的重要结论：单纯的经济增长不等于发展，虽然经济增长是发展的重要内容，但发展本身除了“量”的增长要求以外，更重要的是要在总体的“质”的方面有所提高和改善。在这期间，学术界也十分活跃。1962 年，蕾切尔·卡逊的《寂静的春天》一书在美国出版，书中列举了大量污染事实，轰动了欧美各国。书中指出：人类一方面在创造高度文明，另一方面又在毁灭自己的文明，环境问题如不解决，人类将“生活在幸福的坟墓之中”。1972 年由罗马俱乐部编写的《增长的极限》一书，借助系统动力学模型，得出了“零增长”下“全球均衡”的结论。这个结论虽然过于悲观，但却促使人们重视全球性战略问题的研究，提醒人们注意地球的承载能力，提出了“不要盲目地反对进步，但是反对盲目的进步”等有益观点。

1972 年斯德哥尔摩联合国人类环境会议就是在这种背景下召开的，这是国际社会就环境问题召开的第一次世界性会议，标志着全人类对环境问题的觉醒，是世界环境保护史上第一个路标。这次会议对推动世界各国保护和改善人类环境发挥了重要作用和影响。

自从 1972 年斯德哥尔摩会议以来，人类更加广泛和深入地开展了对环境与发展问题的探索。20 世纪 80 年代以来，世界各国开始从经济、政治、社会等多方面研究发展问题，从而形成了一种新的“综合发展观”。1983 年，联合国教科文组织委托法国学者写了《新发展观》一书，指出新的发展是“整体的”、“综合的”和“内生的”，其经济发展不仅包含数量上的变化，而且还包括收入结构的合理化、文化条件的改善、生活质量的提高，以及其他社会福利的增加。也就是说，经济发展体现为经济增长、社会进步与环境改善的同步进行。这种新的综合发展观在实践中逐步演变成“协调发展观”。在西方，这种发展观把发展看成是民族、历史、环境、资源等自身内在条件为基础的，包括经济增长、政治民主、科技水平提高、文化价值观念变迁、社会转型、自然生态协调等多因素的综合发展。

1983 年受托于联合国第 38 届大会，在布伦特兰夫人领导下组成了“世界环境与发展委员会（WCED）”，经过系统地调查研究，以可持续发展为基本纲要，于 1987 年提出了《我们共同的未来》的研究报告。在报告中指出：“本委员会相信人民有能力建设一个更加繁荣、更加正义和更加安定的未来”。“我们的报告——《我们共同的未来》不是对一个污染日益严重、资源日益减少的世界的环境恶化、贫困和艰难不断加剧状况的预测。相反，我们看到了出现一个经济发展的新时代的可能性，这一新时代必须立足于使环境资源库得以持续发展的政策。我们认为，这种发展对于摆脱发展中世界许多国家正在日益加深的巨大贫困是完全不可缺少的”。这份研究报告把环境与发展这两个紧密相联的问题作为一个整体加以考虑。人类社会的持续发展只能以生态环境和自然资源的持久、稳定的支持能力为基础，而环境问题也只有在社会和经济的持续发展中才能得到解决。《我们共同的未来》提出了一种崭新的理念——可持续发展战略思想

与此同时，这份报告又明确提出了可持续发展的比较具体的目标：a. 消除贫困和实现适度的经济增长；b. 控制人口和开发人力资源；c. 合理开发和利用自然资源，尽量延长资源的可供给年限，不断开辟新的能源和其他资源；d. 保护环境和维护生态平衡；e. 满足就业和生活的基本需求，建立公平的分配原则；f. 推动技术进步和对于危险的有效控制。

1991 年，世界自然保护联盟、联合国环境规划署和世界野生动物基金会又共同发表了《保护地球——可持续生存战略》提出：“要在生存于不超过维持生态系统涵容能力的情况下，改善人类的生活品质”。并且提出了人类可持续生存的 9 条基本原则，同时还提出了人类可持续发展的价值观和 130 个行动方案。着重论述了可持续发展的最终落脚点是人类社会，即改善人类的生活品质，创造美好的生活环境。《生存战略》认为，各国可以根据自己的国情制定各不相同的发展目标，但是，只有在“发展”的内涵中包括提高人类健康水平、改善人类生活质量和获得必需资源的途径，并创造一个保障人类平等和自由权利的环境，才是真正的“发展”。

尽管人类探索的脚步没有停止，但由于人类行动的脚步过于缓慢，全球的环境状况却在日趋恶化。20 世纪 80 年代，人们相继发现了“全球变暖”、“臭氧层空洞”和“酸雨沉降”三大全球性的环境问题，并意识到这些问题与人类的生存休戚相关，并对人类的生存和发展构成了严峻挑战。为此，1989 年 12 月召开的联合国大会决定：1992 年 6 月在巴西里约热内卢举行一次环境问题的首脑会议，以纪念 1972 年人类环境会议召开 20 周年，并“为发展中国家和工业化国家在相互需要和共同利益的基础上，奠定全球伙伴关系的基础，以确定地球的未来”。

1992 年 6 月在巴西里约热内卢召开的联合国环境与发展大会，是继 1972 年联合国人类环境会议之后举行的讨论世界环境与发展问题规模最大、级别最高的一次国际会议，也是人类环境与发展史上影响深远的一次盛会。183 个国家的代表团和联合国及其下属机构等 70 个国际组织的代表出席了会议，102 位国家元首或政府首脑到会讲话。李鹏总理作为中国政府首脑也参加了这次会议。在这次会议上，世界各国对可持续发展达成了共识；直接成果是

通过并签署了五个重要文件——《里约环境与发展宣言》、《21 世纪议程》、《关于所有类型森林问题的不具法律约束的权威性原则声明》、《气候变化框架公约》和《生物多样性公约》，其中《里约环境与发展宣言》和《21 世纪议程》提出建立“新的全球伙伴关系”，为今后在环境与发展领域开展国际合作确定了指导原则和行动纲领，也是对建立新的国际关系的一次积极探索。

里约会议的历史功绩在于，让世界各国接受了“可持续发展战略方针”并在发展中开始付诸实施，这是人类发展方式的大转变，是人类历史的新纪元。当然，可持续发展战略方针只是在开始推行，道路崎岖而漫长，但重要的是找到了前进的道路和方向。应该看到，各国在环境与发展大会上对可持续发展的共识来之不易。它既是人类在长期与自然相互作用中得出的理性认识和经验总结，也是代表不同利益的各国之间既有斗争又有合作的政治性谈判的产物。为此，环境与发展大会倡导在这个共识的基础上，以新型的全球合作伙伴关系开展世界范围的合作，为最终实现可持续发展的远大目标而共同努力。

8.1.2 可持续发展的定义和内涵

可持续发展战略是一个全新的理论体系，各个学科从各自的角度对可持续发展进行了不同的阐述，至今尚未形成比较一致的定义和公认的理论模式，但其基本含义和思想内涵却是相一致的。

《我们共同的未来》中是这样定义可持续发展的：“既满足当代人的需求，又不对后代人满足其自身需求的能力构成危害的发展”。这一概念在 1989 年联合国环境规划署（UNEP）第 15 届理事会通过的《关于可持续发展的声明》中得到接受和认同。即可持续发展系指满足当前需要，而又不削弱子孙后代满足其需要之能力的发展，而且绝不包含侵犯国家主权的含义。联合国环境规划署理事会认为，可持续发展涉及国内合作和跨越国界的合作。可持续发展意味着国家内和国际间的公平，意味着要有一种支援性的国际经济环境，从而使得各国，特别是发展中国家的持续经济增长与发展，这对于环境的良好管理也具有很重要的意义。可持续发展还意味着维护、合理使用并且加强自然资源基础，这种基础支撑着生态环境的良性循环及经济增长。此外，可持续发展表明在发展计划和政策中纳入对环境的关注与考虑，而不代表在援助或发展资助方面的一种新形式的附加条件。以上论述，包括了两个重要概念：一是人类要发展，要满足人类的发展需求；二是不能损害自然界支持当代人和后代人的生存能力。

从布伦特兰对可持续发展所下的定义看，可持续发展的内涵应至少包括 3 个基本原则。

① 公平性原则（fairness） 包括时间上的公平和空间上的公平。时间上的公平，又称代际公平，就是既要考虑当前发展的需要，又要考虑未来发展的需要，不以牺牲后代人的利益来满足当代人的需要。空间上的公平，又称代内公平，是指世界上不同的国家，同一国家的不同人们都应享有同样的发展权利和过上富裕生活的权利。

② 持续性原则（sustainability） 可持续发展的核心是发展，但这种发展必须是以不逾越环境与资源的承载能力为前提，以提高人类生活质量为目标的发展。

③ 共同性原则（common） 由于历史、文化和发展水平的差异，世界各国可持续发展的具体目标、政策和实施过程不可能一样，但都应认识到我们的家园——地球的整体性和相互依存性。可持续发展作为全球发展的总目标，所体现的公平性原则和持续性原则应该是共同的。

8.1.3 世界已进入可持续发展的时代

走可持续发展的道路，由传统的发展战略转变为可持续发展战略，是人类对“人类-环境”系统的辩证关系，对环境与发展问题长期进行反思的结果，是人类做出的唯一正确的选择。

自200万～300万年前人类的出现后，人与环境的辩证关系逐步形成和发展，在“人类-环境”系统中，人类长期习惯于以“大自然主宰者”的地位思考问题。认为人类可以主宰一切，为了满足人类的需要可以向大自然进行无限制的索取。在工业革命前人类社会生产力尚不发达，人口数量不大（1800年才达到10亿），所以人与自然的矛盾并不明显。随着生产力的发展和人口的迅速增加（1930年达到20亿，仅过了30年，1960年人口就达到30亿），人类开发自然资源的速率和规模急剧增加，人与自然的矛盾逐渐尖锐起来，1950年开始出现了环境问题的第一次高潮。在被迫治理污染的同时，人类开始思索发展与环境的关系，围绕着发展与环境的矛盾能不能解决以及怎样解决，展开了争论，出现了各种学派。1972年，斯德哥尔摩人类环境会议虽然重点讨论了发展与环境的关系，并对两者的辩证关系有了较为深刻的认识，但是却没能找到解决问题的有效途径。

1982年的内罗毕会议，回顾10多年来全球的环境状况，认为从总体来分析，是局部有所改善、整体仍在恶化，发展与环境的矛盾更加尖锐化，前途堪忧。环境问题的第二次高潮已经到来，这不能不引起人们深入的反思。在“人类-环境”系统和“经济-环境”系统中，人类和人类的经济活动是矛盾的主要方面。通过对系统的调节、控制（调控），使人与环境、经济与环境持续稳定地协调发展，才能从根本上解决环境问题。对系统调控的着重点要放在矛盾的主要方面，要从人类和人类的经济活动入手，要改变人类的思想和行为。环境承载力是有限的而不是无限的，所以，环境一方面是人类生存和发展的物质基础，同时另一方面又是人类生存和发展的制约条件，人类不能一味的向大自然进行索取。所以，必须转变发展战略，转变生活方式，有效地解决好环境问题，实现可持续发展的目标，使我们的子孙后代能够有一个永续利用和安居乐业的星球。1992年6月的联合国环境与发展大会，标志着世界各国在实行可持续发展战略、促进经济与环境协调发展的重大战略决策上取得了共识。

环境与发展大会共识的核心是：要以公平的原则，通过全球伙伴关系促进全球可持续发展，以解决全球生态环境的危机。这一点在《里约宣言》的“共同但有区别的责任”原则中已经被清楚地阐明。也就是说，发达国家应承认对造成目前环境恶化状况负有主要责任。发达国家应该援助发展中国家在环境问题上的努力，发展中国家正面临消除贫困和保护环境的双重压力，迫切需要来自发达国家的援助。具体地说，“共同但有区别的责任”的要求如下。a. 发达国家必须改变目前不可持续的发展方式，包括改变现有的不可持续的生活方式，减少自然资源的浪费，减少排放有毒有害物质，通过“把自己家里先整顿好”来为其他国家做出示范，也就是说在“可持续发展”方面率先做出表率。b. 发达国家通过资金援助和技术转让帮助发展中国家在经济上得到发展，从而使发展中国家在经济发展的基础上有能力保护和改善环境。c. 国际组织及机构采取措施，保证贸易和经济发展的公平性，以维护发展中国家的利益。d. 在经济发展与环境保护的一些关系问题上，如环境与贸易问题、知识产权与环境技术转让问题以及保持当地传统文化等问题上，必须尊重发展中国家的发展需求与权利，不以环境为借口对发展中国家的经济发展和贸易设置壁垒。

里约环发大会之后，国际社会在可持续发展领域出现了许多积极的变化，具体表现如下。

①《气候变化框架公约》、《生物多样性公约》和《荒漠化公约》等诸多环境公约相继生效。全球性、区域性和双边环境保护公约、条约和议定书不断出台，公约所涉及的领域不断扩大。有关公约的实施正在取得进展，有的已产生良好效果。

② 各国政府做了大量的努力，将可持续发展纳入本国经济和社会发展战略。150 多个国家建立了国家级的可持续发展研究机构。环境保护曾一度主要是发达国家的旗帜，但近年来，已受到所有国家的重视。许多国家根据本国的国情采取了相应措施，促进经济与环境保护协调发展，以实现可持续发展。

③ 各国际组织致力于可持续发展。联合国于 1993 年成立了可持续发展委员会，审议《21 世纪议程》在全球的执行情况，联合国系统内外的许多机构都将其经常性活动与实施《21 世纪议程》结合起来。联合国举行的全球性会议，如人口与发展大会、妇女与发展大会、人居大会等均将可持续发展纳入会议主题。联合国开发计划署和世界银行都提高了用于环境的资金比例。联合国工业发展组织将工作重心转向清洁生产。联合国开发计划署设立《21 世纪议程》能力建设项目，对发展中国家提供帮助。自 1991 年以来，全球自然基金（GEF）已为 165 个发展中国家的 3690 个项目提供了 125 亿美元的赠款，专门用于保护全球环境。在 2012 年的“里约＋20”峰会上，8 家银行承诺在今后的 10 年当中将投资 1750 亿美元用于创立具有可持续性的运输系统。联合国系统、政府和非政府组织举行的关于可持续发展的各种国际会议和其他活动不计其数。

④ 走可持续发展的观念逐步深入人心，全民环境意识大大增强，关心并参与保护环境的人与日俱增。环境与发展大会以前，发达国家的非政府组织在推动政府重视环境方面起到了先锋作用。在不足 10 年的时间里，民间环保组织已遍布全球，且空前活跃，在促进从社区到全球的环保行动方面发挥着广泛而积极的作用。社会各界共促环保蔚然成风。在联合国可持续发展委员会和环境规划署，与民间团体对话已成为会议的组成部分。

⑤ 国际社会从总体上对各项环境问题的研究更加深入，政策措施日益具体化。在一些环境保护比较成功的国家里，可持续发展的法律不断出台，政策体制更加灵活。一方面。政府的法律、政策和标准等不断细化、发展和完善；另一方面，通过财政措施、税收、生态标签、排污权交易等手段，调动市场的力量，引导并推动生产和消费模式的改变。从可持续发展委员会每年进行国别经验交流的情况看，这些经验已引起越来越多国家的重视并得到借鉴和采纳。

近 10 年来，尽管出现了一些积极变化，但是全球环境形势依然严峻。联合国环境规划署发表的 2000 年环境报告指出，尽管一些国家在控制污染方面取得了进展，环境退化速度放慢，但总体上全球环境恶化的趋势仍没有得到扭转。在发达国家，温室气体和废物的排放仍在增加；浪费型的生产和消费模式基本上没有改变。许多经历了快速经济增长和城市化的国家，空气和水污染也在恶化，对人类健康的危害大大增加。酸雨和越境空气污染等一度被认为仅是发达国家才有的问题，现在正在成为许多发展中国家的突出问题。在世界许多地方，持续的贫困加剧了自然资源的退化和荒漠化的发展。越来越多的人受到饮用水不足的困扰，预计到 2025 年全世界 2/3 的人将极度缺水。全球生态系统继续恶化、生物多样性急剧减少，环境恶化已直接威胁到全球的经济和社会发展。

国际上有关环境的合作进展缓慢，与环境与发展大会的要求还存在很大差距。各国因自身利益不同，在涉及有关权益和承担义务方面矛盾交错复杂，其中最主要的是发达国家与发展中国家的矛盾，主要表现如下。

① 资金与技术转让问题　里约环境与发展大会确立了“共同但有区别的责任”原则，要求发达国家提供“新的和额外的资金”。然而，发达国家并未履行承诺。在《2001～2010十年期支援最不发达国家行动纲领》中，发达国家承诺最迟于2010年将GDP的0.15%～0.20%用于最不发达国家，但遗憾的是，在资金援助方面，目前发达国家对发展中国家的援助仅占其GDP的0.3%，对最不发达国家的援助仅为0.1%，均明显低于承诺的水平。《21世纪议程》还规定发达国家应以优惠条件向发展中国家转让与环境无害的技术。但发达国家借口保护知识产权，在向发展中国家转让技术方面设置各种障碍，使技术转让进展甚微。

② 环境政策与价值观问题　发达国家常常根据本国的政策和价值观，对发展中国家资源的开发利用等国内政策提出种种指责或要求，甚至推销其价值观念，引发了矛盾与冲突。由于各国在经济发展水平、文化、历史和社会等方面存在差异，实现可持续发展的手段与方法往往不同。发展中国家主张根据本国的发展战略处理环境问题，发达国家则经常以保护环境为名，通过对发展援助附加条件等方式干涉发展中国家环境政策的制定和实施，甚至干预一些发展中国家的国家管理方式。这些做法干涉了发展中国家的内政，并损害发展中国家的利益，受到发展中国家的抵制和反对。

③ 贸易与环境问题　贸易与环境本是两个不同领域的问题。在一些国际环保公约中，为限制一些严重危害环境物质的生产和保护濒危物种，规定了一些限制贸易的措施。近年来，发达国家在国内加快了制定和实施环境标准的步伐，在国际上则极力主张将环境标准、环境标签与贸易措施挂钩，限制不符合其环境标准的产品进口，这对国际贸易产生很大影响。由于发展水平的差异，发展中国家在环境标准问题上处于劣势。发达国家所制定的严格的环境标准实际上构成了贸易壁垒，使发展中国家面临的本已不公平的贸易条件更加恶化，从而限制其经济发展。这一问题由环境标准引起，但实质还是经济利益问题。因此，发展中国家强烈反对发达国家借口保护环境实行贸易保护主义。尽管广大发展中国家强烈反对，但在发达国家的坚持下和非政府组织的压力下，贸易壁垒还在有增无减。

④ 履行环境公约问题　目前国际上的环境公约在涉及履行具体义务问题上存在复杂矛盾。发达国家在提供资金和转让技术方面口惠而实不至，致使不少公约的履约进程进展缓慢。例如，《荒漠化公约》就在生效后因资金缺乏而举步维艰。另外，履约问题也充满矛盾与斗争，发达国家从原有的立场倒退，使已达成的协议难以实施。在实施《气候变化公约》的谈判中，发达国家特别是美国拒不履行公约规定的义务，同时违背公约原则，要求发展中国家承担减排温室气体的义务，使形势复杂化。

⑤ 加强国际环境管理问题　环境与发展大会后，初步形成了以联合国可持续发展委员会、环境规划署、各环境公约为主，其他国际机构为辅的推动环境保护的国际体制，一些发达国家认为，全球环境是一个整体，不同的环境问题之间存在着内在联系，为促进国际协调行动并加强对各国政策的约束，必须加强各环境机构政策上的一致性，强化经济和法律手段，以保证有关环境协议的实施，并解决环境争端。为此，他们提出成立全面、统一和有权威的世界环境组织WEO（包括建立环境法庭）。国际环境管理的思想代表着全球环境体制思路的重大转变，它以实施国际环境协议和条约为重点，强调协调一致，并运用经济和法律手段强化履约，对各国环境义务的强制性增加。发达国家倡导国际环境管理的最终目的是争夺国际环境体制的主导权。对此。发展中国家强调经济、社会和环境三者必须平衡发展，针锋相对地提出了加强国际可持续发展管理的概念。

由于国际环境发展领域中的矛盾错综复杂，利益相互交错，以全球可持续发展为目标的《21世纪议程》等重要文件的执行情况并不好，全球的环境危机没有得到扭转。一方面，发展中国家实现经济发展和环境保护的目标由于自身经济不发达而困难重重。另一方面，发达国家并没有履行公约中向发展中国家提供技术资金支持的义务。因而，大多数国家认为召开新的国际会议，总结回顾里约会议的精神，讨论里约会议建立的全球伙伴关系所面临的新问题有着极大的必要性，经第55届联合国大会决定，联合国可持续发展世界首脑会议（World Summiton Sustainable Development）简称WSSD，于2002年8月26日～9月4日在南非的约翰内斯堡举行。

2002年的首脑会议（WSSD）是继1972年斯德哥尔摩人类环境会议、1992年里约环境与发展大会后在环境与发展领域举行的又一次全球环境盛会，包括104个国家元首和政府首脑在内的192个国家的1.7万名代表，在为期10天的会议期间，就全球可持续发展现状、问题与解决办法进行了广泛的讨论。此次会议的主要议题是，消除贫困和保护环境，旨在敦促各国履行2000年9月千年峰会期间达成的协议，向发展中国家开放市场、增强对贫困国家的财政支持，并通过一个行动计划，以便在保护自然资源的同时取得社会发展。还将讨论如矿物燃料消耗量迅速增加、3/4的世界捕鱼区出现鱼类灭绝现象、世界森林面积减少、高山冰雪正在融化和全世界1/3的人每天人均收入不足2美元等问题。会议通过了两份重要文件——《执行计划》和作为政治宣言的《约翰内斯堡可持续发展承诺》。《执行计划》提出了一系列新的、更具体的环境与发展目标，并设定了相应的时间表。而在政治宣言中，出席会议的100多位国家领导人重申了对可持续发展的承诺。各国领导人说，他们“深深地感到，迫切需要创造一个更加光明、充满希望的新世界”。可持续发展世界首脑会议（WSSD）的召开，对于人类进入21世纪后解决所面临的环境与发展问题有着重要的意义。

联合国于2012年6月在巴西里约召开了可持续发展大会（即“里约＋20”峰会），这是自1992年联合国环境与发展大会和2002年可持续发展世界首脑会议后，在可持续发展领域举行的又一次大规模、高级别的国际会议。这次峰会围绕“可持续发展和消除贫困背景下的绿色经济”和“可持续发展的机制框架”两大主题，进行了广泛而又深入的讨论，最终通过了成果文件——《我们希望的未来》，明确提出了我们共同的愿景、重申政治承诺、可持续发展和消除贫困背景下的绿色经济、可持续发展目标、构建新的全球可持续发展治理机制等战略措施。“里约＋20”峰会的召开，标志着可持续发展在国际视野中的“回归”，使可持续发展成为从根本上解决全球环境问题的“总钥匙”。“里约＋20”峰会同时提出要启动“全球可持续发展报告”编写进程，得到了许多国家、政治集团和非政府组织的积极参与。

8.1.4 中国实施可持续发展战略

中国现代化建设是在人口系数大，人均资源少，经济发展和科学技术水平都比较落后的条件下进行的。根据20世纪80年代以来10多年的探索，中国选择可持续发展道路是历史的必然，也是对未来数代人的责任。为了实施可持续发展战略，在1992年联合国环境与发展大会之后，中国制定了一系列重大的战略对策、计划和方案，并进行了具体部署（见表8-1）。

8.1.4.1 中国环境与发展十大对策

联合国环境与发展大会后中国政府重视自己承诺的国际义务。中共中央、国务院批准转

表 8-1 中国有关实施可持续发展战略的对策、方案及行动计划（1992.8～1999.1）

名称	批准机关及日期	主要内容
中国环境与发展十大对策	中共中央、国务院 1992.8	指导中国环境与发展的纲领性文件
中国环境保护战略	国家环保局，国家计委 1992	关于环境保护战略的政策性
中国逐步淘汰破坏臭氧层物质的国家方案	国务院 1993.1	履行《蒙特利尔议定书》的具体方案
中国环境保护行动计划(1991—2000)	国务院 1993.9	全国分领域的 10 年环境保护行动计划
中国 21 世纪议程	国务院 1994.4	中国人口、环境与发展白皮书，国家级《21 世纪议程》
中国生物多样性保护行动计划	国务院 1994	履行《生物多样性公约》的具体行动计划
中国:温室气体排放控制	国家环保局、国家计委 1994	对中国温室气体排放清单及削减费用分析，研究问题与对策，提出控制对策
中国环境保护 21 世纪议程	国家环保局 1994	部门级的《21 世纪议程》
中国林业 21 世纪议程	林业部 1995	部门级的《21 世纪议程》
中国海洋 21 世纪议程	国家海洋局 1996.4	部门级的《21 世纪议程》
国家环境保护“九五”计划和 2010 年远景目标	国家环保局 1996.3	指导环境保护工作的纲领性文件
指导全国生态环境建设的纲领性文件:全国生态环境建设规划	国务院 1999.1	“九五”期间，重大举措:全国主要污染物排放总量控制计划和中国跨世纪绿色工程规划

发的关于环境与发展的十条建议，是联合国环境与发展大会后，中国所制定的第一份环境与发展方面的重要纲领性文件。

“十大对策”综合起来有以下几个方面：第一条是“实行可持续发展战略”，论述了转变发展战略，走可持续发展道路，是加速我国经济发展，解决环境问题的正确选择。为此，重申了“经济建设、城乡建设、环境建设同步规划、同步实施、同步发展”的环境保护战略方针；并对实施可持续发展战略提出了具体要求。这一条是十大对策的核心。

围绕实施可持续发展战略这一核心，十大对策的 2～5 条提出了 4 项重点战略任务。即：采取有效措施，防治工业污染；深入开展城市环境综合整治，认真治理城市“四害”；提高能源利用效率，改善能源结构；推广生态农业，坚持不懈地植树造林，切实加强生物多样性保护。而 6～9 条则是 4 项重要战略措施，即：大力推进科技进步，加强环境科学研究，积极发展环保产业；运用经济手段保护环境；加强环境教育，不断提高全民族的环境意识；健全环境法制，强化环境管理。第 10 条是“参照环发大会精神，制定中国行动计划”。此后，中国制定了国家级和部门级的各项行动计划，如《中国 21 世纪议程》（国家级）、《中国环境保护 21 世纪议程》（部门级）等（见表 8-1）。

8.1.4.2 跨世纪的环境保护目标

党的十四届五中全会在《中共中央关于制定国民经济和社会发展“九五”计划和 2010 远景目标建议》中，明确提出了跨世纪的环境保护目标，揭示了跨世纪环境保护事业的光明前景，是今后 15 年环境保护工作的指南。这次会议提出的实现两个具有全局意义的根本转变，即：从计划经济体制向社会主义市场经济体制转变，经济增长方式从粗放型向集约型转变，是实施可持续发展战略，实现中国现代化建设今后 15 年奋斗目标的关键所在。

江泽民同志在论述正确处理社会主义现代化建设中若干重大关系时，把“经济建设和人口、资源、环境的关系”作为第三大关系加以论述，特别强调“在现代化建设中，必须把实现可持续发展作为一个重大战略。要把控制人口、节约资源、保护环境放到重要位置，使人口增长与社会生产力的发展相适应，使经济建设与资源、环境相协调，实现良性循环”。这就为在中国实施可持续发展战略指明了方向。

1996年3月，第八届全国人民代表大会第四次会议审议通过的《中华人民共和国国民经济和社会发展“九五”计划和2010年远景目标纲要》，把实施可持续发展战略做为现代化建设的一项重大战略。李鹏总理在这次会议上所做的报告中明确指出：实施科教兴国和可持续发展两大战略，对今后15年的发展乃至整个现代化的实施，具有重要意义。要加快科技进步，优先发展教育，按制人口增长，合理开发利用资源，保护生态环境，实现经济社会相互协调和可持续发展。至此，实施可持续发展战略已不仅是中国的一项战略对策，而是经国家最高权力机构全国人民代表大会审议通过的具有法律效力的，必须付诸实施的战略任务。

8.1.4.3　具体落实在中国实施可持续发展战略的“第四次全国环境保护会议”

1996年7月在北京召开了第四次全国环境保护会议，这次会议对于部署落实跨世纪的环保任务，实施可持续发展战略，具有十分重要的意义，主要解决了下列问题。

(1) 提高了认识，提出了有力的政策措施

会议进一步明确了控制人口和保护环境是我国必须长期坚持的两项基本国策；在社会主义现代化建设中，要把实施科教兴国战略和可持续发展战略摆在重要位置。江泽民同志讲话指出，环境保护是关系我国长远发展和全局性的战略问题。在加快发展中绝不能以浪费资源和牺牲环境为代价。并强调要努力做好5个方面的工作：一是节约资源，二是按制人口，三是建立合理的消费结构，四是加强宣传教育，五是保护自然生态。李鹏总理在会议开幕式的讲话中强调了“四个必须”。即：必须严格环境管理，必须积极推进经济增长方式的转变，必须逐步增加环保投入，必须加强环保法制建设。

(2) 国务院做出了目标明确、重点突出、可操作性强的《决定》

“第四次全国环保会议”后，国务院发布了《国务院关于环境保护若干问题的决定》(简称《决定》)。其特点如下。

① 目标明确、重点突出　到2000年，全国所有工业污染源排放污染物要达到国家或地方规定的排放标准；环境污染和生态破坏加剧的趋势得到基本控制，直辖市及省会城市、经济特区城市、沿海开放城市和重点旅游城市的大气环境、地面水环境质量，按功能分区分别达到国家规定的有关标准；重点水域的水质要有明显改善。“九五”期间环保工作的重点是工业污染防治，特别要加强对饮用水源、水域的管理，要重点治理淮河、海河、辽河和太湖、巢湖、滇池的水污染。

② 进一步明确了各级领导的环境责任　《决定》中明确规定：“地方各级人民政府对本辖区环境质量负责，实行环境质量行政领导负责制。要将辖区环境质量作为考核政府主要领导人工作的重要内容。”

③ 要求高、政策性强　国务院《决定》中明确规定的十条措施，要求很高、政策性很强，且都是经过有关部门反复讨论、协调后形成的统一意见。如文件规定，要实行建设项目环保“第一审批权”；各级环保部门主要负责人的任免，应征求上一级主管部门的意见；实行排污总量控制等。这些措施规定都得到了各有关部门的支持和赞同。

(3)“第四次全国环境保护会议”两项重大举措

第四次全国环境保护大会后国家推出的两项重大措施，即“九五”期间全国主要污染物排放总量控制计划”和“中国跨世纪绿色工程规划”，对于实施可持续发展战略和实现跨世纪环境目标，起着十分重要的作用。

①“九五”期间全国主要污染物排放总量控制计划　这项举措的实质是对12种主要污染物（烟尘、粉尘、二氧化硫、COD、石油类、氰化物、汞、锡、六价铬、铅、砷及工业固体废物）的排放量进行总量控制，要求其排放量到2000年能够控制在国家批准的水平。也就是说“九五”期间，尽管每年人口净增1300万左右，GNP以8%的速度增长，但这12种主要污染物的排放量在全国范围内采取各种有力措施，控制其增长。这是为了实现“九五”环保目标的必要措施，也显示了中国实施可持续发展战略的决心。

② 中国跨世纪绿色工程规划　这项举措是《国家环境保护“九五”计划和2010年远景目标》的重要组成部分，也是《“九五”环保计划》的具体化。它有项目、有重点、有措施；在一定意义上可以说是对“六五”、“七五”、“八五”历次环保五年计划的创新和突破；也是向国际接轨的做法。

1996年，中国政府正式提出，将科教兴国和可持续发展作为国家发展的基本战略，从而将可持续发展战略提到了前所未有的高度。六年来，把可持续发展方针的要求，贯穿于国民经济的各个领域，并取得了可喜的进展。为了促使经济与环境的协调发展，中国政府近年来又在积极调整产业结构，大力推进生态环境建设，实行退耕还林、还草、还湖，并在全国广泛开展了“绿化祖国”的活动。政府加大了对生态环境建设的投资力度，仅每年用于污染治理的投入就占GDP的近1%，这在发展中国家是不多见的。今后五年，中国用于污染治理的投入将达到7000亿元人民币，占GDP的比例将提高0.5个百分点。这充分显示了中国政府实施可持续发展战略的决心。

8.1.4.4　第五次全国环境保护会议

2002年1月，国务院召开第五次全国环境保护会议，提出环境保护是政府的一项重要职能，要按照社会主义市场经济的要求，动员全社会的力量做好这项工作。

“十五”期间，环境保护既是经济结构调整的重要方面，又是扩大内需的投资重点之一。要明确重点任务，加大工作力度，有效控制污染物排放总量，大力推进重点地区的环境综合整治。凡是新建和技改项目，都要坚持环境影响评价制度，不折不扣地执行国务院关于建设项目必须实行环境保护污染治理设施与主体工程“三同时”（同时设计、同时施工、同时投入运行）的规定。

强调环境保护是政府的一项重要职能。“十五”环保计划的实施，必须发挥政府的主导作用，关键是要责任到位，措施到位，组织到位。环境保护工作不仅是环保部门的事情，各有关部门都要密切配合，各负其责，按照社会主义市场经济的要求，动员全社会的力量去做好这项工作。

环境保护是一项功在当代，利在千秋的伟大事业。只要我们矢志不移、坚持不懈地努力奋斗，就一定能使我们的祖国水更清、天更蓝、山川更秀美。

8.1.4.5　第六次全国环境保护大会

2006年4月，第六次全国环境保护大会在北京召开。确定“十一五”时期环境保护的主要目标，加快实现3个转变。把环境保护摆在更加重要的战略位置，以对国家、对民族、对子孙后代高度负责的精神，切实做好环境保护工作，推动经济社会全面协调可持续发展。

“十一五”时期环境保护的主要目标是：到 2010 年，在保持国民经济平稳较快增长的同时，使重点地区和城市的环境质量得到改善，生态环境恶化趋势基本遏制。单位国内生产总值能源消耗比“十五”期末降低 20%左右；主要污染物排放总量减少 10%；森林覆盖率由 18.2%提高到 20%。环保工作总的指导思想是，以邓小平理论和“三个代表”重要思想为指导，全面落实科学发展观，坚持保护环境的基本国策，深入实施可持续发展战略；坚持预防为主、综合治理，全面推进、重点突破，着力解决危害人民群众健康的突出环境问题；坚持创新体制机制，依靠科技进步，强化环境法治，发挥社会各方面的积极性。经过长期不懈的努力，使生态环境得到改善，资源利用效率显著提高，可持续发展能力不断增强，人与自然和谐相处，建设环境友好型社会。

做好新形势下的环保工作，要加快实现 3 个转变：一是从重经济增长轻环境保护转变为保护环境与经济增长并重，在保护环境中求发展；二是从环境保护滞后于经济发展转变为环境保护和经济发展同步，努力做到不欠新账，多还旧账，改变先污染后治理、边治理边破坏的状况；三是从主要用行政办法保护环境转变为综合运用法律、经济、技术和必要的行政办法解决环境问题，自觉遵循经济规律和自然规律，提高环境保护工作水平。

中国作为最大的发展中国家，也是环境外交和国际环境合作中的一支活跃力量。中国参与了各项全球环境问题的谈判和重要活动，签署了多项环境条约和多边协议，双边和区域性环境合作也取得了重要进展。目前，中国已同 42 个国家签署了双边环境合作协议或备忘录，与 11 个国家签署核安全合作双边协议或谅解备忘录。同时还抓住机遇，大力引进资金与技术，促进环保产业的发展。

8.2 环境生物资源可持续利用的基本原则

资源的永续利用是可持续发展的基础，没有资源的永续利用，就不可能有可持续发展。要做到合理开发和保护自然资源，首先要解决对资源的认识问题，过去，我们在自然资源的开发利用方面，犯了不少的错误，其中一个重要原因，就是对自然资源的社会性和有价值认识不足，而发生滥用浪费的现象。树立正确的资源观，有助于我们制定正确的资源开发政策，保证资源的永续利用。

8.2.1 自然资源可持续利用的基本原则

8.2.1.1 树立正确的资源观

从目前资源科学研究看，虽然对资源的确切定义尚不统一，比如有人认为资源与环境是等同体，资源就是环境，环境就是资源。泛资源说则认为万物皆资源，资源就是一切。但学术界比较普遍的倾向性看法是资源隶属于环境但不等同于环境；资源是环境中那些人类能够直接利用的并能给人类带来物质财富的部分的总和。环境中某些因素转化为资源的条件，一是人类必须首先认识到它的使用价值，二是人类必须具备成熟的开发技术。二者必须同时具备。一般情况下，第一种条件下的资源可称之为潜资源，第二种条件下的资源可称之为显资源。显然，资源是一个与人类生存发展密切相关的概念。资源按其属性一般地划分为自然资源和社会经济资源两大部分。自然资源是指自然界中客观存在的一切可被人类利用的物质和能量的集合。社会经济资源则是指社会经济系统中人类可运用的，并能提高生产力水平的一切社会的因素。所谓资源开发和利用实际上是人类利用或运用社会经济资源状况直接决定自然资源开发利用的深度和广度及效果。由此可见，资源和资源开发是一个带有强烈社会经济色彩的概念。

自然资源具有一定的使用价值。构成自然资源使用价值的因素可分成三大类。

① 自然资源的丰饶度　自然资源丰饶度是其自然属性的总和，不是它的个别自然属性。每一种自然资源都必须具有一定的自然丰饶度。自然资源的丰饶度与它的使用价值成正比例。自然资源的自然丰饶度越高，它的使用价值越高。对经济活动的影响越大。

② 自然资源的位置　对于大多数自然资源来说，位置的作用不可忽视。有时，位置的作用甚至比自然资源的丰饶度更重要些。自然资源的位置包含着自然的客观方面的因素，也包含社会的主观方面的因素，前者称自然地理位置，后者称经济地理位置。自然地理位置是相对稳定的，是位置的客观方面，是位置的自然基础。经济地理位置，是历史性的，经常发生变化的。经济地理位置的变化大体有两个相反的趋势：一是加剧了差异，大城市和消费中心的形成，使得各地区自然资源和经济地理位置差别加剧，接近大城市和自然资源具有更优越的经济地理位置；二是缩小位置差异的平衡化的趋势。生产的发展，特别是交通工具的发展，会创造出新的消费中心和便利的运输条件，对经济地理位置起着平衡的作用。在生产的不同发展阶段，这两方面的趋势是不相同的。

③ 在自然资源上附加人类劳动　人类对自然资源的附加劳动有直接附加和间接附加两类。在现代社会，真正没有消耗过任何劳动的自然环境资源是非常个别特殊的，一般地说，对于人类消费有用的自然环境资源都是既有使用价值，又有价值，也有价格的。在构成自然资源使用价值的主要因素中，凡是纯属大自然的产物，如自然的丰饶度、自然地理位置是没有价值的，因为他们不是人类劳动产物。而自然资源中附加的人类劳动显然是有价值的。附加的人类劳动越多，价值越大。

构成自然资源价格的因素比较复杂，大致可分自然本身的因素和人类劳动的因素两大类。构成自然资源价格的自然因素有：a. 自然资源的自然丰饶度；b. 自然资源的自然地理位置；c. 自然资源的有限性。构成自然资源的社会因素有：a. 自然资源中附加的人类劳动；b. 自然资源的经济地理位置，在自然资源上附加了人类劳动和人类劳动创造的经济地理位置，是制定价格的主要依据；c. 价格政策，价格政策是上层建筑对经济的干预；d. 影响自然资源价格的偶然因素，例如与历史、文化有密切联系的自然风景资源，它的价格不是常规办法所能估算的。这些因素的作用是有区别的。不同的自然资源受这些因素的影响程度也是有区别的。基本趋势是社会因素对自然资源价格的影响越来越大。

对自然资源利用价值也必须以辩证的观点来看，首先要树立正确的资源观，认识各地区的资源优势；其次要认识到一个地区的资源优势和劣势也不是一成不变的。随着生产技术条件和经济条件的变化，优势可能转化为劣势，劣势也可能转化为优势。这就要求我们必须辩证地看待资源的优势与劣势，有用与无用，有利与无利和有限与无限。

8.2.1.2　可持续利用自然资源的原则

要想积极开发和合理利用自然资源，必须不断探索和掌握资源的特性和变化规律，因势利导，扬其所长，避其所短，才能充分发挥资源的潜力，以便取得事半功倍的效果。其主要原则如下。

(1) 经济效益、社会效益和生态效益相结合的原则

资源的开发利用是一种社会资源现象，因此，必须考虑经济效益问题，即为了达到一定

目的，采用某些措施和办法，投入一定的人力、财力、物力之后，所产生的效果和收益。在资源开发利用中，应力争以最少的劳动和物化劳动消耗，为全社会提供更多的使用价值，这是进行资源开发利用研究的根本目的。开发资源要注意社会效益，一些资源是工农业生产和尖端技术不可缺少的，一些资源与人民的生活戚戚相关。资源开发的重点首先是那些社会急需的，影响国计民生的资源，如能源等。开发资源要把经济效益、社会效益与生态环境效益相结合起来，尽管经济效益高，社会效益大，但如果对生态环境影响较大的资源开发，也是不可取的。如果以满足当代人的经济增长和社会需求，却破坏了子孙后代的利益，是得不偿失的。因此，资源的开发应遵循经济效益、社会效益和环境效益相统一的原则。

（2）生物资源开发量应与其生长、更新相适应的原则

对生态系统中生物资源的开发利用，其开发量要小于资源的生长、更新量，才能保持生态系统的平衡稳定。每个生态系统都有其特定的、大小不同的能量流动和物质循环的规律，其生态平衡关系也有差异。因此资源更新的速度、规模、完整性皆有差异。例如在荒漠草原生态系统中，植被的光能利用率只有0.1%～0.3%，而高产玉米可达4%～5%。它们之间的物质循环的规模就有很大差别，可是不管各生态系统之间能量流动的规模相差有多大。只要其系统内部各个组分上能年复一年地保持这一水平，那么这个系统就是稳定的，或者说是保护了生态平衡；如果每年从该系统取走大量物质和能量，超出了维持资源更新的界限，而得不到适当的补偿，则必然引起该系统能流物流规模的持续降低，从而失去平衡；如果这个过程长久持续下去，则导致该系统退化，直至崩溃，也就无法保持永续利用。据美国科罗拉多州试验，当牧畜采食量超过牧草植株产量的40%～50%时，就会引起牧草产量降低，草质变坏，并导致畜产品降低及经济收入减少。只有在这一限度内实行合理放牧，最终报酬才是最高的。一旦草地生态平衡破坏将很难恢复，有时甚至是完全不可能恢复的。澳大利亚的荒漠草原，过去曾因为超载而失去生态平衡后经禁牧25年后才勉强恢复。越是生境条件恶劣的地方，其生态系统越脆弱，也最难忍受环境的压力，就越要注意保护。

（3）当前利益与长远利益相结合的原则

由于受现在生产力发展水平的限制，目前人们开发利用资源的广度和深度是有限的，同时，生物、土地、矿产资源的数量、面积、质量也是有限的。而现代社会正用21世纪的科学技术手段，以前所未有的速度和规模来开发利用资源，一部分用于生产和生活。另一部分则因为利用不当而损失和破坏了，使资源种类不断减少，数量逐渐不足，质量日趋下降。因此，开发资源要有规划，要与国民经济的发展速度相适应，还要与当地资源蕴藏量相一致，而不可为了一时的经济快速增长，而极大地开发资源，这种短期发展行为，只能导致资源的枯竭。因此，开发利用资源也要有长远的观点，既要考虑资源的开发利用，又要考虑资源的保护改造；既要考虑开发利用的经济效益，又要考虑开发利用的生态效益，使得资源的开发利用得以永续进行，裨益当代，造强后代。

（4）因地制宜的原则

由于地域分异规律的作用和影响，各个地区所处的地理位置、范围大小、地质形成过程，开发利用历史等在空间分布上的不平衡性，使得每个资源的种类、数量、质量等，都有明显的地域性。如矿产资源的分布，主要取决于地区内部的物质在不同地质时期的成矿活动。土壤资源的适宜性和限制性的不同，则是因为野生动植物和农作物、林木、畜牧都要求不同的适生条件所造成的。

因此，首先在按照本地区资源的种类、性质、数量、质量等实际情况，采取最适合的方

向、方式、途径和措施，来开发利用本地区的资源；重点发展与本地区资源优势相适宜的生产部门和产品，使其成为地区经济的主导部门和拳头产品，并以此带动地区经济的发展，澳大利亚大陆蕴藏着极为丰富的矿产资源，于是该国大力发展采矿业，现已成为世界出口铁矿石最多的国家。

假若无视资源的地域差异，任意开发利用资源，轻者投入多，产出少，劳民伤财；重者破坏资源，甚至受到大自然的惩罚。美国在1930年以后，分别在东部和西部地区砍伐森林，盲目开荒，酿成1934年席卷2/3美国大陆的黑风暴，竟把3亿多吨表土刮入太平洋，不仅仅当年的冬小麦减产50亿千克，而且毁坏了得克萨斯等10多个州的农场。

如果一个地区某一资源不足，满足不了生产生活的需求，就需要采取一系列的措施加以补救。如缺少矿产，一是“开源”——扩大矿物原料来源，寻找新的矿种，在保护好环境的基础上，开发利用品位低的贫矿，搞人造代用等；二是“节流”——提高采矿，选矿冶炼的技术水平，最大限度地挖掘生产能力，加强综合利用，使人为损失减少到最低限度等。

（5）统筹兼顾、综合利用原则

一个国家或地区的资源，都在一定的范围内组成互相促进、互相制约的综合体，某些资源（如矿产资源）还有共生特点（我国有1/4的铜矿伴生在其他矿体中，而单独存在的钨矿则仅占总蕴藏量的3%）。因此对资源必须综合地开发利用，不能单打一。例如，土地资源是农业的最基本的生产资料，从物质交换和能量转化角度来看它的农业利用，应组成一个统一的整体。农业可以生产牧业所需的饲草料，畜牧业可以供给农业有机肥料，林业除本身能发挥综合作用外，还可以保护农牧业生产的顺利进行。因此，在开发某地区的土地资源时，不仅要考虑耕地资源的作用，而且要考虑林地、草地以及其他土地资源的开发，实现一业为主，农林牧多种经营，全面发展。在土地类型多样的丘陵山区是如此，就是在类型单一的平原河谷地区也应该是这样，以便充分利用土地，最大限度地挖掘它的生产潜力。

8.2.2 环境生物资源可持续利用的基本原则

环境生物资源是自然资源的组成部分，自然资源可持续利用的基本原则同样适用于环境生物资源。环境生物资源因其特有的属性和环境功能决定了其还应遵循研究开发与安全防范并重的原则；预防为主的原则；统一监管和部门分工管理的原则；实行科学管理的原则；公众参与的原则等。

总之，资源的永续利用是可持续发展的基础，没有资源的永续利用，就不可能有可持续发展。树立正确的资源观，遵守环境生物资源可持续利用的基本原则，有助于我们制定正确的环境生物资源开发政策，保证环境生物资源的永续利用。

参考文献

[1] 于宏源．“绿色发展中的治理创新——里约峰会和全球可持续发展”国际会议综述．国际展望，2012（3）：134-138.

[2] 李铁民等．环境生物资源．北京：化学工业出版社，2003.